第三版

电站锅炉运行与燃烧调整

黄新元　编著

U0246731

中国电力出版社
CHINA ELECTRIC POWER PRESS

内 容 提 要

本书以 300、600、1000MW 火电机组为重点，系统讲述大型自然循环锅炉、控制循环锅炉和超（超）临界压力直流锅炉的运行技术、控制特点和燃烧调整方法。全书共分八章，主要内容包括锅炉机组启动与停运、锅炉的变工况特性、汽包锅炉运行参数的监督与调节、超（超）临界锅炉运行参数的监督与调节、锅炉的燃烧调整、制粉系统的运行与调整、锅炉受热面的安全运行，以及锅炉机组经济运行等。

本书是为适应大、中型火力发电厂锅炉运行人员及技术管理人员的需要而编写的，其内容也可供有关电力科研部门和设计单位的工程技术工作者阅读和参考。同时，本书还可作为高等院校热能动力类专业本科学生，电力职工大学学生，函授本、专科相关专业学生的选修课教材。

图书在版编目（CIP）数据

电站锅炉运行与燃烧调整/黄新元编著. —3 版. —北京：中国电力出版社，2016.8（2020.8 重印）

ISBN 978-7-5123-9526-8

Ⅰ.①电… Ⅱ.①黄… Ⅲ.①火电厂-锅炉运行②火电厂-锅炉燃烧-调整 Ⅳ.①TM621.2

中国版本图书馆 CIP 数据核字（2016）第 152327 号

中国电力出版社出版、发行

（北京市东城区北京站西街 19 号 100005 http://www.cepp.sgcc.com.cn）

三河市航远印刷有限公司印刷

各地新华书店经售

*

2003 年 3 月第一版

2016 年 8 月第三版 2020 年 8 月北京第十二次印刷

787 毫米×1092 毫米 16 开本 24.25 印张 598 千字

印数 27001—28500 册 定价 68.00 元

前　言

本书自第二版发行至今，电力工业的发展出现了新的格局。60万千瓦级机组已上升为我国的主力机组，全国火电总装机容量抵近10亿kW，百万千瓦级超超临界机组以每年十余台的速度投入商业运行，迄今已有总装机容量近1亿kW。与此同时，国内各大电力集团公司强化火电机组节能环保意识，出台节能政策，建立技术中心，指导全国电厂的建设、运行和改造。以国家力度推进的环保改造，在实现超低排放的同时，也对电厂（锅炉）的运行管理提出了新要求。

在此期间，作者继续在国内各大电厂巡回培训［重点是超（超）临界机组］。参与华电国际技术服务中心、国电山东公司等的节能技术工作及相关各大电厂的节能剖析活动。在济南、昆明、呼伦贝尔、青岛、淄博等地参加全国性火电机组运行工作会议。此间作者深切感受到国内电力行业前进发展的脉搏，领略着大机组建设及运行的生动实践所散发出的魅力，并从中继续吸收新的丰富的信息、技术、案例、理念。

基于以上事实，作者决定再次对本书进行修订。主要修订内容如下：

（1）将本书第二版以300、600MW容量级机组作为讲述重点扩展到1000MW机组。

（2）大篇幅增加超（超）临界机组锅炉运行方面的内容。

（3）充实、丰富大机组经济、安全运行的相关内容和技术。如锅炉低氮燃烧改造后的燃烧调整技术、炉外管壁金属超壁现象分析及其技术应对、制粉系统防爆、超（超）临界机组的汽温控制方程、中间点过热度定量特性等。

（4）更新约2/3的热力系统图、性能曲线及其他有关图表，使新版内容贴近电力工业的新发展和技术的新进步。

（5）新增一章 超（超）临界锅炉运行参数的监督与调节（即第四章）。保留原第三章主要内容作为亚临界汽包锅炉运行参数的监督与调节的专述。

（6）新增第八章锅炉机组经济运行。对电厂锅炉的节能途径和技术方法做全景式总结。其中有关锅炉节能诊断方面的新增知识点、专有方法及实用公式属首次发表，是作者近年来在本领域结合调整实践独立研究的新成果。

（7）删除了第二版中已相对过时的设备、系统和运行方式的内容，如两班制运行、双蜗壳燃烧器、分级送风直流燃烧器等。

在本书第三版修订过程中，继续得到了西安热工院、山东电力研究院、华电国际技术服务中心、莱州电厂、鄂温克电厂、烟台电厂、邹县电厂、宿州电厂、滕州新源电厂、威海电厂、芜湖电厂等单位的大力支持、协同，为本书提供了丰富的数据资料和在线信息，在此表示衷心的感谢。

在本书的搜资、整理、编撰过程中，还得到了蒋蓬勃、王乃华、苑丽伟、仇元刚、张桂华、李德功等同行好友的支持与帮助，也向他们表达感激之情。

限于作者水平，书中难免有不足与疏漏之处，恳请读者指正。

作者

2016 年 5 月

第一版前言

本书是作者在长期为电厂讲授该课程的基础上，总结国内大容量电厂锅炉的运行经验及燃烧调整的丰富实践而编写的。书中汇集了作者独立研究的部分成果，也引用了近年来国内外相关领域的最新试验研究资料。

本书以 300、600MW 级机组锅炉为重点，阐述有关锅炉运行及调整的主要问题，注重运行基本原理与实用性的结合，将解释、指明隐藏在规程的具体条款背后的原因和道理作为第一要求。燃烧调整的内容，主要从运行调整的角度出发，考虑燃烧调试的问题。但考虑到电厂运行人员的知识水平越来越高，不仅要求探求运行操作的深层原理，同时希望能进行一些代替电力科研试验机构的常规燃烧调整试验，或在配合电力科研试验机构做专项调整试验时，做到心中有数，因此也讲了一些基本的专项调整试验原理、方法，使电厂技术人员能独立做一些简单的调试，以诊断和解决锅炉运行缺陷，提高运行经济性。本书对制粉系统运行及调整所进行的详尽的叙述，也是大多数以前的著作中未曾涉及的。

本书在编写过程中，得到了山东电力集团总公司、西安热工研究院、山东电力研究院、邹县电厂、华德电厂、黄台电厂、日照电厂及十里泉电厂等单位的大力支持和协作，电厂同志为本书的编写组织运行分析座谈会，并提供了大机组运行曲线和在线数据等。山东电力研究院的刘志超高工，为本书无偿提供了大量翔实详尽的第一手燃烧试验数据资料，使本书增色不少。中国华北电力集团公司原总工程师罗挺在百忙之中审阅了本书，并提出了大量宝贵意见。对于以上单位和同志，作者在此表示由衷的感谢。

由于时间仓促，加之作者水平有限，书中难免存在不足和疏漏之处，恳请广大读者批评指正。

作者

2002 年 10 月

第二版前言

言前版二第

本书第一版出版于 2003 年 4 月。在编写中，作者力求全面总结国内大容量电厂锅炉的运行经验及燃烧调整的丰富实践，达到以基本运行理论指导锅炉运行、调整实践的目的。发行三年多来，本书受到国内各大、中型电厂读者的欢迎，不少电厂选择本书作为机组运行的培训教材。第一版历经三次印刷，共发行 9000 册，基本实现了作者的撰写意图。

在第一版发行期间，作者一方面以本书为教材，继续在山东、河南、海南、山西等省的十余个 300MW 级和 600MW 级火电厂从事培训讲学，从中收集了大量电厂一线的运行新知识、新实践、新案例和新技术，大大丰富了本书的内容。另一方面继续进行锅炉运行理论的独立研究，在超临界压力锅炉的汽温变动特性、转态过程分析、制粉系统优化运行、运行指标分析、锅炉参数调整的节能原理等方面提出了一些新的见解和看法。这些也都是本书第一版所需要加以补充的。

自第一版发行至今，国内电力工业出现了两个大的变化，一是超临界压力机组的迅速发展，二是火电机组节能日益受到高度重视。本书再版时充分考虑了这两大变化，增补了相关的内容。

本书第二版除将上面所述对第一版在内容上所做的全部补充和更新充实到原有各章节中之外，还另外单独增加了运行优化与节能分析一章（第七章）。此外，对第一版的个别疏漏之处也一并加以更正。

在直接与电厂数以千计的运行、管理人员的接触中，作者深切地感受到他们对锅炉运行知识的渴求、对运行岗位的挚爱。这当然极大地激发了作者尽快使本书第二版付梓的决心。

在编写本书第二版的过程中，得到了山东电力研究院、新乡宝山电厂（超临界机组）、王曲电厂（超临界机组）、海口电厂、新密电厂、滕州新源电厂、黄岛电厂（超临界机组）等单位的大力支持、协同，为本书提供了大量的数据资料。在此表示衷心的感谢。

限于作者水平，书中疏漏与不足之处在所难免，恳请读者指正。

作者
2007 年 1 月

目 录

第一章

锅炉机组启动与停运

一、启动过程安全经济性

锅炉启停过程是一个极其复杂的不稳定的传热、流动过程。启动过程中，锅炉工质温度及各部件温度随时变化。由于受热的不一致，且部件不同部位温度不同，因而会产生热应力，甚至使部件损坏。一般说来，部件越厚，在单侧受热时的内外壁温差越大，热应力也越大。汽包（分离器）、过热器联箱、蒸汽管道和阀门等的壁厚均较大，因此在传热过程中必须妥善控制，尤其是汽包。

启动初期受热面内部工质的流动尚不正常，工质对受热面金属的冲刷和冷却作用是很差的，有的受热面内甚至在短时间内根本无工质流过。如这时受热过强，金属壁温可能超过许用温度。锅炉的水冷壁、过热器、再热器及省煤器均有可能超温。因此，启动初期的燃烧过程应谨慎进行。

炉膛爆燃也是启动过程中容易发生的事故。锅炉启动之初，燃料量少、炉温低、燃烧不易控制，可能会由于燃烧不稳而导致灭火，一旦发生爆燃，将使设备受到严重损害。

启动过程中所用燃料，除用于加热工质和部件外，还有一部分耗于排汽和放水，既造成热损失也有工质损失。在低负荷燃烧阶段，过量空气系数和燃烧损失也较大，锅炉的运行效率要比正常运行时低得多。

总之，在锅炉启动中，既有安全问题也有经济问题，两者经常是矛盾的。例如，为保证受热面的安全，减小热应力，启动过程应尽可能较慢地升温、升压，燃料量的增加也只能缓慢进行。但是，这样一来势必延长启动时间，使锅炉在启动过程中消耗更多的燃料，降低了经济性。锅炉启动的原则是在保证设备安全的前提下，尽可能缩短启动时间、减少启动燃料消耗量，并使机组尽早承担负荷。

二、单元机组的滑参数启停

国内单元机组均采用锅炉与汽轮发电机组联合滑参数方式启动和停运。滑参数启动的要点是：锅炉与汽轮发电机同时进行启动，随着锅炉点火、升压和升温，汽轮发电机组进行冲转、升速、并网及带负荷，待锅炉达到额定参数时，汽轮发电机组达到额定功率。

采用滑参数启动，机组能充分利用低压、低温蒸汽均匀加热汽轮机的转子和汽缸，减少了热应力和启动损失，锅炉过热器、再热器的冷却条件也得到改善。由于锅炉与汽轮发电机组同时启动，缩短了整机启动时间，不仅减少启动能耗量，也可使机组提前发电，增强了机动性。

压力法滑参数启动是最为普遍的滑参数启动方式，它是指待锅炉产生的蒸汽具有一定的压力和温度后才冲转汽轮机。该方法是在锅炉点火后一段时间内汽轮机主汽阀关闭，调速汽阀全开，锅炉送出的蒸汽通过高、低压旁路排入凝汽器，由旁路阀控制流量。待蒸汽达冲转参数（蒸汽压力、蒸汽温度）时冲转汽轮机。在汽轮机冲转、升速、暖机、并网过程中，维持蒸汽参数基本不变，多余的蒸汽仍通过旁路排入凝汽器。待主汽阀全开、蒸汽全部进入汽轮机时关闭旁路，机组进入滑压运行。

采用压力法滑参数启动，蒸汽冲转动力大、流量大，易于维持冲转参数的稳定；锅炉可在不增加燃料量、不进行过多调整的情况下，提供足够蒸汽量，满足冲转、升速、迅速跨过临界转速并达到全速的需要，且有一定裕量。当然，该法在汽轮机冲转以前，蒸汽全部排入凝汽器，损失较大。

压力法滑参数的冲转参数与机组容量、启动状态有关。我国火电机组的冷态启动冲转参数如下：300MW 级、600MW 级机组，多采用中参数冲转，冲转压力为 5～8MPa，冲转温度为 330～360℃；1000MW 级机组，冲转压力为 8.5～9.5MPa，冲转温度为 380～420℃。热态启动的冲转参数由启动前汽轮机高压内缸的金属温度确定。

三、冲转进汽方式

压力法滑参数启动按照冲动转子时的进汽方式不同，分为高、中压缸联合启动和中压缸启动两种方法。高、中压缸联合启动是指汽轮机冲转时，蒸汽同时进入高压缸和中压缸冲动转子，是我国目前使用较多的一种；中压缸启动是指在汽轮机启动时，高压缸不进汽，而用压力较低的再热蒸汽从中压缸进汽冲动转子，待并网后才逐渐向高压缸进汽。

采用中压缸启动，在冲转及低负荷运行期间切断高压缸进汽，以增加中、低压缸的进汽量，有利于中压缸的均匀和较快加热，减小热应力和汽轮机胀差，同时也可以提高再热器压力和流量，有利于启动初期迅速提升再热汽温，但汽轮机系统较复杂。

四、启动状态的划分

按照机组在启动时的状态不同，锅炉启动分为冷态启动和热态启动。冷态启动是指锅炉在没有压力，其温度与环境温度接近情况下的启动，通常是新锅炉、锅炉经过检修或较长时间的备用后的启动。热态启动是指锅炉在保持一定压力且温度高于环境温度下的启动。根据机组停运的时间不同，大型锅炉又进一步将热态启动划分为温态启动、热态启动和极热态启动三种。具体划分是依据汽轮机在启动时的温度水平进行的。国内外各制造厂所取的温度界限不尽相同。国产某 1000MW 超超临界机组启动状态划分及启动时间见表 1-1，表 1-1 中温度是指汽轮机高压调节级处内缸壁温。

表 1-1　　　　　国产某 1000MW 超超临界机组启动状态划分及启动时间

项目	冷态启动	温态启动	热态启动	极热态启动
温度（℃）	<320	320～420	420～445	>445
停机时间（h）	>72	8～32	1～8	<1
启动持续时间（h）	10～11	4～5	3～3.5	<3

了解启动状态的划分有助于掌握机组各种状态下的启动特点。如冷态启动时，机组温度

水平低，为使其均匀加热，不至于产生较大的热应力，锅炉升温、升压以及升速、升负荷都应缓慢进行。而热态、极热态启动时，机组各部件处于较高的温度状态，为不使高温部件受到蒸汽冷却，就必须尽快使工作参数达到机组部件的温度水平，此时锅炉进水、燃烧率控制、升速升负荷都应明显加快，冲转参数也较高。

第二节 锅炉启停一般程序

一、汽包锅炉启动

（一）启动系统

启动系统的主要功能是在机组启动、停止和事故情况下，平衡锅炉与汽轮机之间的蒸汽流量，从而与锅炉调节燃烧相配合，起到调节和保护的作用。汽包锅炉的启动系统有锅炉本体汽水系统和疏水系统、过热器旁路系统、汽轮机旁路系统三种类型。图 1-1 所示为自然循环汽包锅炉典型汽水系统与疏放水系统。

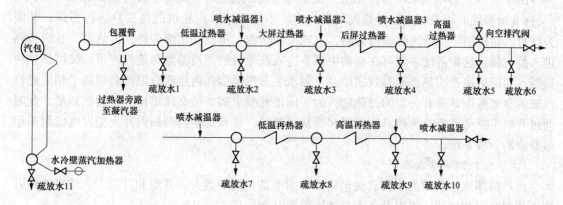

图 1-1　自然循环汽包锅炉典型汽水系统与疏放水系统

控制循环汽包锅炉的汽水、疏放水系统，除在下降管装置锅水循环泵之外，其余与自然循环汽包锅炉相同。

过热器旁路系统是在垂直烟道包覆过热器下环形集箱接出一根管路至凝汽器，并在管路上装设控制阀构成的（见图 1-1 中的过热器旁路）。其设计流量通常为锅炉最大连续负荷的5%，亦称 5％旁路。我国引进的美国 CE 机组、英国 BEL 机组多采用这种系统。

过热器旁路系统作为锅炉的旁路，启动时通过改变过热器出口的流量来控制汽压、汽温，满足提高运行灵活性、缩短启动时间的要求。

汽轮机旁路系统如图 1-2 所示。图 1-2（a）所示为一级大旁路系统。过热器出口蒸汽通过旁路管道经减温减压后，直接排入凝汽器。它的优点是系统简单、运行控制方便、投资低。若大旁路设计容量达到 100％BMCR、同时装设快速启动的减温减压器，则可取代过热器出口安全阀。一级大旁路的两个主要问题：一是在滑参数启动尤其是热态启动时，再热蒸汽温度达到要求值比较困难，这是因为在大旁路情况下，进入再热器入口的只能是蒸汽温度较低的高压缸排汽；另一个问题是在机组启停、甩负荷等情况下，再热器内无工质流过，再热器处于干烧状态，因此冲转前必须控制燃烧率，以限制炉膛出口烟气温度，这样势必减缓升压、升温速度，延长启动时间。尤其是热态启动，要求较快提升参数，一级大旁路不太适应。

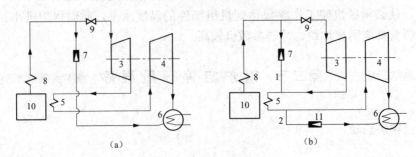

图 1-2　汽轮机旁路系统

(a) 一级大旁路系统；(b) 二级旁路系统

1—高压旁路；2—低压旁路；3—汽轮机高压缸；4—汽轮机中、低压缸；5—再热器；6—凝汽器；
7—高压旁路减温减压阀；8—过热器；9—主蒸汽门；10—锅炉；11—低压旁路减温减压阀

图 1-2 (b) 所示为二级旁路系统。该系统由高压旁路 1（又称Ⅰ级旁路）和低压旁路 2（又称Ⅱ级旁路）以及相应的旁路阀门所组成。Ⅰ级旁路对汽轮机的高压缸进行旁路，Ⅱ级旁路对汽轮机的中、低压缸进行旁路。汽轮机冲转前，蒸汽经Ⅰ级旁路、再热器、Ⅱ级旁路进入凝汽器。这种系统，既可在启动中调节进入汽轮机的蒸汽参数和蒸汽流量，又可保护再热器。如锅炉冷态或热态滑参数启动时，要求主蒸汽温度和再热蒸汽温度必须高于相应进汽汽缸的金属温度，并有一定的过热度。为了满足此要求锅炉就必须保持一定的燃料量，此时通过开启Ⅰ级旁路提高再热蒸汽温度和冷却再热器。该系统是目前国内外大型发电机组采用最普遍的一种系统。

（二）汽包锅炉冷态启动程序

自然循环汽包锅炉的冷态启动包括启动前准备，锅炉点火、升温和升压，汽轮机冲转升速、并网及带初负荷，机组升负荷至额定值等几个阶段。

1. 启动前准备

启动准备阶段应对锅炉各系统和设备进行全面检查，并使之处于启动状态；为确保启动过程中的设备安全，所有监测仪表、联锁保护装置（主要是 MFT 功能、重要辅机联锁跳闸条件）及控制系统（主要包括 FSSS 系统和 CCS 系统）均经过检查、试验，并全部投入；锅炉上水完成，水位正常；投用水冷壁下联箱蒸汽加热系统直至汽包起压；上水与加热阶段注意监视汽包上、下壁温差；启动回转式空气预热器、投入暖风器或热风再循环以保护空气预热器；开启引风机、送风机，完成炉膛吹扫程序，防止点火爆燃；原煤仓、粉仓已准备好足够煤量；调整炉膛负压，准备点火。

2. 锅炉点火、升温和升压

锅炉点火首先点燃油燃烧器（油枪）或其他节油点火装置，炉温提升后点燃煤粉燃烧器。油枪的点燃从最下排开始，点火前须将燃油和蒸汽的压力、温度调至规定值。点火后注意风量的调节和油枪的雾化情况。逐渐投入更多油枪，建立初投燃料量（汽轮机冲转前所投燃料量）。点火后即开启各级受热面的疏放水阀，用于暖管和放尽积水，待积水疏尽后即应及时关闭，以免蒸汽短路影响受热面的冷却。过热器出口疏水兼有排放锅炉工质、抑制升压速度的作用，可推迟关闭。过热器出口疏水门关闭后即投入汽轮机旁路，其开启方式和开度视锅炉升压升温控制的需要而定。点火后的一定时期内，过热器和再热器内无蒸汽流量或流量很少，以监视和控制炉膛出口烟气温度的方法来保护受热面和控制燃烧率。若为一级大旁路，则这一控制必须保持到汽轮机进汽之前。点火过程中要注意水冷壁回路的水循环，监视汽包水位和汽包上下、内外壁温差，一旦汽包壁温差超过限值，应立即降低升压速度。锅炉停止给水时应开启省煤器再循环阀，保护省煤器。初投燃料量应保证汽轮机冲转、升速、带初负荷所需要的蒸汽量。通过控制燃烧率和投用受热面旁路、汽轮机旁路等手段来控制锅炉出口过热蒸汽的升压、升温速度并匹配冲转参数。

3. 汽轮机冲转升速、并网及带初负荷

随着燃烧率的增加，当锅炉出口蒸汽压力、蒸汽温度升至汽轮机要求的冲转参数时，汽轮机冲转、升速、并网、带初负荷暖机。这一阶段锅炉的主要任务是稳定蒸汽压力、蒸汽温度，以满足汽轮机的要求。除锅炉控制燃烧外，主要手段是利用高、低压旁路，必要时可投入减温手段和过热器疏水阀放汽。汽轮机冲转后，旁路门即逐渐关小，将蒸汽由旁路倒向汽轮机，以满足汽轮机冲转直至带初负荷对蒸汽量的需要，避免燃烧作过多调整。通常在初负荷暖机以后，汽轮机调速汽阀开启90%时，旁路门完全关闭。

4. 机组升负荷至额定值

机组继续升压、升温直至带满负荷。锅炉燃烧主要完成从投粉到断油的过渡。汽轮机带初负荷后，锅炉产汽量已可全部进入汽轮机，炉膛温度和热风温度也已提升到较高数值，易于维持煤粉稳定着火和满足制粉要求，因此可伺机投入制粉系统和煤粉燃烧器，逐渐增加燃料量，加快提升负荷。在该阶段，锅炉燃烧调整是按照升负荷速率控制的要求以及升压、升温曲线进行的。但升负荷速率和升温速率受制于汽轮机而不是锅炉。由于是滑参数启动，所以控制升负荷速率（即燃烧率）也就基本上控制了升压、升温过程。这一阶段，锅炉燃烧率、减温水量（或烟气挡板开度）是改变升压、升温过程的基本手段。当负荷达到60%～70%时可根据着火情况，逐渐切除油枪。蒸汽温度比蒸汽压力可能较早地达到额定值，蒸汽压力比负荷也可能较早地达到额定值，后者取决于滑参数增负荷时汽轮机调速汽阀的开度。若蒸汽压力先于负荷达额定值，则应逐渐开大调速汽阀，锅炉继续增加燃料量，在定压情况下将负荷提升到额定值。

（三）冷态启动曲线

某660MW亚临界机组2208t/h自然循环锅炉的冷态滑参数启动曲线如图1-3所示。由图1-3可以看出，冷态启动过程经历时间较长（7h），大致可分为三个阶段。

第一阶段从点火开始逐渐升温、升压直到冲转。从点火到起压用去100min。从起压到冲转用去150min。在升压的初始阶段，升压速度很低，1h内蒸汽压力升高仅为1.1MPa，此阶段升压率只有0.018MPa/min。以后逐渐加快，冲转前1h内蒸汽压力升高为3.6MPa，升压率为0.06MPa/min。当压力升到6.4MPa，主蒸汽、再热蒸汽温度按不变速率升到350、320℃时，开始冲转汽轮机。这一阶段，饱和温度的变化率维持在1.3℃/min左右。

第二阶段是从汽轮机开始冲转到并网（即同步），再继续暖机一段时间。此时高压旁路转为定压控制方式。蒸汽压力、蒸汽温度维持在稳定值6.4MPa、350℃/320℃。锅炉燃料量增至389t/h后维持不变，汽轮机调速汽阀渐渐开大增加进汽，高压旁路调阀开至最大开度的50%后逐渐减小、关闭（图1-3中阴影线部分为旁路流量，阴影线以下部分为汽轮机进汽量），机组进行滑压升负荷。这一阶段，汽轮机主要是升速和暖机，需要1h左右。实际运

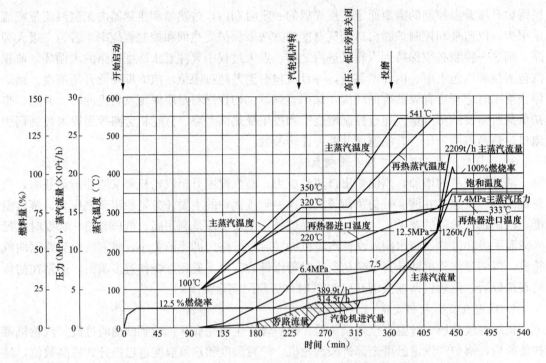

图 1-3 某 660MW 亚临界机组 2208t/h 自然循环锅炉的冷态滑参数启动曲线

行中，根据汽轮机的要求，这一阶段需要的时间可能会长一些。

第三阶段是继续升温、升压并增加负荷。蒸汽温度比蒸汽压力提前达到额定值，蒸汽压力与负荷同时达到额定值。这一阶段中，虽然锅炉和汽轮机都要求限制温度变化率，但来自汽轮机的限制更严，因此在启动时间上起了决定作用。这一阶段的时间为 2h，占启动总时间 1/3～1/4。

控制循环锅炉的冷态启动，除点火前就投入炉水循环泵，保持着水冷壁良好循环流动外，其余启动过程与自然循环锅炉基本相同。

（四）汽包锅炉热态启动一般程序

锅炉的热态启动过程与冷态启动过程基本相同，但热态启动时锅内存有锅水，只需少量进水调整水位。蒸汽管道与锅内都有余压与余温，升压、升温与暖管等在现有的压力温度水平上进行，因而可更快些。锅炉点火后要很快启动旁路系统，以较快速度调整燃烧，避免因锅炉通风吹扫等原因使汽包压力、蒸汽温度有较大幅度降低。冲转时的进汽参数要适应汽轮机的金属温度水平；冲转前须先投入制粉系统运行，以满足汽轮机较高冲转参数的要求。冲转时锅炉应达到较高的燃烧率，以保证能使汽轮机负荷及时带至与汽轮机缸温相匹配的水平上，避免因燃烧原因使热态启动的机组在冲转、并网、低负荷运行等工况下运行时间拖延，从而造成汽缸温度的下降。机组极热态启动时必须谨慎，启动过程的关键在于协调好锅炉蒸汽温度和汽轮机的金属温度，尽可能避免负偏差，减少汽轮机寿命损耗。

汽轮机启动前后，要采取一切措施防止疏水进入汽轮机。过热器与再热器的出口联箱，后井下联箱以及一、二次蒸汽管道上的疏水阀一直保持开启，再热器紧急喷水门则关闭。上述保持开启的阀门有的在冲转以后，有的则在带初负荷以后才能关闭。在此之前视情况可以关小。并网后，当负荷增加到冷态滑参数启动时汽轮机汽缸壁温所对应的负荷工况时，可按冷态滑参数启动曲线进行，直到带满负荷。

图 1-4 所示为某 2208t/h 亚临界自然循环汽包炉热态和极热态滑参数启动曲线。由图 1-4 可见，不同启动状态选择了不同的冲转参数。由于热态启动时锅炉部件温度较高且温升幅度较小，所以允许的升压、升温速度比冷态启动快得多，且整个启动时间大为缩短。热态、极热态的启动时间分别为 1.5h 和 1.2h。

二、超临界锅炉冷态启动

（一）超临界直流锅炉启动特点

1. 启动前清洗

与汽包锅炉不同，直流锅炉给水中的杂质不能通过排污加以排除。其去向有两个：一少部分溶解于过热蒸汽带出锅炉，其余部分则都沉积在锅炉的受热面上。因此直流锅炉除了对给水品质严格要求以外，启动阶段还要进行冷水和热水的清洗，以便确保受热面内部的清洁和传热安全。

2. 启动流量的建立

直流锅炉启动时，由于没有自然循环回路，所以直流锅炉水冷壁冷却的唯一方式是从锅炉开始点火就不断地向锅炉进水，并保持一定的工质流量，以保证受热面良好的冷却。该流量应一直保持到蒸汽达到相应负荷（称启动流量），然后随负荷的增加而增加。启动流量的选择，直接关系到直流锅炉启动过程中的安全经济性。启动流量越大，则工质流过受热面的质量流速越大，这对受热面的冷却、水动力的稳定性以及防止汽水分层等都是有利的。但启动流量越大，启动时间越长，启动过程中的工质损失和热量损失都增加；同时，启动旁路系统设计容量也要求增大。相反，如果启动流量过小，则受热面的冷却和水动力的稳定性难以得到保证。因此，在保证受热面可靠冷却和工质流动稳定的前提下，启动流量应尽可能小一些。超临界直流锅炉的启动流量通常为额定蒸发量的 25%～35%。

3. 启动中的工质膨胀

直流锅炉在点火以后，随着炉膛热负荷的增加，水冷壁的工质温度逐渐升高。在不稳定加热过程中，中部某点工质首先汽化，体积突然增大，引起局部压力突然升高，急剧地将其后的工质推向出口，造成锅炉排出量大大超过锅炉给水量。这种现象（称工质膨胀）将持续一段时间，直至出口全部为湿饱和蒸汽为止。

直流锅炉的工质膨胀现象对启动时的安全带来不利影响。如膨胀量过大，将使锅炉内的工质压力和启动分离器水位都一时难以控制。影响工质膨胀的因素主要有启动流量、启动压力、给水温度、燃料的投入速度等。启动流量越大，膨胀量越大。启动压力越低，蒸汽比体积越大，会产生更大排挤压力。给水温度越低，膨胀到来越迟，膨胀量越小。投入的燃料量大，投燃料速度快，工质先达到沸点的位置向下移动，膨胀点后的存水量就多，总的膨胀量大；同时局部压力升高快，因而瞬时的最大排出量也大。

（二）启动系统

超临界直流锅炉的汽轮机旁路系统与汽包锅炉单元机组相同。但锅炉旁路系统则完全是针对直流锅炉的启动特点（主要是建立启动流量、汽水分离和工质膨胀等）而专门设计的。它的关键设备是启动分离器。启动分离器的作用是在启动过程中分离汽水以维持水冷壁启动流量的循环，同时向过热器系统提供蒸汽并回收疏水的热量和工质。

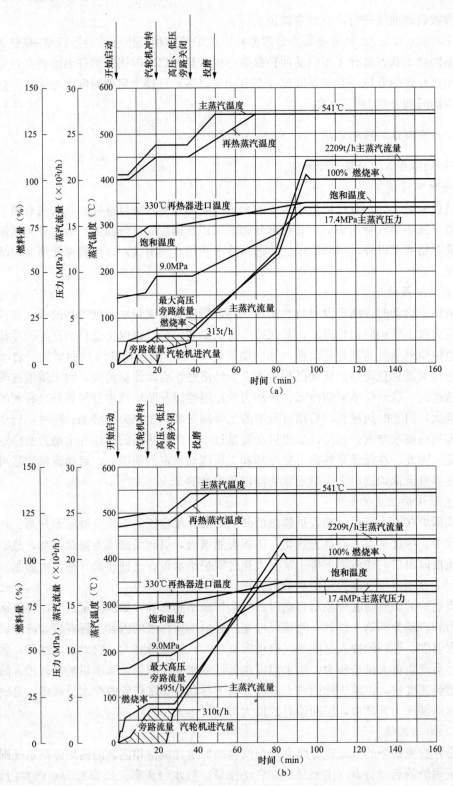

图 1-4　某 2208t/h 亚临界自然循环汽包炉热态和极热态滑参数启动曲线

（a）热态启动；（b）极热态启动

1. 带大气式扩容器的启动系统

图 1-5 所示为某 1900t/h 超临界直流锅炉带大气式疏水扩容器的启动系统的示意。启动分离器布置在炉膛水冷壁出口，分离器与水冷壁、过热器之间的连接无任何阀门。一般在 25％～35％MCR 负荷以下，由水冷壁进入分离器的为汽水混合物，分离器出口蒸汽直接进入过热器，疏水通过疏水扩容器回收工质或通过除氧器回收工质和热量。在疏水扩容器中，蒸汽经排汽管排至大气，水则进入凝结水箱，然后根据水质情况通过疏水泵排至凝汽器（水质合格）或系统外（水质不合格）。当负荷大于 25％～35％MCR 时，分离器中全部是蒸汽，呈干态运行。此时内置式分离器相当于一个蒸汽联箱，承受锅炉全压。

疏水控制阀（AA、AN、ANB 阀）用于控制分离器的水位和疏水的流向。

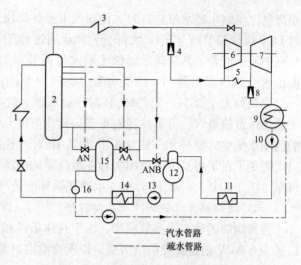

图 1-5 某 1900t/h 超临界直流锅炉带大气式疏水扩容器的启动系统

1—水冷壁；2—启动分离器；3—过热器；4—高压旁路减温减压阀；5—再热器；6—汽轮机高压缸；7—汽轮机中低压缸；8—低压旁路减温减压阀；9—凝汽器；10—凝结水升压泵；11—低压加热器；12—除氧器；13—给水泵；14—高压加热器；15—疏水扩容器；16—疏水箱

锅炉湿态运行时，分离器水位由 ANB 阀自动维持，当水位高于 ANB 阀的调节范围时（如工质膨胀），再相继投入 AN、AA 阀参与水位调节。AA 阀的通流量设计可保证工质膨胀峰值流量的排放。

2. 带炉水循环泵的启动系统

图 1-6 所示为某 3000t/h 超超临界直流锅炉带炉水循环泵的启动系统的示意。启动系统由启动分离器、储水罐、炉水循环泵（BCP 泵）、BCP 流量调节阀、储水罐水位调节阀、BCP 冷却管路、疏水扩容器、疏水箱、疏水泵等组成。

启动分离器起压后，随着燃烧率的增加，逐渐增大给水量和减少 BCP 泵循环流量来维持水冷壁最小流量。分离器在湿态运行方式下，进入分离器的工质为饱和蒸汽和饱和水。蒸汽经分离后进入过热器，饱和疏水则进入分离器的储水罐。储水罐的水位分两个阶段控制：当水位较低时，利用 BCP 流量调节阀控制储水罐的水位，分离器损失的蒸汽由给水泵出口流量补充，以维持水冷壁最

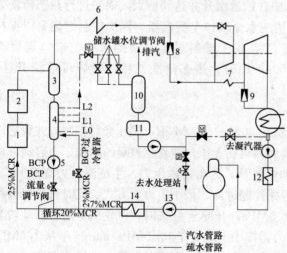

图 1-6 某 3000t/h 超超临界直流锅炉带炉水循环泵的启动系统

1—省煤器；2—水冷器；3—启动分离器；4—储水罐；5—炉水循环泵；6—过热器；7—再热器；8—高压旁路阀门；9—低压旁路阀；10—大气式扩容器；11—疏水箱；12—低压加热器；13—给水泵；14—高压加热器

小流量。当储水罐水位较高时（例如汽水膨胀阶段），开启储水罐水位调节阀控制水位（此时 BCP 流量调节阀全开）。大部分饱和水通过 BCP 泵和 BCP 流量调节阀回流至省煤器入口，与锅炉给水汇合。其余疏水经储水罐水位调节阀引至疏水扩容器。BCP 冷却管路将少量低温给水引到 BCP 泵进口，降低水温防止 BCP 泵汽化。

当负荷大于 25%～35%MCR 时，储水罐水位调节阀开度逐渐关小至零，进入分离器的工质为微过热蒸汽，分离器转入干态运行。与带大气扩容器的启动系统相比，带炉水循环泵的启动系统中，循环水（图 1-6 中 20%MCR）不去凝汽器而直接经 BCP 泵返回省煤器进口，避免了在扩容器的工质损失和在凝汽器的冷源损失。锅炉给水泵的流量等于水冷壁的产汽量（图 1-6 中 7%MCR），小于水冷壁循环流量（图 1-6 中 25%MCR）。

（三）超临界直流锅炉冷态启动程序

直流锅炉的冷态滑参数启动，由于具体条件和设备的不同，不可能制定标准的程序，现以某 1000MW 超超临界机组为例，说明直流锅炉采用压力法滑参数启动的大体程序。

1. 冷、热态清洗

点火前先进行冷态清洗。清洗路线为凝汽器-凝结水泵-低压加热器-除氧器-给水泵-高压加热器-省煤器-水冷壁-启动分离器-扩容器-疏水箱-凝汽器（或地沟）。锅炉进水至分离器内有水位出现，控制清洗水量为 20%MCR。首先进行冷态开式清洗，关闭疏水泵出口至凝汽器电动阀，开启疏水泵出口至系统外管路电动阀，清洗水从疏水泵出口排放。当储水罐出口水质 Fe 含量小于 $500\mu g/L$ 时，转入冷态循环清洗。此时开启疏水泵出口至冷凝器管路电动闸阀，同时关闭疏水泵出口至系统外管路电动闸阀，水质回收、定时排放。当省煤器入口水质 Fe 含量小于 $100\mu g/L$ 时，冷态循环清洗结束，锅炉点火。

热态清洗在锅炉点火后进行。点火后随着燃料量增加介质温度逐渐升高，当水冷壁出口温度达到 190℃时，水的溶解能力最强，水中含铁量回升并达到最大，锅炉进行热态清洗效果最好。此时控制清洗水量为 20%MCR，清洗水全部排至凝汽器。锅炉控制燃烧率以保持水温稳定，当水冷壁出口温度升高时，应适当减少燃料量，以维持水冷壁出口温度在 190℃。当储水罐出口水质 Fe 含量小于 $50\mu g/L$ 时，热态清洗结束，锅炉可继续升压、升温。

2. 锅炉点火、升温和升压

维持启动流量为 25%MCR，锅炉总风量在 30%～40%MCR，高压旁路控制方式置启动位置，锅炉可点火。零压点火后，启动分离器内最初无压，随着燃料量的增加，当启动分离器中有蒸汽时，即开始起压。随着继续增加燃料量，分离器内压力、主蒸汽压力逐渐升高，当主蒸汽压力升高到 1.0MPa 时，汽轮机旁路控制进入"最小压力"方式，此时汽轮机旁路门开度逐步开大，控制主蒸汽压力稳定在 1.0MPa，开度至 40%时，汽轮机旁路将自动转为"压力爬坡"方式。在此方式下，主蒸汽压力将按小于或等于 0.10MPa/min 速率从 1.0MPa 爬升至汽轮机冲转所需 9.6MPa。锅炉仍应按冷态启动曲线控制燃料量，维持分离器、末级过热器出口集箱等部件升温速率小于或等于 2℃/min。

锅炉点火后即投入空气预热器连续吹灰，并监视空气预热器冷端平均温度，控制其不低于 68.3℃。必要时投入暖风器提升空气预热器金属壁温。

3. 工质膨胀控制

锅炉点火后，水冷壁内某位置工质温度升至相应压力下饱和温度，膨胀就开始了。汽水膨胀现象可以从分离器疏水量和水位的变化中观察到。当膨胀到来时，分离器的疏水量将明显增加。为平稳度过膨胀期，操作中主要是控制好燃料投入速度和给水温度。燃料投入速度不宜过快、过大，目的是使首先汽化点接近水冷壁出口。应避免在膨胀阶段进行会使给水温度突然升高的操作。

对于启动压力较低、水冷壁水容积较大的锅炉，膨胀出现时可能产生相当大的瞬时排水量。如果分离器的疏水排放能力不足，可在水冷壁出口即将升至饱和温度时，将疏水阀自动指令适当调大一些，防止分离器水位失控和水冷壁超压。

4. 汽轮机冲转、暖机带初负荷

在汽轮机进行冲转、升速、暖机和并网时，都由汽轮机旁路门控制主蒸汽压力。在主蒸汽压力达 9.6MPa 后，由汽轮机旁路在"冲转压力"方式下维持 9.6MPa 不变，主蒸汽温度达到 415℃时（9.6MPa 和 415℃为冲转参数），适当减少燃料量，保持参数稳定，等待汽轮机冲转。

汽轮机冲转时逐渐关小高压旁路门，开大进汽调节门，汽轮机逐渐增加进汽量。此时锅炉侧尽可能不进行燃烧调节，以保证稳定的蒸汽参数下转子胀差可控，顺利冲转。

汽轮机完成冲转、并网后，机组负荷自动升至 2%MCR，进行初负荷暖机；在初负荷暖机过程中，按机组冷态启动曲线要求调整燃料量控制主蒸汽温度和再热蒸汽温度，并且温升率不大于 2℃/min。2%负荷暖机约 60min 后，以 0.5%/min 速率升负荷至 5%MCR，暖机 50min。初负荷暖机过程中，由汽轮机旁路控制主蒸汽压力。初负荷暖机结束后，逐步增加燃油量，以 0.5%/min 速率增带负荷。机组负荷 15%时汽轮机旁路阀关闭。锅炉的蒸发段仍为湿态，继续增加燃料量将使分离器进汽量增加，分离器水位下降。

5. 锅炉干、湿态转换

在机组负荷达到 27%～29%MCR 时，水冷壁蒸发量超过给水量，锅炉从湿态转干态。此时稳定住给水流量，缓慢增加燃料量，随着储水罐水位逐渐降低，BCP 流量调节阀逐渐关小，直至全关。锅炉循环泵停止运行。此时锅炉进入直流运行工况。在转干态过程中，应严防给水流量和燃料量的大幅波动，造成干、湿态的交替转换。分离器切换到干态运行后，自动控制方式由分离器水位控制转变为工质温度控制（中间点温度控制）。此时应严密监视中间点温度（分离器出口）的变化，保持合适的煤水比，控制过热蒸汽温度稳定。

6. 升负荷至额定值

在负荷升至 30%MCR 后，转入纯直流运行。机组稳定运行 24min 后，按照机组冷态启动曲线继续进行升温、升压、升负荷，低于 30%MCR 时机组定压运行（主蒸汽压力 9.6MPa）；30%MCR 至 90%MCR 负荷区间滑压运行，90%MCR 以上负荷定压运行（主蒸汽压力 27.4MPa）。机组负荷 50%MCR 后稳定 10min。锅炉全停油。将空气预热器连续吹灰改投定时吹灰。机组负荷 60%MCR 后锅炉燃烧稳定，可进行炉膛吹灰。机组负荷超过 75%MCR 后锅炉由亚临界区运行进入超临界区运行，应监视并控制好后墙水冷壁出口温度及其偏差。机组负荷 100%MCR，主蒸汽压力，主、再热蒸汽温度均达到额定值，启动过程结束。

三、锅炉的停运

锅炉停止运行，一般分为正常停炉和事故停炉两种情况。有计划的停炉检修和根据调度命令停掉部分机组转入备用的情况属于正常停炉；由于事故的原因必须停止锅炉运行时，称为事故停炉。根据事故的严重程度，需要立即停止锅炉运行时，称为紧急停炉；若事故不甚严重，但为了设备安全又必须在限定时间内停炉时，则称为故障停炉。

正常停炉又分为检修停炉和热备用停炉两种。检修停炉预期停炉时间较长，是为大小修或冷备用而安排的停炉，要求停炉至冷态；热备停炉时间短，是根据负荷调度或紧急抢修的需要而安排的，要求停炉后炉、机金属温度保持较高水平，以便重新启动时，能按热态或极热态方式进行，从而缩短启动时间。

根据停炉过程中蒸汽参数是否变化，又分为滑参数停炉和额定参数停炉两种。滑参数停炉的特点是汽轮机、锅炉联合停运，利用停炉过程中的余热发电和强制冷却机组，这样可使机组的冷却快而均匀。对于停运后需要检修的汽轮机，可缩短从停机到开缸的时间。额定参数停炉的特点是停炉过程中锅炉参数不变或基本不变，通常用于紧急停炉和热备用停炉。不论采用哪一种停炉方式，汽轮机和发电机都随之停止运行。

（一）正常停炉至冷态

1. 汽包锅炉

正常停炉至冷态多采用滑参数停炉。其一般步骤包括停炉前准备、减负荷、停止燃烧和降压冷却等几个阶段。

（1）停炉前准备。对锅炉各级受热面进行一次彻底吹灰；中间储仓式制粉系统要控制粉仓粉位，使在停炉过程中能把煤粉烧光；检查、启动燃油系统，油温、油压正常；检查有关阀门及旁路系统的状况，做好准备工作。

（2）减负荷。逐步降低锅炉的燃烧率，按照一定的速率（如 1.5%MCR/min）降低机组负荷。一般从 100% 负荷到 90% 负荷为定压运行，汽轮机调节汽阀后的蒸汽会有一定的节流温降，为避免转子产生大的冷却应力，在该负荷段，机组减负荷的速度应控制得较小。机组从 90% 负荷到 35% 负荷为滑压运行，此时汽轮机调节汽阀全开或部分全开，随着机前主蒸汽流量的降低，蒸汽压力和蒸汽温度逐渐下降。该阶段注意控制蒸汽温度相对蒸汽压力的变化速度，使主蒸汽和再热蒸汽始终保持有 50℃ 以上的过热度，以防止蒸汽冷凝导致过热器水塞、过热和水冲击。

（3）停止燃烧。锅炉各煤粉燃烧器或磨煤机按照拟定的投停编组方式减弱燃烧或者切除。在减弱燃烧的同时可投入相应层的油枪（或节油点火装置），以防止灭火和爆燃，最后完成从燃煤到燃油的切换。随着燃料量的不断减少，送风量也应当减少，但最低风量不少于总风量的 30%。当机组负荷降至某一较低负荷时，启动汽轮机旁路系统继续降负荷，锅炉可暂停调节燃烧。借助汽轮机调节汽阀和旁路门的配合调节汽轮机负荷，而机前蒸汽压力和蒸汽温度保持基本不变。

（4）降压与冷却。锅炉负荷减至 5% 左右即可停止燃烧，汽轮机打闸停机；或者可继续利用锅炉余热所产蒸汽发一小部分电之后停机。锅炉停止燃烧后，即进入降压与冷却阶段。因为这一阶段总的要求是要保证锅炉设备的安全，所以要控制好降压与冷却速度，以防止锅炉厚壁受热部件因冷却过快产生过大热应力。关闭一、二级旁路系统，利用过热器、再热器出口疏水门控制降压速度。在维持 5～10min 的炉膛吹扫后，停掉送风机、引风机，并关严炉门和各烟风道风门、挡板，以避免停炉后降压冷却过快。何时恢复通风，依停炉目的而定。对停炉热备用的锅炉，不需要通风冷却；正常停炉至冷态时，可进行自然通风；对于需紧急抢修的锅炉，应强制通风。回转式空气预热器须待烟气温度降至规定值以下后才能停止运转。为保护空气预热器，不论冬季或夏季，均应全开暖风器进汽阀，提高空气预热器冷端金属温度。停止上水后，开启省煤器再循环门。根据放水时的压力和温度要求，当锅水温度降至一定值后，可将锅水放掉。

2. 超临界直流锅炉

直流锅炉由于没有汽包，所以其停炉降温可以比汽包锅炉更快一些。直流锅炉的正常停炉至冷态，也经历停炉前准备、减负荷、停止燃烧和降压冷却等几个阶段。与汽包锅炉相比主要的不同是，当锅炉燃烧率降低到 30% 左右时，需要经历干态转湿态的阶段。锅炉维持水冷壁水量不变（启动流量），缓慢减少燃料量，随着储水罐水位的上升锅炉转入湿态运行。对带再循环泵的启动系统（参见图 1-6），当储水罐水位超过低 I 值后，启动锅炉循环泵，储水罐水位由 BCP 流量调节阀控制。负荷进一步下降，BCP 流量调节阀全开后水位继续升高，则投入储水罐水位调节阀控制储水罐水位，阀后疏水排至凝汽器，储水罐水位调节阀投入自动。

对带大气式扩容器的启动系统（参见图 1-5），ANB、AN 和 AA 三只疏水门应在负荷降至转为湿态运行之前打开，随着水位升高，疏水门逐步开大。切湿过程不能过快，即当水量达到 30% 以后，燃料量不能减得太多，以防分离器水位上升过剧，引起过调节和水位波动。

锅炉熄火后，保持高、低压旁路开度为 10%～20%，锅炉主蒸汽及再热蒸汽系统降压；降压速率应控制在不大于 0.3MPa/min。锅炉熄火前后，较易发生分离器金属热应力超限，应加强监督，防止分离器出现过大的温降率。当压力降至 0.5MPa 时，可打开过热器空气门，当压力降至 0.2MPa 以下时，关闭高压、低压旁路阀门。

（二）热备用停炉

对于自然循环汽包炉，热备用停炉时应尽量维持较高的主蒸汽压力和温度。减负荷过程汽轮机调节汽阀逐渐关小以维持主蒸汽压力不变。蒸汽温度将随锅炉燃烧率的减小而降低，但应始终保持过热蒸汽温度有不低于 50℃ 的过热度。否则应开启主蒸汽、再热蒸汽管道疏水门，适当降低主蒸汽压力。机组负荷降至一定值后锅炉熄火，主汽阀关闭。熄火后应紧闭炉门和各烟风道风门、挡板，以免锅炉急剧冷却。但由于熄火时蒸汽参数较高，应监视受热面金属壁温，防止超温。对于超临界直流锅炉，热备用停炉时需要投入启动分离器，在降压冷却阶段应注意分离器水位的监视和控制。其余则与停炉至冷态一样。

锅炉降低燃烧率的方法与正常停炉至冷态基本相同。

第三节　启停过程参数控制与调节

一、启动冲转参数的选择

1. 冷态启动

冲转参数是指汽轮机冲转时的主蒸汽压力和温度，对于高、中压缸联合冲转，还应包括再热蒸汽压力和温度。因为冷态启动时汽轮机的金属温度等于或接近室温，所以冲转温度不受汽轮机的金属温度限制，而主要取决于冲转压力。冲转时主蒸汽压力的选择，主要考虑从便于维持冲转参数的稳定出发，在锅炉不增加燃烧率，不进行过多燃烧调整的情况下，蒸汽产量应能满足冲转、升速、满速、带初负荷的需要，且有一定的裕量。旁路系统在该蒸汽压力下有足够的通流能力。由此要求主蒸汽压力要高一些；但是，较低的冲转压力有利于增加汽轮机进汽的容积流量和利于金属均匀加热。又希望启动冲转压力低一些。我国在役机组冲转压力的范围较宽，中小机组的冲转压力为 1.0～1.5MPa，大型机组及引进机组由于汽轮机结构的完善，在热应力允许的情况下，采用 5～10MPa 的较高冲转压力。

冲转时的主蒸汽温度，主要考虑在保证主蒸汽压力下，要有足够高的过热度，以防止末几级叶片蒸汽湿度过大，同时防止启动时因锅炉操作不当而使蒸汽进入饱和区，形成汽缸的热冲击（带有湿度的饱和蒸汽的放热系数比过热蒸汽大得多）。但是若冲转温度过高，蒸汽与汽缸内壁传热温差大，也会产生热冲击影响汽轮机寿命。此外，有一定的过热度也可以减少水滴对金属的腐蚀。一般要求蒸汽至少有 80℃ 的过热度，若以上两个原则兼顾有困难时，首先应满足过热度的要求，因为湿蒸汽引起放热系数增大的后果比蒸汽与金属温度失配所引起的后果更严重。大机组的冲转温度目前多为 330～420℃。

冷态启动时再热蒸汽冲转参数的选取原则上与主蒸汽基本相同。如某中压缸冲转的 1000MW 机组，再热蒸汽冲转压力 1.1MPa，再热蒸汽冲转温度为 380℃，过热度为 196℃。

2. 温态、热态、极热态启动

锅炉温态、热态、极热态启动关键是根据汽轮机高、中压缸金属温度来控制锅炉的过热蒸汽和再热蒸汽温度，使之互相匹配的。运行人员确定主蒸汽参数的原则是：先根据汽轮机高压内缸进口处的金属温度，增加 50～100℃ 后确定冲转温度（机前温度），然后由冲转温度按照保持不低于 100℃ 过热度的原则确定冲转压力。确定再热蒸汽温度的原则与此相仿。进入中压缸的再热蒸汽温度要比中压缸进口处的金属温度至少高出 50℃ 以上，并保证有不低于 50℃ 的过热度。

以上原则应理解为：在较高的汽轮机壁温下，若冲转时的蒸汽温度低于金属温度，转子和汽缸先受到蒸汽冷却，而后又被加热，转子和汽缸经受一次交变热应力循环，寿命损耗增加。但若蒸汽温度高于汽轮机壁温太多，又会形成热冲击。因此，只要保证冲转蒸汽的温度经调节级后仍高于高压缸壁温就可以了。至于锅炉出口的过热蒸汽温度，由于启动初期管道温度低，蒸汽流量小，相对散热较多，应较汽轮机要求的主蒸汽温度再高出 20～30℃。维持一定的蒸汽过热度选择冲转压力，则主要是为防止蒸汽在汽缸内冷凝放热。

温态、热态、极热态启动时，因为启动时中压缸进汽处的金属温度与高压缸调节级温度相近，所以要求过热蒸汽温度与再热蒸汽温度接近。以保护中压缸不受低温蒸汽的冲击。对于高中压缸合缸的机组，主蒸汽、再热蒸汽温度接近对减小接合部的热应力也是完全必要的。

二、启停过程压力、温度变化率控制

1. 冷态启动过程的升压、升温速度控制

锅炉冷态启动点火后，由于燃料燃烧放热，使锅炉各部分逐渐受热，蒸发受热面和其中锅水的温度也逐渐升高。水开始汽化后，蒸汽压力也逐渐升高。从锅炉点火直至汽压升至工作压力的过程，称为升压过程。升温过程与升压过程同时进行，升温过程包括汽包（分离器）内饱和温度（汽包壁温）的升高和锅炉出口的过热、再热蒸汽温度升高两个升温过程。这两个升温过程实际上分别是汽轮机冲转前、后控制锅炉升压速度的基本因素。

对于汽包锅炉，升压过程中汽包金属温度的变化速度取决于锅炉的升压速度，这是因为水和蒸汽在饱和状态下，温度和压力之间存在着一定的对应关系。因此对于蒸发设备而言，升压过程就是升温过程，通常就以控制升压速度来控制汽包的升温速度，这样便可控制汽包热应力在允许值以内。

压力越低，升高单位压力时相应饱和温度的增加越大。不同压力下饱和温度对压力的变化率见表1-2，在低压阶段压力的较小变化会引起饱和温度较大的变化，因而造成壁温差过大，使热应力过大。因此，开始的升压应比较缓慢。另外，在升压初期，由于只有少数燃烧器投入运行，燃烧较弱，炉膛火焰充满程度较差，对蒸发受热面的加热不均程度较大；同时由于水冷壁和炉墙温度较低，所以水冷壁内产汽量少，水流动微弱且不均匀，也不能从内部促使受热面均匀受热。因而，蒸发设备的受热面，尤其是汽包，容易产生较大的热应力。因此，升压过程的开始阶段，其变动速度应特别缓慢。

表 1-2 不同压力下饱和温度对压力的变化率

绝对压力（MPa）	0.1～0.2	0.2～0.5	0.5～1.0	1.0～4.0	4.0～10	10～14	14～21
饱和温度平均变化率（℃/MPa）	205	105	56	23	10	6.4	5.0

在升压的后阶段，虽然汽包的上下壁和内外壁温差已大为减小，升压速度可以比低压阶段快些，但由于压力升高产生的机械应力已很大，所以后阶段的升压速度也不应超过规定的升压速度。对于单元机组，由于采用的是汽轮机、锅炉联合启动，因此汽轮机的暖管、暖机、升速和带负荷也限制了锅炉的升压速度，例如通入蒸汽量（与压力相应）的快速变化将会导致对汽轮机转子的强烈加热，使差胀值超限。

由上分析可知，在锅炉升压过程中，升压速度过快，将影响汽包和各部件的安全，但如果升压速度太慢，则又将延长机组的启动时间，这是不经济的。因此，对于不同类型的锅炉，应根据其具体条件，通过试验确定启动过程的升温升压曲线，用于指导锅炉启动时的操作。

对锅炉升温过程的控制，可以汽轮机冲转为界，划分为三个阶段。在冲转以前，通常未投煤粉，由于燃烧较弱，烟气量少，过热蒸汽温度超过饱和温度的数值（过热度）不大，且过热度的变化也不大。所以过热蒸汽温度基本上受升压速度控制，蒸汽温度控制的原则只是要求冲转时满足冲转压力、冲转温度的匹配即可。若冲转时蒸汽温度还达不到规定值，则应协调汽轮机开大旁路，并加强燃烧，以提高蒸汽温度。

冲转升速过程中，锅炉基本不调整燃烧。同时，锅炉压力维持恒定即过热器进口温度不变，易于维持机前主蒸汽温度的稳定，有利于冲转升速过程中对汽轮机较缓和、均匀的加热。带初负荷后，由于给水加热系统的投入，给水温度逐渐升高，过热蒸汽温度可能会稍有增加。

冲转带初负荷以后，锅炉燃烧率大幅度增加，蒸汽温度上升较快，过热度也逐渐增大。此时的升温速度主要受汽轮机要求的限制而与汽包安全无关（汽包安全仍取决于升压速度）。过大的蒸汽温度变化速度将使汽轮机产生过大的热应力及胀差。

近代大型锅炉的平均升温速度通常为1.5～2.0℃/min，主要是通过调整燃料的投入量进行控制的，此时若升压过快，升温速度将超过上述规定值。近代汽轮机大都装有应力估算器，可随时将汽轮机产生的最大应力与规定的限制值比较，当应力裕度的最小值低于0℃时停止升负荷，以此控制升负荷速度、优化启动过程。当机组达到某一负荷（如 70%MCR）时，蒸汽温度升至额定值，蒸汽温度利用正常调温装置（如减温水）维持设计值。

对于超临界直流锅炉，厚壁部件主要是启动分离器和过热器出口联箱，其对升温升压过程的影响与汽包相似。但由于壁厚比汽包小，且启动初水冷壁安全较好（建立了启动流量）所以升压速度可比汽包炉快一些。

2. 热态启动过程的升压、升温速度控制

热态启动的特点是启动前机组金属温度水平高；汽轮机进汽的冲转参数高；启动时间短。因此锅炉点火后，应尽可能加大过热器、再热器的排汽量，迅速增加燃料量，在保证安全的前提下尽快提高蒸汽压力、蒸汽温度并增加升负荷的速度，以防止机组部件继续冷却。同时，由于被加热部件的温度高、温升幅度小，所以也允许经受较大的压力温度变化率。汽包锅炉用炉膛送风量、高低压旁路阀门、尾部烟道调温挡板等来控制主蒸汽、再热蒸汽温度；超临界直流锅炉的蒸汽温度控制方式还有煤水比。

热态启动时，由于机组金属温度高，故高、中压转子容易出现负应力，即转子表面受冷却，而中心仍是热态。转子应力为负时转子承受拉应力。拉应力比压应力对转子更为有害。因此在热态（极热态启动）时，要严密监视高、中压转子热应力的数值，一旦热应力出现负值，及时采取措施，如增加主蒸汽温度、再热蒸汽温度，增加主蒸汽流量，适当加快升负荷速率等，提高蒸汽对汽轮机转子的放热速率，尽快使负应力消失。

再热蒸汽管道容积比主蒸汽管道大，疏水多；再热蒸汽压力也比主蒸汽压力低，排汽、疏水能力差，因此当主蒸汽温度达到冲转要求时，再热蒸汽温度往往还没达到要求，此时冲转对于中压缸金属也是负温差启动。锅炉应迅速提高主蒸汽温度和再热蒸汽温度，减少金属壁面的温降幅度。为缩短启动时间，尽快达到汽轮机冲转的要求，可采取以下方法加快提升再热蒸汽温度：

（1）高压旁路后蒸汽温度在允许范围内尽量提高，从而达到提高再热蒸汽进、出口温度的目的。

（2）汽轮机冲转前即应投入制粉系统，以满足汽轮机较高冲转参数的要求。

（3）采取提高再热蒸汽温度的措施，如投用位置较高的燃烧器，将燃烧器摆角上调，适当增大过量空气系数，开大再热器烟气调温挡板或开大旁路阀，提高一次风率、适当降低再热器压力等。当影响到过热蒸汽温度时则用减温水调节。

并网后当负荷增加到冷态滑参数启动时汽轮机汽缸壁温所对应的负荷工况时，升温、升压可按冷态滑参数启动曲线进行，直到带满负荷。

某 600MW 汽包炉的冷态、热态、极热态启动升温、升压曲线对比示于图 1-7。由图 1-7可见，冲转时的参数越高，升温、升压速度越快，启动过程越短。图 1-8 是热态启动允许的温度变化率与总的温度变化幅度的关系。

3. 停炉过程压力温度变化速度控制

滑参数停炉过程中，为使汽包壁温差不超过规定数值，要求汽包内工质温度以 1℃/min左右的速度下降，相应的降压速度视蒸汽压力不同为 0.05～0.15MPa/min。开始时蒸汽压力较高，降压速度可较大，后阶段的蒸汽压力较低，降压速度应较小。主要由燃烧率控制降压速度。在蒸汽压力下降的同时蒸汽温度也会下降，蒸汽温度下降速度取决于汽轮机冷却的要求，通常过热蒸汽的降温速度约为 2℃/min，再热蒸汽降温速度约为 2.5℃/min。要控制

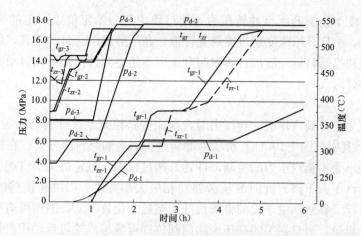

图 1-7　FW-2020t/h 锅炉不同启动状态的参数变化

1—冷态启动；2—热态启动；3—极热态启动；p_d—压力；t_{gr}—过热蒸汽温度；t_{zr}—再热蒸汽温度

再热蒸汽温度与过热蒸汽温度变化一致，不允许两者温差过大。同时应始终保持过热蒸汽温度有不低于 50℃ 的过热度，以确保汽轮机的金属安全。为此，除用燃料量和用减温水调节蒸汽温度外，还可通过汽轮机增加负荷的办法共同进行控制。

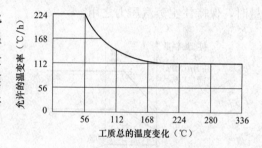

图 1-8　允许的工质温度变化率与总的温度变化幅度的关系

三、高、低压旁路的控制

（一）高压旁路控制方式

高压旁路（见图 1-2）将锅炉过热器出口的主蒸汽引入冷段再热系统。在启动阶段，它不仅是蒸汽的通道，而且也是控制升压过程的一个重要装置。在启动过程中高压旁路按三种不同的控制方式自动动作实现对蒸汽压力的调节，即启动方式、定压方式和滑压方式。

1. 启动方式（阀位方式）

启动方式是锅炉点火到汽轮机冲转前的高压旁路运行方式。锅炉点火前，应先将高压旁路的最小阀位 Y_{min} 和最大阀位 Y_{max} 设置好。例如可设置最小阀位 $Y_{min}=20\%$，最大阀位 $Y_{max}=50\%$。最大阀位 Y_{max} 的设置与高压旁路的通流能力有关，即当主蒸汽压力达到冲转值时，高压旁路的通汽量恰能满足锅炉启动时的 35%MCR 的流量需要。此外，还要设定一个最低设定压力 $p_{min}=0.4MPa$，以供开足高压旁路门阀位之用。点火后，由于主蒸汽压力 p_s 小于 p_{min}，高压旁路门被强制打开，并保持开度 $Y_{min}=20\%$，这就保证了再热器中有足够的蒸汽流量进行冷却，而不致使再热器金属过热，如图 1-9 所示。

当主蒸汽压力上升到 $p_s=p_{min}$ 时，高压旁路门将会逐渐开大以保持 p_{min} 不变，直到高压旁路门的开度达到 Y_{max} 时为止。此后随着燃料量增加，主蒸

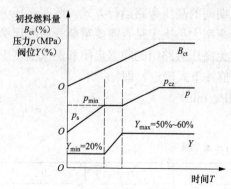

图 1-9　高压旁路启动方式

汽压力在最大开度 Y_{max} 下升压至冲转压力。此过程中压力给定值以一定的梯度（压力变化率）跟踪实际值，一旦升压速度超过控制允许值，高压旁路门会自动开启，以防止过大热应力。由于锅炉的初投燃料量一般都自然限制升压率不超过允许值，所以启动方式下高压旁路门通常不会自动开启。

2. 定压方式

当主蒸汽压力上升到汽轮机冲转压力时，高压旁路控制系统即自动转为定压控制方式，如图 1-10 所示。其中，图 1-10（a）所示为冲转过程不追加燃料的方式。在该方式下，高压旁路门开度的大小受主蒸汽压力的控制，冲转升速过程中，汽轮机调节汽阀逐渐开大使进汽量增加，机前蒸汽压力下降；此时高压旁路门相应关小开度，以维持机前的主蒸汽压力恒定，实现定压启动。显然，由于提前将阀位开大至最大位置 Y_{max}，因而可避免在冲转至带初负荷期间追加燃料量，而只靠关闭高压旁路门阀位即可满足汽轮机启动用汽量。采用这种方式，运行人员在主蒸汽压力接近和达到冲转压力时，应不再增加燃料量，并检查高压旁路门的开度在略低于 Y_{max} 的位置上，留有一定余量，以供当为提高主蒸汽温度而须继续增加燃料量时，保持住主蒸汽压力之用。

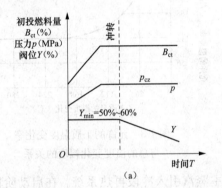 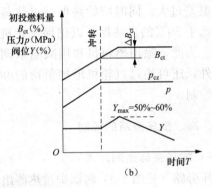

图 1-10　高压旁路定压方式
(a) 冲转过程不追加燃料；(b) 冲转过程追加燃料

图 1-10（b）为启动过程高压旁路门控制与燃料量关系的另一种状态。由于冲转压力下阀门并未开满，表明蒸汽量不足，故冲转后燃料量仍需增加，定压阶段高压旁路门先开大后关小，最大阀位 $Y_{max}=50\%$ 在冲转后达到。

3. 滑压方式

滑压方式为机组带初负荷之后直至负荷到额定值期间的高压旁路运行方式。此间高压旁路门的开度为零，其控制原理同启动方式。依据升压速率大小决定是否需要重新开启高压旁路门。为此运行人员应控制好燃烧率不可过大，以避免高压旁路门的频繁启闭和蒸汽温度上升过快。某 600MW 机组滑压升负荷时，升压率限制值按下式确定，即

$$\Delta p/\Delta\tau = 0.8F(x) \quad (\text{MPa/min})$$

系数 $F(x)$ 与负荷有关，两者的关系见表 1-3。

表 1-3　　　　　　　　　　　　　系数 $F(x)$ 与负荷的关系

负荷（%）	20	40	60	80	100
$F(x)$	0.5	0.6	0.8	1.0	1.0

（二）低压旁路控制方式

低压旁路（见图1-2）将再热器出口热段的蒸汽绕过汽轮机中低压缸直接引入冷凝器。在启动、低负荷运行及甩负荷时，低压旁路还负有保证和控制再热器压力的作用。图1-11所示为再热器压力设定值的变动以及低压旁路的运行特点的一个示例。锅炉点火后（图1-11中A点）再热器压力达到正常运行值的4％时，低压旁路门被设定一个最小阀位20％，从而保证再热器的通流量，再热器压力达到正常运行值的8％时，低压旁路门阀位开至20％并保持不变，随着蒸汽量的增加，再热器压力升高到最低设定压力（$p_{\min}$＝38％正常运行值），此时低压旁路进入定压方式（图1-11中B～G）。低压旁路门随汽量的增加而开大，维持$p_{\min}$＝38％正常运行值恒定，以满足启动过程所需要的再热器压力（如辅助蒸汽、轴封用蒸汽压力）。

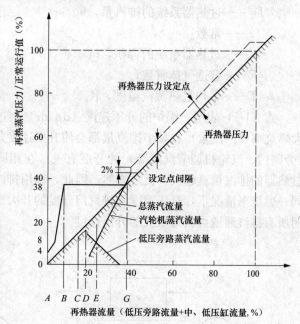

图1-11　低压旁路控制原理

在冲转和汽轮机带初负荷期间，随着进汽量的增加，高压旁路门不断关小，减小旁通汽量，为维持再热器压力，低压旁路门也随之不断关小。当中压缸负荷上升到可以接受全部再热蒸汽时，低压旁路门即关闭（相应中压缸的调节阀已全开），但再热器压力的设定值仍定在略高于滑压升压曲线的数值。此后再热器按滑压方式运行。再热器的压力定值人为地设在比滑压曲线高出2％的水平，此值加上与再热蒸汽流量成比例的滑压设定值形成设定点偏置，这一偏置能保证在升压升负荷过程中不因再热器压力的扰动而打开低压旁路门。

（三）高、低压旁路蒸汽温度控制

高低压旁路的蒸汽温度控制装置为减温减压器。高压旁路的减温水取自给水泵出口，低压旁路的减温水取自凝结水泵的出口。高压旁路的喷水量按照温度设定值控制再热器的进口温度，防止再热器金属超温。再热器进口的温度定值由操作员调整。低压旁路的喷水量按照凝汽器允许的进汽比焓值控制进入凝汽器的蒸汽温度，所需喷水量或阀位由计算确定。

四、启动参数控制分析

升压过程中，需要按照升压、升温曲线的要求协调升压、升温速度，有时是蒸汽压力等待蒸汽温度，有时则是蒸汽温度等待蒸汽压力。蒸汽压力上升速度与锅炉产生的蒸汽量和排出的蒸汽量有关。锅炉的产汽量主要决定于炉内的燃烧率，排出的蒸汽量则决定于排汽管路的阻力，如排汽门的开度大小。参数调节的分析模型如图1-12（a）所示。取过热器系统为分析系统，进、出口边界如图1-12所示。假定过热蒸汽为理想气体，蒸汽压力、蒸汽温度取平均值p、t，即出口值（集总参数）。根据能量方程和状态方程，有

$$D_1 - D_2 = c\frac{\mathrm{d}p}{\mathrm{d}\tau} \qquad (1\text{-}1)$$

$$c=V/RT$$

式中　D_1——锅炉的产汽量，kg/s；

　　　D_2——过热器系统的排汽量，kg/s；

　　　c——常数；

　　　V——过热器系统的容积，m³；

　　　R——普适气体常数；

　　　T——平均过热蒸汽温度，K。

式（1-1）表明，锅炉的升压速度（$\mathrm{d}p/\mathrm{d}\tau$）与过热器系统的进、排汽量之差成正比。增大燃烧率（产汽量）和减小排汽量都会使升压速度加快。过热器系统的排汽量 D_2 与排汽门（旁路门、汽轮机调节汽阀等）的开度有关。在相同的蒸汽压力 p 下，排汽门的开度越大，过热器的排汽量就越大，反之亦然。因此，利用排汽门的开度可以控制锅炉的升压速度。在同一燃烧率情况下，升压速度随排汽门开度的开大而减慢，随排汽门开度的关小而增大。关闭所有排汽通道可获得最大的升压速度。

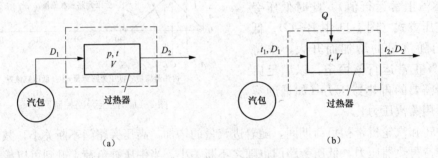

图 1-12　参数调节的分析模型

(a) 升压过程；(b) 升温过程

启动中调节过热、再热汽温的手段较多，大致可归结为燃烧调节和旁路阀门开度两类。较简化的升温数学模型如图 1-12（b）所示。过程描述方程式为

$$\frac{Q}{c_p}-(D_2t_2-D_1t_1)=\rho V\frac{\partial t}{\partial \tau} \tag{1-2}$$

式中　c_p——蒸汽比定压热容，近似取为常数，kJ/(kg·℃)；

　　　Q——过热器壁面热负荷，kW；

　　　t——平均蒸汽温度，取 $t=(t_1+t_2)/2$，℃；

　t_1、t_2——过热器进、出口蒸汽温度，℃；

　　　ρ——平均蒸汽密度，kg/m³；

　　　V——过热器容积，m³。

下面从式（1-2）分析启动中几个因素对蒸汽温度的影响。

（1）旁路门或过热器中间疏水门开度。其他条件不变时，关小阀门，过热器排汽量（式中 D_2）减小，升温速度 $\left(\dfrac{\partial t}{\partial \tau}\right)$ 增加。

（2）燃料量。其他条件不变时，增加燃料量，蒸发量和过热器热负荷均增加，设热负荷、蒸发量、排汽量均与燃料量的增加成比例，增加 μ 倍，则有

$$\mu\left[\frac{Q}{c_p}-(D_2 t_2 - D_1 t_1)\right]_0 = \rho V \frac{\partial t}{\partial \tau} \tag{1-3}$$

对比式（1-2）知，升温速度也将大致增大 μ 倍。实际上，由于热负荷的增加大于蒸发量和排汽量的增加，升温速度的增加还要快些。

（3）加负荷速度。提高燃烧率增加负荷时，燃料量增加越快，热负荷 Q 与蒸发量 D_1 的比值 Q/D_1 越大（水冷壁金属和炉墙升温需大量吸热），相当于式（1-3）中 μ 值变大，升温加快；以开大排汽门（如汽轮机调节汽阀）来增负荷时，D_2 暂时大于 D_1，由式（1-2）知，此时 $\left(\dfrac{\partial t}{\partial \tau}\right)$ 为负，蒸汽温度降低，而且汽门开启越快，温度变动也越快。

（4）炉内送风量。加大炉内送风量，同样燃料量下蒸发量 D_1 减小、过热器热负荷 Q 增加，且式（1-2）中 $(D_2 t_2 - D_1 t_1)$ 项减小，因此升温速度将增大。

（5）火焰中心高度。提高火焰中心高度，同样燃料量下蒸发量 D_1 减小，过热器热负荷 Q 增加，且式（1-2）中 $(D_2 t_2 - D_1 t_1)$ 项减小，因此升温速度将增大。

以上分析表明，凡在稳定工况下可用于提高蒸汽压力、蒸汽温度的因素，升压过程中也都可以加快升压、升温速度，反之亦然。结论是：①增加燃料量，可在提高升压速度的同时，提高升温速度；且燃料量增加越快，升温、升压越快。②关小旁路门，可在提高升压速度的同时，提高升温速度。③加大炉内送风量，升压速度减慢、升温速度增大。④提高火焰中心位置，升压速度减慢、升温速度增大。

电厂实际运行中，常将上述各手段配合使用。例如，若启动中升压过快而升温慢（热态启动时常是这样），可先开大旁路门，把升压速度降下来，同时增加燃烧率使蒸汽温度很快上升。由此可见，增加燃料量对蒸汽温度的影响，要比开大旁路门的影响大得多。

当然，正常运行中的调温手段如喷水减温、再热器调温挡板等均可用于启动过程。但需注意，通常不推荐在汽轮机冲转以前使用喷水减温，原因是过热器蒸汽流量小，流速低，减温水喷入后，可能不全部蒸发，会形成过热器管内"水塞"或平行管子之间的蒸汽量或减温水量不均，产生较大的热偏差。

五、超临界锅炉分离器水位控制

超临界直流锅炉湿态运行时，分离器储水罐的水位最终是由进、出储水罐的水量平衡所决定的，这与汽包锅炉的水位变动原理是一样的。因此，给水量的变化、燃烧率的变化、储水罐出口水量的变化以及蒸汽压力的波动等都影响储水罐水位。超临界锅炉的储水罐水位允许在一个较大的高度区间变化，水位与各流量调节阀的开度之间建立一定的函数关系，如图 1-13 所示。对于带炉水循环泵（BCP）的启动系统，湿态时水冷壁的流量由两部分组成：给水流量和再循环流量（BCP 流量）。稳定情况下给水流量在数值上应等于水冷壁蒸发量。当平衡破坏时（例如燃烧率增加，水位降低时），为维持水位应增大给水量（调节较慢），同时减小 BCP 流量（调节较快）。水系统的工质损失以开大给水旁路调节阀来平衡。水位的快速维持则以关小 BCP 泵出口流量调节阀来得到。也有机组的水位调节方式是 BCP 泵出口阀门保持一定开度不变，由给水量控制储水罐水位，但这种方式控制水位变化反应较慢。

当储水罐水位处于储水罐水位调节阀控制区域时，由该阀疏水阀控制水位。此时 BCP

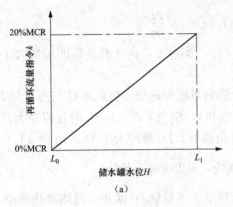

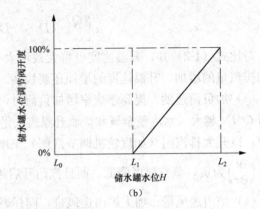

图1-13 启动分离器储水罐水位控制方式
(a) BCP泵出口调节阀调节水位；(b) 储水罐水位调节阀调节水位

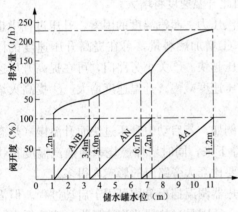

图1-14 水位控制阀特性曲线

泵出口流量阀保持全开，随着水位降低，储水罐水位调节阀关小。其水位控制原理与带大气式扩容器的系统相似。

对于带大气式扩容器的启动系统，湿态时水冷壁的流量等于给水流量。给水流量在数值上等于水冷壁蒸发量与分离器疏水量之和。从大气式扩容器损失的工质由锅炉补充水平衡。当平衡破坏时（例如燃烧率增加、水位降低时），由于疏水量减小而使水位降低。此时给水自控将维持给水量不变，疏水调节阀接受储水罐水位指令而逐渐关小，维持与阀门开度相应的水位，如图1-14所示。

第四节　启动燃烧过程

大型煤粉锅炉的燃烧方式主要有直流燃烧器四角布置切向燃烧和旋流燃烧器前后墙布置对冲燃烧两种方式。燃煤粉的锅炉在点火和启动初期燃用轻油或重油以稳定燃烧，带上一定负荷后再逐步投燃煤粉，最后停止燃油全部燃用煤粉。在低负荷时也用燃油助燃以稳定燃烧。近年来，国内部分电站锅炉用节油点火装置（等离子体点火燃烧器或微油点火燃烧器）部分或全部地取代油燃烧器，执行锅炉启停中的点火和低负荷稳燃的任务。

锅炉启停过程由点火程序控制、燃烧自控、炉膛安全保护等装置确保安全经济启动和正常运行。

一、炉膛通风吹扫

无论在何种情况下点火，必须先对炉膛进行通风清扫，除去炉内可能存在的可燃质后才能引燃点火。对于煤粉炉，点火前还应该吹扫一次风管道。

清扫风量和清扫时间的确定原则如下：

（1）清扫延续时间内的通风量应能对炉膛进行 3～5 次全量换气。其间关系为

$$\tau=（3～5）\frac{V_1}{Q} \tag{1-4}$$

式中　τ——清扫延续时间，s；

　　V_1——炉膛容积，m³；

　　Q——通风体积流量，m³/s。

（2）通风气流应有一定的速度或动量，能把炉内最大可燃质颗粒吹走。

（3）清扫通风与点火通风衔接，把操作量减到最少。

我国运行规程及美国 ASME 指出：清扫通风量大致在 25%～40%MCR 范围内，清扫延续时间不小于 5min。大型锅炉都设置了通风闭锁，若通风时间不足或通风量低于额定值通风量的 25% 时，下一点火程序不能启动。进行通风清扫时，将燃烧器各风门置于点火工况规定的开度位置，启动引风机、送风机，建立清扫通风量，调整炉膛负压，调节辅助风挡板，使得大风箱与炉膛间的差压控制为要求值，对炉膛、烟、风道进行吹扫。清扫完毕即行点火。

二、油燃烧器（节油点火装置）的投入

（一）油燃烧器的投入

1. 点火

大容量锅炉目前多采用二级点火方式，即高能燃烧器先点燃油枪（轻油或重油），油枪再点燃煤粉燃烧器（主燃烧器）。油枪在启动中用于暖炉及引燃煤粉，低负荷下用于稳燃。点火前须将燃油和蒸汽的压力、温度调至规定值，这是保证燃油雾化良好、燃烧正常的关键条件。

点火后 30s 火焰监测器扫描无火焰，则证实点火失败，点火顺序控制系统在自动关闭进油阀后退出油枪，处理后重新点火；炉膛熄火后重新点火，则先进行炉膛通风清扫。

点火后要注意风量的调节和油枪的雾化情况。正常运行时油火焰应稳定无闪烁，颜色白亮，不冒黑烟，雾化角合适，油枪火焰无偏斜。若火焰呈红色且冒出黑烟，说明风量不足，尤其是一次风（根部风）量不足，需要提高一、二次风量；若火星太多或产生油滴，说明雾化不好应提高油压、油温和蒸汽压力，但油压太高会使着火推迟。

在锅炉点火过程中启动引送风机、一次风机或排粉机时，自控系统均先关闭它们的出、入口挡板，进行空载启动，目的是将启动电流及其持续时间减至最小。当风机转动起来后（如 40s 后），全开出口挡板和逐渐开启入口挡板，调节风量到需要值。

2. 点火过程配风

现代大型锅炉点火配风推荐"开风门"清扫风量点火方式，即所有燃烧器风门都处于点火工况开度，通风量则为清扫风量（25%～40%MCR 风量）。采用"开风门"清扫风量点火配风方式有如下好处：

（1）初投燃料量通常都小于 30%，炉膛处于"富风"状态，能充足提供燃烧所需氧量。

（2）每个燃烧器的风量都是 MCR 风量的 25%～40%，对点火的燃烧器而言，处于"富燃料"状态，有利于燃料稳定着火。

（3）炉膛处于清扫通风状态，能不断清除进入炉内未点燃的可燃质，防止它们在炉内积存。

（4）点火时的燃烧器风门开度、风量都是清扫工况的延续，使运行操作量减至最少。

对于布置旋流燃烧器的炉膛，各燃烧器之间的配合形成空气动力场远不及四角布置直流燃烧器，因此在"富燃料"点火后，仍需要调整风量至正常配风工况，如开大已点燃的燃烧器风门，关小未点燃的燃烧器风门。

3. 油枪投入方式

投用油枪应该由下而上逐步增加，从最低层开始。这有利于降低炉膛上部的烟气温度，并且每层油枪投入时都接受其下层油枪的引燃，着火较快。热态启动时，引燃不成问题，为保持蒸汽参数也可优先投运上层油枪。

投油枪方式，对切圆燃烧锅炉，根据升温、升压控制要求，可一次投同一层四支或一次投同层对角两支，定时切换。对角投入两支是燃烧器投入的最好方式，不仅炉温均匀，且两角互相点燃、利于着火稳定。定时切换则是为了均匀加热炉膛及水冷壁，减轻烟气偏流，保护受热面。切换原则一般为"先投后停"。对冲或前墙布置燃烧器锅炉，可一次投同一层所有油枪或一次投同层间隔油枪，均应顺序对称投入。

根据炉膛温度水平，启动初期应先投燃易于着火的轻油，当炉温达到一定值后，可投用重油停轻油。在燃烧稳定的前提下，应尽可能早投重油，节约轻油，降低燃料费用。

4. 初投燃料量

启动初期，油枪逐步投入，稳定在一个燃料量后即不再增加，直至投粉，称此燃料量为初投燃料量。确定初投燃料量时应考虑：

（1）点火时炉膛温度低，应有足够燃料量燃烧放热，以稳定燃烧；

（2）增大初投燃料量有利于及早建立正常水循环，缩短启动时间；

（3）初投燃料量应适应锅炉升温、升压的要求；

（4）初投燃料量应保证汽轮机冲转、升速、带初负荷所需要的蒸汽量，尽可能避免在汽轮机升速过程中追加燃料量影响汽轮机的升速控制。

在安全运行前提下权衡以上诸因素，一般初投燃料量为 10%～20%MCR。自然循环锅炉由于汽包升压速度限制，初投燃料量小于超临界直流锅炉。

若启动系统为一级大旁路，在汽轮机冲转之前，再热器内没有蒸汽通过，其管壁温度可能等于或接近管外烟气的温度。因此在这段时间内，应严格控制炉膛的出口烟气温度，不得超过限制值（一般规定为 540℃）。即使是二级旁路系统，为防止过热器水塞和蒸汽流量过小引起金属超温，启动初期也应控制燃料量，限制炉膛的出口烟气温度。

（二）节油点火装置的投入

1. 等离子点火

与油燃烧器不同，等离子体点火燃烧器启动时要同时通粉。对中间储仓式系统，煤粉由粉仓、给粉机提供。第一只等离子发生器引弧成功后，启动给粉机，调整给粉机转速和一次风速，保持燃烧稳定。投煤粉至稳定着火的时间，应不大于 30s，否则应立即停止给粉。对直吹式系统，则须在冷炉条件下，启动至少一台磨煤机。冷炉启磨需要的热一次风由邻炉提供或者本炉冷风蒸汽加热器提供。热一次风参数满足启动工况要求时进行暖磨，暖磨后启动等离子发生器。待一次风温达到规定值（如 160℃）才允许启磨投粉。投煤粉至稳定着火的时间，应不大于 180s，否则应立即停止给粉，必要时停止等离子发生器查明原因后重新启动。

点火期间由于炉温低、相邻燃烧器之间的支持力度不够，当煤挥发分低，出现等离子发生器火焰不稳定的时候，要及时将小油枪投入运行，稳定燃烧。可以适当调整等离子的功率，再次对等离子进行点火。等离子火焰稳定后，可以退出油枪运行。

机组首次投用等离子之前，应要做好煤粉细度调试和磨煤机通风平衡试验。并投用油枪稳燃，待确认各等离子系统各项运行参数达到要求后，再退出油枪运行。

煤仓上煤时，先启动的磨煤机煤仓应尽可能安排较高挥发分的煤种，以利于等离子的着火和引燃。

2. 初投燃料量与配风

等离子燃烧器应按磨煤机最低出力投粉，若因此导致燃烧率偏大，机组升温、升压速度过快，可适当减小磨煤机的最低出力。等离子燃烧器的初投燃料量宜控制在20%MCR左右，这样既有利于着火，也可以有效避免在点火初期投入过多的燃料，造成升压、升温速度一时难以控制。

启磨投粉后的相当一段时间内，二次风仍然无法利用烟气进行加热，进入炉膛后可能会降低燃烧区温度，使煤粉无法充分燃烧。为此，应谨慎控制二次风与一次风的混合，强化煤粉前期燃烧。尽可能在二次风大量掺入之前完成大部分的燃烧过程，这样同时可以提高局部炉温。

等离子燃烧器稳定着火后，根据机组升温、升压曲线要求，在等离子燃烧器金属不超温的前提下，逐渐将其出力加到最大（一般为正常运行主燃烧器的80%）。在炉温达到一定水平后（注意与之对应的负荷），尽早投入其他主燃烧器，以迅速提升炉温，减少等离子启动期的燃烧损失。初期的燃烧应适当增加磨煤机分离器转速，降低一次风速，以促进着火。若分隔屏过热器金属超温，可调整燃尽风开度，降低火焰中心。与等离子燃烧器相应的送风量应恰当控制，风量过大会导致燃烧温度低燃烧不稳，过小则未燃烧煤粒增加，进入空气预热器后易引起堵灰或二次燃烧。可借助炉膛氧量控制送风量，与正常运行相比，等离子投入时的氧量一般需要更大一些。

3. 主煤粉燃烧器的投入

在投入其他主燃烧器时，应以先投入等离子燃烧器相邻上部主燃器为原则，并原地观察实际燃烧情况，合理配风组织燃烧。待锅炉负荷升至最低稳燃负荷以上，将等离子点火模式切换至等离子稳燃模式，依次停用等离子发生器，锅炉转入正常运行。

与油燃烧器相比，由于煤粉燃尽时间较长，造成水冷壁区域辐射吸热量明显减少，启动初期可能出现蒸汽温度升高快、蒸汽压力提升慢，易引起分割屏过热器出口超温，应注意调整燃烧。整个点火启动期间应加强对空气预热器的吹灰，防止空气预热器产生二次燃烧。

4. 微油点火燃烧器点火

微油点火燃烧器（如气化小油枪）用于燃用挥发分较低的煤种，其点火程序与等离子燃烧器基本相同。气化小油枪点燃煤粉的能量有限。在机组并网后，要特别注意锅炉主要参数的变化速度。当支持微油燃烧器的磨煤机的给煤量带至一定值时，若进一步增加给煤量，锅炉的主要参数上升缓慢，说明此时给煤量已经超过了该层微油点火燃烧器的最大引燃煤粉能力，继续增加给煤量的结果只是使炉内未燃尽煤粉增加，而总燃烧率增加不多。这对锅炉安全运行十分不利。

近年来不少电厂在微油点火燃烧器系统中安装了富氧点火装置，实现了节约启动用油、提高煤粉燃尽率和启动期间除尘装置的安全投入。

三、煤粉燃烧器投入与调节

1. 投粉时机的确定

煤粉的燃烧为非均相燃烧，其着火条件差，点火所需热量一方面来自炉内辐射，另一方面来自极高温烟气的对流冲刷与掺混。故投煤粉的时间主要取决于炉温水平。

油枪（或节油点火装置）点燃且运行一段时间后，待过热器后的烟温和热风温度提升到一定数值之后，可启动制粉系统、投入煤粉燃烧器。一般要求锅炉带 20％以上的额定蒸汽负荷（有相应的燃料量），并要求热空气温度在 150℃以上，才允许主燃烧器投粉。对于较差煤质，则投粉最低负荷和热空气最低温度的数值还要更高些。不同锅炉要求的投粉时间各不相同，确定投粉时机时主要应考虑以下因素。

（1）煤粉气流的着火稳定性。如果燃煤的挥发分较高，可以早些投粉，否则应晚些。如果热风温度与炉膛出口温度相比上升较快，且已超出规定值（如 150℃）较多，此时即使炉膛出口温度未达到规定值，亦可伺机投粉。我国近年来普遍采用浓淡分离型的煤粉燃烧器，具有很好的稳燃性能，也使投粉的时机提前。

（2）对蒸汽温度、蒸汽压力的影响。煤粉燃烧器的投入，大大提高了炉膛燃烧率，而且煤粉的燃尽时间也大于油，因此使火焰中心位置提高，锅炉升压、升温速度有较显著的加快。投粉一般选择在机组带上部分负荷，锅炉所产蒸汽已可经汽轮机泄放之后进行。这样可使蒸汽压力、蒸汽温度的上升速度更便于控制。

（3）经济性考虑。早投粉可以节省燃油、降低启动费用。但若投粉过早，则由于炉温尚未升高，煤粉燃烧很慢，炉膛出口飞灰可燃物较大会造成很大燃烧损失。还可能带到尾部受热面形成二次燃烧。需要比较燃烧损失与燃油量增加的得失。

（4）安全性考虑。某超临界锅炉投运初期曾发生过由于重油枪油量达不到设计值，产汽量过少使过热器内部汽量分配不均，而造成局部蒸汽温度偏高。后经过摸索得出应早投磨煤机的结论。

随着负荷增加需要增投一台新磨煤机时，若为直吹式系统，可能会对炉内燃烧有一个冲击，使低温过热器和前屏过热器金属短时超温，这种情况投磨前最好压低升负荷率或不升负荷，在此条件下投磨煤机有利于过热受热面的安全。

总之，就一台具体的锅炉，要综合考虑以上诸因素，并结合运行经验，选择合理的投粉时间。

2. 制粉系统启动

制粉系统（或主燃烧器）投运前均要求足够的点火能量支持，即与待投运制粉系统（或主燃烧器）对应的油枪（或节油点火装置）已先期投入并正常燃烧。待负荷升高到最低稳燃负荷以上某一值后，高的炉温足以支持主燃烧器点火燃烧时，则可以取消启停磨煤机（或主燃烧器）必伴随投油（或节油点火装置）的条件。

中间储仓式制粉系统磨煤机磨制的煤粉送入煤粉仓，其乏气作为一次风或三次风送入炉膛。冷态启动前应充分暖磨以减少磨煤机简体的热应力。启动排粉风机，保持磨煤机入口负压为 100～200Pa，以磨煤机入口热风门开度来控制磨煤机出口温度，使其均匀上升。当磨煤机出口温度达到规定值后，启动磨煤机和给煤机进行制粉，同时调节给煤量和通风量（包括再循环风量），使制粉系统转入正常运行状态。给粉机的启动应注意煤粉仓粉位的高低，一般在粉位大于 3m 才允许启动给粉机，这不仅可确保有足够的煤粉量供燃烧之用，还使给粉机进口有一定的粉位压头、给粉机给粉稳定。

直吹式制粉系统磨煤机磨制的煤粉直接送入炉内燃烧，故炉膛允许投煤粉燃烧时才可启动制粉系统。启动时按照启动密封风机、一次风机、暖磨、启动磨煤机、启动给煤机投煤等顺序进行。对于 RP 型中速磨或 HP 型中速磨，给煤机启动初期应控制给煤量，如初期给煤量设定值太大，则磨煤机出口煤粉变粗，石子煤量剧增。如初期给煤量设定值太小，则磨辊与磨碗间的煤层太薄，磨煤性能变差且磨煤机易振动；对于 MPS 型中速磨，因为空载时磨辊与磨碗之间没有间隙，所以应待磨辊与磨碗间有煤咬入后，才可启动磨煤机。

制粉系统在启停过程中，磨煤机出口温度不易控制，应注意防止因超温而发生煤粉爆炸事故。当启动磨煤机时，必须将其相应的燃烧器煤粉点火装置投入，以保证每个煤粉燃烧器投运时，煤粉能迅速稳定地着火和防止局部爆燃。对于直吹式系统，当磨煤机台数增加时（负荷增加），应考虑煤粉引燃和稳定燃烧。推荐启动相邻层的磨煤机，以逐步增加送入炉内的煤粉量。

3. 投粉后的调整

投粉后应及时注意煤粉的着火情况和炉膛负压的变化。如投粉不能点燃，应在 5s 之内立即切断煤粉。如发生灭火，则先启动通风清扫程序，吹扫 5min 后重新点火。在油枪投入较多而煤燃烧器投得较少的情况下，这种监视尤为重要。若投粉后着火不稳，应采取调节风粉比及一、二次风比的方法来加以改善。

在投粉初期，风粉比一般应控制得适当小些，这样对着火有利。燃料风与辅助风应同时调整，不使着火点过远。为了保证投粉成功，应保持较高的煤粉浓度，尤其对挥发分低、灰分高的煤更是如此。但最初给煤量总是较小的，而为保持一次风管内的最低一次风速，一次风量又不能太少，为解决这一矛盾，启动时应视需要关闭煤粉喷口的燃料风（周界风）门；对于直吹式制粉系统，可采用暂停一次风的办法，让磨煤机内积聚了一些煤粉后，才开始喷粉。

煤粉投入程序，不论直流式燃烧器还是旋流式燃烧器，均应遵循顺序点燃的规律，如投入一层燃烧器应该投最底层的；如投入两层燃烧器应该先投最底层的再投上层的燃烧器。每层先投对角两个燃烧器再投另一对角两个燃烧器。每投一个煤粉燃烧器，要配合调整一、二次风，监视炉膛负压和氧量值，观察炉内燃烧情况，密切注意火焰检测器信号。投入一个煤粉燃烧器后，确认着火稳定、燃烧正常，才许可投入另一个煤粉燃烧器。

直流燃烧器最初投粉时，在投用燃烧器的上方或下方，至少有一层油枪在工作，即始终用油枪点燃煤粉。随着机组升温、升压过程的进行，由下而上增加煤粉燃烧器。当负荷达到 60%～70% 时可根据着火情况，逐渐切除油枪。

热态或极热态启动时，在锅炉尚未起压以前，尽管过热器、再热器内无蒸汽流过，但炉膛温度可能已经很高，此时必须注意监视炉膛出口温度在 540℃ 以下，以保护过热受热面。

四、油燃烧器的退出

当机组并网后，可视锅炉负荷和炉温情况，逐步切除油枪。切除油枪时应先增加该段油枪所在层的磨煤机（或给粉机）出力至较高值，以提高煤燃烧器出口区域温度。稳定后，将该段油枪关闭。为稳定燃烧，油枪应逐层切除。

油枪切除过程有一个煤、油混烧的过程。经验表明，该过程往往易导致炉膛出口以后受热面的积粉和二次燃烧，因此在燃烧允许的情况下应力求减少煤、油混烧过程延续的时间。

在切除油枪后应注意监视油压变化，在油压自动不能投入情况下，停运一段油枪后会发生油压波动，须手动调整油压；此外切除过程中注意是否进行了吹扫，如因故障而未进行，则必须人工进行吹扫。

五、某些启动阶段的燃烧率控制

1. 汽轮机冲转阶段

冲转阶段要求机前蒸汽压力、蒸汽温度维持稳定。此时锅炉应尽可能避免大的燃烧调整，尤其应避免启停磨煤机的操作。从能量平衡角度来看，当锅炉的输入能量（燃料量）与输出能量需求（冲转至全速或带初负荷）一致时，锅炉稳定蒸汽参数的条件是最好的。如果输入能量与输出需求产生差异，就将引起蒸汽压力、蒸汽温度变化及相应的调整发生。启动过程的调节规律表明，由于燃烧系统的延迟，当能量输入超过输出时，紧接的调整往往是输出超过输入。调整的动作越剧烈，参数的波动越大，严重时导致汽轮机转子收缩，负差胀超限，启动中止。

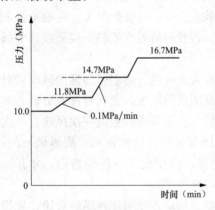

图 1-15　锅炉洗硅过程

2. 汽包锅炉的洗硅

随着蒸汽压力的升高，蒸汽的性质与水接近，其溶盐能力迅速增强。为控制蒸汽品质必须越来越严格地限制炉水中的含硅量。为此，启动中安排几个不同的压力段进行锅水的定压排放，称为洗硅。某600MW 亚临界机组锅水中允许的 SiO_2 浓度与汽包压力的关系见表 1-4。锅炉洗硅过程的一个实例如图 1-15 所示。当压力升至第一压力段（10MPa）时，在该压力下洗硅，待根据化学分析，炉水含硅量达到第二压力段（11.8MPa）的标准时，继续将压力升至第二压力段，重复以上洗硅过程。图 1-15 中的几个压力段分别为 10、11.8、14.7、16.7MPa。在此过程中锅炉则应进行相应的燃烧率控制。

表 1-4　　　　　　　　　　锅水中允许的 SiO_2 浓度与汽包压力的关系

汽包压力（MPa）	2.0	4.0	8.0	10.0	12.0	16.0	18.0
允许的 SiO_2 浓度（mg/L）	60	25	3.5	1.4	0.7	0.25	0.08

3. 超临界直流锅炉的"转态"

直流锅炉从启动分离器"湿态"运行转入"干态"纯直流运行时，是燃烧率控制的一个关键阶段，该阶段控制不当，很容易引起水冷壁出口温度和主蒸汽温度的大幅度波动。这是因为"转态"前燃料量的过多或过少，由于启动分离器水位的存在，对过热蒸汽温度的影响并不十分严重。一旦分离器进入纯直流运行，如果燃料量不能立即与当时的给水流量相一致，即煤水比失调时，将造成主蒸汽温度的较大变化。因此，当启动分离器失去汽包作用后，应保持给水流量不变，通过调整燃料量，达到并控制适当的中间点温度，然后保持恰当的燃料量与给水量的比例，并辅以减温水调节维持主蒸汽温度稳定。

六、停炉时的低负荷燃烧

正常停炉时，对于中间储仓式制粉系统锅炉，随着负荷的降低，粉位逐渐降低。在粉位比较低的情况下，给粉机下粉是否均匀，是停炉过程中燃烧是否稳定的一个重要因素。此时应经常测量粉位，根据粉位偏差及时调整给粉机的负荷分配，使煤粉仓粉位均匀下降。

随着燃烧率的减少相应减少给粉机的台数。此时煤粉燃烧器要尽量集中，而且对称运行。运行的给粉机的台数越少，则应保持越高的转数，这种运行方式也是在低负荷情况下使燃烧稳定的一个具体措施。

切除燃烧器的顺序应按照从上到下的原则依次切除，以保持燃烧稳定，除非对蒸汽温度等另有要求；对于直吹式制粉系统，随着各给煤机给煤量的减少，应同时减少相应的风量，使一次风粉浓度保持在不太低的限度内，以使燃烧稳定。为防止蒸汽压力波动过大，在停一组制粉系统的操作时，要注意其他制粉系统操作的配合，停止减负荷。待磨煤机切除后再以原来降负荷的速度继续降低负荷。

低负荷下，为保持入炉热风温度高一些，可调整暖风器的出口风温，或投入热风再循环，并投入点火油枪，以稳定燃烧并减缓低温受热面的腐蚀、堵灰。为防止燃烧不稳，应注意限制炉膛氧量不使过大，以维持较高炉温。

随着负荷的降低，燃料量和风量随之逐渐减少，当负荷降到30%以下后，送风量维持在35%左右的吹扫风量，直至停炉该风量保持不变。

第五节　锅炉启停过程的安全监督

一、汽包与分离器

汽包锅炉的汽包和超临界锅炉的分离器均为单向受热的厚壁部件，在启动过程中将产生很大的启动应力。锅炉启停必须严格控制压力变化的速度，很主要的一个原因就是考虑汽包（分离器）的安全。

（一）汽包启动应力

锅炉在启动、停运与变负荷过程中，汽包金属将出现下述几种应力。

1. 汽包机械应力

汽包机械应力是指由汽包内的工质压力引起的金属应力，这个应力在任意点三个方向均为拉应力，且均与汽包内压力成正比。图 1-16 表示了汽包切向拉应力与汽包内介质压力的关系。由图 1-16 可见，随着蒸汽压力的升高，汽包机械应力将越来越大。

2. 热应力

热应力又称温差应力。是由于不同部位金属在不同温度下其体积变化受到限制时而产生的应力。启动热应

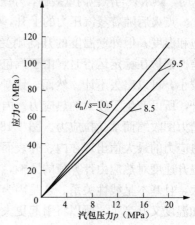

图 1-16　汽包切向应力与汽包
内介质压力的关系
d_n—汽包内径；s—壁厚

力主要是由汽包的上、下壁温差和内、外壁温差引起的。

（1）上、下壁温差引起的热应力。在锅炉进水和锅炉升压过程中都将出现汽包上、下壁温差。锅炉进水时，水总是先与汽包下壁接触，然后逐渐升高与上壁接触。这样壁温就是下高上低。汽包下壁受压而上壁受拉。汽包起压后，上、下壁温差转而为上高下低。这是因为汽包上部空间为汽、下部为水，都对汽包壁进行单向传热。但蒸汽对汽包上壁的放热为冷凝相变换热，而水对汽包下壁的放热为微弱的对流换热，放热系数差别很大，前者比后者要大2～3倍。因此汽包上壁的受热要比下壁受热剧烈得多，使汽包上壁温度上升很快，因而造成汽包上、下壁产生温差。升压速度越快，饱和温度增加越快，汽包上、下壁温差就越大。

汽包下壁的应力状态由受压转为受拉经历一次应力循环。由于启停一次应力变化的幅值与最初的压应力有关，而应力循环幅值大小会影响汽包的低周疲劳寿命，所以启动前进水时应限制进水温度和时间，尽可能减小上、下壁温差。

当汽包上部壁温高于下部壁温时，汽包有产生弯曲变形的倾向，如图1-17所示。这时由于上壁温度高，膨胀量大，并力图拉着下壁一起膨胀；而下壁温度低，膨胀量小，并力图阻止上壁的膨胀。因而汽包上壁受压缩应力，下壁则受拉伸应力。但是，与汽包连接的很多管子将约束汽包的自由变形，这样就产生很大的附加应力，严重时可能会使联箱、管子弯曲变形和管座焊缝产生裂纹。

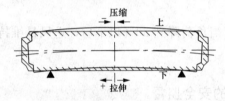

图1-17　汽包在上、下壁温差作用下的变形

为降低汽包上、下壁温差，国外有的锅炉在汽包结构上有所更新。如美国CE公司、德国BABCOCK公司均在其300～1000MW级锅炉汽包内安装了与汽包同长度的弧形衬板。因为上升管汇集来的汽水混合物由汽包的中上部进入，经环形夹层向下流动，所以上汽包壁也有相当部分面积与水接触，汽包上壁的冷凝放热影响相对减弱。但由于冲刷汽包上壁的水速较高，上、下壁温差还是存在，但允许的饱和水温升率要大得多。

（2）内、外壁温差引起的热应力。汽包内、外壁温差出现于锅炉进水和锅炉升压过程中。进水时，热水只与汽包内壁接触，外壁接受内壁热流故其温度低于内壁，产生内、外壁温差。

点火后随着蒸汽压力的上升，饱和温度也升高，同水和蒸汽接触的汽包内壁温度接近于饱和温度，但外壁温度的升高则受到金属导热及壁厚的限制，因而造成内、外壁之间的温差。锅炉在稳定运行时，由于汽包的导热系数λ很大，所以汽包壁内的温差较小，热应力也较小，可以略去不计。然而，锅炉在启停或变负荷过程中，由于汽包内的介质温度不断上升，所以产生了较大的热应力。内壁温度高，膨胀受阻而承受压应力；外壁温度低，相对内壁力图收缩而承受拉应力。图1-18（a）表示了启动中汽包内外壁温的分布情况，由图可见，热应力的最大值出现在内、外表面处。图1-18（b）、（c）表示了内、外壁温差与汽包内介质温升速度对热应力计算值的影响，如图所示，升压速度越快，汽包内、外壁温差及热应力越大，且基本呈线性关系。这是因为在很快的介质温升速度下，内壁热量未及时传给外壁，饱和温度又升高了，所以将引起更大的内、外壁温差。由于汽包内的饱和温升始终伴随升压过程，所以在整个升压过程中，汽包内、外壁温差始终存在。

汽包壁温差的最大值通常出现于启动之初。其原因：一是启动之初，水循环弱，水扰动小，汽包下半部与几乎不动的水接触传热，使汽包下部金属升温慢；二是因为低压阶段压力

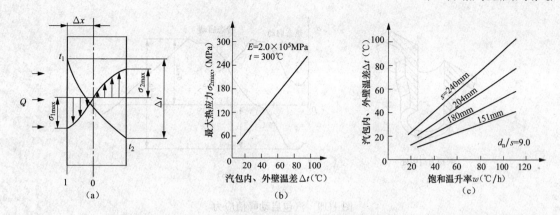

图 1-18 壁温差、热应力、饱和温升率关系

（a）壁温及热应力分布；（b）最大热应力与内外壁温差的关系；（c）内外壁温差与饱和温升率关系

E—弹性模量；t—汽包内介质温度

不大的变化会引起饱和温度的很大变化，即引起炉水和蒸汽温度较大的变化，使水、汽对汽包壁的放热量也相应发生较大变化。加大了汽包的上、下壁温差和内、外壁温差。

3. 附加应力

附加应力是指汽包与内部介质重量引起的应力，其数值与以上两种应力比较要小得多。

4. 峰值应力

锅炉启停过程中汽包的内压力产生机械应力，汽包壁温不均产生热应力，还有附加应力，它们叠加以后产生总应力，最大局部总应力点称为峰值应力 σ_f。汽包顶部机械应力和上、下壁温差热应力方向相反，相互减弱；汽包下部机械应力和上、下壁温差热应力方向相同，相互增强。再叠加内、外壁温差引起的热应力及应力集中的作用，峰值应力常出现在大直径下降管孔附近如图 1-19（a）所示。其大小可按式（1-5）计算，即

$$\sigma_f = 3.3 \frac{pD}{2s} + 2.0 \frac{E(t)\alpha(t)}{1-\mu} \Delta t_{nw} - 1.0 \times 0.3 E(t)\alpha(t) \Delta t_{sx} \tag{1-5}$$

$$\Delta t_{nw} = t_w - t_n$$

$$\Delta t_{sx} = t_s - t_x$$

式中　　3.3——孔边机械应力的应力集中系数；

　　　　2.0——内、外壁温差热应力的应力集中系数；

　　　－1.0——上、下壁温差热应力的应力集中系数；

　　　　0.3——温度沿周界的分布系数；

　　　　p——汽包内介质压力，MPa；

　　D、s——汽包平均直径、壁厚，m；

$E(t)$、$\alpha(t)$——汽包金属的弹性模量、线膨胀系数，30CrMo 钢的 E 和 α 见表 1-5，MPa、m/(m·℃)；

　　　　μ——泊松比，$\mu = 0.25 \sim 0.33$；

　　　Δt_{nw}——汽包内、外壁温差，℃；

　　　Δt_{sx}——汽包上、下壁温差，℃。

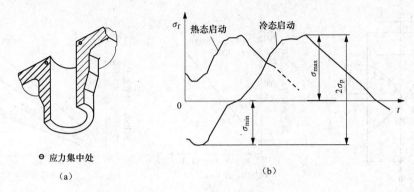

图 1-19　汽包启动峰值应力

（a）大直径下降管孔边最大应力；（b）启停循环峰值应力曲线

表 1-5　　　　　　　　　　　　　　30CrMo 钢的 E 和 α

名称	20℃	100℃	200℃	300℃	400℃
E（$\times 10^5$ MPa）	2.18	2.16	—	2.05	1.95
α [$\times 10^{-6}$ m/(m·℃)]	—	13.3	12.6	—	13.9

实际上，汽包上下壁温差、内外壁温差都是汽包升压速度 $\mathrm{d}p/\mathrm{d}\tau$ 和上升管口工质质量流速 ρw 的函数，即

$$\sigma_f = f(p, \mathrm{d}p/\mathrm{d}\tau, \rho w) \tag{1-6}$$

式（1-6）表明，启动过程汽包峰值应力 σ_f 的大小决定于汽包内压力、压力变动率及循环流速。某 1000t/h 亚临界压力自然循环锅炉进行启停峰值应力试验表明，在控制汽包壁温差情况下，汽包峰值应力在 $-325 \sim +380$MPa 之间变化。其最大负应力出现在冷态启动的初期，最大正应力则出现在汽包压力的最高值区域。

汽包峰值应力是局部应力，当它超过材料的屈服极限 σ_s 时，将引起应力再分配，最大只能达到 σ_s，这在稳定压力下对强度是无害的，但在交变应力作用下，可能产生疲劳裂纹，并终致酿成元件泄漏。

（二）低周疲劳破坏

汽包金属在远低于其抗拉强度 σ_b 的循环应力作用下，经过一定的循环次数之后会发生疲劳裂纹以至破裂，这种现象称为低周疲劳破坏。达到低周疲劳破坏的应力循环总次数称为寿命，运行中应力循环次数占寿命的百分数称寿命损耗。

ASME 设计疲劳曲线如图 1-20 所示，纵坐标为循环应力幅值 σ_p（最大峰值应力与谷值应力差之半），横坐标为出现裂纹的循环次数 N，即寿命。在不同的 σ_p 作用下，汽包的寿命损耗率按式（1-7）计算，即

$$\beta = \frac{n_1}{N_1} + \frac{n_2}{N_2} + \cdots + \frac{n_n}{N_n} \tag{1-7}$$

式中　n_1、n_2、$\cdots$、n_n——各种应力循环的实际循环次数；

N_1、N_2、$\cdots$、N_n——与各应力循环峰值应力相应的寿命，由低周疲劳曲线查得。

汽包允许的最大寿命损耗率为 $\beta \leqslant 1.0$。若汽包材料的弹性模量 E 与 ASME 曲线给定值不同，则应由式（1-8）修正应力，即

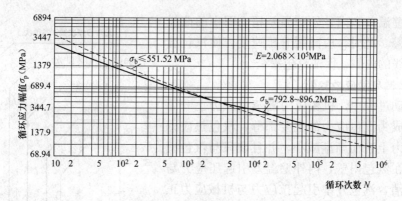

图 1-20 ASME 设计疲劳曲线

$$\sigma_{p1} = \frac{E_{SDT}}{E}\sigma_p \tag{1-8}$$

式中　σ_p、σ_{p1}——修正前、后的循环应力幅值，MPa；

　　　　E_{SDT}——ASME 曲线给定的弹性模量，MPa；

　　　　E——使用材料的弹性模量，MPa。

根据式（1-7），锅炉启停或升降负荷一次的应力循环所产生的寿命损耗率为寿命的倒数，峰值应力（应力幅）越小，N 值越大，一次应力循环的寿命损耗率越小。例如，在 σ_p 分别为 345MPa 和 200MPa 两种情况下，由图 1-20 可查得寿命分别为 5000 次和 40000 次，相应寿命损耗为 0.02% 和 0.0025%。由此可见，为减小启停过程对汽包低周疲劳寿命的损伤，必须严格控制汽包壁温差和峰值应力幅值。

（三）启停过程汽包壁温差的监视

为保护汽包，整个启停过程必须不断监视汽包上、下壁温差以及内、外壁温差。为此，在大型锅炉的汽包壁上，安装若干组温度测点。由于汽包内壁金属温度不能直接测量，所以常以饱和蒸汽引出管外壁温度代替汽包上部的内壁温度，以集中下降管外壁温度代替汽包下部的内壁温度。在监护和控制温差时，按以下方法计算壁温差：以最大的引出管外壁温度减去汽包上部外壁最小温度，差值即为汽包上部内、外壁最大温差；若减去汽包下集中下降管外壁最小温度，差值即为汽包上、下内壁最大温差；同理也可计算得到汽包下部内、外壁最大温差等。有的锅炉还引入汽包的压力等数据对上述计算进行修正。

以前国内机组对汽包上、下壁温差和内、外壁温差启动中最大允许值，均控制在 50℃ 以内，这个限制主要是鉴于对启动过程中汽包金属的温度分布规律还不能充分掌握，所以理论上对它的热应力尚不能精确地计算，同时也考虑到损伤汽包的严重性。实践证明，温差只要在此范围内，产生的附加热应力不会造成汽包损坏，是偏于安全的。近年来引进机组对汽包壁温差的控制普遍较宽，如 FW 公司的 2020t/h 自然循环汽包炉，冷态启动限制壁温差小于 99℃；日本三菱公司的 1025t/h 控制循环汽包炉，规定炉水升温速度不大于 3.6℃/min，以此限制汽包壁温差。

还有一种控制策略，是根据汽包寿命计算结果提供汽包温差的控制曲线。图 1-21 为日本日立公司 850t/h 亚临界参数锅炉汽包金属温度差及允许启停次数曲线。电厂确定允许启停次数（温度变化循环次数）后，由图 1-21 选择曲线，将选择的曲线输入到计算机中，当汽包上、下壁温差和内、外壁温差超出图中的曲线外侧时即报警。此时，应减缓升压速度，使汽包温差回降到曲线的内侧，保证汽包安全。

（四）汽包启动应力控制

锅炉启动过程中，机械应力随蒸汽压力上升而增大，逐渐成为汽包应力的主要部分，汽包热应力则随蒸汽压上升而渐渐减小，并且它只与汽包壁温差有关。在汽包内壁，内外壁温差引起压应力与机械应力相消，汽包外壁引起拉应力与机械应力正向叠加。如果没有孔边应力集中，则外壁拉应力将成为最大峰值应力。但若汽包温差过大，则最大峰值应力也可能在内壁某点达到。从低周疲劳角度分析，启动初期，饱和温升率是影响循环过程中谷值应力的主要因素，降低谷值应力水平则可有效减小

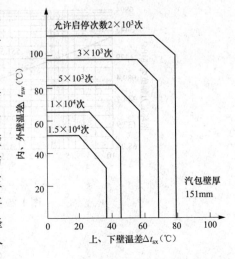

图 1-21　汽包壁温差及允许启停次数曲线

启停过程的交变应力幅值，从而减小启停过程的疲劳寿命损耗率，如图 1-19（b）所示。随着压力的升高，当机械应力占据主导地位后，则可适当采用较高的温升速率。在汽轮机冲转以后，锅炉的启动速度还要受到汽轮机运行方式的限制，升压过程主要是控制过热汽温的升温速率，而启动热应力所允许的壁温差通常是自然满足的。停炉过程中最大峰值应力通常在停炉初期阶段出现，这时机械应力最大，而壁温差产生的热应力在内壁又是与机械应力相同的，叠加后得到最大的应力值。为减小应力幅值，应注意该阶段对降温速度的控制，不宜过大。

如上所述，启动应力控制的重要标志是汽包的上、下壁温差和内、外壁温差。实际操作中，是以控制压力的变化率为控制壁温差的基本手段。锅炉启停中防止汽包壁温差过大的措施如下：

（1）启动中严格控制升压速度，尤其是低压阶段的升压速度应力求缓慢。这是防止汽包和分离器壁温差过大的根本措施。为此，升压过程应严格按给定的锅炉启动曲线进行，若发现汽包壁温差过大，应减慢升压速度或暂停升压。

控制升压速度的主要手段是控制燃烧率，此外，还可加大向空排汽量或改变旁路系统的通汽量进行升压过程的控制。

（2）设法尽快建立正常水循环。水循环越强，上升管出口的汽水混合物以更大流速进入并扰动水空间，使水对汽包下壁的放热系数提高，从而减小上、下壁温差。因此，能否尽早建立起正常水循环，不仅影响水冷壁的工作安全性，而且也直接影响到汽包上、下壁温差的大小。

（3）初投燃料量不能太少，炉内燃烧、传热应均匀。初投燃料量太少，水冷壁产汽量少，水流动慢，流量偏差大，且炉内火焰不易充满炉膛。有可能使部分水冷壁处于无循环或弱循环状态，与这部分水冷壁相对应的汽包长度区间内的上、下壁温差增大。因此，保持均匀火焰是启动燃烧调整的重要任务。初投燃料量与控制升压速度的矛盾，可用开大旁路系统调节门的方法解决。

（4）控制降压速度。停炉尤其在高参数停炉之初需谨慎控制降压速度，以免发生更大的

汽包壁温差和峰值应力。锅炉熄火后的降压速度（与饱和温度相应）完全决定于炉内蒸发系统的散热速度，因而最大汽包壁温差往往发生在锅炉熄火之后。这就要求临近熄火前的降压降负荷应放慢且分阶段进行，必要时降压过程安排几个降压平台，以缓和温度变化引起的热应力。应在余压较低时再打开汽水孔门排放工质，否则也会加速降压，导致产生过大汽包壁温差。

（5）锅炉进水应严格控制进水参数。一般控制进水温度与汽包温度之差不大于90℃，进水时间冬季不少于4h，夏季不少于2h（进水速度也影响壁温差）。启动时适当将汽包水位维持在较高水平，对控制汽包壁温差也有一定的作用。进水参数控制主要用于降低循环的谷值应力。

（五）分离器启动应力控制

直流锅炉分离器的启动应力与汽包极为相似。我国600MW机组的直流锅炉在汽水分离器及末级过热器出口联箱金属壁上安装了内、外壁温测点，以所测得的温差代表其热应力。在锅炉的启停过程中，若上述热应力超过规定值，则会发出报警，以提示运行人员予以注意。机组协调控制负荷时，此热应力余度是工作压力的函数，并决定于锅炉允许加减负荷的裕度。汽水分离器及末级过热器出口联箱的热应力裕度特性如图1-22所示。由图1-22可见，随着压力的升高，允许的正壁温差Δt（外壁温与内壁温之差）减小。锅炉在零压启动时，分离器最小的热应力允许温差为-23℃，而末级过热器出口联箱的最小热应力允许温差出现在满负荷状态的减负荷时，这个温差值为7℃。

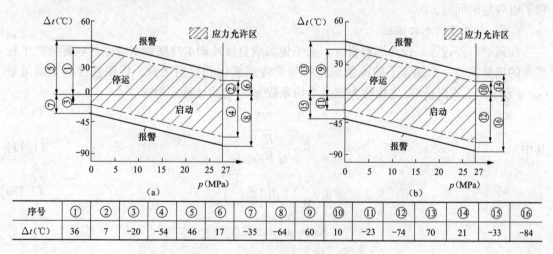

序号	①	②	③	④	⑤	⑥	⑦	⑧	⑨	⑩	⑪	⑫	⑬	⑭	⑮	⑯
Δt(℃)	36	7	−20	−54	46	17	−35	−64	60	10	−23	−74	70	21	−33	−84

图1-22　厚壁部件热应力裕度控制
（a）末级过热器出口集箱；（b）汽水分离器
$$\Delta t = t_w - t_n$$

二、水冷壁

（一）水冷壁的温度工况

升压过程中对水冷壁的保护是很重要的。对于汽包炉，因为在升压的初期水冷壁受热不多，管内工质含汽量少，所以水循环不正常；又因为这时投入燃烧器的只数很少，所以，水冷壁受热的不均匀性较大，各管内的介质流速差别较大。如果同一联箱上各根水冷壁管金属温度存在差别，就会产生一定热应力，严重时会使下联箱变形或水冷壁管损坏。

大型锅炉的水冷壁都是膜式水冷壁，管子间为刚性连接，不允许有相对位移。因此邻管之间的温差会产生很大的热应力。为此，限制相邻管子间的壁温差不得超过 50℃。对于平行工作的水冷壁管，加热不均（如火焰偏斜）就会造成同回路不同管子间的壁温偏差。假定有两根水冷壁管，所受壁面热负荷分别为 q_1、q_2，那么，1、2 两管的壁温偏差 Δt_b 按式（1-9）计算，即

$$\Delta t_b = \frac{q_2 - q_1}{\alpha_2} \tag{1-9}$$

式中　α_2——内壁对工质的放热系数，$W/(m^2 \cdot ℃)$。

由式（1-9）可见，壁面热负荷之差 $\Delta q = q_2 - q_1$ 越大（加热不均越厉害），壁温差 Δt_b 越大；管内放热系数 α_2 越小，壁温差 Δt_b 也越大。

在锅炉起压前，水冷壁内均为单相水且流动微弱，α_2 很小，约为 $0.2 \times 10^3 W/(m^2 \cdot ℃)$，这时，$\Delta q$ 即使仅 1.0×10^4（额定负荷的 1/15），Δt_b 即已达到 50℃。可见，起压之前或水循环弱时，尤应注意火焰分布均匀性问题。

锅炉的流动工况正常时，有一定的水量进入水冷壁管口，且边流动边产汽，内壁周围有水膜，这是最好的冷却工况。但受热不均时，个别受热弱管（或管组）水流动很慢，甚至停止，入口基本无水量流入。此时汽泡易在水冷壁转弯处，焊缝或水平段积聚，形成汽环，使该处管壁局部过热产生鼓包、胀粗或爆管。这也要求启动之初均匀加热，否则个别受热很弱管子也容易出问题。

（二）水冷壁的水力偏差

在锅炉启停过程，投入燃料量少，火焰偏斜或直接冲刷水冷壁，水冷壁并联管会产生较严重的流量偏差，个别管子的流量偏差将加重传热恶化和壁温飞升。将偏差管内工质流量 G_p 与平均管工质流量 G_0 之比称为流量不均系数 η_G，η_G 的计算式为

$$\eta_G = mn \tag{1-10}$$

其中

$$m = \sqrt{\frac{R_0 \rho_p}{R_p \rho_0}} \tag{1-11}$$

$$n = \sqrt{1 + \beta\left(1 - \frac{\rho_p}{\rho_0}\right)} \tag{1-12}$$

$$R_0 = \lambda \frac{L_0}{d_0} + \Sigma\zeta_0$$

$$R_p = \lambda \frac{L_p}{d_0} + \Sigma\zeta_p$$

$$\beta = \frac{\rho_0 gh}{R_0 \frac{w^2}{2} \rho_0}$$

式中　R_0——平均管的阻力系数，根据管长 L_0、管子内径 d_0、总局阻系数 $\Sigma\zeta_0$ 计算；

$\quad\quad R_p$——偏差管的阻力系数，根据管长 L_p、管子内径 d_0、总局阻系数 $\Sigma\zeta_p$ 计算；

$\quad\quad \beta$——系数；

$\quad\quad \rho_0$、ρ_p——平均管、偏差管的密度，kg/m^3；

$\quad\quad h$——水冷管屏高度，m。

β 值的意义是平均重位压差与平均流动阻力之比。其大小规定了吸热不均对流动影响的具体特性。对于直流锅炉螺旋管圈，β 值甚小，$n \approx 1$，密度差项 $(1 - \rho_p/\rho_0)$ 几乎不起作用，$\eta_G \approx m$。当偏差管的水冷壁热负荷 q_p（kW/m²）增加时，$\rho_p < \rho_0$，由式（1-10）可知，G_p 减小（$\eta_G < 1$）。这样一种管内受热越强流动反而越弱的特点，就是强制流动的重要特性。对于自然循环锅炉，含汽率小，循环流速低，因此 β 值很大，密度差项 $(1 - \rho_p/\rho_0)$ 通过 n 对 η_G 起决定作用。因此，当偏差管的吸热量大于平均管时，尽管 $m < 1$，但 $\eta_G > 1$，且吸热不均越大，η_G 的增长越厉害。自然循环的这种特性又称为水动力自补偿特性。对于 β 值较适中的情况，如控制循环锅炉以及一次上升型直流锅炉在低负荷运行时，可能呈现强制流动特性也可能是自补偿特性，取决于参数（压力、质量流速）和负荷的高低。图 1-23 绘出了 600MW 级锅炉 β 对水冷壁流量特性的影响规律，可供运行分析。

根据以上分析可得出几条结论：①锅炉的吸热不均会引起水力不均，从而影响水冷壁的工作安全，因此要十分重视启动过程中水冷壁屏间、管间热负荷的均匀性；②直流锅炉的水冷壁，热负荷大的偏差管流量小，管子的出口部分可能为过热度较大的蒸汽，壁温升高；③自然循环锅炉及控制循环锅炉显示自然循环特性时，其水冷壁在热负荷低的偏差管循环流量小，出口含汽率高，发生"蒸干"传热恶化的可能性增加。此外，受热弱管也易产生停滞和倒流现象。

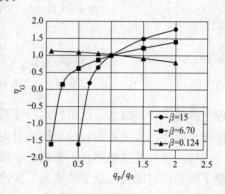

图 1-23　水冷壁流动特性与 β 值的关系

（三）水冷壁的局部传热恶化

水在水冷壁管内流动至某一位置，当干度达到一定值（界限含汽率 x_{jx}）时，内壁失去水膜的现象称"蒸干"。"蒸干"发生时管子内壁突然与汽接触，放热系数变小，产生一个壁温飞升值 Δt_{max}。对于自然循环锅炉，正常运行时由于出口含汽率小于界限含汽率 x_{jx}（0.3～0.35），所以一般不会发生水膜失去的情况。但在启动过程吸热不均十分严重时，也存在发生"蒸干"的可能性；对于超临界直流锅炉，启动转干态后水冷壁必然经过一个干度从 0 到 1.0 的过程，即必然在某一段出现"蒸干"现象。设计和运行的任务只是控制 Δt_{max} 的大小，使"蒸干"点避开炉内高温区域，不使壁温的飞升值超过材料的允许温度而已。

温度飞升值 Δt_{max} 的大小与工作压力 p、热流密度 q 和工质流量 G 有关。如图 1-24 所示，温度飞升值 Δt_{max} 随着 p 的增高而降低；随着 q/G 的增大而升高。因此，无论何种循环方式，防止传热恶化都是启动和运行中要注意解决的问题。

（四）升压过程中的水冷壁保护

升压过程中保护水冷壁的措施主要有六种。

1. 均匀炉内燃烧

沿炉膛四周均匀地或对称地投入燃烧器并定时切换运行；在符合升压曲线，汽包金属温差不大的情况下，可适量多投一些燃烧器，以求得炉膛热负荷的均匀。

2. 汽包锅炉尽快建立正常水循环

正常的水循环可保证水冷壁内有均匀、较大的循环流量，冷却受热面，可从以下几个方面促使正常水循环的尽快形成：

（1）进行水冷壁下部的定期放水或连续放水。在水冷壁下联箱定期或连续放水，可将汽

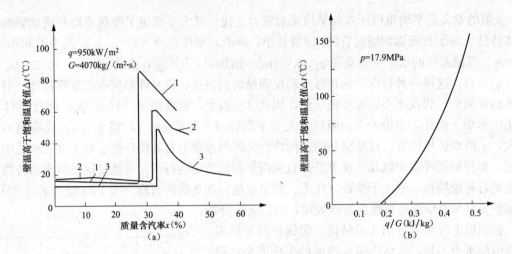

图 1-24　传热恶化时的壁温飞升情况

（a）压力对壁温飞升的影响；（b）q/G 值对壁温飞升的影响

1—p＝15.2MPa；2—p＝16.5MPa；3—p＝17.9MPa

包下部温度较高的水、汽引到水冷壁管底部，用热水代替冷水，增加水冷壁产汽区的长度，促进水循环。实践证明，这个措施对促进水循环的建立，减小汽包壁温差是很有效的。

（2）邻炉蒸汽加热。大型锅炉一般设计有邻炉蒸汽加热系统。在锅炉点火前，从各水冷壁下联箱均匀地通入适量的蒸汽，加热各个循环系统。待水达饱和温度并有一定产汽量后，再进行点火。这种点火的过程称无火启动，锅炉无火启动过程中汽包温差很小。

（3）启动时可适当早开、开大排汽门，提高燃烧率，在不加快升压速度情况下，增大产汽量。

（4）启动初期较慢地升压对尽快建立正常水循环也是有利的。燃料热量中，一部分用于提升金属壁温和水温，增加蒸发系统的蓄热量，其余才用于产汽。因此升压速度低，用来增加水和金属蓄热的热量少，用于产汽的多；同时低压下饱和温度低，管子壁温低，辐射换热量大，产汽多、汽水密度差大，循环动力也大。

3. 加强水冷壁膨胀监督

各水冷壁管因受热而产生的膨胀差异将使下联箱下移的数值不同。因此，水冷壁的受热均匀性可以通过膨胀量（膨胀指示器）进行监督。启动中，若发现膨胀受阻等异常，则应暂缓升压，待查明原因处理后，方可继续升压。

4. 控制循环锅炉点火后即启动循环泵提高安全性

控制循环锅炉一旦点火即启动循环泵，循环流速最大。随着水冷壁内含汽率的增加，流速逐渐减小，但减小不多，与自然循环锅炉启动之初循环流速几乎为零的情况相比，大大提高了水冷壁的工作安全性。

5. 超临界直流锅炉建立启动流量和启动压力

直流锅炉通常设定启动流量为额定蒸发量的 25％～35％，该流量可保证水冷壁管内工质质量流速大于界限值 400～600kg/（m² · s），以此保证水冷壁的充分冷却；超临界锅炉的启动压力，对于一次上升型水冷壁，一般为 7～9MPa。对于螺旋管圈水冷壁，锅内零压下点火，点火后压力从零开始逐渐上升，主蒸汽压力也随之上升。就水冷壁的安全而言，启动压力越高，汽水密度差越小，水动力稳定性越好，启动工质膨胀量越小，较难出现水冷壁的传热恶化，但给水泵和再循环泵的电耗要大些。

6. 超临界直流锅炉干湿态转换和煤水比控制

从分离器水位消失到蒸汽达到中间点温度，是干湿态转换的最后阶段，如控制不好，最容易出现水冷壁出口金属超温和干湿态反复交替。主要控制措施包括：

（1）燃烧率增加速率。相对于给水量而言，燃烧率增加对水冷壁出口蒸汽温度的影响具有滞后性。因此短时间内过快增加燃烧率的结果总是在缓应期后水冷壁出口温度不受控地升高。

（2）分离器压力。在定启动流量情况下，分离器（水冷壁）内介质压力将通过汽化潜热影响水冷壁出口蒸汽温度。即提高分离器压力（汽化潜热减少），有利于较快提升水冷壁出口过热度；而降低分离器压力（水冷壁自补偿作用增大）则有利于抑制水冷壁金属超温。因此在分离器压力波动时往往会出现干湿态的交替。为此，转换过程要求保持主蒸汽压力稳定。

（3）过热器、再热器喷水量。过热器、再热器投入减温水会使水冷壁流量瞬间减少，导致水冷壁出口蒸汽温度升高。

（4）炉内火焰位置。燃烧初期的火焰偏斜会导致局部水冷壁管屏超温。

运行经验表明，超临界锅炉大部分的水冷壁管启动超温，大都是由于煤水比控制不当，煤量相对水量增加过快引起的。因此在干、湿态转换结束之后，必须严格控制煤水比。如果信号失真，应及时切换手操控制煤水比。图 1-25 给出了某 1000MW 超超临界锅炉在一次冷态启动中由于煤水比偏大造成的壁温超限报警的一次实例。

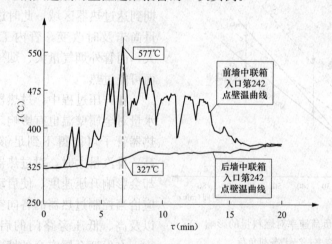

图 1-25　某 1000MW 超超临界锅炉冷态启动转态过程水冷壁壁温

三、过热器与再热器

（一）过热器壁温工况

正常运行时，过热器、再热器管子被高速蒸汽所冷却，其管壁金属温度通常仅比工质温度高十几度到几十度。但在启动过程中，过热器的工作条件是很差的。锅炉点火后，未产生蒸汽以前，过热器处于无蒸汽冷却状态，随着烟气的加热，管壁温度很快升高接近烟气温度。为防止管壁金属超温，此时应限制进入过热器的烟气温度不高于过热器的最高许用温度。为此，点火时投入燃料量不能太多，燃料量的增长速度不能太快。

在点火升压的初期，过热蒸汽的流量很少。由于流量低，加之并列管中的积水情况不一，各管子中的蒸汽流量分配不均十分严重。同时点火初期炉温低，燃烧不稳定，火焰在炉膛的充满度差，也容易使流经过热器的烟气温度、速度分布不均。这样，局部蒸汽流量少而烟气温度、速度高的过热器管子便有可能超温。因此该阶段对燃烧的要求，除应限制过热器的进口烟气温度之外，还应尽可能保持稳定的燃烧工况，防止火焰偏斜，使火焰更均匀充满炉膛，避免过热器管子出现局部过热。

随着升压过程的进行，过热器逐渐依靠锅炉产生的蒸汽来冷却。此过程中有两个原因有可能导致过热器的金属超温。一是过燃烧率，二是蒸汽系统相对于燃烧系统的滞后。所谓过燃烧率，是指在升温、升压过程中燃料的投入量与稳定工况下燃料量之比，可记为 s。负荷升高时 s 大于1，负荷降低时 s 小于1。升压、升温速度越快，过燃烧率越大。升负荷速率对燃料量的影响如图1-26所示。产生过燃烧率的原因是启动过程中锅炉利用热量的相当一部分，是用于加热炉墙、水冷壁金属等，使其逐步达到某一工况下的稳定温度，另一部分才去加热给水和产生饱和蒸汽。过燃烧现象的存在增加了工质出口温度和受热面金属与工质之间的温差。升负荷速度越快，烟气量相对越大，受热面金属与工质之间的温差也越大，金属壁温升高。

此外，由于燃烧系统的惯性小于蒸汽系统（水冷壁和过热器），所以当锅炉主动增加燃烧率提升电负荷时，大的烟气流量会先期到达过热器区域，此时过热器内的蒸汽流量尚未及时改变，管内工质流量小，焓升大，而管外烟气量大、烟气温度高，金属壁面可能过热。

在升压过程中，过热器的排汽量和减温水量对金属壁温也有影响。排汽量小时，过热器管子可能得不到足够的冷却，壁温升高；排汽量大时，对过热器的冷却加强，但却会影响升压速度，使启动时间延长。因此应恰当控制过热器的各向空排汽门、疏水门以及高、低压旁路门的启闭程序及开度大小，在保证金属安全的情况下，尽可能缩短

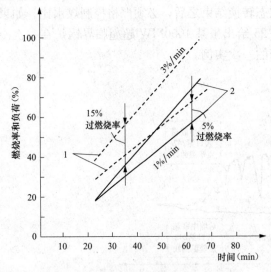

图1-26 升负荷速率对燃料量的影响
1—燃烧率；2—汽轮机负荷

启动时间；在蒸汽流量较小时喷入过多减温水，会造成汽化差、蒸汽带水进入分配联箱，导致蒸汽流量分配不均，甚至重新形成"水塞"，使过热器局部超温。

（二）过热器的"水塞"及其消除

在冷态启动前，立式过热器内都存有停炉时蒸汽冷凝或水压试验后留下的积水，锅炉点火后，这些积水就逐渐蒸发。当锅炉起压达到一定值后，部分管子的积水被流过的蒸汽冲走。当蒸发量继续增加，已疏通管子的前后压差增大至足以克服未疏通管内水的重位压头时，所有管子均被疏通。此时的过热蒸汽流量称疏通流量。在锅炉负荷低于疏通流量时，过热器或少数过热器管内几乎完全没有蒸汽流过。这时管壁的金属温度接近于烟气温度。在此

以后的一段时间内，虽然过热器内有蒸汽通过，但其流量很小，因此并列过热器管内的流量不均十分严重；同时，由于燃烧器投用只数少，沿烟道宽度有较大的烟气温度和流量偏差，所以局部管子超温的可能性仍然存在。因此，为了保护过热器，一般在锅炉的蒸发量小于10%～15%MCR时，必须限制过热器入口烟气温度。考虑到热偏差，这个限值应比金属允许承受的温度还要低一点。

可按以下几个方面判断过热器的积水是否已经疏通：①出口蒸汽温度忽高忽低，说明还有积水，出口蒸汽温度稳定上升说明积水已经消除；②各受热管的金属壁温彼此相差很大，说明还有积水，各管间的温度差小于50℃，才允许增加燃烧强度；③蒸汽压力已大于某一临界值（例如0.3MPa），足以将最长管子中的积水冲去。当以上三个条件都具备时，可以加燃料升温、升压。如果过早增加燃料，很可能导致过热器超温。

(三) 过热器的启动保护

1. 升负荷速率控制

为保证过热器、再热器的启动安全，大型锅炉都装有探测式烟温计，点火之后即自行伸入炉膛，监视炉膛出口烟温不得超过设定值，以此控制燃料量，防止过热器超温。待汽轮机冲转达全速后，或者当过热器壁温测点指示出末级过热器的所有管中都有充足的冷却蒸汽流量时，退出探测式烟温计，取消对出口烟温的限制。

随着汽包压力的升高，过热器内蒸汽流量增大，冷却作用增强。这时可逐渐提高烟气温度，而用限制升负荷速率的办法来保护过热器。如上分析，在启动升压过程中为达到一定的产汽负荷而投入的燃料量，将大于在相同负荷下锅炉稳定运行时所需的燃料量，因而使过热器壁温短时升高。且升压升负荷速率越大，锅炉压力越低，增投燃料量越大，过热器金属越易超温。因此，锅炉的启动过程应按照预先制定的升压、升温曲线进行，不可过快，以避免燃料量过分的投入和烟气流量、烟气温度的大幅度超前。对过热器热偏差较大的锅炉更应控制升负荷率。经验表明，由于减温器布置位置影响，低温过热器和分隔屏过热器是启动时应重点加以监视的部件，往往在70%～80%负荷区间易出现金属超温。

2. 启动燃烧调整

启动燃烧调整防止蒸汽超温的主要手段是指降低燃烧器摆角，开大分离式燃尽风门开度，减小一次风速、风率，调整层二次风风门挡板，控制氧量不使过大等。磨煤机启动应由最小煤量开始逐渐增加，避免燃烧率过快变化。在启动一台新磨煤机时，应立刻降低其他磨煤机煤量，保持总煤量与启磨前一致，防止由于煤量大幅增加造成蒸汽超温。启动中应尽可能用燃烧调整的方式控制蒸汽温度，而避免减温水的大量投入。如果屏式过热器及主蒸汽温度有较快上升速度，可以通过快速开大汽轮机调节汽阀增带负荷，保持蒸汽压力不上升或略微下降（只要不低于主蒸汽压力下限）的方法防止超温。

启动磨煤机对蒸汽温度的影响如图1-27所示，在稳定负荷下投磨与随负荷增加投磨相比，过热器的蒸汽温度峰值相差达20℃之多。由此可见，投磨时控制升负荷速率对于过热器的金属安全有着重要的意义。

3. 启动过程门阀投切与控制

启动初期过热器系统的各级疏水阀开启。过热器的各级疏水主要用于疏去积水，待积水疏尽后应及时关闭，避免蒸汽短路，降低了对受热面的冷却能力，使过热器超温。汽轮机冲转前过热器和再热器冷却所必需的蒸汽流量，靠开启高、低压旁路门维持；对采用5%旁路和一级大旁路组合的启动系统，当锅炉压力升高和主蒸汽暖管用汽量增大时，靠关小过热器旁路阀门（见图 1-1）调节。这时从汽包出来的蒸汽一部分由 5％的旁路直通凝汽器，其余的都要经过过热器。汽轮机冲转后，过热器系统疏水阀都应关闭，锅炉产汽量超过汽轮机供汽量的部分，通过旁路排入凝汽器。

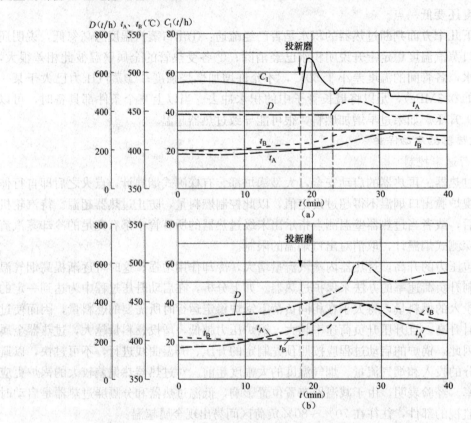

图 1-27　启动磨煤机对蒸汽温度的影响

(a) 保持负荷不变，启动第三台磨煤机；(b) 在升负荷过程中启动第三台磨煤机

D—主蒸汽流量；C_1—给煤量；t_A—低温过热器出口汽温（A 侧）；t_B—低温过热器出口汽温（B 侧）

升压过程调节减温水门开度时，应注意监视减温器后的蒸汽温度，过热度不得小于30℃，以免形成管子"水塞"、超温、水击和振动。

超临界机组通过控制高压旁路门开度，保持较高的分离器压力，在相同燃烧率下增加水冷壁产汽量，抑制主蒸汽超温。

4. 给水温度控制

给水温度升高可显著降低工质的汽化用热，因此有助于防止过热蒸汽温度及其金属超温。启动中应尽量开大除氧器加热门，尽早投入高、低压加热器，迅速提升锅炉给水温度。汽轮机冲转期间即随机投入高、低压加热器，不仅可防止主蒸汽在冲转过程中的超温，而且对锅炉侧提供满足汽轮机要求的蒸汽量也是必要的。

5. 超临界锅炉干、湿态转换控制

启动过程应保证分离器干湿态转换的平稳进行，否则将会造成水冷壁出口温度和蒸汽温度的剧烈变化。转态过程如图 1-28 所示。随着燃料量的增加，分离器内蒸汽流量增大，疏水量减少，两者之和等于启动流量。当蒸汽流量达到启动流量时，分离器从"湿态"转"干态"，此时燃料量继续增加的目的是提升过热器进口温度至中间点温度，而不是用于增加产汽量。当过热器进口比焓升到设定值h_1时（相应于中间点温度），随着燃料量的进一步增加，启动控制由分离器水位控制转为中间点温度控制，使给水量与燃料量成比例增加，从而过渡到煤水比例调节，维持蒸汽温度恒定。

平稳度过转态过程的关键是稳定住给水流量。在分离器刚刚转入纯直流运行时过于频繁地调节给水流量，极易引起分离器出口蒸汽的过热度、主蒸汽、再热蒸汽温度随之大幅反复。若煤量增加较快，由于燃烧的滞后性，过热度往往在消失之后继而不受控制的大幅上升。最终因蒸汽温度超限而致"转态"失败。

转态过程对给煤的要求尽可能和缓、均匀，以免煤量超调。尽可能避免给水压力和主蒸汽压力的波动。给水压力的波动会引起

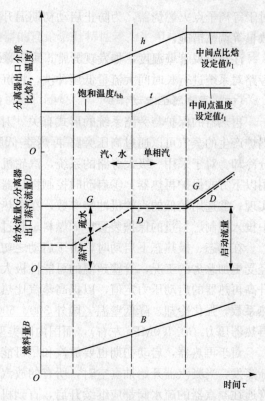

图1-28 分离器干、湿态转换

给水流量不稳。而分离器压力的波动将通过汽化潜热的变化影响水冷壁产汽量和出口蒸汽温度。为避免压力波动引起干湿态的交替和主蒸汽温度的波动，要求转换过程保持主蒸汽压力稳定。

转态过程的减温喷水量，也是影响给水流量稳定的因素之一。操作中应尽量避免大量减温水的瞬间喷入引起水冷壁流量的减少和煤水比失调。

6. 最小启动流量的影响

带大气式扩容器的启动系统，分离器的疏水在扩容器和凝汽器向环境散失热量，因此除燃料量之外，疏水量也影响水冷壁产汽量。在启动过程转干态以前，如发生过热器超温，可适当减少启动循环流量保护过热器。这是因为湿态运行时水冷壁水量总是超过蒸发量。在一定的燃烧率下，启动循环流量越大，则疏水越多、损失的热量越多，用于产汽的热量就减少。产汽量（即过热蒸汽流量）的减少将导致过热蒸汽温度、壁温升高。因此，与干态运行相反，湿态运行不可以用增大水量的方法降低过热蒸汽温度，而应在水冷壁安全允许的前提下适当减少水冷壁水量。

带再循环泵的启动系统，由于从分离器返回省煤器入口的疏水热量被全部利用，所以循环流量的大小对过热汽温没有影响。

7. 防止过热器管内氧化皮脱落

超临界锅炉过热器管内的氧化皮脱落基本上是发生在机组启停过程。脱落管的蒸汽流量明显低于平均管，造成局部过热蒸汽温度升高。存有氧化皮脱落问题的锅炉，启动中必须严格限制升负荷速率与蒸汽温度变化速率，防止金属和氧化皮之间线性胀差引起氧化皮脱落。

对于等离子点火燃烧器，为防止启动初期温升难以控制，应采取少煤量和减少燃烧器的投入数量等调整措施。

注意监视管壁温度，如发现异常，可以采取快速升降负荷变压冲管，或通过汽轮机启动旁路对系统进行长时间大流量低压冲洗，将沉积的氧化皮冲走。

（四）再热器的启动保护

再热器的保护与旁路系统的形式有关。对采用高、低压两级旁路的系统，在启动期间，锅炉产生的蒸汽可以通过高压旁路-再热器-低压旁路通道流入凝汽器，因而再热器能得到充分冷却。对于采用一级大旁路的系统，汽轮机冲转以前，再热器内没有蒸汽进行冷却，常采用以下方式保护再热器：①启动时控制再热器进口温度，这一点通过控制炉膛出口烟气温度实现；②选用较低的汽轮机冲转参数，在再热器区域烟气温度较低时即可冲转送汽；③启动中投入限制燃料量的保护装置，如燃料量超过了整定值则保护动作，自动停止供给燃料。

在热态、极热态下启动时，由于启动之初炉温水平已很高，再热器将在小的启动流量下经受更加恶劣的工况，管壁超温的可能性极大。为保护再热器，在条件允许情况下，可适当升高再热器的启动压力定值，以提高蒸汽比热容和增大管内介质在相同质量流速下的对流放热系数，强化冷却、降低壁温。国外 300、600MW 机组热态、极热态启动时都采用较高的再热器压力（在 1.0MPa 左右），而国内同类型机组则低得多。

对于再热器，启动初期也要放汽和尽可能地彻底疏水。管束内的积水在点火以后也会逐渐蒸发，当凝汽器开始抽真空时，所有的放汽门和疏水门都必须关闭，而从高、低温再热器管通往凝汽器的疏水阀都应继续开启，直到机组带上初负荷时方能关闭。

四、省煤器、空气预热器

在启动初期，由于蒸发量较小，锅炉只是间断地给水。在停止给水时，省煤器内局部的水可能汽化，产生汽水分层。与汽接触的管壁可能超温，间断给水省煤器的水温也将间断变化，使管壁金属产生交变的热应力，从而产生疲劳损害。

为保护省煤器，大多数锅炉都装有再循环管，使汽包与省煤器之间形成一个自然循环回路。当停止给水时，开启再循环管上的再循环门，依靠下降管与省煤器之间水的密度差可维持连续水流冷却省煤器。同时，持续水流使省煤器出水温度降低，也减轻了管壁金属产生的交变热应力。要注意的是：锅炉在上水时要关闭再循环门，否则给水将再循环管短路进入汽包，省煤器又会因失去水的流动而得不到冷却。上水完毕，在关闭给水门的同时应打开再循环门。

还有其他一些方式可达到保护省煤器的要求。如锅炉采用邻炉蒸汽加热，点火时蒸汽压力已升至 0.5～0.7MPa，锅炉排汽量已相当大，锅炉需连续上水，省煤器的冷却问题也就解决了。

空气预热器的壁温低于烟气露点时，就会发生低温腐蚀和堵灰。经验证明，锅炉腐蚀堵灰发展最快的时期就是在启动过程，特别是在冬季。原因是：①启动时排烟温度低，烟气量小，因此受热面壁温低；②锅炉点火及 30％MCR 以下负荷时，燃烧重油。重油的含硫量高，烟气露点高，图 1-29 所示为烟气露点与燃油含硫量的关系。

启动中减轻低温腐蚀的主要方法是充分利用可提高空预器进风温度的装置，如全开暖风器的进汽阀门、关闭暖风器旁路风道增大暖风器通流率、开大热风再循环风门等。

对于微油点火启动锅炉，一旦空气预热器的吹灰汽源达到吹灰压力低限，则立即开启吹灰程序、实施频繁吹灰。有条件的锅炉，应将吹灰汽源切换至高压辅助蒸汽联箱。防止蓄热元件大量积存未燃尽碳引发空气预热器二次燃烧，即使是阴燃也可能烧酥蓄热元件，使空气预热器流动阻力增大。

对于回转式空气预热器，为防止启动过程加热不均而导致机械损伤，锅炉点火前必须首先启动运转。

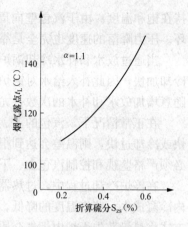

图 1-29　烟气露点与燃油含硫量的关系

五、停炉过程受热面保护

1. 汽包锅炉

锅炉正常停炉（定参数或高参数停炉）的降温降压过程主要可分为熄火前、后两个阶段。熄火以前，主要靠锅炉燃料量的减少控制降温、降压的速度，一般要求压力下降速率低于 0.3MPa/min，汽温下降速率低于 1.5℃/min。整个停炉过程，蒸汽温度应始终保持不小于 50℃ 的过热度。与启动升压过程的参数控制原理相似，锅炉的压力下降速度受制于汽包热应力控制的要求。主蒸汽温度、再热蒸汽温度的降低速度则与汽轮机金属的缓慢强制冷却的要求有关。

随着压力的降低，汽包内的饱和温度相应降低。汽包内壁温度将低于外壁温度，形成内、外壁温差。汽包内的介质温度下降越快，内、外壁温差越大。另外，由于汽包壁对蒸汽的放热系数远小于汽包壁对水的放热系数，所以与水接触的汽包下半部冷却较快，因而也会形成汽包上、下壁温差。与锅炉启动时一样，汽包的上壁温较高，而下壁温较低。如前所述，停炉之初往往会使汽包循环峰值应力达到顶峰，从而加大了循环应力幅。因此，从减小汽包寿命损耗出发，控制降压速度不可过大是十分必要的。

锅炉熄火之后，汽轮机主汽门同时关闭。由于炉膛内不再产热，烟气温度较快下降，但在熄火后的一段时间内，由于炉温较高，热量传递的方向依然是由炉内介质传向锅炉工质。水冷壁继续吸热产汽，过热受热面也继续吸热升温。这将导致蒸汽压力和过热器壁温的升高。为此，要求熄火后立即打开旁路或过热器疏水门，进行一定时间 30～50min 的锅炉排汽，以抑制蒸汽压力、蒸汽温度的上升并冷却过热器。控制排汽量可以控制参数变化的速度。

当炉温降低到一定程度后，传热的方向反过来，锅炉工质（水冷壁内的汽水和过热受热面内的蒸汽）转而向炉内介质传热。锅炉储存热量通过以下方式逐渐散失掉：①经锅炉外表面向环境散热；②冷却过热器的排汽带走热量；③锅炉放水带走热量；④进入炉膛和烟道的冷空气带走热量。实践证明，锅炉机组与冷空气之间的对流热交换是其冷却的主要途径之一。当机械通风停止后，即使锅炉烟道挡板关闭，冷空气仍然可借自然通风作用而漏入锅炉，它们吸收热量后排出锅炉（对流热交换），比炉内介质的单纯辐射放热散热要大得多。因此，在停炉冷却的初期必须严密关闭所有的烟道挡板及全部孔门，防止冷空气大量漏入炉内而使锅炉急剧降压冷却。

由于锅炉压力已降得较低，降压速度应更加缓慢，这一阶段随着锅水温度的降低，汽包内的蒸汽冷凝下来，结果蒸汽压力降低。汽包温度工况的特点是壁温和其内的水长时间地保持在饱和温度。由于汽包壁向周围介质的散热很小，所以停炉中汽包的冷却主要靠水的循环。压力降落的速度也完全是靠自然冷却的作用而控制的。

当通过放水和补水冷却锅炉时，由于进入汽包的水温较低，使蒸汽压力的下降和锅炉的冷却加快，因此补入给水对锅炉的冷却有重大的影响。为保护汽包，在停炉冷却过程中不可随意增加放水和补水的次数，尤其不可大量地放水和进水使锅炉受到急剧的冷却。

在正常情况下，汽包的上、下壁温差和内、外壁温差一般在 50℃ 以下，但如果降压过快或冷却过快，则温差会达到很大的数值，引起汽包过大的热应力。所以在停炉过程中，也必须严格监视和控制汽包上、下壁温差和内、外壁温差，使它们不超过规定的数值。

在停炉冷却过程中，过热器由于受到通风冷却，从汽包进入的蒸汽便会在过热器蛇形管内冷凝成水。蒸汽温度的降低，一开始是由于燃烧率的降低而降低，而后则是通过蒸汽导热方式将热量散失于炉内烟气介质。所以热备用停炉时更应注意保持炉温，防止冷空气漏入炉膛，以维持较高的蒸汽温度。

停炉后至少要进行一定时间（例如 12h）的自然冷却，然后才可以启动风机进行强制冷却。避免停炉后管道内氧化皮的大幅度脱落造成堵管。

对空气预热器的保护，主要是在较低负荷时，保持较高的热风温度，为此应投入热风再循环或调整暖风器出口风温，防止空气预热器的低温腐蚀和堵灰。对于回转式空气预热器，为防止转子因受热不均而变形，必须待其入口烟气温度降到低于规定值或排烟温度低于 80℃ 时才可停止运行。

2. 超临界直流锅炉

直流锅炉停炉过程的受热面保护与汽包锅炉不同，主要表现于对分离器和水冷壁的保护上。现以国内某 1900t/h 超临界直流锅炉为例加以说明。正常停炉时，直流锅炉在减少燃料量的同时，成比例地减少给水量，降低机组负荷并控制过热蒸汽温度的下降。尽管使用协调控制，对煤水比是否正常仍应通过监视中间点温度进行监视。从 100% 负荷降到 80% 负荷，磨煤机台数不减，各台磨均匀降低煤量，降负荷率可以快些，以不超过 3%/min 为限。过热器降压的速度应不大于 0.4MPa/min，以避免分离器（与过热器保持相同压力变化）产生过大热应力。

从 80% 到 35% 负荷，根据各磨煤机的停用顺序，逐台抽空切除，其他磨煤机的出力保持不变。由于蒸汽压力随负荷降低，故降负荷率比高负荷时适当降低，以 (0.5%~1.0%)/min 为好。

负荷降低到 35% 左右、临近"转态"时，应适当减缓燃料量的降低速率，以控制切湿过程不致过快，防止分离器水位急速上升而引起过调和水位波动。在锅炉熄火以前，应始终保持给水量在额定蒸发量的 30% 左右（即启动流量），以确保对水冷壁的大流量良好冲刷，防止水冷壁超温。这以前由于分离器已经投入，给水超过蒸发量的部分可经分离器循环回收。

锅炉熄火后，继续向炉本体以小流量进水（8%~10% 的给水流量），使水冷壁等受热面均匀冷却。分离器的金属温度在停炉过程和熄火后仍应监视，防止产生过大的温降速率。

第二章

锅炉的变工况特性

锅炉运行条件的集合称为运行工况（简称工况）。正常运行的锅炉工况总是处于不断的变化之中。例如锅炉的负荷、煤质、给水温度、煤粉细度、炉膛氧量、烟道漏风等都不可能始终维持在设计值。任何工况的变动都会引起锅炉参数和运行指标的相应变化。这些变化的方向和大小由锅炉的变工况特性加以描述。例如，不同的燃烧工况（燃煤量、煤质、过量空气系数、漏风等）就有相应的蒸汽流量、蒸汽温度、蒸汽压力、炉膛出口烟气温度、排烟温度、锅炉效率等与之对应。

锅炉最基本的工况变动是负荷、煤质、过量空气系数、给水温度、环境温度的变动。对于锅炉的变工况特性运行人员应心中有数。以便于监盘时随时分析、做出正确判断和及时调整。此外，锅炉设备的某些故障和设备缺陷的原因，也往往需要借助对锅炉变工况特性的通晓加以探求。

第一节 负荷变动特性

一、燃料量—负荷特性

锅炉运行中，其负荷必须跟随电网要求而不断变化。不同发电负荷下对应不同的蒸发量，相应有不同的燃料量。

1. 燃料量与发电功率

燃料量 B（t/h）与发电功率 P（MW）的关系式为

$$\frac{B}{P} = \frac{q}{\eta_b \eta_p Q_{net,ar}} \tag{2-1}$$

式中　q——汽轮机热耗率，kJ/kWh；

　　　$Q_{net,ar}$——煤低位发热量，kJ/kg；

　　　η_b、η_p——锅炉效率、管道效率。

当发电功率 P 变化时，假定 $Q_{net,ar}$、q、η_b、η_p 均不变，则 B 与 P 成正比关系变化，即

$$\frac{B_1}{P_1} = \frac{B_0}{P_0} \tag{2-2}$$

式中　下角标"0"、"1"——发电功率 P 和燃料量 B 变动前、后的相应量。

当发电功率 P 变化时，若计及汽轮机热耗 q 的相应变化（P 降低时 q 升高），则当机组功率降低时，$B_1/P_1 > B_0/P_0$，即随着负荷 P 降低，燃料量 B 相对增加；而当机组功率增加时，$B_1/P_1 < B_0/P_0$，即随着负荷 P 升高，燃料量 B 相对减少。

发电功率 P 改变时，锅炉效率 η_b 的变化具有不确定性，P 增加时 η_b 可能升高也可能降低，但通常 η_b 变化不大，且与热耗 q 相比要小得多。所以在考虑 η_b、η_p 变化的情况下，随着功率 P 降低，B/P 的值也是增加的。

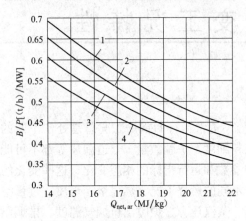

图 2-1 煤耗量—热值特性

1—$b_f = 330$；2—$b_f = 310$；
3—$b_f = 290$；4—$b_f = 270$

根据式（2-1），当运行煤的热值 $Q_{net,ar}$ 降低时，相同发电功率 P 下，燃料量 B 按反比关系增大。图 2-1 所示是煤电比 B/P 与入炉煤低位发热量的关系曲线，图 2-1 中 b_f 为发电标准煤耗。根据该图，在低位发热量 $Q_{net,ar} = 18MJ/kg$、发电煤耗 $b_f = 310g/kWh$ 条件下运行的机组，$B/P = 0.5$，即机组每发电 1MW，锅炉耗煤 0.5t/h。或者，燃煤量每增加 1t/h，可多发电 2MW。

运行控制中，若煤质分析不及时，也可利用式（2-1）或图 2-1 直接算出入炉煤的低位发热量。

2. 燃料量与蒸发量

燃料量 B 与蒸发量 D 的关系为

$$\frac{B}{D} = \frac{h_{gr} - h_{gs} + r\,(h''_{zr} - h'_{zr})}{\eta_b Q_{net,ar}} \tag{2-3}$$

式中 h_{gr}、h_{gs}——过热蒸汽比焓、给水比焓，kJ/kg；

h'_{zr}、h''_{zr}——再热器进、出口蒸汽比焓，kJ/kg；

r——再热器流量系数，$r = D_{zr}/D$；

D_{zr}、D——再热蒸汽、过热蒸汽流量，t/h。

当蒸发量 D 变化时，假定 η_b、$Q_{net,ar}$、r 及各介质的比焓均不变，则 B 与 D 成正比关系变化，即

$$\frac{B_1}{D_1} = \frac{B_0}{D_0} \tag{2-4}$$

式中 下角标 "0"、"1"——D 和 B 变动前、后的相应量。

实际上，随着锅炉负荷的变化，各进、出口介质比焓中有些会发生变化。例如，定压运行时，随着负荷的降低，过热器、再热器出口蒸汽比焓不变，但给水比焓、再热器进口比焓下降；变压运行时，随着负荷的降低，过热器、再热器出口蒸汽温度不变，但出口蒸汽比焓增加，给水比焓的降低值与定压运行时差不多相等。

考虑以上运行条件，式（2-3）中的 B/D 不再维持常数，而是与锅炉负荷反向变化。即

$$\frac{B_1}{D_1} < \frac{B_0}{D_0} \qquad (D_1 > D_0) \hspace{2cm} [2\text{-}5\,(a)]$$

或

$$\frac{B_1}{D_1} > \frac{B_0}{D_0} \qquad (D_1 < D_0) \hspace{2cm} [2\text{-}5\,(b)]$$

变压运行的这个特性比定压运行更明显一些。

根据式（2-3），当高压加热器切除运行时，由于给水比焓 h_{gs} 大幅降低，相同燃料量下，主蒸汽流量显著减少。此外，在低负荷运行时，若无法维持额定蒸汽温度，即式（2-3）中的 h_{gr}、h''_{zr} 降低，那么在相同燃料量下，主蒸汽流量则会增加。

表 2-1 列举了我国几个电厂机组的燃料量与蒸发量的关系，表中 β 值表示燃料量与蒸发

量之比，对于超（超）临界机组，β 即是煤水比。由表 2-1 得知，随着负荷降低，煤水比增加。

表 2-1 国内几个电厂锅炉的燃料量—蒸发量设计特性

负荷	NH 电厂 1000MW 超超临界	FZ 电厂 660MW 超临界	WF 电厂 300MW 亚临界	PW 电厂 600MW 亚临界 (定/滑)
100％负荷	0.1192	0.1260	0.1277	0.1344/0.1344
75％负荷	0.1256	0.1309	0.1330	0.1392/0.1407
50％负荷	0.1327	0.1394	0.1389	0.1436/0.1472

注 本表以 BRL 工况作为 100％负荷工况。

二、锅炉效率—负荷特性

锅炉效率与负荷的关系，可以从燃烧和传热两个方面进行分析。

燃烧方面，随着燃料量的增加，一方面炉内温度水平升高，另一方面燃料在炉内的停留时间缩短，过量空气系数降低。两者对燃烧效率（$100-q_3-q_4$）的影响恰好相反。负荷较低时，炉温低，过量空气系数大，炉温的影响将起主要作用。因此，随着负荷的增加，燃烧效率是提高的。当然，炉内气流混合扰动情况的改善也起了重要作用。但当负荷很高时，燃料停留时间已经很短，因此停留时间和过量空气系数的影响逐渐变为起支配作用，燃烧效率转而降低。如果高负荷时氧量提不起来，锅炉效率会因燃烧损失骤增而大幅下降。图 2-2 所示是一台 500MW 贫煤锅炉实测的飞灰含碳量随负荷变化的关系曲线。图 2-2 中当负荷升高至 400MW 即 80％以上时，飞灰含碳量基本上是一个定值。

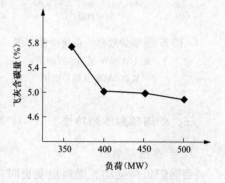

图 2-2 飞灰含碳量与负荷关系

传热方面，随着燃料量增加，锅炉从水冷壁、过热器、再热器、省煤器直至空气预热器的全部受热面的传热状况也会发生变化。1kg 煤在炉内向工质传递的总热量与排烟温度相对应。总的规律是：随着燃料量增加，炉膛温度以及炉膛出口以后各烟气温度均升高、排烟温度和 q_2 损失升高，即 1kg 燃料燃烧释放的热量中，传给工质的少了。然而，负荷高时，散热损失 q_5 却相对减少。

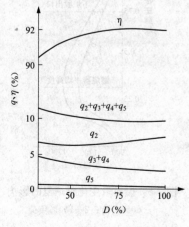

图 2-3 锅炉效率—负荷曲线

将以上燃烧、传热情况与负荷的关系曲线绘在图 2-3 中。由图 2-3 可见，从较低负荷开始，随着负荷（燃料量）的增大，（q_2+q_5）上升的幅度小于（q_3+q_4）降低的幅度，因此锅炉效率升高。后来，燃烧效率已接近极限，再提高不易，故（q_2+q_5）上升的幅度大于（q_3+q_4）降低的幅度，锅炉效率降低，随着负荷的增加，锅炉效率呈先升高，后降低的趋势。锅炉最高效率所对应的负荷称经济负荷，经济负荷一般在 50％～75％BMCR 取得。低限适用于大容量锅炉或者燃用高挥发分煤的锅炉。经济负荷随容量增大而向更低负荷移动的原因，一是对于大容量的锅炉，飞灰可燃物形成的 q_4 损失与 q_2 损失相比要小得多。二是由于炉温相对更高，飞灰可燃物在相当一段负荷区内保持较平稳，只是在负荷降至很低时下才开始快速增长。

锅炉效率在较低负荷下降低很快，其原因除以上分析以外，还在于锅炉低负荷时都采用较大的过量空气系数，致使 q_2 损失降低很少甚至持平。此外，低负荷下运行需要切除部分磨煤机，时机不当时也会造成 q_4 损失增大。例如某 1000MW 燃烟煤锅炉，100% 负荷时排烟温度为 123.5℃，排烟过量空气系数为 1.3，q_2 损失为 5.19%；50% 负荷时排烟温度为 107℃，排烟过量空气系数为 1.52，q_2 损失为 5.06%。排烟温度降低了 16.5℃，而 q_2 损失几乎未变。

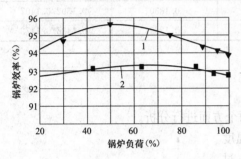

图 2-4　锅炉效率—负荷特性实例
1—某 1000MW 超超临界锅炉；
2—某 600MW 亚临界锅炉

图 2-4 所示是国内两台大型锅炉的效率—负荷特性曲线。图中 1000MW 超超临界锅炉的经济负荷在 40%～60% 之间，600MW 亚临界锅炉的经济负荷在 45%～90% 之间。在相当宽广的负荷范围内，锅炉保持了较高效率不变。

三、炉内辐射传热特性

1. 炉膛出口烟温

当锅炉负荷变动、燃料量变更时，炉内吸热量的大小主要反映于炉膛出口烟温。本节所指炉膛出口，对于大容量锅炉均为上炉膛内后屏的出口。

燃料量变化对炉温的影响如图 2-5 所示。随着燃料量增加，炉内燃烧释热增加，炉膛最高温度和炉膛出口烟温均升高。沿炉膛高度方向，烟温的增加值是逐渐减小的。如某 1000MW 超超临界锅炉，负荷从 75% 升高到 100% 时，屏底烟温从 1120℃ 变化到 1183℃，升高 63℃；炉膛出口烟温从 948℃ 变化到 995℃，升高 47℃。炉膛出口烟温 T_1'' 的变化可按式（2-6）估算，即

$$\frac{\Delta T_1''}{T_1'} = C_b \frac{\Delta B}{B} \qquad (2-6)$$

$$C_b = 0.6 \times \left(\frac{T_a - T_1''}{T_a}\right)_0$$

式中　$\Delta T_1''$——炉膛出口烟温增量，K；

　　　ΔB——燃料量增量，kg/s；

　　　C_b——影响系数；

　　　T_a——理论燃烧温度，K。

圆括号的下标"0"代表工况变动前的数值。

系数 C_b 表示燃料量的相对变化引起炉膛出口烟温相对变化的大小。对一般煤粉炉，

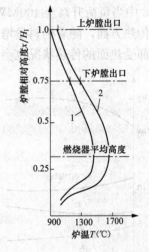

图 2-5　燃料量变化对炉温的影响
1—60% 负荷；2—100% 负荷

$C_b \approx 0.25 \sim 0.35$。即燃料量每变化 1%，$T_1''$ 将变化 0.3% 左右。式（2-6）是根据改进的苏联炉膛计算方法而导出的。

国内几个电厂 330、600、1000MW 锅炉的炉膛出口烟温随负荷变化关系如图 2-6 所示。图 2-6 中 600、1000MW 锅炉为烟道挡板调温；330MW 锅炉为摆动式燃烧器调温，低负荷时燃烧器摆角上倾，其炉膛出口烟温曲线相对平坦一些。

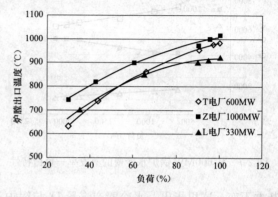

图 2-6 炉膛出口烟温与负荷关系

2. 炉内辐射热

相应于 1kg 燃料在炉内放出的辐射热量称单位辐射热，以 Q_f 表示，按式（2-7）计算，即

$$Q_f = \phi c_p v_y (T_a - T_1'') \qquad (2-7)$$

式中 ϕ——保热系数；

c_p——标准状态下烟气平均比热容，kJ/(m³·℃)；

v_y——标准状态下烟气容积，m³/kg。

由于理论燃烧温度 T_a 与燃料量无关，而只与煤发热量和过量空气系数有关，所以当负荷（燃料量）改变时，T_1'' 升高则 Q_f 减小；T_1'' 降低，则 Q_f 增大。如前述，随着负荷增加 T_1'' 是升高的，故单位辐射热量 Q_f 减少。由式（2-6）和式（2-7）得 Q_f 变化的计算式为

$$\frac{\Delta Q_f}{Q_f} = -0.6 \times \left(\frac{T_1''}{T_a}\right)_0 \frac{\Delta B}{B} \qquad (2-8)$$

式中 ΔQ_f——单位辐射热的增量，kJ/kg。

全部燃料向炉膛水冷壁辐射的总热量 Q_z 为燃料消耗量与单位辐射热量的乘积，即 $Q_z = B Q_f$。当负荷增加时，尽管单位辐射热量 Q_f 减小，但由于炉膛平均温度的提高，炉内总辐射热量 Q_z 按照 4 次方关系增加。

由式（2-8）得到 Q_z 变化的计算式为

$$\frac{\Delta Q_z}{Q_z} = \frac{\Delta B}{B} + \frac{\Delta Q_f}{Q_f} = \left(1 - 0.6 \times \frac{T_1''}{T_a}\right)_0 \frac{\Delta B}{B} \qquad (2-9)$$

式中 ΔQ_z——炉内总辐射热量的增量，kJ/s。

从式（2-9）分析炉内辐射的影响因素。煤的发热量越高，理论燃烧温度 T_a 相应升高，炉内的总辐射变化越大；锅炉负荷变化越大，炉内的总辐射变化越大。

在式（2-6）～式（2-9）的导出过程中，均引用了燃料量变动时炉内换热的其他参数不变的假定，因而其计算结果具有一定的近似性。当负荷变动幅度较大时，可按变动区域分段进行计算，并应考虑炉膛出口过量空气系数的变化。

3. 水冷壁蒸发率

水冷壁蒸发率 u 定义为相应 1kg 燃料的水冷壁产汽量。亚临界以上参数锅炉，水冷壁吸热占炉内辐射总热量的 65%～75%，其余部分是上炉膛内辐射屏的过热吸热。当负荷增加时，炉内单位辐射热 Q_f 和水冷壁单位辐射热 Q_s 同时减少。1kg 工质从给水到相变点的水冷壁吸热量 r_s 随负荷升高而减少，变压运行时 r_s 减少更多，水冷壁蒸发率 u 相应增加。机组

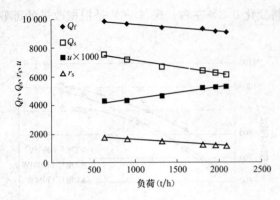

图 2-7　某 600MW 锅炉水冷壁的蒸发率—负荷特性

参数越低或汽压—负荷曲线越陡，u 值随负荷增加的就越多。图 2-7 所示是某 600MW 亚临界汽包炉的水冷壁蒸发率—负荷特性。当锅炉负荷从 2080t/h 减少到 905t/h 时，主蒸汽压力从 17.47MPa 降低到 9.48MPa，水冷壁单位辐射热 Q_s 从 6109kJ/kg 增加到 7145kJ/kg，汽化热 r_s（水冷壁进口起算）从 1156kJ/kg 急增至 1645kJ/kg，水冷壁蒸发率 u 从 5.284 减少到 4.343。

定压运行降负荷时，r_s 的增加与水冷壁 Q_s 的增加差不多相等，水冷壁蒸发率 u 基本不变。这里指出，水冷壁产汽量 D_{zf} 与锅炉蒸发量 D 在数值上并不相等，两者相差一个减温水流量。

4. 炉内辐射换热特性

综上所述，可得到如下炉内辐射换热的特性：

（1）随着锅炉燃料量的增加（或减少），炉膛出口烟温将升高（或降低）；这时炉内总辐射热量也将增加（或减少）；但对应于每千克煤的辐射放热量却减少（或增加），这就是通常所说的炉内辐射换热特性。

（2）当燃料量增加时，由于每千克煤的单位辐射热减少，所以总的辐射热量的变化与燃料量的变化不成比例，而是相对减小，即 $\Delta Q_z / Q_z < \Delta B / B$。

（3）当燃料量增加时，水冷壁的单位辐射热 Q_s 减少。水冷壁蒸发率 u 的变化与机组运行方式有关。定压运行时 u 值基本保持常数；变压运行时 u 值随燃料量的增加而变大。这一结论将用于过热汽温的变工况分析。

四、烟道对流传热特性

1. 单位对流热量

高温烟气离开炉膛出口以后的传热方式主要是对流传热，相应于 1kg 煤的对流传热量（包括小部分容积辐射）称单位对流热量 Q_d，当负荷变动时，各对流受热面的 Q_d 相应变化，工质焓增也随之变动。Q_d（kJ/kg）的大小按式（2-10）计算，即

$$Q_d = \frac{kA\Delta t}{B} \qquad (2\text{-}10)$$

式中　k、A、Δt——传热系数、传热面积和传热温差。

相应于 1kg 燃料带入炉内的热量 Q_L 为低位发热量 $Q_{net,ar}$ 与热空气带入热量 Q_k 之和。全部 Q_L 中，一部分用于炉内辐射，热量传给水冷壁和屏，记为 Q_f；另一部分用于对流换热，热量传给屏、对流式过热器、再热器、省煤器、空气预热器，记为 ΣQ_d；其余部分形成排烟损失 Q_2，其间关系式为

$$Q_L = Q_f + \Sigma Q_d + Q_2 \qquad (2\text{-}11)$$

当负荷（燃料量）增加时，单位辐射热 Q_f 减少，Q_2 基本不变（排烟温度升高但排烟过量空气系数降低）。因此，总的对流传热量 ΣQ_d 一般是增加的。即，若 $B_1 > B_2$，那么 $\Sigma Q_d^1 >$

ΣQ_d^2。图 2-8 给出了某 3033t/h 锅炉的总单位对流热量 ΣQ_d 随负荷变化的特性。图 2-8 中 Q_{zr}、Q_{gr}、Q_z 分别为再热器、对流式过热器和对流受热面总的单位对流热量。

对某一级对流受热面，负荷变化时 Q_d 变动的方向决定于式（2-10）中的传热项（分子）与燃料量（分母）的比值，并不保持同一规律。尤其是过量空气系数的大小，会改变传热项中的 k 和 Δt，对 Q_d 的负荷特性有重要的影响。若过量空气系数不随负荷变化，则单位对流热量显示正向特性，即 Q_d 随负荷的降低

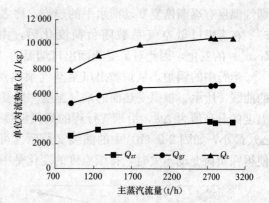

图 2-8　烟气单位对流热量—负荷特性

而减小；若过量空气系数随负荷有较大变化（通常是随负荷降低而增大），则有的对流受热面可能显示反向特性，即 Q_d 随负荷的降低而增大。

2. 受热面进、出口烟温

当燃料量为 B 时，在过量空气系数不变条件下，单位对流传热量 Q_B 可写为

$$Q_B = \phi c_p v_y (\theta_1' - \theta_1'') \tag{2-12}$$

当燃料量为 $B+\Delta B$ 时，单位对流传热量 $Q_{(B+\Delta B)}$ 写为

$$Q_{(B+\Delta B)} = \phi c_p v_y [(\theta_1' + \Delta \theta') - (\theta_1'' + \Delta \theta'')] \tag{2-13}$$

式中　θ_1'、θ_1''——对流受热面进、出口烟气温度，℃；

　　　　c_p——烟气平均比热容，kJ/(m³·℃)（标准状态）；

　　　　v_y——相应于 1kg 煤的烟气容积，m³/kg（标准状态）；

　　　　$\Delta \theta'$、$\Delta \theta''$——烟温增量，其意义如图 2-9（a）所示。

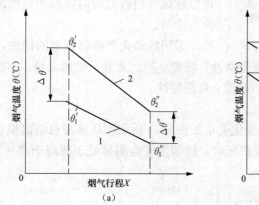
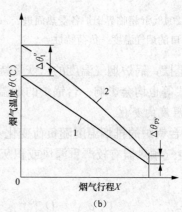

图 2-9　燃料量变动时烟温沿烟气流程的变化规律

1—燃料量为 B 时的烟气温度；2—燃料量为（B+ΔB）时的烟气温度

将式（2-13）与式（2-12）相减，得单位对流热量增量 ΔQ_d，即

$$\Delta Q_d = \phi c_p v_y (\Delta \theta' - \Delta \theta'') \tag{2-14}$$

前已述及，当 $\Delta B > 0$ 时，在过量空气系数不变条件下，$\Delta Q_d > 0$。根据式（2-14），必有 $\Delta \theta' > \Delta \theta''$。即受热面出口烟温的升高值小于进口烟温的升高值。这说明当锅炉负荷变化时，

烟气温度有逐渐恢复变动前水平的趋势，称之为对流受热面出口烟温的"恢复特性"。

在考虑过量空气系数随负荷变化后，由于传热系数 k 的变化总是小于烟气总热容（$c_p v_y$）的变化，因此对流受热面出口烟温的"恢复特性"将更为明显。

运行中的锅炉，从炉膛出口至空气预热器出口，烟气温度逐渐降低，如图 2-9（b）中的曲线 1 所示。根据受热面的烟气温度"恢复特性"，如燃料量有一增量 ΔB，炉膛出口烟气温度的升高值为 $\Delta \theta'$，沿烟气行程的烟气温度升高值 $\Delta \theta$ 则越来越小，而排烟温度的升高值 $\Delta \theta_{py}$ 最小，如图 2-9（b）中的曲线 2 所示。可见，当负荷变化时，烟气温度的"恢复特性"使得在负荷变动不大时，排烟温度的变化是一个较小的数值。

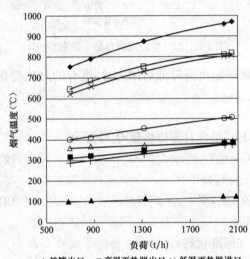

图 2-10 2048t/h 超临界锅炉各受热面进、
出口的烟气温度—负荷特性

图 2-10 绘出了某 600MW 对冲燃烧、烟道挡板调温超临界锅炉的烟温—负荷变化特性。锅炉负荷从 100％变化到 35％时，炉膛出口烟气温度从 971℃降低到 751℃，降低了 220℃；排烟温度从 122℃降低到 98℃，仅降低 24℃。沿烟气流程各受热面的烟温降依次减少，都显示了典型的"恢复特性"。从末级再热器直至空气预热器的各受热面烟温降，分别从 100％负荷时的 138、243、426、131、255℃减少为 50％负荷时的 93、179、273、113℃和 206℃。其中，低温再热器烟温降的改变最大（从 426℃减少为 273℃），是因为挡板调节再热汽温时，低温再热器的烟气流量随负荷降低而增加。运行分析中根据这个烟温降的变化幅度，可以对烟气挡板的调温效果和结构缺陷进行评价与诊断。

采用摆动式燃烧器调温的锅炉，由于负荷降低时摆角上摆，锅炉烟气温度的"恢复特性"要弱一些。此外，炉膛氧量、一次风率、磨煤机投停方式等也均会影响一台锅炉的烟温—负荷特性。

3. 排烟温度的变化

国内 16 台锅炉的排烟温度随负荷变化关系如图 2-11 所示。从该图总结出拟合公式见式（2-15）。当空气预热器有较严重漏风或积灰时，排烟温度会明显低于或高于式（2-15）的估计结果，即

$$\theta_{py} = 0.67(t - t_0) + \left[\left(\frac{\alpha}{\alpha_0} \right)^{0.5} \frac{D}{D_0} \right]^{0.25} \theta_{py}^0$$

$$(2\text{-}15)$$

式中　D_0、D——锅炉的额定负荷、实际负荷，t/h；

　　　α_0、α——额定负荷、实际负荷下的过量空气系数；

　　　θ_{py}^0、θ_{py}——额定负荷、实际负荷下的

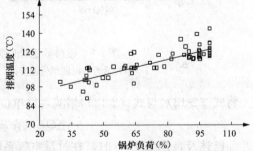

图 2-11 排烟温度与负荷关系统计曲线

排烟温度,℃;

t_0、t——环境温度设计值、运行值,℃。

五、锅炉的汽温特性

(一) 理论温升与理论焓升

过热器（再热器）的额定出口汽温与进口汽温之差称理论温升；与之相应的焓升称理论焓升。理论温升和理论焓升只是设计工况点的函数，与运行中实际达到的蒸汽温升、焓升及减温水量无关。对于亚临界锅炉，过热器的进口温度为饱和温度，是主蒸汽压力的函数；对于超临界锅炉，过热器进口温度为相变点温度加上一个过热度常数，也是主蒸汽压力的函数，出口汽温则为设计值。某1000MW超超临界锅炉过热器、再热器的理论温升、理论焓升与负荷的关系如图2-12所示。随着负荷（压力）降低，过热器的理论温升增加而理论焓升减小；再热器的理论焓升则先增大、后减小。亚临界参数锅炉的理论温升和理论焓升的变化规律与超临界锅炉相同。

对于超临界参数锅炉，过热器的理论温升和理论焓升可以通过改变分离器出口过热度加以调整，以使其与过热器在不同负荷下的实际吸热量相适应，并实现对过热汽温的调节和对减温水率的控制。

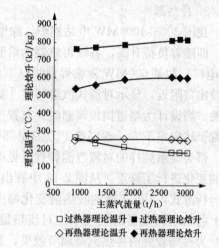

图 2-12 理论温升、理论焓升与负荷关系

(二) 受热面的汽温特性

1. 辐射式过热器

上炉膛内的分隔屏、末级过热器均为辐射式过热器。如前所述，负荷降低时炉内单位辐射热 Q_f 增加，而水冷壁蒸发率 u 减少。因而1kg过热蒸汽在分割屏内分得更多辐射热量，焓升、温升增加，辐射式屏显示反向汽温特性。几个亚临界以上锅炉分隔屏的温升、焓升随负荷变化关系如图2-13所示。图2-13中N电厂为1000MW超超临界锅炉，F电厂为660MW超临界锅炉，B电厂为600MW亚临界锅炉，再热器调温方式N电厂为摆动式燃烧器，F、B电厂为烟道挡板调温。从图2-13中看出，不同参数、不同调温方式的锅炉其分隔屏的反向汽温特性十分相似。图2-13中显示，蒸汽温升随负荷的变化速度大于焓升。其原因是锅炉变压运行时，蒸汽的平均比热容随主蒸汽压力的降低而减小。

锅炉的分隔屏、末级过热器，在中、低负荷时出口汽温、壁温反而容易升高的原因，即在于它们的辐射式汽温特性。特别当负荷变动引起煤量过调时，辐射受热面的反向汽温特性将更为明显。

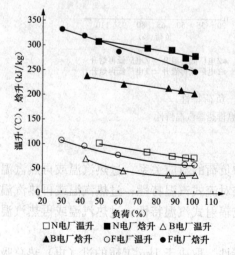

图 2-13 分隔屏的温升、焓升特性

2. 对流式过热器

近代锅炉的对流式过热器典型的汽温特性有两种，一是正向汽温特性，即蒸汽焓升随着负荷增加而增加；二是复合汽温特性，即蒸汽焓升随着负荷增加先增加后降低。布置于尾部竖井烟道的低温过（再）热器，基本上都显示第一种汽温特性；布置于炉膛出口后水平烟道的过热器，基本上都显示第二种汽温特性。

与辐射式过热器相似，负荷变化时的汽温变化幅度要大于焓升变化的幅度。近代机组的设计实践表明，随着锅炉容量、参数的提高，对流过热器的正向特性逐渐趋于平坦。

3. 再热器

我国 300～1000MW 电站锅炉，除壁式再热器外，各级再热器均显示典型的正向汽温特性。即随着负荷升高，各级再热器的焓升、温升分别增加。图 2-14 所示是某 1000MW 锅炉（Z 电厂）和某 600MW 亚临界锅炉（T 电厂）的再热器汽温特性。高温再热器通常布置于炉膛出口附近，显示对流式汽温特性［如图 2-14（a）所示］。低温再热器的位置与调温方式有关。当设计为烟道挡板调温时，布置于尾部竖井的前烟道；当设计为燃烧器摆角调温时，布置于转向室下方、省煤器上方的尾部竖井内；塔式炉则可布置于低温过热器和省煤器之间。都会显示纯粹的对流汽温特性［见图 2-14（b）］。图中的汽温特性已对分隔烟道流量份额的变化进行了修正。从图 2-14 中看出，无论是低温再热器还是高温再热器，由于采取变压运行方式，1kg 工质的吸热量变化幅度恒大于同负荷段的汽温变化幅度。图 2-15 所示是以上各机组再热器的烟气单位对流热量 Q_d 与负荷的对应关系。其中 1000MW 机组（Z 电厂）为得到较好的再热汽温调节效果，显著增加了低温再热器吸热量占总再热吸热的比例。

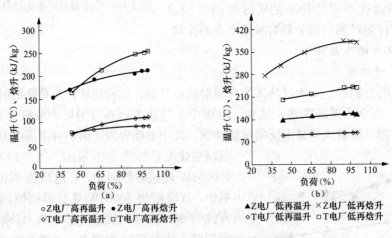

图 2-14　再热器单级汽温—负荷特性

(a) 高温再热器汽温特性；(b) 低温再热器汽温特性

（三）锅炉的汽温特性

锅炉的汽温特性是指过热汽温或再热汽温与锅炉负荷的对应关系。过热汽温或再热汽温的变化与负荷的变动方向一致时，称正向汽温特性或对流式汽温特性；过热汽温或再热汽温的变化与负荷的变动方向相反时，称反向汽温特性或辐射式汽温特性。过热汽温或再热汽温基本不随负荷而变化时，则称平稳汽温特性。

锅炉的过（再）热器系统总体上显示何种汽温特性，取决于 1kg 工质的过（再）热总吸热与理论焓升的差值。当该差值随负荷升高而增加时，系统显示对流式汽温特性，反之，则系统显示辐射式汽温特性。

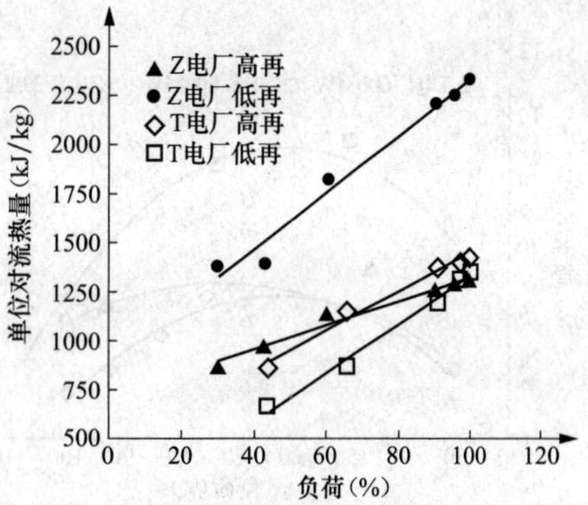

1. 过热器整体汽温特性

对于过热器，1kg 工质的工质总吸热 q_{gr} 和理论焓升 $[\Delta h_{gr}]$ 分别按式（2-16）和式（2-17）计算，即

$$q_{gr} = (h_{gr} - h'_{gr})[1 + \Sigma\phi(h'_{gr} - h_{jw}] \quad (2\text{-}16)$$

$$\Sigma\phi = \Sigma D_{jw,i}/D_{gr}$$

$$[\Delta h_{gr}] = [h_{gr}] - h'_{gr} \quad (2\text{-}17)$$

式中　$[\Delta h_{gr}]$——过热器理论焓升，kJ/kg；

$[h_{gr}]$——过热器出口比焓（额定汽温），℃；

h'_{gr}、h_{gr}——过热器系统的进、出口比焓，kJ/kg；

$\Sigma\phi$——过热器系统各级减温水率之和；

$D_{jw,i}$——第 i 级过热器减温水量，t/h；

h_{jw}——过热器减温水比焓，kJ/kg；

D_{gr}——主蒸汽流量，t/h。

图 2-15　再热器单位对流热量—负荷特性

某 600MW 亚临界参数锅炉的汽温特性如图 2-16 所示。其中 2-16（a）为 1kg 过热蒸汽的总吸热 q_{gr} 和理论焓升 $[\Delta h_{gr}]$ 随负荷的变化关系。变压运行方式下，q_{gr} 和 $[\Delta h_{gr}]$ 都随负荷降低而减小。差值 $\delta_h = q_{gr} - [\Delta h_{gr}]$ 则先增后减，在 65％负荷取得最大值 95kJ/kg。与之对应的汽温特性如图 2-16（b）所示。过热器的汽温特性与 1kg 过热蒸汽的吸热特性不具有一致性，负荷变化时 1kg 过热蒸汽的总吸热单向变化，而汽温则先升后降（以减温水率反映），呈现的是对流—辐射的复合汽温特性。这种汽温特性对于亚临界变压运行机组具有普遍性，300MW 机组偏于正向特性，600MW 机组偏于反向特性。图 2-17 给出了国内若干亚临界机组以减温水率表示的过热器整体汽温特性。

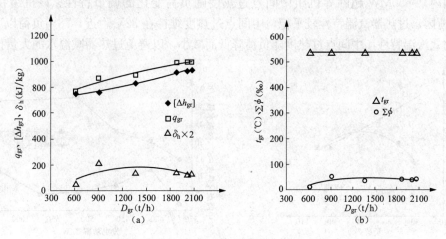

图 2-16　某 600MW 亚临界参数锅炉汽温特性

(a) 传热量特性；(b) 汽温特性

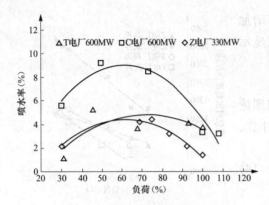

图 2-17　亚临界锅炉过热器整体汽温特性

在定压方式下，随负荷降低 q_{gr} 单向减少而 $[\Delta h_{gr}]$ 不变，差值 $\delta_h = q_{gr} - [\Delta h_{gr}]$ 逐渐减小并无转折，因此过热器的汽温特性与 1kg 蒸汽吸热量特性完全一致，呈现的是典型的对流式特性。由此说明，变压运行由于理论焓升 $[\Delta h_{gr}]$ 不再维持常数，故可在更低负荷下维持主蒸汽温度在额定值。

超临界锅炉采用中间点温度和减温水调节过热蒸汽温度，因此其汽温特性不能简单地用减温水率表示。图 2-18 所示是两台超（超）临界锅炉的过热器系统的汽温特性。纵坐标的主蒸汽温度为保持减温水率、中间点过热度不变条件下计算出的出口过热汽温。其中 Z 电厂为 1000MW 超超临界锅炉，采用烟气挡板调温。F 电厂为 660MW 超临界锅炉，摆动燃烧器＋烟气挡板调温。汽温特性计算的边界条件：对于 Z 电厂，中间点过热度为 28.6℃，过热器总喷水率为 0.070；对于 F 电厂，中间点过热度为 25.8℃，过热器总喷水率为 0.060，两台锅炉均变压运行。

实际运行中，通过改变中间点过热度来调节过热汽温。当中间点温度降低时，水冷壁流量增加，维持减温水不变时，煤水比减小。过热总吸热 q_{gr} 因工质流量增加而减少；另外，过热器理论焓升 $[\Delta h_{gr}]$ 增加，故差值 $q_{gr} - [\Delta h_{gr}]$ 减小、主蒸汽温度降低。为维持主蒸汽温度不变，则减温水量减少、煤水比恢复不变。本例 Z 电厂，锅炉负荷为 65% 时，中间点过热度从 28.6℃ 减少到 21.4℃，理论焓升 $[\Delta h_{gr}]$ 从 785kJ/kg 增加到 842kJ/kg，过热吸热 q_{gr} 从 975kJ/kg 减少至 935kJ/kg，主蒸汽温度维持额定值 605℃。

比较图 2-17 和图 2-18，超（超）临界机组与亚临界机组相比，汽温特性更倾向于辐射式特性。一般在 60%～100% 负荷段均显示辐射式（反向）汽温特性。

上述超（超）临界锅炉过热器的汽温特性规定了中间点过热度运行调节的具体规律。图 2-19 所示是国内某 650MW 超临界机组中间点过热度随负荷变化的调节特性。该机组在 78%～100% 负荷区，过热器汽温特性较平稳，中间点过热度维持在 32℃ 附近，78% 负荷以下，过热器为辐射式汽温特性，中间点过热度随负荷降低而减小，以避免过热器减温水的大量投入。

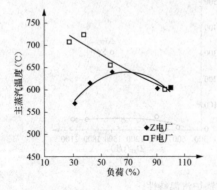

图 2-18　超（超）临界锅炉过热器整体汽温特性

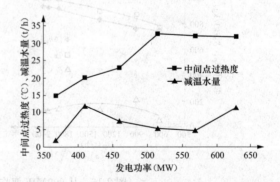

图 2-19　某 650MW 超临界机组过热器系统汽温特性运行数据

2. 再热器整体汽温特性

再热器的布置总体偏向尾部烟道，且再热器的理论焓升特性较为平坦，因此再热器系统均无例外显示对流式汽温特性。设计了烟道挡板调温的机组，尾部竖井内低再的吸热占再热总吸热的份额较大，正向汽温特性更趋明显。

再热蒸汽流量与主蒸汽流量之比（称再热系数）随负荷降低而增加也是促成再热器对流式汽温特性的原因之一。图 2-20 所示为某 3102t/h 超超临界锅炉的蒸汽流量与负荷关系，当锅炉负荷从 100％降低到 40％时，再热系数从 0.826 增加到 0.875。

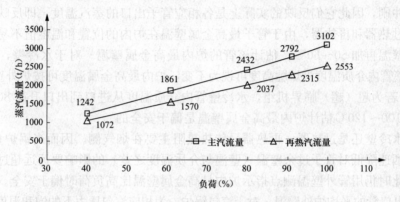

图 2-20　某 1000MW 锅炉蒸汽流量—负荷特性

国内四台 300、600、660、1000MW 级参数锅炉的再热汽温—负荷特性曲线如图 2-21 所示。图中 Z 电厂为 1000MW 超超临界锅炉，烟气挡板调节再热汽温。S 电厂为 320MW 亚临界锅炉，燃烧器摆角调温，出口再热汽温数据为摆角固定情况下的实测值。T 电厂为 600MW 亚临界锅炉，烟道挡板调温，出口再热汽温为烟道挡板基本不能调温时的实测值。X 电厂为 660MW 亚临界锅炉，烟道挡板调节再热汽温，其出口蒸汽温度的数值已修正了烟道挡板调温的影响。图 2-22 给出了 Z 电厂的再热器总的传热特性。图 2-22 中 q_{zr} 为 1kg 蒸汽在再热器内的总吸热，δh_z 为 q_{zr} 低于理论焓升 $[\Delta h_{zr}]$ 的差值。该图实际上是为再热汽温—负荷变化特性做出了一个理论的说明。T 电厂在不同负荷下尾部竖井分隔烟道的烟气份额列于表 2-2。

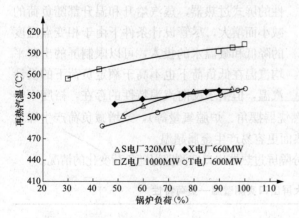

图 2-21　锅炉再热器整体汽温—负荷特性曲线

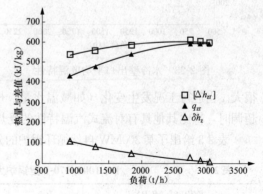

图 2-22　某 1000MW 锅炉再热器总传热特性

表 2-2　　　　　　　某 2070t/h 亚临界锅炉再热器侧烟气流量份额与负荷关系

负荷（t/h）	2070	2011	1876	1363	906	621
低再侧烟气份额（%）	29.76	31.67	36.15	56.31	74.90	85.00
低过侧烟气份额（%）	70.24	68.33	63.85	43.69	25.10	15.00

六、受热面壁温—负荷特性

为监视锅炉管子壁温，通常在各级受热面的出口安装一些炉外金属壁温测点。这些测点不承受烟气冲刷，因此它们反映的实际上是各相应管子出口的蒸汽温度，即反映蒸汽侧的热偏差。对于过热器和再热器，由于管子最高金属壁温在炉内的位置和温度值不易确定，通常按炉外金属壁温再加 50～60℃，估计该管的炉内最高金属壁温。对于水冷壁，若为亚临界机组，水冷壁管内介质温度沿炉膛高度可视为不变，炉内最高金属温度可按炉外壁温加 100～120℃估计。若为超（超）临界机组，水冷壁管内介质温度从进口到出口升高 80～90℃，按炉外壁温加 100～120℃估计炉内最高金属壁温是偏于安全的。

不论是水冷壁还是过热器、再热器，传热热阻主要在烟气侧。因而当锅炉负荷减小时，烟气温度、烟速降低对管子过余壁温（壁温与介质温度之差）的影响要远远超过蒸汽流速降低的影响，此时仍用管外壁温测点指示炉内最高金属壁温比高负荷时偏于安全。

水冷壁出口管的平均炉外壁温，对于汽包锅炉，为相应汽包压力下的饱和温度；对于超临界压力直流锅炉，则为分离器压力下的相变点温度加上过热度。图 2-23 给出了某 600MW 的亚临界机组与某 660MW 超临界机组水冷壁出口温度特性的比较。变压运行的超临界机组，65% BMCR 附近是从亚临界向超临界过渡的负荷区，在距离水冷壁出口的一定高度上开始出现大比热区。那里的工质热物性随温度变化十分剧烈，出现传热恶化和水冷壁金属超温的可能性大大增加。机组运行于此区段时应注意降低增、减负荷的速度，控制燃料量变动不应过大。

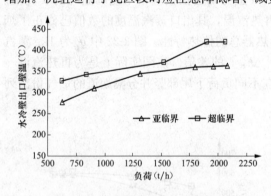

图 2-23　水冷壁出口平均壁温特性

各级过热器、再热器的炉外壁温特性，与负荷和级前减温喷水量有关。对于显示对流特性的受热面，管外壁温随负荷减小而降低，在正常管间蒸汽温度偏差范围内，全负荷段的金属安全一般没有问题。对于具有辐射式汽温特性的屏式过热器，蒸汽焓升和温升都随负荷的减小而增大，尽管设计条件下由于相变点温度的降低和减温水的投入，可以限制屏的出口平均汽温在低负荷下也不高于额定负荷下的设计汽温，但由于反向汽温特性的存在，裕度不会很大。当运行工况发生变化（如减温水量、燃烧器摆角、炉膛氧量等），或增减负荷产生煤量超调时，将比其他具有对流式汽温特性的受热面更容易产生金属超温。

表 2-3 给出了某 300MW 自然循环锅炉的分隔屏过热器出口实测壁温随负荷变化的情况。

表 2-3　　　　　　　　　DG-1000/170-1 型锅炉大屏出口实测壁温—负荷特性

负荷（%MCR）	100	90	78	60	55
分隔屏出口壁温（平均,℃）	457.4	460.1	472.2	477.5	483.6

第二节　过量空气系数变化特性

一、过量空气系数变化

炉膛出口过量空气系数由炉膛氧量反映。它的较佳运行值主要是权衡锅炉效率、省煤器出口 NO_x 排放和风机电耗三个影响来决定。如果存在蒸汽温度问题，还应进一步考虑过量空气系数对蒸汽温度和减温水量的影响。锅炉运行中应按最佳过量空气系数（最佳氧量）控制炉内送风量。

1. 对锅炉效率的影响

当炉膛出口过量空气系数 α_1'' 增大时，燃烧生成的烟气量增多，排烟过量空气系数增加使排烟损失 q_2 变大。烟气量增加在大部分情况下也会引起排烟温度升高，使 q_2 损失进一步增大。但在一定范围内增大 α_1'' 有利于燃烧，使燃烧损失（$q_3 + q_4$）减小。因此，存在一个经济的 α_1''，可使损失之和（$q_2 + q_3 + q_4$）最低，锅炉效率最高，这个就是传统意义上的最佳过量空气系数。α_1'' 过小或者过大都将引起锅炉效率降低。

使锅炉效率最高的过量空气系数 $\alpha_{1,zj}''$ 通过燃烧调整试验确定。一般规律，低负荷时或者煤质变差时，锅炉效率降低，但 $\alpha_{1,zj}''$ 升高，示意如图 2-24（a）。近代锅炉的低氮燃烧系统根据省煤器出口的 NO_x 排放浓度改变燃尽风挡板开度，当锅炉在高的燃尽风率下运行时，燃烧损失增大，$\alpha_{1,zj}''$ 值也会升高［如图 2-24（b）所示，图中 r 为燃尽风率］。图 2-25 为某 1913t/h 超临界锅炉的省煤器出口氧量变化对锅炉效率影响的试验曲线。由图 2-25 可见，锅炉在氧量 2.7% 左右时取得最大效率，对应的最佳过量空气系数为 $\alpha_{1,zj}'' = 1.147$。

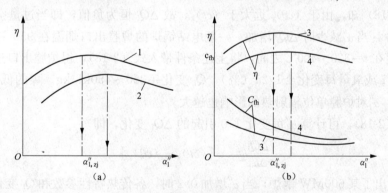

图 2-24　最佳过量空气系数变化

（a）负荷影响；（b）燃尽风率影响

1—负荷高；2—负荷低；3—$r = 0.2$；4—$r = 0.3$

运行和试验表明随着氧量降低，飞灰含碳量增加的趋势有一拐点，氧量在拐点值以下时，飞灰含碳量对氧量的变化十分敏感，氧量很小的增加，都可明显降低飞灰含碳量。这一临界氧量大致为 2.0%～2.5%，煤挥发分低时，临界氧量增大。

2. 对单位辐射热 Q_f 的影响

当 α_1'' 增大时，理论燃烧温度降低，作为炉内传热过程的起点，将使炉膛出口烟温降低；但由于理论燃烧温度降低，炉内辐射减弱，加上 α_1'' 的增大使炉内烟气量加大，又倾向于抬高炉膛出口温度。计算和运行经验证明，少量增加 α_1'' 对炉膛出口温度影响不大（讨论这个问题时，固定燃尽风率）。炉膛温度与炉内风量的关系如图 2-26 所示。

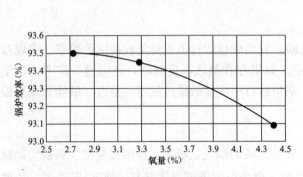

图 2-25　省煤器出口氧量对锅炉效率的影响

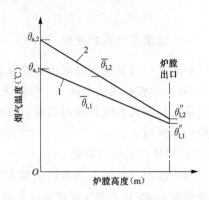

图 2-26　炉膛温度与炉内风量的关系
1—$\alpha_1''=1.35$；2—$\alpha_1''=1.20$

当炉膛出口过量空气系数变化 $\Delta\alpha_1''$ 时，空气预热器出口热风焓增加 $\Delta Q_k=\Delta\alpha_1''v^0(ct)_k$，这部分热量随热风带入炉内最终被水冷壁吸收；与此同时，炉膛出口烟气焓增加 $\Delta I_y=\Delta\alpha_1''v^0(c\theta)_y$，两者的差值即为炉膛单位辐射热的变化 ΔQ_f，即

$$\Delta Q_f=\Delta\alpha_1''v^0\cdot[(ct)_k-(c\theta)_y] \tag{2-18}$$

式中　$(ct)_k$——标准状态下热风温度为 $t℃$ 时的空气总热容，kJ/m³；

$(c\theta)_y$——标准状态下炉膛出口烟温为 $\theta℃$ 的烟气总热容，kJ/m³；

v^0——标准状态下理论空气量，m³/kg。

从式（2-18）知，由于 $(c\theta)_y$ 远大于 $(ct)_k$，故 ΔQ_f 恒为负值，即当过量空气系数 α_1'' 增大时 ΔQ_f 减少，当 α_1'' 减少时 ΔQ_f 增加。一般电站锅炉的炉膛出口烟温在 950～1000℃ 之间，入炉热风温度在 $t=320～400℃$ 之间，将上述条件带入式（2-18），得炉膛出口过量空气系数 α_1'' 每变化 ±0.1 或氧量每变化 ±1.25（%），Q_f 变化 $\mp350～450$kJ/kg。煤的低位热值越高，相应 v^0 越大，α_1'' 对炉膛单位辐射热的影响也越大。

根据式（2-18），可计算 α_1'' 每变化 1.0 引起的 ΔQ_f 变化，即

$$\frac{\Delta Q_f}{\Delta\alpha_1''}=v^0[(ct)_k-(c\theta)_y] \tag{2-19}$$

表 2-4 给出了某 600MW 锅炉，当 α_1'' 增加 0.2 时，各传热特性参数和 Q_f 变化的大致数量关系。

表 2-4　　　　　　　　某 600MW 亚临界锅炉 $Q_f-\alpha_1''$ 特性（BMCR）

项目	热风温度 t（℃）	炉膛出口烟气温度 θ（℃）	$(c\theta)_{983}$（kJ/m³）	$(ct)_{370}$（kJ/m³）	理论空气量 V^0（m³/kg）	ΔI_y（kJ/kg）	ΔQ_k（kJ/kg）	ΔQ_f（kJ/kg）
数值	370	983	1455	560	4.138	1204	393	-811

实际上，从图 2-26 也可以看出，当炉膛风量增加时，理论燃烧温度 θ_a 和炉膛平均温度 $\overline{\theta_l}$ 都降低，炉内总辐射热按热力学温度的 4 次方关系减少。而燃料量没有变化，也可以得出单位辐射热 Q_f 减少的结论。

3. 对蒸发率和工质焓增的影响

讨论过量空气系数 α''_1 的影响时，燃料量 B 是保持不变的。因此炉内总辐射热量 BQ_f 随 α''_1 的增加而减小。这部分热量主要用于水冷壁产汽，因而对于每千克燃料，水冷壁蒸发率 $u = D_{zf}/B$ 相应减小，摊到 1kg 蒸汽的过热吸热量即焓升增加。锅炉燃用低位发热量 20MJ/kg 的烟煤时，水冷壁吸热为 9～11MJ/kg。氧量每增加 1 个百分点，u 值的变化约为 1%。蒸发率 u 的改变是 α''_1 贡献过热蒸汽焓增的基本方式之一。

过量空气系数增加时，烟气流量、流速的增加是蒸汽焓升增加的另一个原因。根据传热方程式 (2-10)，可进一步分析各对流受热面进、出口参数变化的特点。当 α''_1 增大时，炉膛出口温度基本不变，但随着烟气的流动，由于烟气量增加，烟气热容按 1 次方关系增大，而传热系数 k 按 0.6 次方关系提高。因此，烟气依次流过各受热面后，与变动前相比，各出口处的烟气温度均要升高，传热温差逐渐增大，因此，各对流传热量和各工质焓升增大。

当 α''_1 变化时，沿烟气流程各受热面工质焓升增大的规律是越远离炉膛出口的受热面对流传热量的相对增加越大。与负荷增大时的情况相反，过热器、再热器的焓升增加较少，而省煤器、空气预热器的吸热量增加较多。显然，这是由于后部受热面又得到了传热温差增大的好处所致。

从热量分配分析，随着 α''_1 增加，入炉总热量变化不大，但是由于辐射热量 Q_f 减小，所以对流热量 ΣQ_d 必然增加。也就是说，炉内风量的增大会改变炉内辐射热和炉外对流热的分配比例，使更多的热量交换从炉膛转移到对流烟道去，从而影响过热器、再热器的焓增变化。

4. 对排烟温度和热风温度的影响

随着过量空气系数 α''_1 增加，烟侧流量按正比增大，炉膛出口以后各对流受热面的烟温降会因烟气总热容的增大而陆续减小，引起空气预热器进口烟气温度升高，从而使出口烟气温度即排烟温度也发生变化。图 2-27 所示为某 1025t/h 锅炉的空气预热器进口烟气温度与 α''_1 的实测关系曲线。

与 α''_1 增加的同时，空气预热器的冷侧、热侧介质流量按比例增大，引起空气预热器传热总量的增加。在不考虑进口烟气温度升高的情况下，单纯的空气量、烟气量变化也会使排烟温度升高。这是因为空气预热器的总传热量随烟气、空气流速增加的幅度要小于烟气总热容增加的幅度。

空气预热器进口烟气温度对出口烟气温度影响的大致规律为：进口烟气温度每升高 10℃，出口烟气温度升高 2～3℃。考虑到总传热量的变化后，排烟温度升高的数值会更大一些。图 2-28

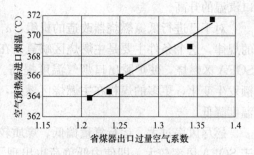

图 2-27　空气预热器进口烟气温度与
过量空气系数的关系

所示为某 660MW 锅炉在 500MW 负荷下空气预热器进、出口烟气温度，热风温度随炉膛氧量变化的一个试验实例。

过量空气系数 α''_1 变化时还会引起其他一些变化，其中主要的是空气预热器的漏风率。随着 α''_1 增加，必须提高送风压力，使空气预热器的漏风量变大，反过来降低排烟温度。从国内大中型锅炉的排烟温度统计来看，增加炉膛出口过剩空气系数时，排烟温度并没有表现出较强的规

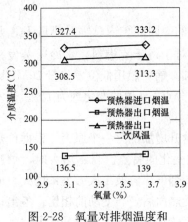

图 2-28　氧量对排烟温度和
热风温度的影响

律性，有的锅炉排烟温度增加，有的锅炉则减少。主要原因在于空气预热器密封性能的差异。但无论排烟温度怎样变化，q_2 损失一律增加。排烟温度降低的情况，因为是空气预热器漏风增加所致，所以 q_2 损失的增加反而会更大些。锅炉运行中，可利用上述空气预热器进、出口烟气温度差异的信息，辅助判断空气预热器的漏风率状况。

炉膛出口过量空气系数增大对空气预热器出口一、二次风温的影响较弱。伴随空气预热器传热功率的增加，空气通道的空气总热容增大，且空气总热容的增加大于传热功率的增加，但风温升还与空气预热器进口烟气温度有关，因此空气预热器出口一、二次风温基本上不变，或略有降低，如图 2-28 所示。

5. 对过热、再热蒸汽温度的影响

过量空气系数 α_1'' 增大将使蒸汽温度上升；反之，则蒸汽温度下降。引起蒸汽温度变化的原因有以下两个。

（1）水冷壁蒸发量。前已分析，过量空气系数 α_1'' 增大时，水冷壁蒸发率减小，即相同燃煤量下，过热器的工质流量减少。

（2）过热器的传热量。随着炉膛风量的增大，烟气量增加，对流式过热器（再热器）的传热量增大，蒸汽焓升增加；对于辐射式过热器（再热器），虽炉膛平均温度降低，但炉膛出口烟气温度和屏间烟气温度基本不变，影响辐射传热量很小，它们的焓升增加主要来自于水冷壁（过热器）工质流量的减少。

对于过热器，水冷壁流量减少和过热器传热量增加一起引起过热器焓升增加、出口汽温升高。对于再热器，尽管不受水冷壁流量变化的影响，但其整体布置偏向于过热器的后面，受烟气流量改变的影响比过热器来的更大些。因此，过量空气系数增加同样要引起再热器出口汽温的升高。

对于已进行低氮燃烧器改造的机组，α_1'' 变化对蒸汽温度影响在个别条件下可能呈现相反的规律，这个条件主要是主燃烧区缺氧。在主燃烧区缺氧情况下，大比例的煤粉进入上层的 SOFA 区燃烧，使炉膛出口烟气温度提高。一旦增加氧量，主燃烧区与 SOFA 区的燃烧份额发生变化，更多的煤粉在主燃烧区燃尽，炉膛出口烟气温度下降，主蒸汽温度、再热蒸汽温度降低。

燃尽风率过大、运行氧量偏低、煤质较差等都会加剧燃烧区缺氧。某电厂在调试中，由于 SOFA 风率较大，即使中低负荷也出现了随氧量增加，蒸汽温度降低的情况，在特定情况下，也可以作为减少再热减温水量的调节措施之一。

6. 对炉膛 NO_x 排放的影响

随着炉膛过量空气系数 α_1'' 增加，主燃烧区域的氧浓度以及火焰中心温度同时增加，使省煤器出口的 NO_x 浓度升高。图 2-29 给出了某 300、600、1000MW 级锅炉进行变氧量调整试验得到的 NO_x 排放特性曲线。图 2-30 所示为省煤器出口 NO_x 浓度与炉膛运行氧量的实时曲线截图。从该曲线看，NO_x 排放的变化与氧量的正向相关特性十分明显，几乎没有响应时差。

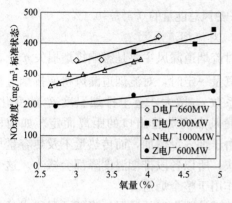

图 2-29　变氧量调整的 NO_x 特性

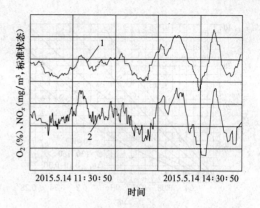

图 2-30　某 600MW 超超临界锅炉 NO_x 浓度
与氧量实时曲线
1—省煤器出口氧量；2—省煤器出口 NO_x 浓度

二、锅炉漏风

1. 炉膛及制粉系统漏风

经过空气预热器的风量又称有组织风量 α_{zz}，它与炉膛漏风 $\Delta\alpha_1$、制粉系统漏风 $\Delta\alpha_{zf}$ 一起，合成炉膛出口过量空气系数 α''_1（见图 2-31）。其间的关系为

$$\alpha''_1 = \alpha_{zz} + \Delta\alpha_1 + \Delta\alpha_{zf}$$

对于正压直吹式制粉系统，磨煤机入口掺冷风以及密封风进入磨煤机均相当于制粉系统漏风 $\Delta\alpha_{zf}$。

在运行控制 α''_1 不变的情况下，炉膛漏风是以冷的空气取代部分热空气进炉膛，使理论燃烧温度降低，煤着火条件变差。炉膛、制粉系统漏风将使主燃烧区缺风，导致燃烧器出口的辅助风动量不足，影响炉膛切圆或火焰的充满度，使燃烧损失增大。炉底漏风则可能使减温水增投。

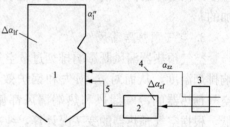

图 2-31　锅炉风量平衡
1—炉膛；2—磨煤机；3—空气预热器；
4—二次风；5—一次风

炉膛和制粉系统漏风还会使排烟温度升高。当 $\Delta\alpha_1 + \Delta\alpha_{zf}$ 增大时，流过空气预热器的有组织风量减少，空气预热器的风量、风速降低使传热系数下降。较少的空气流量又会使出口风温上升，从而影响空气预热器的传热温压。两者作用的结果都会减少空气预热器的吸热量，引起排烟温度的升高。

图 2-32 所示为炉内漏风系数对排烟温度影响的关系曲线。由图 2-32 可知，锅炉漏风系数（$\Delta\alpha_1 + \Delta\alpha_{zf}$）每增加 0.01，排烟温度升高 1.5～1.8℃，空气预热器设计换热量大时，排烟温度的变化偏高限取值。

空气预热器的有组织风量减少时，烟侧流量没有变化，此时空气总热容 $(ct)_k$ 的减少大于空气预热器传热量的减少，因此出口热风温度升高。但由于风量的减少，由热空气带入炉内的热量反而减少。这个减少的热量与排烟温度的升高值是对应的。大致的关系为 $\Delta\alpha_1 + \Delta\alpha_{zf}$ 每增加 0.05，空气预热器出口热风温度升高 2～3℃，相应于 1kg 煤的入炉热风总焓减少 75～100kJ/kg，

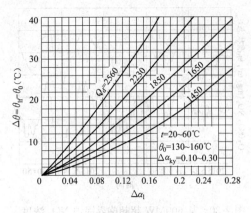

图 2-32　炉内漏风系数对排烟温度
影响的关系曲线

$\Delta\theta$—排烟温度增量，℃；$\Delta\alpha_1$—炉膛制粉系统漏风系数增量；t—空气预热器进风温度，℃；Q_d—空气预热器传热量，kJ/kg；θ_0—初始工况排烟温度，℃；θ_{1f}—漏风增加后排烟温度，℃；$\Delta\alpha_{ky}$—空气预热器漏风系数

占入炉热风总能量的 0.3%～0.4%。

2. 对流烟道漏风

对流烟道漏风主要是影响排烟损失 q_2。在炉内氧量一定时，对流烟道漏风将使排烟过量空气系数 α_{py} 增大。至于排烟温度 θ_{py} 的变化，则视漏风点离炉膛出口的距离而定。如前所述，由于烟气量增加，而传热量不及热容量增加得快，所以各段排烟温度降都会减小。这个规律作用于整个烟道。

接近炉膛出口的漏风，降低了漏风点的排烟温度，也使当地及以后若干烟道的传热温压减小，因此排烟温度恢复很快。并在某一点（图 2-33 中 C 点）逐渐超过原有排烟温度，使排烟温度上升。这样，由于 α_{py} 和 θ_{py} 同时上升，q_2 损失有较大增加。若漏风点远离炉膛出口，那么 C 点可能推迟至排烟处，甚至更远。排烟温度未恢复即已离开锅炉，θ_{py} 有可能仍低于无漏风时的情况。但即使如此，q_2 损失仍是增加的。

3. 空气预热器漏风

空气预热器漏风既影响排烟过量空气系数，又影响排烟温度，从而对 q_2 损失和锅炉效率发生影响。空气预热器的冷端漏风和热端漏风都使排烟温度降低。根据空气预热器的变工况计算，纯冷端漏风率每增加 1 个百分点，排烟温度降低 0.9～1℃。但 q_2 损失不变，也不影响空气预热器出口的热风温度。纯热端漏风率每增加 1 个百分点，排烟温度降低 0.25～0.27℃。热端漏风因其介入了空气空预器的传热过程，因而 q_2 增大，空气空预器的出口热风温度相应降低。

图 2-34 给出了用于估算空气预热器漏风系数对

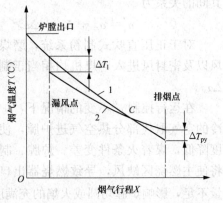

图 2-33　烟道漏风位置对烟气温度的影响
1—漏风前烟气温度；2—漏风后烟气温度

排烟温度、锅炉效率影响的通用计算曲线。图 2-34（a）中纵坐标 Δt_y 为过余温度，定义为空气预热器漏风为零时的出口排烟温度与漏风率为 A_1 时的出口排烟温度之差。图中任意两点之间的横坐标之差代表预热器漏风率的变化量 ΔA_1，相应的纵坐标之差，为漏风率每变化 ΔA_1 时排烟温度的变化量。图 2-34（b）所示为空气预热器漏风率 A_1 对排烟损失 q_2 和标准煤耗 b_s 的影响曲线。

综上所述，不论是炉膛、制粉系漏风、烟道漏风还是空气预热器漏风，都会对锅炉传热和厂用电率发生不利影响；炉膛漏风还会影响到炉内燃烧。因此，运行中应杜绝所有锅炉漏风，以降低锅炉损失和厂用电率。

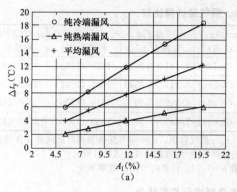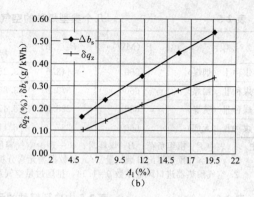

图 2-34　空气预热器漏风率变化对运行经济性的影响

（a）对排烟温度的影响；（b）对排烟损失和标准煤耗的影响

第三节　煤质—运行参数特性

锅炉运行中的煤质变动也是经常发生的。随着入炉煤质的改变，锅炉的着火、燃烧、流动和传热状况均相应改变，锅炉的安全、经济、环保性能等也会受到影响。

一、煤质—空气量、烟气量特性

在缺乏元素分析资料的情况下，1kg 煤的空气量 v_k（m^3/kg，标准状态）按式（2-20）计算，即

$$v_k = \beta v^0 \tag{2-20}$$

$$v^0 = \frac{0.27Q_{net,ar} + 6.8M_{ar}}{1000} - k_2$$

式中　　β——空气预热器进口的风量系数（含调温风）；

k_2——煤质系数。贫煤、无烟煤，$k_2 = 0.083$；烟煤、褐煤，$k_2 = 0.23$。

1kg 煤的烟气量 v_y（m^3/kg，标准状态）按式（2-21）计算，即

$$v_y = v_y^0 + 1.0161 \times (\alpha - 1)v^0 \tag{2-21}$$

$$v_y^0 = \frac{0.274Q_{net,ar}}{1000} + 1.931 \times \frac{M_{ar}}{100} + k_1$$

式中　　α——计算点的过量空气系数；

$Q_{net,ar}$——煤收到基低位发热量，kJ/kg；

M_{ar}——煤收到基水分，%；

k_1——煤质系数。贫煤、无烟煤，$k_1 = 0.0162$；烟煤、褐煤，$k_1 = -0.006$。

用式（2-20）、式（2-21）计算与用与元素分析资料计算所得结果的平均偏差小于 1.2%，最大偏差不超过 3%。

根据式（2-20）和式（2-21），煤单位热值的空气容积和烟气容积与只与煤的收到基水分和低位发热量有关，而与煤的其他元素分析成分无关。总的来看，烟、风总流量取决于发电功率而非燃煤量，煤质变动（主要是发热量变动）引起的燃煤量变化，对于烟气、空气总流量只有较弱的影响。表 2-5 给出了几个典型煤种的烟气量、空气量计算结果的比较。表 2-6 是相应的煤质成分变化。

表 2-5　　　　　　　　　　　几个典型煤种的空气量、烟气量计算比较

项目	P (MW)	B (t/h)	v^0 (m³/kg, 标准状态)	v_y (m³/kg, 标准状态)	v_k (×10³m³/h, 标准状态)	v_y (×10³m³/h, 标准状态)
煤种 I （烟煤）	660	443.6	3.254 (3.173)	4.431 (4.373)	1679 (1638)	1965 (1940)
煤种 II （褐煤）	660	373.8	3.866 (3.869)	5.347 (5.388)	1681 (1682)	1998 (2014)
煤种 III （贫煤）	660	228.3	6.475 (6.404)	8.322 (8.223)	1719 (1700)	1900 (1877)
煤种 IV （无烟）	660	237.4	6.118 (6.011)	7.880 (7.879)	1689 (1660)	1870 (1870)

注 1. 表中 P—机组负荷；B—煤耗量；v^0—理论空气容积；v_y—烟气容积，v_k—空气预热器进口总风量（含调温风）；v_y—空气预热器出口烟气量。（）外数据为元素分析法计算，（）内数据为按公式法计算。

2. 空气预热器进口风量系数 $\beta=1.14$，排烟过量空气系数 $a=1.24$。计算时令锅炉效率不变。

表 2-6　　　　　　　　　表 2-5 中典型煤种的元素分析成分与发热量

项目	C_{ar} (%)	H_{ar} (%)	O_{ar} (%)	N_{ar} (%)	S_{ar} (%)	A_{ar} (%)	M_{ar} (%)	V_{daf} (%)	$Q_{net,ar}$ (kJ/kg)
煤种 I （烟煤）	31.2	2.79	8.1	0.95	0.33	43.95	12.67	39.72	12285
煤种 II （褐煤）	39.3	2.70	11.2	0.6	0.9	21.3	24.0	44.0	14580
煤种 III （贫煤）	64.89	2.83	2.4	0.98	1.08	21.82	6.0	15.12	23874
煤种 IV （无烟）	60.6	2.88	2.28	0.94	1.3	25.91	6.09	10.53	22960

以表 2-6 中煤种 I 和煤种 III 为例，在相同电负荷 660MW 下进行比较。燃用低热值的煤种 I 时，煤耗量为 443.6t/h；燃用高热值的煤种 III 时，煤耗量为 228.3t/h，两者相差近一倍，但两种煤的空气预热器进口空气量都在 1 650 000m³/h（标准状态）左右，两种煤的空气预热器出口烟气量都在 1 930 000m³/h（标准状态）左右。四种计算煤中，以煤种 II 的折算水分最高，它的空气流量和烟气流量因而比其余煤种高。表 2-6 内同时列出了用元素分析法和公式法［见式（2-20）、式（2-21）］两种方法计算的比较。

二、煤质—性能指数

从入炉煤的煤质数据中可计算、整理出若干用来指示着火稳定性、煤粉燃尽性、沾污性、磨损性以及炉膛（大屏）结焦性等性能的指数，为锅炉的设计、技术改造以及运行诊断分析提供基本的判据。这些判据经国内大机组的运行检验具有较高的可信度，它们是：

1. 着火稳定性指数 R_w

$$R_w = 4.24 + 0.047M_{ad} - 0.015A_{ad} + 0.046V_{daf} \tag{2-22}$$

着火稳定性等级：

$R_w<4$——极难着火；

$R_w=4\sim4.65$——难着火；

$R_w=4.65\sim5$——较易着火；

$R_w=5\sim5.7$——易着火；

$R_w>5.7$——极易着火。

2. 燃尽性指数 R_j

$$R_j = 2.22 + 0.17M_{ad} + 0.016V_{daf} \tag{2-23}$$

燃尽性等级：

$R_j<2.5$——极难燃尽；

$R_j=2.5\sim3$——难燃尽；

$R_j=3\sim4.4$——较易燃尽；

$R_j=4.4\sim5.7$——易燃尽；

$R_j>5.7$——极易燃尽。

3. 灰沾污指数 R_f

$$R_f=Na_2O\frac{Fe_2O_3+K_2O+Na_2O+MgO+CaO}{SiO_2+AL_2O_3+TiO_2} \tag{2-24}$$

沾污性等级：

$R_f<0.2$——轻沾污；

$R_f=0.2\sim0.5$——中等沾污；

$R_f=0.5\sim1.0$——强沾污；

$R_f>1.0$——严重沾污。

4. 灰磨损指数 H_m

$$H_m=\frac{A_{ar}}{100}\ (1.35AL_2O_3+SiO_2+0.8Fe_2O_3) \tag{2-25}$$

磨损等级：

$H_m<10$——轻度磨损；

$H_m=10\sim20$——中等磨损；

$H_m>20$——严重磨损。

5. 结渣指数 R_z

$$R_z=S_{ar}\frac{Fe_2O_3+K_2O+Na_2O+MgO+CaO}{SiO_2+AL_2O_3+TiO_2} \tag{2-26}$$

结渣等级（用于炉膛结渣）：

$R_z<0.6$——轻度结渣；

$R_z=0.6\sim2$——中等结渣；

$R_z=2\sim2.6$——强结渣；

$R_z>2.6$——严重结渣。

式（2-22）～式（2-26）中，等式右端各量分别为煤（灰）中各组分的重量百分数。

国内外目前尚无成熟的锅炉出口 NO_x 产率的判断性指标。日本的研究机构如 CRIEPR 指出，燃料比 $F_r=C_{gd}/V_{ad}$ 对燃料氮的转换率有好的相关性，随着 F_r 的降低，基于燃烧调整降低 NO_x 的控制措施效果更趋明显。例如，日本一般的发电公司都拒绝接收 $F_r>2.5$ 的动力用煤。

三、对蒸汽温度、燃烧、传热的影响

煤质变化中，影响较大的是发热量、挥发分、灰分、硫分和水分。

1. 发热量的影响

煤的低位发热量 $Q_{net,ar}$ 降低时，在锅炉负荷不变情况下，燃料量增加，总烟气量通常增加，炉膛出口温度升高。单位辐射热量 Q_f 降低，过热蒸汽温度、再热蒸汽温度随之升高。对炉内燃烧的影响是 $Q_{net,ar}$ 降低时，一般理论燃烧温度降低，燃烧器区域的温度水平降低，燃烧损失 (q_3+q_4) 增加。$Q_{net,ar}$ 降低时，煤的折算灰分增加，每 1% 的飞灰含碳量代表着更大的 q_4 损失，也会使锅炉效率降低。烟气容积和理论燃烧温度与煤发热量的统计关系如图 2-35 所示。

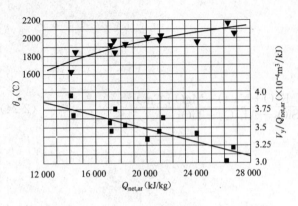

图 2-35　理论燃烧温度、烟气容积与煤发热量的
统计关系

▼—理论燃烧温度（℃）；

■—标况下每千焦热值的烟气容积（m³/kJ）

对于直吹式制粉系统，随着 $Q_{net,ar}$ 降低，所需制粉量、一次风量增加，煤粉变粗，在制粉出力难以满足燃料量要求时，也会有意识地提高 R_{90}，从而影响燃烧效率。$Q_{net,ar}$ 降低时，制粉系统厂用电率增加。国内某电力研究机构对 1000、600MW 机组所做试验表明，煤的低位发热量每降低 0.42MJ/kg，锅炉效率降低 0.1～0.18 个百分点，厂用电率升高 0.06～0.1 个百分点。

2. 挥发分、灰分的影响

燃用高挥发分、低灰分的煤，释热集中于燃烧器区，所以主燃烧区炉温升高。由于炉内燃烧早，传热早，炉内最高温度区在炉膛下部，所以炉膛出口烟温低，炉内单位辐射热量 Q_f 大。燃烧损失 q_3+q_4 较小；挥发分低、灰分高的煤，着火燃烧及燃尽都困难，因此炉内最高温度区上移，炉膛出口烟气温度升高，过热汽温和再热汽温升高，炉内单位辐射热量 Q_f 小些，燃烧损失（q_3+q_4）则较高。一般煤中收到基挥发分 V_{ar} 每增加 1%，锅炉效率升高 0.1～0.15 个百分点。

煤中挥发分升高时，省煤器出口的 NO_x 浓度降低，NO_x 的脱除效率也更高。在 SCR 装置喷氨量不变情况下，可以在运行中减少 SOFA 风量，使主燃烧区炉温升高，燃烧损失进一步降低。

3. 水分的影响

燃用水分高的煤，理论燃烧温度显著下降，炉温低，易燃烧不稳；烟气量大，使炉膛出口温度升高，排烟温度 θ_{py} 和排烟量 V_y 增大，q_2 损失增大，锅炉效率降低。一般煤中水分每增加 5%，锅炉效率降低 0.15～0.2 个百分点。

水分对烟气温度、传热和 q_2 损失等的影响与过量空气系数的影响在性质上是相似的，都是增大单位燃料量的烟气容积和使理论燃烧温度 θ_a 下降。但是由于水蒸气的比热容比空气大得多，所以在影响 θ_a 和 θ_{py} 的程度上要严重得多，其使辐射热 Q_f 减少和使对流热 $\sum Q_d$ 增大的程度也比过量空气系数大得多。

有的锅炉存在磨煤机出口温度偏高，制粉系统需要掺一部分冷风的问题。在这种情况下，磨制水分高的煤可以减少制粉系统掺冷风、降低排烟温度。应与排烟过量空气系数一起权衡考虑 q_2 损失的增减。

4. 硫分的影响

煤中全硫含量对锅炉经济、环保运行的影响是最大的。硫分高的煤不仅增加了脱硫电耗，而且会增加 SCR 系统的 SO_3 转换率，引起氨逃逸增加、空气预热器腐蚀、堵灰迅速发展、差压升高、厂用电率增加、锅炉效率降低。近年来，随着电站锅炉外脱硝装置投入运行，抑制氨逃逸和空气预热器差压升高，已引起电站运行人员的严重关注。

综合以上煤质影响的特点，凡煤质变差，运行中都会使炉膛出口烟温升高，过热、再热蒸汽温度升高，单位炉内辐射热减小，锅炉效率降低；反之，若煤质较好，运行中都会使炉膛出口烟温及过热、再热蒸汽温度降低，单位炉内辐射热增加，锅炉效率升高。煤质变差如煤中灰分、硫分增加，还会增加环保动力装置耗电率或导致环保指标的恶化。

四、煤质—效率特性

对一台具体的锅炉，可将煤质对锅炉效率的影响编制成煤质—效率特性曲线，为运行分析和节能诊断提供参考。煤质对锅炉效率的影响修正曲线如图 2-36 所示。

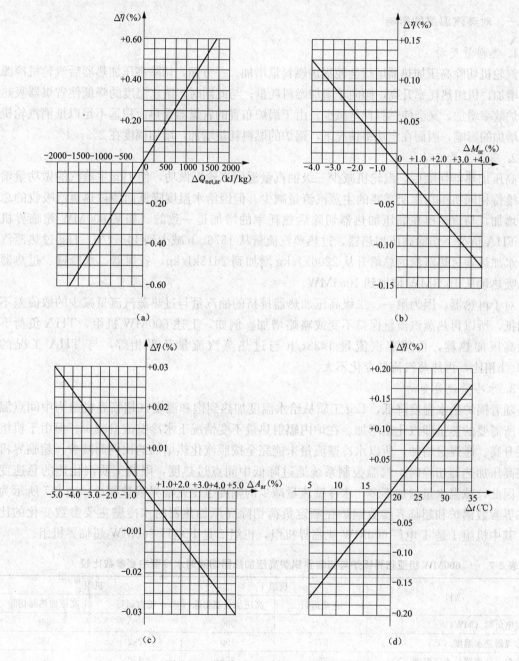

图 2-36 煤质对锅炉效率的影响修正曲线

(a) 发热量变化；(b) 煤水分变化；(c) 煤灰分变化；(d) 环境温度变化

第四节　给水温度变化的影响

锅炉给水由最后一级高压加热器来，大型锅炉的给水温度通常在 280～300℃ 之间。当高压加热器切除时，给水温度就会降低，降低幅度在 90～100℃。现以维持机组发电负荷、主蒸汽参数不变的情况，讨论给水温度降低对锅炉传热工况的影响。

一、对蒸汽温度的影响

1. 燃料量变动

汽轮机切除高压加热器运行会使锅炉燃料量增加。一方面，切除高压加热器后汽轮机冷源损失增加、机组热耗率升高，倾向于增加燃料耗量；与此同时，给水温度的降低使省煤器吸热和锅炉效率增加，又会使燃料耗量减少。由于锅炉布置的省煤器受热面积远不足以抵消汽轮机热耗增加的影响，因而在定功率情况下，锅炉的燃料耗量增加，增加幅度在 2%～4%。

2. 蒸汽流量变动

高压加热器切除后，汽轮机减少三级抽汽量返回汽轮机做功，使 1kg 主蒸汽的做功量增加。维持相同机组功率所需要的主蒸汽流量减少。但因给水温度降低而使过热蒸汽吸收的总热量增加，与汽轮机在高压加热器切除后热耗率的增加是一致的。如某 600MW 超临界机组，THA 负荷下切除高压加热器，过热蒸汽流量从 1676t/h 减少到 1467t/h，1kg 过热蒸汽从给水加热到过热蒸汽的总焓升从 2206kJ/kg 增加到 2613kJ/kg，省煤器、水冷壁、过热器的总吸热量从 1028MW 增加到 1065MW。

对于再热器，因为第一、二级高压加热器排挤的抽汽量与过热蒸汽流量减少的数值差不多相抵，所以再热蒸汽流量保持不变或略略增加。例如，上述 600MW 机组，THA 负荷下切除高压加热器，再热蒸汽流量 1438t/h 与过热蒸汽流量几乎相等，与 THA 工况的 1400t/h 相比，再热蒸汽流量变化不大。

3. 水冷壁流量变动

随着锅炉给水温度降低，1kg 工质从给水温度加热到饱和温度（超临界机组为中间点温度）所需要的热量即汽化热增加。在炉内辐射热量不变情况下水冷壁流量减少。但由于机组热耗升高、燃煤量增加，所以水冷壁流量未能完全按照汽化热增加的比例而减少。超临界机组在高压加热器切除时，汽温控制系统通过降低中间点过热度，限制工质汽化热的急速变大。因此，减温水量增加不多，水冷壁流量减少的幅度也比亚临界锅炉要小。表 2-7 所示为亚临界参数锅炉和超临界参数锅炉在额定负荷切除高压加热器时水冷壁主要参数变化的比较。其中机组 1 是 T 电厂 600MW 亚临界机组，机组 2 是 F 电厂 660MW 超临界机组。

表 2-7　600MW 级亚临界锅炉与超临界锅炉高压加热器切除时水冷壁主要参数比较

项目	机组 1		机组 2	
	正常运行	高压加热器切除	正常运行	高压加热器切除
发电负荷（MW）	600	600	660	660
省煤器进水温度（℃）	277	190	292	192
汽包（分离器）出口温度（℃）	360	358	420	404
1kg 工质汽化热（kJ/kg）	1265	1687	1388	1701

项目	机组 1		机组 2	
	正常运行	高压加热器切除	正常运行	高压加热器切除
水冷壁流量（t/h）	1805	1413	1811	1472
过热器总减温水量（t/h）	71	240	116	94

4. 蒸汽温度变动

如前所述，当给水温度降低时，一方面水冷壁流量减少使过热蒸汽流量减少；另一方面，燃料量增加使过热器系统总传热量也增加。两者向同一个方向影响过热蒸汽温度，使1kg过热蒸汽的吸热量即蒸汽焓升增加、过热器出口汽温升高。对于再热器，再热蒸汽流量略有增加或保持不变，但再热蒸汽压力低、比热容小，再热器的介质温升对烟气侧传热量改变的敏感性比过热器大得多，且给水温度降低后高压缸排汽温度增加。因此，高压加热器切除后再热器的介质焓升及出口汽温也会升高。

对于大型机组，通常给水温度每变化±10℃，过热蒸汽温度变化干（5～6）℃，再热蒸汽温度变化干（3～4）℃。如果过热、再热蒸汽温度或受热面金属壁温升高幅度超出了蒸汽温度调节的范围，则机组实发功率要受到限制。

对于亚临界机组，主蒸汽温度升高时需大量投入减温喷水，减温水率达0.15～0.20，甚至更高；对于超临界机组，由于中间点温度参与调节，过热器减温水量很少变化。

变压运行锅炉随着负荷降低，蒸汽压力降低，汽化热增大。给水温度降低对汽化热的影响相对小一些，对蒸汽温度的影响变弱。表2-8是LZ电厂1000MW超超临界机组一次高压加热器切除（单列）工况下主要实际运行数据的变化。

表2-8　　　　**LZ电厂1000MW超超临界机组一次高压加热器切除（单列）工况下**
主要实际运行数据的变化

项目	正常运行	高压加热器切除	项目	正常运行	高压加热器切除
负荷（MW）	951.5	950.8	过一/二级喷水（t/h）	87.6/12.4	53.9/12.2
给水温度（℃）	292.6	237.3	省煤器出口烟温（℃）	360	330
给水流量（t/h）	2692	2538	再热器喷水量（t/h）	0	0
水冷壁流量（t/h）	2592	2474	主汽温/再热汽温（℃）	589.3/593	587.4/597
分离器出口过热度（℃）	32.6	25.2	末过出口最高壁温（℃）	617.8	618.0

注　主蒸汽温度偏低原因是末级过热器出口最高壁温超限（最高限值639℃，喷水限温<629℃）。

二、对排烟温度和热风温度的影响

锅炉在高压加热器全切工况下运行时，由于燃料量增加，使烟气流量和省煤器前各受热面进、出口烟气温度增加。给水温度的大幅降低使省煤器的传热温差和传热量增大，不同容量锅炉省煤器的水温升一般都增加一倍左右。省煤器出口烟温降低导致空气预热器进口烟温、出口烟温降低。出口烟气温度的变化是进口烟气温度变化的0.3～0.4倍，依此可确定给水温度降低后的排烟温度。

空气预热器出口热风温度随进口烟气温度的降低而下降。计算及实测均表明，热风温度的变化遵从空气预热器小端差不变的原则，即入口烟气温度每降低1℃，出口热风温度也降低近1℃。

　　给水温度对烟风参数的影响与给水温度降幅、锅炉整个受热面的热量分配，尤其是省煤器受热面积的大小有关。省煤器的设计温升越大，各烟气温度、风温、水温变化得越多。给水温度降低影响的一般规律是给水温度每降低 10℃，空气预热器进口烟气温度降低 2～5℃，入炉热风温度降低 1.8～4.5℃，排烟温度降低 1.2～2.0℃，锅炉效率升高 0.07％～0.12％。给水温度降低引起的锅炉效率升高，在一定程度上减少了定功率切除高压加热器下燃料量的增加。

　　高压加热器切除工况，入炉热风温度大幅度降低，会对制粉系统运行和燃烧稳定性产生不利影响，负荷较低时可能导致燃烧不稳。

　　表 2-9 给出国内两台机组在高压加热器全切工况下的燃料量、蒸汽量、烟气温度、空气温度的变化情况。比对负荷为 THA 工况。其中机组 1 为某 1000MW 超超临界机组，机组 2 为某 600MW 亚临界参数机组。

表 2-9　　　　　　　　国内两台机组在高压加热器全切工况下的燃料量、蒸汽量、
烟气温度、空气温度的变化情况

项目	机组 1		机组 2	
	THA 工况	高压加热器全切	THA 工况	高压加热器全切
发电负荷（MW）	1000	1000	600	600
蒸汽温度（过热/再热，℃）	605/603	605/603	541/541	541/541
燃料消耗量（实际，t/h）	370	380	291.2	297.7
省煤器进水温度（℃）	294.8	192.1	277.1	189.6
省煤器出水温度（℃）	333.0	267.1	296.1	229.2
过热蒸汽流量（t/h）	2733	2350	1876	1653
水冷壁流量（t/h）	2542	2186	1798	1413
分离器出口温度（℃）	423	402	360.3*	357.6*
低温再热器进口蒸汽温度（℃）	344.8	354.3	324.1	333.5
空气预热器进口烟气温度（℃）	370	325	360.0	345.5
空气预热器出口一次风温（℃）	335	291	296.9	281.4
空气预热器出口二次风温（℃）	341	298	322.1	307.3
排烟温度（修正后，℃）	121	106.8	116.6	113.7

＊ 指饱和温度。

第五节　汽温控制方程

　　汽温控制方程是反映锅炉的运行条件变化时，过热器（再热器）的烟气放热量、水冷壁的辐射热量与工质内部的吸热量比例变化关系的数学表达式。在锅炉的实际运行中，用汽温控制方程定性分析和定量估算运行工况对蒸汽温度及减温水量的影响，不需要正式热力计算所必需的全部煤质数据、结构数据、热力数据，是十分简洁方便的。

　　以下导出过热器（再热器）汽温控制方程的具体形式。

一、过热器（再热器）系统汽温控制方程

　　过热器系统的边界如图 2-37（a）所示。相应于 1kg 煤，定义烟气传给过热器的总热量

为 Q_{gr}、烟气传给水冷壁和省煤器的总热量为 Q_s。与此相应，定义 1kg 过热蒸汽吸热量为 q_{gr}、1kg 给水的汽化吸热量为 r_1。为便于分析汽温变化，规定再热器减温水量为零，这个简化与实际运行十分接近。

对于过热器［如图 2-37（a）所示］，能量平衡为

$$B_j Q_{gr} = D_{gr} q_{gr} \tag{2-27}$$

对于水冷壁（含省煤器），能量平衡为

$$B_j Q_s = G r_1 \tag{2-28}$$

将式（2-27）、式（2-28）相除，得

$$\frac{Q_{gr}}{Q_s} = \frac{D_{gr} q_{gr}}{G r_1} \tag{2-29}$$

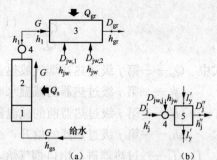

图 2-37　过热器系统边界
（a）过热器系统（二级减温）；（b）单级过热器
1—省煤器；2—水冷壁；3—过热器系统；
4—减温器；5—第 j 级过热器

式中　D_{gr}、G——过热蒸汽流量、水冷壁流量，kg/s；

B_j——计算燃料消耗量，kg/s；

r_1——汽化热，$r_1 = h_1 - h_{gs}$，对于汽包锅炉，h_1 为饱和汽比焓；对于超（超）临界锅炉，h_1 为分离器出口比焓，kJ/kg；

h_{gs}——给水比焓，kg/kg。

将下述关系

$$q_{gr} = \Delta h_{gr} + \Sigma\phi(h_1 - h_{jw})$$

$$\phi = \frac{D_{jw}}{D_{gr}}$$

$$G = D_{gr}(1 - \Sigma\phi)$$

带入式（2-29），得

$$\frac{Q_{gr}}{Q_s} = \frac{\Delta h_{gr} + \Sigma\phi(h_1 - h_{jw})}{(1 - \Sigma\phi) r_1} \tag{2-30}$$

式中　Δh_{gr}——过热器总焓升，$\Delta h_{gr} = h_{gr} - h_1$，kJ/kg；

$\Sigma\phi$——各级喷水率之和；

h_{jw}——减温水比焓，kJ/kg；

D_{jw}——减温水量，kg/s。

式（2-30）称为过热器系统的汽温控制方程。按照类似的推导，得到再热器系统的汽温控制方程为

$$\frac{Q_{zr}}{Q_s} = \frac{d \Delta h_{zr}}{(1 - \Sigma\phi) r_1} \tag{2-31}$$

式中　Q_{zr}——相应于 1kg 煤，烟气传给再热器的热量，kJ/kg；

d——再热器流量系数，定义为再热蒸汽流量与过热器出口流量之比；

Δh_{zr}——再热器系统总焓升，$\Delta h_{zr} = h''_{zr} - h'_{zr}$。

二、单级过热器的汽温控制方程

单级过热器边界划分如图 2-37（b）所示。按照以上推导方法，得到单级过热器（第 j级）的汽温控制方程为

$$\frac{Q_{gr}^j}{Q_s} = \frac{(1 - \sum_0^{n-j}\phi_i)\Delta h_j + \phi_j(h_j' - h_{jw})}{(1 - \sum\phi) \cdot r_1} \quad (2\text{-}32)$$

式中 Q_{gr}^j——第 j 级过热器烟气放热量，$Q_{gr}^j = I_y' - I_y''$，kJ/kg；

ϕ_j——第 j 级过热器的减温水率，$\phi_j = D_{jw,j}/D_{gr}$；

h_j'——第 j 级过热器前的减温器进口蒸汽比焓，kJ/kg；

Δh_j——第 j 级过热器的焓升，$\Delta h_j = h_j'' - h_j'$，kJ/kg；

I_y'、I_y''——过热器进、出口烟气焓，kJ/kg；

n——减温器的总级数。

单级再热器的汽温控制方程为

$$\frac{Q_{zr}^j}{Q_s} = \frac{d\Delta h_{j,z}}{(1 - \sum\phi)r_1} \quad (2\text{-}33)$$

式中 Q_{zr}^j——第 j 级再热器烟气放热量，kJ/kg；

$\Delta h_{j,z}$——第 j 级再热器的蒸汽焓升，kJ/kg。

三、假定减温水为零的汽温控制方程

式（2-30）中，令 $\sum\phi=0$，得到简化的过热器汽温控制方程为

$$\frac{Q_{gr}}{Q_s} = \frac{\Delta h_{gr}}{r_1} \quad (2\text{-}34)$$

类似的推导可以得到再热器的汽温控制方程为

$$\frac{Q_{zr}}{Q_s} = \frac{d\Delta h_{zr}}{r_1} \quad (2\text{-}35)$$

式（2-34）和式（2-35）既适用于过热器（再热器）系统，也适用于过热器（再热器）的级组和单级。

四、汽温控制方程在变工况分析中的应用举例

1. 省煤器、空气预热器吹灰定性分析

根据式（2-34）进行分析。

（1）空气预热器吹灰。空气预热器吹灰后，排烟温度降低，其烟侧放热 Q_{ky} 增加，增加的 Q_{ky} 转移至炉膛，使式（2-34）等号左边的分母 Q_s 增加。空气预热器的吹灰不影响过热器烟侧换热，即式（2-34）左边的分子 Q_{gr} 不变。等式左边的烟侧热量比 Q_{gr}/Q_s 因而减小。而吹灰后式（2-34）等号右边的分母 r_1 保持不变，因此分子 Δh_{gr}（过热器焓升）减小，过热汽温降低。

（2）省煤器吹灰。省煤器吹灰后，其烟侧放热 Q_{sm} 增加，但由于空气预热器进口烟温降低，空气预热器的传热量 Q_{ky} 减少。最终的排烟温度降低表明，Q_{sm} 与 Q_{ky} 之和是增加的，即式（2-34）左边的分母 Q_s 增加。同样，由于省煤器的吹灰不影响过热器烟侧换热，即式（2-34）左边的分子 Q_{gr} 不变，所以烟侧热量比 Q_{gr}/Q_s 减小。而吹灰后，式（2-34）右边的分母 r_1 保持不变，因此，分子 Δh_{gr}（过热器焓升）减小，过热汽温降低。省煤器吹灰具有减少空气预热器传热的作用，因而其对过热汽温的影响要明显小于空气预热器的

吹灰。

综上所述，省煤器和空气预热器吹灰都使过热汽温降低，与水冷壁吹灰的效果是一致的。就主蒸汽温度变化特性而言，省煤器、空气预热器均可视为水冷壁的一部分。实际上，汽温控制方程中的水冷壁烟侧热量 Q_s 本身就包含了省煤器和空气预热器的吸热量，并未对两者加以区分。

2. 超临界锅炉的中间点温度对过热汽温的定量影响

超临界锅炉的中间点（分离器出口）温度每变化 $1℃$，对过热汽温的影响，可以利用汽温控制方程进行定量计算。现将某 1000MW 机组的相关数据列于表 2-10。

表 2-10 **某 1000MW 机组进行中间点温度计算的相关原始数据**

项目	机组功率 P (MW)	燃煤量 B (t/h)	过热蒸汽流量 D_{gr} (t/h)	过热器出口压力 p_{gr} (MPa)	过热器出口蒸汽温度 t_{gr} (℃)	分离器压力 p_f (MPa)
参数	1000	401.3	3033	26.25	605	28.31

项目	分离器出口温度 t_1 (℃)	给水压力 p_{gr} (MPa)	给水温度 t_{gs} (℃)	一级减温水量 $D_{jw,1}$ (t/h)	二级减温水量 $D_{jw,2}$ (t/h)	减温水温度 t_{jw} (℃)
参数	425	31.3	302.4	91	121.3	302.4

以下计算中间点温度对主蒸汽温度的影响。

（1）减温水率 $\Sigma\phi$、水冷壁流量 G 计算。

$$\Sigma\phi = \frac{D_{jw,1} + D_{jw,2}}{D_{gr}} = \frac{91 + 121.3}{3033} = 0.07$$

$$G = D_{gr}(1 - \Sigma\phi) = 3033 \times (1 - 0.07) = 2821(t/h)$$

（2）烟侧热量比计算。

按 $p_{gr} = 26.25MPa$，$t_{gr} = 605℃$，$p_f = 28.31MPa$，$t_{gs} = 302.4℃$，$t_1 = 425℃$，利用水蒸气性质表算得：过热器出口比焓 $h_{gr} = 3497.1kJ/kg$，给水比焓 $h_{gs} = 1340kJ/kg$，相变点温度 $t_{nl} = 396.4℃$，相变点比焓 $t_{bh} = 2188kJ/kg$，中间点过热度 $\Delta t_1 = 28.6℃$，中间点比焓 $h_1 = 2683kJ/kg$。

从给水到中间点的汽化热 r_1 为

$$r_1 = h_1 - h_{gs} = 2683 - 1340 = 1343(kJ/kg)$$

烟气向水冷壁（含省煤器）的单位放热量 Q_s 为

$$Q_s = \frac{Gr_1}{B} = \frac{2821 \times 1343}{401.3} = 9441(kJ/kg)$$

1kg 过热蒸汽总吸热量 q_{gr} 为

$$q_{gr} = h_{gr} - h_1 + \Sigma\phi(h_1 - h_{jw})$$
$$= 3497.1 - 2683 + 0.07 \times (2683 - 1340)$$
$$= 907.7(kJ/kg)$$

烟气向过热器的单位放热量 Q_{gr} 为

$$Q_{gr} = \frac{D_{gr}q_{gr}}{B} = \frac{3033 \times 907.7}{401.3} = 6860.1(kJ/kg)$$

烟气侧热量比 Q_{gr}/Q_s 为

$$\frac{Q_{gr}}{Q_s} = \frac{6860.1}{9441} = 0.7266$$

（3）过热器出口比焓、主蒸汽温度计算。

按式（2-30）计算过热器出口比焓。中间点温度变化后烟侧热量比不变，Q_{gr}/Q_s 仍为 0.7266。取 t_1 升高 1℃，即 t_1 从 425℃ 升高到 426℃，则 h_1 从 2683.5kJ/kg 增加到 2692.6kJ/kg，r_1 从 1343.2kJ/kg 增加到 1352.3kJ/kg，则

过热器焓升 Δh_{gr} 为

$$\Delta h_{gr} = (1-\Sigma\phi)r_1\frac{Q_{gr}}{Q_s} - \Sigma\phi(h_1 - h_{jw})$$

$$= (1-0.07)\times 1352.3\times 0.7266 - 0.07\times(2692.6-1340)$$

$$= 819.1(kJ/kg)$$

过热器出口比焓 h_{gr} 为

$$h_{gr} = h_1 + \Delta h_{gr} = 2692.6 + 819.1 = 3511.7(kJ/kg)$$

由 $p_{gr}=26.25MPa$，$h_{gr}=3511.7kJ/kg$，查表得过热器出口汽温为

$$t_{gr} = 609.9℃$$

（4）计算结论。

本 1000t/h 超超临界锅炉，在中间点过热度为 28.6℃、减温水率为 0.07 工况下，分离器出口温度每升高 1℃，过热汽温升高 4.9℃。

第三章

汽包锅炉运行参数的监督与调节

第一节 概 述

汽包锅炉的运行参数主要是指过热蒸汽的压力和温度、再热蒸汽温度、汽包水位以及锅炉蒸发量等。锅炉机组的运行经济性、安全性就是通过对锅炉运行参数进行监视和调节来达到的。对运行锅炉进行监视和调节的主要任务是:

(1) 保证蒸汽的蒸发量(即锅炉出力),以满足外界负荷的需要。

(2) 保持正常的过热蒸汽压力、过热和再热蒸汽温度,保证蒸汽品质。

(3) 维持汽包的正常水位。

(4) 维持燃料经济燃烧,尽量减少各项损失,提高锅炉效率;努力减少厂用电消耗。

(5) 及时进行正确的调节操作,消除各种障碍、异常和隐性事故,保持锅炉机组的正常运行。

为完成上述任务,运行人员必须充分了解各种因素对锅炉运行的影响,掌握锅炉运行的变化规律,根据设备的特性和各项安全经济指标进行监视和调节工作。目前,与大机组配套的锅炉,都配备有较完善的自动调节装置,采用计算机参与控制、调节和保护。因此,大机组的运行人员还应掌握自动调节的基本原理和过程,以便运行工况发生变化时能及时分析、判断并进行必要的调整和处理。

第二节 蒸汽压力与负荷的调节

单元机组蒸汽压力控制的要求和调节方式与机组的运行方式有关。单元机组的基本运行方式有两种:定压运行和滑压运行。定压运行方式是指当外界负荷变动时,机前主蒸汽压力维持在额定压力范围内不变,依靠改变汽轮机调节汽阀开度来适应外界负荷的变化;滑压运行方式是指当外界负荷变动时,保持汽轮机调节汽阀开度不变(全开或部分全开),依靠改变机前主蒸汽压力来适应外界负荷的变化。

一、定压运行时的蒸汽压力调节

1. 影响汽压变化的因素

定压运行方式下,对汽压的变化幅度和速度都有较严格的限制,在负荷变化过程中,应维持它们在规定的范围以内。汽压降低将减少新汽做功的能力,因而增加汽轮机的汽耗,甚至限制机组的出力。压力过高又会影响设备的安全。过大的汽压变动速度会引起虚假水位,还可能导致下降管带汽，影响水循环安全。

影响汽压变化的因素，一是锅炉外部的因素，称为外扰；另一是锅炉内部的因素，称为内扰。外扰主要是指外界负荷的正常增减及事故情况下的大幅度甩负荷。当外界负荷突然增加时，汽轮机调节汽阀开大，蒸汽量瞬间增大。如燃料量未能及时增加，再加以锅炉本身的热惯性（即从燃料量变化至锅炉汽压变化需要一定的时间），将使锅炉的蒸发量小于汽轮机的蒸汽流量，汽压就要下降。相反，当外界负荷突减时，汽压就要上升。在外扰的作用下，锅炉汽压与蒸汽流量（发电负荷）的变化方向是相反的。

内扰主要是指炉内燃烧工况的变化，如送入炉内的燃料量、煤粉细度、煤质、过量空气系数等发生变化，或制粉系统投切等。在外界负荷不变的情况下，汽压的稳定主要取决于炉内燃烧工况的稳定。在内扰的作用下，锅炉蒸汽压力与蒸汽流量的变化方向开始时相同，然后又相反。例如，锅炉燃烧率扰动（增加），将引起汽压上升，在调节汽阀未改变以前，必然引起蒸汽流量的增大，机组出力增加。调节汽阀随之就要关小，以维持原有出力。蒸汽流量与汽压则会向相反方向变化。反之亦然。内扰的另一种形式是辅机故障与介质泄漏，例如一台送风机故障退出运行、水冷壁爆管等。其特点是主蒸汽压力降低很快，并且蒸汽流量也同时降低。

当外界负荷变化时，锅炉保持或恢复规定蒸汽压力的能力取决于外界负荷变化的速度、锅炉的蓄热能力、燃烧设备的惯性以及运行人员操作的灵敏性或自动调节装置的特性等。锅炉的蓄热能力由蒸发系统的金属重量和总水容积规定。蓄热能力越大，则在汽轮机负荷或锅炉工况发生变化时保持汽压稳定的能力越强，即汽压变化的速度就越慢。因此，亚临界汽包锅炉比超临界直流锅炉更容易维持汽压的稳定。

燃烧设备的惯性是指从燃料量开始变化到炉内建立起新的热负荷所需的时间。燃烧设备的惯性越大，负荷变化时汽压变化的速度就越快。对于直吹式制粉系统，从改变给煤量到进入炉膛的煤粉量发生变化需要的时间较长。而中间储仓式制粉系统，给粉机距离炉膛很近，从改变给粉机转数到煤粉进入炉膛燃烧不需很长时间。因此从炉侧条件看，直吹式系统锅炉的汽压调节要比中间储仓式系统更难一些。

2. 汽压调节的方法

对于定压运行而言，蒸汽压力的变化反映了锅炉燃烧（或蒸发量）与机组负荷不相适应的程度。蒸汽压力降低，说明锅炉燃烧出力小于外界负荷要求；蒸汽压力升高，说明锅炉燃烧出力大于外界负荷要求。因此，无论引起汽压变动的原因是外扰还是内扰，都可以通过改变锅炉燃烧率加以调节。只要锅炉蒸汽压力降低，即增加燃料量、风量；反之，则减少燃料量、风量。

汽压的控制与调节以改变锅炉蒸发量作为基本的调节手段。只有当锅炉蒸发量已超出允许值或有其他特殊情况时，才用增、减汽轮机负荷的方法来调节。在异常情况下，当汽压急剧升高，单靠锅炉燃烧调节来不及时，可开启旁路或过热器疏水、排气门，以尽快降压。

单元机组的汽压调节方式有三种。第一种是锅炉跟随（锅炉调压）方式，如图 3-1（a）所示。当外界负荷变化时，例如要增大机组出力，在功率定值信号 P_{sp} 增大后，功率调节器 G1 首先开大汽轮机调节阀，增大汽轮机进汽量，使实发功率 P_e 与 P_{sp} 一致。由于蒸汽流量增加，引起机前压力 p_T 下降，使机前压力低于蒸汽压力定值 p_{sp}（即额定蒸汽压力），锅炉按照此压力偏差信号，用压力调节器 G2 增加燃料量，以保持主蒸汽压力恢复到给定压力值。在这种调节方式中，机组功率由汽轮机调门控制，主蒸汽压力由锅炉燃料阀控制。

锅炉调压方式，在需要改变机组出力时，利用一部分锅炉的蓄热量（主蒸汽压力变化），使机组功率迅速随之变化，在锅炉压力的允许范围内，可以快速做出反应，有利于系统调频。但由于锅炉燃烧延迟大，对主蒸汽压力的调节不可避免地有滞后现象，在锅炉开始跟踪时，机前压力已变化较大，因此调节过程中蒸汽压力波动较大，在较大的负荷变动情况下，只能限制负荷的变化率。

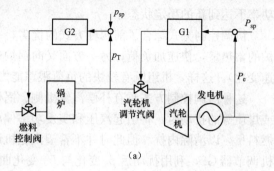

第二种是汽轮机跟随（汽轮机调压）方式，如图 3-1（b）所示。需要增加外界负荷时，功率定值信号 P_{sp} 增大，功率调节器首先开大燃料调节阀，增加燃料量。随着锅炉蒸发量的增加，主蒸汽压力升高，为了维持主蒸汽压力不变，压力调节器开大汽轮机调节汽阀，增大蒸汽流量和发电机的功率，使发电机输出功率与给定功率相等。

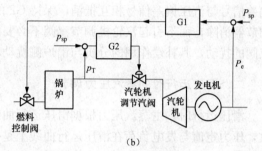

由于主蒸汽压力对于汽轮机调节汽阀的响应几乎没有延迟，所以主蒸汽压力变化很小，这对于锅炉运行的稳定有利。但汽轮发电机出力必须待主蒸汽压力升高后才能增加上去，而锅炉燃烧系统的热惯性很大，因而机组输出功率的变化也有较大的延迟。这种调节方式适用于承担基本负荷的机组；或者当汽轮机运行正常，因锅炉有缺陷而限制机组输出功率的情况。

第三种是机炉协调控制方式，如图 3-1（c）所示。当外界负荷增大时，功率定值与实发功率的偏差信号同时送至锅炉调节器 G1 和汽轮机调节器 G2，受该信号作用，G1 开大燃料调节阀，增加燃料量、产汽量；G2 则开大汽轮机调节汽阀，使实发功率增加。

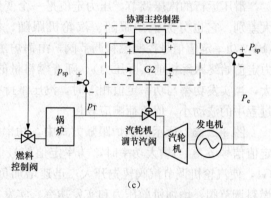

图 3-1　汽压控制方式（定压运行）
（a）锅炉跟随方式；（b）汽轮机跟随方式；
（c）机炉协调方式

汽轮机调节汽阀的开大会立即引起机前压力的下降，这时锅炉虽已增加了燃料量，但蒸发量有时间延迟。因而此时会出现正的压力偏差信号（汽压定值高于机前压力），该信号按正方向加在锅炉调节器上，促使燃料调节阀开得更快；按负方向加在汽轮机调节器上，促使调节汽阀向关小的方向变化，使机前压力得以较快恢复正常。在随后的过程中，当同时作用于汽轮机调节器上的功率偏差和汽压偏差信号相等时，汽轮机调节汽阀即不再继续开大，避免了它的动态过开。当然，这种情况只是暂时的。因为从锅炉调节器看，无论功率偏差信号还是汽压偏差信号，其作用均使锅炉燃料量增大，经过一定时间延迟后，主蒸汽压力将转而升高，压力偏差信号将逐渐消失。同时，汽轮机调节汽阀在主蒸汽压力恢复的作用下，提高汽轮机出力，使功率偏差也逐渐缩小，最后功率偏差和蒸汽压力偏差均趋于零，机组在新的功率下达到新的稳定状态。

协调控制方式综合了前两种方式的优劣，一方面可以利用汽轮机调节汽阀动作，调用锅炉的蓄热量，快速加负荷；另一方面又向锅炉迅速补进燃料（压力与功率偏差均使燃料量迅速变化）。这样，机组既有较快的负荷跟踪能力，又能使主蒸汽压力控制在允许范围之内。

这种协调控制方式具有补偿汽轮机侧、锅炉侧扰动的功能。例如，当锅炉侧发生燃料量或煤质等的扰动时，将引起汽压和实发功率偏离给定值。依据功率偏差，锅炉调节器将改变燃料量，以消除内扰。但此时并不希望汽轮机调节汽阀动作。由于将功率偏差信号引入汽轮机调节器 G2，利用扰动后 p_T 变化与 P_e 变化曲线相似的特性，近似地使作用于 G2 上的功率偏差信号与汽压偏差信号相互抵消，保持 G2 的输出不变。这样，实现了锅炉侧扰动由锅炉调节器消除，而不引起汽轮机调节汽阀不必要的动作。对于汽轮机侧的扰动，如汽轮机调节汽阀的扰动，其补偿作用的分析与锅炉侧扰动相似。

二、滑压运行时的蒸汽压力调节

滑压运行时，主蒸汽压力根据滑压运行曲线来控制，要求主蒸汽压力与压力定值保持一致，压力定值与发电负荷在滑压运行曲线上是一一对应的关系。

滑压运行的汽压调节，压力定值是一个变量，除此之外，与定压运行的汽压调节并无多大差别。它也分为锅炉跟随、汽轮机跟随、协调控制三种。汽轮机跟随方式参见图 3-1（b），功率定值信号控制燃料调节阀，由锅炉主动改变燃料量，而汽轮机调节汽阀不动（压力定值始终跟踪机前实际压力）。随着燃料量的增加，蒸汽量和机前压力增加，实发功率增大，当实发功率与功率定值相等时，汽压维持在一个新的稳定值。显然，这种方式汽压变化过程中的波动小，但负荷响应较慢。

图 3-2（a）所示的锅炉跟随方式中，功率定值信号 P_{sp} 经压力定值生成回路 U 输出压力定值信号 p_{sp}。当增大功率时，功率定值信号 P_{sp} 与实发功率信号的偏差送至汽轮机调节器 G1，使汽轮机调节汽阀暂先开大，迅速增加负荷。此时，锅炉调节器按压力偏差信号开大燃料调节阀，增加机前压力和实发功率。实发功率只要超过功率定值（功率偏差变负），汽轮机调节汽阀就会立即向关小方向动作，使压力加快升高直至与压力定值相等。在新的稳态下，实发功率等于功率定值，机前压力等于压力定值，汽轮机调节汽阀恢复变动前的开度（开度定值）μ_{sp}。

上述系统中，汽轮机调节汽阀之所以能够恢复开度定值 μ_{sp}（通常为 3 阀全开位置或 91%全开），是因为采用了功率定值信号 P_{sp} 与汽门开度定值 μ_{sp} 之比作为滑压运行方式下的压力定值，即 $p_{sp} \propto P_{sp}/\mu_{sp}$。而机组的实发功率 P_e 与汽轮机调节汽阀开度 μ 和机前压力 p_T 的乘积成正比关系，即 $P_e = k\mu p_T$。所以当机前压力、实发功率分别与新的给定值相等时，汽轮机调节汽阀开度 μ 相应恢复开度定值 μ_{sp}。这就是说，实发功率的变化实际上是由机前压力的变化而得到的。

滑压运行协调控制方式的原理见图 3-2（b）。功率指令 P_{sp} 除以调门开度定值 μ_{sp}（$\mu_{sp} = 91\%$），输出压力定值的基本部分。当功率指令变化，比如 P_{sp} 增加时，一方面汽轮机调节器 G2 的输出增大，使汽轮机调节汽阀开大，迅速增加机组功率。与此同时，P_{sp} 利用一积分环节，使压力定值 p_{sp} 按一定速度增加。由于压力定值 p_{sp} 的升高比机前压力 p_T 的上升要快

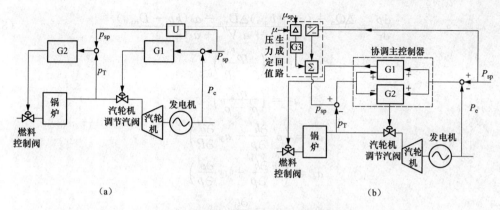

图 3-2 蒸汽压力控制方式（滑压运行）

(a) 锅炉跟随方式；(b) 机炉协调方式

得多，压力偏差信号将借助 G2，使压力定值信号的上升与功率偏差信号相互抵消，避免汽轮机调节汽阀的进一步过开。

另一方面，锅炉燃料阀受到功率定值 P_{sp} 的前馈作用而开大，增加燃料量，提高机前压力；差压信号也将通过 G1 使燃料量增加，这样就使得锅炉的蒸发量和汽压很快增加。最终，使实发功率与功率定值平衡、机前压力与压力定值平衡、汽轮机调节汽阀开度与开度定值相平衡。

该系统稳定时可保证汽轮机调节汽阀的开度为给定位置，动态时可额外地改变燃烧率，使其更快地适应负荷要求。系统中 G3 调节器的作用通过对压力定值 p_{sp} 进行修正，消除滑压运行时的阀位偏差。调节过程中，只要 $\mu \neq \mu_{sp}$，则 G3 就会不断地改变输出，使 p_{sp} 变化。

滑压运行时的主蒸汽压力与发电功率的关系曲线（滑压曲线）的斜率，取决于汽轮机调节汽阀的开度。例如，在相同功率输出下，当调节汽阀开度变大时，蒸汽压力要降低。如图 3-3 所示。实际运行中，可以通过调整汽压偏置值（一般为 0.1～0.3MPa）改变主蒸汽压力。这个调节实质是改变调节汽阀的开度定值 μ_{sp}。内、外扰发生时，也要自行变动滑压曲线。例如，当汽轮机真空降低时，同样电负荷下，需要更多蒸汽量。若仍维持阀位不变，将使机前压力上升。这相当于人工干预增加偏置（如图 3-3 中曲线 μ_1 所示）。

机组的滑压运行曲线通常是根据安全经济运行的原则拟定的。因此，锅炉运行中主蒸汽压力偏离滑压曲线的要求，也会影响机组的经济运行。譬如，若低负荷下难以维持额定蒸汽温度时，将蒸汽压力适当降低一些一般总是有利的。

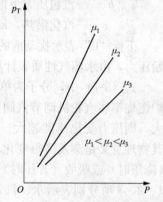

图 3-3 功率—汽压曲线与汽轮机调节汽阀开度的关系

三、蒸汽压力调节特性

1. 汽包压力变动分析

汽包锅炉的蒸发系统如图 3-4 所示。以增量形式列写蒸发系统的热平衡，经适当简化，得压力变化速度表达式，即

$$\frac{\mathrm{d}p}{\mathrm{d}\tau} = \frac{\Delta Q_{zf} + (a_1 - h_{q,0})\Delta D_{sm} - a_2(kp - D_{bq,0})}{a_3 V'_0 + a_4 V''_0 + a_5 G_{js}} \qquad (3\text{-}1)$$

$$a_1 = \left(\frac{r\rho'}{\rho' - \rho''}\right)_0$$

$$a_2 = \left(\frac{r\rho''}{\rho' - \rho''}\right)_0$$

$$a_3 = \left(\rho' \frac{\partial h'}{\partial p} + a_1 \frac{\partial \rho'}{\partial P}\right)_0$$

$$a_4 = \left(\rho'' \frac{\partial h''}{\partial p} + a_2 \frac{\partial \rho'}{\partial p}\right)_0$$

$$a_5 = \frac{\partial t_j}{\partial p} c_j$$

式中　　Δ——扰动后某参数与扰动前该参数稳定值之差；

$\quad\quad Q_{zf}$——水冷壁吸热量，kW；

$\quad\quad D_{sm}$——进入汽包的给水流量，kg/s；

t_j、c_j、G_{js}——蒸发设备金属的温度、比热容和有效质量，℃、kJ/(kg·℃)、kg；

$\quad\quad D_{bq}$——汽轮机用汽量，kg/s；

$\quad\quad k$——汽门开度系数；

$\quad\quad p$——汽包压力，MPa；

V'、V''——蒸发设备内部水、汽容积，m³；

$a_1 \sim a_5$——与工作压力有关的常数；

ρ'、ρ''——汽包压力下饱和水、汽密度，kg/m³；

h'、h''——汽包压力下饱和水、汽比焓，kJ/kg；

$\quad\quad r$——汽化潜热，kJ/kg。

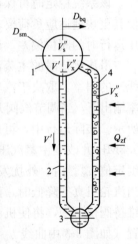

图 3-4　蒸发系统

1—汽包；2—下降管；

3—水冷壁入口联箱；

4—水冷壁

下标"0"表示扰动前的状态参数。$a_1 \sim a_5$ 均可按照扰动前的初始压力，由水蒸气性质表计算确定。

式（3-1）中，分子为单位时间内，蒸发区的热量不平衡量。锅炉燃烧率和汽轮机调节汽阀开度变化越大，热量收支不平衡程度越大，则压力变化速度越大。分母为蒸发设备压力变动时的热惯性，其物理意义是蒸发区每变化单位压力时，水、汽及汽包金属所释放（降压时）或吸收（升压时）的全部热量。它由 3 项组成，分母中第 1、2、3 项分别表示水、汽及金属各自贮热量的变化。蒸发系统的总贮热能力为这 3 项之和。蒸发设备的热惯性越小，在相同热量收支下，汽压变动速度越大。

根据式（3-1），当分子中第 3 项内的 $k \times p = 0$（即汽轮机排汽量为 0）时，分子取得最大值，即 $\mathrm{d}p/\mathrm{d}\tau$ 达最大，压力升高最快。故汽轮机甩负荷时，压力变动最为剧烈，单靠改变锅炉燃烧，降低第 1 项的 Q_{zf} 值根本来不及，要开启旁路。另外，式（3-1）中分母 a_3、a_4 的数值，低压时要比高压时更大，即热惯性更大，因此，对于滑压运行的锅炉，低压运行时稳定汽压要更容易些。

从式（3-1）可看出，输入蒸发区的净能量以两种形式转为蒸发设备的内部能量。一是增加蒸汽的压力（由密度增加引起），二是伴随压力的升高，提升饱和水和金属的温度。在压力变化过程中，输入能量中必有一部分用于改变锅炉的贮热量，因此它会延缓压力变化的速度。例如当汽轮机调节汽阀有一增开的扰动时，锅炉燃料量还来不及变化，致使汽轮机用汽量大于锅炉的产汽，汽包压力降低，一部分锅水因过饱和而降温汽化。同时汽包水冷壁等厚壁金属也在降温时释放出显热用于产汽。这两部分产汽量并非来自燃料量的增加，而纯粹是由于炉水、金属降低温度释放贮热而引起，故称附加蒸发量。显然，附加蒸发量对汽压变动的速度起了延缓的作用。

2. 汽压静态特性

汽压静态特性是指当锅炉燃烧率有一变化量时，维持汽轮机调节汽阀不变，过热蒸汽压力在稳定后的相应变化。汽压变动的静态特性是由汽轮机调阀的流量—差压特性决定的。在调节汽阀阀开度不变情况下，机前压力 p_T 随阀内流量增加按线性关系升高。图 3-5 绘出了某 600MW 汽轮机的汽压—流量静态特性曲线。从图 3-5 看出，随着蒸汽流量的增加，过热器系统的压降增加，汽包压力高出过热蒸汽出口压力的差值逐渐增大。

再热器进口压力与过热器出口压力有关，再热器出口压力受再热蒸汽流动压降的影响。图 3-6 是某 600MW 亚临界机组采用联合变压运行时；汽包压力、主蒸汽压力 p_{gr}、再热蒸汽进/出口压力 p_{zr1}/p_{zr2} 随负荷变化的静态特性。

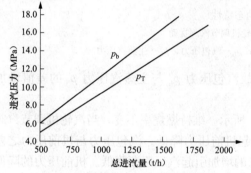

图 3-5　蒸汽压力—流量静态特征

p_b—汽包压力；p_T—主蒸汽压力

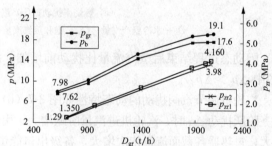

图 3-6　汽包压力、主蒸汽压力、再热器进/
出口压力随负荷变化的静态特性

3. 汽压动态特性

根据式（3-1），绘制出锅炉的汽压动态特性如图 3-7 所示。

燃烧率扰动的动态特性见图 3-7（a）。维持给水流量和汽轮机调节汽阀开度不变，当燃烧率有一阶跃扰动 ΔB 时，炉膛热负荷增加，水冷壁产汽量经一时间延迟 τ 后即迅速上升，最终稳定在一个与增加后的燃料量相应的产汽量 $D_0 + \Delta D$ 上。饱和蒸汽流量经稍后的延迟也逐渐上升。由于扰动发生于蒸发系统的上游，因此饱和蒸汽流量的变动速度和数值均低于水冷壁产汽量，引起蒸发系统能量平衡的破坏，汽包内能量输出小于能量输入，汽包压力逐渐升高。过热蒸汽流量和汽压的变化与饱和蒸汽十分相似，动态变化过程各截面介质流量不再维持相等，而是上游各截面的流量依次大于下游各截面的流量，同样引起各段能量平衡破坏、汽压升高。在汽轮机调节汽阀开度不变的情况下，汽压的升高会导致机前蒸汽流量逐渐增加，反过来限制了汽压的升高，使汽压升高的速度变慢。当汽轮机的进汽量在更高压力下与锅炉产汽量重新达到平衡时，汽压趋于稳定，动态过程结束。

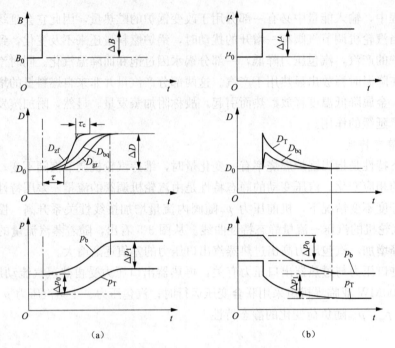

图 3-7　汽压动态特性

(a) 燃烧率扰动；(b) 汽轮机调节汽阀扰动

D_{zf}—水冷壁产汽量；D_{bq}—饱和蒸汽汽量；p_b—汽包压力；p_T—主蒸汽压力

因动态过程结束后蒸汽流量比扰动前增加，故汽包压力 p_b 与主蒸汽压力 p_T 的差值增加（图中 $\Delta p_1 > \Delta p_0$）。

汽轮机调节汽阀扰动的动态特性如图 3-7 (b) 所示。维持燃烧率不变，当汽轮机调节汽阀有一阶跃扰动 $\Delta \mu$ 时，汽轮机进汽量阶跃增大，引起机前压力降低。汽包压力与机前压力之差增大，过热器各截面流量依次增大，各级出口能量的增加引起汽压逐渐降低。机前压力的降低导致汽轮机进汽量从最大值回降，各级蒸汽量的回降则反过来使汽压的变化速度变慢。如此相互影响，使蒸汽压力和蒸汽流量逐渐下降，由于锅炉的蒸发量不变，机前压力下降到使汽轮机进汽量等于锅炉蒸发量后，即不再变化，动态过程结束。

因蒸汽流量在动态过程结束后恢复到扰动前的数值，故汽包压力 p_b 与主蒸汽压力 p_T 的差值没有变化［图 3-7 (b) 中 $\Delta p_1 = \Delta p_0$］。

在以上的动态过程中，沿蒸汽流程的流量差异是影响汽压变化速度的基本原因。当扰动是在上游发生时（如燃烧率扰动），过热器各级截面的进口蒸汽流量依次大于出口蒸汽流量，汽压升高；当扰动是在下游发生时（如汽轮机调门扰动），过热器各级截面的进口蒸汽流量依次小于出口蒸汽流量，汽压降低。动态过程稳定后，汽压已经变动，但各截面流量维持相等，遵循质量守恒规律。

4. 动态过程实例曲线

图 3-8 是某电厂 600MW 亚临界汽包锅炉的给煤量、主蒸汽流量、主蒸汽压力、电负荷的动态过程曲线。这些过程已经历了调节的作用。在第 110min 之前，负荷较为稳定，此时主蒸汽压力在设定值附近波动，波动幅度在 0.04MPa 左右。进入升负荷阶段后，主蒸汽压力一直保持高出设定值约 0.02 的幅度变化，表现了以汽轮机跟随为主的协调控制特点。

第 110min 以后，发电功率由 350MW 增加到 595MW，汽压由 10MPa 升高到 17.1MPa，压力与功率准确对应，几乎没有延迟。升负荷段平均变负荷负率 1.35MW/min，最大变负荷负率 6.57MW/min，出现于 A 磨煤机投运后 12min。滑压期间平均升压速度为 0.04MPa/min，最大升压速率 0.15MPa/min，出现于 A 磨煤机投运后 10min。锅炉在第 248min 负荷升至 505MW 时增投一台 A 磨煤机，在第 250min 左右，燃煤量有一突升，变化率为每分钟 12t/h。燃煤量在第 264min 达到最大值 272t/h 后不再增加，锅炉释放蓄热使电负荷从 556MW 继续升高至最大值 594MW。这是负荷变动中过"燃烧率"现象的典型表现。

升负荷过程在第 127min 和第 135min 出现过两次负荷、流量、汽压阶跃升降，此时燃料量未变、蒸汽压力突然降低又回升，可判断为汽轮机调节汽阀扰动所致。

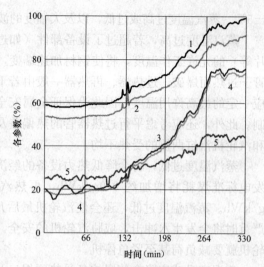

图 3-8　给煤量、主蒸汽流量、蒸汽压力、
电负荷的动态过程曲线

1—负荷：0～600MW；2—主蒸汽流量：0～2000t/h；

3—主蒸汽压力：8～20MPa；

4—主蒸汽压力设定：8～20MPa；

5—给煤量：0～600t/h

四、蒸汽压力监督及手操时应注意的问题

（1）机组在协调控制方式时，启停磨煤机时应注意一次风量及一次风压变化对燃烧的影响，防止燃烧突变引起汽压大幅度变化。

（2）主蒸汽压力置手动模式时，禁止大幅度变化燃烧率，控制汽压变化率不大于设定的限值。投入 AGC 的机组，宜根据负荷滚动曲线，恰当提前增、减煤量，以减小汽压波动的离散度、削减波动峰值。

（3）主蒸汽压力发生变化，要及时分析原因，进行相应调整。若汽压变化与主蒸汽流量变化的方向一致时，可判断为内扰原因。此时只需要调整燃煤量即可。汽压变化与主蒸汽流量变化的方向相反时，可判断为外扰原因。此时不需要调整燃煤量，调节动作由汽轮机侧实施（如图 3-2 所示）。

（4）升负荷过程即将结束时，因过燃烧率的原因，给煤量会回降。升负荷速率越大，负荷稳定后煤量减少得越多；降负荷过程则与之相反，给煤量会在过程结束后回升。燃烧率调节据此提前减、增煤量，就有助于汽压的稳定。

（5）由于汽轮机调节汽阀故障引起主蒸汽压力上升，立即降低燃烧率，开启主蒸汽出口压力控制阀。

第三节　蒸汽温度的调节

一、控制蒸汽温度的意义

近代锅炉对过热汽温和再热汽温的控制是十分严格的，允许变化范围一般为额定蒸汽温度

±5℃。蒸汽温度过高或过低，以及大幅度的波动都将严重影响锅炉、汽轮机的安全和经济性。

蒸汽温度过高，若超过了设备部件（如过热器管、蒸汽管道、阀门，汽轮机的喷嘴、叶片等）的允许工作温度，将使钢材加速蠕变，从而降低设备使用寿命。严重的超温甚至会使管子过热而爆破。过热器、再热器一般由若干级组成。各级管子常使用不同的材料，分别对应一定的最高许用温度。因此为保证金属安全，还应当对各级受热面出口的蒸汽温度加以限制。此外，还应考虑平行过热器管的热偏差及蒸汽温度两侧偏差，防止局部管子的超温爆漏和汽轮机汽缸两侧的受热不均。

蒸汽温度过低，将会降低热力设备的经济性。对于亚临界机组，过热汽温每降低 10℃，发电标准煤耗将增加约 0.9g/kWh，再热汽温每降低 10℃，发电标准煤耗将增加约 0.7g/kWh。蒸汽温度过低，还会使汽轮机最后几级的蒸汽湿度增加，对叶片的侵蚀作用加剧，严重时将会发生水冲击，威胁汽轮机的安全。因此运行中规定，在汽温低到一定数值时，汽轮机就要减负荷甚至紧急停机。

汽温突升或突降会使锅炉各受热面焊口及连接部分产生较大的热应力，还将造成汽轮机的汽缸与转子间的相对位移增加，即胀差增加；严重时，甚至可能发生叶轮与隔板的动静摩擦、汽轮机剧烈振动等。

二、过热蒸汽温度的影响因素

为了维持既高而又稳定的蒸汽温度，运行人员应当理解引起汽温变动的各种因素，以便根据锅炉工况的变动及时地做出正确的判断和处理。

（一）锅炉负荷的影响

锅炉负荷变化是运行中引起汽温变化的最基本的因素。过热器出口汽温与锅炉负荷之间的关系称为汽温特性。分析单元机组锅炉的汽温特性必须考虑以下四个方面：①燃料量—蒸汽量变动关系；②主蒸汽压力变动；③过量空气系数变化；④再热器调温方式。

1. 燃料量—蒸汽量变动

讨论这个影响时，将其余三个方面的因素固定，即锅炉定压运行、恒定过量空气系数、再热器调温装置不动作。在这种情况下，主要是过热器的传热形式影响汽温特性。

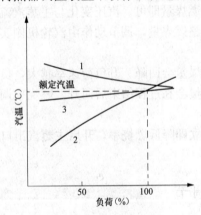

图 3-9 过热器汽温特性
1—辐射式过热器；2—对流式过热器；
3—过热器系统

对于辐射式过热器，其吸热量主要与炉膛出口烟气温度有关。随着锅炉负荷和燃料量的增加，炉内火焰温度、炉膛出口烟气温度升高，水冷壁辐射放热和辐射式过热器的吸热同时增大。但由于辐射式过热器吸热量的增加，赶不上炉膛水冷壁产汽量的增加，因而摊到辐射式过热器 1kg 工质的辐射吸热减少，蒸汽温度降低。这种汽温特性称为辐射式汽温特性或反向汽温特性（如图 3-9 中曲线 1 所示）。

对于对流式过热器，随着锅炉负荷和燃料量的增加，蒸发量、烟气量、烟气温度、烟速都增大，传热系数和传热温差增加的总效果超过工质流量的增加，因此对流式过热器的焓升是随着锅炉负荷的增加而增加的。这种汽温特性称为对流式汽温特性或正向汽温特性（如图 3-9

中曲线 2 所示）。

布置于炉膛出口附近的屏式过热器，同时接受炉内辐射热量和烟气对流放热量，其汽温特性介于辐射式和对流式之间。而远离炉膛出口的对流式过热器，则由于辐射吸热比例以及传热温差减小，其工质焓升随燃料量增加而升高的趋势更为明显。

单纯的燃料量变化对蒸汽温度的上述影响，从根本上说是由于改变了炉内辐射热量与炉外对流热量两种传热量的分配比例。

对于整个过热器系统，通常采用辐射式过热器与对流式过热器多级布置，总的汽温特性与辐射、对流受热面的比例有关。恰当分配辐射式、对流式受热面的吸热量比例，可以得到比较平稳的汽温特性（如图 3-9 中曲线 3 所示）。

实际上，在负荷变化的同时，还伴随着主蒸汽压力、过量空气系数、再热器调温装置动作等的变化。以下的分析表明，主蒸汽压力的变动倾向于使总的汽温特性接近辐射式特性；过量空气系数变化、再热器调温装置动作则倾向于使总的汽温特性接近对流式特性。当燃料量、主蒸汽压力、过量空气系数以及再热器调温动作同时变动时，过热器整体可以出现不同的汽温特性。随着锅炉容量的增大，过热器汽温特性更加倾向于辐射式特性（如图 2-18 所示）。

与过热器不同，再热器内的工质流量与水冷壁蒸发率没有关系，因此再热器的对流特性要比过热器更强一些。大型机组由于很少布置或没有辐射式再热器，因此再热器系统通常都显示典型的对流式汽温特性（如图 2-21 所示）。

2. 主蒸汽压力变动

滑压运行时，主蒸汽压力随负荷的降低而降低。对蒸汽温度的影响是：主蒸汽压力降低则汽温升高，主汽压力升高则汽温降低。对于过热汽温，这个影响是通过蒸汽比热容的变化和工质焓升的分配比例改变而实现的。

过热蒸汽的比热容受压力影响较大，随着压力降低蒸汽比热容减小。比热容越小，蒸汽在同样焓升下的蒸汽温度变化就越大。较低压力下过热蒸汽平均比热容的降低，表现为随着压力的降低，过热蒸汽理论温升变大，但相应理论焓升反而减小。

工质焓升分配与压力的对应关系示如图 3-10 所示。图 3-10 中曲线 2 为饱和水线，该线以下工质状态为过冷水，以上为汽水混合物。曲线 3 为饱和汽线，该线以下工质状态为汽水混合物，以上为过热蒸汽。曲线 4 为蒸汽等温线，数值 541℃代表了额定蒸汽温度。图 3-10 中给出了在相同的部分负荷（60%MCR）下，分别在高、低两个不同压力下，工质从给水（图 3-10 中点 1）一直加热到设计过热汽温的定压加热过程。工质焓升分配显示以下规律：在较低的工质压力下定压加热（左边直线代表），从给水加热到饱和蒸汽的汽化热 r_s 增加、理论焓升（$[h_{gr}]-h''$）减少，$[h_{gr}]$ 为按额定蒸汽温度计算的过热器出口比焓。

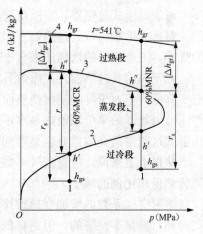

图 3-10　亚临界参数工质吸热量
分配与压力关系

1—给水比焓；2—饱和水比焓；
3—饱和蒸汽比焓；4—设计出口比焓

工质焓升分配的变化首先要影响到过热蒸汽的实际焓升。按负荷 60%MCR，仅主蒸汽压力降低，保持减温水率不变进行分析。当压力降低时，汽化热 r_s 增加，水冷壁辐射热不变，使水冷壁产汽量减少，由水冷壁进入过热器的蒸汽量减少，在过热器总吸热量未变情况下，工质流量的减少导致 1kg 过热蒸汽的实际吸热增加，因而过热器工质焓升增大。

压力降低时一方面是工质焓升增加，另一方面是蒸汽平均比热容的减小，两者向同一方向作用使过热器的蒸汽温升有一较大的增加。

由于过热器进口饱和温度随压力降低而降低，因此从过热蒸汽的温升增加并不能直接得到出口过热汽温升高的结论，需进一步分析图 3-10。随着压力的降低，饱和蒸汽的焓值升高，出口过热蒸汽的比焓略微升高，理论焓升 $[\Delta h_{gr}]$ 减少。$[\Delta h_{gr}]$ 的减少意味着达到额定蒸汽温度所需的蒸汽焓升减少，即使压力降低后过热蒸汽的工质焓升不增加（实际上是增加的），过热汽温也将升高。这说明，过热蒸汽的平均比热容随压力降低的幅度，远超过了理论温升（从饱和温度到过热器出口温度）增加的幅度。因此尽管蒸汽压力降低时饱和温度降低，但过热器出口汽温必然升高。

以上结论也不难根据式（2-34）得出。在相同低负荷下，变压运行时的汽化热 r_s 大于定压运行时的 r_s。由于 $\Delta h_{gr}/r_s$ 恒等于 Q_{gr}/Q_s，而 Q_{gr}/Q_s 的大小与压力无关，故低压下的过热蒸汽实际焓升 Δh_{gr} 大于定压下的实际焓升 Δh_{gr}。加之低压下的过热蒸汽比热容、比压力高时小，所以过热汽温必然升高。这就解释了机组采用滑压运行时更易在低负荷下维持额定汽温的原因。借助式（2-34）可定量估算过热汽温度升高的数值。

3. 过量空气系数变动

负荷变化时，过量空气系数随负荷的降低而增大。根据前述锅炉静态特性，当过量空气系数单独增加时，蒸汽温度升高。随着炉膛氧量增加，炉膛烟气量增加，炉膛出口烟气温度基本不变，但由于炉膛出口烟气焓增加，所以炉内单位辐射热量 Q_f 减小，烟道单位对流热量 ΣQ_d 增加。

对于对流式过热器，工质焓升的增加是由于水冷壁流量的减少和烟气流量的增加而引起的。对远离炉膛出口的过热器（如布置于尾部烟井的低温过热器）和再热器，根据对流传热的规律，工质焓升的增加还来自于进口烟气温度的升高。

对于辐射式过热器，工质焓升的增加基本上是由于水冷壁蒸发率的减小。虽然平均炉温有所降低，但对于屏的辐射换热而言，主要是炉膛出口烟气温度和屏间烟气温度起决定性的作用。因此屏的单位辐射热基本不减少（这与炉内单位辐射热的变化是不同的）。由此可知，辐射式过热器的介质焓升也是增加的。

从根本上来说，过量空气系数对于蒸汽温度的影响，是由于炉内辐射传热份额与炉外对流传热份额比例的减小。

过量空气系数的增加会导致排烟损失增大，锅炉效率降低。所以用增大送风量的办法提高过热汽温是不经济的。但是在低负荷下，由于最佳过量空气系数增大和稳定燃烧的要求，所以允许炉内送风量相对增大，这对于维持额定过热汽温也是十分有利的。

锅炉运行中，如果由于引风机出力相对不足（如空气预热器发生堵灰）而导致炉膛正压，则高负荷时送风量被迫减少，炉内氧量降低，也会使过热汽温及减温水量降低，使汽温—负荷特性发生变化。

近年来，随着锅炉低氮燃烧系统的投入，进行了大量的燃烧调整，发现蒸汽温度随氧量变化的正向特性可能出现例外，即当氧量升高时，主汽温、再热汽温反而降低。这种情况与低氮燃烧系统的设计有关，主要出现在炉内过度"缺氧"的情况。当运行氧量控制偏低、炉内二次风大尺度分级较深或煤质较差时，氧量的适度增加，有利于提高炉膛下部主燃烧区的燃烧份额，使火焰中心降低，炉膛出口烟气温度、过热蒸汽温度降低。

4. 再热器的调温方式

这里以使用较多的分隔烟道挡板调温为例说明再热器调温方式对过热汽温的影响。如图3-11所示，当负荷降低时再热汽温降低，此时主烟道的烟气挡板开大、低温过热器侧的烟气挡板同时关小，以提升再热汽温。由于改变了低温过热器的烟气流量和流速，过热器出口汽温将降低。这相当于使低温过热器的汽温特性更趋陡峭（见图3-11）。这个影响的大小，与低温过热器的焓升在过热器系统的总焓升中所占份额有直接关系。

近代锅炉全部都采用对流—辐射联合式过热器，旨在获得相对平稳的汽温特性。较为典型的一种总的及各级过热器的汽温特性如图3-12所示。由图可见，整个过热器系统在50％负荷以上显示辐射式汽温特性，而在50％负荷以下显示对流式汽温特性。分隔屏、末级过热器的减温喷水率均在50％负荷达到最大。各级过热器中，又以辐射式屏将上述特性表现得更为突出。这种汽温特性是上面分析的四种影响因素叠加的结果。锅炉负荷从100％降低至50％时，主蒸汽压力由17.4MPa降到11.0MPa，饱和温度由361℃降为322℃，过热器理论温升从180℃提高到

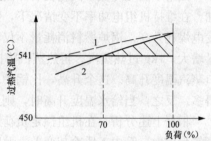

图 3-11　再热器调温对
过热汽温的影响
1—挡板全开时汽温特性；
2—挡板调节后汽温特性

219℃，理论焓升从926kJ/kg降低到775kJ/kg。各级过热器总焓增从969kJ/kg变化到864kJ/kg。总焓升高出理论焓升的值从43kJ/kg增加到89kJ/kg，引起总温升增加59℃。考虑到50％负荷过热器进口温度（即饱和温度）比100％负荷时降了39℃，主汽温实际升高约20℃，此时过热器投入5.4％的减温水维持出口汽温541℃。

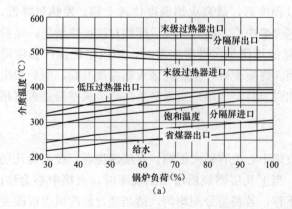

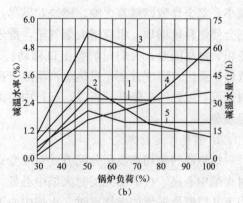

图 3-12　某 2208t/h 自然循环锅炉变压运行汽温特性
(a) 工质温度与负荷关系；(b) 过热器喷水率与负荷关系
1——级喷水率；2——二级喷水率；3——总喷水率；4——级喷水量；5——二级喷水量

本例在100％负荷和滑压50％负荷两个工况下，过热器进口焓（饱和蒸汽焓）分别为2473kJ/kg和2694kJ/kg，因此尽管过热器总焓增从969kJ/kg减少到864kJ/kg，但过热器

出口比焓仍然增加 116kJ/kg。这一事实是将过热器系统的辐射式汽温特性向低负荷推移的主要原因。此外，低负荷下过量空气相对增大（从 1.20 增大到 1.35）也在一定程度上起了抑制对流传热特性的作用。

从图 3-12（a）还可以看出，各级受热面出口管的平均金属壁温随负荷的变化是不同的。省煤器出口壁温随负荷一路下降、低温过热器出口壁温变化较小，在 80% 负荷附近达到最大值。变化最大的是分割屏的出口壁温，在 50% 负荷时的出口管壁温高出额定负荷时 10～15℃，这主要是由于压力低时蒸汽比热容变小，以及其较强的辐热式汽温特性所致。

（二）给水温度的影响

当给水温度降低（汽轮机切除高压加热器）时，由于抽汽减少，1kg 新汽的做功能力增加。在维持机组电功率不变情况下，锅炉主蒸汽流量相应降低；但高压加热器切除使机组的发电煤耗升高，锅炉燃料消耗量不仅不减少反而增加。这就意味着锅炉单位蒸汽量的燃料耗量增大，1kg 过热蒸汽、再热蒸汽将摊到更多的烟气量及面临更高的烟气温度，因而导致出口蒸汽温度升高。这个升高，比锅炉单纯增加负荷（燃料量）而给水温度不变时的影响要大得多。反之，当给水温度升高时，则过热、再热蒸汽温度降低。

根据上述分析，在机组额定负荷运行时切除高压加热器，过热器管内的蒸汽流量减少而烟气量增大，管内工质冷却变差，此时应密切监督各级过热器金属壁温，防止过热。必要时需要降负荷运行。

（三）炉膛火焰中心位置的影响

随着炉膛火焰中心位置向上移动，炉膛出口烟气温度升高，由于辐射式过热器和对流式过热器吸热量的增加而使蒸汽温度升高。此外，火焰中心上移，相当于炉内参与辐射的有效面积减少，蒸发量减少，即使过热器的总吸热量不变，蒸汽温度也将升高。所以火焰中心位置对于过热汽温的影响是很大的。运行中影响炉膛火焰中心位置的因素包括以下几点。

1. 煤质

影响较大的是水分、挥发分、灰分、发热量和煤粉细度。煤中水分、灰分变大，挥发分减小，都会导致燃料着火晚、燃烧和燃尽过程推迟，最高火焰温度位置上移；发热量降低，则会使燃料量增加，相应增大烟气量，推迟火焰中心，同时也使后面的对流换热增强；煤粉变粗，燃尽困难，火焰向炉膛出口移动。总的规律是：煤质变差时，炉内主燃烧区温度降低，炉膛出口温度升高，过热蒸汽温度升高。煤质变好，主燃烧区火焰温度升高，但炉膛出口烟温、过热汽温降低。所以，运行中应加强监督，当煤质变差时要注意金属壁温是否有超温现象。

2. 燃烧器运行方式

燃烧器的投切和负荷分配方式对改变火焰中心也有较大影响。多层燃烧器，投上面几层时火焰中心高，投下面几层时火焰中心低。当上几层燃烧器增加燃烧率时，火焰中心上移；当下几层燃烧器增加燃烧率时，火焰中心下移；若粉量分配均匀，适当变化层配风也可改变火焰中心。减小上部二次风量，或增大下部二次风量时，也会使火焰中心上移。对于摆动式燃烧器，抬高或压低喷嘴角度则可明显改变火焰中心。

高位燃尽风的风率增加时，炉膛主燃烧器区温度降低，燃尽区的燃烧份额增加，火焰中心和炉膛出口烟气温度一般是升高的。但在有些情况下，炉膛出口烟气温度因冷风在高位补入而降低。这些情况主要与低氮燃烧系统的设计以及运行条件如煤质、氧量和燃尽风门开度等有关。

3. 炉底漏风

炉底漏风也将使燃烧过程推迟，从而抬高火焰中心位置。

（四）燃烧器出口风率、风速

对于切圆燃烧锅炉，适当提高一次风率、风速或开大各燃料风风门，可在一定程度内推迟着火、提高火焰中心位置。对于直吹式制粉系统，一次风率的增加还使煤粉变粗，进一步引起炉膛出口烟温升高。开大直流燃烧器顶层的一到二层燃尽风（COFA 风），可以起到压制火焰中心、减小过热器尤其是再热器减温水量的作用。

前、后墙对冲的旋流式燃烧器，适当变化前、后墙以及各层二次风量的分配比例，以及合理选定磨煤机的投入编组，配合炉膛折焰角折向作用，可提高上炉膛的烟气充满度，降低炉膛出口烟温和过热、再热汽温。

分离式燃尽风（SOFA）风率对过热、再热汽温有重要影响。一般随着 SOFA 风率增大，汽温升高。这是因为增大 SOFA 风率会使主燃烧区缺风、未燃尽煤粉继续在较高位置燃烧，炉膛出口烟温和汽温随之升高；反之，减小 SOFA 风率会使更多煤粉在主燃烧区燃烧、较高位置上的燃烧份额减少，炉膛出口烟温和汽温随之降低。燃尽风（SOFA）风率对汽温的影响程度与煤的挥发分、炉膛缺氧水平和炉内空气分级深度有关。燃尽性好、炉内氧量较高、二次风分级较弱时，煤粉及早燃烧，增大 SOFA 风率对燃尽区的燃烧份额影响不大，而大量冷的空气在离炉膛出口较近的位置补入火焰，存在使炉膛出口烟温和汽温降低的可能性。

（五）制粉系统投停的影响

对于直吹式制粉系统，当投停一台磨煤机时，由于制粉、燃烧系统的惯性，炉内燃料量及燃烧工况将有较大的变化，导致炉膛出口烟气温度和烟气流量的较大变化，汽温会有较大的波动。投停磨煤机还可能局部地改变炉内空气动力分布，使汽温受到影响。对于中间储仓式制粉系统，投停磨煤机主要是影响炉内的水分和烟气量；若为热风送粉，三次风将随之投停，三次风投入后，瞬间使风量增大，蒸汽温度升高；稳定后部分细粉燃烧使火焰中心升高，尤其是细粉分离器的效率低时影响更大。此外，由于炉内氧量控制的要求，三次风的加入，使主燃烧区风量减少，未燃尽煤粉继续在较高位置燃烧，使炉膛出口烟温升高，过热、再热汽温升高。

（六）受热面沾污的影响

不同形式的受热面沾污对汽温的影响是不同的。若沾污发生在炉膛水冷壁（结焦），那么，炉内辐射换热量和水冷壁蒸发量减少，炉膛出口烟温升高，过热汽温升高；若沾污发生在过热器外壁，则使过热器的传热热阻增大，对流传热量减少，过热汽温降低；若在省煤器发生积灰，则水冷壁进口工质欠焓增加，水冷壁蒸发量减少，过热器内工质流量减少，因而过热汽温升高。同时，排烟温度升高。空气预热器的积灰使进入炉膛的热风温度降低，水冷壁蒸发率减少，过热汽温升高。

因此，炉膛水冷壁、省煤器和空气预热器的吹灰可降低过热汽温，过热器、再热器的吹灰使汽温上升。利用受热面的差异性吹灰可以缓解某些汽温问题。例如再热汽温偏低，同时过热器减温水量大的情况，可考虑停止对末级再热器前的过热器吹灰，以提高末级再热器进口烟温，使再热汽温升高，过热器减温水量减少。

（七）饱和蒸汽湿度影响

来自汽包的饱和蒸汽总含有少量水分，在正常情况下，这个湿度是允许的。但在不稳定的工况或不正常的条件下，例如当锅炉负荷突变、汽包水位过高以及炉水含盐量太大而发生汽水共腾时，饱和蒸汽湿度将大大增加。由于增加的水分在过热器内蒸发需要多吸收热量，用于干饱和蒸汽过热的热量则要减少，因而将引起过热汽温的降低。

锅炉负荷突然增加时的"闪蒸"不仅使水位涨起，饱和蒸汽的湿度增加，而且由于蒸汽流量瞬间加大，更加剧了过热汽温的不正常下降。

（八）减温水量的影响

采用喷水减温时，减温水大多来自给水系统。在给水系统压力增高时，虽然减温水调节阀的开度未变，但这时减温水量增加了，蒸汽温度因而降低。喷水减温器若发生泄漏，也会在并未操作减温水调节阀的情况下，使减温水量增大，汽温降低。

（九）负荷变动率的影响

变负荷过快会使汽温发生较大的波动，这是在动态过程中引起的超温。在汽轮机跟随方式下，主要是因为燃料量和空气量剧增时，过热器吸热量增加，而蒸汽流量和压力的变化滞后，过热蒸汽焓增提高，从而导致汽温超过额定值；在锅炉跟随方式下，则情况相反，燃烧率和过热器热负荷的变化滞后于蒸汽流量的变化，在降负荷之初将导致汽温超过额定值。这两种情况都会使减温水量曲线急速变化。

过燃烧率也是负荷升降过程中蒸汽温度、金属壁温超温的重要原因。升负荷时汽轮机开大调门增发功率，燃烧出力未及跟上时主汽压、主汽温、再热汽温下降，协调控制系统会进一步增加给煤量，导致煤量超调。而给煤量转化为锅炉的蓄热是一个动态过程，当煤量最终转化成锅炉的热负荷时，炉温、汽压快速上升，从而使主、再热汽温快速上升，导致超温。升负荷速率越快，负荷变动越频繁，燃煤量与蒸发量之比就越大，很容易发生超温。待负荷稳定后，燃煤量、汽温和金属壁温重新回降。

三、再热蒸汽温度的影响因素

再热汽温变化的影响因素及其汽温特性与过热汽温基本相同。例如，当锅炉负荷、给水温度、炉内风量、燃烧工况、燃料品质、受热面的沾污程度等改变时，再热汽温也随之变化。但是，再热蒸汽的压力低，平均汽温高，因而其比热容小于过热蒸汽的。这样，等量的蒸汽在获得相同的热量时，再热汽温的变化幅度要比过热汽温大。所以，当工况变动时，再热汽温比过热汽温更敏感些。此外，再热器的出口汽温不仅受到锅炉方面因素的影响，而且汽轮机运行工况的改变对它的影响也较大。因为在过热器中，其进口汽温始终等于汽包压力下的饱和温度。而再热器的进汽则是汽轮机高压缸排汽，在定压运行情况下其温度随汽轮机负荷的增加而升高，随负荷的减小而降低。1kg 蒸汽在再热器内需要吸收的热量随之增减，因此加剧了再热器的正向汽温特性。一般再热器的进汽温度每降低 10℃，出口再热汽温降低 8～9℃。

过热蒸汽的温度、压力也会影响再热汽温。因为机前主汽温的升高将导致汽轮机高压缸排汽温度的升高，从而使再热汽温升高；机前主汽压越低，蒸汽在汽轮机内做功的能力越小，理想焓降也越小，高压缸排汽温度则相应升高，从而再热汽温也升高。与定压运行相比，滑压运行可以提高再热汽温的主要原因是两个：一是高压缸排汽温度（再热器进口汽温）的提高，二是再热蒸汽比热容随再热汽压的降低而减小。例如，国内某 600MW 机组采用三阀全开变压运行，负荷降至 360MW 时，高压缸排汽温度度为 309.4℃，比额定负荷时仅低 6℃；而定压运行在相应负荷下，高压缸排汽温度度为 283℃。就是说，在 360MW 运行时，蒸汽都加热至 541℃，变压运行再热器的吸热量为 523kJ/kg，而定压运行为 586kJ/kg，理论焓升相差 63kJ/kg。

此外，运行中再热汽温还会受到再热蒸汽流量变化的影响。如当高压加热器投停（抽汽量变化）、最末一级高压加热器的焓升变化、吹灰器投停、外供蒸汽量变化、汽轮机旁路动作等情况发生时，再热汽流量将增大或减少，在其他工况不变时，再热汽温即随之变化。一般再热蒸汽流量每减少 1%，影响再热汽温升高 2～3℃。

图 3-13 所示为某 2208t/h 自然循环锅炉再热器系统的汽温特性。二级对流式再热器分别布置于水平烟道和尾部竖井。由于高温再热器为对流式的，故随着负荷降低，高温再热器焓升减少（从 80%负荷降至 50%负荷，高温再热器工质温升减少 17℃，焓增减少 39.6kJ/kg，为高温再热器工质焓升的 18%），因此需要低温再热器吸收更多热量以提升高温再热器的进口汽温。这一点依靠烟气调温挡板逐渐开大实现。流过低温再热器的烟气量增加，使低温再热器的汽温特性由对流式特性转变为辐射式特性。至 50%负荷后挡板开满，无论高温再热器还是低温再热器，只能按照原有对流汽温特性使蒸汽温度随负荷降低而下降。

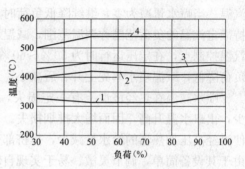

图 3-13　某 2208t/h 亚临界汽包锅炉
再热器汽温特性

1—再热器进口；2—低温再热器出口；
3—再热器悬吊管出口；4—高温再热器出口

四、蒸汽温度调节

（一）过热汽温的调节

1. 工质侧的汽温调节

目前，汽包锅炉的过热器侧调温都是以喷水减温方式为主的。它的原理是将洁净的给水直接喷进蒸汽，水吸收蒸汽的汽化潜热，从而改变过热汽温。汽温的变化通过减温器喷水量的调节加以控制。

喷水减温器前、后的汽温改变值 Δt 与喷水量、锅炉负荷、工作压力有关，按式（3-2）计算，即

$$\Delta t = \frac{h''}{c_p} \frac{(1-\psi)\phi}{1+\phi} \tag{3-2}$$

$$\phi = \frac{D_{jw}}{D_q}$$

$$\psi = \frac{h_{jw}}{h''}$$

式中　D_q——减温器进口蒸汽流量，t/h；

　　　　D_{jw}——减温水流量，t/h；

　　　　ϕ——喷水率；

ψ——减温水比焓与减温器进口蒸汽比焓之比；

h_{jw}——减温水比焓，kJ/kg；

h''——减温器进口蒸汽比焓，kJ/kg；

c_p——减温器进出口温度之间的蒸汽平均比热容，kJ/(kg·℃)。

根据式（3-2），同样的喷水量，低负荷时的 Δt 要大于高负荷时的 Δt（低负荷时 ψ 大）；压力低时的 Δt 要大于压力高时的 Δt（压力低时 c_p 小）；汽温低时的 Δt 要小于汽温高时的 Δt（汽温低时 c_p 大）。比如，每喷入 1kg 减温水，二级减温器比一级减温器的 Δt 值更大；再热器比过热器的 Δt 值更大。

对于具有不平稳汽温特性的过热器系统，在负荷的一定范围内，靠喷入减温水维持额定汽温。当喷水量减为零，继续降低负荷时，过热汽温只能按汽温特性自然降低。锅炉能够保持额定汽温的负荷范围称调温范围，减温水量减为零时的负荷，称汽温控制点。大型锅炉的汽温控制点，在定压运行时为 50%～60%MCR，在滑压运行时则可延伸到 30%MCR。随着负荷降低，减温喷水率先上升、后减小，最大喷水率出在某一中间负荷（如 60%MCR）。

喷水减温在热经济性上有一定损失，部分给水用去做减温水，使进入省煤器的水量减少，出口水温升高，因而增大排烟损失。若减温水引自给水泵出口，则当减温水量增大时会使流经高压加热器的给水量减少，排挤部分高压加热器抽汽量，降低回热循环的热效率。但由于其设备简单，调节灵敏、易于实现自动化等优点，故得到广泛应用。

大容量锅炉通常设置二级以上喷水减温器。第一级布置在分隔屏式过热器入口联箱处，由于该级减温器距末级过热器出口还有较长的距离，且从该级过热器至过热器出口的蒸汽温升幅度相对较大，所以，调温时滞、惯性较大，维持最终汽温在规定的范围内较为困难。因此，这级喷水减温器只作为主蒸汽温度的粗调节，其任务是按一定的规律将分隔屏出口蒸汽温度控制在设定的水平。第一级减温器的另一个作用是保护其后的屏式过热器，不使其管壁金属超温。第二级喷水减温器布置在末级过热器入口，由于此处距过热器出口近，且此后工质温升较小，所以喷水减温的调节时滞较小，调节灵敏度高，因而该级喷水是对过热汽温进行细调，并最终维持汽温的稳定。

不同的过热器系统可采用不同的汽温控制方案。一种是分段控制方案。这种控制方案是在不同负荷下均将各段蒸汽温度维持在一定值，每段设置独立的控制系统。图 3-14 所示为一两段控制系统的示意图。调节器 G1 接受第Ⅱ段过热器出口蒸汽温度 t_2 信号及第一级减温器后的蒸汽温度 t_1 的微分信号，去控制第一级喷水量 W_1，以保持第Ⅱ段过热器出口的汽温 t_2 不变。第一级喷水为第二级喷水打下基础。第二级喷水保持第Ⅲ段过热器出口的蒸汽温度 t_4 不变。由于分段进行汽温控制，因此使调节的滞后和惯性都小于采用一段喷水的方案。各级过热器出口的汽温控制值可在 CRT 上由运行值班员操作"偏置"按钮加以改变，当偏置向正增加时，喷水量自动减少；向负减小时，喷水量自动增大。借此可对各级减温水量进行分配以及对屏式过热器进行壁温保护。分段控制法适用于各级过热器都显示对流式汽温特性的系统。

另一种是按温差控制的方案。对于第Ⅱ段过热器显示较强辐射特性而第Ⅲ段过热器又显示较强对流特性的过热器系统，若仍采用分段控制方案，那么随着负荷降低，第一级喷水（控制分隔屏出口蒸汽温度）将增大，第二级喷水却要减少。使整个过热器喷水量不均衡，因此采用保持二级减温器的降温幅度的按温差控制系统。按温差控制的方案示意如图 3-15

所示。调节器 G1 接受二级减温器的前、后温差信号 $\Delta t_2 = t_2 - t_2'$，其输出作为一级减温调节器的比较值，去控制一级减温器的喷水量，维持二级减温器的前、后温差 Δt_2 随负荷而变化。Δt_2 与负荷的一种关系如图 3-16 所示，图 3-16 中 T 为给定值。由图 3-16 可见，当负荷降低时 Δt_2 是增加的，这意味着一级喷水必须适当减少些才能将一段过热器出口汽温 t_2 维持在较高值。这样可防止负荷降低时一级喷水量增加，达到两级减温水量相差不大的目的。Δt_2 与负荷的具体对应，主要取决于减温器前后的受热面的汽温特性。

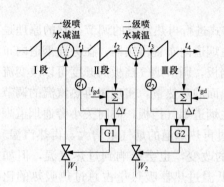

图 3-14　过蒸汽温分段控制系统

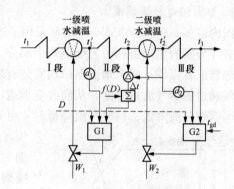

图 3-15　温差控制系统

以上两种汽温控制方式均采用了减温器出口温度的变化率作为前馈信号送入调节器，用来及时反映调节的作用。这是因为若只采用被调量出口汽温做调节信号（称单回路系统），那么由于延迟和惯性的存在，就可能出现过调。即当出口汽温仍高于给定值，其实减温水量已足够，只不过出口汽温还未"感到"而已。因此，调节装置会在差值 Δt_1 或 Δt_2 的作用下去继续开大减温水门，产生动态偏差 Δt_{dt}（如图 3-17 所示）。前馈信号起粗调的作用，而被调量（过热汽温）则起校正作用，只要过热汽温不恢复给定值，则调节器就不断改变减温水量。为进一步提高调节质量，在有的调温系统中还加入能提前反映蒸汽温度变化的其他信号，如锅炉负荷（图 3-15 中 D）、燃烧器倾角、炉膛氧量等。

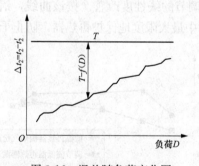

图 3-16　温差随负荷变化图

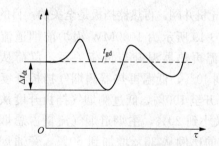

图 3-17　汽温过调与动态偏差

2. 烟气侧的汽温调节

当减温水为零时，汽温达不到额定值或减温水量过大时，应通过燃烧调整做烟气侧调温，以保持汽温在额定值。燃烧调整的主要措施包括摆动式燃烧器的摆角调整、各燃烧器出口风量调整、燃尽风风率调整、火焰中心调整、磨煤机投切组态选择、煤粉细度调整等。

（二）再热汽温的调节

与过热蒸汽不同，喷水减温作为基本调温手段不适用于再热蒸汽调温。这是因为把给水喷入中等压力的再热器中，就等于在很高参数的蒸汽循环中加进了一部分（等于喷水量的）中等参数工质的循环，这将使整个机组的循环热效率降低。对于亚临界单元机组，每喷入 1% 的减温水，发电标准煤耗增加约 0.8g/kWh。因此，再热器的调温大都采用烟气侧的调温方式，而只将喷水减温作为事故降温（防止再热器管壁超温）手段或对再热蒸汽温度进行微调之用。

常用的烟气侧调温方式包括分隔烟道挡板、摆动式燃烧器、烟气再循环等几种。

1. 分隔烟道挡板调温

国内许多 600、1000MW 机组都采用了这种方式进行再热汽温的调节。它的原理是，将烟道竖井分隔为主烟道和旁通烟道两个部分。在主烟道内布置再热器，在旁通烟道内布置低温过热器或省煤器。两个烟道出口均安装有烟气挡板，调节烟气挡板的开度可以改变流经两个烟气通道的烟气流量分配，从而改变烟道内受热面的吸热量，实现对再热汽温的调节。例如，当锅炉负荷降低、再热汽温降低时，可开大主烟道烟气挡板，同时关小旁通烟道烟气挡板，使流过再热烟道的烟气量增大，再热汽温升高。烟气流量的改变，也会影响到过热汽温，但如果旁通烟道的低温过热器吸热量占总过热吸热的比例很小，这个影响并不大。并且可通过调节过热减温器的喷水量加以消除。

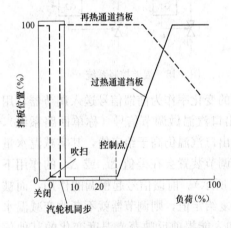

图 3-18 美国 F. W 公司 2020t/h 锅炉
再热器调温挡板开度曲线

锅炉负荷变化时，需按一定规律操作两侧调节挡板，以使流量与开度的关系尽可能接近线性关系。图 3-18 所示为美国 F. W 公司 2020t/h 锅炉再热器调温挡板开度曲线。锅炉在额定负荷时，过热器挡板全开，再热器挡板开 65%；负荷开始从额定值下降时，过热器挡板不动，再热器挡板逐渐开大，超过 80% 后进入不灵敏区，此时过热器挡板参与调节（关小），使调节的线性度改善。按该曲线，锅炉从点火至汽轮机并网，再热器挡板是全关的，目的是启动中最大限度地保护再热器，防止干烧。

图 3-19 所示为 1000MW 锅炉前烟道流量、低温再热器温升与负荷关系。负荷从 100% 到 40%，低温再热器侧烟气挡板开度从 55% 开至 100%，低过侧烟气挡板开度从 100% 关小到 20%，主烟道烟气流量占总烟气流量的比例从 38% 增加到 60%，旁通烟道烟气流量占总烟气流量的比例从 62% 减少到 40%。调节前后，低温再热器从正向汽温特性变化成反向特性，其介质温升在 40% 负荷下从 139℃ 增大到 174℃，增加了 35℃，高温再热器出口汽温维持设计值 603℃，当负荷继续降低到 30% 时，再热汽温按正向特性降低为 573℃。

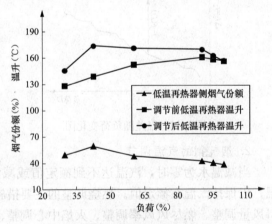

图 3-19 1000MW 锅炉前烟道流量、
低温再热器温升与负荷关系

再热器挡板调温的动态特性如图 3-20 所示。时间延迟 τ 一般在 $60\sim100s$，时间常数 τ_c 为 $8\sim12min$。

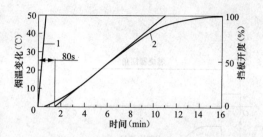

图 3-20　再热器挡板调温动态特性
1—挡板开度；2—烟气温度变化

2. 摆动式燃烧器

摆动式燃烧器是利用燃烧器倾角的大小来变动火焰中心，改变炉膛出口温度与各受热面吸热量分配，从而调节再热汽温的。CE 型锅炉也同时用来调节过热汽温。由于是靠改变炉膛出口烟温来调节再热汽温，因此，采用摆动式燃烧器调温的锅炉，再热器的更多级布置于炉膛内或靠近炉膛出口，以增大减温幅度。

摆动式燃烧器的摆角范围通常在 $-30°\sim20°$ 的范围内。过高会增加飞灰可燃物，过低则冲击冷灰斗，易结焦和积存可燃气体。燃烧器倾角每摆动 $\pm10°$，可使炉膛出口烟温变化 $\pm30℃$，再热汽温变化 $\pm(15\sim20)℃$。喷嘴向上动作比向下动作对出口烟温、再热汽温的影响要大些。一般地，摆动式燃烧器可在 $40\sim60℃$ 范围内调节再热汽温，调温幅度较宽。

在摆角上倾火焰中心抬高时，主要是炉膛出口附近的高温再热器的焓升和出口温度增加，而布置于尾部烟道的低温再热器的焓升则变化不大。同时高温再热器的外部烟温升高最多，如果调整过快或幅度过大，很容易产生金属壁温超限，调整时应重点加以监视。

再热汽温的调节必然影响到过热汽温，因此应很好地协调。对此，CE 型锅炉的传统设计是：过热汽温除受喷嘴摆动调节外，主要采用一级喷水减温（布置于分隔屏入口）调节。根据再热汽温变化来控制喷嘴摆角，再根据过热汽温来调节喷水量。在 MCR 负荷时，喷嘴角度为水平 0，喷水量也基本为 0。随着负荷降低，喷水率增加，60%MCR 时，喷水率达最大值。此后，随着负荷降低，喷水率又减少，直至 40%MCR 时减温水量到零，过热器可调节温度 $50℃$。

在改变燃烧器摆角的同时，炉内燃烧会受到一定影响。摆角过分上倾时，火焰中心上移，煤粉气流在炉内停留时间缩短，飞灰含碳量增加。尤其是在燃烧器的四个角不能同步摆动情况下，甚至会破坏炉内燃烧切圆，严重恶化煤粉的着火和燃尽。燃烧器摆角的下限，主要是考虑不使燃烧气流冲刷水冷壁的冷灰斗，防止出现结焦以及炉渣含碳量的上升。

燃烧器摆动时要求各层严格同步，否则将使炉内空气动力场紊乱，影响燃烧。实际运行中，由于热态运行致使燃烧器销子断裂或机构卡死，常难以达到上述要求。目前，摆动式燃烧器调温的最大问题是可靠性较差。由于无法摆动，再热器的正常调温只有启用事故喷水，致使机组运行经济性降低。

燃烧器喷嘴由水平向上摆动 $15°$ 时，其动作时间约需 $10s$，喷嘴动作后一般在 $1.5\sim2min$ 再热器出口汽温才开始变化。从燃烧器喷口角度改变到再热汽温稳定，一般需要 $10\sim15min$ 才可完成。图 3-21 所示为燃烧器摆角调节再热汽温对其他参数影响的动态特性。

3. 烟气再循环与热风喷射

烟气再循环是指从锅炉尾部烟道抽出部分烟气回送炉膛，靠改变再循环烟气的比例来改变流过再热器的烟气量和吸热量，以达到调节再热汽温的目的。热风喷射是在低负荷下将一部分热二次风送入炉膛冷灰斗，靠改变火焰中心高度来调节再热汽温。烟气再循环与热风喷射的热力特性十分相近，烟气再循环对锅炉热力特性的影响如图 3-22 所示。

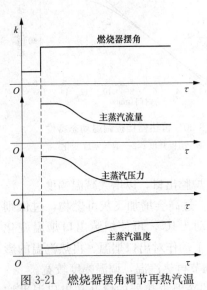

图 3-21　燃烧器摆角调节再热汽温
对其他参数影响的动态特性

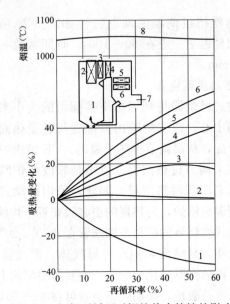

图 3-22　烟气再循环对锅炉热力特性的影响
1—炉膛；2—分割屏；3—高温过热器；4—高温再热器；
5—低温过热器；6—省煤器；7—去空气预热器；8—炉膛出口烟温

如图 3-22 所示，随着再循环烟气量的增加，炉膛辐射吸热量相对减少，而对流吸热量相对增加。且沿着烟气流向，越往后面的受热面，其吸热量增加的百分数越大，即调温幅度越大。因此，这种调温方式更适于再热器的位置离炉膛出口较远的锅炉。

上述方式的优点是调温幅度大，调节反应快同时还可均匀炉膛热负荷；缺点是需要高温的再循环风机，且对炉内燃烧工况影响较大。

4. 再热汽温的喷水控制

再热器的减温装置布置于低温再热器进口管道（事故喷水）和末级再热器进口管道（微量喷水）。减温水源取自给水泵出口，减温水温度从 50%～100% 负荷为 150～190℃，比过热减温水温低约 40～60℃，以尽可能减少再热喷水量。有的锅炉只设一级事故喷水。当出现异常工况或者在动态过程中，再热器局部管子或整体蒸汽温度超过允许值，而烟侧调温装置已到极限位置，为防止管子金属壁温或再热汽温继续升高，应投入再热器喷水。两级减温的系统，应尽可能投入第二级喷水，因为它的动态延时远小于第一级，且蒸汽温度高、比热容小，可以减少再热器减温水量和金属超温的危险。

亚临界机组再热减温器的蒸汽压力通常为 3.8～4.2MPa，第一级和第二级减温器由于再热汽温不同，蒸汽平均比热容差别较大，减温能力并不相同。亚临界锅炉一、二级再热器减温喷水对蒸汽温度的影响见表 3-1。表 3-1 中的减温力是指减温器前、后蒸汽温度降低值 Δt 与喷水率 ϕ 之比，参见式（3-1）。表 3-1 中数据适用于不同机组容量的亚临界锅炉。

表 3-1　　　　　　　　　一、二级再热器减温喷水对蒸汽温度的影响

项目	减温水温度（℃）	减温器进口蒸汽压力（MPa）	减温器进口蒸汽温度（℃）	蒸汽平均比热容[kJ/(kg·℃)]	减温力[℃/(1/%)]
一级减温器	～190	～4.19	～333	～2.64	～8.35
二级减温器	～190	～4.15	～431	～2.32	～10.45

注　不同锅炉负荷下，本表计算结果变化很小。

5. 再热汽温控制系统（烟气侧）

图 3-23 所示为烟道挡板调温的再热汽温控制系统示意图。当机组负荷变化时，负荷指令（以主蒸汽流量 D_{gr} 代表）经过函数器 $f(x)$ 计算出一个挡板开度初值，作为调节前馈信号输入加法器 5。校正信号来自比较器 3 和调节器 4。比较器 3 将再热汽温设定值与实际值相减后，输出差值 Δt，经调节器运算输出校正信号也进入加法器 5。加法器 5 输出挡板开度指令，使调温挡板 6 的开度增加或减小，从而改变再热蒸汽出口温度。调节过程中只要 Δt 不等于零，挡板开度指令即不断改变，直至 $\Delta t = 0$ 即 t''_{zr}＝设定值时，挡板稳定在一个新的开度不再变化。由负荷指令形成的前馈通道，在再热汽温还未改变以前即提前改变挡板开度，从而克服被控对象的滞后和惯性。校正回路的作用则是进行细调，并最终使挡板开度和再热汽温稳定。其他烟气侧再热汽温的调节控制系统与图 3-23 相似。

实际运行中，若末级再热器出口个别管子超过最大允许壁温而无其他手段有效降低时，即使再热器出口整体蒸汽温度未达到额定蒸汽温度，也应适当投入再热器喷水，此时应将"自动"切换为"手动"，以保证金属安全为原则进行汽温控制。

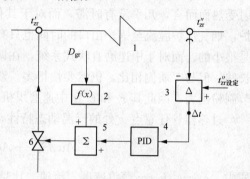

图 3-23　烟道挡板调温的再热汽温
控制系统示意图

1—再热器；2—函数器；3—比较器；
4—调节器；5—加法器；6—调温挡板

（三）汽温调节的动态特性

一个扰动（喷水量或燃料量）发生以后，蒸汽温度与时间的对应关系称动态特性。不论何种因素的扰动，并非一旦扰动蒸汽温度立即变化，而是有一定的时滞；同时汽温的变化也不是阶跃的，而是从慢到快，又从快到慢，经过一定时间，最后稳定在一个新的水平。

图 3-24（a）表示过热蒸汽出口温度的一个典型的动态特性。蒸汽温度从初值到终值的变化曲线称飞升曲线。曲线的拐点（A 点）是汽温变化速度最大的点，通过该点做一切线，与汽温的初值线、终值线分别交于 B、D 两点。从扰动开始到 B 点的时间称延迟时间，记为 τ_z；它表示蒸汽温度在多长时间后才"感受到"扰动。从 B 到 D 的时间称时间常数，记为 τ_c，它表示从初值变化到终值"大致"经历的时间。对于调节动态过程，总是希望 τ_z 和 τ_c 越小越好，这样调节灵敏迅速。

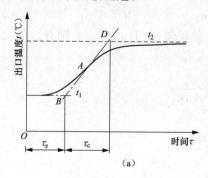

（a）

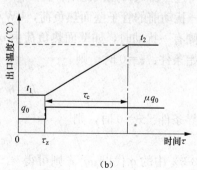

（b）

图 3-24　过热汽温动态特性

（a）实际汽温；（b）简化模型

出口汽温变化的快慢与过热器系统中的贮热量有关。当出口汽温在扰动后下降时，过热器的金属温度也将下降，并放出一部分贮热，其结果将使出口汽温延缓下降。过热器管子和联箱的壁厚越大，蒸汽压力越高，金属的贮热能力越大，汽温变化速度也就更为缓慢。

过热汽温的变化时滞还同扰动方式有关。烟气侧和蒸汽流量的扰动通常在几秒钟内，甚至在更短的时间内，能使整个过热器受到影响，这时汽温变化的时滞较小。减温水量和进口汽温的扰动对出口汽温的影响就较慢。这时出口汽温变化的时滞将与进口流量成正比，而与蒸汽流速成反比。近代锅炉的过热器，当进口端蒸汽侧发生扰动时，时滞 $\tau_z = 20 \sim 50\text{s}$，时间常数 $\tau_c = 50 \sim 100\text{s}$，如扰动发生在高温过热器入口，由于喷水点与过热器出口之间距离较短，所以 τ_z 更小，调节作用最灵敏。

对于中储式系统，当锅炉的燃烧调节机构动作后，炉内燃烧强度几乎立即变化，对于辐射受热面而言，几乎没有时滞，而对于其他受热面来说也是极短的。即使是容量很大的锅炉，烟气从炉膛流至锅炉出口的时间也只有 10s 左右。这与锅炉动态过程所需要的时间相比是很小的。而对于中速磨直吹式系统，在调节锅炉负荷时，燃烧系统的动态过程时间可能稍长些，但与工质侧相比，仍然要快得多。双进双出磨煤机直吹式系统，由于是容量风直接调节制粉出力，因此其 τ_z 和 τ_c 比中速磨煤机都要小些。

过热器管任意点 x 处的汽温动态特性，可由式（3-3）描述，即

$$Aw\rho \frac{\partial h}{\partial x} + A\rho \frac{\partial h}{\partial \tau} = q - m\frac{c_w}{c_p}\frac{\partial h}{\partial \tau} \tag{3-3}$$

式中　ρ、w、h——蒸汽密度、流速、比焓；

τ——时间，s；

q——单位管长热流密度，kW/m；

m——单位管长的金属质量，kg/m；

c_w——金属比热容，kJ/(kg·℃)；

c_p——蒸汽平均比定压热容，kJ/(kg·℃)；

A——过热器的蒸汽流通总面积，m²。

在稳定工况下，蒸汽温度的分布可借助于令式（3-3）中的 $\frac{\partial h}{\partial \tau} = 0$ 取得，即

$$h = h' + \frac{q_0}{Aw\rho}x$$

式中　h'——过热器入口蒸汽比焓，kJ/kg；

q_0——扰动前的管子壁面热负荷，kW/m。

当烟气侧有一扰动时，如壁面热负荷由 q_0 突变到 q，且 $q = \mu q_0$，则有：

（1）初始条件：$\tau = 0$ 时，则

$$h = h' + \frac{q_0}{Aw\rho}x$$

（2）边界条件：$x = 0$ 时，则

$$h(\tau) = h'$$

将式（3-3）中的 q 代以 μq_0，则可得

$$h = f(x, \tau) = h' + \frac{q_0}{Aw\rho}x + \frac{c_p(\mu-1)q_0}{A\rho c_p + mc_w}\tau \tag{3-4}$$

令 $x=L$，（L 为过热器出口到入口的长度），则可得到过热器出口比焓 $h''=f(\tau)$。如图 3-24（b）所示。因为式（3-4）是一个简化式，所以得到的曲线与图 3-24（a）的实际曲线不同，但两者的时间常数相差不多。

锅炉燃烧侧快变负荷时，管子壁面热负荷先于蒸汽流量变化，即呈现如图 3-24（a）所示的动态特性，一旦汽量也发生变化（相当于叠加汽量扰动），汽温又将回复到由静态特性规定的稳定值。这个过程常会引起过热器的短时超温。

图 3-25 所示为某电厂 600MW 亚临界汽包锅的负荷、过热汽温、减温水率的动态变化曲线。该炉布置两级喷水减温器，第一级在分隔屏进口，第二级在末级过热器进口。再热器调温方式为烟道挡板调温。由图 3-25 可知，起始时段（0～110min）和结束时段（270～330min）负荷相对稳定，汽温波动最大值与最小值之差约 10℃。升负荷时段（110～270min）负荷较快变化，汽温波动加大，最大值与最小值相差约 18℃。减温水的峰值与汽温的峰值同时达到，减温水的谷值也与汽温的谷值同时达到。随着负荷的升高，过热器总减温水率先增加后降低，在 65％负荷时达到最大值，说明汽温特性为辐射—对流复合特性。结束时段显示出较明显的过燃烧率现象，此时负荷增长趋于稳定，燃料量相对回降（如图 3-8 所示），总减温水率逐渐减少。二级减温器进口汽温与一级减温器出口汽温的差值随负荷降低而增加，显示的是分隔屏过热器的辐射式汽温特性。但由于一级减温器的喷水率随之增大，使分隔屏进口汽温降低，因而分隔屏出口汽温升高不多。从分隔屏出口汽温分析，分隔屏出口炉外壁温的波动幅度为 10～20℃。两级减温器的进、出口汽温差随负荷变化保持了相同的增减规律。

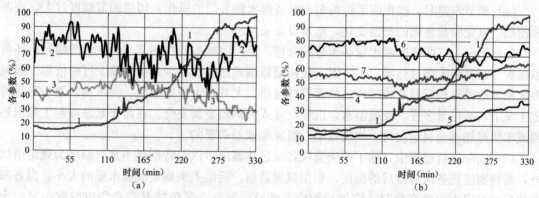

图 3-25 负荷、蒸汽温度、过热器喷水动态历史曲线
(a) 负荷、蒸汽温度、过热器喷水；(b) 负荷、减温器前后蒸汽温度

1—负荷：300～600MW；2—主蒸汽温度：510～550℃；3—总减温器温水率：0～30％；4—一级减温器前蒸汽温度：300～500℃；
5—一级减温器后蒸汽温度：300～500℃；6—二级减温器前蒸汽温度：300～500℃；7—二减温器后蒸汽温度：300～500℃

在变负荷过程中，减温水量的曲线变化较大。并且喷水的波动幅度与负荷升降速度有关。负荷变动快时减温水量的波动也大。主要是因为燃料量和空气量迅速增加时，蒸汽流量和压力的变化滞后于过热器吸热量的变化，从而导致过热蒸汽焓增变化较大，只有依靠减温水保证额定汽温值。

五、汽温监督及手调时应注意的几个问题

各大电厂在运行规程中均规定了在汽温偏离正常值较大（如锅炉运行不正常或负荷变化

较大）时，运行人员手动处理的办法。其中最主要的是调节燃烧，如燃烧器负荷分配、过燃风量的调节、炉膛送风量的调节、煤粉细度的调节等。监视和调节中有以下几个问题应注意。

（1）运行中应经常根据有关工况的改变，分析汽温变化的趋势，尽可能使调节动作做在汽温变化之前。若汽温已经改变再去调节，则必定会引起大的汽温波动。例如，运行中一旦发现主蒸汽流量增加，同时蒸汽压力下降，可判断为外扰发生，应立即做好加大减温水量的准备，或提前投入减温水。因为根据判断（假定过热器为正向特性），过热汽温将先短暂降低，而后持续上升。此外，过热器中间某点的汽温（如第二级减温器出口汽温）也是判断主汽温变化趋势的重要信息，也应特别加以监视。

（2）根据运行中汽温变动的具体特点，采取相应措施。例如，若运行中汽温增加过于剧烈，有可能是由于降负荷太快、幅度太大引起瞬间汽温升高（锅炉跟随），若该过程持续不停，燃料量总难跟上，因此使汽温一直上升。在这种情况下，运行人员最有效的方法是在锅炉降低燃烧率的同时，开启汽轮机调节汽阀升负荷降压，可迅速抑制蒸汽温度、蒸汽压力的上升。因此运行人员需要注意分析负荷控制方式（锅炉跟随和汽轮机跟随汽温变化方向不同）、负荷变动速度、幅度，以便正确进行调温操作。

（3）注意利用能使汽温发生相反变化的多种手段参与调节，抑制动态过程中汽温的急升急降。例如，为防止切除下层磨煤机时因火焰中心上移引起的汽温动态升高，可反向进行滑压干预，即手动操作蒸汽压力偏置，快速小幅降压，此时汽轮机调节汽阀暂时过开，蒸汽流量增加，而滑压使锅炉侧蒸发量减小的效果还没体现出来，汽温下降。

（4）调节汽温时，操作应平稳均匀。对减温水调节门的操作，切忌调节幅度过大，或断续使用，以免引起急剧的汽温变化，危及设备安全。

（5）第一、二两级减温水量必须分配合理。第一级减温器在调节过热汽温的同时，还可以保护分割屏和末级过热器，不宜因一级减温器调温迟缓而减少其喷水量。过份依靠二级减温水减温的操作很容易造成屏式过热器管壁过热。尤其在水冷壁结焦、高压加热器切除等特定工况下，需尽量多投一级减温水，以保证屏式过热器金属安全。在需要紧急抑制主蒸汽超温或末级过热器金属超温时，则增投第二级减温水是必要的。

（6）实际运行过程中，除了严密监视各级过热器出口汽温特别是主蒸汽温度为规定值以外，要特别注视各减温器后的温度，根据减温器前、后温差来确定减温水量的大小。当各减温器后的汽温大幅度变化时，应进行相应的调整。另外，各级减温喷水均应留有一定的余量，即应保持一定的开度，若发现部分减温水门开度过大或过小，应及时通过燃烧调节来保证其正常的开度。

（7）若发现汽温急剧上升，靠喷水减温无法降至正常范围时，应立即通过降低锅炉燃烧率来降低汽温，并查明汽温升高的原因。

（8）在用烟道挡板调节再热汽温时，必须考虑到烟气挡板调温的较大延迟，可根据燃煤量的变化提前改变烟气挡板开度，而不是只根据再热汽温变化进行调节。根据再热器的汽温特性，燃煤量增加时即开大再热器侧烟气挡板；反之亦然。

（9）再热汽温调节时必须考虑到对过热汽温的影响。若再热汽温降低，应在开大再热挡板之前，检查过热器是否还有一定的喷水量，否则，有可能引起过热汽温度下降。而过热汽温降低会引起低温再热器入口温度降低，使再热汽温的调节没有效果。

（10）在用摆动式燃烧器调温时，摆动幅度应大于某一角度，否则摆动效果不理想。为防止喷嘴卡死，每班至少应人为缓慢地摆动 1～2 次。

（11）应在监督出口整体汽温的同时，注意监视各级热偏差和各段管壁温度，以燃烧调节（如避免火焰偏斜）和两侧减温水量的分配加以改善。当过热器、再热器壁温超过最高限值时，在查明原因之前，增加减温水量以降低峰值壁温，或者适当降低负荷运行。

（12）运行中应尽量使用燃烧调整的方法控制汽温，以减少过热器尤其是再热器的减温喷水量，提高整个机组的效率。

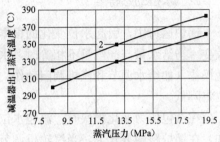

图 3-26　某亚临界机组最低受热面进口汽温的控制曲线

1—饱和温度；2—受热面最低进口温度

（13）为防止过热器（再热器）出现水塞，应监督减温器后汽温有不低于 20℃ 的过热度。机组滑压运行时各级蒸汽压力随负荷而降低，故低负荷时更需注意蒸汽过热度的维持。某亚临界机组最低受热面进口汽温的控制曲线如图 3-26 所示。

第四节　汽包水位的调节

汽包水位也是锅炉运行中要控制的重要参数之一。汽包水位过高，将会引起蒸汽带水或满水，使蒸汽品质恶化，管子过热或管道、汽轮机产生水冲击；水位过低，将会破坏水循环，甚至烧坏水冷壁。

一、影响水位变化的因素

锅炉在运行中，水位是经常变化的。运行中影响水位变化的主要因素是锅炉负荷、汽包压力变化速度、燃烧工况和给水压力的扰动等。

1. 锅炉负荷

汽包水位是否稳定首先取决于锅炉负荷的变化及其变化的速度。例如锅炉的负荷突然升高，在给水和燃料量未及调整之前，会使水位先升高、最终降低。水位先升高是由于水面下蒸汽容积增大（虚假水位），最终的降低则是由于给水量小于蒸发量所造成的物质不平衡。锅炉负荷变动速度越快，水位的波动也就越大。当负荷控制采用炉跟机方式时，尤其如此。

2. 汽包压力变化速度

汽包压力发生扰动时，压力降低则水位上升，压力升高则水位下降，变化速度越快，对水位的影响也就越大。

3. 燃烧工况

燃烧工况的扰动对水位的影响也很大。在外界负荷及给水量不变情况下，当燃料量突然增多时，水位暂时升高而后下降；当燃料量突然减少时，情况则相反。这是因为：燃烧强化会使水位面下汽泡增多，水位胀起，但随着蒸汽压力和饱和温度的上升，炉水中汽泡又会随之减少，水位有所降低。因此，水位波动的大小，也与燃烧工况改变的强烈程度以及运行调节的及时性有关。

4. 给水压力

给水压力的波动将使送入锅炉的给水量发生变化，从而破坏了汽包内蒸发量与给水量的平衡，将引起汽包水位的波动。在其他条件不变时其影响是：给水压力高时，给水量增大，水位升高；给水压力低时，给水量减小，水位下降。给水压力的波动大都是由给水泵的流量控制机构不稳定工作或转速波动引起。

二、水位动态特性

锅炉运行中，引起水位变化的根本原因是蒸发区内物质平衡的破坏或者工质状态发生了改变。当给水量与产汽量不相等时，水位就会发生变化。例如，在只增加燃烧率而不进行其他操作（如给水调节和汽机调门动作）情况下，由于物质平衡破坏，给水量小于产汽量，水位将降低。

在汽包压力变化很快时，汽包水位不只取决于物质平衡，还与工质状态的变化有关。例如，在锅炉跟随方式下，当汽轮机调节汽阀突然开大而增加负荷时，蒸汽压力迅速降低，所产生的附加蒸汽量会使水位涨起，造成所谓"虚假水位"。因为从调节来看，此时本应加大给水量（由于给水量将小于产汽量），但单纯根据水位则判断为减小给水量。

在汽轮机跟随方式下，如果是上升管出口在水空间内，锅炉增加负荷过快，也会产生"虚假水位"。当燃烧率增加而给水来不及调整时，水冷壁蒸发量增多会使水位胀起，之后则由于输出汽量大于输入的给水量以及蒸汽压力的升高，水位下降。对上升管出口在汽空间内的蒸发系统，锅炉增加产汽量不会产生"虚假水位"，蒸汽压力变化与物质平衡对水位影响方向一致，若负荷增加率过大，也会加剧水位的变化。

以增量形式表达的汽包水位变化的动态特性，可用式（3-5）加以描述，即

$$\frac{\mathrm{d}h}{\mathrm{d}\tau} = \frac{\Delta D_{\mathrm{sm}} - \Delta D_{\mathrm{qb}}}{A_{\mathrm{b}}(\rho' - \rho'')} - \frac{V'\dfrac{\partial \rho'}{\partial p} + V''\dfrac{\partial \rho''}{\partial p}}{A_{\mathrm{b}}(\rho' - \rho'')}\frac{\mathrm{d}p}{\mathrm{d}\tau} + \frac{1}{A_{\mathrm{b}}}\frac{\mathrm{d}V_x''}{\mathrm{d}\tau} \tag{3-5}$$

式中 ΔD_{sm}、ΔD_{qb}——给水流量、汽包出口饱和汽流量，kg/s；

V'、V''——蒸发区的水容积、蒸汽容积，m³；

h——汽包水位，m；

A_{b}——汽包水位面截面积，m²；

ρ'、ρ''——饱和水密度、饱和汽密度，kg/m³。

其余符号，意义同前。

式（3-5）中等号右边的 3 项反映了三种影响水位变化的因素。第一项为蒸发设备内部质量不平衡因素的影响。譬如，蒸汽流量不变 $\Delta D_{\mathrm{bq}} = 0$，给水流量增大；$\Delta D_{\mathrm{sm}} > 0$，则 $\mathrm{d}h/\mathrm{d}\tau > 0$，水位上升。

第二项为蒸汽压力变化引起汽水密度变化而影响水位的因素。前面的负号表示水位与蒸汽压力变化的方向相反。如，锅炉燃料量增加 ΔB，蒸汽压力上升 $\mathrm{d}p/\mathrm{d}\tau > 0$，$\partial \rho'/\partial p$ 大于零，$\partial \rho''/\partial p$ 略小于零，使分子部分大于零，$\mathrm{d}h/\mathrm{d}\tau < 0$，汽包水位降低。这个影响说明在蒸发区水汽总量不变的情况下，汽水密度的变化使水、汽量发生了重新分配。

第三项为水位以下蒸汽容积变化对水位变化的影响因素。这一项较难计算，对水冷壁而言，水下汽容积 V_x'' 与单位时间的产汽量 D_{zf} 有关，苏联计算标准给出的公式为

$$V_x''/V = c(D_{\mathrm{zf}}/D_{\mathrm{e}})$$

式中 c——常数；

D_e——额定蒸发量，kg/s。

对于"闪蒸"的情况，D_{zf}还应包括由于汽压下降而产生的附加蒸发量。

图 3-27（a）示意了汽轮机调节汽阀扰动（$\Delta D>0$）时水位变化的情况。此时，先是蒸汽压力下降导致 Vx'' 增加水位胀起（图 3-27 中曲线 2）。之后燃料量跟上，D_{zf} 增加使 $D_{zf}>D_{sm}$，水位下降（图 3-27 中曲线 1）。实际汽包水位变化是上述两曲线的叠加，水位先下降，后又上升（图 3-27 中曲线 3）。图 3-27（b）所示为燃料量扰动时水位变化的情况。与图 3-27（a）相比，水位上升较少而滞后较大。这一方面是由于蒸发量随燃料量的增加有惯性和时滞，另一方面也是因为蒸汽压力的增加对水位的上升起了削减的作用。

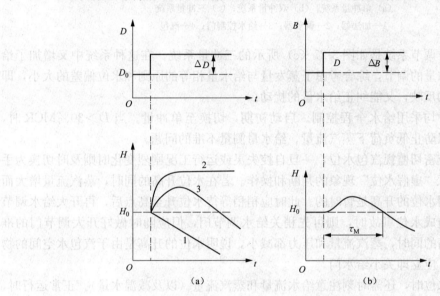

图 3-27　水位的阶跃响应曲线
（a）蒸汽流量扰动；（b）燃料量扰动
1—只考虑物质不平衡的响应曲线；2—只考虑蒸发面下蒸汽容积 V_x'' 的响应曲线；3—实际的水位响应曲线

三、水位的调节

水位调节的任务是使给水量适应锅炉的蒸发量，以维持汽包水位在允许变化范围内。最简单的办法是根据汽包水位的偏差来调节给水泵转速或给水阀开度。在自动控制中也就是采用所谓单冲量的自动调节器，如图 3-28（a）所示。单冲量调节的主要问题在于，当锅炉负荷和压力变动时，自动控制系统无法识别由此而产生的虚假水位现象，因而使调节装置向错误的方向动作。所以单冲量调节只能用于水容积相对较大以及负荷相当稳定的小容量锅炉。对大容量锅炉，在较低负荷时也能使用。

如果在水位信号 H 之外，又加一个蒸汽流量的信号 D，则成为双冲量给水调节系统，如图 3-28（b）所示。当锅炉负荷变化时，信号 D 比水位信号 H 提前反应，用以抵消虚假水位的不正确指挥。例如，若在 H 增大的同时，D 也增大，则加法器 1 就有可能输出 $\Delta H=0$，使给水调节门暂不动作。因此双冲量系统可用于负荷经常变化和容量较大的锅炉。但它的缺点是不能及时反映和纠正给水方面的扰动（如由于给水压力变化所引起的给水量的增减）。

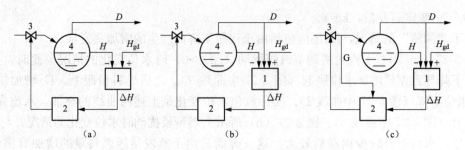

图 3-28 水位控制系统示意

（a）单冲量系统；（b）双冲量系统；（c）三冲量系统

1—加法器；2—调节器；3—给水控制门；4—汽包

最完善的水位调节系统是如图 3-27（c）所示的三冲量系统。在这种系统中又增加了给水信号 G。对给水量的调节，综合考虑了蒸发量与给水量相等的原则和水位偏差的大小，即能补偿虚假水位的反映，又能纠正给水量的扰动。

近代大型锅炉均采用给水全程控制。启动初期，切换至单冲量。当 $D > 30\% \text{MCR}$ 时，切换到三冲量。以防止低负荷下蒸汽流量、给水量测量不准的问题。

锅炉运行中应密切监视汽包水位，一旦自控失灵或运行工况剧烈变化时则及时切换为手动。手动时应注意"虚假水位"现象的判断和操作。若在水位升高的同时，蒸汽流量增大而压力却降低，说明水位的升高是暂时的。此时应稍稍等待水位升至高点后，再开大给水调节门，但若有可能造成水位事故时，则可先稍关给水调节门，但应随时做好开大调节门的准备。若在水位升高的同时，蒸汽流量和压力都减小，说明水位的升高是由于汽包水空间的物质不平衡引起的，应立即关小给水门。

在监视汽包水位时，还需时刻注意给水流量和蒸汽流量（以及减温水量）。正常运行时，给水流量与蒸汽流量并不相同，但其差值有一个正常范围，运行人员应心中有数，一旦偏离该范围，应分析判断原因，消除缺陷。对于有可能引起水位变化的运行操作也应做到心中有数，例如，在进行锅炉定期排污，投、停燃烧器，增开或切除给水泵，高压加热器投、停等操作前，应事先分析水位变化的趋势，提前进行调节。

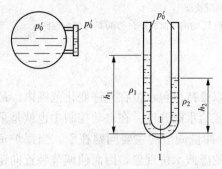

图 3-29 水位计的真实值偏差

运行中的水位用 CRT 来监视。为确保二次水位的指示正确无误，应定期校对一、二次水位计的指示。需要指出，一次水位计指示的水位是低于实际水位的。如图 3-29 所示，由于 1-1 截面两侧压力相等，故有

$$p_0' + \rho_1 h_1 = p_0' + \rho_2 h_2$$

因为

$$\rho_1 < \rho_2 \text{（水位计有散热，且无汽泡）}$$

所以

$$h_1 > h_2$$

对于亚临界锅炉，水位计指示值与实际值的差值为 $50 \sim 100 \text{mm}$。

第四章

超（超）临界锅炉运行参数的
监督与调节

第一节 概　　述

超（超）临界压力锅炉（以下统称超临界锅炉）的运行参数主要是指过热蒸汽的压力和温度、再热蒸汽温度、主蒸汽流量和分离器出口温度。锅炉机组的运行经济性、安全性就是通过对锅炉运行参数进行监视和调节来达到的。超临界锅炉参数监督和调节的主要任务是：

(1) 保证过热蒸汽的流量（即锅炉出力），以满足外界负荷的需要。

(2) 保持正常的过热蒸汽压力、过热和再热蒸汽温度。

(3) 维持正常的中间点温度和煤水比，保证水冷壁、过热器工作安全。

(4) 监视各过热受热面出口金属温度，保证过热器、再热器工作安全。

(5) 维持燃料经济燃烧，尽量减少各项损失，提高锅炉效率；努力减少厂用电率。

与汽包锅炉相比，超临界锅炉的参数调节有以下特点：直流锅炉的蓄热能力远低于汽包炉，要求更严格地保持负荷与燃烧率之间的关系；直流锅炉的给水对功率和主蒸汽压力的影响非常显著；直流锅炉要求时刻严格保持机组的能量平衡，特别是燃烧率与给水量之间的平衡关系；过热蒸汽温度调节主要是煤水比调节而不是单纯依靠减温喷水；直流锅炉的汽压调节与汽温调节是联合进行的。

超临界锅炉与亚临界汽包锅炉在参数监督与调节上的相近之处，如负荷控制方式、蒸汽压力和蒸汽温度影响因素、蒸汽温度的烟侧调节方式等，可参阅第三章的相关内容。

第二节　蒸汽压力与负荷的调节

主蒸汽压力的相对稳定是机组稳定运行的标志。没有稳定的蒸汽压力，也不可能有很好的负荷响应。主蒸汽压力的波动会直接引起给水流量波动，并进一步影响过热蒸汽温度；汽轮机基本阀位下的主蒸汽压力波动，还会使发电机组的效率降低。因此，主蒸汽压力的控制是超临界直流锅炉最基本的控制之一。

一、蒸汽压力变动特性

（一）汽压变动原理

超临界锅炉的汽压变动原理如图 4-1 所示。将过热器出口联箱视为一封闭容器，根据理

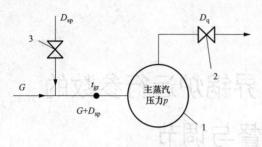

图 4-1　汽压变动原理
1—过热蒸汽出口联箱；2—汽轮机调节汽阀；
3—减温水调节阀

想气体状态方程，其内介质压力 p 取决于容器内介质总量 m 和介质温度 t。当质量 m 和温度 t 增加时，汽压 p 增加，反之则降低。容器内介质总量由进、出容器的物质流平衡决定。输入流量为水冷壁流量 G 和减温水量 D_{sp} 之和，输出流量为汽轮机用汽量 D_q。当 $G+D_{sp}>D_q$ 时，m 增加、汽压 p 升高。反之，当 $G+D_{sp}<D_{gr}$ 时，m 减少、蒸汽压力 p 降低。从根本上讲，汽压变化的原因就是进、出联箱的物质流的平衡被破坏。在稳定工况下，进入联箱的主蒸汽流量和离开联箱的汽轮机用汽量相等，故主蒸汽压力不变。一旦平衡破坏，例如升负荷时汽轮机调节汽阀突然开大，由于燃料量和蒸发量未及增加，输出质量流 D_q 大于输入质量流 $G+D_{sp}$，导致容器内总质量减少、蒸汽压力降低。随着调节过程的进行，燃料量和蒸发量逐渐增加，直至等于汽轮机新的用汽量时，主蒸汽压力回升至一个新的稳定值不变。

（二）汽压静态特性

1. 燃料量变动

假设燃料量增加 ΔB，汽轮机调节汽阀开度不变，按以下三种情况分析工况变动后的蒸汽压力变动：

（1）给水流量随燃料量增加，保持煤水比不变。这种情况，由于过热蒸汽流量增大而引起蒸汽压力上升。

（2）给水流量保持不变，煤水比增大。为维持蒸汽温度必须增加减温水量，同样由于过热蒸汽流量增大，使蒸汽压力上升。

（3）给水流量和减温水量都不变，则蒸汽温度升高，蒸汽容积增大，蒸汽压力上升。这是因为在汽轮机调节汽阀开度不变的情况下，蒸汽流速增大使节流压降增大所致。

2. 给水流量变动

假设给水流量增加 ΔG，汽轮机调节汽阀开度不变，也有三种情况：

（1）燃料量随给水流量增加，保持煤水比不变。由于蒸汽流量增大，故蒸汽压力上升。

（2）燃料量不变，减小减温水量保持蒸汽温度，此时过热器出口蒸汽流量不变，蒸汽压力不变。

（3）燃料量和减温水量都不变，如蒸汽温度下降在许可范围内，则蒸汽流量的增大使蒸汽压力上升。

3. 煤发热量变动

假设煤发热量增加 $\Delta Q_{net,ar}$，其他运行条件不变，相当于燃料量扰动而煤质不变。结果使蒸汽温度升高、蒸汽压力也有所升高。

4. 汽轮机调节汽阀扰动

若汽轮机调节汽阀开大 Δk，而燃料量和给水流量均不变，由于工况稳定后，汽轮机排汽量仍等于给水流量，并未变化。根据汽轮机调节汽阀的压力-流量特性，则蒸汽压力降低。

以上汽压静态特性的规律是，不论何种情况，凡燃料量增加都会最终引起蒸汽压力的升高。这是因为输入系统的能量随燃料量而增加，汽压作为系统储存能量的标志因此上升。除燃料量外，向系统输入能量的还有给水。因此即使燃料量不变，给水量的增加也会在一定程度上引起蒸汽压力升高。汽轮机调节汽阀开大引起蒸汽压力降低，则是因为调用了锅炉的储存能量。

（三）汽压动态特性

为便于反映本质规律，汽压动态特性以亚临界区运行为例进行分析，示意如图 4-2 所示。在超临界区运行时汽压动态变化的基本特性不变。

1. 燃料量扰动

图 4-3（a）所示为燃料量扰动时的动态特性曲线。在其他条件不变情况下，燃料量 B 增加 ΔB，蒸发量在短暂延迟后先上升，后下降，最后稳定下来与给水量保持平衡。

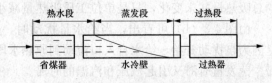

图 4-2　锅炉受热面加热区段示意

其原因是，在变化之初，由于水冷壁热负荷立即变化，热水段逐步缩短；蒸发段将蒸发出更多饱和蒸汽，使主蒸汽流量 D 增大，其长度也逐步缩短，当蒸发段和热水段的长度减少到使主蒸汽流量 D 重新与给水量 D_0 相等时，即不再变化［图 4-3（a）中曲线 1］。在这段时间内，由于蒸发量始终大于给水量，使锅炉内部的工质贮存量不断减少（一部分水容积渐渐为蒸汽容积所取代）。显然，过渡过程工质贮存量减少的总量 Δm 与燃料增量 ΔB 和水汽密度差（$\rho' - \rho''$）有关，ΔB 越大，$\rho' - \rho''$ 越大，则 Δm 越大，即 D 的暂态增加越大。

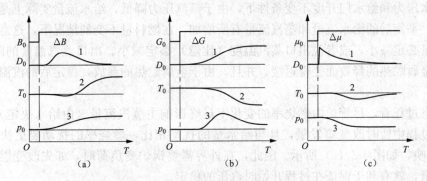

图 4-3　超临界参数直流锅炉的动态特性
（a）燃料量扰动；（b）给水量扰动；（c）汽轮机调节汽阀扰动
1—主蒸汽流量；2—主蒸汽温度；3—主蒸汽压力

燃料量增加，过热段加长，过热蒸汽温度升高，已如前述。但在过渡过程的初始阶段，由于蒸发量与燃烧放热量近似按比例的变化，再加上管壁金属贮热所起的延缓作用，所以过热汽温要经过一定时滞后才逐渐变化［图 4-3（a）中曲线 2］。如果燃料量增加的速度和幅度都很急剧，有可能使锅炉瞬间排出大量蒸汽。在这种情况下，汽温将首先下降，然后再逐渐上升。

蒸汽压力［图 4-3（a）中曲线 3］在短暂延迟后逐渐上升，最后稳定在较高的水平。最初的上升是由于蒸发量的增大；随后保持较高的数值是由于汽温的升高（汽轮机调节汽阀开度未变）。

2. 给水量扰动

图 4-3（b）所示为给水量扰动时的动态特性曲线。在其他条件不变情况下，给水量增加 ΔG。由于水冷壁热负荷未变化，所以热水段和蒸发段都要延长。蒸汽流量逐渐增大到扰动后的给水流量，蒸汽压力有所升高。过渡过程中，由于蒸汽流量小于给水流量，所以工质贮存量不断增加。随着蒸汽流量的逐渐增大和过热段的减小，出口汽温渐渐降低。但在蒸汽温度降低时金属放出贮热，对汽温变化有一定的减缓作用。蒸汽压力则随着蒸汽流量的增大而逐渐升高。值得一提的是，虽然蒸汽流量增加，但由于燃料量并未增加，所以稳定后工质的总吸热量并未变化，只是单位工质吸热量减小（出口汽温降低）而已。

由图 4-3（b）可看出，当给水量扰动时，蒸发量、汽温和汽压的变化都存在时滞。这是因为自扰动开始，给水自入口流动到原热水段末端时需要一定的时间，因而蒸发量产生时滞。蒸发量时滞又引起汽压和汽温的时滞。

3. 功率扰动

此处功率扰动是指调节汽阀动作取用部分蒸汽，增加汽轮机功率，而燃料量、给水量不变化的情况。若调节汽阀突然开大，蒸汽流量立即增加，蒸汽压力下降。从图 4-3（c）看，蒸汽压力没有像蒸汽流量那样急速变化。这是由于当汽压下降时，饱和温度下降，锅炉工质"闪蒸"、金属释放贮热，产生附加蒸发量，抑制了汽压的下降。随后，蒸汽流量因蒸汽压力降低而逐渐减少，最终与给水量相等，保持平衡。同时汽压的降低速度也趋缓，最后达到一稳定值。

在给水压力和给水门开度不变条件下，由于蒸汽压力降低，给水流量实际上是自动增加的。这样，平衡后的给水流量和蒸汽流量有所增加。在燃料量不变的情况下，这意味着单位工质吸热量必定减小，或者说出口蒸汽温度（比焓）必定减小。出口蒸汽温度的降低过程，同样由于金属贮热的释放而变得迟缓。并且，由于金属贮热的释放，稳定后的汽温降低值也并不显著。

从动态过程看，尽管炉内燃烧率的变化不最终影响主蒸汽流量（由给水决定），但却可以在动态过程中暂时改变蒸发量，且与给水量的扰动相比，燃烧率的扰动要更快使蒸发量（汽压）反映，如图 4-3（a）所示。因此，在外界需要锅炉变负荷时，如先改变燃料量，再改变给水量，就有利于保证在过程开始时汽压的稳定。

锅炉在超临界区运行时，其动态特性与亚临界区相似，但变化过程较为和缓。燃料量增加时，锅炉热水、过热段的边界发生移动，尽管没有蒸发段，但热水、过热段的比体积差异也会使工质贮存量在动态过程中有所减小。因此出口蒸汽量稍大于入口给水量，直至稳态下建立起新的平衡。

由于上述特点，超临界区运行时，燃料量、给水量和功率扰动时的动态特性，受蒸汽量波动的影响较小，例如燃料量扰动时，抑制过热汽温变化的因素主要是金属储热，而较少受蒸汽量影响，因而过热汽温变化得就快一些。而蒸汽压力的波动则基本上产生于蒸汽温度的变化，变得较为和缓。

二、蒸汽压力与负荷的调节

1. 汽压与负荷调节特点

超临界锅炉汽压调节的任务，实际上就是经常保持锅炉蒸发量和汽轮机所需主蒸汽流量之间的平衡。只要时刻保持住这个平衡，过热蒸汽压力就能稳定在给定数值上。在汽包锅炉中，要调节蒸发量，先是依靠调节燃烧来达到，与给水流量无直接关系。给水流量是根据汽包水位来调节的。但是直流锅炉，炉内燃烧率的变化并不最终引起蒸发量的改变，而只是使过热汽温升高。由于锅炉送出的蒸汽量等于进入锅炉的给水量，因而只有当给水量改变时才会引起锅炉蒸发量的变化。直流锅炉蒸汽压力的稳定，从根本上说是靠调节给水量实现的。

但如果只改变给水量而不改变燃料量，则将造成过热汽温的变化。因此，直流锅炉在调节蒸汽压力时，必须使给水量和燃料量按一定比例同时改变，才能保证在调节负荷或蒸汽压力的同时，确保蒸汽温度的稳定。这说明蒸汽压力的调节与蒸汽温度的调节是不能相对独立进行的。

单元机组中，机组输出功率反映了机组对外能量的输出量，对它的基本要求是尽可能迅速适应负荷变化的需要。过热器出口的主蒸汽压力则反映了汽轮机、锅炉之间产汽量和用汽量的能量平衡状态，以及机组蓄热水平的高低，是汽轮机、锅炉运行是否协调的一个主要指标。对它的基本要求是：机组负荷不变时，保持为给定值；机组负荷变动时，在给定值附近允许的范围内变化。

机组负荷的正常调节手段主要有给煤量（燃烧率）、给水量和汽轮机调节汽阀开度。根据机组负荷对这三个调节量的响应特性，变负荷基本控制策略是：初期的变负荷任务主要由汽轮机调节汽阀来承担，中后期主要由给煤量和给水量承担。

直流锅炉的蒸汽压力调节最终仍是燃烧率（给水量）的调节。蒸汽压力降低时则增加燃料量和送风量，同时增加给水量，反之亦然。由于燃烧率与给水量的比例（煤水比）会很强地影响过热蒸汽温度，因此，给水量与燃烧率的调整，必须与蒸汽温度的调整同时进行。在调整蒸汽压力的同时，以恰当的煤水比增减燃烧率，使蒸汽压力和蒸汽温度都达到目标值。负荷、蒸汽压力、蒸汽温度的联合调节，是超临界直流锅炉与亚临界汽包锅炉在调整策略上的最大区别。

与亚临界机组一样，超临界机组的汽压、负荷控制也分为锅炉跟随、汽轮机跟随和机炉协调三种基本方式。但直流锅炉没有汽包，蓄热能力通常只有汽包锅炉的一半，负荷扰动时蒸汽压力变化更大，汽压控制的难度增大。对汽包锅炉，燃烧率和给水可以分开调节，直流锅炉则不然，改变燃烧率的同时必须相应改变给水量。

2. 汽压与负荷控制方式

图 4-4 所示为超临界机组蒸汽压力、负荷调节原则性框图。图 4-4 中，符号"P"代表功率，"p"代表汽压，T1～T4 为切换开关，当 4 个开关处于不同状态时，系统有不同的控制方式。当 T1 和 T4 断开时，系统处于以汽轮机跟随为基础的协调控制方式，锅炉侧调负荷，汽轮机侧调汽压，负荷响应较差，但汽压波动小；当 T2 和 T3 断开时，系统处于以锅炉跟随为基础的协调控制方式，汽轮机侧调负荷、锅炉侧调汽压，汽压波动较大，但负荷跟踪快；T1～T4 全部合上时，系统处于汽轮机、锅炉协调控制方式，它具有较好的负荷响应和汽压稳定的调节性能。当仅 T1 合上时，系统处于锅炉跟随的手动控制方式，功率由汽轮机侧手动控制，压力由锅炉主控自动控制。当仅 T3 合上时，系统处于汽轮机跟随的手动控制方式，功率由锅炉侧手动控制，汽轮机主控自动控制压力。

为提高机组对外界负荷需求的响应速度，锅炉侧和汽轮机侧都以负荷指令 P_0 作为前馈信号，及时调整燃烧和改变调节汽门开度。调节过程中当汽压变动速度或幅度过高，超过了函数

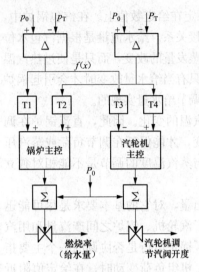

图 4-4 蒸汽压力、负荷调节
原则性框图

器 $f(x)$ 设定的死区时，汽轮机侧即由功率调节转为压力拉回方式，限制汽轮机调节汽阀的进一步变化。

3. 汽压、负荷调节动态过程

图 4-5 给出了某 1000MW 超超临界锅炉的发电负荷、给煤量、主蒸汽流量、主蒸汽压力调节的一个动态过程截图。随着燃料量、给水量的增加，过热蒸汽流量增加，发电量和主蒸汽压力升高。发电负荷从 600MW 增加到 1025MW 时，分离器压力从 18.8MPa 升高到 28.1MPa，主蒸汽压力由 17.4MPa 升高到 25.6MPa，按分离器压力区分，机组在 740MW 负荷下从亚临界区进入超临界区运行。主蒸汽压力的峰谷值比电负荷的峰谷值滞后 5～8min。锅炉经过 250min 完成负荷提升，1000MW 稳定运行时段为 80min。升负荷段的平均升负荷率为 1.4MW/min，最大升负荷率为 6.8MW/min。主蒸汽压力力从 17.4MPa 开始提升，到 900MW 达到 25.6MPa，在 900～1025MW 负荷下维持蒸汽压力在 25.6MPa 水平不变。升压期间的平均升压速率为 0.053MPa/min，最大升压速率为 0.27MPa/min，大致上与最大升负荷速率的时段相应。

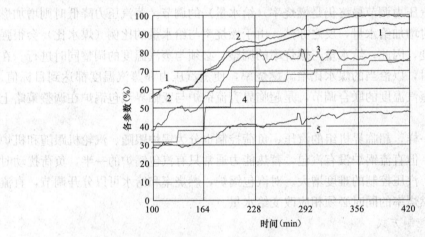

图 4-5 发电负荷、给煤量、主蒸汽流量、主蒸汽压力的动态变化
1—发电负荷：0～1100MW；2—主蒸汽流量：0～3000t/h；3—主蒸汽压力：10～30MPa；
4—主蒸汽压力设定：10～30MPa；5—给煤量：0～1000t/h

锅炉在 660MW 负荷以下投 A、B、E、F 四台中速磨煤机。负荷升至 660MW 时增投 D 磨煤机（第 117min），该负荷点投磨煤机未对发电负荷和主蒸汽压力产生影响。负荷升至 980MW 时增投入 C 磨煤机（第 285min）。这时煤量突增 32t/h，3min 后负荷突升 4.1MW/min，主蒸汽压力突升 0.5MPa/min。随后随着煤量回减，负荷和主蒸汽压力恢复正常的变化。

整个升负荷过程，主蒸汽压力的实际值均比设定值高，升负荷段平均差值为 2.2MPa，最大差值为 3.7MPa，出现于第 230min 负荷升至 900MW 时。负荷升至 900MW 之后，升压速度减缓，主蒸汽压力与设定压力的偏差逐渐减小。此区间主蒸汽压力的波动幅度小，在 0.5MPa 左右。

本机组负荷变动过程中过燃烧率的表现不及亚临界机组明显。第 330min 至 370min 的升负荷段，1050MW 对应的燃煤量是 475t/h，第 370min 至 420min 的稳定负荷段，1050MW 对应的燃煤量是 466t/h。这是因为超超临界机组的蓄热量小于亚临界机组的缘故。

4. 汽压监督及手操时应注意的问题

(1) 锅炉燃烧率的调整主要根据主蒸汽压力的变化进行。主蒸汽压力下降则加煤加风，主蒸汽压力升高则减煤减风。投入 AGC 模式的机组，宜根据负荷滚动曲线平台，恰当提前增、减煤量，以减小主蒸汽压力波动的离散度、削减波动峰值。从发出燃烧率指令到主蒸汽压力响应，双进双出磨煤机最快，中储式钢球磨煤机次之，中速磨煤机最迟。对于中速磨煤机，提前进行加煤操作对稳定主蒸汽压力的作用更大。

(2) 机组负荷跟踪"o"模式时，若升负荷幅度、变化率较大，可提前调高主蒸汽压力，一旦负荷快升时可抑制主蒸汽压力的下降速度，反之亦然。但主蒸汽压力调高的值不宜过大，以免实际汽压偏离设计曲线较多。

(3) 主蒸汽压力置手动模式时，禁止大幅度变化燃烧率，控制主蒸汽压力变化率不大于设定的值（如 0.2MPa/min）。启停磨煤机时应注意一次风量及一次风压变化对燃烧的影响。防止燃烧率突变引起主蒸汽压力大幅度变化。

(4) 运行人员应随时观察煤电比、煤水比的当前状态，它们反映了入炉煤质尤其是发热量的实际值。变负荷时可提前按此比例调节煤量、风量、水量，一次到位减少参数波动。入炉煤的低位热值 $Q_{net,ar}$（MJ/kg）按式（4-1）估算，即

$$Q_{net,ar} = 9 \frac{P_f}{B_m} \qquad (4-1)$$

式中　B_m——总制粉量，t/h；

　　　P_f——发电负荷，MW。

(5) 运行人员应准确掌握本机组的风量—负荷对应、煤量—水量对应等关系。例如，机组负荷为 520MW 时，送风机动叶开度为 15%。每当目标负荷在这个位置，则直接将送风机动叶开度调至 15%。若 O_2 量波动不是很大，只需稍稍调整辅助风门开度来控制氧量，而不需要改变送风机的动叶开度。

(6) 运行中应避免风量和煤量的大幅度增减，防止主蒸汽压力的急剧波动。

(7) 注意及时发现并消除制粉系统的断煤、堵煤、堵粉等异常情况。应特别注意制粉系统启/停、吹灰、排污等操作对主蒸汽压力的影响。

(8) 当外界负荷不稳时，主蒸汽压力变化往往较大，应注意随时进行燃烧调整。

第三节　煤水比与蒸汽温度调节

一、超临界锅炉蒸汽温度调节特点

超临界直流锅炉运行中过热汽温和再热汽温的变化范围一般为额定汽温的 ±5℃。汽温过高或过低以及大幅度的波动都将严重影响锅炉、汽轮机的安全性和经济性。对于超（超）临界机组，过热汽温每降低 10℃，发电煤耗增加约 0.8g/kWh，再热汽温每降低 10℃，发电煤耗将增加约 0.6g/kWh。

直流锅炉运行时，为维持额定蒸汽温度，锅炉的燃料量与给水流量必须保持一定的比例。以煤水比作为基本的调温手段，以减温水调节作为辅助的调温手段。直流锅炉在调节蒸汽温度的过程中，需要控制中间点温度以保证水冷壁的工作安全，同时也以中间点温度的调节实现对煤水比的动态控制。直流锅炉的这个特性明显不同于汽包锅炉。对于汽包锅炉，中间点温度（过热器进口）是饱和温度，其调节是自发进行的，与煤水比无关。煤水比的改变只是影响汽包水位而不影响蒸汽温度。而燃料量对汽温的影响，也由于蒸汽量的相应变化，因而影响是不大的。

直流炉的蒸汽温度必须与蒸汽压力联合调节，不可以单独进行。这是因为随着负荷变化而增减燃烧率时，迅速调节煤水比不仅是汽温控制的要求，也是稳定主蒸汽压力的前提条件，即在调整蒸汽温度的同时必须以恰当的煤水比增减燃烧率，使蒸汽压力和蒸汽温度都达到目标值。而对于汽包锅炉，蒸汽压力变化只是受燃烧率的影响，与给水量无直接关系，因而汽压调节可以与汽温调节相对独立地进行。

二、煤水比调节与中间点温度控制

1. 超临界锅炉的煤水比

以给水为基准的过热蒸汽总焓升（kJ/kg）按式（4-2）计算，即

$$h''_{gr} - h_{gs} = \frac{\eta B Q_r (1 - r_{zr})}{G} \tag{4-2}$$

$$r_{zr} = \frac{Q_{zr}}{\eta Q_r}$$

式中　Q_r——锅炉输入热量，一般取煤的低位发热量，kJ/kg；

　h_{gs}、h''_{gr}——给水比焓、过热器出口比焓，kJ/kg；

　　η——锅炉效率；

　　r_{zr}——再热器相对吸热量；

　　Q_{zr}——1kg煤的再热器吸热量，kJ/kg；

　　G——给水流量，kg/s；

　　B——燃料消耗量，kg/s。

式（4-2）中 B 与 G 之比称为煤水比。只要按式（4-2）的关系控制煤水比与过热总焓升（$h_{gr}'' - h_{gs}$）成比例，即可在任意负荷下维持过热汽温为额定值。煤水比的大小主要与煤发热量有关，一般在 0.11～0.17 之间取值。表 4-1 列出了国内几台超临界锅炉的煤水比。由表 4-1 可见，煤水比随着负荷降低而增加，其原因是过热总焓升（$h''_{gr} - h_{gs}$）随着负荷的降低而增大。

表 4-1　　　　　　　　　　　国内几个电厂超临界锅炉的设计煤水比

负荷	NH 电厂 1000MW 超超临界	FZ 电厂 660MW 超临界	LA 电厂 660MW 超临界	XN 热电厂 350MW 超超临界
100%	0.119 2	0.126 0	0.131 1	0.162 5
75%	0.125 6	0.130 9	0.138 4	0.171 1
50%	0.132 7	0.139 4	0.146 3	0.181 4

注　本表以 BRL 工况作为 100％负荷工况。

保持式中 h_{gs}、η、Q_r 和 r_{zr} 不变，则当锅炉给水量从 G_0 变化到 G_1，对应燃料量由 B_0 变化到 B_1 时，过热器出口比焓 h''_{gr} 的变化量可写为

$$\Delta h''_{gr} = h''_{gr,1} - h''_{gr,0} = (h''_{gr} - h_{gs})_0 (1 - m_0/m_1) \tag{4-3}$$

式中　$h''_{gr,0}$、$h''_{gr,1}$——工况变动前、后的过热器出口比焓，kJ/kg；

　　　　m_0、m_1——工况变动前、后的煤水比，$m_0 = B_0/G_0$，$m_1 = B_1/G_1$。

由式（4-3）可计算煤水比变化对蒸汽温度的影响。对于超临界锅炉（以 25.4MPa、571/569℃参数为例），$h''_{gr} - h_{gs} \approx 2110$kJ/kg。若保持给水流量不变，燃料量增加 10%（$m_1 = 1.1m_0$），则过热蒸汽出口比焓将增加 191kJ/kg，相应的温升约 65℃；如果热负荷不变，而工质流量减少 10%（$m_1 = 1.11m_0$），则过热蒸汽出口比焓增加 209kJ/kg，相应的温升约 70℃。由此可见，当直流锅炉的燃料量与给水量不相适应时，过热汽温的变化是很剧烈的。实际运行中，为维持额定蒸汽温度必须严格控制煤水比。

2. 超临界锅炉的中间点温度

超临界锅炉的中间点温度是指水冷壁出口汽水分离器中的工质温度。中间点温度的设计值是按分离器压力下的相变点温度加上 20～30℃ 的过热度来确定的。亚临界区运行时相变点温度就是饱和温度；超临界区运行时相变点温度为拟临界温度，可按式（4-4）计算，即

$$t_{nl} = 541.049953 + 5.744571 \times p - 0.0425866 \times p^2 - 273.15 \tag{4-4}$$

式中　t_{nl}——压力为 p 时的拟临界温度，℃；

　　　　p——分离器压力，MPa。

某 660MW 超临界机组的相变点温度、中间点温度与分离器压力的关系如图 4-6 所示。

运行中当煤水比变化时，不仅过热器出口的主蒸汽温度相应改变，而且从水冷壁出口直至过热器出口的各级进、出口介质温度均随之变化，它们也都是煤水比的函数，而反应最快的是中间点温度。如图 4-7 所示，维持减温水率（$\phi = 0.070$）不变，当煤水比从 0.1354 增加到 0.1461 时，水冷壁水量减少 7.33%，中间点温度升高 14.1℃，主蒸汽温度升高 60.1℃。显然，以中间点温度作为控制煤水比和控制过热汽温的超前信号和首要参考温度是非常合宜的。

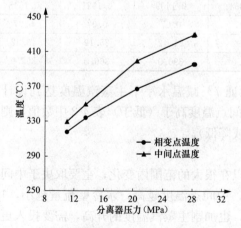

图 4-6　相变点温度、中间点温度
与分离器压力的关系

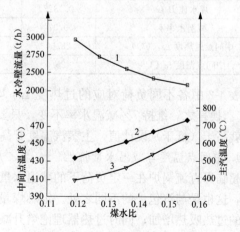

图 4-7　1000MW 锅炉中间点温度、
水冷壁流量与煤水比的关系

1—水冷壁流量；2—主蒸汽温度；3—中间点温度

不仅如此，中间点温度的变化还直接反映水冷壁流量的大小以及超临界压力下工质的大比热容区伸入炉膛的位置。若中间点温度过高，水冷壁流量减小、冷却能力变差；同时，大比热容区向最高火焰温度区方向下移，水冷壁内部发生类膜态沸腾、金属过热以及水动力不稳的危险性增加。若中间点温度过低，则会导致分离器带水运行和过热器进水，影响过热器的工作安全，在亚临界区运行时尤应注意。

因此，超临界锅炉采用中间点温度控制，首先是保证受热面安全的要求，同时又恰好成为控制煤水比的最好手段。是参数调节上区别于亚临界汽包锅炉的最重要的特点之一。

3. 中间点温度控制与煤水比

中间点温度与煤水比、减温水率的函数关系服从式（4-5），即

$$\frac{B}{G} = \frac{(1-\phi)r_1}{Q_s} \tag{4-5}$$

$$r_1 = h_1 - h_{gs}$$

式中　B——燃煤量，kg/s；

G——给水量，为水冷壁流量与过热器减温水量之和，kg/s；

Q_s——相应 1kg 煤的水冷壁（含省煤器）烟侧放热量，kJ/kg；

ϕ——减温水率，定义为过热器总减温水量与主蒸汽流量之比；

r_1——中间点焓升，kJ/kg；

h_1——中间点比焓，kJ/kg；

h_{gs}——省煤器进水比焓，kJ/kg。

式（4-5）是中间点温度控制煤水比的理论关系式。它表明，在给定负荷下，煤水比 B/G 是中间点比焓 h_1 和减温水率 ϕ 的函数，ϕ 值一定，则 B/G 与 h_1 有唯一的对应，控制了中间点温度（焓），即控制了煤水比。某 1000MW 锅炉各负荷下中间点温度与煤水比的对应关系见表 4-2。

表 4-2　　　　某 1000MW 锅炉各负荷下中间点温度与煤水比的对应关系

主蒸汽流量 G（t/h）	3033	2733	1834	1290	910
煤水比 B/G	0.1323	0.1354	0.1409	0.1521	0.1548
减温水率 ϕ	0.07	0.07	0.07	0.07	0.07
中间点过热度 Δt_1（℃）	28.60	28.92	21.42	25.19	43.32
中间点温度 t_1（℃）	425.0	423.0	390.0	366.0	358.0

表 4-2 中各不同负荷对应的过热度 Δt_1 均保证 7% 减温水率下主蒸汽温度达到设计值 605℃。换言之，维持 7% 减温水率不变，只要中间点温度高于（低于）表 4-2 中数值，则煤水比就高于（低于）设计值，主蒸汽温度升高（或降低）。

4. 中间点温度与减温水量特性

超临界直流锅炉在一定负荷下的减温水量可以在很大的范围内变化，主要取决于中间点温度，这也是与汽包炉的不同之处。定燃煤量下，中间点温度越高，水冷壁流量越小，1kg 蒸汽的过热吸热增加；同时过热器理论焓升减少，也加剧主蒸汽温度的升高，需要投入更多的减温水保持汽温不变。由于煤水比不变，故当中间点温度升高时，多投入的减温水量在数值上等于水冷壁减少的流量。

减温水量与中间点温度的关系服从式（4-5）。图 4-8 是某 1000MW 锅炉过热减温器减温水

量与中间点温度的关系曲线。图 4-8 中主蒸汽温度维持 605℃ 不变。由图可见，随着中间点温度升高，减温水量急速增大。超临界锅炉减少过热减温水量的最有效手段是降低中间点过热度。图 4-9 为某 600MW 超临界锅炉在 93％ 负荷下实测得到的过热器减温水量与中间点温度的关系曲线。

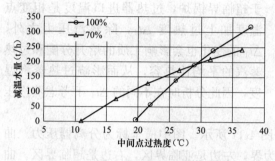

图 4-8　减温水量与中间点过热度关系

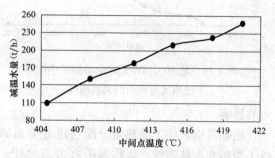

图 4-9　某 600MW 机组 93％负荷下减温水量
与中间点温度关系实测曲线

三、过热蒸汽温度影响因素

1. 煤水比

煤水比是直流锅炉过热蒸汽温度的最大影响因素。直流锅炉运行时，为维持过热汽温在允许范围内，锅炉的燃料量 B 与给水量 G 必须保持适当的比例。以升负荷阶段为例，若 G 不变而增大 B（或 B 大增，G 小增），由于受热面热负荷 q 按 B 成比例增加，受热面内的水、汽分界面前移（此时中间点温度升高），过热汽温就会升高；反之，若 B 不变而增大 G（或 B 小增，G 大增），由于受热面热负荷 q 没有改变，则受热面内的水、汽分界面后移（此时中间点温度降低），过热汽温就会降低。

从静态特性来看，煤水比失调造成的蒸汽温度偏差，是不能靠喷水减温的方法来纠正的。例如，若煤水比过大使蒸汽温度上升时，假定减温水焓等于给水焓，只要总给水量不变，增加减温水量的结果，只是使水冷壁流量减少、中间点温度升高，过热汽温则并不能降低。这一结论也可以从式（4-2）直接得到。

因此直流锅炉主要靠调节煤水比来维持额定蒸汽温度。若蒸汽温度变化是由其他因素引起（如炉内风量），则只需稍稍改变煤水比即可维持给定蒸汽温度不变。直流锅炉的这个特性是明显不同于汽包锅炉的，对于汽包锅炉，过热汽温与煤水比无直接关系，单靠减温水量就可以独立调节蒸汽温度。

2. 机组负荷

超临界机组的过热器系统通常显示反向汽温特性或复合式汽温特性，即在相当大的负荷区间，随着负荷降低，过热汽温升高（参见图 2-18）。这种汽温特性表现为随着负荷降低中间点过热度降低。图 4-10 所示为某 1000MW 超超临界锅炉中间点过热度与负荷的关系曲线。该炉再热汽温用分隔烟气挡板调节。由图 4-10 可见，本炉过热器系统为反向汽温特性，随着负荷降低，为避免大量投入过热器减温水，中间点温度跟着降低。

3. 蒸汽压力

超临界锅炉的主蒸汽压力对主蒸汽温度的影响，应从工质的焓升分配变化和理论焓升变

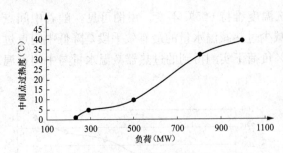

图 4-10　某 1000MW 超超临界锅炉中间点
过热度与负荷的关系曲线

化两个方面进行分析。先分析压力对焓升分配的影响。对于汽包锅炉，过热器进口温度为饱和温度，只与汽包压力有关，因此工质的焓升分配只是压力的函数；而对于超临界锅炉，过热器进口温度是相变点温度加上过热度 Δt_1，除蒸汽压力之外，Δt_1 的变化也会影响工质的焓升分配和过热蒸汽的平均比热容，从而影响过热蒸汽温度，因此分析时在不同的 Δt_1 下考虑蒸汽压力的影响。

超临界锅炉的工质热量分配与压力关系如图 4-11 所示。图中横坐标为分离器压力。曲线 1 为相变点状态线，以临界压力 22.12MPa 为界，左边是亚临界区，右边是超临界区。曲线 2、3、4 为过热器进口工质状态线，即中间点状态线，曲线 2、3、4 的过热度 Δt_1 分别取为 5、10、30℃。曲线 5 为给水线，曲线 2、3、4 与给水线 5 之差为中间点焓升 r_1。曲线 6 为等温线，数值 605℃ 代表了额定蒸汽温度。

从图 4-11 中看出，与 $\Delta t_1 = 0$ 即状态线 1 比较，不大的 Δt_1（$\Delta t_1 = 10$）即已抹平相变点状态线的转折，使过热器进口工质状态线变化为平顺的曲线 3，从而在整个工作压力区间与亚临界汽包炉的饱和蒸汽线相似。随着 Δt_1 的减小，过热器进口状态线的反向斜率增大，压力对焓升分配的影响加强。当过热度极低时（如曲线 2），中间点焓值曲线在超临界压力前后出现转折，亚临界区影响更大，超临界区影响变弱。

观察曲线 4，随着主蒸汽压力的降低，分离器压力降低，中间点焓升 r_1 增加，在相同燃料量下，势必导致水冷壁流量减少、1kg 过热蒸汽（分离器来）的吸热量增加，即焓升 Δh_{gr} 增加、过热蒸汽温度升高。蒸汽焓升 Δh_{gr} 的定量计算，可按式（4-6）进行，即

$$\frac{Q_{gr}}{Q_s} = \frac{\Delta h_{gr}[1 + \Sigma\phi(h_1 - h_{jw})]}{r_1(1 - \Sigma\phi)} \quad (4-6)$$

式中各符号意义及其示例计算，参见第二章第五节的相关内容。

理论焓升 $[\Delta h_{gr}]$ 为 1kg 蒸汽从中间点温度

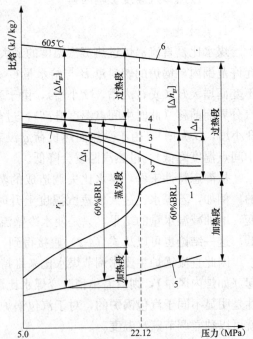

图 4-11　超临界锅炉的工质热量
分配与压力关系

1—相变点比焓；2、3、4—中间点比焓；
5—给水比焓；6—过热蒸汽比焓

加热到额定蒸汽温度需吸收的热量，即图 4-11 中中间点状态线 2、3、4 与曲线 6 之间的纵坐标之差。由图 4-11 可见，随着压力的降低，$[\Delta h_{gr}]$ 逐渐减小。$[\Delta h_{gr}]$ 的减小意味着在相同工质焓升下，过热器出口蒸汽温度升高。再考虑到实际焓升 Δh_{gr} 增加，因此主蒸汽温度随压

力降低而升高。

根据上述分析，超临界锅炉的汽温—汽压特性可描述为：随着蒸汽压力降低（升高），主蒸汽温度升高（降低）；当中间点过热度 Δt_1 减小时，主蒸汽压力对主蒸汽温度的影响加剧。在中间点过热度 Δt_1 具有一定数值以后（例如 $\Delta t_1 > 10℃$），压力对蒸汽温度的影响与亚临界汽包炉完全一致；在 Δt_1 很小时，压力的影响在超临界区变弱或反转。

4. 蒸汽平均比热容

过热蒸汽的平均比热容 c_{pj} 是指从中间点温度至指定蒸汽温度之间的焓升与温升之比，过热蒸汽吸收同样热量，c_{pj} 越小蒸汽温升越大。影响比热容 c_{pj} 的主要因素是蒸汽压力和温度。c_{pj} 随压力的降低而减小，随蒸汽温度的降低而增大，如图 4-12 所示。从图 4-12 （a）看出，比热容 c_{pj} 的变化特性还与中间点过热度 Δt_1 有关。随着 Δt_1 的减小，c_{pj} 变化的斜率增加，当 Δt_1 小于 $10℃$ 时，c_{pj} 随 p 的变化在临界压力 22.15MPa 附近出现转折。最大值 6.65kJ/kg，向两侧迅速趋缓。

由图 4-12 （b）看出，维持蒸汽压力不变，c_{pj} 随蒸汽温度的升高而减小。蒸汽温度水平的差异反映在各受热面加热的先后顺序上。这说明工质吸收相等热量时，包覆过温升最少，低过次之，屏过温升更大，末级过温升最多。

5. 过量空气系数

当增大过量空气系数时，炉膛出口烟气温度基本不变。但炉膛出口带走热量增多，水冷壁的单位辐射热量减少，分离器出口温度降低，这倾向于使过热汽温降低；另一方面，烟气量的增加导致过热器传热量 Q_{gr} 增大，因此，在自发的工况变化下，过热汽温变化很小。但是，一旦中间点温度参与调节，为维持分离器出口温度不变，必须减少给水量（水冷壁流量），这会独立引起过热器焓升增加。再考虑烟气流量、对流传热量随过量空气的增加，过热器（再热器）的焓升进一步增大。

过热汽温随过量空气系数增加而升高的结论，也可从汽温控制方程（4-6）直接得到。当过量空气系数增加时，等式左边 Q_{gr} 增大，Q_s 减小，热量比 Q_{gr}/Q_s 增加。而等式右边 r_1、$\Sigma\phi$ 不变，因此 Δh_{gr} 增大，即过热蒸汽焓升增加、出口汽温升高。过量空气系数减小时，结果与增加时相反，即蒸汽温度随之降低。

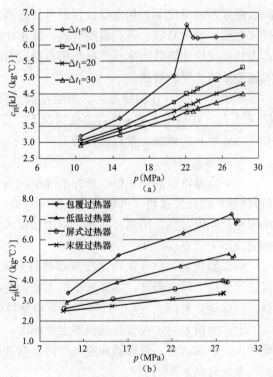

图 4-12 过热蒸汽平均比热容与压力和温度关系
(a) 平均比热容与蒸汽压力关系曲线；
(b) 平均比热容与蒸汽温度关系曲线

过量空气系数增加引起水冷壁水量减小、主蒸汽温度升高时，煤水比暂时增大，此时汽温控制系统自动增加减温水，降低蒸汽温度至额定值。由于减温水量增加，煤水比逐渐回复，给水总量维持不变。

过量空气系数对蒸汽温度的影响也可能出现反例，即增加过量空气系数有时会使主汽温、再热汽温降低。这种情况主要发生在炉内有较重的缺氧工况，主燃烧区和SOFA区的燃烧份额随氧量的增加而发生了改变。

6. 火焰中心高度

当火焰中心升高时，炉膛出口烟温显著上升。水冷壁单位辐射热 Q_s 减小，中间点焓升 r_1 降低。此时，为维持 r_1 不变而减少给水量（水冷壁流量），因煤水比暂时增加而导致蒸汽温度升高。减温水系统自动增加喷水量，恢复额定温度。最终水冷壁流量减少、减温水量增大，总给水量不变。但煤水比会因再热器吸热份额 r_{zr} 和排烟温度的升高而略增［见式（4-2）］。运行条件变化，如煤质或煤粉细度变化、制粉系统投停、燃烧器运行方式、炉底漏风等，都会影响炉内最高火焰位置。

如从式（4-6）分析，当火焰中心升高时，水冷壁单位放热 Q_s 减小，过热器单位放热 Q_{gr} 相应增大，等式左边 Q_{gr}/Q_s 增加。等式右边 r_1、$\Sigma\phi$ 不变，因此过热蒸汽焓升 Δh_{gr} 增大，主蒸汽温度升高。

7. 给水温度

锅炉给水温度对蒸汽温度的影响已在第三章就汽包锅炉做过分析。超临界锅炉在引入中间点温度控制情况下，相变点位置不可任意移动，其蒸汽温度特性与汽包锅炉十分相似。也是随着给水温度降低，蒸汽温度升高，煤水比增大。但在动态过程中，主蒸汽温度会因过热器进口温度快速降低而降低。机组满负荷运行时，必须注意锅炉各受热面的温度水平及其最大偏差，防止管壁过热。

利用式（4-6）作简捷分析。当给水温度降低时，中间点焓升 Δr_1 增大，等式左边 Q_{gr}/Q_s 未变化。在减温水率 ϕ 维持不变情况下，等式右边的分母 $r_1(1-\Sigma\phi)$ 增大，等式右边的分子 Δh_{gr} 也相应增加，使过热汽温升高。

8. 受热面沾污

与亚临界汽包锅炉相似，炉膛水冷壁沾污、结焦使过热（再热）蒸汽温度升高。过热器（再热器）积灰使过热（再热）蒸汽温度降低。在调节煤水比时，若为炉膛结焦，可直接减小煤水比；但过热器结焦、沾污，则增加煤水比时应注意监视水冷壁出口温度，在其不超温的前提下来调整煤水比。

省煤器积灰，空气预热器积灰都将导致水冷壁进水温度、中间点温度、主蒸汽温度降低，为维持中间点温度，需要减小给水量，在减温水量未变化时，煤水比增加、过热汽温升高。同样地，利用式（4-6），可十分简单地得出以上结论。

上述分析表明，在分析蒸汽温度影响时，可将水冷壁、省煤器和空气预热器视为同一类受热面，炉膛吹灰、省煤器和空气预热器吹灰使主蒸汽温度下降；过热器、再热器吹灰使主蒸汽温度升高。

以上的8项影响因素中，第1、2、3、4、7项为工质侧吸热量份额的改变引起蒸汽温度变化；第5、6、8项为烟气侧辐射/对流传热比例的改变引起蒸汽温度变化。

四、再热蒸汽温度影响因素

1. 负荷

超临界机组再热器系统的受热面更多地布置于尾部烟道，辐射换热的比例很小，因而均显示较明显的对流式汽温特性，即随着负荷增加（降低），再热汽温升高（降低）。几个超临界机组的再热汽温—负荷特性参见图 2-21。

2. 煤水比

再热器汽温控制方程见式（2-31）。稍加变形，成为如式（4-7）所示的形式，即

$$\Delta h_{zr} = \frac{BQ_{zr}}{D_{zr}} \tag{4-7}$$

式中　Δh_{zr}——再热蒸汽焓升，kJ/kg；

　　　　B——燃料量，kg/s；

　　　　Q_{zr}——相应于 1kg 煤，烟气传给再热器的热量，kJ/kg；

　　　　D_{zr}——再热蒸汽流量，kg/s。

在机组功率不变条件下增加煤水比时，燃料量、Q_{zr} 不变，主蒸汽温度升高。而给水量、主蒸汽流量、再热蒸汽流量减小。从式（4-7）知，再热蒸汽焓升 Δh_{zr} 增加，再热汽温升高。反之亦然。即再热汽温的变化与煤水比的变化方向一致。

3. 中间点温度

在维持煤水比不变的前提下，中间点温度变化对再热汽温没有影响。根据式（4-7），定功率下燃料量不变。中间点温度改变时，烟气侧的再热吸热 Q_{zr} 和蒸汽侧的 D_{zr} 均不改变，因此再热蒸汽的焓升 Δh_{zr} 不会变化。但在动态调节过程中，中间点过热度的变化会引起煤水比的暂态变化，使再热汽温有所改变。

4. 主蒸汽压力

随着主蒸汽压力降低，汽轮机高压缸排汽温度升高，即再热器进口汽温升高，再热器理想焓升减小。同时，由于再热蒸汽压力随着降低，再热蒸汽的平均比热容减小，获得相同 Δh_{zr} 时，再热器温升增大。因此，主蒸汽压力对再热汽温的影响与过热汽温一样，当主蒸汽压力升高时，再热汽温降低；主蒸汽压力降低时，再热汽温升高。利用汽温控制方程〔式（2-31）〕可进行定量计算。

5. 过量空气系数

过量空气系数增加会使再热器吸热增加，即式（4-7）中 Q_{zr} 增加，式（4-7）中其他诸项不受过量空气系数的影响，因此，一般再热汽温与过量空气系数成正比关系变化。与过热器的情况一样，在特定工况下（如炉内缺氧），随着过量空气系数增大，再热汽温反而降低。

6. 给水温度

当给水温度降低是因为切除高压加热器而引起时，由于高压加热器切除，减小了回热比例，导致发电标准煤耗增加，定发电功率下燃煤量将略有上升，使 Q_{gr} 有所增加。再热蒸汽流量 D_{zr} 则变化很小（主蒸汽流量减少、停用高压加热器抽汽），高压缸排汽温度升高，使理论焓升减小，再热汽温升高。例如某 600MW 超临界机组做全切除高压加热器试验，100% 负荷下，给水温度从 286℃ 降低到 191℃，高压缸排汽温度从 294℃ 升高到 301℃，再热汽温从 558℃ 升到 566℃，再热减温水量从 33.5t/h 增加到 71.4t/h。

但与过热汽温升高相比，再热汽温的升高并非直接来自汽水吸热比例的变化，因此给水温度降低时，再热汽温升高幅度一般要比过热汽温的小一些。

7. 煤质变化

煤质变差，例如发热量降低或挥发分降低时，会导致炉膛火焰中心上移，从而使式

(4-7) 中的 Q_{zr} 增加，再热汽温升高。煤中水分的增加，则会使烟气流量增加从而引起 Q_{zr} 增加，也会使再热汽温升高。总之，当煤质变差时，再热汽温升高，当煤质变好时，再热汽温降低。

8. 燃烧器燃尽风率

低氮燃烧系统的燃尽风率主要是通过改变炉膛出口烟温影响再热汽温。燃尽风率对再热汽温的影响与煤质和负荷有关。燃煤挥发分较低、炉膛缺氧、空气分级厉害时，炉膛出口烟温将随燃尽风率的增加而升高，再热汽温升高；反之，炉膛出口烟气温度可以随燃尽风率的增加而降低，再热汽温则降低。

9. 制粉系统投停方式及负荷分配

制粉系统投停方式及负荷分配对再热汽温的影响与过热汽温没有区别。投上停下，或燃烧率上多下少，再热汽温升高；反之，再热汽温降低。

前、后墙对冲的旋流燃烧器锅炉，改变前、后墙磨煤机的投入编组也可以改变再热汽温。这是因为炉膛折焰角具有气流引导的作用，不同磨煤机编组可影响上炉膛受热面的烟气充满度，从而改变再热器前过热器的吸热量和烟温降，最终导致再热汽温的变化。

五、蒸汽温度的调节

（一）过热汽温的调节

煤水比的变化是过热汽温变化的基本原因。保持煤水比基本不变，则可维持过热器出口汽温不变。当过热汽温有较大改变时，首先应该改变燃料量或者改变给水量，使汽温大致恢复给定值，然后用喷水减温方法较快速精确地保持汽温。

1. 过热汽温粗调（煤水比调节）

煤水比的调节普遍采用汽水行程中的某一中间工况点的参数做控制信号。其理由是，在给定负荷下，与主蒸汽比焓一样，中间点的比焓（或温度）也是煤水比的函数。只要煤水比稍有变化，就会影响中间点温度，造成主汽温超限。而中间点的温度对煤水比的指示，显然要比主汽温的指示快得多。因此可以选择位置接近过热器进口的中间点的焓值（温度）控制煤水比，它可以比出口汽温信号更快地反映煤水比的变化，起提前调节的作用。

中间点一般选为具有一定过热度的微过热蒸汽（如分离器出口）。若位置过于靠前（如水冷壁出口），则当负荷或其他工况变动时，中间点温度一旦低至饱和温度即不再变化，因而失去信号功能。一旦选定中间点位置，即应在运行中严格监督中间点温度，过低可能会导致过热器进水，过高则水冷壁水量小、水冷壁及其后各受热面壁温升高。

超临界直流锅炉滑压运行时，随着工作压力的降低，蒸汽的饱和温度（或相变点温度）也相应降低，因此中间点温度的设定值不是一个固定值，它也是工作压力（或负荷）的函数。在制定中间点温度—压力关系曲线时，需要充分考虑水冷壁的金属安全、维持必要的过热度、限制过大减温水量。图 4-13 所示为某 CE-600MW 超临界锅炉分离器出口温度定值与工作压力的关系曲线。曲线中当压力由 26.4MPa 降低到 14.1MPa 时，中间点温度由 420℃降低到 365℃，中间点焓值则由 2699kJ/kg 升高为 2840kJ/kg，煤水比从 0.1295 升至 0.1514。由图 4-13 看出，由于选择了分离器出口作中间点，中间点温度始终高出饱和温度，使温度信号可靠反映煤水比。

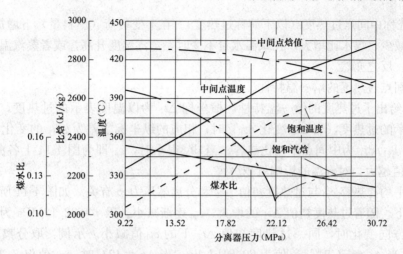

图 4-13　中间点参数控制与压力关系

引入中间点控制后，煤水比的调节信号不是过热汽温而是中间点温度。因此当炉内辐射热量 Q_s 和中间点焓升 r_1 所决定的煤水比与达到额定汽温所需要的煤水比不匹配时，还需要用过热器喷水来细调过热汽温。当锅炉运行于正向汽温特性负荷区时，为延伸汽温控制点，提升汽温，可在保证金属安全的前提下，相对增加低负荷下中间点的过热度，以提高中间点焓升，使之与炉内单位辐射热的升高相应；当锅炉运行于反向汽温特性负荷区时，为控制减温水量不致过大，可相对减小低负荷下中间点的过热度，使之与炉内单位辐射热的降低相适应。

若在低负荷下主汽温偏低，同时减温水量已减到零，应适当提高中间点过热度，增加煤水比，将主汽温提上去。但此时由于给水量减少，应加强对水冷壁出口金属壁温的监视，防止个别水冷壁管过热。

引入中间点控制后，煤水比需要根据运行条件的变化进行及时的调整：

（1）锅炉负荷。单纯的负荷降低（不考虑蒸汽压力变化），给水温度降低，从给水温度加热到过热器出口额定汽温的过热总焓升增加，煤水比相应增加。

（2）工作压力。负荷不变而压力降低时，1kg 工质的过热总焓升（图 4-11 中曲线 6 与曲线 5 之差）增加，因此煤水比是增加的。但中间点焓升 r_1（图 4-11 中曲线 3 与曲线 5 之差）以更大的比例增加，故运行中需适当降低中间点温度定值，提高水冷壁流量与给水流量之比，不使主蒸汽超温或减温水量过大。

（3）煤质。煤发热量降低时，同样负荷下燃煤量增加，煤水比增大。

（4）给水温度。高压加热器切除、给水温度降低时，给水流量大幅减少，煤水比显著增大。为防止蒸汽超温，应降低中间点温度定值，并严密监视锅炉各段受热面的温度水平，恰当调节和分配减温水量，防止管壁过热。

2. 中间点温度调节特性

中间点温度调节特性是指在维持减温水率不变的条件下，过热器的出口汽温与中间点过热度的函数关系。

（1）中间点过热度。

以 Δt_1 表示中间点温度与相变点温度之差，以 Δh_1 表示中间点比焓与相变点比焓之差，

Δt_1 和 Δh_1 统称中间点过热度（以下简称过热度）。在不变负荷（燃料量）下增加过热度时，水冷壁水量减少、煤水比增大，在减温水量不变时，蒸汽温度升高，或者蒸汽温度不变，减温水量增加；反之亦然。

（2）中间点过热度的焓—温特性。

图 4-14 给出了过热度的焓—温特性，横坐标 Δt_1 为以温度表示的过热度，纵坐标 Δh_1 为以比焓表示的过热度，当 Δt_1 变化 dt_1 ℃时，相应的纵坐标之差为 Δh_1 的变化，记为 dh_1。称比值 $c_{p1}=dh_1/dt_1$ 为中间点平均比热容。当 dt_1 很小时，c_{p1} 即为图 4-14 上各曲线的斜率。显然，c_{p1} 的值越大，对汽温的影响就越厉害。

中间点平均比热容 c_{p1} 与过热度初值 Δt_1 和分离器压力 p 有关。如图 4-14 所示，在同一分离器压力下，随着过热度初值 Δt_1 的增大，c_{p1} 逐渐减小。以 $p=22.12$MPa 为界，压力向更高或更低方向变化时，同一过热度初值 Δt_1 下的 c_{p1} 值减小。示例：取分离器压力 $p=23.28$MPa，当 $\Delta t_1=5$℃时，c_{p1} 值为 20.81kJ/kg；当 $\Delta t_1=40$℃时，c_{p1} 值仅 7.22kJ/kg。这意味着，用中间点过热度调节主蒸汽温度时，分离器出口的过热度越小，对主蒸汽温度的调节越是有效。图 4-14 所示特性为普适的，与锅炉的容量、参数无关。

（3）主蒸汽温度变化率。中间点过热度 Δt_1 平均每增加 1℃引起过热器出口汽温 t_{gr} 的变化 dt_{gr}/dt_1 称主蒸汽温度变化率，按式（4-8）计算，即

$$\frac{dt_{gr}}{dt_1}=\frac{c_{p1}}{c_{p2}}\frac{dh_{gr}}{dt_1} \tag{4-8}$$

式中　dt_{gr}——过热器出口汽温的增量，℃；

　　　dt_1——过热度 Δt_1 的增量，℃；

　　　c_{p1}——中间点平均比热容，从图 4-14 查取，kJ/(kg·℃)；

　　　c_{p2}——主蒸汽平均比定压热容，指主蒸汽温度每变化 1℃，蒸汽比焓的变化，kJ/(kg·℃)；

　　　dh_{gr}——过热器出口比焓的增量，kJ/kg，按式（4-6）计算。

图 4-15 所示为某 1000MW 超超临界锅炉中间点温度调节特性的一个示例。横坐标 Δt_1 为中间点过热度的达到值；纵坐标为主蒸汽温度变化率。100%、70%、50% 三个负荷下对应的分离器压力分别是 27.62、20.69MPa 和 14.75MPa。

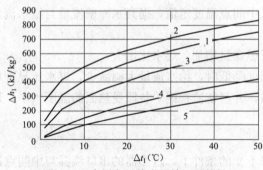

图 4-14　中间点过热度的焓—温特性

1—$p=23.28$MPa；2—$p=22.15$MPa；3—$p=20.69$MPa；

4—$p=18.19$MPa；5—$p=14.75$MPa

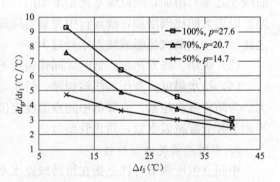

图 4-15　中间点过热度对主蒸汽温度的影响

根据图 4-15，Δt_1 每增加 1℃，过热蒸汽温度 t_{gr} 升高幅度在 2.2～9.5℃之间变化。在超临界区运行时取高值，在亚临界区运行时取低值。Δt_1 的初值越大，单位 Δt_1 变化对主蒸汽温度 t_{gr} 的影响越小。负荷、压力对主蒸汽温度变化率的影响随 Δt_1 的增大而减小。

上述影响规律的基本原因是大比热容区的存在。在超临界区和低过热度区，介质温度的变化区域均落入大比热容区，促使中间点的焓升变化率 dh_1/dt_1 急速增大。

（4）中间点过热度与减温水量的关系。在主蒸汽温度不变情况下，过热器的减温水量随中间点温度的变化按式（4-6）计算。表 4-3 所示为某 1000MW 锅炉改变中间点过热度对过热减温水量的影响。

表 4-3 中间点过热度每降低 5℃相应减温水量的减少 （70%负荷）

名称	工况 1	工况 2	工况 3	工况 4
主蒸汽温度（℃）	605	605	605	605
调整前中间点过热度（℃）	30.0	25.0	20.0	15.0
调整后中间点过热度（℃）	25.0	20.0	15.0	10.0
减温水量减少（t/h）	39	44	50	74
减温水率减少（%）	2.12	2.39	2.72	4.03

3. 过热汽温细调（喷水调节）

负荷变化时对煤水比的基本控制借助于中间点参数维持（粗调）。但煤水比的要求值对于中间点温度和过热器出口温度并不完全相符，因此仍需要投入减温水进行细调。过热减温水的投入可将一定份额的汽化吸热过程从水冷壁转移到过热器去，以此实现稳定中间点温度和对煤水比的细调。

就调节性能而言，过热器喷水控制对于瞬态工况响应比煤水比控制快得多。实际运行中的过热器系统往往存在较大左、右侧蒸汽温度偏差或金属温度偏差，也需调整过热减温水的左、右侧分配予以消除或改善。

由于喷水点前的流量尤其是水冷壁的流量减少，必然引起喷水点前各段受热面内工质温度和金属温度升高，大比热区移向火焰中心，会加剧水冷壁的超温和传热工况的恶化。因此，超临界锅炉的蒸汽温度调节不宜采用大量喷水的减温方式，而是以煤水比调节作为最基本的调节方式。

在中间点温度不变情况下投入减温水，使总的给水量增加，也可认为是对煤水比的一种细调。在负荷较为稳定或汽温变化不大时，与中间点过热度调节一起实现对汽温的控制。

大型直流锅炉的喷水减温装置通常分两级，第一级布置于分隔屏过热器的入口，第二级布置于末级过热器的入口。用喷水减温调节汽温时，要严格控制减温水总量，尽可能少用，以保证有足够的水量冷却水冷壁；高负荷投用时，应尽可能多投一级减温水，少投二级减温水，以保护屏式过热器。喷水量也不能接近于零，因为这将使工况变动时无法进一步减少喷水而失去调节能力。

在负荷变化时，应在锅炉变动负荷前使喷水量保持在平均值，以适应增、减负荷两方面的需要。运行中适当调低中间点温度定值，可以减少一、二级减温水的喷水量；反之，适当调高中间点温度定值，则会使减温水量增大。

高压加热器切除时，受热面各处工质温度迅速降低。要密切注意给水温度、省煤器出口温度、中间点温度。一旦中间点温度开始下降，采取如下操作：维持燃料量不变，根据煤水比计算结果减少给水量，调整一、二级减温水维持蒸汽温度（一般应是多投一些），待中间点温度及蒸汽温度稳定后，维持煤水比不变，适当增减燃料量来适应机组要求的负荷。若维持机组负荷不变，一般应增加燃料量。

必须注意的是，要严格控制减温水总量，尽可能少用，以保证有足够的水量冷却水冷壁；投用时，尽可能多投一级减温水，少投二级减温水，以保护屏式过热器。

若锅炉超出力运行或切除高压加热器运行，必须严密监视锅炉各段受热面的温度水平，恰当调节和分配减温水量，防止管壁过热。

4. 过热汽温控制系统

图 4-16 所示为某 600MW 超临界机组过热汽温控制系统原理框图。调节器 2 的输出为给水流量控制指令，控制给水泵的转速，以维持锅炉给水流量 G 为给定值，保持合适的煤水比。调节器 1 以中间点温度为被调量，其输出对按锅炉主控指令 P_b 形成的给水流量指令 $G1$ 进行校正，以控制锅炉中间点蒸汽温度在适当范围内。

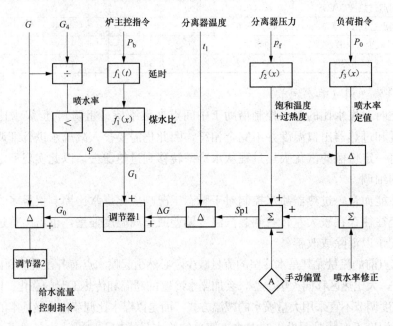

图 4-16 某 600MW 超临界机组过热汽温控制系统原理框图

锅炉主控指令 P_b 经动态延时环节 $f_1(t)$ 和函数发生器 $f_1(x)$ 后，给出给水流量指令的基本部分 G_1。其中，$f_1(t)$ 是延迟环节，目的是补偿燃料量和给水量对水冷壁温度动态影响的差异。由于给水流量对水冷壁出口温度的影响比燃烧率的影响要快得多，因此在加负荷时先加燃料量，经 $f_1(t)$ 延迟后再加水，以防止给水增加过早使水冷壁工质温度下降。$f_1(x)$ 为函数发生器，计算不同负荷下的给水量的需求值。由于燃料量也是锅炉主控指令 P_b 的函数，所以 $f_1(x)$ 是间接地确定煤水比。这样，当机组负荷指令变化时，给水量和给煤量可以粗略地按一定比例变化，以维持过热汽温在一定范围内。

给水流量的校正信号为调节器 1 输出的反馈信号 G_0。比较器 1 输出偏差信号 ΔG，只要分离器实际温度偏离中间点温度的设定值，则 ΔG 不等于零，调节器 1 将持续输出校正量 G_0，改变给水流量定值和给水量指令，直至中间点温度稳定 $\Delta G=0$。

中间点温度的设定值由基本值和校正值两部分组成。基本值是根据分离器压力信号，经函数器 $f_2(x)$ 计算得到相变点温度，再加上给定的过热度而形成的。给定过热度的大小，决定了减温喷水率的多少。在一定负荷下，为维持过热汽温所需的减温水率，随过热度的增加而增加，随过热度的减少而降低。

中间点温度的校正值由喷水率的修正信号产生。过热器喷水率的设定值由机组负荷指令信号经函数发生器 $f_3(x)$ 给出，它是根据设计工况（或校核工况）的一、二级减温水总量（与设计过热度对应）与机组负荷的关系计算得到的。

过热器喷水率的实际值由喷水总量除以锅炉给水总量求得。当运行条件偏离设计工况时，减温喷水率就会偏离设计值。如果在设计过热度下的实际喷水率增加，就意味着运行工况需要的煤水比小于设计煤水比，因而导致过热汽温升高。此时，为了将减温水率降低到设计工况（或校核工况）附近，可以提供一个负的修正值，以降低中间点温度的设定值 S_{pl}。S_{pl} 的减小导致调节器 1 增加输出，给水流量增加，煤水比降低，减温水量恢复到合适的范围内。

当然修正幅度应予以限制，以防止中间点温度过低使机组重新返回湿态。为便于运行人员根据机组运行情况调整中间点温度，系统还设置了手动修正接口，通过操作员偏置，改变中间点过热度。

5. 汽温动态过程实例曲线

图 4-17 所示为某 1000MW 超超临界直流锅炉的负荷、主蒸汽温度、过热度、过热器喷水动态变化曲线。该炉减温水源引自省煤器进口。一、二级喷水减温器分别布置在分隔屏进口和末级过热器进口。再热器调温方式为烟道挡板调温。由图 4-17 可知，负荷小于 780MW 的时段（0～180min），蒸汽温度波动较小，主蒸汽温度维持 600℃ 以上，最大值与最小值相差 5℃。180～260min 时段负荷变化较快，主蒸汽温度从 604℃ 降低到 582℃ 后再回升至 601℃，波动幅度为 22℃。这个过程中，随着主蒸汽温度降低进行煤水比调节，中间点过热度从 10℃ 升高到 31℃。负荷在 950MW 以上，煤水比稳定，过热度维持（30±3）℃ 不再增加。以中间点过热度为判据，本炉的过热器系统整体显示的是辐射式汽温特性。

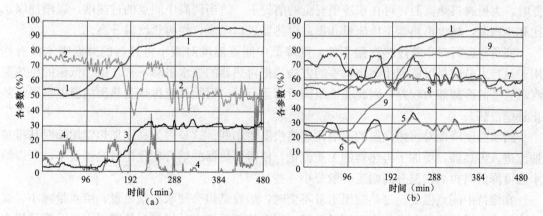

图 4-17　负荷、主蒸汽温度、过热度、过热器喷水动态历史曲线

(a) 负荷、过热度、蒸汽温度、过热器喷水；(b) 负荷、减温器前后汽温

1—负荷：0～1100MW；2—主汽温：560～620℃；3—过热度：0～100℃；4—总减温水率：0～10%；

5——减前汽温：400～600℃；6—减后汽温：400～600℃；7—二减前汽温：400～600℃；

8—二减后汽温：400～600℃；9—水冷壁出口壁温：340～420℃

整个动态过程减温水量投入不多，平均 13.5t/h，最大 190t/h，最小 0t/h。相应减温水率分别为 0.6％、6.5％和 0.0％。减温水率为零的时段占到总时间的 50％以上。如图 4-17（b）所示，在低负荷区负荷出现波动的时段，分隔屏出口平均金属壁温（由二级减温器出口蒸汽温度表征）几度达到 570℃附近。此时一级减温水相应增加喷水量，抑制分隔屏出口最高金属壁温的升高。二减喷水维持末级过热器的进口蒸汽温度稳定在 520℃左右，以实现对主蒸汽温度的细调。二减喷水率总的规律是低负荷时增大。如图 4-17 中在第 45～70min 时段、第 150～180min 时段，分别出现二减喷水的最大值，二级减温器前、后蒸汽温度降低达到 40℃左右。

随着负荷（主蒸汽压力）增加，水冷壁出口金属壁温升高，同时中间点过热度增大，水冷壁出口壁温升高的斜率大于负荷增加的斜率。分隔屏出口汽温则随负荷的降低而升高，与亚临界锅炉一样，也表现了典型的反向汽温特性。

无论是分隔屏出口金属温度还是低温级过热器出口金属壁温，在稳定负荷区的波动幅度都小于升负荷区的波动幅度。如分隔屏出口金属壁温围绕平均值的波动值，在升负荷区为 20℃左右，稳定负荷区（300min 以后）为 5℃左右。

（二）再热汽温的调节

1. 再热汽温的调节原则

众所周知，再热器减温水会较大影响机组煤耗，对于超临界锅炉，每喷入 1％的再热减温水，影响机组发电标准煤耗 0.7～0.9g/kWh。因此，再热器的喷水减温只作为微调和事故喷水之用。当锅炉负荷或煤水比变化时，主要用烟气侧的调温手段调节再热汽温。直流锅炉的烟侧调温方式与汽包锅炉相同，主要有摆动式燃烧器和烟气挡板调温两种。我国的 W 形火焰炉，也有采用炉底风率调节再热汽温的，都是靠改变炉膛吸热与对流烟道吸热之比达到调节再热汽温的目的。

超临界锅炉的再热器系统都显示较强的对流式汽温特性。有的锅炉高负荷时不得不喷入减温水调节再热汽温，而低负荷时存在汽温偏低问题。在低负荷过热汽温、再热汽温同时偏低时，为提高再热汽温，可在水冷壁安全的前提下，适当调高中间点的过热度，以增加煤水比和主汽温，减少再热器工质流量和提高再热器进口温度，使再热汽温升高。

高负荷运行时，若过热汽温不低，则降低中间点温度对减小再热器的减温喷水没有作用。运行人员应尽可能利用燃烧调整的方法，把再热器的喷水量降下来。由于低压的再热蒸汽对管壁的冷却能力较差，因此在机组满负荷运行时，更须注意再热受热面的温度水平，防止管壁过热。

给水温度降低对再热汽温的影响比过热汽温要小些。这是因为高压加热器切除时其排挤抽汽进入再热器，增加了再热器的工质流量，使得再热器的焓升变化比过热器要小，所以给水温度降低时再热汽温升高幅度一般要小一些。

在维持中间点温度、过热减温水量不变时，炉膛结焦会使水冷壁流量、给水量减小，煤水比增大，过热汽温和再热汽温同时升高。汽温控制系统自动增加过热减温水量，恢复煤水比。再热蒸汽的超温则靠烟侧燃烧调温装置加以纠正，当烟侧调温手段用尽时，应投入再热器喷水。

再热器的积灰使再热器烟侧吸热减少，再热汽温降低。若此时主汽温同时也偏低，可适当调高中间点过热度，减少再热蒸汽流量，使再热汽温升高。此时，应加强对水冷壁出口壁温的监视，防止金属超温。

　　调节再热汽温执行安全性高于经济性的原则。若再热器出口金属壁温超限，则即使再热汽温达不到额定值，也必须通过烟侧调温或喷水将再热器出口总体汽温降下来。

　　2. 烟道挡板调温装置及其特性

　　烟气侧的调温方式主要是烟道挡板调温和燃烧器摆角调温两种。随着机组容量增大，出现了三烟道式烟道挡板调温装置。某两级再热1000MW超超临界锅炉的再热器调温装置如图4-18所示。前烟道的中间布置二次再热器低温段（简称二再），两侧布置一次再热器低温段（简称一再），后烟道布置低温过热器（简称低过）。一再侧烟道挡板、二再侧烟道挡板和低过侧烟道挡板共三组，分别布置于尾部竖井烟道的出口。两侧的一再侧调温挡板开度联动，调节功能上可视为一组。一再蒸汽温度和二再汽温单独进行调节。图4-18（c）是烟气调节挡板的具体结构示意。

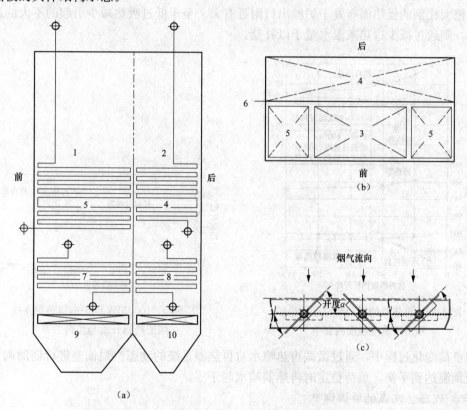

图4-18　某1000MW锅炉三通道烟气挡板调温装置
（a）尾部烟道正视；（b）尾部烟道俯视；（c）调节挡板结构
1—尾部前烟道；2—后烟道；3—二次低再；4—低过；5—一次低再；6—尾部烟道分隔墙；
7—前烟道省煤器；8—后烟道省煤器；9—低再侧挡板；10—低过侧挡板

　　任一组挡板开度关小后，对应烟道阻力增大，烟气份额随之减小；减小的这部分烟气份额会按烟道阻力分配到另外两个烟道，阻力大的烟道烟气份额增加少，蒸汽温度提升小；阻力小的烟道烟气份额增加多，蒸汽温度提升大。图4-19所示为一再侧烟道挡板开度对其余两个烟道的烟气份额和出口蒸汽温度的影响。图4-19中标杆线为100％负荷工况对应的一再侧烟道挡板的设计开度。

该炉的再热汽温调节采用固定二再挡板开度，仅对其余两个挡板进行调节的控制方案，可以减少调节因素，加快响应速度，同样可以实现前烟道再热汽温的有效调节。例如，当出现过热汽温高、一再汽温高、二再汽温低的工况时，关小一再侧及低过侧烟气挡板，一再及低过出口汽温将降低，二再出口汽温将升高。由于低过受热面温压小，温升小，烟气份额变化对主汽温影响小，其主要作用是配合一再侧挡板开度进一步影响两级再热汽温。当调节中发现二再汽温偏差较大或者通过其余两侧烟气挡板调节不过来时，可以伺机对二再挡板开度进行调节。为了防止一再侧挡板和低过侧挡板在调节过程中造成烟气阻力过大，根据这两个烟气调节挡板的开度之和，设定对二再侧调节挡板的开度补偿。

烟道挡板开度与负荷关系曲线如图 4-20 所示。随着负荷降低，保持二再侧烟气挡板开度不变，一再侧烟气挡板和低过侧烟气挡板逐渐关小，一再、低温过热器出口汽温降低，表明一次再热器整体显示辐射式汽温特性；而二次再热器整体显示对流式汽温特性。这与一次再热器把大比例的受热面布置于炉膛出口附近有关。至于低过吸热减少引起的不大的过热汽温下降，则通过减少过热减温水量予以补偿。

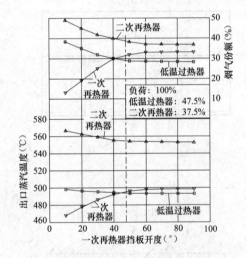

图 4-19　再热器挡板调节对烟气份额
和出口蒸汽温度的影响

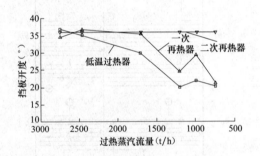

图 4-20　1000MW 锅炉两级再热系统
烟道挡板开度与负荷关系

在负荷变化过程中，通过微调再热喷水对再热器系统的动态汽温偏差进行辅助调节，直至挡板调温达到平衡、负荷稳定时再热器喷水趋于零。

（三）汽压、汽温的协调调节

超临界机组运行中引起参数变化的原因主要有内扰、外扰两种。手动调节时，如能正确区分引起参数变化的原因，则可避免重复调节或误操作。以下分别进行讨论。

（1）汽压、汽温同时降低。外扰、内扰都可能引起该现象。外扰时如外界升负荷，在燃料量、喷水量和给水泵转速不变情况下，汽压、汽温都会降低。这时，虽给水泵转速未变，但泵的前、后压差减小，使给水量自行增加。运行经验表明，外扰时反应最快的是汽压，其次才是汽温的变化，而且汽温变化幅度较小。此时的温度调节应与汽压调节同时进行，在增大给水量的同时，按比例增大燃料量，保持中间点温度（煤水比）不变。

内扰时如燃料量减小、煤的热值突降等，也会引起汽压、汽温降低。但内扰时汽压变化幅度小，且恢复迅速；汽温变化幅度较大，且在调节之前不能自行恢复。内扰时汽压与蒸汽流量同方向变化，可依此判断是否内扰。在内扰时不应变动给水量，而只需调节燃料量，以稳定参数。应指出，此种情况，中间点温度（煤水比）相应变化。

（2）汽压上升、汽温下降。一般情况下，汽压上升而汽温下降是给水量增加的结果。如果给水阀门开度未变，则有可能是给水压力升高使给水量增加。更应注意的是，当给水压力上升时，不但给水量增加，而且减温水量也自动增大。因此，应同时减小给水量和喷水量，才能恢复汽压和汽温。

（3）超临界直流炉以煤水比调节汽温，且汽温调节与汽压调节同时进行。在调节燃烧率和给水量维持汽压的同时，就按照汽温变化调节煤水比。

（4）直流炉不同于汽包炉，其负荷对给水的响应速度比燃料要快得多。加快给水的变化有利于负荷快速跟踪，但是对于配置中速磨煤机的机组，制粉系统具有较大的延时，如果给水响应过快，机组的汽温变化就比较迅速，不易控制汽温稳定。在实际调试过程中，一般将给水加一定的延时，使进入锅炉的给水量与燃料量同步变化，保持动态煤水比，减小锅炉汽温的波动，但给水延时必须合适，过分强调动态煤水比稳定不利于提高机组的变负荷能力。

由上分析可以看出，直流锅炉的汽压、汽温调节是不能分开的，它们只是一个调节过程的两个方面。这也是直流锅炉的参数调节与汽包锅炉的一个重大区别。

（四）汽温监督与手动注意事项

（1）中间点温度应保持微过热。当中间点过热度较小或过大时，应适当增减煤水比或通过燃烧调整加以纠正。当过热器减温水量较小时，应适当增加煤水比，以维持减温水调节的快速性；当过热器减温水量较大时，应适当降低煤水比，以提高机组运行经济性和满足紧急降汽温工况。

（2）由于燃料传输的延迟和燃烧释热与热量传递的延迟，给水流量对水冷壁工质温度的影响比燃料量要快得多。所以加负荷时先加燃料，经一延迟后（例如 10s）加水，以防止给水增加过早使水冷壁工质温度下降。

（3）超临界锅炉在带稳定负荷时，汽温调节应尽量减少燃料量的改变，煤水比的微调主要靠改变给水量进行。

（4）在汽温变动较大时，允许在燃烧稳定的前提下，改变锅炉送风量进行短时调节。

（5）在用煤水比调节总的出口汽温的同时，利用 A/B 两侧减温水量偏差，调节过（再）热器两侧汽温偏差小于规定值。

（6）当出口管壁金属温度超限时，应采取调温措施降低金属壁温，对于再热器，以烟侧为主，水侧次之。必要时降低总的出口汽温。

（7）运行中进行燃烧调整，增减负荷，投停燃烧器，启停给水泵、风机、吹灰、打焦等操作，都将使主汽温和再热汽温发生变化，此时应特别加强监视并及时进行汽温的调整。

（8）中间点汽温不正常变化。当中间点温度持续超出对应负荷下设定值较多时，有可能是给水量信号或磨煤机煤量信号故障导致自控系统误调节而使煤水比严重失调，此时应及时切换至手动并检查、判断给煤量、给水量的其他相关参数信号。

（9）调整分离器出口温度时，包括在调节给水流量时，都要兼顾到过热器减温水的使用量保持在一个合适的范围内，留有合理的裕度，不可过多也不可太少。同时兼顾的还有再热蒸汽温度、水冷壁温度等，不可超温，也不可过低。

第四节　超（超）临界机组的变压运行

一、变压运行方式

单元机组的运行目前有两种基本形式，即定压运行和变压运行（滑压运行）。定压运行是指汽轮机在不同工况运行时，依靠调节汽轮机调节汽阀的开度来改变机组的功率，而汽轮机前的主蒸汽压力维持不变。采用此方法跟踪负荷调峰时，在汽轮机内将产生较大的温度变化，且低负荷时主蒸汽的节流损失很大，机组的热效率下降。因此国内、外新装大机组一般不采用此方法调峰，而是采用变压运行方式。

所谓变压运行，是指汽轮机在不同工况运行时，不仅主汽阀是全开的，而且调节汽阀也是全开的（或部分全开），机组功率的变动是靠汽轮机前主蒸汽压力的改变来实现的。但主蒸汽温度维持额定值不变。当外界负荷变动时，维持汽轮机调节汽阀开度不变，锅炉侧改变燃烧工况和给水量，主蒸汽流量和压力随负荷而变化。变压运行主要有以下几种方式。

1. 纯变压运行

纯变压运行是指在整个负荷变化范围内，调节汽阀全开的运行方式。它单纯依靠锅炉蒸汽压力变化来调节机组负荷。这种方式由于无节流损失，高压缸可获得最佳效率和最小热应力，给水泵耗电也最小。其缺点是对负荷适应能力差，因为锅炉调节时滞大，因而不能满足电网一次调频的要求，一般较少采用。

2. 节流变压运行

为弥补纯变压运行负荷适应性差的缺点，采用正常情况下调速汽阀不全开，节流 5%～15%，以备负荷突然增加时开启，利用锅炉的储热量来暂时满足负荷增加的需要。待锅炉出力增加、蒸汽压力升高后，调速汽阀恢复到原位，再进行变压运行。即当负荷波动或急剧变化时，由调速汽阀开度变化予以吸收。这种方式有节流损失，不如纯变压运行经济，但能快速适应负荷变动，调峰能力强。

3. 复合变压运行

在高负荷区保持定压运行，用增减喷嘴的开度来调节负荷；在中低负荷区，全开部分调速汽阀（3 阀或 2 阀）其他阀门关闭，进行变压运行；在极低负荷区，在低压力下恢复到定压运行方式。这种运行方式使汽轮机在全负荷范围内均保持较高的效率，同时还有较好的负荷响应性能，所以得到普遍的采用。

图 4-21 是复合变压运行的汽轮机调节汽阀开度—负荷特性示意图。曲线 1 为 3 阀变压运行，压力沿 a-b-c-d 变动，4 号调节汽阀开度为 $k_1 - k_2$；1、2、3 号调节汽阀开度为 $k_1 - k_5 - k_6$。曲线 2 为 2 阀变压运行。压力沿 $a - e - f - g$ 变动；4、3 号调节汽阀开度依次为 $k_1 - k_2 - k_3 - k_4$；1、2 号调节汽阀开度为 $k_1 - k_5 - k_6$。定压阶段均顺阀调节。与 2 阀变压相比，3 阀变压的变压运行区域大，主蒸汽压力低，节流损失小，压力变化速率低。

二、变压运行的一些特性

1. 工质的焓—压特性

某 1000MW 超超临界锅炉变压运行工质焓—压特性如图 4-22 所示。分离器压力大于 22.12MPa 的区域为超临界区，对应负荷为 73%～100%；73% 负荷以下，分离器压力低于

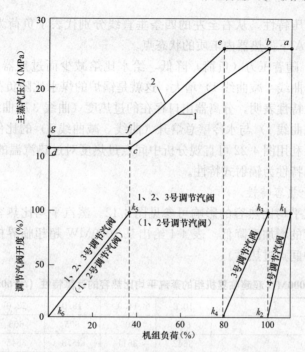

图 4-21　复合变压运行的汽轮机调节汽阀开度—负荷特性

22.12MPa，机组进入亚临界区运行。图中曲线 1 为给水线，曲线 2 为饱和线，该线上亚临界区为饱和温度，超临界区为拟临界温度，统称饱和温度。曲线 3 为中间点线，对应分离器出口温度，即饱和温度加过热度。曲线 4 对应额定主蒸汽温度线。图 4-22 中左上角的一簇

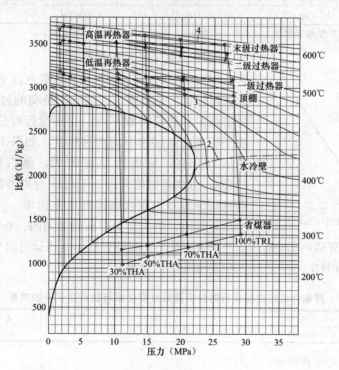

图 4-22　1000MW 超超临界锅炉变压运行工质焓—压特性

曲线是再热器的焓—压特性。从右至左的四条垂直线分别代表了负荷为 TRL、75%THA、50%THA、30%THA 下再热器内工质的状态点。

由图 4-22 可见，随着压力（负荷）降低，给水比焓减少而过热器出口比焓增加。1kg 工质的给水总焓升（曲线 4 减曲线 1）增大，这就是锅炉的煤水比随负荷降低而增加的根本原因。图中的焓—压特性表明，分离器出口存在的过热度（曲线 3 减曲线 2）大大改变了给水总焓升（曲线 4 减曲线 1）与水冷壁总焓升（曲线 3 减曲线 1）的比例，从而避免了过热器大量喷入减温水。利用图 4-22 可直观分析中间点过热度对过热汽温的影响。图 4-22 所示的过热器系统的汽温特性为辐射式特性。

2. 蒸汽的平均比热容特性

变压运行对蒸汽平均比热容的影响可参见图 4-12。蒸汽平均比热容随压力的升高而升高，随中间点过热度的增加而降低。表 4-4 给出某 1000MW 超超临界机组的蒸汽平均比热容的计算特性（定中间点过热度）。

表 4-4   某 1000MW 超超临界机组的蒸汽平均比热容的计算特性（$t=605℃$）

分离器压力 p（MPa）	10.0	14.0	18.0	22.0	26.0	30.0
主蒸汽温度 t_{gr}（℃）	605	605	605	605	605	605
主蒸汽比焓 h_{gr}（kJ/kg）	3642	3611	3578	3545	3511	3477
相变点温度 t_b（℃）	311.0	336.7	357.0	373.7	388.5	401.9
中间点过热度 Δt_1（℃）	20	20	20	20	20	20
中间点比焓 h_1（kJ/kg）	2841	2797	2743	2681	2623	2576
过热器工质温升 Δt_{gr}（℃）	274.0	248.3	228.0	211.3	196.5	183.1
过热器焓升 Δh_{gr}（kJ/kg）	801.7	814.2	835.8	864.0	888.1	900.5
平均定压比热容 c_p［kJ/(kg·℃)］	2.926	3.279	3.666	4.089	4.519	4.918

注 表中平均定压比热容 c_p 的数值为过热器工质焓升 dh_{gr} 与过热器工质温升 dt_{gr} 之比。

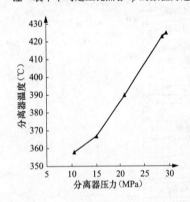

图 4-23   1000MW 锅炉分离器的温—压特性

3. 分离器温度变化特性

定压运行时，分离器压力随蒸汽流量的增加而稍稍增大，可以认为是定值。因此升降负荷的过程，分离器的内、外壁温差和热应力都不大。变压运行时分离器金属温度取决于相变点温度和中间点过热度，如图 4-23 所示。随着蒸汽压力升高，分离器温度增大，蒸汽压力平均每变化 1MPa，分离器温度升高 3.76℃。分离器温度的变化使变负荷过程分离器出现金属温度变化速率。因此超临界机组在变压运行时，分离器会存在较大的内、外壁温差和热应力。

表 4-5 是上述超临界机组变压运行时分离器温度变化率与负荷变化率的关系。

表 4-5   超临界机组变压运行时分离器温度变化率与负荷变化率的关系

负荷变化速率（%/min）	1.0	2.0	3.0	4.0	5.0
分离器温度变化率（℃/min）	1.56	3.12	4.68	6.24	7.78

4. 高压缸排汽参数特性

汽轮机在同一负荷下，高压缸采取定压、变压两种不同运行方式时的热力过程线如图

4-24所示。图中 0 点、0′点分别为定压运行、变压运行时汽轮机的进汽点。1 点和 1′点分别为定压、变压运行的高压缸膨胀终点。t_0 线为主蒸汽温度，p_1 线为高压缸排汽压力。高压缸排汽压力不变的假定，可能引起的偏差不超过 6%。

如图 4-24 所示，变压运行时高压缸的理想焓降小于定压运行的理想焓降。但由于定压下存在等焓节流熵增，使变压运行高压缸的实际焓降（$h_0′$ 与 $h_1′$ 之差）反而增大，此时，高压缸全缸效率的增加超过了理想焓降的减少，高压缸的排汽温度、排汽比焓增加。

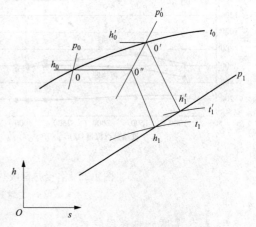

图 4-24　不同运行方式下高压缸
热力过程线比较

若节流熵增较弱（0″点左移），变压运行时高压缸的实际焓降可能并不增加。说明高压缸效率的增加不及理想焓降的减少，但由于节流熵增，高压缸的排汽温度、排汽比焓仍然增加。

实际上，由于变压运行没有（或极少）节流过程，中、低压缸的排汽温度、排汽比焓也会升高。这将引起中低压缸的蒸汽容积流量增加、充满度改善、级效率升高。

根据图 4-24，相同主汽温下，较低压力的主蒸汽具有更高的蒸汽比焓。因此，以降压运行的手段解决再热汽温偏低问题时，高压缸的效率并不因高压缸排汽温度的升高而跟着降低。

5. 各受热面吸热比率变化特性

超临界锅炉在亚临界区运行时，工质状态经历加热段、蒸发段和过热段；在超临界区运行时，工质在相变点直接从水变为饱和蒸汽，相变点前的吸热统称汽化热，相变点后的吸热称过热热。按加热区分析，水冷壁可以承担小部分的过热热，如水冷壁出口的过热度，过热器也可以承担小部分的汽化热，如减温喷水。

各受热面吸热比率是指各受热面的实际吸热量与工质总吸热量之比。受热面的吸热比率主要与负荷及烟气侧调温装置的动作有关，而与工质的中间点温度定值、减温水量等没有关系。例如，当燃烧器摆角上调时，1kg 煤的水冷壁的辐射吸热比率减小，1kg 煤的过热器、再热器的吸热比率则增加。

当受热面吸热比率与工质焓增分配不匹配时，自控系统用改变水冷壁流量系数（水冷壁流量与过热器出口流量之比）的方式使之协调。例如当水冷壁的辐射吸热小于汽化热时，水冷壁的流量系数就小于1。

图 4-25 给出了某 1000MW 超临界锅炉各受热面吸热比率及总焓升与负荷的关系。由图 4-25 看出，由于过热器投入减温水，因而过热器的烟侧吸热量大于过热器总焓升，其值等于过热器总焓升与减温水总焓升的加权和；因为再热器不投减温水，所以再热器的烟侧吸热量与再热器总焓升相等。锅炉负荷在 65%～90% 时再热蒸汽的吸热比率最大，在该段曲线区域两侧，负荷无论增大或减小，再热器的吸热比率又逐渐减小。主要是因为再热器的受热面布置和烟气挡板开度的变化共同影响的结果。其中烟气挡板开度变化为主要因素。

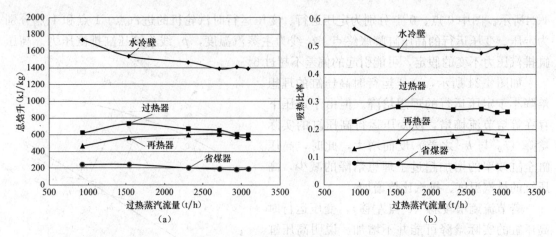

图 4-25　各受热面吸热比率及总焓升与负荷的关系
(a) 总焓升；(b) 吸热比率

6. 蒸汽温度—热耗率特性

变压运行机组，当负荷低到 50％时，主、再热蒸汽温度仍维持额定值。与定压运行相比，相当于提升了蒸汽温度。蒸汽温度升高使汽轮机的理想焓降增大、循环热效率提高。蒸汽温度变化时汽轮机内效率实际上无变化，热耗率因循环热效率提高而得到改善。在低负荷下，变压运行与定压运行相比，由于获得了较高的主蒸汽温度和再热蒸汽温度，热耗率下降 0.5％～1.0％。

三、变压运行的影响分析

1. 变压运行对汽温的影响

超临界压力下，蒸汽压力变化时工质内部的吸热量比例变化参见图 4-22；汽压变化时蒸汽平均定压比热容的变化见表 4-4。以上两个因素，使变压运行时主汽温能够在很宽的负荷范围内维持设计值不变。

变压运行对再热汽温变化的影响与过热汽温相似。变压运行时由于高压缸的容积流量差不多不随负荷的变化而变化，因此高压缸的排汽温度（再热器进口温度）变化很小，甚至略有上升。并且，在相同的高压缸排汽温度下，排汽比焓随压力降低而增加。因此再热汽温也能在很宽的负荷范围内维持设计值。

某 600MW 超临界锅炉变压运行时的汽温调节特性如图 4-26 所示。变压运行时，过热汽温可在 40％～100％负荷、再热汽温可在 50％～100％负荷维持额定值。与定压运行比较，其汽温控制点向低负荷延伸。变压运行的这种汽温特性无疑将改善低负荷工况下的机组效率。

2. 变压运行对机组效率的影响

变压运行时，汽轮机调节汽阀处于全开（或部分阀全开），节流损失小，调节级前后的压力比及其后各级的压力比都基本不变；另外，主蒸汽压力随负荷而升降，低负荷时压力也低，蒸汽容积流量基本不变。汽轮机的级效率与级的前后压力比以及通过级的蒸汽容积流量有关，这两项基本不变，则各级的效率也基本不变。而定压运行时的情况则不然，低负荷时调节汽阀处于较小开度，有较大的节流损失，调节级前后压力比发生明显的变化，引起级效率降低。图 4-27 所示为一台 600MW 超临界机组不同运行方式的热效率比较。由图 4-27 可见，机组在高负荷运行时，效率变化不大，中低负荷机组效率较快增加。

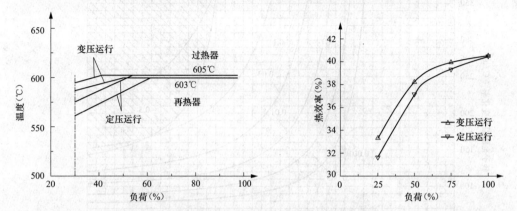

图 4-26　2060t/h 超临界锅炉汽温调节特性　图 4-27　600MW 超临界机组不同运行方式的热效率比较

3. 变压运行对机组安全及寿命的影响

变压运行升降负荷时，汽轮机高压缸各级温度几乎基本不变；中、低压缸的温度变化也比定压运行小得多。这就改善了汽轮机的热力状态，有效降低了热应力和热变形，提高使用寿命。由于高压缸不再受温度变化率过大而产生热应力的限制，机组负荷变动率可大为增加（取决于锅炉应力）。或者说，在负荷变动率仍维持不变情况下，机组的寿命将得到延长。

同时，低负荷时压力降低，减轻了从给水泵一直至汽轮机高压缸之间所有部件（包括锅炉、主蒸汽管道、阀门等）的负载，延长系统各部件的寿命。汽轮机调节汽阀由于经常处于全开状态而大大减轻了磨蚀和维修工作量。

大型汽轮机限制负荷变动率的主要因素是高压缸的温度变化，有时中压缸也能造成这种限制。图 4-28 所示为某 1060MW 汽轮机高压转子寿命损耗率的典型曲线。这些曲线提供了负荷每变动一次的寿命损耗的估算方法。图 4-28 中横坐标为调节级出口温度与满负荷时调节级出口温度的差值，纵坐标是负荷变动引起的高压缸温度变化率，两者的交点决定一个寿命损耗率数值。运行人员可从这个线图上选一个合适的每次负荷变动的寿命损耗许可值及相应的曲线限制负荷变动率，使调节级温度变动的速率小于曲线指出的速率。如图 4-28 所示，如果调节级的温度变化小于 78℃，则负荷变动率将不受限制。

大型锅炉变压运行时，负荷每升降一次，承压部件尤其是厚壁部件（分离器、过热器进出口联箱、三通管）即经历一次低周应力循环。负荷变幅和速率越大，应力循环次数越多，累积的低周疲劳寿命损耗率也越大。而定压运行的机组，一般只是在启、停过程产生低周疲劳寿命损耗。根据图 1-20，可以计算一次应力循环影响疲劳寿命折减值。降低锅炉厚壁金属元件的技术措施是采用抗疲劳性能好的金属材料、减小壁厚，并限制变负荷速度。

4. 变压运行对辅机耗电的影响

变压运行对辅机耗电影响最大的是给水泵。给水泵功率 P_p（kW）按式（4-9）计算，即

$$P_p = \frac{Qp}{\eta}　\text{（4-9）}$$

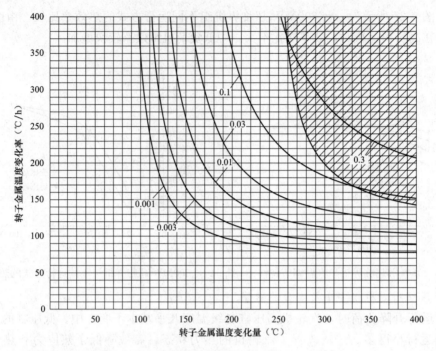

图 4-28　温度变动速率与寿命损耗率的关系

式中　Q——给水泵容积流量，m³/s；

　　　p——给水泵全压，kPa；

　　　η——给水泵效率。

变压运行机组在低负荷运行时，变速给水泵不仅流量 Q 减小，而且给水压力 p 也降低。

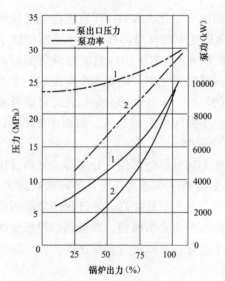

图 4-29　汽动给水泵功率的比较
1—定压运行；2—变压运行

因此给水泵的功率消耗可大幅度减少。图 4-29 所示为某 600MW 超临界机组在不同运行方式下汽动给水泵功率的比较。由图 4-29 可见，机组在 50％负荷下变压运行时，给水泵的功率消耗仅为定压运行时的 50％～55％。

5. 变压运行对负荷响应速度的影响

变压运行时，由于汽轮机侧部件温度基本不变，因此限制机组负荷响应速率的原因不在汽轮机侧，而主要是在锅炉侧。

定压运行方式，锅炉可以利用锅炉的汽水系统蓄存的热量，对小的负荷变化做出快速的响应。而变压运行时，汽轮机调节汽阀开度基本不变，负荷变化所需能量主要只能由改变燃烧率来获得。增加负荷必须先提高蒸汽压力，使锅炉的热惯性增加。此时锅炉的蓄热不但不能利用，还因提高压力要新增一部分蓄热，从而减少了锅炉的能量净输出（表现为蒸汽量跟不上或蒸汽温度降低），因此，变压运行比定压运行负荷响应速度要差一些。

实际运行中，采用向低负荷方向扩大定压运行区的方法，可以有效改善机组的 AGC 负荷跟踪性能。

四、变压运行对锅炉运行的影响

1. 锅炉最低负荷运行问题

变压运行对锅炉的最低运行负荷提出了要求。因为汽轮机允许的低负荷值比锅炉要低，一般只要机组负荷不低于 25%，其汽缸温度、排汽温度、本体膨胀、差胀及振动等都变化不大，因此，机组的最低负荷界限取决于锅炉。而锅炉负荷的下限又主要取决于燃烧稳定性和水动力工况安全性。锅炉低负荷运行时主要遇到的问题及解决的办法如下。

（1）低负荷的燃烧稳定性。锅炉燃烧稳定性与炉膛形式、燃烧器结构、炉膛热负荷、煤质等因素有关。我国大部分燃煤锅炉最低稳定负荷约为 50% MCR。但对于一些采用了新型燃烧器的锅炉，不投油助燃的最低稳定负荷已降到 40% MCR 甚至更低。国外一些大型锅炉由于采用了先进的燃烧器，其最低稳定负荷可以达到 30% MCR。

运行中提高低负荷稳燃性能的措施有：

1）适当降低一次风率、一次风速，提高煤粉浓度。

2）尽可能投用下层燃烧器和集中火嘴运行。当然，还要考虑投用燃烧器对过热、再热汽温的影响。

3）低负荷时，应适当将煤粉磨得更细些，以加快燃烧反应速度，动态分离器可提高分离器转速，降低 R_{90}。

4）低负荷控制氧量不使过大，或适当关小各层辅助风门，以提高主燃区炉温。

5）适当降低炉膛负压，减少漏风。

6）加强对火焰监测系统的监视，一旦出现燃烧不稳及时采取措施。

（2）空气预热器堵灰、腐蚀和烟道烟囱腐蚀。低负荷时空气预热器容易堵灰、腐蚀，烟道烟囱也容易腐蚀损坏。必须控制好锅炉脱硝装置的氨逃逸率，应注意保持暖风器满出力运行，提升风温、烟温及传热元件壁温；加强空气预热器的吹灰操作，减轻堵灰。

（3）过热蒸汽、再热蒸汽温度过低。变压运行虽有延伸汽温控制点的优越性，但负荷低到一定程度后，蒸汽温度仍会随负荷而下降。尤其是再热汽温，当负荷从 50% 降至 30% 时，再热汽温下降速度很快。若机组长期指定承担中间负荷，蒸汽温度又低到影响机组低负荷的负荷跟踪时（低负荷下蒸汽温度低于规定值的下限），即应考虑必要的改进，如增设炉烟再循环、增加过热器或再热器面积等。

（4）过热器管壁超温和左右汽温偏差。低负荷时，流经过热器的蒸汽流量小，分配不均匀，个别过热器管会因为冷却不足而超温过热；低负荷时锅炉燃烧易偏斜，加上蒸汽流量在平行管中分配不均，将会造成过大热偏差。对于这类问题，一般是依靠运行调整来解决。低负荷时注意维持过量空气系数不要过低；进行二次风配风方式调整；控制负荷增减速率；要增设壁温测点加强监视；保持运行的燃烧器匀称等。

2. 水动力工况安全性

对于直流锅炉，当变压运行至某一较低负荷以后，锅炉进入亚临界区运行，水冷壁内出现汽水共存区段。系统压力低，汽水比体积变化较大，水动力特性变差，有可能影响到各侧墙和后墙水冷壁的流量分配，并列管子中的工质流量和出口温度出现大的差异，有的管子出口为汽水混合物甚至是水，而另外个别管子出口为过热度较大的过热蒸汽，发生部分水冷壁出口管的超温现象。运行中一是限制最低负荷，二是操作中尽可能改善低负荷下炉内燃烧的不均匀性，三是燃烧器运行方式要作适当调整，如采用高位磨煤机运行以减轻上述管壁过热情况。

3. 对运行调节的影响

因为变压运行水冷壁储热能力高，过热器、再热器储热能力低，所以压力变化速度慢，温度变化速度快。升负荷时为了调节压力，需过度调节燃料量，因此变压运行时的过燃烧率要大于定压运行时，过热器、再热器较容易超温，需要加强蒸汽温度和金属壁温的监视；此外，由于分离器的壁温差变化较大，锅炉的升温升压速度也要受到限制。

变压运行升降负荷时，水冷壁、分离器、顶棚管的金属温度不是常数，而是随饱和温度而随时变化。由此引起联箱、分离器、刚性梁等部件之间的膨胀差，导致热应力的产生及低周疲劳寿命的裁减。因此除了设计中留有一定的挠度裕量外，运行中也必须注意监视各部件的温度变化率并控制变负荷速度。

变压运行时汽水比体积变化大，各级对流受热面对热偏差的敏感性变强，即等量的吸热偏差引起的汽温偏差增大，过热器、再热器个别出口管屏的金属超温问题可能更加突出。锅炉运行需注意调整燃烧的均匀性、各级减温水沿锅炉宽度的分配等。

变压运行对汽温调节的最大影响是分离器出口过热度的调节。随着负荷、压力的变化，不仅1kg工质的总吸热量变化，而且汽化热与过热热的比率也明显变化，从而引起蒸汽温度及减温喷水的大幅变化。锅炉运行应加强过热器减温水量的监视，在减温水过小或过大时，及时利用偏置调整分离器出口过热度，以保持减温水量在一个较合适的范围内。

五、变压运行的经济性

1. 变压运行的适应范围

变压运行具有在低负荷下高压缸内效率高、提高主蒸汽温度和再热蒸汽温度、降低给水泵功耗、汽轮机热应力小等优点。但也有因压力的降低使循环热效率降低的缺点。而循环热效率与汽轮机内效率的乘积才是机组的绝对内效率。因此机组变压运行的负荷范围和参数选择必须考虑这两个方面的因素，比较汽轮机内效率的增加和循环热效率的下降引起经济性的总变化，才能制定出最佳的变压运行方式。当然，还要综合考虑机组的可靠性和快速加减负荷等其他要求。例如，当机组在高负荷区（85%～100%MCR）时，阀门开度较大，定压运行的节流损失不大，尤其是喷嘴调节的汽轮机，节流损失更小。若采用滑压运行，由于主蒸汽压力降低引起的机组循环热效率的下降，也有可能使机组经济性降低。

变压运行的经济性主要产生于机组部分负荷下的运行。随着负荷降低，变压运行的效益逐渐增大。亚临界机组采用变压运行方式，可在流量比较小（负荷较低）时明显地改善机组的经济性。图4-30所示为300～600MW级亚临界机组的送电端效率与机组出力之间的关系。超临界机组由于汽轮机初压

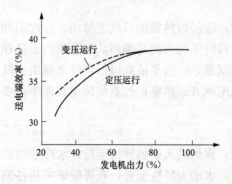

图4-30　送电端效率与机组出力之间的关系

非常高，高负荷区等压线和等温线很陡，在更高的负荷百分比下采用变压运行也是经济的。与亚临界机组相比，超临界机组可以有更宽的变压运行区域。

2. 初温、初压对变压运行经济性的影响

主蒸汽温度升高，蒸汽在锅炉内的平均吸热温度提高，循环效率提高。另外，由于主蒸汽温度升高，凝汽式汽轮机的排汽湿度减小，其内效率也相应提高。循环效率和汽轮机的效率提高、运行经济性相应提高。在调节阀开度不变，主蒸汽温度降低时，汽轮机功率相应减小。要保持机组功率不变，就要开大调节阀，进一步增加进汽量。

再热蒸汽温度变化对机组经济运行的影响与主蒸汽温度变化相似。但再热蒸汽温度变化时，仅对中、低压缸的理想焓降和效率产生影响，而对高压缸的影响极小。因此再热汽温对热耗的影响小于过热汽温。

汽压变化对机组经济运行的影响是双重的。最佳的变压运行曲线是权衡循环热效率和汽轮机内效率的结果。一般而言，在任意负荷下无论运行压力高于曲线设定值还是低于曲线的设定值，机组的经济性都会降低。

变压运行比定压运行可在更大负荷范围维持设计蒸汽温度。但即使变压运行，当负荷低至一定程度后，主蒸汽温度或再热蒸汽温度仍然可能偏低，尤其当锅炉存在某种运行缺陷时更是如此。低负荷下恢复额定蒸汽温度的方法之一是改变蒸汽压力—负荷曲线。即通过给主蒸汽压力加一负的偏置，使锅炉出口压力适当降低。但降低蒸汽压力对循环热效率有不利影响。此时，降低蒸汽压力是否在经济上有利，需要做出热耗净变化的定量分析。为此可利用汽轮机制造厂提供的有关修正曲线，结合部分负荷下汽压降低值对汽温升高值的影响特性做出分析判断。图 4-31 为某汽轮机厂提供的 600MW 亚临界机组汽温、汽压对热耗率修正曲线。图 4-31 中修正的基准工况均为额定工况，横坐标为实际值与设计值之差，纵坐标为机组热耗率的相对变化百分数。

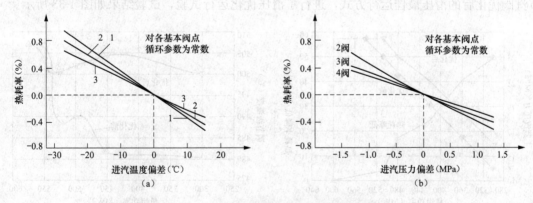

图 4-31　汽温、汽压对热耗率修正曲线
(a) 主蒸汽温度修正；(b) 主蒸汽压力修正
1—主蒸汽（4 阀）；2—主蒸汽（2 阀）；3—再热蒸汽

由图 4-31，过热蒸汽温度每变化 10℃，影响热耗率 0.3%～0.35%；再热蒸汽温度每变化 10℃，影响热耗率 0.25%～0.30%。由图 4-31，进汽压力力每升高 1MPa，热耗率减小 0.34%。这里指出，图 4-31 用于汽轮机调节汽阀开度不变情况，反映主蒸汽压力对循环热效率的影响，没有包含调节汽阀节流影响在内。因此用该图权衡蒸汽压力降低时热耗净变化

时结果偏于保守。更为细致的方法是进行专项试验，取得调节汽阀开度—热耗率偏差特性。图 4-32 所示为某超临界 600MW 机组的试验曲线。由图 4-32 可见，进汽压力在最优值附近每变化 1MPa，热耗率分别增加 0.13%（60% 负荷）和 0.19（50% 负荷）。根据此特性，如果 50% 负荷深度降压运行可使过热汽温、再热汽温总共恢复升高超过 10℃，而相应的蒸汽压力降低不超过 1.6MPa，那么降低蒸汽压力运行就是经济的。若进一步考虑给水泵耗功的节省，上述蒸汽压力降低值还可再小一些。

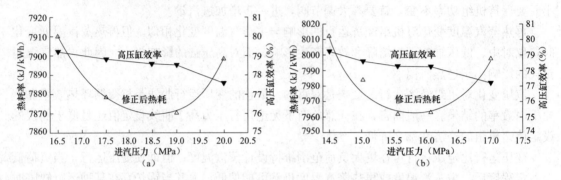

图 4-32　最佳进汽压力及其偏差特性

(a) 360MW 下试验结果；(b) 300MW 下试验结果

3. 机组滑压运行曲线的优化

大型机组的变压运行曲线，给出了任意负荷下达到最小热耗率的主蒸汽压力值。该曲线通常由汽轮机制造厂在出厂时提供。实际运行中，由于运行条件或控制条件发生变化，如汽轮机调节汽阀的开启、控制方式的变化，往往需要重新优化变更变压运行曲线。某 600MW 超临界机组，在进行高压调节汽阀管理曲线优化后，实现了顺序阀控制方式。为得到机组调节汽阀优化后的滑压最佳运行方式，进行了滑压优化运行试验，试验结果如图 4-33 所示。

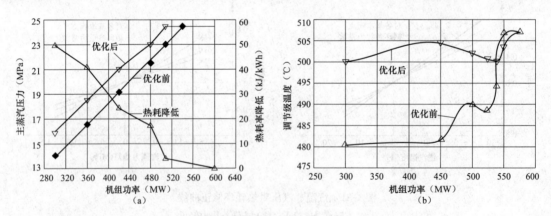

图 4-33　600MW 超临界机组滑压运行曲线优化

(a) 优化前后热耗变化；(b) 调节级温度变化

与汽轮机厂给出的滑压曲线相比，优化后的滑压起点向低负荷区推迟，主蒸汽压力升高 1.5～2.0MPa。经济性和安全性同时改善。优化后热耗率在各负荷点均降低，负荷越低，热耗率降低幅度越大。在 50% 负荷时，热耗率降低约 49.4kJ/kWh。安全性方面，汽轮机调节级金属温度在差不多所有负荷点均升高，最大升高值 22℃ 在 75% 负荷取得。

从本次试验结果可计算出，在滑压终点 14.07MPa 附近，主蒸汽压力每变化 1MPa，热耗率变化 28kJ/kWh，折标准煤耗 1.0g/kWh。随着负荷、压力升高，单位蒸汽压力变化对标煤耗的影响迅速减小。

4. 最低变压终点负荷的确定

对于变压运行的超临界锅炉，每一个负荷都对应一个最优压力。何时从变压运行转为定压运行，主要依据是过热汽温、再热汽温降低的幅度和给水泵的运行条件。

若低负荷下过热汽温、再热汽温降低较多，会使机组的循环热效率有较大削减，那么延伸变压转定压的负荷点就是有益的。此外，规定在某一负荷（如 50％负荷）以下的低负荷转入定压运行，主要是因为给水泵采用汽动给水泵，给水流量靠汽动给水泵的转速变化来调节。汽动给水泵的临界转速限制了给水泵的最低转速，因而规定了泵的出口压力不得低于某一数值。因此提出了低负荷时定压运行的要求。这种方式也使锅炉在低负荷下运行时，增加了锅炉的水动力稳定性。

第五章

锅炉的燃烧调整

第一节 概 述

一、燃烧调节的目的

炉内燃烧过程的好坏，不仅直接关系到锅炉的生产能力和生产过程的可靠性，而且在很大程度上决定了锅炉运行的经济性。进行燃烧调节的目的是在满足外界电负荷需要的蒸汽数量和合格的蒸汽品质的基础上，保证锅炉运行的安全性和经济性。具体可归纳为：①保证正常稳定的蒸汽压力、蒸汽温度和蒸发量；②保证着火稳定、燃烧完全，火焰均匀充满炉膛，不结渣，不烧损燃烧器和水冷壁，过热器不超温；③使机组运行保持最高的经济性；④减少燃烧污染物排放。

燃烧过程的稳定性直接关系到锅炉运行的可靠性。如燃烧过程不稳定将引起蒸汽参数发生波动；炉内温度过低或一、二次风配合失当将影响燃料的着火和正常燃烧，是造成锅炉灭火的重要原因；炉膛内温度过高或火焰中心偏斜将引起水冷壁、炉膛出口受热面结渣并可能增大过热器的热偏差，造成局部管壁超温等。

燃烧过程的经济性要求保持合理的风煤配合，一、二次风配合和送引风配合，此外还要求保持适当高的炉膛温度。合理的风煤配合就是要保持最佳的过量空气系数；合理的一、二次风配合就是要保证着火迅速、燃烧完全；合理的送引风配合就是要保持适当的炉膛负压、减少漏风。当运行工况改变时，这些配合比例如果调节适当，就可以减少燃烧损失，提高锅炉效率。

对于煤粉炉，为达到上述燃烧调节的目的，在运行操作时应注意燃烧器的出口一、二、三次风速、风率，各燃烧器之间的负荷分配和运行方式，炉膛风量、燃料量和煤粉细度等各方面的调节，使其达到较佳数值。

二、影响炉内燃烧的因素

1. 煤质

锅炉的实际运行中，煤质往往变化较大。但任何燃烧设备对煤种的适应总有一定的限度，因而运行煤种的这种变动对锅炉的燃烧稳定性和经济性均将产生直接的影响。

煤的成分中，对燃烧影响最大的是挥发分。挥发分高的煤，着火温度低，着火距离近，燃烧速度和燃尽程度高，且 NO_x 浓度低。但挥发分高的煤，往往是炉膛结焦和燃烧器出口结焦的一个重要原因。与此相反，当燃用煤种的挥发分低时，燃烧的稳定性和经济性均下降，而锅炉的最低稳燃负荷升高。图 5-1 为国内一些 300MW 以上机组实测锅炉飞灰含碳量与煤中挥发分含量的相关关系。图 5-1 中数据的分散程度反映了其他影响因素（如锅炉容量、炉膛结构、燃烧器形式、运行氧量、煤质、煤粉细度等）的差异。

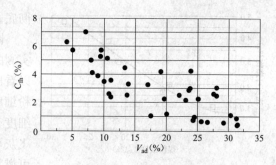

图 5-1　飞灰含碳量与挥发分含量的相关关系

燃用低挥发分的贫煤，容易发生水冷壁的高温腐蚀，主要原因是贴壁燃烧的出现。此外，煤的挥发分越低，用炉内燃烧手段来降低氮氧化物排放的难度就越大。

煤的发热量低于设计值较多时，燃料使用量增加。对直吹式制粉系统的锅炉，磨煤机可能要超出力运行，一次风量增加，煤粉变粗；对中储式制粉系统，煤粉管内的粉流量大，为避免堵粉，也需要提高一次风速。一次风速的增大和煤粉变粗都会对着火产生不利影响，尤其在燃用挥发分低的差煤时。发热量低的煤往往灰分都高，也会使着火推迟、炉温降低、燃烧不稳和燃尽程度变差。灰熔点低时还会产生较严重的炉膛、燃烧器结焦问题。燃烧器结焦时往往会破坏炉内的空气动力场。

水分对燃烧过程的影响主要表现在高水分的煤，水汽化要吸收热量，使炉温降低、引燃着火困难；推迟燃烧过程，使飞灰可燃物增大；高水分煤的排烟量也大，q_2 损失增加。此外，水分过高还会降低制粉系统的出力和其工作安全性（磨煤机堵煤、煤粉管堵粉等）。

在煤中挥发分绝对含量一样情况下，煤的水分、灰分含量越大的煤，其干燥无灰基挥发分的值就越高。但显然高水分、高灰分煤的燃烧性能是较差的。因此，在评定煤的燃尽性能、燃烧器喷口安全条件及制粉系统爆炸危险性时，空干基挥发分比干燥无灰基挥发分更适于用作分析判断的指标。

2. 切圆直径

对于四角布置切向燃烧锅炉，切圆直径对着火稳定、燃烧安全、受热面蒸汽温度偏差等具有综合的影响。适当加大切圆直径，可使上邻角过来的火焰更靠近射流根部，对着火有利，对混合也有好处，炉膛充满度也较好。当燃用挥发分较低的劣质煤时，希望有比较大的切圆直径；但是燃烧切圆直径过大，一次风煤粉气流可能偏转贴墙，以致火焰冲刷水冷壁，引起结焦和燃烧损失增加。这是必须避免的。当燃用易着火或易结焦的煤以及高挥发分煤时，则应适当减小切圆直径。大的切圆可将炉内残余旋转保持到炉膛出口甚至更远，使煤粉气流的后期扰动强化，对煤粉的燃尽十分有利，但其消极作用是加大了沿炉膛宽度的烟量偏差和烟气温度偏差，易引起过热器、再热器的较大热偏差及超温爆管。

燃烧切圆直径的大小主要取决于设计时确定的假想切圆的大小及各气流反切的效果。但运行调整也可对其发生一定影响，其中较常用的手段是改变二、一次风的动量比和喷嘴的停用方式。前者通过改变上游气流总动量（产生偏转的因素）与下游一次风刚性（抵抗偏转的因素）的对比影响一次风粉的偏转；后者则是通过在某种程度上改变补气条件来影响切圆直径。当燃烧器喷口结焦时，出口气流的几何射线偏转，切圆往往变乱，也会使燃烧切圆的直径和形状变化。

3. 煤粉细度

煤粉越细，单位质量的煤粉表面积越大，加热升温、挥发分的析出着火及燃烧反应速度越快，因而着火越迅速；煤粉细度越小，燃尽所需时间越短，飞灰可燃物含量越小，燃烧越

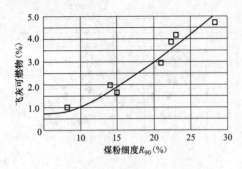

图 5-2　飞灰可燃物与煤粉细度关系曲线

彻底。

图 5-2 是在一台燃贫煤的 600MW 机组锅炉上实测的飞灰可燃物与煤粉细度关系曲线。从中可以看出，当煤粉比较细（$R_{90} < 10\%$）的时候，煤粉细度变化对飞灰可燃物的影响不大，但当煤粉细度变粗，超过某一数值（$R_{90} > 15\%$）的时候，飞灰可燃物迅速增大，煤粉细度越大，其对飞灰可燃物的影响越显著。因此，为了提高燃烧的稳定性和经济性，严格控制煤粉细度是十分必要的。

4. 氧量

增加氧量（过量空气系数），有利于煤粉的着火和燃尽，尤其对于那些挥发分较低、炉内空气分级较深、运行氧量维持较低的锅炉，增加氧量可明显促进燃尽。氧量对飞灰含碳量的影响有一拐点，如图 5-3 所示。越过拐点（图 5-3 中 b 点），继续降低氧量时飞灰含碳量会急速增大，与此对应，烟气中的 CO 含量也会很快增加。对一台具体的锅炉，掌握拐点的位置，对于权衡排烟损失、NO_x 浓度、风机电耗、炉膛结焦等影响，制定运行氧量控制曲线是十分有用的。一台锅炉的氧量拐点位置应通过燃烧调整加以确定，主要与煤的挥发分有关。当挥发分增大（减小）时，拐点氧量值向更低（更高）的方向移动。一般对于燃用烟煤的大型锅炉，氧量影响的拐点范围为 2.0～2.5。

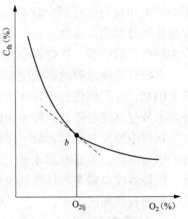

图 5-3　飞灰含碳量与氧量关系

5. 锅炉负荷

锅炉负荷降低时，燃烧率降低，炉膛平均温度及燃烧器区域的温度都要降低，着火困难。当锅炉负荷降低到一定值时，为稳定燃烧必须投油助燃。影响锅炉低负荷稳燃性能的主要因素是煤的着火性能、炉膛的稳燃性能和燃烧器的稳燃性能。同一煤种，在不同的炉子中燃烧，其最低稳燃负荷可能有较大的差别；对同一锅炉，当运行煤质变差时，其最低负荷值便要升高；燃用挥发分较高的好煤时，其值则可降低。

随着负荷增加，炉温升高，对燃烧经济性的影响一般是有利的。但负荷的这个影响与煤质有关。燃烧调整试验表明，挥发分高的煤，飞灰可燃物很低，负荷对燃烧损失的影响也很小，对于 $V_{daf} > 40\%$ 的烟煤，负荷怎么调整，燃烧损失（主要是 q_4）也不太变化。但对于挥发分低的煤，负荷对燃烧损失的影响就大，如图 5-4 所示。

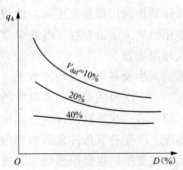

图 5-4　锅炉负荷对燃烧损失的影响

6. 煤粉浓度

煤粉炉中，一次风中的煤粉浓度（煤粉与空气的重量之比）对着火稳定性有很大影响。高的煤粉浓度不仅使单位体积燃烧释热强度增大，而且单位容积内辐射粒子数量增加，导致风粉气流的黑度增大，可迅速吸收炉膛辐射热量，使着火提前。此外，随着煤粉浓度的增大，煤中挥发分逸出后其浓度增加，也促进了可燃混合物的着火。因此，不论何种煤，在煤粉浓度的一定范围内，着火稳定性都是随着煤粉浓度的增加而加强的。图5-5所示为国内研究人员的近期试验结果。图5-5中着火指数定义为喷入试验炉内的风粉气流能维持稳定着火的最低炉温。由图可知，随着煤粉浓度的增加，各种煤的着火指数都降低，着火容易。对于高挥发分的褐煤，煤粉浓度的影响有一临界值。但随着煤质变差，这一临界值增大，甚至不出现。就是说，煤粉浓度的增加对劣质煤的着火总是有利的。

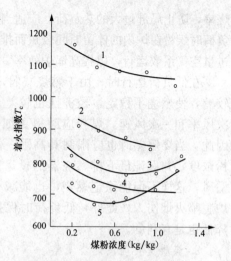

图 5-5　煤粉浓度对着火的影响
1—永安无烟煤；2—峰峰贫煤；3—安源煤；
4—大同烟煤；5—霍林河褐煤

7. 一、二次风的配合

一、二次风的混合特性也是影响炉内燃烧的重要因素。二次风在煤粉着火以前过早地混入一次风对着火是不利的，尤其对于挥发分低的难燃煤种更是如此。因为这种过早的混合等于增加了一次风率，使着火热量增加，着火推迟；如果二次风过迟混入，又会使着火后的煤粉得不到燃烧所需氧气的及时补充。因此，二次风的送入应与火焰根部有一定的距离，使煤粉气流先着火，当燃烧过程发展到迫切需要氧气时，再与二次风混合。如果不能恰当地把握混合的时机，那么与其过早，不如迟些。

对于旋流式燃烧器，由于基本是单只火嘴决定燃烧工况，而各燃烧器射流之间的相互配合作用远不及四角燃烧方式，因此，一、二次风的混合问题就显得更为重要。

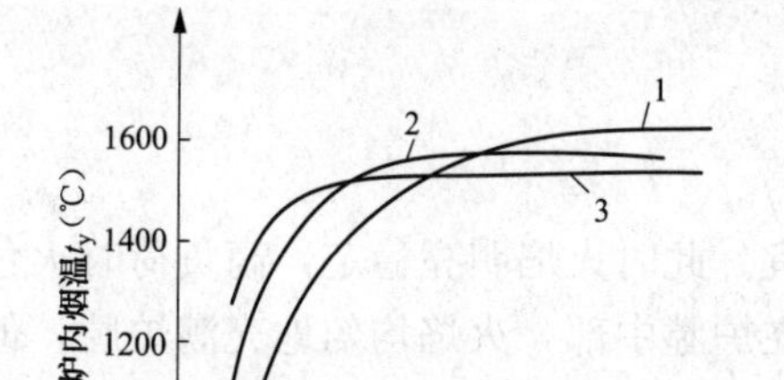

从燃烧降 NO_x 的角度，二次风混入一次风越迟，炉膛出口的 NO_x 浓度就越低。需要与煤粉燃尽的需求进行协调。

8. 一次风煤粉气流初温

提高煤粉气流初温可减少煤粉气流的着火热，并提高炉内的温度水平，使着火提前。提高煤粉气流初温的直接办法是提高热风温度。计算表明，一次风温从 20℃ 升至 300℃ 时着火热可减少 60%；升至 400℃ 时着火热可减少 80%。图 5-6 所示为热风温度对炉内烟气温度的影响关系。由图 5-6 可见，热风温度升高，炉膛温度升高很快，煤粉着火提前。

图 5-6　热风温度对炉内烟气温度的影响关系
1—热风温度 310℃；2—热风温度 340℃；
3—热风温度 390℃

三、负荷与煤质变化时的燃烧调整原则

1. 不同负荷下的燃烧调整

锅炉运行中负荷的变化是最经常的。高负荷运行时，由于炉膛温度高，着火与混合条件也好，所以燃烧一般是稳定的，但易产生炉膛和燃烧器结焦，过热器、再热器局部超温等问题。燃烧调整时应注意将火球位置调整居中，避免火焰偏斜；燃烧器全部投入并均匀分配燃

烧率，防止局部过大的热负荷；应适当增大一次风速，推开着火点离喷口的距离。此外，高负荷时煤粉在炉内的停留时间较短而排烟损失较大，为此可在条件允许的情况下，适当降低过量空气系数运行，以提高锅炉效率。

在低负荷运行时，由于燃烧减弱，投入的燃烧器数量少，所以炉温较低，火焰充满度较差，使燃烧不稳定，经济性也较差。为稳定着火，可适当增大过量空气系数，降低一次风率和一次风速，煤粉应磨得更细些。但过度增大炉膛氧量会降低燃烧器区域温度，因此，当煤质差时也应限制其高限。低负荷时应尽可能集中火嘴运行，提高一次风中煤粉浓度，并保证最下排燃烧器的投运。为提高炉膛温度，可适当降低炉膛负压，以减少漏风，这样不但能稳定燃烧，也能减少不完全燃烧热损失，但此时必须注意安全，防止炉膛喷火烟伤人。此外，低负荷时保持较高些的过量空气系数对于抑制锅炉效率的过分降低也是有利的。

2. 煤质变化时的燃烧调整

无烟煤、贫煤的挥发分较低，燃烧时的最大问题是着火。燃烧配风的原则是采取较小的一次风速和风率，以增大煤粉浓度、减小着火热和使着火点提前；二次风速可以高些，这样可增加其穿透能力，使实际燃烧切圆的直径变大些，同时也有利于避免二次风过早混入一次风粉气流。燃烧差煤时也要求将煤粉磨得更细些，以强化着火和燃尽；也要求较大的过量空气系数，以减少燃烧损失。

挥发分高的烟煤，一般着火不成问题，需要注意燃烧的安全性，可适当减小二次风率和多投一些燃烧器分散热负荷，以防止结焦。一次风速和一次风率取得高些。为提高燃烧效率，一、二次风的混合应早些进行。煤质好时，应降低空气过量系数运行，以提高锅炉效率。

四、良好燃烧工况的判断与调节

正常稳定的燃烧说明风煤配合恰当，煤粉细度合宜。此时火焰明亮稳定，高负荷时火色可以偏白些，低负荷时火色可以偏黄些，火焰中心应在炉膛中部，火焰均匀地充满炉膛，但不触及四周水冷壁。着火点位于离燃烧器不远处（一般小于300mm）。火焰中没有明显的星点（有星点可能是煤粉分离现象、煤粉太粗或炉膛温度过低），从烟囱排出的颜色呈浅灰色。如果火焰白亮刺眼，表明风量偏大或负荷过高，也有可能是炉膛结渣。二、一次风动量配合不当会造成煤粉的离析。如果火色暗红闪动则有几种可能，其一是风量偏小，其二是送风量过大或冷灰斗漏风量大，致使炉温太低。此外还可能是煤质方面的原因，例如煤粉太粗或不均匀、煤水分高或挥发分低时，火焰发黄无力，煤的灰分高致使火焰闪动等。

低负荷燃油时，油火焰应白橙光亮而不模糊。若火焰暗红或不稳，说明风量不足，或油压偏低，油的雾化不良，若有黑烟缕，通常表明根部风不足或喷嘴堵塞。火焰紊乱说明油枪位置不当或角度不当，均应及时调整。

第二节　燃料量与风量的调节

锅炉运行中经常遇到的工况变动是负荷变动。当负荷变化时，必须及时调节送入炉膛的燃料量和空气量，使燃烧工况相应变动。

一、燃料量的调节

1. 配中间储仓式制粉系统锅炉的燃煤量调节

中间储仓式制粉系统的特点之一是制粉系统出力的大小与锅炉负荷不存在直接的关系。当负荷改变时,所需燃料量的调节可以通过改变给粉机的转速(给粉量)和燃烧器投入的数量来实现。当锅炉负荷变化不大时,改变给粉机的转速就可以达到调节的目的;当锅炉负荷变化较大,改变给粉机转速已不能满足调节幅度时,则应先以投、停给粉机作粗调节,再以改变给粉机转速作细调节。投、停给粉机时应力求成层投停、对角投停,以维持燃烧中心和空气动力场的稳定;调节给粉机转速时应平稳操作,不做大幅度的调节,以免粉量骤变导致炉膛负压及锅炉参数波动。

当需投入备用的燃烧器时,应先开启(或开大)一次风门至所需开度,对一次风管进行吹扫,待一次风压指示(表明一次风管阻力)正常后,方可启动给粉机进行给粉,并开启相应二次风,观察着火状况是否正常。相反,在停运燃烧器时,则应先停给粉机,并关闭相应的二次风,而一次风应继续吹扫数分钟之后再关闭,以防止一次风管内发生煤粉的沉积。为保护停运燃烧器,通常需要对其一、二次风喷口保持一个微小的通风量。

运行中要限制给粉机的转速范围。否则转速过大,一次风中煤粉浓度大,一次风速易低,可能导致煤粉管堵塞,且给粉机过负荷时也易发生事故;反之,则煤粉浓度过低,使着火不稳,易发生灭火。其具体转速范围应由锅炉燃烧调整试验确定。

低负荷下保持相对多的给粉机投入,将导致一次风率增大,排烟损失增加,并且一次风中粉浓度和燃烧器区热负荷降低,可能会影响稳定着火和完全燃烧。但这种方式有利于燃料快速跟踪负荷(AGC)和参数稳定。

2. 配直吹式制粉系统锅炉的燃煤量调节

大型锅炉的直吹式制粉系统,通常都装有若干台磨煤机,也就是具有若干个独立的制粉系统。由于直吹式制粉系统无中间煤粉仓,它的出力大小将直接影响到锅炉的蒸发量。

当锅炉负荷变动不大时,可通过调节运行着的制粉系统的出力来适应。对于中速磨,当负荷增加时,可先开大一次风机的进风挡板,增加磨煤机的通风量,以利用磨煤机内的存煤量作为增加负荷的缓冲调节,然后再增加给煤量,同时开大二次风量。相反,当负荷减少时,则应是先减少给煤量,然后降低磨煤机的通风量。以上调节方式可避免出粉量和燃烧工况的骤然变化,还可减少调节过程中的石子煤量和防止堵磨。不同形式的中速磨,由于磨煤机内存煤量不同,其响应负荷的能力也不同。

对于双进双出钢球磨煤机,当负荷变化时,则总是磨煤机通风量首先变化,其次才是给煤量的相应调节,这种调节方式可以使制粉系统的出力对锅炉负荷做出快速的响应。

当锅炉负荷有较大变动时,需启动或停止一套制粉系统。减负荷时,当各磨煤机出力均降至某一最低值时,即应停止一台磨煤机,以保证其余各磨煤机在最低出力以上运行;加负荷时,当各磨煤机出力上升至其最大允许值时,则应增投一台新磨煤机。在确定启动或停止方案时,必须考虑到制粉系统运行的经济性、燃烧工况的合理性(如燃烧均匀),必要时还应兼顾汽温调节等方面的要求。

各运行磨煤机的最低允许出力,取决于制粉经济性和燃烧器着火条件恶化(如煤粉浓度过低)的程度;各运行磨煤机的最大允许出力,则不仅与制粉经济性、安全性有关,而且要考虑锅炉本身的特性。对于稳燃性能低的锅炉或烧较差煤种时，往往需要集中火嘴运行，因而可能推迟增投新磨煤机的时机；炉膛、燃烧器结焦严重的锅炉，高负荷时都需要均匀燃烧出力，因而也常降低各磨煤机的上限出力。燃烧器投运层数的优先顺序则主要考虑汽温调节、低负荷稳燃等的特性。

燃烧过程的稳定性，要求燃烧器出口处的风量和粉量尽可能同时改变，以便在调节过程中始终保持稳定的风煤比。因此，应掌握从给煤机开始调节到燃烧器出口煤粉量产生改变的时滞，以及从送风机的风量调节机关动作到燃烧器风量改变的时差，燃烧器出口风煤改变的同时性可根据这一时滞时间差的操作达到解决。一般情况下，因为制粉系统的时滞总是远大于风系统的，所以要求制粉系统对负荷的响应更快些，当然过分提前也是不适宜的。锅炉运行中应对此做出一些规定。

在调节给煤量和风机风量时，应注意监视辅机的电流变化、挡板开度指示、风压以及有关参数的变化，防止电流超限和堵煤粉管等异常情况的发生。

二、氧量控制与送风量的调节

当外界负荷变化而需调节锅炉出力时，随着燃料量的改变，对锅炉的风量也需做相应的调节，送风量的调节依据主要是炉膛氧量。

1. 炉膛氧量的控制

炉内实际送入的空气量与理论空气量之比称过量空气系数，记为 α。锅炉燃烧中都用 α 来表示送入炉膛空气量的多少。α 与烟气中的氧量之间的近似关系为

$$\alpha = \frac{21}{21 - O_2} \tag{5-1}$$

根据式（5-1），过量空气系数的数值可以通过烟气中的氧量来间接地了解，依据氧量的指示值来控制过量空气系数，例如对应氧量 3.5% 的值，过量空气系数值是 1.2。对 α 监督、控制的要求主要从锅炉运行的经济性和可靠性两个方面加以考虑。

从运行经济性分析，在 α 变化的一定范围内，随着炉内送风的增加（α 增大），由于供氧充分、炉内气流混合扰动好，燃烧损失逐渐减小；但同时排烟温度和排烟量增大，因而又使排烟损失相应增加。使以上两项损失之和达到最小的 α，称最佳过量空气系数，记为 α_{zj}。运行中若按 α_{zj} 对应的空气量向炉内供风，可以使锅炉效率达到最高。

在一台确定的锅炉中，α_{zj} 的大小与锅炉负荷、燃料性质、配风工况等有关。锅炉负荷越高，所需 α 值越小，一般负荷在 75% 以上，α_{zj} 无明显变化，但当负荷很低时，由于形成炉内旋转切圆有最低风量的要求，故 α_{zj} 升高；煤质差或煤粉较粗时，着火、燃尽困难，需要较大的 α 值，并且，由于 q_4 与 q_2 的比例上升，也使 α_{zj} 升高。若燃烧器不能做到均匀分配风、粉，则锅炉效率降低，但其 α_{zj} 值要大一些。通过燃烧调整试验可以确定锅炉在不同负荷、燃用不同煤质时的最佳过量空气系数。对于一般的煤粉锅炉，额定负荷下的 α_{zj} 值为 1.15～1.2。若没有锅炉其他缺陷或条件的限制，即应按 α_{zj} 所对应的氧量值控制锅炉的送风量。

表 5-1 中列出了部分 300～1000MW 级锅炉运行氧量值的范围。由表 5-1 可见，所有锅炉在低负荷下运行，过量空气系数都维持较高。其原因，除了以上分析的 α_{zj} 随负荷降低而升高的因素以外，尚与低负荷时汽温偏低，需相对增加风量以保住额定汽温；以及低负荷时炉温低、扰动差，也需增大风量以维持不致太差的炉内空气动力场、稳定燃烧

等特定要求有关。

表 5-1 国内部分 300～1000MW 级锅炉运行氧量值的控制范围

负荷（%BRL）	BJ 电厂 1、2 号炉（1000MW）	HL 电厂 5、6 号炉（660MW）	ZXI 电厂 1～4 号炉（300MW）	SHD 二厂 1、2 号炉（600MW）	FZ 电厂 1、2 号炉（660MW）
100	2.5～3.0	(1.2)	4.3	3.5～3.7	2.7
75	4.0	4.5	5.2	4.0	4.2
50	5.5	5.5	6.4	5.5～6.0	6.0

注 表中（）内数据为过量空气系数值。

锅炉低负荷时，运行人员用增加氧量来防止锅炉火检闪动、燃烧不稳。但此时排烟损失往往超过高负荷，过量空气系数则高于最佳值。从稳定燃烧出发，燃用低挥发分煤时，氧量需求值更大些。因此，为提高锅炉经济性，低负荷下的风量调节要求在稳定燃烧的前提下，力求不使过量空气过大。

从锅炉运行的可靠性来看，若炉内 α 值过小，煤粉在缺氧状态下燃烧会产生还原性气氛，烟气中的 CO 气体浓度和 H_2S 气体浓度升高，这将导致煤灰的熔点降低，易引起水冷壁结焦和管子高温腐蚀。锅炉低负荷投油稳燃阶段，如果风量不足，使油雾难以燃尽，随烟气流动至尾部烟道和受热面上发生沉积，可能会导致二次燃烧事故。若 α 值过大，由于烟气中的过剩氧量增多，将与烟气中的 SO_2 进一步反应生成更多 SO_3 和 H_2SO_4 蒸汽使烟气露点升高，加剧低温腐蚀，尤其当燃用高硫煤种时，更应注意这一点。

目前，国内电厂运行氧量的实际控制值，仍以最佳过量空气系数 α_{zj} 为基础，但同时兼顾 NO_x 排放（脱硝氨耗）、风机电耗、汽温控制等因素，使综合效益较佳。例如，对于投用了再热减温水的锅炉，降低氧量可减少再热喷水率，机组发电煤耗的改善十分明显，因而氧量控制值就倾向于低取。图 5-7 所示为某 660MW 超临界锅炉变氧量试验结果，试验煤的 $V_{ad}=29.98\%$，$Q_{net,ar}=23\,360kJ/kg$。随着省煤器出口氧量增大，飞灰含碳量 C_{fh} 略降、NO_x 升高、送引风机总电流 I_z 增加，过热、再热汽温正常控制。综合考虑以上因素，较佳的控制氧量应在 3.0 左右，相应过量空气系数为 1.17。

应用低氮燃烧技术（包括实施了低氮燃烧改造）的锅炉，其运行控制氧量的推荐值，可参照表 5-1。随着机组容量的增大，锅炉的氧量控制值倾向于取更低一些；挥发分低的煤种，氧量控制值倾向于取得高一些。

2. 炉膛氧量的监督

由以上分析可知，过量空气系数的大小可以根据烟气中的氧含量来衡量。因此，任何大型锅炉都装有氧量表，而根据其指示值来控制送入炉内空气量的多少。

在相同数量的炉内送风情况下，氧量（或 α）的值沿烟气流动方向是变化的。通常认为煤粉的燃烧过程在炉膛出口就已经结束，因此，真正需要控制的 α 应该是相应于炉膛出口的 α_1''。但由于炉膛出口烟气温度太高，氧化锆氧量计无法正常工作，因此，大型锅炉的氧量测点一般安装于空气预热器的入口烟道。如果存在烟道漏风，这里的氧量与炉膛出口的氧量有一偏差，应按式（5-2）做出修正，即

$$\alpha_1'' = \alpha_{ky}' - \Sigma \Delta \alpha_{1-ky} \tag{5-2}$$

式中 α_1''——炉膛出口过量空气系数；

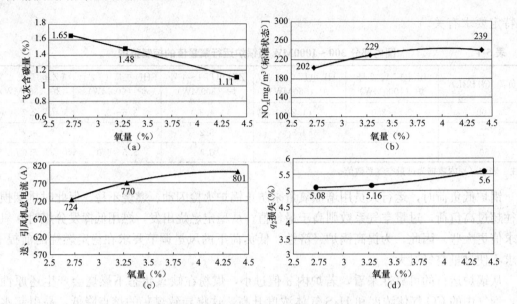

图 5-7 省煤器出口氧量对锅炉性能的影响

α'_{ky}——空气预热器进口过量空气系数；

$\Sigma \Delta \alpha_{1-ky}$——炉膛出口至空气预热器进口烟道各漏风系数之和。

【**例 5-1**】取最佳过量空气系数 $\alpha''_1 = 1.2$，炉膛出口之后直至空气预热器入口的烟道漏风系数之和 $\Sigma \Delta \alpha_{1-ky} = 0.04$，则由式（5-1）得

在炉膛出口处应控制的氧量（%）为

$$O_{2,1} = 21 \times \left(1 - \frac{1}{\alpha''_1}\right) = 21 \times \left(1 - \frac{1}{1.2}\right) = 3.5$$

在氧量测点处应控制的氧量（%）为

$$O_{2,ky} = 21 \times \left(1 - \frac{1}{\alpha'_{ky}}\right) = 21 \times \left(1 - \frac{1}{1.24}\right) = 4.06$$

即在非正常漏风状况下，氧量表的数值应控制在 4.06 而不是 3.5。此例说明，运行监督氧量时，必须了解炉膛出口至空气预热器入口的烟道漏风状况是否正常，如果烟道漏风系数不为零，则控制的氧量值应相应增大。

氧量监督的另一个问题是表盘氧量与真实氧量的偏差。用烟道网格法标定可以得到运行氧量的真实值。由于烟气中水容积的存在，表盘氧量高出真实氧量 0.1～0.2 个百分点是正常的，但若超出此范围，需要对表盘值做出修正，以避免按虚高（或虚低）的氧量控制最佳过量空气系数。有条件的电厂都应进行类似的标定。

3. 送风量的调节

进入炉内的总风量主要是有组织的燃烧风量（一次风、辅助风、燃料风、燃尽风，有时还有三次风），其次是制粉系统掺冷风和少量的炉膛漏风。当锅炉负荷发生变化时，伴随着燃料量的改变，必须对送风量进行相应的调节。

送风量调节的依据是炉膛出口过量空气系数，一般按最佳过量空气系数调节风量，以取得最高锅炉效率。锅炉氧量定值是锅炉负荷的函数。运行人员通过氧量偏置对其进行修正，以便在某一负荷下改变氧量。氧量加偏置后，送风机自动增、减风量以维持新的氧量值。

锅炉运行中，除了用氧量监视供风情况外，还要注意分析飞灰、灰渣中的可燃物含量，排烟中的 CO 含量，观察炉内火焰的颜色、形状、着火距离等，依此来分析判断送风量的调节是否适宜以及炉内工况是否正常。

一般情况下，增负荷时应先增加风量，再增加燃料量；减负荷时应先减少燃料量再减少风量，这样动态中始终保持总风量大于总燃料量，确保锅炉燃烧安全和避免燃烧损失过大。近代锅炉的燃烧风量控制系统多用交叉限制回路（如图 5-8 所示）实现这一意图。在机组增负荷时，锅炉负荷指令同时加到燃料控制通道和风量控制通道。由于小值选择器的作用，在原总风量未变化前，小选器输出仍为原锅炉煤量指令，只有当总风量增加后，锅炉煤量指令才随之增加；减负荷时，由于大值选择器的作用，只有燃料量（或热量信号）减小，风量控制系统才开始动作。煤量通道由 AF 给出煤量上限，用风挡住煤，不使煤量过大；风量通道由 TF 给出风量下限，用煤挡住风，不使风量过小。当负荷低于 30MCR 时，大选器使风量保持在 30％不变，以维持燃烧所需要的最低风量。

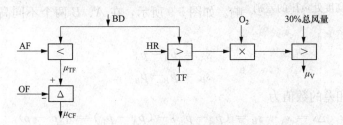

图 5-8　风煤交叉限制原理

BD—锅炉负荷指令；μ_{TF}、μ_{CF}、μ_V—总燃料量指令、总煤量指令、总风量指令；

AF、OF、TF、HR—总风量、燃油量、总燃料量、热量信号；O_2—氧量校正

对于调峰机组，若负荷增加幅度较大或增负荷较快时，为了保持蒸汽压力不致很快下降，也可先增加燃料量，然后再紧接着增加送风量。低负荷情况下，由于炉膛内过量空气相对较多，因而在增加负荷时也允许先增加燃料量，随后增加风量。

锅炉送风量调节具体方法，对于离心式风机，通过改变入口调节挡板的开度进行调节，对于轴流式风机，通过改变风机动叶（或静叶）的安装角进行调节。除了改变总风量外，有时还需根据燃烧要求，改变各二次风挡板的开度，进行较细致的配风，这将在后面叙述。在调节风量时应注意观察风机电流、风压、炉膛负压、氧量等指示值的变化，以判断调节是否有效。

现代大容量锅炉都装有两台送风机，当两台送风机都在运行状态，又需要调节送风量时，一般应同时改变两台送风机的风量，以使烟道两侧的烟气流动工况均匀。风量调节时若出现风机的"喘振"（喘振值报警），应立即关小动叶，降低负荷运行。如果喘振是由于出口风门误关闭引起，则应立即开启风门。

三、炉膛负压监督与引风量的调节

1. 炉膛负压监督的意义

炉膛负压是反映炉内燃烧工况是否正常的重要运行参数之一。正常运行时炉膛负压一般维持在 $-30 \sim -50$Pa。如果炉膛负压过大，将会增大炉膛和烟道的漏风。若冷风从炉膛底部漏入，会影响着火稳定性并抬高火焰中心，尤其低负荷运行时极易造成锅炉灭火。若冷风

从炉膛上部或氧量测点之前的烟道漏入，会使炉膛的主燃烧区相对缺风，使燃烧损失增大，同时汽温降低。反之，炉膛负压偏正，炉内的高温烟火就要外冒，这不但影响环境、烧毁设备，还会威胁人身安全。

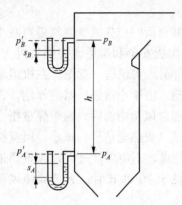

图 5-9　炉膛不同高度处负压的差别

炉膛负压除影响漏风之外，还可直接指示炉内燃烧的状况。运行实践表明，当锅炉燃烧工况变化或不正常时，最先反映出的现象是炉膛负压的变化。如果锅炉发生灭火，首先反映出的是炉膛负压剧烈波动并向负方向到最大，然后才是汽压、汽温、水位、蒸汽流量等的变化。在炉膛负压正常情况下，火焰检测器发出的任何灭火信号都是虚假信号。因此，运行中加强对炉膛负压的监视是十分重要的。

以下讨论负压测点的安装高度对炉膛负压控制的影响。如图 5-9 所示，在 A、B 两个不同高度上，就地炉膛负压分别为

$$s_A = p_A' - p_A$$
$$s_B = p_B' - p_B$$

其炉膛负压相差的数值为

$$\Delta s = s_A - s_B = (p_A' - p_B') - (p_A - p_B) = h(\rho' - \rho) \tag{5-3}$$

式中　p_A'、p_B'——在 A、B 两个不同高度上炉外介质的静压，Pa；

　　　p_A、p_B——在 A、B 两个不同高度上炉内介质的静压，Pa；

　　　ρ'、ρ——炉外介质、炉内介质的平均密度，kg/m³；

　　　h——A、B 两点的高度差，m。

确定炉膛负压的控制值时应考虑负压测点的位置。大容量锅炉的负压测点通常装在炉膛上部的大屏下方。由式（5-3）可知，在炉膛的不同高度上的负压是不相同的。位置越高，负压值（指绝对值）越小。为使炉顶不冒烟灰，则炉膛下部必存在较大的负压值，且负荷越高（ρ 小），环境越冷（ρ' 大），上、下负压的差值越大。由此可见，为维持相同的炉内负压状况，当负压测点较高时，负压值应控制得小些，以确保炉膛下部的燃烧器区域不致有过大负压；当负压测点较低时，负压值则可控制得适当高些。

2. 炉膛负压和烟道负压的变化

炉膛负压的大小，取决于进、出炉膛介质流量的平衡，还与燃料是否着火有关。根据理想气体状态方程，炉内气体介质存量 m、压力 p、温度 T、炉膛容积 V 之间的关系为

$$p = mRT/V \tag{5-4}$$

式中　R——燃烧产物的气体常数。

分析式（5-4），增加送风或减小引风都使炉内介质量 m 增多，炉膛压力 p 升高；反之，减小送风或增大引风则使炉内介质量 m 减少，炉膛压力降低；当送、引风量不变时，m 值固定（忽略燃烧前后物质量的微小变化），所以压力 p 与燃烧温度 T 成正比变化，若燃料不能着火，则 T 降低，p 随之下降，炉膛负压（绝对值）变大。

由此可见，运行中即使保持送、引风机的调节挡板开度不变，由于燃烧工况的波动，炉膛负压也是脉动变化，这是正常的。反映在炉膛负压上，就是指示值围绕控制值左右轻微摆

动。但当燃烧不稳定时，炉膛负压产生大幅度的变化，强烈的负压波动往往是锅炉灭火的先兆。这时，必须加强监视和检查炉内火焰燃烧状况，分析原因并及时进行适当的调节和处理。

烟气流经烟道及受热面时，将会产生各种阻力，这些阻力是由引风机的压头来克服的。同时，由于受热面和烟道处于引风机的进口侧，因此沿着烟气流程，烟道内的负压是逐渐增大的。锅炉负荷改变时则相应的燃料量、空气量即发生改变，流过各受热面的烟气流速改变，以至于烟道各处的负压也相应改变。运行人员应了解不同负荷下各受热面进、出口的烟道负压的正常范围，在运行中一旦发现烟道某处负压或受热面进、出口的烟气压差发生较大变化，则可判断运行产生了故障。最常见的是受热面发生了严重积灰、结渣、局部堵塞或泄漏等情况。此时应综合分析各参数的变化情况，找出原因及时进行处理。

3. 引风量的调节

当锅炉增、减负荷时，随着进入炉内的燃料量和风量的改变，燃烧后产生的烟气量也随之改变。此时，若不相应调节引风量，则炉内负压将发生不能允许的变化。

引风量的调节方法与送风量的调节方法基本相同。对于离心式风机采用改变引风机进口导向挡板的开度进行调节；对于轴流式风机则采用改变风机动叶（或静叶）安装角的方法进行调节。大型锅炉装有两台引风机。与送风机一样，调节引风量时需根据负荷大小和风机的工作特性来考虑引风机运行方式的合理性。

当锅炉负荷变化需要进行风量调节时，为避免炉膛出现正压，在增加负荷时应先增加引风量，然后再增加送风量和燃料量；减少负荷时则应先减少燃料量和送风量，然后再减少引风量。

对多数大型锅炉的燃烧系统，炉膛负压的调节也通过炉膛与风箱间的差压而影响到二次风量（辅助风挡板用炉膛与风箱间的差压控制）、影响燃烧器出口的风煤比以及着火的稳定性，因此，有一定调节速度的限制，不可操之过急。

四、负荷变化的调整

机组负荷变化过程中，应注意对负荷变化率的控制，尽量减小对锅炉燃烧的扰动，尤其是配用直吹式制粉系统的锅炉，在负荷变化的过程中应避免一次风速和煤粉浓度、煤粉细度的突然变化所导致的燃烧恶化。直吹式制粉系统，在煤质较差时，严禁大幅度提高一次风压以增加制粉系统出力。避免因风煤比不协调，加煤过快总风量没有跟上而导致主燃烧器区域过度缺氧，影响锅炉的着火与燃尽。

第三节　燃烧器的调节及运行方式

一、燃烧器的燃烧特性

1. 直流燃烧器的燃烧特性

直流燃烧器由一组矩形或圆形的喷口所构成。煤粉和空气分别由不同喷口射入炉内。根据流过介质不同，可分为一次风口、二次风口和三次风口（三次风仅热风送粉系统有）。煤粉直流燃烧器大都布置在炉膛四角，四角燃烧器的轴线相切于炉膛中心的一个假想切圆。

直流燃烧器出口射流的流动过程可作如下描述：由于气流流速较高（已达到紊流状态），在紊流和卷吸的作用下，射流边界上的流体与周围介质发生质量交换，将周围部分介质卷入射流中一起流动，同时进行动量交换和热量交换，结果射流截面不断扩大，流量增加，温度升高，而射流中心最大流速逐渐衰减。

射流的着火过程发生于一次风的外界边缘，然后从外向内迅速扩展。煤粉气流达到着火温度所需吸收的热量，70%以上来自卷吸高温烟气的对流换热，其余是炉内介质的辐射热。因此气流卷吸周围介质的能力对着火过程有极大的影响。对于矩形喷口，较高而窄的截面会使射流的外边界增加，卷吸量增加。同时，由于卷吸主要发生在向火侧或背火侧（即长边卷吸），因此喷口的高宽比大的燃烧器，其着火条件往往较好。

燃烧器各股出口气流的动量与介质流量和流速的乘积成比例。动量越大，穿透能力越大，气流便能更有力地深入炉膛内部（否则会上翘），形成燃烧所需要的炉内切圆，对点燃邻角气流、强化后期扰动，促进煤粉燃尽都是有利的。一次风粉气流，当其着火燃烧以后，密度急剧减小，动量衰减很快。因此，主要是二次风的风速和动量对炉内空气动力场产生更大的影响。

炉内射流抵抗偏转的能力称气流刚性。气流的刚性除与动量成比例，还与气流断面的形状有关。断面高宽比越大，刚性越差（指抵抗横向偏转）。切向燃烧的锅炉，希望各角气流发生一定程度的偏转，以便组织邻角点燃和煤粉燃尽过程。但不允许偏转过大，尤其是不允许一次风粉气流有过大的偏转。否则会造成火焰冲刷水冷壁，引起结焦、高温腐蚀以及燃烧损失增大。

在运行中，当一次风射流能量与炉能旋转气流的能量相比过小时，就会发生该一次风射流不能射入燃烧器火球而出现较大的偏斜。偏斜发生时，部分煤粉气流脱离主流而落入水冷壁附近的低温区，使这部分还未完全燃烧的煤粉熄灭，沿水冷壁向上流动，使燃烧损失增大；同时，脱离主气流的一次风火焰因得不到充分氧气的及时补给，进行强烈的还原燃烧，而产生大量的结焦。由此可见，对切圆燃烧锅炉，控制喷嘴出口射流过分偏斜是防止结焦和降低飞灰可燃物的一个重要方法。

出口射流的偏转，通常随着锅炉负荷的增大、燃烧器投运只数的增加（影响燃烧器整体高宽比）而加大，此外燃烧器的摆角也可影响射流偏斜。

对于同一燃烧器的各股平行射流而言，由于各股射流的引射作用，动量小的一次风将向动量大的二次风靠拢。因此如果一次风速、风量过小，刚性变差，就会使一、二次风加快混合，这往往有利于好煤的燃烧而不利于差煤的着火，还会增大 NO_x 的产率。所以，通过调整一、二次风速大小，也可以调整一、二次风混合的时机。若设计燃烧器时取用了较小的一二次风风口间距，则上述调节作用会更明显些。

由于直流燃烧器采用切向燃烧方式，因此四角气流的相互支持和相互配合对燃烧过程的影响至关重要。这个作用集中表现于炉内燃烧切圆的形成。较大的切圆直径可改善炉内火焰的充满程度，火球边缘可以扫到各角喷口的附近，有利于点燃煤粉；同时，较强的旋转又可以强化主燃烧区乃至整个炉膛的后期扰动，煤粉在扰动和碰撞下燃烧，烟气中氧的扩散加强和及时打碎灰壳，利于煤粉的燃尽。但切圆直径过大，会在炉膛中央形成大回流，使烟气有效流通面积减小；也易造成炉膛和燃烧器结焦，烟气偏流加剧。当燃用低挥发分的煤时，在不产生结焦的情况下，应使切圆直径大些，以稳定着火和燃烧经济；当燃用高挥发分的煤时，可适当减小切圆，以确保燃烧安全和受热面安全，同时由于偏斜减小，对燃烧经济性也是有利的。

相对于旋流燃烧器墙式对冲燃烧方式，切圆燃烧将整个炉膛作为一个燃烧器组织燃烧，因此对每只燃烧器的风量、粉量的控制不需十分严格，有利于煤质变化时的调整。

切圆的位置和形状，除取决于设计方面的因素（如假想切圆直径、炉膛宽深比、燃烧器结构特性等），运行中也可通过风量、粉量控制进行一定的调整，具体方法在下面详述。

2. 旋流燃烧器的燃烧特性

旋流燃烧器被广泛应用在 1000～3000t/h 级锅炉的燃烧设备上。旋流燃烧器利用强烈的旋转气流产生强大的高温回流区，将远方火焰抽吸至燃烧器的根部，强化燃料的着火、混合及燃烧。图 5-10 表示了中心回流区内煤粉气流被点燃的一种情况。

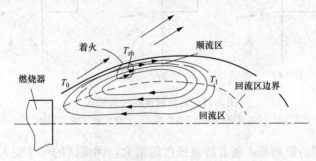

图 5-10　煤粉气流在回流区内的着火
T_0—煤粉气流初温；T_{zh}—着火温度；T_1—火焰温度

回流区的大小对煤粉气流的着火和火焰的稳定有极为重要的作用。较宽而长的回流区，不仅回流量大而且回流烟气的温度高，对煤的着火极为有利。旋流燃烧器对煤种的适应性，基本上表现为通过不同的结构（包括调节装置），能对回流区的大小和位置进行不同的调节。

旋流燃烧器的射程也对燃烧器的工作发生影响。但由于旋流燃烧器主要是单只火嘴决定空气动力工况，而各燃烧器之间的相互作用远不及四角布置的直流燃烧器，所以旋流燃烧器的射程一般只是影响烟气在炉内的充满程度和燃烧损失。射程过短会使火焰过早上飘、煤粉在炉内的停留时间缩短、炉膛出口温度和飞灰可燃物含量升高。

决定旋流燃烧器工作性能的最重要特性是旋流强度。燃烧器出口附近回流区的产生、气流的混合以及气流（火焰）在炉内的运动都和它有关，因而它在更大的程度上决定着燃料的着火、燃尽和结渣工况。旋流强度对回流区大小的影响是随着旋流强度的增大，回流区的尺寸变大，回流量增加。当回流率（回流量与一次风量之比）超过一定数值后，煤粉就可以达到稳定的燃烧。显然，煤质越差，着火所要求的最小回流率就越大，反之亦然。

与切向燃烧直流式燃烧器相比，旋流燃烧器受炉膛氧量的影响要大得多。这是因为低的过量空气系数，不仅降低氧浓度而且减弱燃烧器二次风的旋转，使燃烧器出口的回流量减少，着火稳定性变差。而直流式燃烧器仍可依靠四角火焰的相互点燃，维持好的初期着火。

图 5-11 所示为旋流强度对回流区大小及形状影响的几种典型情况。当旋流很弱时，形成很小的回流区（火焰区），气流离开喷口不远即重新封闭向前运动，因此回流区内的回流量及回流温度都嫌不足，对稳定燃烧是不利的。这种气流结构称为"封闭气流"，如图 5-11（a）所示。当旋流强度合宜时，形成所谓"开放气流"，如图 5-11（b）所示。开放气流的特

点是环形回流区延伸到主气流速度很低时才封闭。这种气流结构可将远离燃烧器出口的高温火焰输运回燃烧器根部，混合点燃新粉。因此提高了着火稳定性，是希望的一种结构。若旋转过强，则会形成"全扩散气流"，又称"飞边"，如图 5-11（c）所示。由于二次风旋转过强，在一定距离上即与一次风脱离。这时回流区直径虽大，但回流区长度不大，回流速度和回流量很小，造成"脱火"。"脱火"往往是造成旋流燃烧器燃烧不稳或灭火的重要原因。对于易燃煤，出现全扩散气流还会使水冷壁和燃烧器结焦，影响燃烧安全。

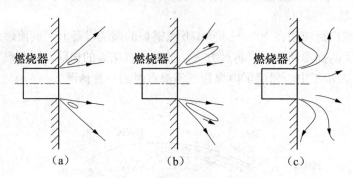

图 5-11　旋转射流的气流形式

（a）封闭气流；（b）开放气流；（c）全扩散气流（飞边）

　　旋流强度对射程的影响是：随着旋流强度的增大，回流区的尺寸变大，介质在旋转过程中耗散更多能量而迅速衰减，因此射程变短。运行中当炉内火焰充满不好或两对面燃烧器气流对撞干扰、燃烧不稳时，可调节旋流强度和（或）风量。

　　单股旋转射流（如只有二次风旋转）的旋流强度只与燃烧器的结构（包括旋流叶片的调节位置）有关，而与其风量无关；但多股同轴射流（如内、外二次风）的总旋流强度则不仅与结构有关，也与各射流的流量有关。旋转较弱或直流的射流部分越多，混合后的旋流强度越小；反之，则混合后的旋流强度越大。但是，如果两股射流混合较晚，则旋流强度的计算仍应分别进行。

　　早期的旋流燃烧器（如涡壳式、轴向可动叶轮式燃烧器），设计中追求较大的旋流强度，因此回流量大，燃烧温度高。这样虽有利于煤粉充分、稳定的燃烧，但 NO_x 生成量较大，且易在燃烧器附近形成结焦。近年来我国引进技术的大型对冲燃烧器锅炉，普遍使用低 NO_x 型双调风旋流燃烧器。双调风燃烧器虽然种类较多，但基本结构都是将二次风分为内二次风和外二次风。内、外二次风中之一也可为直流。一次风一般为直流或有微弱的旋转。双调风燃烧器靠煤粉着火后二次风量的逐步供应，形成燃烧的浓相区和稀相区，抑制燃烧的峰值温度，以此控制 NO_x 的排放。

　　对于双调风燃烧器，其回流区位置随中心风风量的大小而有所不同。当中心风的风门关得较小时，回流区位于射流中心（与传统的燃烧器相同，可参见图 5-10），但被挤成马鞍型并后推，回流量减小。中心风量再大时，则中心回流区转移至一次风口外边缘内侧部分，形成一环形回流区（如图 5-12 所示），回流量随中心风量的增加而增大。试验表明，环形回流区的大小与中心风量风速有正向的关系，它是双调风燃烧器的稳定的点火源。

　　3. 低 NO_x 燃烧特性

　　炉内燃烧中生成的 NO_x 主要是 NO 和 NO_2。由燃料中氮生成的 NO_x 称燃料型 NO_x，从

空气中的氮生成的 NO_x 称热力型 NO_x。燃料中的氮仅占燃烧空气中氮的 0.2% 左右，但燃料型 NO_x 却占到 NO_x 生成总量的 80% 左右。

锅炉燃烧中，影响 NO_x 生成量的主要因素有两个。一个是燃烧区的过量空气系数，它主要影响燃料型 NO_x 的生成量，空气提供的氧的化学当量比越小，NO_x 的生成量就越少。另一个是燃烧温度，它主要影响热力型 NO_x 的生成量。燃烧温度低于 $1300℃$ 时热力型 NO_x 产量极微，当燃烧温度升至 $1500℃$ 时，生成量随温度呈指数上升。

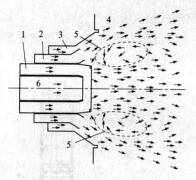

图 5-12 双调风旋流燃烧器的环形回流区示意图
1——一次风道；2—内二次风道；3—外二次风道；4—炉膛；5—环形回流区；6—中心风筒

燃料型 NO_x 产生于挥发分燃烧和焦炭燃烧两个阶段。由于焦炭燃烧阶段历时很长，所以煤中挥发分越少，用低 NO_x 燃烧装备降低 NO_x 的难度就越大。例如，采用以 SOFA 为主体的技术，烟煤锅炉的 NO_x 排放可控制在 $200\sim300mg/m^3$，贫煤锅炉则很难降低到 $400mg/m^3$ 以下，无烟煤锅炉很难控制在 $600mg/m^3$ 以下。

炉内低 NO_x 燃烧的关键技术，一是炉膛尺度的空气分级，二是燃烧器的焰内脱氮。炉膛尺度的空气分级通过顶层布置分离式燃尽风 SOFA（Saperal Over Fire Air）来实现，以宏观推迟二次风的补入为特征。燃烧器的焰内脱氮则是凭借燃烧器的特定结构，实现煤粉的浓淡分离和二次风的分期供应，降低 NO_x 浓度。

SOFA 风量通常占到炉内二次风总量的 $20\%\sim30\%$，从而将主燃烧器区的过量空气系数降低到 $0.75\sim0.9$ 的范围。主燃烧区的缺氧和低温同时抑制了 NO_x 的生成。主火焰离开燃烧器区后进入还原区。还原区的足够空间使燃烧过程在低氧浓度下持续，促使烟气中 CO、HCN 等组分将部分 NO_x 还原为 N_2。烟气越过 SOFA 风层进入燃尽区后，由于煤燃烧产生的烟气中的一部分 NO_x 已还原成 N_2，再加上炉温已经降低，空气对 NO_x 生成量的影响不大，从而达到低 NO_x 燃烧的目的。

燃烧器的焰内脱氮是解决煤粉着火、初期燃烧过程的低氮燃烧技术。一次风粉气流在燃烧器出口被分成浓相和稀相两股。浓相首先着火、燃烧后点燃稀相。当挥发分在缺氧条件（浓煤粉）下燃烧时，燃料氮的相当部分在这一过程中没有生成燃料型 NO_x，而是还原为稳定的 N_2。火焰内 NO_x 的浓度大大降低。淡相气流的着火燃烧过程，由于煤粉少、燃烧温度低，挥发分产生 NO_x 的浓度也不高。在挥发份火焰中，焦炭中氮生成的 NO_x 几乎为零。

燃烧器的二次风用于维持焦炭的继续燃烧。适当推迟二次风的补入，可以在焦炭火焰中产生一个 NO_x 的还原区，使 NO_x 浓度降低。因此，燃烧器分期分批送入二次风（如旋流燃烧器的内、外二次风道），也是实现低氮燃烧的设计技巧之一。

由于采用了空气分级技术，燃烧器的焰内脱氮过程将在主燃烧器区缺氧、低温的条件下进行，因而获得更低的 NO_x 排放。但也因此使燃烧损失增加。

二、切向燃烧直流燃烧器的调整

（一）直流燃烧器的结构及布置特点

本节介绍的几种典型直流式燃烧器所包含的结构要素及配风原理，原则上适用于其他任何形式的直流式燃烧器。

1. LNTFS 直流式煤粉燃烧器结构及布置特点

上海锅炉厂引进 ALSTOM 公司的低 NO_x 切向燃烧系统（Low NO_x Tangencial Fire System，LNTFS），在降低 NO_x 排放的同时，能提高燃烧效率和低负荷不投油稳燃性能，并在防止炉内结焦、高温腐蚀和降低炉膛出口烟气温度偏差等方面具有独特效果。现以某 1000MW 超超临界锅炉为例说明 LNTFS 的结构、布置及与配风特点。

燃烧器设计燃用 $V_{daf}=33.2\%$ 的烟煤。采用典型的 LNTFS-Ⅲ结构。每角燃烧器分成独立的 4 组，下面三组为主燃烧器风箱，上面一组为 SOFA 风箱。主燃烧器风箱一共设有 12 层煤粉喷嘴，每组 4 层煤粉喷嘴，6 层辅助风喷嘴。煤粉喷嘴四周布置有燃料风（周界风）。在主燃烧器风箱顶部设置有二层紧凑燃尽风（CCOFA），其中心线距最上排一次风中心为 1244mm，实施二次风的首次分离。6 层 SOFA 风的中心线距离 CCOFA 中心线 8386mm，将炉膛分成主燃烧区、NO_x 还原区和燃尽区。

每组燃烧器组中（如图 5-13 所示）二次风喷嘴由 2 个底部风喷嘴、2 个中间风喷嘴（也作为油枪的辅助风）和 2 个组合喷嘴组成。在每相邻 2 层煤粉喷嘴之间布置有 1 层燃油辅

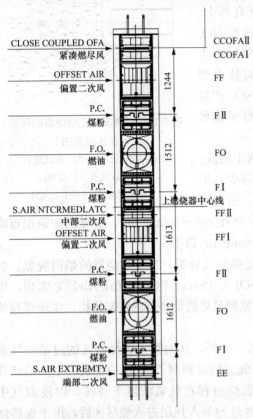

图 5-13　主燃烧器单组风口布置图

助风喷嘴。每相邻 2 层煤粉喷嘴的上方布置了 1 个组合喷嘴，组合喷嘴由预置水平偏角的偏转二次风喷嘴（CFS）和直吹二次风喷嘴（DFS）组成，两种喷嘴的出口截面各占约 50%，如图 5-14（a）所示。

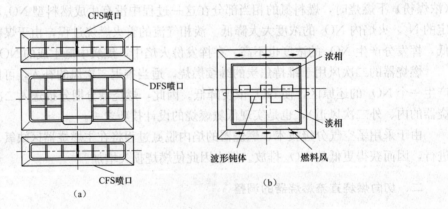

图 5-14　一、二次风喷嘴形式
(a) 组合二次风喷嘴；(b) 浓淡分离一次风喷嘴

LNTFS 采用了同心切圆结构，如图 5-15 所示。CFS 风的射流轴线与一次风之间夹 22°的水平方向偏角，各直吹二次风、一次风、燃料风的中心线上下同轴。部分二次风气流（CFS）在水平方向分级，既延迟了一次风射流被二次风的卷吸，也在炉膛水平方向形成中央富燃料区和水冷壁富空气区，LNTFS 的二次风布局（SOFA、CCOFA、CFS 的划分）体现了低 NO_x 燃烧的核心技术，即在最关键的挥发分析出和焦炭初始燃烧阶段，降低 O_2 的浓度。

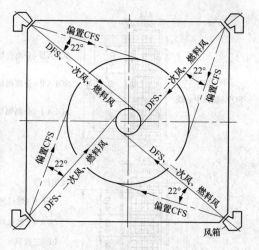

图 5-15　LNTFS 系统的二次风布局

一次风喷嘴为浓淡分离型，通过一次风管内的螺旋式煤粉浓缩器，将喷口气流分成浓相和稀相，一次风喷口带有波型钝体，是稳定着火的典型结构，如图 5-14（b）所示。LNTFS 的各角大风箱内共有 32 个小风室，均配有相应的二次风挡板，用以调节二次风总量在每层风室中的分配，以保证良好的燃烧工况和指标。其中煤粉风室挡板用来控制周界（燃料）风量，以调节一次风气流着火点。辅助风室挡板用来控制炉膛—风箱压差。CCOFA 和 SOFA 风室挡板的开度是锅炉负荷的函数，主要用于控制 NO_x 的排放。这些挡板的开度控制需要通过燃烧调整试验来最终确定。

摆动式燃烧器用于调节再热汽温，燃烧器摆角范围±30℃，再热汽温调节幅度按设计可达 40～50℃。

2. WR 型均等配风直流式煤粉燃烧器结构及布置特点

WR 型均等配风直流式煤粉燃烧器是美国 CE 公司成熟的直流燃烧器技术，较普遍使用于我国 300～600MW 机组。近期投运的 WR 型燃烧器均设计了 SOFA 风，在役的 CE 型锅炉也几乎全部进行了低氮燃烧技术改造。某 330MW 供热机组 CE 型煤粉炉 WR 型燃烧器的配风与燃烧特点如下。

燃烧器（如图 5-16 所示）采用四角布置，设计燃料为烟煤。每角由一组主燃烧器和 SOFA 燃烧器组成。主燃烧器由一次风喷口、辅助风喷口、燃料风喷口、燃尽风喷口组成，基本特点是一次风和二次风（辅助风）相间布置。各角燃烧器共有 17 只喷口。其中 SOFA（分离燃尽风）喷口 3 只、OFA（紧凑燃尽风）喷口 2 只。其余为间隔布置的 7 只辅助风喷口和 5 只一次风喷口。炉内切圆形成的示意如图 5-17 所示。辅助风 AB、BC、CD、DE 层为启旋二次风，与一次风轴线偏转 20°，是形成炉内切圆的主要部分。上、下的 EE 和 AA 辅助风与一次风同轴。SOFA 喷口与一次风反向偏转 17°也称消旋二次风。在 AB、BC、DE 三个辅助风口内置启动油枪。同层 4 个一次风喷口与一台中速磨的出粉管道连接，每台磨煤机控制一层燃烧器。燃料风（周界风）引自大风道，其风速、风温均高于煤粉气流。

制粉系统为直吹式，配置 5 台中速磨煤机，按设计 4 台磨煤机可保证锅炉最大出力。运行中有一层燃烧器停用。若停用中间的煤粉喷嘴，相当于使整组燃烧器"分组"；若停用上层或下层煤粉喷嘴，相当于减小了整组燃烧器的高宽比。

二次风采用了较流行的大风箱供风方式。每角主燃烧器的 9 只二次风通道入口均有相应的百叶窗式调节挡板，可分配每层燃烧器的辅助风量。为保证同层各喷口出口风量一致，同

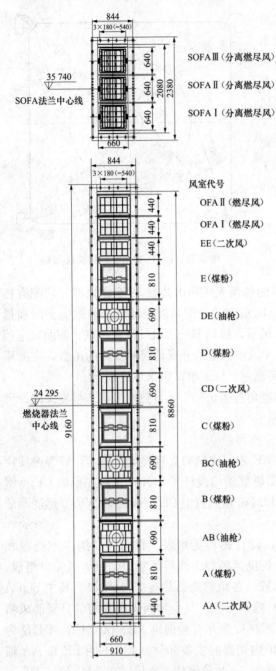

图 5-16　WR 型宽范围直流燃烧器结构示意

层 4 个角的调节挡板维持同步控制。SOFA 风的风源来自二次风大风箱，各层 SOFA 风以及各角 SOFA 风均由相应的风量挡板进行控制，各层 SOFA 风门开度分别设定为锅炉测量总风量的函数。

为适应较差煤种的燃烧，在一次风矩形出口设计了 V 形钝体，产生回流区引燃煤粉，同时扩大煤粉与空气接触表面。煤粉借助一次风管弯头进行浓淡离心分离，在喷口截面浓相在上，稀相在下。浓相点燃稀相，促进着火稳定。因此，该型燃烧器又称宽调节比直流煤粉燃烧器。

SOFA 风喷口摆角可手动水平摆动±15°，以调节炉膛出口的烟气流量偏差，手动垂直摆动±30°，以辅助调节飞灰含碳量和主汽温、再热汽温。

摆动式燃烧器在负荷变化时用于调节再热汽温，燃烧器摆角范围是一次风±20°、辅助风±30°，再热汽温调节幅度为±(25～30)℃。

3. PM 型直流式煤粉燃烧器结构及布置特点

哈尔滨锅炉厂引进日本三菱重工（MHI）的 PM 燃烧器（Pollution Minimum），是我国最早引进的垂直浓淡分离直流燃烧技术。它既用于燃烧优质烟煤，也用于燃烧贫煤、劣质烟煤。传统的 PM 燃烧器采用四角切圆布置，燃烧器上部设有燃尽风。新近开发的 MACT（Mitsubishi Advanced Combustion Technology）系统采用了墙式切圆（CUF）布置，如图 5-18 所示，将较大比例的燃尽风置于燃烧器的上部。现以某 600MW 机组三菱 MACT 系统为例，说明其结构、配风与燃烧特点。

PM 型燃烧器利用一次风管的外部转向及内部专有机构对煤粉实施上、下（或下、上）浓淡分离，如图 5-19 所示，浓相、稀相从分叉的两个喷口进入炉膛，煤粉在稀相、浓相喷口内的分配可以达到 1：9。相邻两个粉管的 4 个喷口组成浓—淡—淡—浓配置，实施着火尺度上的分级燃烧。

每炉配6台HP中速磨煤机，100％负荷时，5台磨煤机运行，1台磨煤机备用。每台磨煤机对应一层燃烧器。全炉共6层24只PM燃烧器，墙式切向布置（Circal Corner Firing）。燃烧器为全摆动式喷嘴、大风箱结构。燃烧器共设6层PM一次风管，分叉后成浓、淡喷口共12层。二次风由10层辅助风室、3层油风室、1层燃尽风室和4层SOFA风室组成。二次风挡板采用非平衡式。燃烧器高度为15m、燃烧器切圆直径为9.5m。上一次风中心线至屏下距离19.45m，煤粉在炉内停留时间2.05s。燃烧器一次风率为23.2％，二次风率为76.2％，一次风速为26m/s，二次风速为46m/s。分离式燃尽风

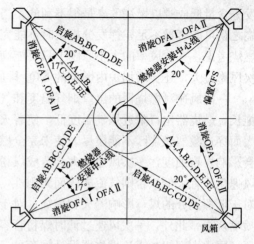

图5-17　WR的同心正反切燃烧系统

室中线距最上排浓相喷口6.22m。实现了炉膛尺度范围的分级燃烧。CUF的设计使燃烧器出口具有较大的空间，与四角切圆相比，既有较好的炉内充满度，一次风射流也不易贴墙结焦。

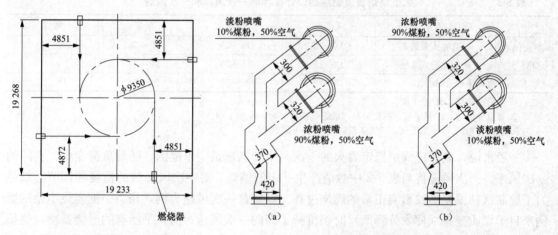

图5-18　墙式切圆示意图

图5-19　PM型燃烧器浓淡分离机构
（a）上淡下浓；（b）上浓下淡

三菱重工最新设计的MPM型低污染直流燃烧器，取消了双管一次风结构，一次风管口的浓淡分离为中心浓淡，在简化系统的同时提高了降氮效果，在我国电厂逐渐开始应用。

（二）直流燃烧器的燃烧调整

1. 燃烧器出口风率、风速的调整

（1）一次风率、风速调整。在一定的总风量下，燃烧器保持适当的一、二次风出口风率、风速，是建立良好的炉内工况和稳定燃烧所必需的。

通常用一次风率来表示一次风量的大小，它是指一次风量占锅炉总风量的百分数。煤粉燃烧器的一次风率和着火过程密切相关。一次风率越大，为达到煤粉气流着火所需吸收的热量增大，达到着火所需的时间也越长。同时，煤粉浓度也因一次风率增大而降低；这对于挥

发分含量低或难以燃烧的煤是很不利的，当一次风温低时尤其如此。但一次风率太小，煤燃烧之初可能氧量不足，挥发分析出时不能完全燃烧，也会影响着火速度和产生燃烧损失。从燃烧考虑，一次风率的大小原则上只要能满足燃尽挥发分的需要就可以了。近年来发现，一次风率过大，还会增加炉内燃烧的 NO_x 排放。

一次风速对燃烧器的出口烟气温度和气流的偏转产生影响。若一次风速过大，着火距离拖长，燃烧器出口附近烟气温度低，使着火困难。此外，一次风中的较大颗粒可能因其动能大而穿过激烈燃烧区不能燃尽，使未完全燃烧损失增大。对于直吹式制粉系统，一次风速还会影响煤粉细度，一次风速过大会造成煤粉变粗，致使着火推迟、飞灰可燃物增大。但一次风速也不宜太低，否则气流孱弱而无刚性，很易偏转和贴墙，且卷吸高温烟气的能力也差，对于低挥发分的煤，影响着火和燃烧；对于高反应能力的煤，着火可能太靠近燃烧器，引起喷嘴烧损。此外，一次风速过低时煤粉管容易堵塞。

国内大型锅炉直流燃烧器设计推荐的一次风率和风速列于表5-2。表5-2中数值对应于100%BMCR。由表可知，合宜的一次风率、一次风速与煤质和制粉系统的形式有关。当燃用低反应能力煤或在乏气送粉系统工作时，一次风率、风速取得低些较为合适；当燃高挥发分、易着火煤或在热风送粉系统工作时，则应取较高些的一次风率和一次风速。

表 5-2 　　　　　　　　大型锅炉直流燃烧器设计推荐的一次风率和一次风速

项目		无烟煤	贫煤	烟煤	褐煤
一次风率 r_1（%）	直吹式系统	$14\sim20$	$18\sim25$	$20\sim35$	$25\sim40$
	中间储仓式系统	$12\sim18$	$15\sim20$	$18\sim25$	—
一次风速 w_1（m/s）		$18\sim22$	$20\sim25$	$26\sim32$	$18\sim25$

注 　1. 对易结渣煤，w_1 取上限。
　　　2. 挥发分低时，r_1 偏下限；挥发分高（或乏气送粉）时，r_1 偏上限。
　　　3. 热风送粉时，w_1 偏上限；乏气送粉时，w_1 偏下限。

一般来说，能保证锅炉稳定着火的一次风率和风速是一个范围。随着负荷变化，实际的一次风率、一次风速将与表5-2中数值产生一定的偏离。对一次风参数的监视和调节，就是为了控制这种偏差不致影响正常的燃烧过程。以监督一次风速为例，相当一批燃烧不稳的案例来自于煤质变差（挥发分降低）时仍维持了高的一次风速；而几乎所有的燃烧器喷口烧损事故都与燃烧器出口实际的一次风速过低有关。

除了着火的稳定性和燃烧的安全性（不结焦、不烧损喷嘴）之外，制粉系统的出力和经济性、一次风机的能耗、输粉的安全性等，也可以作为一次风率是否合宜的判定依据。譬如，若空气预热器的设备状态较差，漏风较大，那么在这种情况下一次风速取高时，将使一次风压升高。这不仅使风机电耗增加，而且会进一步加剧空气预热器的漏风，降低锅炉的运行经济性。再如，若一次风速在燃烧器出口满足要求，但在煤粉管内低于安全风速（一般取18m/s），则应以煤粉管风速为准来调节一次风量。此外，较佳的一次风速还应比较燃烧的经济性（主要是 q_4 损失的大小）。

图5-20所示为一台600MW机组锅炉根据运行分析调整一次风控制曲线的例子。将80%给煤率时的一次风流量由原设计24kg/s提高到27kg/s。经观察，提高一次风速后，煤粉着火点向后推移，煤粉气流的刚性提高，纠正了一次风偏斜气流的贴壁状况。

锅炉负荷变化时，一次风速、风率往往相应变化，这一点在运行调节中应予以注意。对于中间储仓式制粉系统，在负荷变化的一定范围内，当各给粉机均匀减少给粉量时，运行人员有时不调整一次风母管的压力或改变很小，以维持较高的一次风速，防止堵管以及简化运行调整的操作。在这种情况下，不仅一次风率要增大，而且一次风速也可能升高。这样因二次风量、速度的相对降低而使燃烧损失增大。对于直吹式制粉系统，当磨煤机给煤量减少时，为防止煤粉管堵粉，一般一次风量并不按比例

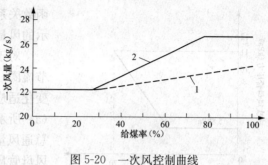

图 5-20　一次风控制曲线
1—原一次风量与给煤率关系；
2—改进后一次风量与给煤率关系

减小，而是相对变大。如图 5-21（a）所示，随着磨煤机负荷的降低，一次风率增大，煤粉浓度减小。这往往是低负荷下燃烧不稳的一个重要原因。

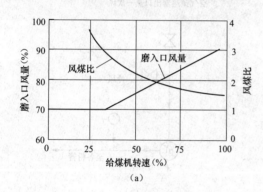
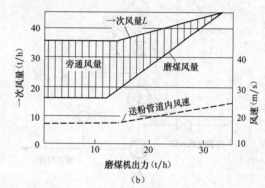

图 5-21　一次风量与负荷的关系
（a）CE-三菱 RP863 型碗式磨；（b）BBD-4062 型双进双出钢球磨

　　调节一次风速的方式取决于制粉系统的形式。对于直吹式制粉系统，一次风率由磨煤机入口前的总一次风量挡板调节。当给煤量变化时，一次风量挡板根据给煤机的转速信号，按照一定的数学关系改变其开度。有的系统，为减少挡板阻力，用热风挡板与冷风挡板的同向联动调节一次风量，反向联动调节磨煤机出口温度，省去磨煤机入口前的总一次风量挡板。通常一次风母管压力按一次风母管/炉膛差压的测量值控制，而其设定值则为锅炉总煤量的函数，如图 5-22 所示。

　　正常运行中当热风挡板开度大于 65％时，需要适当调高热一次风母管压力，以关小热风挡板，使其具有良好的调节特性。当热风挡板开度较小时，一次风机过度耗电，可适当降低一次风母管压力。

　　在手动模式下，热风挡板 100％全开，一次风量由一次风机直接调节。由于消除了热风挡板的节流压降，各负荷下的一次风母管压力自行降低。对于手动模式，该方式由于是一次风机调节风量，负荷跟踪性能稍差，但一次风机耗电节省，适合于负荷较稳定的大型机组。

　　配双进双出磨煤机的锅炉，一次风率的控制较灵活，设置了旁路风。当磨煤机出力变化时，磨煤机通风量也成比例地变化，旁路风挡板自动调整开度对一次风量的增、减进行补偿，但这种补偿是有限的。例如，当负荷降低时，一次风率需适当增加，旁路风门按一定的

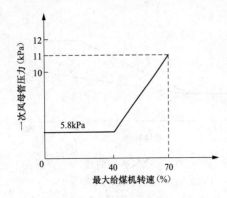

图 5-22 一次风母管压力与
给煤机转速的关系

函数关系自动增加其开度，以维持如图 5-21（b）所示的风量关系。

对于中间储仓式制粉系统，通常保持各煤粉管上节流圈（缩孔）的开度不变，而以一次风母管压力的变化适应负荷要求。对于乏气送粉系统〔如图 5-23（a）所示〕，由排粉机入口挡板 2 调节钢球磨煤机的总通风量（不轻易调整），由再循环风门 3 调节一次风母管压力即一次风量。再循环风门开大则一次风母管压力降低，一次风量、风速降低，反之亦然。当磨煤机停用而对应燃烧器运行时，排粉机入口挡板关闭，一次风母管压力由近路热风门 6 调节。

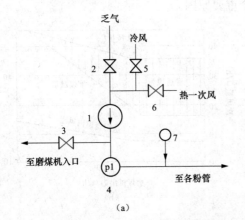

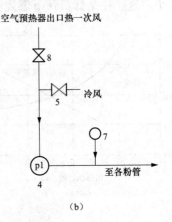

图 5-23 中间储仓式制粉系统一次风调节
（a）乏气送粉系统；（b）热风送粉系统
1—排粉风机；2—排粉风机入口挡板；3—乏气再循环调节门；4——次风母管；5—冷风门；
6—近路热风门；7—给粉机；8—热风门

对于热风送粉系统，如图 5-23（b）所示，热一次风母管压力与磨煤风量无关，由送粉热一次风母管上的热风挡板 8 调节。

随负荷变化需依次增、减给粉机（燃烧器）只数时，一次风压、风速都会有较大变化。为此应适当提前增、减一次风母管压力（与负荷变化同向），以避免燃烧器出口一次风速瞬间过大或过小。

运行中一次风率、风速主要取决于一次风母管压力和一次风门开度。但它还与各燃烧器给粉量有关。当增加某个燃烧器的给粉量时，该管一次风量将下降；反之，则该管一次风量升高。当一次风压过高时，由于风粉混合器内的静压托粉作用，极易发生给粉不均、断粉现象。一次风率随负荷变化的关系与直吹式制粉系统相同。

除一次风速外，总的一次风率还与燃烧器投停数目有关，维持一次风速相同，借助增减给粉机数量（中储式系统）或磨煤机台数（直吹式），可增加或降低一次风率。

监督一次风速时应区分燃烧器出口风速和粉管风速这两个不同的风速。前者用于指导燃烧器的安全、经济燃烧，是表盘上显示的一次风速；后者用于判断煤粉管道的堵管条件（一

般不低于 18m/s），表盘上无显示。两者的数值并不相等，按式（5-5）换算，即

$$w_2 = \frac{\Sigma F_1}{\Sigma F_2} w_1 \qquad (5-5)$$

式中　w_1、w_2——一次风速、煤粉管风速，m/s；

　　　ΣF_1、ΣF_2——一次风喷口出口截面积、煤粉管内截面积，m^2。

（2）辅助风的调整。辅助风是二次风的最主要部分。主要起扰动混合和煤粉着火后补充氧气的作用。辅助风风率、辅助风在各层之间的分配方式等都对燃烧有重要影响。

辅助风的风量和风速较一次风要大得多。一般占到二次风总量的 $60\%\sim70\%$，是形成各角燃烧器出口气流总动量的主要部分。辅助风动量与一次风动量之比（二、一次风动量比）是影响炉内空气动力结构的重要指标。二、一次风动量比过小，则燃烧器出口气流（以辅助风为其主流）不能有力地深入到炉内形成旋转大圆，及早上翘飘走，对着火、燃尽均不利；但若二、一次风动量比过大，上游气流冲击下游气流中刚性较弱的一次风粉，使一次风粉过早从其本角主流偏离出来，不仅因缺氧而影响燃烧的扩展，使煤粉燃尽变差，而且是造成煤粉贴墙、结焦和高温腐蚀等问题的常见原因。从同角气流看，二、一次风动量比过大，一次风过早混入同轴二次风，也会使着火变得困难。但烧好煤时，这种掺混有利于增强一次风气流刚性，防止偏转。

实际运行中可以靠改变二、一次风动量比来调整燃烧切园的直径。对于挥发分低的难燃煤，着火稳定是主要矛盾，应适当增大辅助风量，使火球边缘贴近各燃烧器出口，尤其对于设计中取了较小假想切圆直径的锅炉，气流偏转较为不易，增大辅助风率（二、一次风动量比）对增大切圆直径的作用可能更为明显。适当减少一次风量也可以增大实际切圆直径。对于挥发分大的易燃煤，防止结焦和提高燃烧经济性是主要的，燃烧调整时要注意不可使辅助风过大、一次风量过低。

二、一次风动量比的合宜值还与炉膛切圆的设计特性有关。对于同轴同向单切圆［如图 5-24（a）所示］，一次风动量一出喷口就因燃烧膨胀而迅速衰减，但辅助风动量则衰减较慢，因此，在各角总风量一定情况下，增加辅助风的比例往往加速一次风的偏斜，从而使实际切圆直径变大；但对采用了三切圆或者一、二次风反切燃烧的锅炉［如图 5-24（c）和图 5-24（d）所示］，设计意图是为避免结焦，希望形成风挡粉的空气动力结构，这种情况下，适当提高大切圆的辅助风量可能反而有助于减轻一次风的偏斜和煤粉离析。

辅助风必须保持足够的动量，使之能在一次风粉着火之后穿透到一次风内部去。否则，由于补氧不及时，将会影响到燃烧的继续发展。一部分燃料的燃烧将延伸到炉温已较低的主燃烧区上方进行，燃烧损失变大。因此，从燃烧角度不希望过分开大分离式燃尽风。在炉膛/差压控制方式下，增加炉膛氧量的结果，也会使辅助风量自动增大。

二、一次风动量比可以通过改变一次风率、SOFA 风率、周界风率加以调整。其中 SOFA 风量的增减对于辅助风量有最大的影响。此外，炉膛—风箱差压的变化也可以改变以上各风量之间的比例。

对于直吹式制粉系统，由于一次风率受制于磨煤机一次风量，因此在总风量一定的情况下（氧量控制），二次风及辅助风的风量、风率、风速均与制粉系统的运行调节有关，在辅助风动量明显感到不足或煤种变化的情况下，允许采用适当抑制风煤比的措施来提高辅助风总量。

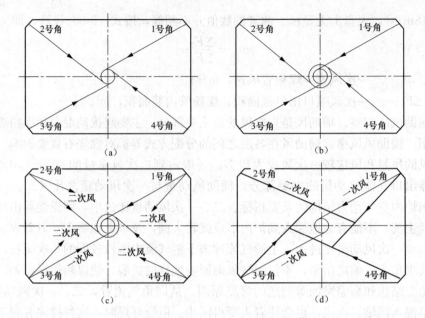

图 5-24　若干典型的炉膛切圆布置方式

（a）同心单切圆；（b）双切圆；（c）三切圆；（d）一、二次风反切

对于中间储仓式热风送粉系统，辅助风率还要受到三次风率的影响，例如过大的制粉系统漏风（使三次风率增大）会使辅助风量减少、炉内切圆变差。

不论何种制粉系统，炉膛漏风和制粉系统掺冷风都将减小炉膛主风的动量，影响炉膛切圆和空气动力场。应尽可能消除之。

除了辅助风的总量之外，各层辅助风（包括燃尽风）的调节，对燃烧也有一定影响。紧凑式燃尽风和最上层辅助风能压住火焰，不使其过分上飘，是控制火焰位置和煤粉燃尽的主要风源；中部辅助风则为煤粉旺盛燃烧提供主要空气量；最下层辅助风可防止煤粉离析，托住火焰不致下冲冷灰斗而增大 q_4 损失。

辅助风在燃烧器各层之间的分配方式与煤种、燃烧器类型、炉型以及运行条件（如热风温度、制粉系统送粉方式）等有关，很难一概而论。但大致可有如下四种：上、中、下均匀分配（均匀型），上大下小（倒宝塔型）、中间小，两头大（缩腰型）和上小下大（正宝塔型）。一般来说，倒宝塔型配风对于较差煤种的稳定着火较为有利。从燃烧器整体看，倒宝塔型配风相当于射出燃烧器喷口的所有煤粉一次风气流，先与较少的二次风气流（由下面上来）混合，再依次上行与较多的二次风气流混合，这样使空气沿火焰行程逐步加入，实际上体现了分级送风的原理，因此对燃用贫煤、无烟煤等较差煤质时是较适宜的。但当燃用烟煤且炉内空气分级较强时，倒宝塔型配风有时会使飞灰含碳量升高。

采用正宝塔或均匀型的送风方式，因为煤粉很快与大量辅助风相混合，及时补充燃烧所需氧气，所以适于烟煤的燃烧。但正宝塔方式运行时火焰中心升高，应注意监视前、后屏金属壁温不要超温。当炉内整体气流偏转过大，刷墙、结焦较严重时，有时可以采取缩腰型的配风方式加以改善。经验表明：当中部二次风量大时，燃烧稳定性和经济性都是较低的。原因在于中部二次风处于两个一次风气流的中间，当其动量增大时，背火面的卷吸量越大，负压也越大，而从上角来的主流则因中二次风动量增加而增强其冲击力。结果会使中部的一次风气流严重偏转，脱离主流而导致燃烧稳定性和经济性的降低。而采用束腰型配风后，以上弊端都可以避免。如果将中部的二次风关得很小，相当于在高宽比大的直流射流中开了一个大的平衡孔，燃烧器射流补气条件的改善是十分明显的。

一般来说，适当提高上二次风率可压住主火焰、有利于劣质煤降低飞灰含碳量，尤其是煤粉磨得较粗时，可延长粗粉在炉内的停留时间。而提高下二次风率对于防止煤粉的离析下沉，减小炉渣含碳量以及防止冷灰斗结焦、可燃气体积存等有时是需要的。当停用下层煤粉喷嘴而相应辅助风挡板未能及时关闭时，则会抬高火焰中心，使汽温及金属壁温升高。

应该说明的是，当辅助风从风箱的底部引入时，由于风箱内静压分布的关系，上层关小、下层开大的辅助风挡板开度也能实现各层燃烧器的均匀配风。

辅助风挡板开度的调整也是解决汽温问题的一个有效手段。倒宝塔配风和缩腰型配风都可以在一定程度上降低炉膛出口烟气温度，减少过热器、再热器的减温水量和降低排烟温度。在中低负荷下，适当关小炉膛底部辅助风挡板，可以提高火焰中心，使再热汽温提高。图 5-25 所示为某 600MW 亚临界锅炉调整辅助风挡板开度，解决再热汽温偏低问题的一个实例。

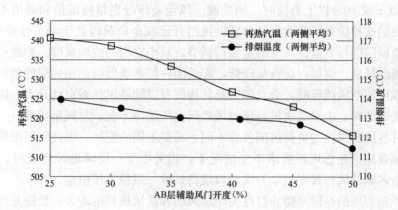

图 5-25 底层辅助风门开度对再热汽温和排烟温度的影响（60％负荷）

近代锅炉辅助风量的控制普遍采用炉膛—风箱差压控制方式。即总风量由燃料总量信号及氧量修正信号改变送风机入口挡板（或动叶安装角）控制，辅助风门开度调节二次风箱与炉膛之间的差压。炉膛—风箱差压的定值取为负荷的函数。这种方式当一次风率变动后，二次风率将自动随之变化。通过加偏置可改变炉膛—风箱差压与负荷的对应关系，如图 5-26 所示。而炉膛—风箱差压的变化会使辅助风、燃料风、燃尽风之间的风量分配比例发生改变，从而有可能影响锅炉燃烧。如在不变负荷下增大炉膛—风箱差压时，各辅助风门同步关小，辅助风量减小而燃尽风量和燃料风量增大，与停用燃烧器相邻二次风口的冷却风量也会增大。总的二次风量仍按氧量控制。

风量比例的变化对煤粉燃烧的稳定性、燃尽性及 NO_2 的排放量都有影响。有电厂试验表明，炉膛—风箱差压增大时，由于辅助风量减少、燃料风速提高，使火焰拉长，燃烧时间缩短、飞灰可燃物含量上升。因此，较合宜的炉膛—风箱差压可由调整试验的结果来修正。需要指出的是，炉膛—风箱差压的大小并不会影响炉内总的送风量，而只是改变了各辅助风门的开度位置。

图 5-26（a）所示为某 CE 型 2008t/h 锅炉燃烧器负荷与炉膛—风箱差压的关系。在 30％～

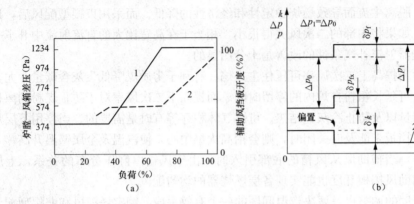

图 5-26　辅助风挡板开度特性

(a) 炉膛—风箱差压和辅助风挡板开度与负荷的关系；(b) 定负荷下改变偏置对炉膛—风箱差压的影响

1—炉膛—风箱差压；2—辅助风挡板开度；3—大风箱风压；4—送风机总风压

70%MCR 之间，炉膛—风箱差压与负荷呈线性关系增大，以保持各辅助风门开度在适宜位置，在 30% 以下或 70% 以上负荷时，则炉膛—风箱差压分别维持低值和高值不变。炉膛—风箱差压曲线的这种设置，是为保证各辅助风门开度在全负荷段处于调节性能良好的位置，以便利用辅助风门进行氧量、汽压的定负荷调节，减小它们的波动幅度。炉膛—风箱差压还可以稳定总辅助风量。例如，在负荷降低，需关闭一层燃烧器时，相邻层的辅助风需同时关闭。在关闭该层辅助风挡板时，会立即引起其他所有层辅助风挡板自动开大，以维持炉膛—风箱差压不变。此时，由于二次风总压与风箱间差压维持不变，总风量不变。

在运行时各层磨煤机的负荷可能各有不同，需要不同的配风，因此每层辅助风门都设有一个操作员偏置站。在总风量需求不变情况下，当关小某一层辅助风挡板时，该层风量减小，同时其余各辅助风挡板则自动开大，以维持炉膛—风箱差压恒定。

炉膛—风箱差压的高限是防止过度关闭层风门和送风机耗电增大；低限是为增强二次风量对炉膛负压变动的抗干扰性能，削减炉膛氧量波动的幅度。不致因炉膛负压变正而引起燃烧器出口二次风量、风速的大幅波动甚至向燃烧器倒灌。当用辅助风门调节氧量时，较高的炉膛—风箱差压对于调节的快速性也是有利的。

低负荷时控制炉膛—风箱差压也不可过高，主要是考虑低负荷时投用的喷嘴较少，其他未投用的喷口将占用相当一部分二次风量（冷却喷口），如果炉膛—风箱差压较大，则会关小燃烧层的辅助风门，加剧主燃烧区相对缺风，影响着火稳定。

在辅助风门开度解除自动情况下，不同负荷段下手动设定辅助风门开度，仍由送风机调节送风量，炉膛—风箱差压则自发变化。辅助风挡板开度只是阶段性控制炉膛—风箱差压的水平。这种方式下，二次风量的内部分配尤其是辅助风与燃尽风的比例，与辅助风门开度自动的情况差异较大。应通过燃烧调整，根据蒸汽温度、NO_x 浓度、飞灰含碳量、风机电流等参数的协调，给出最合宜的配风工况表。各负荷段炉膛—风箱差压的高低限值，仍按前述原则确定。

炉膛—风箱差压在任何方式下不影响锅炉总风量。至于其对风率分配的影响，则与引起炉膛—风箱差压变化的原因有关。例如随着辅助风门的关小，炉膛—风箱差压升高，主燃烧器二次风速降低、周界风速增加，燃尽风速增加；而随着燃尽风门的开大，炉膛—风箱差压降低，燃尽风速、风率增大，而主燃烧器二次风速、周界风速降低。因此，不可以简单地用炉膛—风箱差压判断燃烧区的供风状况。例如，为缓解主燃烧区的缺风，有时可能需要降低炉膛—风箱差压，有时则可能需要去提高它。对燃烧器二次风速的判断也是如此。

图 5-27 所示为某 600MW 超临界锅炉的一次变动炉膛—风箱差压的试验结果。随着炉膛—风箱差压降低，维持其他二次风门不变，辅助风挡板开大，则 SOFA 风率、周界风率减小，飞灰可燃物降低，锅炉效率升高。

负荷稳定时的炉膛—风箱差压调整也可用于炉膛氧量的快速调节，此时炉膛—风箱差压切手操，用辅助风门调氧量、送风机动叶调炉膛—风箱差压。可在送风机很少调整的情况下，利用辅助风门迅速暂态增减氧量，改善氧量控制质量。

在调节风门过程中，应注意监视炉膛—风箱差压值，防止差压大于 1.5kPa，引起辅助风门全开保护动作。

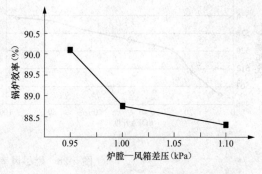

图 5-27　炉膛—风箱差压对锅炉效率影响

（3）燃尽风的调整。燃尽风包括分离燃尽风 SOFA 和紧凑燃尽风 CCOFA，锅炉设计燃尽风的目的是为了遏制 NO_x、SO_3 的生成量。SOFA 和 CCOFA 都可以降低主燃烧器区的过量空气系数，实现分级燃烧，但 SOFA 由于远离一次风粉喷口，故其对 NO_x 的控制作用和对燃烧损失的影响都超过了 CCOFA。而 CCOFA 布置在大风箱内，其离开主风口的距离和燃尽风风速均受到限制。

燃尽风的风量调节与锅炉负荷和燃料品质有关。锅炉在低负荷下运行，炉内温度水平不高，NO_x 的产生量较少，是否采用两级燃烧影响不大。再由于各停运的喷嘴都还有一定的流量（5%～10%），燃尽风的投入会使正在燃烧的喷嘴区域供风不足，燃烧不稳定。因此，燃尽风的挡板开度应随负荷的降低而逐步关小。锅炉燃用较差煤种时，燃尽风的风率也应减小。否则，大的燃尽风量会使主燃烧区相对缺风，燃烧器区域炉膛温度降低，不利于燃料着火和燃尽。

在燃用低灰熔点的易结焦煤时，燃尽风量的影响是双重的。随着燃尽风率的增加，一方面，强烈燃烧器区域的温度降低，这对减轻炉膛结焦是有利的；但由于火焰区域呈较高的还原气氛，又会使灰熔点下降，这对减轻炉膛结焦是不利的。一般而言，炉温降低的影响要超过气氛的影响，因此较大的燃尽风量有利于减轻炉膛结焦。

随着燃尽风量增加，燃烧器区域缺风加剧，SCR 进口 NO_x 浓度降低而飞灰含碳量升高。燃尽风量增加到一定程度后，飞灰含碳量的上扬突然加速。燃尽风率的这种 NO_x 排放特性和飞灰燃尽特性均应通过专门的燃烧调整试验取得。运行中燃尽风量的上限值取决于能够容忍多么高的飞灰含碳量。燃尽风率的合宜值则应在权衡燃烧损失、SCR 装置的运行费用、催化剂更换周期等基础上得到。从经济性出发，燃尽风率调整的一般原则是：煤质较好，飞灰含碳量低时（如 $C_{fh}<1.0\%$），以降低 NO_x 排放浓度为主，SOFA 风率可以取得大一些；煤质较差，飞灰含碳量较高时，以降低飞灰含碳量为主，取小一些的 SOFA 风率，以获得最好的综合效益。

适当增加燃尽风量还可以使燃烧过程推迟，炉膛出口烟气温度升高，有利于保持额定汽温。煤的挥发分越低、运行氧量越小、二次风的分级深度越大，则燃尽风量对汽温的正向影响越明显。反之，则也可能出现反向的影响。因此，燃尽风的调节必要时也可作为调节过热汽温、再热汽温的一种辅助手段。但火焰中心位置提高后，应注意它对炉膛出口飞灰可燃物的影响（通常会使飞灰可燃物升高）。图 5-28 所示为某 600MW 亚临界锅炉燃尽风率对再热汽温影响的一个实例。燃烧器为"WR"型直流燃烧器，试验煤质：$V_{daf} = 32.82\%$，$Q_{net,ar} = 24\,120\text{kJ/kg}$。对于本例，SOFA 风率对再热汽温的影响比 CCOFA 风率要大得多。

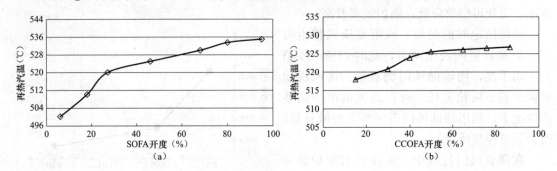

图 5-28　燃尽风率对再热汽温的影响
(a) SOFA 风率影响；(b) CCOFA 风率影响

图 5-29 示出了某电厂 2008t/h 四角燃烧锅炉燃尽风风量控制调整的情况。为减少燃尽风量，提高其他诸层投运燃烧器的出口风速，以减缓气流偏斜，将原燃尽风风门的控制曲线进行修改，把 OA 层控制曲线的斜率 k 从原来的 4 降为 2.4，并限定最大开度为 60%，燃尽风 OB 风门的控制曲线保持原状，但运行中建议最大开度控制在 60% 左右。这个措施与其他措施一起，将该炉的飞灰可燃物由调整前的 6%～7%，降低到 1.0%～1.5%，且结焦情况也明显改观。图 5-30 所示为 SOFA 风量对炉膛出口烟气温度影响的实测曲线。

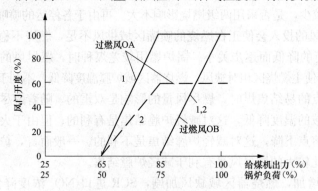

图 5-29　燃尽风控制曲线的优化调整
1—优化前；2—优化后

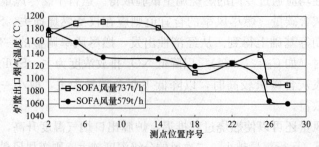

图 5-30　某 600MW 超临界锅炉燃尽风量与炉膛出口烟温实测关系曲线

总之，通过对主燃烧区的过量空气系数的调节，燃尽风量可以在一定程度上实现对燃烧器区域的温度分布的控制，从而有助于解决有关燃烧的某些问题。

四角布置切向燃烧锅炉的所有 SOFA 风全部设计为反切风。即 SOFA 风的切圆旋向与主燃烧器的切圆旋向相反，用以减轻炉膛出口烟气的残余旋转。有的锅炉 CCOFA 风也进行了反切设计。在这种情况下，燃尽风的调节兼备控制过热器或再热器的壁温偏差，防止超温爆管的作用。表 5-3 所示为某电厂 600MW 机组四角布置切向燃烧锅炉进行的一次试验情况。试验工况：机组 415MW 负荷、4 磨运行、燃烧器摆角 50％水平位置、再热器减温水关闭。根据试验，随着燃尽风门开度的增加，再热汽温升高，汽温偏差及壁温偏差均减小。正常运行 OA、OB 两层燃尽风挡板投手动控制方式。反切风量以在不同负荷下不出现汽温左高右低的反偏差为原则。

表 5-3　　　　　　　　　　燃尽风挡板开度影响试验

风门开度及参数	燃尽风 OA（％）	燃尽风 OB（％）	辅助风 FF（％）	辅助风 EF（％）	其余辅助风（％）	再热汽温（℃），左/右	最大管壁温度（℃）	管壁温度偏差（℃）
工况 1	100	0	53	53	53	515/540	32 号—571	40
工况 2	100	50	53	53	53	528/535	36 号—561	20
工况 3	100	100	42	42	42	538/542	31 号—559	6

燃尽风的其他可调参数还有水平偏置角（一般手动）和上、下摆动摆角（一般电动远操）。水平偏置角通常在新机投运后或改造后性能试验中一次性调整好即不轻易变动。其作用主要是调整 SOFA 燃尽风所形成的反向切圆直径，以改善炉膛出口的烟气温度偏差。燃尽风上下摆动倾角的调整可以在一定程度上调整过热、再热蒸汽温度，也可以调整烟气温度及蒸汽温度偏差。下摆时火焰被压低，炉膛出口烟气温度和蒸汽温度降低，对金属壁温超限有一定抑制作用，上摆时火焰舒展，炉膛出口烟气温度和蒸汽温度升高，有利于保住额定蒸汽温度。

多层布置的分离燃尽风还可以通过总的燃尽风在不同层之间分配比例的调整，改善锅炉的运行指标。总的原则是，在相同燃尽风率下，增加较高层的燃尽风比例，相当于增加了还原区的高度，燃烧降氮的效果好一些；投用层燃尽风门尽可能全开，避免单层燃尽风门处于部分开启状态，以增加燃尽风的覆盖率和旋转，改善炉内充满度，降低 NO_x 和飞灰含碳量。各层燃尽风的投切原则是，按照从下至上的顺序依次切除时，有利于降低省煤器出口 NO_x 的排放；按照从下至上的顺序依次投入时，有利于降低飞灰可燃物含量。

不同锅炉的燃尽风控制方式不完全相同。一种是独立调节方式，即燃尽风挡板开度与负荷无关，根据调试结果，手动定位燃尽风挡板开度，运行中即不再调节，燃尽风量只随大风箱压差变动而变动；一种是负荷调节方式，即燃尽风挡板开度与总风量按一定的函数关系变化，当负荷低于某一设定值时全关燃尽风挡板，如图 5-29 所示。

（4）周界风的调整。周界风（燃料风）是在一次风口周圈补入的纯空气，一般占总二次风量的 10％～25％，风速为 45～55m/s。在一次风口背火侧补入的称偏置周界风。周界风是二次风的一部分，连接于燃烧器大风箱。其出口风速和风量随大风箱的压力而变化，一般随煤粉气流的大小同步增减。

周界风的风速和风温均高于一次风气流，调整时应注意煤质的差别。在燃用较好的烟煤时，周界风可起到推迟着火、悬托煤粉、遏制煤粉颗粒离析，以及迅速补充燃烧所需氧气的作用。因此对挥发分较高的易燃煤而言，其周界风量挡板可以开大些。但是周界风也存在阻碍高温烟气与出口气流掺混、降低煤粉浓度的一面。当燃用低挥发分或难着火煤时，会影响燃烧稳定性。当燃用贫煤或劣质烟煤时，应适当关小甚至全关周界风的挡板，以减少周界风量和一次风的刚性，扩大切圆直径，使着火提前。此外，周界风还可以冷却燃烧器一次风喷口，防止煤粉气流回流。

最下层的周界风的特殊作用是在一次风燃烧器出口附近托住煤粉，防止冷灰斗死区产生并积存挥发性可燃气体，被炉膛高处掉焦点燃而导致炉膛灭火。

图 5-31 所示为某电厂 330MW 锅炉在烧枣庄烟煤时（$V_{daf} \approx 40\%$，$A_{ar} \approx 18\%$，$M_{ar} \approx 8\%$，$Q_{net,ar} \approx 23\,700\text{kJ/kg}$）周界风率影响试验的一种结果，图中 k 为燃烧器倾角。试验表明，300MW 负荷下，当周界风挡板开度从 70% 逐渐关小到 30% 时，C_{fh} 降低约 1.5 个百分点，SCR 进口 NO_x 浓度降低约 30mg/nm^3，最高锅炉效率出现在 40% 开度工况。这一规律在 250MW 的低负荷试验中再次重现。

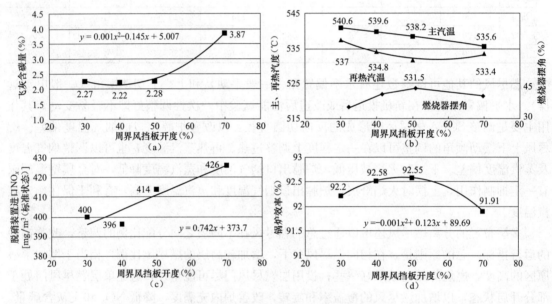

图 5-31　周界风门开度对锅炉参数影响
(a) 飞灰含碳量变化；(b) 汽温变化；(c) NO_x 变化；(d) 锅炉效率变化

周界风的加入有助于减小一次风粉气流的偏转贴墙。从补气条件看，燃烧器中部的喷嘴适当加大周界风对减小偏转则更为有利。图 5-32 所示为某电厂 600MW 机组锅炉（燃用晋北烟煤）对燃料风控制的改进情况。改进的目的是为解决结焦和飞灰可燃物偏高的问题。图 5-32 中虚线为原设计控制曲线，实线为优化调整后的控制曲线。优化调整后将原来统一燃料风门的控制曲线根据燃烧要求改为 3 组不同的控制曲线。图 5-32 中 CD 为中间喷口，BE 和 AF 分别为上、下的两组喷口。燃料风的分配为鼓腰型。

在自动投入情况下，周界风门的开度与燃料量为比例调节。即当负荷降低时，周界风流量随之减小，一方面可稳定低负荷下的着火，另一方面可使煤粉管内的一次风流量相对增大，防止煤粉管堵塞；当煤种发生变化时，则可通过改变燃料风门的偏置来调整周界风量与二次风量的比例关系。当喷嘴中停止投入煤粉时，周界风保持最小开度用以冷却喷嘴。根据锅炉厂家提供的曲线，按照挡板开度和炉膛—风箱差压，可取得大致的辅助风量和燃料风量的估计。

偏置周界风的作用是在一次风背火侧附近形成风幕，防止煤粉贴墙和降低灰熔点。锅炉高负荷运行或燃用易结焦煤时，可适当开大偏置周界风门，防止水冷壁结焦。

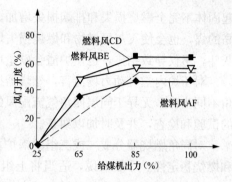

图 5-32　燃料风控制曲线

周界风的调节使用效果，有的锅炉较明显，有的则并不明显，这在很大程度上取决于燃烧器本身的结构设计。例如，如果燃烧器在设计时一次风的气流"刚性"就较差，偏转比较严重，那么投入周界风后效果就有可能较为显著；如果设计时一次风气流"刚性"本来就强，投入周界风后效果就可能不甚明显。此外，炉膛—风箱差压过低时，周界风挡板失去有效的调节手段，效果也不明显。

(5) 三次风的调节。国内燃用贫煤、无烟煤的中间储仓式热风送粉系统，在燃烧器上层相应开有三次风喷口。三次风相对于炉内的高温烟气来说是一股冷气流，煤粉浓度极低，它对低挥发分煤的燃烧影响较大。三次风量一般在20%左右。若三次风量过大，会使燃烧区域温度下降，燃烧延迟，飞灰可燃物含量增加，影响锅炉的经济性；由于火焰中心提高，还会使过热蒸汽超温，影响锅炉的安全性。三次风量过小，制粉系统出力降低，煤粉水分增加。此外，三次风量的大小还会影响到摆动式燃烧器的调温效果。三次风停用与投用相比较，由于三次风动量对燃烧中心位置的抑制作用，使燃烧器喷口摆动相同角度时的调温幅度要大得多。

三次风速也应控制合适。若三次风速过低（一般不低于50m/s），将无法穿透高温烟气进入炉膛中心，过早上翘而使其中的煤粉难以燃尽；三次风速过高则可能降低主火区的温度，使燃烧不稳。

三次风的带粉量一般在10%左右。这部分煤粉因难以燃尽而产生较大燃烧损失。运行中应保持较高的细粉分离器效率，降低三次风中的煤粉浓度。

当制粉系统停运时，锅炉效率往往较高。原因有三：①三次风量减至零时，炉内温度水平较高，煤粉燃烧较完全；②原在三次风内燃烧的一部分煤粉现全部转移至在主燃烧器区燃烧，两者的燃尽条件差别极大，燃烧损失减小；③制粉系统的漏风也等于零，在保持相同炉内氧量情况下，通过空气预热器的风量增加，使排烟温度下降。

若运行中三次风率过大，可采取以下措施：①减少制粉系统的漏风；②提高磨煤机的入口温度，以减少干燥剂量；③开大再循环风门，可在保证最佳通风量的条件下，降低三次风量；④如能保证燃烧稳定，可按一次风比例用乏气送粉，多余的作为三次风送入炉膛，也可以降低三次风量。

2. 燃烧器摆角的调整

调整燃烧器喷口的摆角主要是为了调节再热汽温，国内 1000MW 机组，也将燃烧器摆角作为过热器调温的辅助手段。通常摆角变化±30°，影响再热汽温 40～50℃。由于摆角改变会对火焰中心位置、煤粉的停留时间、炉内各射流间的相互作用等发生影响，所以调整喷口的摆角也往往会在某种程度上影响锅炉的燃烧状况。例如，若燃烧器的上倾角过大，会引起固体不完全燃烧损失和排烟损失增加，尤其当煤粉的粒度不均匀时，即使是燃用挥发分较高的煤，也会使飞灰可燃物和燃烧损失增大。若燃烧器的下倾角过大，则会引起火焰冲刷冷灰斗，不仅导致结焦，也使炉渣含碳量增加。

对于炉内空气动力场而言，燃烧器摆角影响最大的情况是各层燃烧器的摆动不同步。摆角不同步时，无异于同层四角气流配风的严重失调。因此，运行中应注意加强对燃烧器缺陷的试验和检查，并及时加以纠正。

对同角燃烧器分成二或三组的锅炉，燃烧器喷口摆角的配合有助于调整燃烧中心的位置和燃烧稳定性。一般来说，适当将上组喷嘴向下摆动，下组喷嘴向上摆动，可收到集中燃烧、提高火焰中心温度的效果；反之，将上组喷嘴向上摆动，下组喷嘴向下摆动，则可分散火焰，降低燃烧器区域的热负荷，用以缓解结焦问题。

摆动式燃烧器因卡涩故障无法摆动时，应经仔细调整将摆角固定于某一较佳位置，对于再热汽温偏低的锅炉，摆角上倾尽可能高一些。对于过热器金属超温严重的锅炉，摆角下倾尽可能低一些。有的电厂试验表明，燃烧器摆角对于汽温的影响存在一转折点，当摆角位置上调超过某一角度以后，汽温反而随摆角上倾而降低。

3. 四角配风均匀性调整与监视

（1）四角配风均匀的意义。炉膛各角主燃烧器的总风量由辅助风、紧凑式燃尽风（CCOFA）、周界风（以上为二次风）和一次风组成。四角配风是否均匀取决于二次风和一次风的均匀性。二次风的配风均匀性靠冷炉试验由调整各角炉前小风门的开度实现，对于四角风箱分别供风并装有测风元件的锅炉，可由各角风量挡板一次性调节。运行中，各层四角炉前小风门的开度一般不会影响四角气流的均匀状况。

对采用切圆燃烧的锅炉，四角风量是否均匀，对炉内燃烧的影响是很大的。它既影响炉内火球中心位置，又影响煤粉燃尽程度。图 5-33 表示了当四角气流不均匀时，炉内切圆形

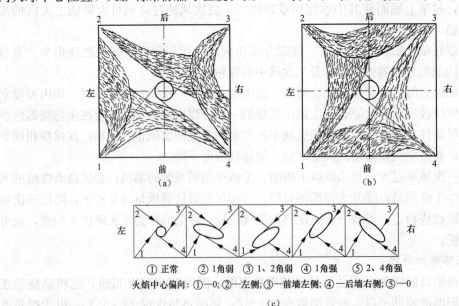

① 正常 ② 1角弱 ③ 1、2角弱 ④ 1角强 ⑤ 2、4角强

火焰中心偏向：①—0；②—左侧；③—前墙左侧；④—后墙右侧；⑤—0

(c)

图 5-33 四角布风不均对炉内气流工况的影响

（a）1号角气流弱时的工况；（b）1、2号角气流弱时的工况；（c）5种情况下火焰中心及切圆形状示意

状的具体情况。图 5-33（a）所示为 1 号角气流弱时的情况。由于 1 号角气流的动量小，被 4 号角气流吹向左墙，2 号角气流因此偏转较小；结果 2 号角气流对 3 号角气流的冲击点后推，也使 3 号角气流后段的偏转加大，继而对 4 号角气流的推力点前移或失去推力，使 4 号角气流的偏离减小，又加剧了 1 号角气流的偏斜。如此循环影响，就形成冲击两侧墙的两股气流，尤其是左墙，因 1 号角气流动量小，火焰偏斜会更严重。

图 5-33（b）所示为当 1、2 号角风速、风量较低时的情况。由图 5-33（b）可见，从气流冲刷和着火推迟来看，2、4 号角喷口不易烧坏，但着火可能推迟。1、3 号角的喷口可能被 2、4 号角的火焰扫到，燃烧器安全性差，若燃用易结焦的煤时，前、后两面墙往往会产生结焦。

图 5-33（c）给出了 5 种情况下对火焰中心位置及切圆形状影响的一个示意。

当运行中发现火焰中心偏移或燃烧切圆的形状不良时，操作员可根据以上的分析原则，结合实际操作经验，及时调整各角二、一次风量，增、减某一角或相邻两角的气流动量（如调整两侧风箱风压），保持良好的炉内工况。

锅炉排烟的氧量和温度若出现左右不均匀，也可利用各角二次风的调整加以改善。

同层四角的一次风粉是否均匀，对于燃烧的稳定性和经济性也是十分重要的。所谓一次风粉均匀性包括两个含义：一是同层各角一次风管的风量（风速）均匀；二是同层各燃烧器的风粉成比例。不均匀的一次风速和风粉分配，会导致燃烧损失增加和过量 NO_x 生成、炉内燃烧中心偏转，炉内结焦、燃烧器喷口烧损；一次风速差别过大时（如节流孔圈磨损），还可能引起燃烧工况不稳或煤粉管堵塞等。例如，在悬殊的一次风速分配下，以风速最低的一次风管控制一次风速时，会使整体一次风率增大、热一次风母管压力升高，一次风速过高的喷口可能出现燃烧不稳，排烟温度也会升高（磨煤机掺冷风引起）。

图 5-34 所示为国外某台切圆燃烧煤粉炉风粉分布不均影响的试验结果，由图 5-34 可见，q_4 损失随燃烧器不均系数 Δx 的增大而增加，当 Δx 超过 30％以后，q_4 损失的增加明显加快。

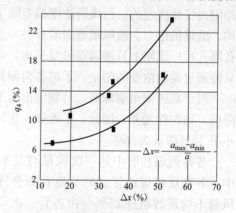

$$\Delta x = \frac{a_{max} - a_{min}}{\bar{a}}$$

图 5-34　四角燃烧锅炉过量空气系数分配不均匀度对 q_4 的影响

（2）一次风粉均匀性监督。

1）直吹式制粉系统。直吹式系统的一次风管路布置示意如图 5-35 所示。在进行锅炉空气动力场试验时，通过调节节流件（缩孔）1 的不同开度，一次性调平各管阻力系数，可以得到较均匀的粉管风速分布。缩孔开度的大致规律是：管子长、弯头多的②角、③角管子，缩孔开得大些；管子短、弯头少的①角、④角管子，缩孔关得小些；位于炉膛近端的磨煤

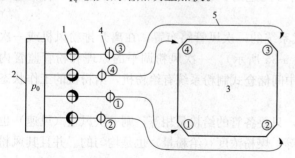

图 5-35　直吹式制粉系统的煤粉管道布置示意图
1—固定节流件（缩孔）；2—磨煤机出口；3—炉膛；
4—静压测点；5—煤粉管

机，缩孔关得小些；位于炉膛远端的磨煤机，缩孔开得大些。

在各缩孔后管段上装有粉管静压测点4，用于监督各一次风管风速和总的一次风率。对于不同的粉管，一次风的静压值反映了管子阻力的不同。正常运行、风粉均匀的情况下，静压值 p_i 高的一次风管，管子长、弯头多，是原结构阻力较大的管子；静压值 p_i 低的管子，管子短、弯头少，是原结构阻力较小的管子。各管静压值的大小不同恰好是各管风量均匀的正常结果。粉管风压的具体数值不但与粉管序号有关，而且随煤质、磨煤机出力、一次风总量的变化而有所变化。对于各管的这种静压特性，以及各粉管静压与粉管序号、磨煤机位置的真实对应，运行人员应做到心中有数，以便及时对风粉异常和燃烧条件做出判断。

例如，当与某层燃烧器对应的磨煤机处于炉前左边位置时，应该是②角的静压最高而④角的静压最低。如果DCS画面的数值显示④角管子的静压反而高于其他管子，在排除信号误差，并经现场看火确认后，即可判断该管一次风速偏高，着火距离拉长，应注意稳燃问题。其余各层、各管的静压状况，均可按此原则检查诊断。再如，运行中若某管静压持续升高，而其他粉管静压正常时，一个极可能的原因就是燃烧器喷口结焦堵塞。此时一次风速低而粉管静压高，存在烧毁燃烧器的隐患。该情况常伴随入炉煤的挥发分增大而出现。

磨煤机各粉管的一次风速偏差，通过调整一次风管节流孔圈孔径，一般均可达到允许的数值（<5%），但各管的煤粉浓度偏差则较难控制。这是因为磨煤机各风速偏差主要是由管路阻力特性决定的，而煤粉浓度偏差除了与管路特性有关外，还与煤粉分离器、分配器的结构、磨煤机出力、通风量等因素有关，而目前电厂现有的运行调整手段（调整一次风管节流孔圈孔径）原则上只能调整风量平衡，对煤粉浓度偏差起不到应有的调节作用。因而实际上只能通过煤粉浓度的测定，了解各角偏差的程度，在锅炉燃烧调整时给以补偿。

对于双进双出钢球磨，若额定出力下各煤粉管风粉是调平的，则低负荷下随着煤粉浓度降低，均匀性变差。因此，不希望一次风率过高。热态下运行时，各风管内的流动不均匀性小于10%即认为合格。

各并列煤粉管中的一次风量与其平均值之比称一次风量不均系数。在锅炉运行过程中，各磨煤机煤粉管道的节流孔圈会逐渐产生不均匀的磨损，通常，在各磨煤机的一次风量不均系数超过25%（由各管一次风压监视），并且明显影响炉内燃烧工况和锅炉效率时，应对节流缩孔进行调节或更换。严重的磨损不均不仅会影响锅炉的燃烧，还会因未磨损的那根管子的阻力相对增大很多，流速降低，而产生煤粉的沉积，引起粉管着火事故。此外，当燃烧器喷口发生结焦、堵管等问题时，也应考虑个别煤粉管中一次风速过低的可能性，并采取相应措施。

2）中间储仓式制粉系统。中间储仓式系统的一次风管路布置，在离开排粉风机或一次风总管后，与正压直吹式系统相同（如图5-35所示）。一次风粉调平的原理和粉管监督内容，也与正压直吹式系统相似，区别在于中间储仓式制粉系统有给粉机，给粉机的工作状态对一次风调平有重要影响。

中间储仓式系统当各管阻力调平之后，只要各管的给粉量相等，则一次风量（风速）也彼此相等。反之，只要各管的一次风量相等，煤粉浓度（给粉量）也是均匀的。并且其风粉均匀性与一次风箱压力几乎无关。

一次风速常用一次风速测量装置或者静压（一次风压）进行监视（如图5-36所示）。如果是热风送粉系统，还可借助风粉气流混合前、后的温度改变，监视煤粉浓度。在冷态试验通粉之前，先将一次风量调平（缩孔或小风门作为节流件），之后的运行过程中节流件固定不再调整，而根据 CRT 上显示的一次风速及流量棒状图，自动或手动地改变各给粉机的给粉量偏置，通过调整给粉量改变风粉的流动阻力，使一次风粉均匀。

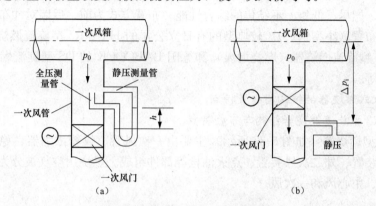

图 5-36　各支管一次风速测点布置
(a) 动压测点及其位置；(b) 静压测点及其位置

当利用粉管静压监督一次风速时，与直吹式系统一样，不同风管的静压以各个不同数值指示管子阻力的差异。在风速、粉浓度均匀情况下，原始阻力系数大的管子对应高一些的静压，原始阻力系数小的管子对应低一些的静压。原结构阻力大的管子，当给粉量偏大时，风粉的均匀性破坏最为严重，在操作上应加以注意。监视时，运行人员应清楚各管一次风压的正常波动范围。运行中通过给粉机的操作，维持各管静压在正常波动中心附近，即可认为各管风速、煤粉浓度是均匀的。若某管的静压升高，说明该管静压测点以后管路的煤粉浓度增大、风速降低，此时应检查给粉量是否正常，必要时适当降低给粉机转速，恢复风速。若静压持续升至与一次风箱风压接近或产生较大波动时，则有可能要发生堵管，应关掉相应给粉机，进行吹管疏通。

运行中应经常比较各给粉机转速、落粉量、一次风量的对应关系，对可能存在的缺陷做出分析判断。例如，当某管内风速在某一给粉量下持续走低时，表明管内正发展着堵灰过程，应密切监督并及时疏通；再如，若某管风速不正常地偏低于其他诸管，同时落粉量也偏低时，表明一次风速的降低并不是由于下粉量过多而引起，一般可判断为燃烧器喷口结焦。煤粉断流将使一次风速高于其他一次风管，同时风粉温度升高至接近一次风温。煤粉自流时一次风速低于其他一次风管。

在需要改变一次风速时，除特殊操作（如吹扫堵管），一般用改变一次风总压的方式进行。这样，在增、减一次风速的同时，并不改变管路的阻力特性。

对于中间储仓式系统，当锅炉负荷降低时，若一次风箱风压不变而只减少给粉量，由于煤粉管阻力减小，各管一次风速、风量增加，煤粉浓度降低较厉害。此时，各一次风静压降低；若一次风箱风压随之降低，则利用粉管静压可判断一次风速变动的情况。与满负荷相比，若静压不变，说明风速仍维持设计风速，若静压升高，则表示风速减小。

煤粉仓内的粉位太低时，托粉一次风压临界值降低，一次风压可能等于甚至高于粉仓压差，产生给粉机断粉或者来粉不均的情况；或因粉仓出现塌陷漏斗，导致给粉机断粉或者自流。此时各一次风管静压值都会相应变化或波动。

三、对冲布置旋流燃烧器的调整

近年国内投运的旋流燃烧锅炉普遍使用低 NO_x 型双调风旋流燃烧器。双调风燃烧器有着良好的着火、燃尽、低氮、不结焦的综合性能。布置方式为前、后墙对冲布置（大、中型锅炉）或前墙布置（小型锅炉）。较典型的有日立公司的 HT-NR3 型旋流燃烧器、美国 FW公司的 CF/SF 型旋流燃烧器（燃烧烟煤）和德国 BABCOCK 的 DS 型旋流燃烧器（燃用贫煤、无烟煤）等。

（一）旋流式燃烧器的结构与布置特点

1. HT-NR3 型旋流燃烧器结构与布置特点

HT-NR3 型燃烧器（如图 5-37 所示）主要由一次风管、煤粉浓缩器、稳焰环、中心风管、内二次风装置、外二次风装置、点火油枪等部件组成。燃烧用空气被分为四股：外二次风、内二次风、中心风和一次风。

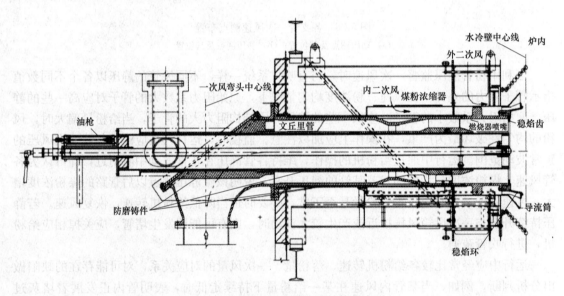

图 5-37　HT-NR3 型燃烧器结构示意图

环形一次风通道内装有煤粉浓缩器（如图 5-38 所示），将煤粉气流整理为中心稀相、贴壁浓相。浓缩后的煤粉气流从一次风口边缘射出，恰好进入稳焰环创造的高温环形回流区，实现了火焰的稳定。

直流的内二次风经大风箱、套筒挡板、内二次风通道进入炉膛。其风量靠炉外手柄调节套筒挡板的位置进行调整。直流的内二次风射流和一次风稳焰环的阻挡产生负压区，在形成环形回流区上起了重要的作用。有的 HT-NR3 燃烧器在内二次风通道设旋流器，则内二次风也可以旋转。在燃烧器停用时内二次风兼作冷却风。

外二次风为旋流，经大风箱、入口切向挡板、外二次风通道进入炉膛。其风量和旋流强度借助入口切向挡板一并调节。内、外二次风在燃烧的不同阶段分批送入炉内，实现燃烧器内的分级供风，抑制 NO_x 生成和稳定着火。单只燃烧器内、外二次风的风量分配通过调节内二次风套筒开度和外二次风切向挡板开度来实现。

中心风引自二次风大风箱，其用量的多少可以调整中心回流区的轴向位置着以及着火距离。此外，中心风在燃烧器停用时用于冷却一次风喷口，油枪投用时用作根部风。

图 5-39 所示为 HT-NR3 型燃烧器的焰内脱氮结构示意图。

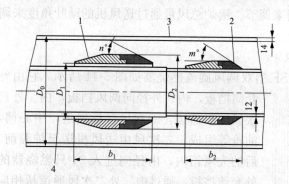 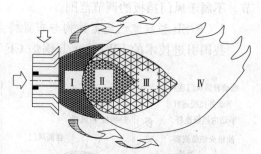

图 5-38　HT-NR3 燃烧器的二级煤粉浓缩结构

1—一级浓缩器；2—二级浓缩器；3—一次风道；4—中心风筒

图 5-39　HT-NR3 型燃烧器的焰内

脱氮结构示意图

Ⅰ：挥发分析出；Ⅱ：强烈燃烧；

Ⅲ：NO_x 还原；Ⅳ：氧化

布置于主燃烧器之上的主燃尽风燃烧器（SOFA）主要由内、外二次风通道组成。内二次风为直流，能直接穿透上升烟气进入炉膛中心，保证飞灰的燃尽。外二次风为旋转，离开调风器后向四周扩散，保持贴壁气流的氧化性气氛。内、外二次风通过手动调节挡板和调风器调节两股气流之间的流量分配。

侧燃尽风燃烧器（SSOFA）的结构与 SOFA 相似，但没有内二次风，喷口直径也小一些。燃尽风的总风量通过风箱入口风门执行器来调节。

某 1000MW 超超临界锅炉 HT-NR3 型旋流燃烧器的布置如图 5-40 所示。48 只 HT-NR3 燃烧器分三层前、后墙对冲布置。在主燃烧器区的上方布置 16 只主燃尽风燃烧器 SOFA 和 4 只较小的侧燃尽风燃烧器 SSOFA。SOFA 喷口中心距最上层 HT-NR3 燃烧器中心 7.180m，距大屏底的距离为 17.92m。主燃烧区、还原区以及燃尽区的高度分别是 11.640、7.180m 和 17.92m。

锅炉前、后墙燃烧器区域对称布置两个大风箱。每个大风箱被分隔成四层风室，向相应层的主燃烧器和燃尽风供应二次风。在各个层风室入口的左、右两侧，设有电动的层风门调节挡板，用以调节各层空气量的分配。大风箱内风量沿炉宽的分配由各燃烧器的外二次风调节挡板调节。

在燃尽风总风道的两端装有风量挡板，用以调节总的燃尽风率（燃尽风与总风量之

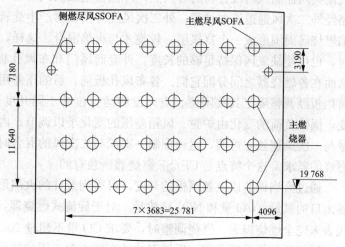

图 5-40　1000MW 前后墙对冲旋流燃烧器总体布置（前墙）

比）。进入每一只燃尽风燃烧器的内、外二次风也各有相应风量挡板实施局部风量分配，外二次风的风量挡板兼可调节贴壁气流的旋流强度。

各层燃烧器的总风量通过风箱入口风门来调节。锅炉总风量通过送风机的动叶角度来调节，不属于风门挡板的调节范围。

2. CF/SF 型旋流燃烧器结构与布置特点

我国引进技术的 FW2020t/h 锅炉 CF/SF 型双调风旋流燃烧器如图 5-41 所示。它由外套筒挡板，内、外径向调风挡板，内、外二次风环形通道，一次风环形通道，中心筒，油枪等组成。二次风由送风机送至炉膛前、后的大风箱内，由径向进入 24 只燃烧器的外套筒挡板，通过内、外二次风通道从相应的两个环形喷口喷出，实现分级配风。内、外二次风道入口均装有切向挡板。二次风总量则由均流孔板外部的可移式套筒风门控制。

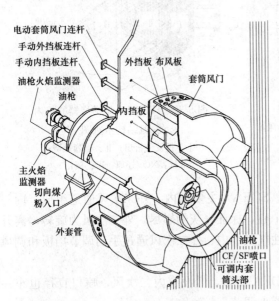

图 5-41　CF/SF 低 NO_x 型双调风燃烧器

一次风由切向进入燃烧器的一次风环形通道，经外套筒内壁的整流，变为直流气流，浓相从椭圆孔射出，稀相从中心筒与内套筒之间射出，实现浓淡分离和沿周向的风粉均匀。内套筒可以通过手动调节机构使锥形头部前后移动，调整一、二次风出口截面之间的距离。24 只油枪置于每个燃烧器的内套筒内。用一台三次风机向内套筒内通入三次风，用于冷却燃烧器喷嘴和作为油枪根部风。

内挡板的作用是调节燃烧器喉部附近的风粉混合物的扰动度和初次供风量，并与一次风气流共同控制风粉混合物的着火点。外挡板把二次风分成两路，一路送至内调风挡板，另一路经外二次风通道流向炉膛，外二次风经外挡板时产生旋转。外二次风的作用是在贫风的火焰燃烧区周围形成一个富氧层，较晚才与火焰混合。这样，即使燃烧器在带有过量空气运行时，也可使缺氧区保持足够的长度。外套筒风门和布风孔板用于控制燃烧器的二次风总量，从而在各燃烧器之间分配它们。各布风孔板前、后的压差用来指示与控制风量的大小。外套筒挡板经调整确定其关闭位、点火位和运行位的不同开度。一旦确定，则运行中即不再改变，锅炉负荷的变化由炉膛—风箱差压的变化予以调节；内套筒可动头部的作用是使一次风量与一次风速独立可调，达到控制一次风与二次风的混合时机和火焰形状，以适应不同煤质燃烧的需求。这个特点是 CF/SF 燃烧器所独有的。

通过恰当调节以上各挡板的开度，可得到最佳的火焰形状和燃烧工况，沿炉宽平衡省煤器出口的氧量、CO 量和 NO_x 排放量。对于旋流式燃烧器，认为烟气中的 CO 含量基本上可代表未完全燃烧损失。燃烧调整时，要求 CO 量不超过 200×10^{-6}（体积比）。

燃烧器整体采用了前、后墙对冲的布置方案。锅炉的前、后墙大风箱分别包住前、后墙的各 12 只燃烧器。每层 4 只燃烧器由 1 台磨煤机供应风粉，4 只燃烧器投停一致，且负荷也要求相等。设计工况下 5 台磨煤机运行，1 台备用。同层各燃烧器之间留有足够的空间，可以防止相邻燃烧器的相互干扰而使燃烧不稳定。

在燃烧器下部靠近侧水冷壁处设有 4 个底部风口组成的边界风系统，使下炉膛水冷壁和冷灰斗斜坡形成空气冷却衬层，保持氧化气氛，防止结渣及腐蚀。各底部风口的挡板单独可调。

3. DS 型旋流燃烧器结构与布置特点

DS 型旋流燃烧器的炉内布置与 FW 公司的相似，也是 24 只燃烧器分前、后墙布置，不同之处是二次风不用大风箱结构。在前、后墙旋流燃烧器区的上方，各布置两层（16 只）燃尽风喷口。此外，将前、后墙各层燃烧器在高度上相错一定距离，以均衡火焰至炉膛出口的行程。燃烧器风量、燃料量调节系统如图 5-42 所示。

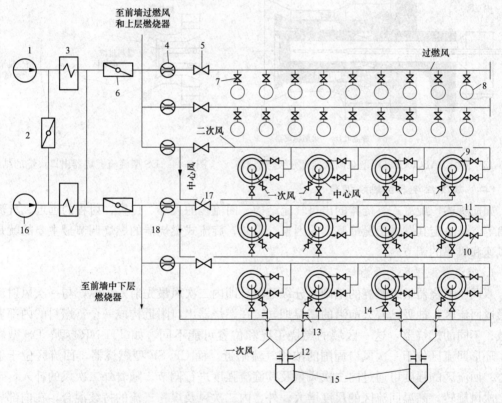

图 5-42　燃烧器风量、燃料量调节系统

1—送风机（甲侧）；2—联络风门；3—空气预热器（甲侧）；4—过燃风流量测量装置；5—过燃风调节总门；
6—二次风总风门；7—过燃风喷口调节门；8—过燃风喷口；9—煤粉旋流燃烧器；10—外二次风门；
11—内二次风门；12—分离器出口节流件；13—燃烧器关断挡板；14—中心风调节门；15—分离器；
16—送风机（乙侧）；17—层二次风控制挡板；18—层二次风流量测量装置

在一次风管内部距喷口一定距离处装有可调旋流叶片，使一次风/粉流产生一定的旋转并将煤粉向一次风管外围（壁面区）浓缩。在燃烧器的一次风出口内缘处装有环齿型火焰稳定器，使煤粉气流在它的后面发生强烈的小漩涡，从而为稳定着火创造了理想的条件。二次风也分成内、外二次风，分别经各自的环形通道流动，各环形通道内安装有可调旋流叶片，使内、外二次风都旋转。在一次风喷嘴外侧有与喷嘴成一体的扩锥，可分离一、二次风，延缓两者的混合。内二次风的旋转与扩锥在一次风与内二次风之间形成一个火焰在其内发生的环形回流区。所有的二次风管道，即中心风，内、外二次风及燃尽风管道，均装有调风挡板，按燃烧需要控制各二次风率。一次风量则由制粉系统的磨煤机入口一次风挡板和旁路风挡板调节如图 5-43 所示。各只燃烧器的一次风管装有调节挡板，可用于风粉的调平。

在燃烧器的出口附近，无论内二次风还是外二次风都因旋转而向外侧扩展，并不卷入一次风粉气流，因而实际上，一次风粉只需要极小的点火热量。即使燃用较差的煤种或低负荷时，也能在燃烧器附近形成一定尺寸的燃烧区，成为一个稳定的点火源，如图 5-44 所示。

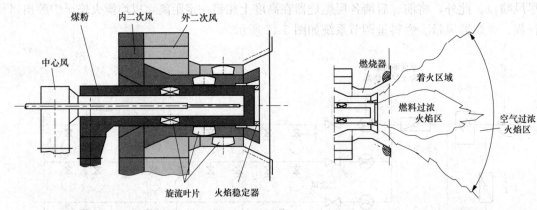

图 5-43　德国 BABCOCK-DS 型双调风旋流分级燃烧器　　　图 5-44　DS 型旋流燃烧器出口火焰的结构

（二）旋流燃烧器的燃烧调整

如前所述，旋流式燃烧器的出口气流结构、回流区的大小、位置、射程的远近、气流扩散角等，是决定其燃烧工况最基本的因素。因此，旋流式燃烧器的燃烧调节最主要的就是出口风速和风率的调节。

1. 燃烧器配风原则及燃烧工况

双调风燃烧器组织燃烧的基础是分级配风。即内二次风最先射入炉膛，与一次风射流作用形成回流区，抽吸已着火前沿的高温烟气，在燃烧器出口附近构成一个富燃料的内部着火区域。不同的燃烧器，这一区域的燃烧工况和位置可能不同，如 TH-NR3 型、DS 型燃烧器，环形回流区位于一次风口周围的浓相气流附近。而 CF/SF 型燃烧器，回流区位于射流中心。回流区的强度可通过内二次风量及其旋流强度进行调节。随着外二次风的补入，带动内二次风旋转，高温回流区的尺度增大。外、内二次风及煤粉气流的持续混合，在内部燃烧区边缘之外构成一个燃料过稀的宽阔的外部燃烧区域。燃尽过程随着内、外二次风的逐步混合而完成。通过外二次风挡板的调节可以控制内、外二次风的掺混过程。

火焰内的燃烧分级如图 5-39 所示。在强烈燃烧区（富燃料区）火焰温度较高但氧浓度很低，故 NO_x 被抑制。而在外部燃烧区（富风区）虽氧量富裕但所剩煤粉不多，且由于辐射换热，温度相对较低，同样减少了 NO_x 产率。适度地推迟送入内、外二次风，有利于扩大焰内还原区，推迟越厉害，还原区的尺度就越大。从稳定着火的角度看，二次风分批补入着火气流的分级燃烧方式也是较为有利的。但过度的分级则影响焦炭的接续燃烧、降低火焰温度，并使飞灰含碳量增加。

燃烧器各风量挡板和旋流器的调节，一般是在设备的调试期间进行一次性优化，通过观察着火点位置、火焰形状、燃烧稳定性、测量烟气中 CO、NO_x 含量、飞灰中的可燃物含量等，使火焰内部的流动场调到最佳状态。运行中对于燃烧器的控制一般只是通过调节风机动叶安装角改变进入燃烧器的空气总量。但当煤质特性发生较大变化时就需要重新进行调节。

各二、一次风量、风速和旋转强度调节良好时，火焰明亮且不冒黑烟，不冲刷水冷壁，煤粉沿燃烧器一周分布均匀，着火点在燃烧器的喉部，在燃烧器出口两倍直径范围内，形成一稳定的低氧燃烧区（火烟不发白），省煤器出口处的 CO 含量尽可能低，且 O_2 含量和 CO 含量沿炉子宽度分布均匀。燃烧差煤时火焰应细而长，燃烧好煤时火焰应粗而短。

2. 一次风速、风率的调整

双调风燃烧器的一次风率风速对着火稳定性的影响与直流燃烧器相似，即适当地减小一次风率、风速有利于稳定着火。但双调风燃烧器的一次风率除影响着火吸热量外，还与旋转的内、外二次风协同作用，共同影响燃烧器出口回流区的位置、尺寸和一、二次风的混合。HT-NR3 型燃烧器一次风为直流，增加一次风量相当于使出口气流中不旋转部分的比例增加，回流区变弱，显然这不利于劣质煤的着火。但一次风量太小，会很快被引射混入内二次风，使着火热增加或着火中断。DS 型燃烧器一次风为可调的弱旋气流，对回流区影响较为复杂。较佳的一次风速、风率通常都要通过实地调整试验得到。

表 5-4 列出了我国部分双调风旋流燃烧器的一次风率、风速的运行控制值或设计值，可供燃烧调整时参考。一般来说，煤的燃烧性能较差或一次风温低时，一次风率可小，相应的一次风速可低些；煤的燃烧性能较好或一次风温高时，一次风率则较大，一次风速较高。对于炉内结焦较严重的锅炉，适当增加一次风速、风率可使着火推迟，近壁燃烧区炉温水平降低。煤质较硬或发热量低的煤，比重较大，粉量多，易在煤粉管内沉积，也需要较大的一次风速。容量较大的燃烧器，一次风率可适当高些。但过分提高一次风速，则会使燃尽性变差。

表 5-4   我国部分电厂双调风旋流燃烧器的一次风率和风速

双调风旋流燃烧器型号	运行厂	锅炉容量 （t/h）	挥发分 V_{daf}（%）	一次风率 （%）	一次风速 （m/s）
HT-NR3	LINW 电厂	3100	32.2	20.5	23.3
HT-NR3	LZH 电厂	3033	32.9	20.7	—
CF/SF 型（FW 技术）	ZXI 电厂	2020	40～42	20	28
DS 型	HLU 电厂	2208	10～12	15～20	16～20
LNASB（三井）	TOK 电厂	1650	39.2	21.7	19.2
CF/SF 型（前墙布置）	RIZH 电厂	1189	26.25	27.4	17.6

一次风率的适宜与否应以燃烧稳定性和燃烧损失的大小为判定的依据。如果采用制粉系统干燥剂为一次风时，最佳的一次风量还应根据燃烧情况以及制粉系统风煤比、出力和经济性综合考虑来确定。图 5-45 所示为两个 300MW 级电厂双调风燃烧器锅炉一次风量对锅炉效率影响的试验结果。根据图 4-45（a），当风煤比超过 1.55 时（相应一次风率超过 20%），由于一次风速开始增大，减少了煤粉在高温区的停留时间，从而使燃尽度较迅速降低。由图 5-43（b）可知，一次风量在一定范围内变动 [56 000～68 000m^3/h（标准状态）] 对锅炉效率影响不大，但随着一次风量的进一步增加，主要由于煤粉着火推迟，火焰中心升高，飞灰可燃物含量和排烟温度升高，而导致锅炉效率的较明显下降。电厂调试表明，当煤的挥发分低时，燃烧不稳定，对一次风速的高低更为敏感。

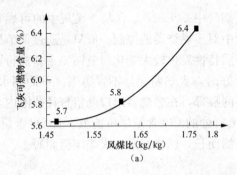
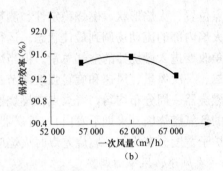

图 5-45　一次风量对燃烧损失的影响

(a) FW-GDV 公司 1160t/h 炉双调风燃烧器前墙布置；(b) B&W 公司 1004t/h 炉双调风燃烧器前后墙布置

对于直吹式制粉系统，一次风量由制粉系统的容量风调节挡板调节（双进双出钢球磨煤机）或由热、冷风门正向联动调节（中速磨煤机）；对于中间储仓式系统，一次风量由一次风母管压力调节。不论何种方式，负荷降低时均对应较大的一次风率和较小的煤粉浓度，这主要是考虑低负荷时煤粉管道堵粉的可能性，而不是燃烧的要求。因此，运行中在能够维持制粉、输粉最低风速的条件下，应尽可能使一次风量小一些。

3. 燃烧器二次风的调整

在分级燃烧的情况下，入炉二次风总量被分为主燃烧区的二次风（燃烧器二次风）和分离式燃尽风（SOFA）。运行中二次风总量的调节是借助于炉膛出口氧量（过量空气系数）控制进行的。因此在一次风率确定以后，总的二次风率也基本确定，二次风总量和二、一次风量的比例不可能在大范围内变化。但是通过 SOFA 风率的调节，可以改变主燃烧器二次风的风量。并且在燃烧器二次风内部可以调整内、外二次风量的分配比例。就单只旋流燃烧器而言，由于二次风量大于一次风量，且旋转较强，因而燃烧器二次风在建立出口附近的空气动力场及发展燃烧方面起了主导作用。

内二次风挡板是改变内、外二次风配比的重要机构，它的开度大小将对燃烧器出口附近回流区的大小和着火区域内的燃料/空气比发生重要影响。因此，它基本上控制着燃料的着火点。不论内二次风设计为直流还是旋转，适当开大内二次风挡板，都将增加内二次风的风速及其卷吸量，使环形回流区变大且加长，煤粉的着火点变近。但此时应注意燃烧器喷口的结焦倾向。当燃用易结焦煤时，可适当关小内二次风挡板，燃烧的峰值温度降低，火焰拉长。表 5-5 是某电厂 600MW 机组 HT-NR3 燃烧器调整内二次风挡板的一次试验结果。本燃烧器的内二次风为直流，试验煤质为烟煤。

表 5-5　HT-NR3 旋流燃烧器内二次风调整试验主要结果

调试项目	习惯工况	优化工况
内二次风门开度（下/中/上）（%）	35/40/45	50/50/50
外二次风门开度（A 侧起）（%）	80/70/60/60/70/80	80/70/60/60/70/80
飞灰含碳量（%）	1.73	0.68
烟气中 CO（$\times 10^{-6}$）	727	548
省煤器出口 NO_x［mg/m^3（标准状态）］	252	264

注　1. 内二次风门开度 50% 为满开。

2. 在外二次风门开度 80/70/60/60/70/80 配置下燃烧器二次风量沿炉宽分布最为均匀。

外二次风靠入口切向挡板同时改变其旋流强度和外二次风量。对内部燃烧区以后的燃烧过程起加强混合、促进燃尽的作用。其对火焰前期燃烧的影响则是通过间接改变了内二次风量的方式实现的。单个燃烧器的试验表明，随着外二次风挡板的开大，外二次风量增加而其旋转减弱，内二次风比例减少，煤粉的着火点推后，火焰形状由粗而短变为细而长。适当开大外二次风，可以提高燃烧刚性、抑制"飞边"缺陷。但外二次风挡板过度开大时，着火点明显变远，着火困难。图 5-46 所示为某 600MW 双调风燃烧器的一次调整试验的结果。由图 5-46 可见，随着外二次风叶片角度从 75°到 30°依次关小，飞灰、炉渣含碳量明显降低，NO_x 排放浓度降低。同时再热器金属超温明显减小。试验发现，当风门关至 30°以下，飞灰、炉渣含碳量有回升趋势。分析原因是在 30°开度以下，外二次风过分旋转与一次风脱离，有明显的飞边趋势。实际运行中将外二次叶片固定在 30°以上。

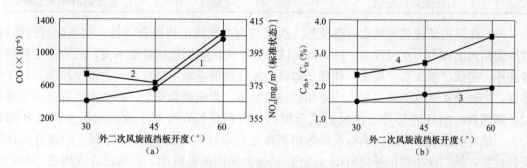

图 5-46　外二次风门开度对锅炉指标的影响

(a) 对 CO 和 NO_x 影响；(b) 对飞灰含碳量和炉渣含碳量影响

1—CO；2—NO_x；3—C_{fh}；4—C_{lz}

图 5-47 和图 5-48 是另一台 1160t/h 锅炉内、外调风开度变化的试验结果，考核指标为飞灰可燃物含量。结果表明，开度与燃尽不存在简单的线性关系，并且煤质不同和其他初始条件不同，变化规律也不一样。但是在所有试验工况下，调风器开度变化25%，飞灰可燃物基本上有±1%的改变。这就从统计的角度说明内、外调风器对可燃物燃尽有一定的调节作用。

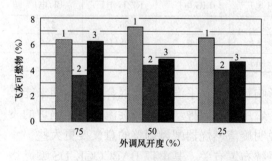

图 5-47　FW-CF/SF 型燃烧器外调风开度与飞灰可燃物关系

1—1 号炉，1 号煤，内调风开度 25%；

2—2 号炉，2 号煤，内调风开度 25%；

3—2 号炉，3 号煤，内调风开度 50%

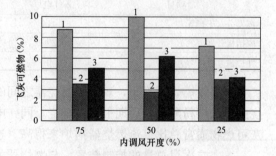

图 5-48　FW-CF/SF 型燃烧器内调风开度与飞灰可燃物关系

1—1 号炉，1 号煤，外调风开度 50%；

2—2 号炉，2 号煤，外调风开度 25%；

3—2 号炉，3 号煤，外调风开度 75%

DS 型、LNASB 型双调风燃烧器的内、外二次风道中均安置了旋流叶片，用于调节各自旋流强度的大小。通过调节二、一次风的旋流叶片可以恰当控制混合的时机。内二次风旋流强度的减少可以推迟煤粉气流着火、减轻炉内结渣。表 5-6 提供了某 600MW 超临界锅炉的低 NO_x 轴向旋流燃烧器，通过调整内二次风旋流强度，缓解燃烧器结焦的示例。试验表明，在燃烧器外二次风叶片位置不变情况下，将内二次风量挡板开度由原 25％开大至 30％，将内二次风旋流器拉杆由旋流最大位置拉出 140mm，增大内二次风直流风比例，减弱内二次风旋流强度，推迟煤粉气流着火。燃烧器热态调整后，着火情况良好，结渣明显缓解。

表 5-6　　　　　　　　　　轴向旋转旋流燃烧器挡板调整前后参数对比

项目	冷态动力场推荐	实际调整后
外二次风叶片角度（°）	29.5	29.5
内二次风挡板开度（％）	25	30
内二次风旋流强度	最大	最大位向外拉出 140mm

外二次风的旋流强度增加，将使外二次风与内二次风很快混合。当二次风旋转过强时，在一定距离上即与一次风脱离。这时回流区直径虽大，但回流区长度不大，回流速度和回流量甚小，造成"脱火"。"脱火"往往是造成旋流燃烧器燃烧不稳或灭火的重要原因。对于易燃煤，出现全扩散气流还会使水冷壁和燃烧器结焦，影响燃烧安全。外二次风旋流强度减弱时，富燃料区的气流与外二次风的混合推迟，射程加长，有利于改善火焰充满度和降低 NO_x。反之则供氧及时、火焰粗大，燃用高挥发分煤时对降低 q_4 损失有利。但若外二次风旋转过强，外二次风将沿径向射出（飞边），也会使回流量减小。而且已着火煤粉不能沿射程及时得到封闭气流的氧量补充，燃烧减缓，回流温度降低，燃烧损失也会增加。

一般地，对于高挥发分的煤，外二次风的风率需要大一些，内二次风风率需要小一些。这样可使火焰离喷口远些，保护燃烧器和强化燃尽。表 5-7 列出了一些双调风燃烧器经调试确定或设计推荐的内、外二次风挡板开度值，虽然不能准确代表内二次风与外二次风的风量配比，但可大致看出不同煤质的影响。

表 5-7　　　　　　　几个电厂锅炉的双调风燃烧器内、外二次风挡板开度

项目	ZXI 电厂	TZH 电厂	LIG 电厂	RIZH 电厂	BL 电厂
挥发分（干燥无灰，%）	41	31	30	26.3	22.8
内挡板开度（％）	20	40～55	20	12～15	35
外挡板开度（％）	50	35～45	50	45	50

与直流燃烧器不同，双调风燃烧器之间的影响较小，几乎没有相互混合。在初期未能燃烧的少数煤粉颗粒，后期很难再燃烧。同一电厂燃用同一煤种，双调风旋流燃烧器锅炉的飞灰可燃物通常总比直流燃烧器锅炉来得高。这说明旋流燃烧器配风调整的意义要更大些。

一、二次风总量的控制装置，与燃烧器的系统布置有关。某电厂 BABCOCK-DS 型燃烧器不设大风箱，经燃烧调试设定内、外二次风挡板最佳位置后，由送风机的动叶安装角调节二次风量。各燃烧器的燃烧风量的分配取决于各燃烧器内、外二次风挡板的总开度。另一电厂 CE-CF/SF 型燃烧器，由于采用了大风箱结构，所以主要使用电动套筒挡板控制并分配各燃烧器的燃烧风量，布风孔板前、后的压差则用于风量的指示与控制。由于各燃烧器存在煤粉分配不均，所以最佳配风时并不要求各燃烧器压差（流量）相等，但要求省煤器出口的 O_2 量、CO 量和 NO_x 排放量沿炉宽均匀。

4. 中心风的调节

中心风是从燃烧器的中心风管内喷出的一股风量不大（约10%）的直流风。锅炉正常燃烧时，中心风用于冷却一次风喷口和控制着火点的位置。锅炉启动或低负荷投油稳燃时，用作油枪的根部风。

当关闭中心风时，燃烧器出口中心区出现引射负压，形成中心回流区。与燃烧器出口处一次风扩锥后的环形回流区一起点燃煤粉。火焰从一次风射流中部和边缘同时升起，紧挨出口形成一个球形的高温火焰燃烧区。随着中心风挡板的开大，中心回流区变小并后推，呈"马鞍型"，环形回流区有所扩展，燃烧器出口附近火焰温度较快下降，可防止结渣和燃烧器喷口烧损。当燃用低挥发分煤时，中心风挡板应当关小，以增加燃烧稳定性；当燃用高挥发分煤时，不必担心着火问题，可以全开中心风挡板，防止一次风喷口烧毁。

某3030t/h超超临界锅炉调整中心风所得特性如图5-49所示。燃烧器为HT-NR3旋流燃烧器，增加中心风量影响最大的是炉渣含碳量，原因在于中心风刚性增加，延长了大渣的掉落时间，对C_{fh}和NO_x基本上没有影响。有关的专项试验表明，恰当调节中心风率，还可以在一定程度上抑制燃烧初期的缺氧，降低烟气中的CO浓度。

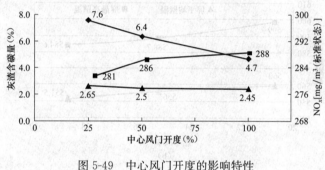

图5-49　中心风门开度的影响特性
◆大渣含碳量　▲飞灰含碳量　■NO_x

中心风源来自炉侧大风箱，设计了专门的中心风挡板对中心风量进行调节。在中心风挡板不变时，炉膛—风箱差压也会影响中心风量。进行专门的燃烧调整试验可确定中心风风量对着火点位置的影响。有的试验表明中心风全开与全关相比，燃烧器轴线上的温度降低了约300℃。

5. 燃尽风的调节

燃尽风是横置于主燃烧区（所有旋流燃烧器）之上的第二级二次风，其设计风量约为二次风总量的15%～30%。燃尽风加入燃烧器的系统，使分级燃烧在更大空间内实施。其作用与直流燃烧器的SOFA风相同。

首先是煤粉气流与少量内二次风的混合、燃烧，这部分空气只相应于挥发分的基本燃尽和焦炭点燃。其次是已着火燃烧的气流与外二次风的混合。发展起强烈的燃烧过程或者说火焰中心。但为限制这高温火焰区域的氧浓度，前面二个阶段进入的空气总量只是接近或略小于理论空气量。最后，随着燃尽风的补入，使供氧不足的可燃物得到燃尽。

通过燃尽风风量挡板的调整，不仅可控制NO_x的排放，也可改变炉膛温度分布和火焰中心位置，对于煤粉的燃尽、屏式过（再）热器的金属壁温也会发生影响。图5-50所示为某1000MW超超临界锅炉的燃尽风率影响特性试验的结果。该炉燃烧系统采用HT-NR3型燃烧器、前后墙对冲燃烧，试验负荷为额定负荷，煤质 $V_{daf}=36.7\%$，$Q_{net,ar}=21\,120kJ/kg$。由图 5-50 可见，保持 O_2 不变，当燃尽风率由 20.7％增加到 28.7％时，省煤器出口 NO_x 浓度由 320mg/m³ 下降到 289mg/m³，锅炉热效率由 93.96％下降到 93.80％。屏式过热器出口平均壁温降低了 8.5℃。当燃尽风率由 20.7％增加到 25.2％时，省煤器出口 NO_x 浓度降低了 14mg/m³，屏式过热器最高壁温降低了 10.3℃，而锅炉热效率仅降低 0.04％。综合考虑锅炉效率、NO_x 排放、金属壁温，额定负荷下的燃尽风率以 25％左右为较佳。

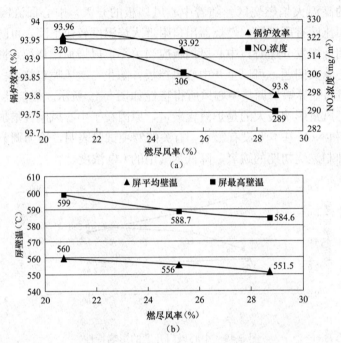

图 5-50　燃尽风率对锅炉性能的影响
（a）对锅炉效率和 NO_x 的影响；（b）对屏过出口壁温的影响

燃尽风的风量调节的原则与直流燃烧器基本相同。大的燃尽风率可以获得更低的炉内 NO_x 排放浓度，但也同时会影响炉内的正常燃烧。粗略调整的原则是在不明显影响飞灰含碳量的前提下，尽可能将燃尽风率增加到设计值。优化的调节则应权衡燃烧损失、锅炉效率、汽温偏差、减温水量和 SCR 运行费用等诸因素，得到在 SCR 出口 NO_x 排放浓度达标情况下较合宜的燃尽风风率。

从炉内燃烧分析，当燃用挥发分比较高的烟煤时，可适当调大燃尽风量，使主燃烧区相对缺风，燃烧器区域炉膛温度降低。燃尽风量减少时，主燃烧区风量供应充足，燃烧率高、炉温高，有利于劣质煤及低负荷时的稳定燃烧。至于燃尽风率对结焦、汽温、燃烧效率等的影响与调节原则，可阅读本章有关直流燃烧器燃尽风调整的内容。

煤质较好，飞灰含碳量低于 1.0％时，以降低 NO_x 排放浓度为主，燃尽风门开大；飞灰含碳量较高，以降低飞灰为主，燃尽风门关小，降低 NO_x 排放，以获得综合效益；低负荷时炉温低，宜按层停用燃尽风。

通常燃尽风率在不同负荷时是不相同的。图 5-51 所示为某 600MW 锅炉双调风燃烧器燃尽风的控制曲线。燃尽风在锅炉负荷小于 50％时是不投入的，这主要是考虑在低负荷状态下，炉内的温度水平不高，NO_x、SO_3 的产生量较少，是否采用二段燃烧方法影响不大。由于各停运的燃烧器还有一定的空气流量（5%～10%），燃尽风的投入会影响各运行燃烧器的氧量供应和燃烧扩展，迫使采用过大炉膛出口过量空气系数。50%负荷以后，随着负荷升高，下层挡板线性开大，待升至75%负荷时全开；上层挡板从75%负荷开启，至100%负荷时也全开，实现高负荷下的分级燃烧。

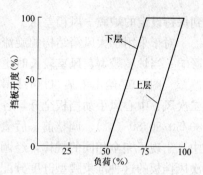

图 5-51 燃尽风挡板开度与负荷关系

除了总的燃尽风率之外，调整单只燃尽风燃烧器的配风比例也可影响锅炉性能指标。开大直流的内二次风挡板和关小旋转的外二次风挡板，都可增加燃尽风的直流部分动量，使燃尽风的穿透力与覆盖率增大，降低飞灰可燃物和 CO 浓度。为此，许多电厂在运行中将主燃尽风的外二次风叶片调到0°，即燃尽风燃烧器处于直流状态。但如果锅炉存在水冷壁高温腐蚀问题，则不宜减少贴壁旋流二次风的比例。通过调整燃尽风燃烧器内、外二次风比降低飞灰含碳量的一个实例见表5-8。试验煤质 $V_{ad} = 29.3$，$Q_{net,ar} = 22\,000\text{kJ/kg}$，氧量保持在 3.9 左右。试验表明，燃尽风的外二次风对飞灰含碳量有明显影响，优化工况 2 与优化工况 1 相比，主要是全开侧燃尽风门，适度增大燃尽风率，使 NO_x 不致升高太多。

表 5-8 　　　　　　　　某 660MW 锅炉燃尽风各风比调整主要试验结果

项目	习惯工况	优化工况 1	优化工况 2
主燃尽风外二开度（%）	100/100/100/100/100/100	0/0/0/0/0/0	100/0/0/0/0/100
主燃尽风内二开度（%）	100/100/100/100/100/100	100/100/100/100/100/100	100/100/100/100/100/100
侧燃尽风外二开度（%）	100/100	0/0	100/100
C_{fh}（%）	1.73	0.87	0.89
CO（$\times 10^{-6}$）	651/1200	345	361
NO_x［mg/m³（标准状态）］	252	350	290

对于两层布置的燃尽风系统，二级燃尽风位置较一级燃尽风高，增加二级燃尽风，相当于推迟了燃尽风的整体供入时机，扩大了炉内的 NO_x 还原区，与增加一级燃尽风相比，使 NO_x 浓度降低更快，但 CO 浓度会上升。

6. 优化调整

对冲布置燃烧器沿炉膛宽度的风粉分配是否均匀，对于降低燃烧损失、防止烟气温度、汽温偏差和降低过热器峰值金属温度都有重要影响。风粉均匀性的要求包括两个方面：一是同层燃烧器的二次风量均匀；二是同层各燃烧器的风粉成比例。优化调整的目的有时并不是为了均衡通过各个燃烧器的风量，由于各煤粉管道内风粉分配不同，相同的风量未必获得最佳的燃烧状态及平衡的烟气成分分布。因此，各燃烧器的风压压差值不必完全一样。

以 CF/SF 型燃烧器为例，按照外套筒挡板、外二次风挡板、内二次风挡板、内套筒滑动头部滑杆的顺序，依次进行参数最优化调整，待前一个参数得到最佳值后，即将其固定，调整下一个参数。调整时的目标是省煤器出口的烟气成分均匀性和 CO 的持续降低。调整初值可定在制造厂家的推荐值上，上、下各取几个开度值进行试验。外套筒挡板的开度应调节到保持设定的炉膛—风箱差压。

对于采用了大风箱结构的旋流燃烧器，应注意层风室的进风方式对各燃烧器风量分配的影响。当炉膛较宽、风室较长时更是如此，均匀的风门开度反而可能造成各燃烧器的进风量偏差。图 5-52 给出了某 3000t/h 锅炉的一个调试实例。保持同层 8 只 HT-NR3 燃烧器的内二次风、中心风手动挡板全开，各外二次风挡板从均匀开度 50（%）调整为 80/50/50/80/80/50/50/80（%），调整前、后氧量分布的均匀性明显改善。在另一台 3010t/h 锅炉的调试中，出现了完全相同的规律，经调试后锅炉效率提高了 0.26 个百分点。旋流燃烧器的外二次风挡板的这种准束腰型开度分配，主要与水平布置在前、后墙的二次风箱不能实现等压风箱，需要靠燃烧器外二次风门来调节每只燃烧器的风量有关。

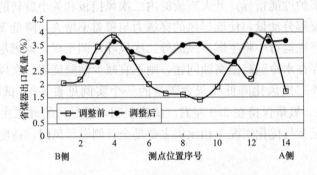

图 5-52 省煤器出口氧量均匀性调整

具有大风箱结构的旋流燃烧器，还应注意各燃烧器的旋流器导叶或内部风量挡板的实际开度与开度示值是否一致。否则若彼此相差悬殊，就会在各燃烧器之间形成大的旋流强度和风率差异，个别偏离正常值过大燃烧器会出现着火、燃烧问题。

旋流燃烧器的布置方式也对优化调整有一定影响。若为前墙布置，由于整个炉膛内火焰的扰动较小，一、二次风的后期混合较差，炉前的死滞漩涡区大，充满度不好，因此，运行中气流射程的控制十分重要；若为两面墙对冲布置，则必须注意燃烧器和风量的对称性，否则，炉内火焰将偏向一侧炉墙，有可能引起结焦。

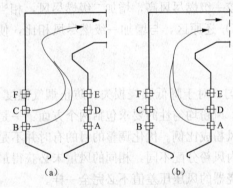

（a）　　　　　　（b）

图 5-53 不同对冲方案的形式

（a）前墙主导；（b）后墙主导

锅炉正常运行中，两侧烟气温度偏差应保持一致，否则应采取吹灰、调整风量等方法降低两侧的烟气温度偏差，以降低排烟损失和飞灰可燃物含量。为解决某些特定的燃烧缺陷，允许进行锅炉前、后墙的差异化配风。例如，某 600MW 前、后墙对冲燃烧锅炉，将前墙总风门从 10% 开大到 25%，后墙总风门保持 10% 不变，层二次风门的调整，C 层从 38% 开大到 45%，A/D 层从 53/42 关小到 48/36，A/B 侧尾部竖井烟气温度从调整前的 620℃/515℃ 变化到调整后的 557℃/535℃，烟气温度偏差从 104℃ 减少到 22℃。该调整的原理参见图 5-53，当火炬适量偏向后墙时（前墙主导），它与折焰角的形状配合，可改善火焰充满度并延长煤粉气流的停留时间，使烟气温度、烟量的左右偏差减小。

四、W 型火焰炉的燃烧器调节

1. 燃烧系统与风量调节

W 型火焰锅炉是国内电厂为适应无烟煤的燃烧而引进的一种炉型。这种锅炉的燃烧器均为垂直燃烧和煤粉浓缩型燃烧器。燃烧器的工作与 W 型火焰燃烧锅炉的炉膛结构关系密切，因此其调节方式与前面叙述过的两类燃烧器（直流式和旋流式）有较大区别。现以 DG1950/25.7—Ⅱ3 型 W 火焰锅炉（FW 技术）为例，说明 W 型火焰燃烧的燃烧系统及调节特点。

如图 5-54 所示，燃烧设备主要由旋风式煤粉燃烧器、油枪、风箱及二次风挡板等组成。进入各煤粉燃烧器的一次风，受旋风分离的作用，被分成浓相的主射流和稀相的乏气射流两部分，分别从不同喷口向下射入炉膛。主射流煤粉浓度大，流速适中，最有利于燃烧着火和稳燃；而乏气部分在主火嘴和燃烧区上升气流之间的高温区穿过，送入炉膛后可迅速燃尽。在乏气管道上装有乏气挡板，用以调节乏气量的大小，在调节过程中同时也调节了主射流的风量、风速和煤粉浓度。一次风中的煤粉浓度可以达到很高的数值（接近 1.0）。在旋风筒内还装有消旋装置，用于调节燃烧器出口煤粉气流的旋转强度，根据需要改变消旋直叶片的位置，便能改变火焰的形状，使其利于着火。

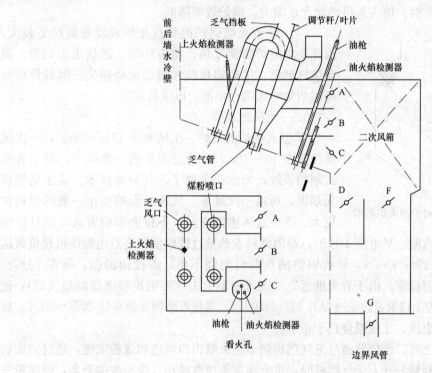

图 5-54　W 型火焰燃烧器与二次风布置

在炉拱的前、后墙上部，在每个燃烧器周围的周界风，称为拱上二次风。这部分风量占二次风的 30%～40%。在炉拱的前、后垂直墙上布置拱下二次风。拱下二次风是在煤粉着火以后，沿火焰行程逐渐送入并参与燃烧的。这部分风量占二次风的 40%～50%。拱上、拱下两级二次风量的分配比例可进行调整。每炉有两个风箱分别布置在前、后墙拱部。风箱内用隔板将每个燃烧器隔为一个单元。每个单元又分为 6 个风道。各风道进口有相应的挡板（A、B、C、D、F、G）控制进入炉膛的风量。拱上周界风量由挡板 A、B、C 控制，拱下二次风量由挡板 D、F 控制。为使拱下二次风有一定的下冲动量，在 D 挡板和 F 挡板上半部分设计了与水平呈 30°角的导向叶片。在冷灰斗和侧墙底部开有一些小的"屏幕"式边界风口，可防止结焦和下炉膛水冷壁腐蚀。"屏幕"式边界风的风量由"G"挡板控制。在燃烧器喷口上方布置了燃尽风风口，在高位水平喷入炉膛。燃尽风调节器一次风为直流，二次风为旋流。

以上各风门中，C 挡板和 F 挡板为电动调节，其余为手动调节，所有的手动执行挡板都是预先调整设定的，运行中不再进行调整。但当燃料和燃烧工况发生较大变化时，需要重新调整设定。

2. 炉内空气动力场的要求

对 W 型火焰炉的炉内空气动力场的要求可大致归纳为以下几点：

（1）在各种负荷下，维持燃烧中心在下炉膛内，而不应当漂移到拱上区。这就要求前后拱的"U"型火炬适当下冲，使其得到充分舒展，以充分利用下炉膛的容积进行均衡燃烧。

（2）前、后墙的二、一次风总动量应彼此相等，避免出现一侧过强而另一侧过弱。因为受 W 型火焰炉的炉膛结构影响，会造成弱侧火炬短路上飘（如图 5-55 所示），破坏 W 型火焰燃烧所要求的对称性。使飞灰可燃物含量增大，锅炉效率降低。

（3）W 型火焰锅炉的特点是炉膛较矮而炉宽较大，因此要求沿炉膛宽度风、粉应均匀，燃烧出力均匀，避免烟气偏流、过热器超温和增加燃烧损失。但低负荷时可适当集中火嘴在中部，以维持高温。

3. 一次风的调节

W 型火焰炉的入炉一次风率为 15%～20%，一次风速控制在 10～15m/s。为适应低的一次风率，对于直吹式制粉系统，为此而采取了乏气分离技术。由于是燃烧无烟煤，所以一次风率、风速的影响要比一般的煤粉炉更大。当一次风速偏高时，不仅会影响着火，而且影响

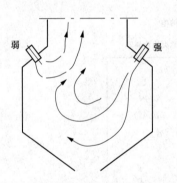

图 5-55　供风不均对炉内火焰影响

到炉膛氧量和过热汽温。某电厂 1 号炉，曾因燃料发热量过低致使双进双出磨煤机超负荷运行，一次风速达到 27～30m/s，导致锅炉满负荷时燃烧不稳，需投油助燃，而在 70%～80% 负荷时燃烧反而稳定。由于着火推迟，二次风加不上去（否则炉膛燃烧剧烈波动），使火焰中心上抬，炉膛出口氧量过低（仅 0.5%～1.0%），飞灰可燃物含量高达 20%～30%。后经燃烧调整和煤质更换，才使燃烧趋于正常。

除了一次风率之外，燃烧器通过乏气挡板调节主火嘴出口风速和煤粉浓度，通过消旋装置调节出口的气流旋转。开大乏气挡板时，主火嘴射流速度减小、煤粉浓度升高，使煤粉气流的着火位置提前。但若乏气挡板开得过大，会降低主喷口的一次煤粉速度，对其下冲深度也会有一定影响。低挥发分无烟煤的燃烧，要求风煤混合物以低速、低扰动进入炉膛，对其他煤种，这种方式并不合适，相反要求一次风有穿透力。在低负荷时，过分开大乏气挡板，有可能导致灭火。乏气量的变化对大渣可燃物的影响甚微，但对飞灰可燃物的影响很大。有试验表明，减少乏气量可以降低飞灰可燃物，提高锅炉效率 1～1.5 个百分点。

当调节杆向下推时，出口煤粉气流的旋转被减弱，气流轴向速度增大，一次风刚性增加，火焰延长。此时煤粉颗粒能流动到炉膛下部燃烧，增加了煤粉颗粒在炉内的停留时间，提高燃烧效率；当调节杆向上提起时，煤粉气流的旋转强度增大，使煤粉着火提前、火焰缩短，着火区域温度上升，燃烧稳定性增强。但如果气流的旋转过强，可能会导致火焰"短路"，不但使飞灰可燃物含量增大，而且引起过热器超温，影响锅炉的正常运行。表5-9是国内某A、B两个电厂乏气挡板开度调节的实例。两个电厂的调试都说明，从经济性出发，应控制乏气挡板开度不使之过大。

表5-9 乏气挡板开度对锅炉经济性的影响

电厂名称	机组编号	乏气挡板开度（％）	q_4 损失（％）	q_2 损失（％）	NO$_x$ 排放［mg/m³（标准状态）］	锅炉效率（％）
A电厂	1	20	3.15	4.66	568	92.34
		50	3.41	4.97	540	91.02
		100	4.01	4.75	645	90.79
B电厂	3	25	2.98	5.53	—	90.93
		50	4.49	5.24	—	89.71
		75	4.62	5.33	—	89.51

在煤粉细度合格的条件下，根据不同煤质的燃烧特性调节一次风量，对提高燃烧效率具有显著的作用。运行经验表明，在W型火焰锅炉上，当燃用难燃煤时，控制较低的一次风率（一般为10％～15％）有利于稳定着火燃烧。但对于非难燃煤（不等同于易燃煤）由于大量卫燃带的作用燃烧处于扩散区，过低的一次风量和一次风速将使着火区严重缺氧，抑制燃烧速度，降低燃烧效率。例如，某电厂在燃用 $V_{daf}=12.23\%$ 的无烟煤时，一次风量对于燃烧效率的影响甚至超过煤粉细度的影响，在一次风量由9.1kg/s降低到8.6kg/s后，飞灰可燃物由3.7％升高到8.0％。

4. 二次风的调节

（1）拱上二次风的调节。拱上风由A、B、C三个挡板控制。其中A挡板用来控制乏气喷口的周界风，B挡板用来控制主一次风喷口的周界风。其作用是提供一次风初期燃烧所需氧量，它们的调节可以改变火焰的形状和刚性。A、B两股二次风可显著增大气流刚性，提高煤粉气流穿透火焰的能力并使火焰长度增加。当从拱顶送入的A、B风量和风速太低时，煤粉气流无法深入炉膛下部而造成气流"短路"，火焰上移，使燃烧损失增加，过热器和再热器产生超温。但是A、B二次风的风量也不可过大，否则会造成火焰冲刷冷灰斗，引起结渣。并且过大的A、B风还有可能使它与一次风提前混合，煤质差时影响着火。正常运行时A、B风的风量约占拱上风量的90％。

C挡板控制拱上油枪的环形二次风。油枪撤出后，C挡板按设计保留5％开度。若继续开大C挡板，将对低挥发分煤着火稳定性、火焰中心及煤粉燃尽程度产生不利的影响。但如果存在汽温超温问题，可以通过开大C挡板改变拱上、供下风的比例，提高煤粉气流的穿透和下冲能力，从而使锅炉火焰中心和减温水量降低。

前、后墙拱上风不对称时，会造成火焰前偏或后偏，从而影响炉膛出口附近的烟气充满度和汽温（尤其是再热汽温）。一般后墙风量大时，再热汽温升高；前墙风量大时，再热汽温降低。有的电厂在不影响着火稳定的前提下，也以不对称送风的方式来解决再热汽温问题。

（2）拱下二次风的调节。拱下二次风（D、F风）的主要作用是继续供应燃料燃烧后期所需要的氧量，并增强空气与燃料的后期扰动混合。拱下二次风的大小通过拱上、拱下二次风动量比而影响炉内燃烧状况。若拱下风量过小，拱上风动量（包括一次风动量）与拱下风动量之比偏大，火焰直冲冷灰斗，则冷灰斗处结渣，炉渣可燃物含量增加。若拱下风量过大，则拱上二次风动量相对不足，将会使火焰向下穿透的深度缩短，过早转向上方，使下炉膛火焰充满度降低。导致煤粉燃尽度降低、炉膛出口烟气温度升高，过热器、再热器超温。也会加剧炉拱顶转弯角结渣及风嘴烧坏。

拱下二次风宜按照上小下大的方式配风，即D风量较小，F风量较大。这样配风的目的是组织无烟煤的分级燃烧。D二次风的大小可控制火焰的峰值温度、抑制NO_x的形成。试验表明，在一定范围内调节D挡板，对煤粉气流在炉膛内的穿透能力没有显著的影响。但可以通过调节风量补充燃烧中期所必需的氧气，促进煤粉的着火和燃烧。一般讲，对于挥发分低的无烟煤，D风量应适当减小；反之，对于挥发分高些的无烟煤，D风量应适当增大。

改变D、F风的比例可以明显改变U形火炬的形状。F风门位于下冲风粉火焰的末端，且风口面积最大（正常运行时，可占到拱下二次风总量的60%）。因此，F挡板的调整对于改变炉内各风量动量比最为有效，是影响W型火焰的形状、最高火焰位置、再热器减温水量、燃烧效率以及炉内结渣情况的主要因素，必须使它的调节可靠、有效。此外，整个侧二次风的配风质量（如沿炉宽风量均匀性）也主要取决于各F风门挡板的开度控制，这一点对于在同样炉膛氧量下减少燃烧损失至关重要。

各F风挡板的开度还可用于改变沿炉膛宽度的F风分配形式。例如，采用两头小中间大的"鼓型"配风方式时，可以减轻炉膛结焦和水冷壁高温腐蚀。某A、B两个电厂F风门开度的一次调整试验结果见表5-10。

表5-10　　　　　　　　　　　F风门开度对锅炉经济性的影响

电厂名称	机组编号	F风挡板开度（%）	q_4损失（%）	q_2损失（%）	过热器喷水量（t/h）	锅炉效率（%）
A电厂	1	25	3.41	5.35	299	90.09
		35	4.01	5.18	273	90.92
B电厂	3	30	1.68	6.09	138	90.59
		50	2.35	5.71	161	91.30

"屏幕"式边界风量的大小由G挡板调节。G挡板开度过小有可能引起炉膛结焦，反之G挡板开度过大则相当于炉底大量漏入冷风，影响炉内正常燃烧。应根据炉膛温度场及锅炉负荷实测关系，确定G挡板开度同锅炉负荷之间的关系，见表5-11。

表5-11　　　　　　　　　　　G挡板开度与负荷关系

负荷（MW）	G挡板开度（%）
120以下	0
120~180	20
180以上	50

（3）二次风动量比控制。对于W型炉，为保证贫煤、无烟煤的稳定着火，一次风率都

较低，因此仅依靠一次风本身的射流动量无法获得足够的穿透深度，这时应在拱部送入大量的二次风（即 A、B 风），利用拱上二次风的引射保证一次风具有良好的穿透力。

如上所述，拱上气流和前、后墙气流的动量比对于炉内空气动力场的结构有决定性的影响。根据国内有关资料推荐，拱上气流（A、B）与前、后墙上部气流（D 层）动量的较佳比值为（5～7）：1；拱上风粉气流与 F 层气流动量的较佳比值为 1.5：1。在 50％负荷下，气流速度分布与满负荷时相似，只是相应的速度值稍小些，因此上述动量比与负荷基本无关。但为保证较佳动量比，则需要在不同负荷下对各风门开度作相应调整。判断动量比是否合宜，主要是观察在下炉膛各喷口附近和冷灰斗附近应基本上无燃烧，拱顶含粉气流下冲后燃烧迅速，氧浓度快速降低。低负荷下炉温变化不大，但煤粉停留时间延长，因而也能保持较高的燃尽率。

侧二次风对拱上风的拦截作用很大，一次风遇到侧二次风，受冲撞而弯曲，穿透深度减小。因此，采用上小下大的宝塔型配风时，在同样侧二次风率下一次风的穿透深度和炉内气流充满程度增加。

（4）燃尽风的调整。燃尽风量的调节装置主要是燃尽风箱的入口风门和各燃尽风燃烧器的一、二次风挡板。燃尽风各挡板全开时，NO_x 排放浓度 500～700mg/m³（标准状态），风量约占二次风总量的 15％。W 型火焰锅炉燃尽风的调整方法与旋流式燃烧器相同。煤质变差、负荷低时应适当减小燃尽风量，以维持较高的下炉膛温度。汽温偏高或减温水量过大时应适当减小燃尽风量，降低汽温。

W 型火焰炉的燃尽风沿炉膛宽度的分布不均比其他炉型更明显，可通过调整各燃尽风燃烧器的外二次风门开度差异加以改善，从而提高燃尽风的穿透力和覆盖率。

W 型火焰炉的燃尽风对汽温的影响要比一般煤粉炉更强，这主要是因为 W 型火焰炉的 SOFA 风率除了燃尽区的燃尽份额变化之外，还会影响到拱上二次风的下冲深度和火焰中心，从而加剧了对炉膛出口烟温的影响。例如，某 660MW W 型火焰炉，在 458MW 负荷下，将 SOFA 风门开度从 99％调整至 49％，相应再热汽温从 529℃降低到 502℃。

5. 火焰中心调整

W 型火焰炉由于炉膛高度较低，且下部炉膛受热面吸热量较少。因而炉膛出口烟温和汽温变化敏感且不易控制。其火焰中心位置的变化对炉膛出口处屏式过热器的辐射换热量的影响相对较大。当锅炉负荷、煤质、配风发生变化时，若调节不当均可能引起火焰中心温度和位置的变化。若火焰中心上移，易造成过热器、再热器超温，并可能引起炉膛上部结渣。同时，部分煤粉的燃烧推迟至截面积大大减少的上炉膛，使上炉膛出现较大的压力波动，锅炉升负荷加风困难，煤粉的燃尽程度下降。当火焰中心偏下时，则易造成火焰直接冲刷冷灰斗，造成冷灰斗严重结渣。国内目前正在运行的 W 型火焰炉，多数存在氧量偏低、飞灰可燃物高的问题，主要原因之一就是火焰中心控制不良，导致过热器超温，不得不降低风量运行。

W 型火焰锅炉的设计，要求将火焰中心位置维持在锅炉束腰以下的下炉膛之内。而上炉膛则主要用来使煤粉充分燃尽和进行烟气冷却。运行中调整火焰中心位置的主要手段是主喷口消旋叶片位置，A、B 风挡板开度，磨煤机风量，乏气挡板开度和 F 风挡板开度。

消旋叶片位置高低直接关系到火焰行程的长短。将消旋叶片向喷口上方移动，离开喷口的气流较早散开，降低了火焰刚度，煤粉着火提前。但火焰行程变短，火焰中心上升。拱上环形二次风挡板（A、B挡板）开大，喷射风粉的刚性增加，向炉底的穿透力增强，火焰中心降低。尤其当来自垂直墙的横向气流较大时（如负荷升高），为防止火焰短路，A、B挡板的开度应更大些。但初混过早和着火延迟也会使火焰中心升高。图 5-56 所示为拱上风（A、B风）的大小对火焰中心位置影响的试验结果。由图 5-56 可见，当 A、B 风量增大时，燃烧中心位置升高。

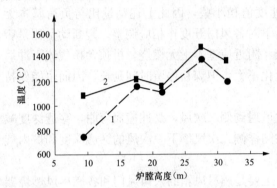

图 5-56　拱上二次风量变化对炉膛温度的影响
1—A挡板开度30%，B挡板开度60%；
2—A挡板开度60%，B挡板开度80%

对于直吹式制粉系统的炉子，磨煤风量与燃烧风量的协调较为困难。无烟煤的燃烧需要较小一次风率，当受制粉出力限制不允许降低一次风率时，则由乏气挡板加以调节。开大乏气挡板时主喷嘴一次风率降低，顺利着火。过高的一次风速会推迟着火，当着火延迟较厉害时，垂直墙二次风也难以加入。这种情况将导致火焰中心显著升高。

F 风的挡板开度应保证燃烧所需氧量和合宜的拱上、拱下二次风动量比。F 挡板开得越大，其强制主气流中途偏转的作用越强，火焰中心位置越高。此外，作为二次风的主要部分，前、后墙 F 风对冲的均匀性也会影响火焰中心的高低。当前、后墙的二次风量分配不均时，就会破坏 W 型火焰的正常形状。风量弱的一侧，火焰被挤上翘，使火焰中心升高，燃尽度变差。

需要指出，以上诸因素的调整效果并非各因素影响的简单叠加，此消彼长的情况是十分可能的。因此要达到最佳效果，往往需要进行反复多次的试验。此外，在调整火焰中心及风量分配时应同时兼顾脱硝装置进口 NO_x 的控制。

当煤粉着火燃烧正常，气流下冲距离适当时，煤粉在下炉膛空间内大量释放热量，温度较高。与此相应，火焰中心位置下降。因此，在运行调整中，可借助监视下炉膛内"见证点"的温度，使火焰中心处于比较适当的位置。例如，某电厂的 W 型火焰炉，经总结调试经验，当炉膛下部（约 9m 高度）火焰温度低于 1000℃ 时，认为火焰中心位置偏下，应增加 A、B 二次风量；当炉膛下部温度达到 1050～1100℃ 范围时，风量配比较为合适。

6. 氧量的控制

W 型火焰炉均为燃用挥发分低的无烟煤而设计。由于 V_{daf} 低，因此在设计和运行上更需要较高于一般煤粉燃烧方式的过量空气系数，额定负荷时氧量运行值一般为 4～5。但一些 W 型火焰炉在低负荷下操作氧量可达到设计值，而高负荷则难以达到。其原因或者是煤质过分偏离设计煤种（发热量过低），或者是着火过程不良或汽温偏高。燃烧调整发现，W 型火焰炉在低负荷下采用较低氧量时，飞灰可燃物和大渣可燃物都较大，符合一般煤粉炉规律。但氧量控制过高，由于二次风下冲动能增大，大渣可燃物显著升高，而飞灰可燃物变化甚微，有可能使未燃尽碳损失增大，锅炉效率降低。所以应通过燃烧调整给出满负荷运行时的最低氧量值和不同低负荷区段的氧量控制值。

W 型火焰炉在掺烧挥发分高的烟煤时，由于烟煤"抢风"和灰熔点降低，极易导致飞灰含碳量增大、结焦加剧的情况。燃烧调整应适当提高运行氧量。可采用开大 C、F 风挡板、停用两侧墙附近燃烧器的方式，改变贴壁氧量和水冷壁附近炉温。同时，利用 F 挡板各开度的偏置，调整氧量沿炉膛宽度的分布均匀性。

7. 负荷变化时的调整

在常规煤粉锅炉的燃烧中，当负荷变化时，往往通过送风调节改变二次风大风箱的风压或总风压来增减二次风量，一般不对各二次风挡板进行调节。但对 W 型火焰锅炉来说，各二次风通流面积差别较大。譬如，当锅炉负荷升高、二次风箱压力增加时，F 二次风量增加最多，其他各风量增加较少，沿炉膛宽度风量的变化也较大，尤其是火焰中心温度与位置等锅炉运行状况对各股二次风量的相对变化十分敏感。当锅炉负荷升高时，若维持燃烧器各二次风挡板开度不变，则炉膛温度随负荷的升高而上升，火焰中心也上移。

由于炉膛高度较低，火焰中心位置的改变影响相对较大，过热汽温的控制较困难。因此在 W 型火焰锅炉运行中，必须随负荷的变化对炉膛的二次风配风进行适当调整。如随锅炉负荷的升高，相对增加 A、B 二次风和减小 F 二次风所占比例，压低火焰中心，降低飞灰可燃物并增加炉膛水冷壁吸热，避免过热器的超温。当然，应避免 A、B 二次风量过高，以免造成煤粉火焰直接冲刷冷灰斗。

如上所述，为适应无烟煤的燃烧，W 型火焰炉提供了足够多的调风手段（如 FW 型1025t/h W 型火焰炉的二次风门多达 120 个以上），运行中必须充分利用其进行风量调节。这是 W 型火焰炉与常规煤粉锅炉在燃烧调节上的一个区别。无论如何，对 W 型火焰炉只靠改变大风箱风压使二次风总风量改变来适应锅炉负荷变化的操作方式是不合适的。

五、燃烧器的运行方式

所谓燃烧器的运行方式是指燃烧器负荷分配及其投停方式。负荷分配是指煤粉量在各层喷口、各角或各只喷口的分配；所谓燃烧器的投停方式是指停、投燃烧器的只数与位置。除了配风工况外，燃烧器的运行方式对炉内燃烧的好坏有很大的影响。

燃烧器负荷分配的一般原则是投运各燃烧器的负荷尽量分配均匀、对称。但在有些情况下，允许改变上述原则。较典型的情况包括：①为解决过热、再热汽温偏低问题，适当增加上层粉量、减少下层粉量，提高火焰中心位置。②对冲燃烧和 W 型火焰炉，当过热汽温偏低或再热汽温偏高时，适当增加前墙的燃烧出力、减少后墙的燃烧负荷，可改变屏式过热器、再热器之间的烟气放热比例，提高过热汽温，减少再热器减温水量。③对于切向燃烧锅炉，若燃烧器出口结焦引起火焰偏斜，则可有意识将一侧或相对两侧的风粉量降低，改善火焰的中心位置。

通常高负荷时投入全部燃烧器。低负荷时，可有两种方式，一是各燃烧器均匀减风、减粉，但这种方式各风速也随之降低；二是停掉部分燃烧器，可保持住各风速、风率不减。究竟停哪些燃烧器合适，要通过燃烧调整试验决定。但如下一些基本的原则是应遵循的：

（1）停用燃烧器主要应保证锅炉参数和燃烧稳定，经济性方面的考虑是次要的。

（2）停上投下，有利于低负荷稳燃，也可降低火焰中心，利于燃尽；停下投上，可提高火焰中心，有利于保住额定汽温。

（3）为保持均衡燃烧，直流式燃烧器宜分层停运、对角或交错投停并定时切换。旋流式燃烧器宜尽量多层保持对冲。

（4）应使燃烧器的投停只数与负荷率基本相应，避免由于分档太大而影响燃烧经济性。

锅炉高负荷运行时，由于炉温高，燃烧比较稳定，主要问题是防止结焦和汽温偏高，因此应力求将燃烧器全部投入，以降低燃烧器区域热负荷；并设法降低火焰中心或缩短火焰长度（如利用燃烧器负荷分配）。锅炉低负荷运行时，应合理选择减负荷方式。当负荷降低不太多时，可采取各燃烧器均匀减风、减粉的方式，这样做有利于保持好的切圆形状及有效的邻角点燃。但由于担心一次风堵管，通常一次风量减少不多或者不减，而只将二次风减下来。因此使得一次风煤粉浓度降低，一次风率增大，二次风的风速和风率减小，这些都是对燃烧不利的。因此，当负荷进一步降低时，就应关掉部分喷嘴，以维持各风速、风率和煤粉浓度不至偏离设计值过大。

降低锅炉负荷宜按照从上至下的顺序依次停掉燃烧器。根据运行经验，低负荷运行，保留下层燃烧器可以稳定燃烧。这是因为，低负荷时停用的燃烧器较多，为冷却喷口仍有一些空气从燃烧器喷向炉内。若这部分较"冷"的风是在运行喷嘴的上面，就不会冲淡煤粉或局部降低炉温。停运部分喷嘴时，最好使其余运行燃烧器集中投运（例如关掉上、下层，保留中间三到四层）。这样做的好处，不仅可使燃烧集中，主燃烧区炉温升高，而且可以相对增大切圆直径，加强邻角点燃的效果。此外，燃烧器集中投运还有利于降低 NO_x 排放。

对于直吹式制粉系统，若过迟停掉部分燃烧器，会导致一次风煤粉浓度太低，有可能着火不稳。大型对冲布置旋流燃烧锅炉的炉膛，通常最上排燃烧器距离大屏底部很近，因而正常运行中投最上排燃烧器时，会由于火焰行程缩短致使飞灰可燃物增加，锅炉效率下降。因此若无其他限制，投运燃烧器编组可避开最上层。对于中间储仓式系统，若过早停掉部分喷嘴（即在负荷不太低时即已大量停喷嘴），势必使各喷嘴的热功率增大，一次风速和给粉机转速过高以致给粉不稳定、不均匀，影响燃烧稳定性和经济性。

旋流燃烧器低负荷运行时，应避免燃烧器停粉不停风的情况。若是上排的燃烧器断粉而未停风时，则该燃烧器的风量形成空气"短路"，而其他燃烧器的煤粉与"短路"风相遇时，已错过最好的燃烧条件，将导致燃烧不充分。若是下排燃烧器（前墙或者后墙）断粉而未停风时，则相应区域炉温迅速降低，可能引起高负荷灭火。有的电厂，当低负荷时运行人员不是停用部分喷嘴，而是降低二次风压，造成投粉的燃烧器旋流量减少、混合变差，一次风中粉浓度低，也使飞灰含碳量升高，燃烧不经济。

燃烧器的运行方式与煤质有关。当锅炉燃用挥发分较高的好煤时，一般着火不成问题。可采用多火嘴、少燃料、尽量对称投入的运行方式。这样有利于火焰充满炉膛，使燃烧比较完全，也不易结渣。在燃用挥发分低的较差煤时，则可采用集中火嘴、增加煤粉浓度的运行方式，使炉膛热负荷集中，以利稳定着火。对可以实现动力配煤的锅炉，应通过燃烧调整决定挥发分较高、灰分较少的煤是在上层燃烧器使用还是下层燃烧器使用，不能简单地按照煤的热值大小安排给各层燃烧器。旋流燃烧器在燃用灰熔点低的易结焦煤时，由于低层燃烧器区的高度、炉温都较低，因此结焦倾向小一些。负荷分配上可有意识地增强下层燃烧器的燃烧率，使煤粉迅速燃尽，防止未燃尽的煤粒跑到上层进一步燃烧而提高火焰峰值温度。对于煤质变化较大的锅炉，低负荷时宜选择与点火油枪邻近的燃烧器投运。一旦入炉煤质变差，可以直接投油辅助稳燃。

燃烧器的投、停次序还与磨煤机的负荷承担特性有关。例如直吹式系统中速磨煤机，随着每台磨煤机的制粉出力降低，制粉电耗增大。为避免磨煤工况恶化，一般规定不允许在低于某一最低磨煤出力下运行。所以，若锅炉负荷降低使磨煤机的这一临界出力出现，即使各燃烧器的均匀减负荷是允许的，也应停掉1台磨煤机（一层燃烧器）。

一般而言，各层燃烧器的着火性能由下而上逐渐改善，这主要是下面已着火的气流对上面气流有点燃的作用，但最上一层由于顶二次风的影响，着火不一定最好。在实际运行中，燃烧器在结构、安装、管道布置等方面存在差异，各燃烧器的特性可能并不相同。因此当煤种变化以及当火焰分布、结焦等条件变化时，对燃烧器的影响可能不一样。例如，有的燃烧器在高负荷时容易结焦，则在低负荷时往往燃烧稳定性较好；离大屏较近的燃烧器和冷灰斗附近的燃烧器燃烧性能也许会互有区别。总之，运行人员应注意自己炉子的燃烧器的具体特点，用于调节燃烧。

表5-12列出了某330MW切圆燃烧锅炉不同燃烧器组合投运方式的一个比较。本例在60%负荷下，投三层燃烧器比投四层燃烧器更经济，且投三层时，又以投最下三层（1、2、3层）燃烧最为稳定。喷燃器的组合及负荷分配呈下多上少的塔形分配时，锅炉效率较高，燃烧也较为稳定。这个结果与该炉设计一、二次风速偏低及磨煤机选型过大有关。

表 5-12　　　　　　低负荷不同磨煤机（燃烧器）组合方式比较

负荷（%）	60	60	60
磨煤机组合方式	1、2、3、4（四磨）	1、2、3（三磨）	1、2、4（三磨）
飞灰含碳量（%）	15.6	10.8	9.5
锅炉效率（%）	86.0	88.7	89.2
燃烧稳定性	差	较好	好

第四节　燃烧调整试验与经济运行

燃烧调整试验是指对新投产或大修后的锅炉以及燃料品种、燃烧设备，炉膛结构有较大的变动时，为了解和掌握设备性能，确定最合理、最经济的运行方式和参数控制要求而进行的有计划的测量、试验、计算及分析工作。燃烧调整试验的内容很多，这里仅就其中的锅炉负荷特性试验、一次风粉均匀性试验、煤粉细度调整、过量空气系数调整、燃烧系统的风量标定、燃烧器的投停方式调整以及动力配煤试验等进行介绍。

一、锅炉负荷特性试验

1. 锅炉最大负荷试验

锅炉最大负荷（BMCR）试验是指为了检验锅炉机组可能达到的最大负荷，并预计在事故情况下锅炉的适应能力。BMCR时不必须保证锅炉的设计效率。

试验煤种应为设计煤种或商定的煤种。试验时，锅炉以不大于规定的加负荷速率逐渐将负荷升至试验所需的最高值，并保持连续稳定运行2h以上，采集各运行参数及性能数据。其间运行人员应注意锅炉各辅机、热力系统、各调温装置及自控装置的适应能力；注意汽水系统的安全性、蒸汽参数与品质、各受热面的金属温度、减温水量、各段风烟气温度度和风烟系统的阻力等应无越限或不正常的反映。

2. 锅炉最低稳燃负荷试验

进行该试验前，应先进行燃烧调整和制粉系统调整试验，将燃烧工况调至最佳。试验时，按 5%～10% 的负荷段逐级降低锅炉负荷，并在每级负荷下保持 15～30min，直至能保持稳定燃烧的最低限，并保持 2h 以上。降负荷过程中应密切监视炉内的着火情况、炉膛负压及氧量的变化情况，必要时，还可进行一些短时的扰动调节，以考核该负荷下锅炉燃烧的稳定性以及水冷壁运行的安全性。在每级负荷下均应对各主要运行参数进行测量、记录。

锅炉不投油最低稳燃负荷试验应按燃烧器的不同编组投入方式分别进行，每种燃烧器组合方式下的稳燃试验持续时间应大于 2h。试验时燃烧器至少应保持相邻两层投入运行，锅炉负荷降低至接近制造厂设计的不投油最低出力时，每降低 3% 的负荷，观察 10～20min，直至设计值或更低值。

3. 锅炉经济负荷试验

锅炉的经济负荷试验，通常结合上两项试验进行。通过对各级负荷下参数的测量、采集和计算，得出其中锅炉净效率最高时的锅炉负荷范围，即为该锅炉的经济负荷。

二、一次风粉均匀性调整

锅炉各一次风管在现场布置时由于长度、弯头数目、爬坡高度等的不同造成了各管道阻力的原始差异。故它们在相同的压差之下工作时，就会造成各一次风管内的风量和煤粉量的分配不均匀，给锅炉的正常燃烧和安全经济运行带来不良影响。因此，必须通过试验调整，将锅炉各一次风管的阻力调平。

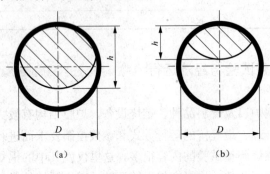

图 5-57　缩孔调节示意图
（a）缩孔关小；（b）缩孔开大

为保证锅炉的正常试运，一次风管阻力的调整试验通常先在冷态下进行。冷态调平后，再在热态下复测和重新调整，从而达到各一次风管阻力在投粉状态下也基本相等。冷态调平利用阻力平衡元件（可调缩孔）进行。在不通粉的情况下，用节流件阻力补足各管道原始阻力（系数）的差异。缩孔调节示意图如图 5-57 所示。进行调平试验时，提升一次风压，使各一次风速达到设计值附近，将各管可调缩孔开满，确定出其中动压最小的管子（即阻力最大的管子）作为基准管。然后，保持基准管的缩孔全部开足，逐步关小其他诸一次风管的可调缩孔，使其动压向基准管动压逐渐接近，直至所有一次风管动压基本相等为止。在阻力调平以后，无论一次风压如何变化，各管一次风速均匀性不受影响。上述方法，可在调平一次风速的同时，最大限度地降低一次风机的运行能耗。如果冷态调平时使各管调平后的阻力系数维持得较高些（即基准管的节流缩孔也适当关小），这样调平虽然增加了一次风机电耗，但由于提高了运行一次风压，会使一次风管抵抗煤粉量扰动的能力增强，不易发生堵管。

在冷态调平以后，如果通粉，又会发生新的阻力不平衡。其原因是煤粉的混入改变了各管路的阻力特性。因此需要进行热态下的阻力调平试验。对于中间储仓式制粉系统，各管给粉量可以单独控制。因此只要在相同的给粉量下，通过调节节流圈，获得均匀的一次风速，即可同时满足风量均匀和粉量均匀的要求。热态调平的关键是确认各一次风管的给粉量是否相等。为此，首先应将各给粉机的起始转速调整一致，避免在同一平行控制器控制条件下给粉机转速相差过大，从而使下粉量不一样。其次应掌握各给粉机的转速与下粉量对应规律，有条件时最好能进行给粉机的特性试验。对于热风送粉的系统，可通过测量一次风管在落粉管前的一次风量和落粉管后的混合温度，从热平衡计算出煤粉流量。

热态调平试验在额定负荷下进行。试验前调节各一次风量大致在额定值，维持各给粉机的转速（给粉量）均匀。仍保证基准管的缩孔全开，其余各管则依次继续关小缩孔（因为它们的阻力增加均小于基准管），直至风量彼此相等。调节过程如出现某一根管子的缩孔不是关小，而是不动甚至需要开大，则说明该管的煤粉流量不正常偏大，应对相应给粉机进行检查和纠正。

一旦调平各管阻力（相应固定各缩孔开度），则各管给粉量相等即成为一次风量相等的必要前提。换句话说，运行中各一次风量的大小是由煤粉量的调节决定的。当某管风量较大时，就说明给粉量偏小，反之，则说明煤粉流量大。一般来说，随着锅炉负荷的降低，一次风管中的煤粉浓度要减小，从而引起风粉平衡的破坏，管子原始阻力大的，风量大些，粉浓度相对低些；管子原始阻力小的，风量小些，粉浓度相对高些。但经计算，这种偏差一般不会太大，在燃烧工况分析时可加以考虑，运行中则不必调节。

对于直吹式制粉系统，由于同一台磨煤机各支管的煤粉流量在离开分离器后即无调节手段，所以直吹式制粉系统热态调平的主要任务是一次风量、风速的均匀。风量调平对煤粉量的均匀有一定的改善作用，但后者主要是由装设性能良好的煤粉分配器或分离器来消除。根据我国一些大机组的实测，各燃烧器间的一次风量偏差都能控制较好，但煤粉浓度偏差则普遍较大（达 5%～10%）。实践证明，只进行冷态调平而省去热态调平，有时是锅炉出现燃烧不稳、汽温偏差、过热器管壁超温等现象的原因之一。

三、最佳过量空气系数调整

最佳过量空气系数［使（$q_2+q_3+q_4$）最小］的调整试验应在选定的锅炉负荷和稳定的运行煤种下进行；同时，确保锅炉漏风系数在允许的范围以内。过量空气系数的调整试验值可在炉膛出口的设计值附近选取 3～4 个值进行，或者在 1.1～1.3 之间选取几个值。试验时应保持一次风量不变，各二次风挡板（包括燃尽风挡板）不变，只是依靠改变总风量或二次风量来调整锅炉的过量空气系数值。在每一个预定的试验工况下，按锅炉反平衡试验的要求对有关项目进行测量、记录和计算整理，绘出各损失的曲线图，并确定出最佳过量空气系数。进行较大过量空气系数的调整时，应注意它对过热、再热汽温以及 NO_x 浓度的影响；进行较小过量空气系数的调整时，应注意燃烧的稳定性。图 5-58 所示为某 660MW 超超临界锅炉的一次变氧量试验结果。

同一台锅炉，当运行煤种有较大变化时，应重新进行上述试验，以确定最佳过量空气系数对煤质变化的依赖关系；在不同负荷下，最佳过量空气系数的值也是不同的，因此，应从最大负荷到最低稳燃负荷安排几个负荷段，进行最佳过量空气系数的试验，

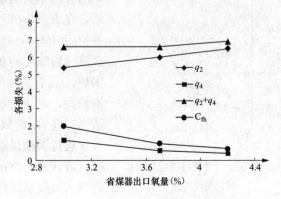

图 5-58　某 660MW 锅炉变氧量调整试验

以便为锅炉在不同负荷下的氧量控制提供合理的依据。表 5-1 列出了国内部分大型锅炉的过量空气系数取用值与锅炉负荷的关系。由表 5-1 看出，不同锅炉在低负荷下都取了较高的过量空气系数值。当然，这除了经济性的考虑之外，还与低负荷下的燃烧稳定性等要求有关。

现代锅炉的低氮燃烧系统，出于控制 NO_x 浓度的需要，烟气中的 CO 含量大为增加，对燃烧损失 q_3 的影响不能忽视。所测 CO 浓度每增加 100×10^{-6}，q_3 损失将增加 0.05 个百分点。

对于一般煤粉炉，最佳过量空气系数随燃煤煤种的燃烧性能下降而增大、随锅炉负荷的升高而减小。此外，炉膛结构与燃烧器的配置等也会影响最佳过量空气系数，如 W 型火焰燃烧锅炉需要较高的过量空气系数。试验表明，过量空气系数在最佳值附近的小量变化，对锅炉效率的影响不太显著，因此运行中对氧量的控制只需要在最佳值的某一范围内即可。

四、经济煤粉细度的调整

经济煤粉细度是指使锅炉的不完全燃烧损失与制粉系统电耗之和，即 $q_4 + q_{zf}$ 为最小的煤粉细度。煤粉细度试验一般在额定负荷的 $80\% \sim 100\%$ 时进行。试验前先调整锅炉各运行参数稳定，然后分别将煤粉细度调至各个预定的水平，在每一个稳定工况下，测取 q_4 损失与制粉单耗所需要的各有关数据，并从中确定最经济的煤粉细度。进行煤粉细度调整时，维持试验工况的时间应尽可能延长，否则飞灰含碳量的测定结果极易受其他随机因素影响，甚至出现当 R_{90} 减小时，C_{fh} 反而增加的反常情况。

制粉单耗 q_{zf} 按式 (5-6) 整理成与 q_4 损失相当的热量损失，即

$$q_{zf} = \frac{2930 b P_{zf}}{B Q_r} \quad (\%) \tag{5-6}$$

式中　b——本电厂的标准煤耗，g/kWh；

　　B——入炉煤量，kg/h；

　　P_{zf}——制粉系统总电耗，kW；

　　Q_r——锅炉输入热量，kJ/kg。

煤粉细度试验的试验初值可在常用煤粉细度附近各选 $2 \sim 3$ 个进行，也可按式 (5-7) 选取。

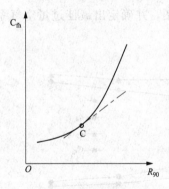

上述试验由于其复杂性，运行中进行比较困难。比较简单的方法是只测量飞灰可燃物 C_{fh} 与 R_{90} 的关系。如图 5-59 所示，在 R_{90} 较小时，随着 R_{90} 的增加，C_{fh} 增加较缓，但超过某一值后（图 5-59 中 C 点），C_{fh} 迅速增大，可将此转折点作为经济煤粉细度的估计值。国内一些燃用较高挥发分煤的大型锅炉，C_{fh} 有的很低（$0.5\% \sim 1.0\%$，甚至更低），而制粉电耗则较高，对于这些锅炉，不应继续追求更低的燃烧损失，而适当提高 R_{90} 的数值则可能是有利的。

图 5-59　飞灰可燃物与煤粉细度关系

通过调整试验，都应给出煤粉细度与粗粉分离器挡板开度（或转速）之间的具体关系，称分离器挡板特性。以便向运行人员提供运行中控制煤粉细度的简便方法和可靠依据。

对于煤质多变或者难以进行经济煤粉细度试验的电厂，锅炉运行中也可按公式 (5-7)

确定经济煤粉细度 R_{90}，即

$$R_{90} = K + 0.5nV_{daf} \tag{5-7}$$

式中　V_{daf}——干燥无灰基挥发分，%；

　　　n——煤粉均匀性指数，可取 $n=1$，或按式（8-46）计算；

　　　K——系数，对于 $V_{daf} > 25\%$ 的烟煤，$K=4$；对于 $V_{daf} = 15\% \sim 25\%$ 的烟煤，$K=2$；对于 $V_{daf} < 15\%$ 的贫煤、无烟煤，$K=0$；对于褐煤，R_{90} 可以增大到 $35\% \sim 50\%$（V_{daf} 高时取大值）。

煤粉细度的最小值应控制不低于 $R_{90} = 4\%$。

实际使用式（5-7）时，宜综合考虑燃烧设备性能、煤的可磨性、煤粉均匀性指数、燃烧性能、汽温状况、锅炉负荷等具体条件。例如，炉膛的截面热强度高及大炉膛时，R_{90} 可以适当取高；收到基灰分、水分少，热值高的煤，燃烧性能好，R_{90} 可以适当取高；可磨性系数低的硬煤，煤粉应磨得粗些；煤粉的均匀性好的制粉系统，煤粉可适当粗些；存在过热、再热汽温偏低问题时，R_{90} 适当取高是有利的。低负荷运行则往往要求更细的煤粉。

五、风量测量与标定

燃烧器各出口风率、风速调整原则已如前述。为保证风量控制的准确性，锅炉的二次风、一次风、磨煤机旁路风等风道上均安装有测速元件，初次运行前必须对它们进行标定。为正确配风，风门的挡板特性也需要进行标定。另外，风门实际开度与开度示值的偏差，往往对炉膛空气动力场及四角均匀性有重要影响，也需仔细检查、纠正。

测速元件的形式不同（大、小文丘里，小机翼等），但它们的输出均为压差。所谓测速元件的标定，是指通过试验给出风道截面上的介质流量与测速元件输出压差之间的关系。介质流量通常用标准毕托管或笛型管测定。压差的测定则是非常容易的。通常将试验点子按式（5-8）进行拟合，即

$$Q = c(\Delta p / T)^{0.5} \tag{5-8}$$

式中　Q——风道通风量，t/h；

　　　Δp——测速元件的差压，Pa；

　　　T——风温，K；

　　　c——校正系数，$c = f(\Delta p)$。校正系数 c 主要与测速元件的阻力系数有关，但也包括了风道总流量对测点局部流量的修正等，若 c 值变化不大，也可取为实用流量范围内的平均值，如图 5-60 中曲线 1 所示。

式（5-8）用于编制风量控制的数学模型。例如，借用双进双出钢球磨煤机的制粉出力与磨煤机风量的关系曲线（如图 5-21 所示），即可确定制粉系统出力与磨煤一次风差压的数学关系。当需要改变磨煤出力时，差压信号与给定信号相比较，输出的差值用于磨煤机出力的控制。

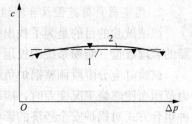

图 5-60　平均流量校正系数的确定

风量挡板的标定是指空气流量与挡板前、后压差的对应关系，图 5-61 为一个实例，曲线 1、2、3、4 的风箱压差分别为 100、120、140、

160Pa。当各燃烧器的挡板特性差别较大时，会使风量控制（自动或手操）的质量变坏。图 5-62 是某 600MW 锅炉经燃烧调整，更正双进双出钢球磨煤机旁路风挡板特性曲线的另一个实例。在该例中，由于制造厂家提供的旁路风挡板开度曲线偏高，致使同一磨煤风量下的入炉一次风量偏大，一次风温则偏低，造成低负荷下燃烧不稳。经对旁路风量挡板标定后，修正了厂家提供的挡板开度曲线，使入炉一次风量实际按图 5-21（b）调节，锅炉燃烧恢复正常。

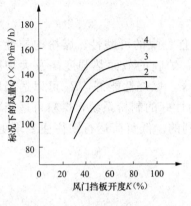

图 5-61　风门挡板特性　　　　　　　图 5-62　调整前后的旁路风门开度曲线

顺便指出，锅炉运行一段时间后，应对风量挡板开度的灵活、可靠性进行检验和纠正，经验证明，风门开度指示值与实际开度的偏离，往往是运行不正常、燃烧经济性低的一个重要原因。

六、燃烧器负荷分配与投停方式试验

1. 负荷分配

燃烧器负荷分配调整的目的是改变炉内的温度分布，以解决火焰偏斜、炉内结渣、烟气侧热偏差过大、汽温偏高、偏低，过再热器金属超温，NO_x 排放以及热经济性差等问题。负荷分配的调整原则为：

（1）对冲布置的旋流燃烧器和 W 型火焰炉，可以单台燃烧器进行调整，一般应保持中间负荷大，两边负荷较小。

（2）四角布置直流燃烧器，一般应对角两台同时调整或单层 4 只燃烧器同时调整。

（3）负荷分配改变时，各只燃烧器的风煤比可根据燃烧需要加以调整，但总的过量空气系数一般维持不变。

2. 燃烧器负荷范围及合理组合方式

该项试验的目的是为了找出燃烧器出力的调节范围，以确定锅炉在不同负荷下运行燃烧器的合理数量（制粉系统的投运台数）和运行燃烧器的合理组合方式。

试验时应分阶段调整锅炉负荷，对预定的各种组合方式进行逐项试验。当燃烧器超过出力范围而使燃烧工况变差时，应增加或减少燃烧器的投运数量。在增、减燃烧器时，试验各种组合方式对锅炉安全经济的影响。

判断调整措施是否合理的依据是锅炉燃烧的稳定性、炉膛出口烟气温度、炉内温度分布、汽温特性、水动力稳定性等方面。当以上诸方面彼此冲突时，应考虑要解决的主要问题。

七、锅炉的经济运行方式

通过燃烧调整试验可以获得锅炉运行中的过量空气系数，煤粉细度，一、二次风速，风率的最佳值以及各燃烧器合理的负荷分配方式等。将它们按照不同的煤种，使用在锅炉的稳定负荷中，便可获得较经济的运行方式。通过经济负荷试验得到的锅炉经济负荷通常在70%MCR左右。

第五节　配煤与掺烧

一、配煤掺烧概述

（一）混煤掺烧的目的

电厂混煤掺烧的目的主要有扩大煤源、降低发电成本和解决燃烧缺陷三个。不同目的配煤掺烧有不同的形式和特点。

1. 扩大煤源

电站锅炉保证设计煤种一般是做不到的。煤炭市场的紧俏使大量较差煤种进入电厂。采用配煤掺烧的方式，可以用多种煤混合产生满足正常燃烧需要的"新煤"，从而使在单一煤种燃烧方式下不适宜的煤种变成火电厂的有用资源。有时电厂需要被动掺烧一些指令性煤、合同煤等，也属此类情况。此类目的混煤掺烧应以设计煤为依据，掺配后的入炉煤特性应尽可能接近设计煤种，以避免运行中带来各种安全、经济、环保、出力等问题。

2. 降低发电成本

在设计煤的基础上，通过定向掺烧其他煤种，降低煤炭总成本。例如，烟煤掺烧褐煤、贫煤掺烧烟煤等。由于是直接以发电成本为目标，非设计煤的掺配比例越大收益越明显。所以混煤煤质往往偏离设计煤质较多。混煤方式多表现在量的配比上变化，主要是通过燃烧调整解决锅炉伴随出现的机组安全、经济、出力等问题。

3. 解决燃烧缺陷

是指在现运行煤质的基础上，通过掺入某种非设计煤，有针对性地解决锅炉燃烧缺陷（如结焦、灭火、高温腐蚀、汽温偏低，减温水量过大等），因为此方式不以降低煤炭成本为目的，所以非设计煤的选择余地较大。

（二）混煤掺烧的原则

（1）掺配的煤种要保证机组仍能达到额定出力。

（2）保证锅炉的参数和指标。

（3）锅炉效率不能低于设计值太多，否则掺烧效益体现不出来，一般要求偏离不超过2%。

（4）掺配的煤种保证在一个小修期内不出现以下情况：

1）因煤质灰分过多增加导致受热面磨损严重，出现爆管，导致"非停"；

2）因煤质灰熔点降低导致锅炉严重结焦，需要停炉清焦；

3）因煤质挥发分高引起燃烧器烧损，不得不停机处理；

4）因煤质硫分升高导致水冷壁高温腐蚀严重，机组不能正常运行。

（5）掺配的煤种不存在虽短期内不突出，而一旦暴露则需投入大量资金进行改造或更换设备的缺陷。

（三）配煤掺烧的典型方式

（1）炉外掺配、炉内混烧。适用于煤质（主要是挥发分）比较接近的煤种，无论直吹式系统还是中间储仓式制粉系统均能采用，目前电厂应用最广。

（2）间断性混烧。是指在一段时间燃烧一种煤（如易结渣煤），另一段时间内燃烧另一种煤（如不结渣煤）。这种方式对煤场要求很低，主要解决扩大煤源的问题。

（3）分磨磨制、炉内掺烧。是指煤质差异较大的两种煤分别进不同的磨煤机磨制，制出煤粉通过不同层的燃烧器分别入炉燃烧。该方式只适用于直吹式系统。中速磨煤机由于每炉台数较多，所以更容易实现分磨磨制、炉内掺烧。

（4）分磨磨制、炉内混烧。是指煤质差异较大的两种煤分别进不同的磨煤机磨制，制出煤粉进入煤粉仓掺混后入炉燃烧。该方式只适用于中储式系统。

（四）混配煤的实现手段

1. 在煤矿或煤炭中转过程中混合

例如，某煤电集团为缓解所供沿海电厂存在的结渣问题，将下辖低灰熔点矿区煤与小批量高灰熔点煤混供掺烧，其掺配地点在各相关的煤码头。在配煤比例适合的情况下，可有效解决长期燃用该煤电集团电煤的炉内结焦问题。具体方式是按不同的燃煤配比调整取料机速度，将各混合煤种倒换至同一皮带上。因经多次皮带转运混合，其混合效果较好，但要求有较大的煤场实现煤种分堆。

2. 在电厂的煤堆上混合

国内较多电厂采用。方法较多，需强化煤场管理，特别是燃用两种煤质差异较大的煤时，方式不当可导致燃煤混合不匀，将给机组的安全、经济运行带来较大麻烦。如磨煤机出口温度的频繁波动、制粉系统的自燃、炉内燃烧、结渣问题的频频出现等。

3. 在给原煤仓上煤过程中掺配

不同入厂煤存于不同场地，入不同贮罐；分别通过煤秤计量，汇合于一条输煤皮带，送入原煤仓。

4. 在磨煤机内混合

不同煤种分别通过双进双出磨煤机两端不同的给煤机，进入磨煤机混合并研磨。该方式混合比率调控自如，混合效果很好，对煤质特性差异较小的煤种较为合适。

二、混烧技术

（一）掺配煤的煤质特性及燃烧特性

1. 混煤的着火特性

难着火的煤与易着火的煤掺配，着火难易程度趋近于易着火煤的着火特性，即在难燃煤种中掺烧易燃煤种来改善其着火特性，其作用会比较显著。

2. 混煤的燃尽特性

各单一煤种挥发分差别过大时，由于易燃煤种"抢风"，使难燃煤种燃尽更加困难，导致混煤燃尽性能急剧下降。煤粉混合磨制时，粗煤粉中难燃煤多，而细煤粉中易燃煤多，这与燃尽特性对煤粉细度的要求正好相反，这一粒径分布规律以及混煤的"抢风"现象，决定了混煤的燃尽性能总体上趋近于难燃煤种。

3. 混煤的结渣性能

混煤的灰熔点可借助灰熔点测试仪等设备测试得到。一般规律是：高灰熔点的煤与低灰熔点煤组成的混煤，其灰熔点略高于各煤种中灰熔点最高的煤种。即对于减轻结焦而言，在易结焦煤中掺入不易结焦煤进行混烧，会取得很好的效果。

4. 混煤的可磨性

难磨煤与易磨煤混合时，其磨制性能倾向于难磨煤。而且两种煤的哈氏指数 HGI 相差越大，混煤的实际 HGI 值偏离加权均值的程度也越大。如某矿区 1 号煤（HGI＝109）与 2 号煤（HGI＝71）按 1∶1 的比例掺混，HGI 的加权平均值为 90，混煤 HGI 的实测值为 76，相对偏差为 0.844；矿区 1 号煤与 3 号煤（HGI＝43）按 1∶1 比例掺混，混煤 HGI 的实测值为 59，相对偏差为 0.776。即向难磨煤中混入易磨煤以增加磨煤机出力的措施，其效果可能小于期望值。

（二）煤质掺配原则

1. 不同煤种应掺混均匀

应科学利用煤场、输煤设施对掺配煤进行充分混合，确保入炉煤的煤质均匀。防止混煤在磨制和燃烧过程中引起参数波动（如磨煤机出口温度等），影响制粉、燃烧以及机组负荷跟踪（AGC）性能。

2. 尽量选择相近的煤种掺混

应避免燃烧性能差别较大的跨煤种掺配，以保持高的燃烧效率。设计煤种是烟煤的锅炉可以使用褐煤与烟煤掺配，或者使用贫煤与烟煤掺配。但要根据制粉系统的形式决定。中间储仓式系统不能用褐煤和烟煤掺配，只能用不同热值的烟煤或贫煤与烟煤来掺配，掺配后的挥发分 V_{daf} 不得高于 38%。

直吹式系统可以用烟煤和褐煤掺配，掺配后的挥发分不受限制。设计煤种是烟煤的锅炉原则上不允许与无烟煤掺混。如果必须掺入无烟煤，则应限制烟煤的掺入比例。设计煤种是贫煤的锅炉可以使用烟煤与贫煤掺混，或者使用无烟煤与贫煤掺混。设计煤种是无烟煤的锅炉可以使用贫煤与无烟煤掺混，不宜用烟煤与无烟煤掺混。

3. 减少主要煤质成分的变化界限

混煤的煤质应尽可能接近设计煤种，并限制主要煤质成分的变动边界，这些成分如热值、挥发分、灰分、水分、全硫等。但若限制项过多，又会影响动力配煤的灵活性。可以依据具体锅炉对其中某一个或某几个煤质成分的敏感性的差异，来减少受限煤质成分的数目。

4. 满足脱硫系统运行要求

混煤煤质应确保掺配后的全硫分能满足脱硫系统的运行要求。

（三）混烧对锅炉工作的影响

锅炉对混煤的适应能力主要表现在安全性、经济性和环保性三个方面。虽然各台锅炉设备由于设计煤种特性、燃烧设备特性参数的选用以及制造厂家的不同而对混煤的适应能力各不相同，电厂掺混设施和运行方式的不同等因素也有较大的影响，但不同煤种混烧对锅炉运行的影响还是有一定规律可循的。

1. 烟煤掺入无烟煤

在原燃用的烟煤中掺入无烟煤或劣质贫煤，会出现锅炉效率下降、制粉出力降低、减温水量增大等问题。烟煤的燃烧条件极好，将抢先夺走局部的氧气。这使无烟煤着火延迟、燃尽困难（对冲燃烧锅炉更为明显），严重时锅炉效率下降还相当大。制粉系统出力会因掺入了可磨度差的无烟煤而降低。由于混煤挥发分降低，NO_x 的排放也会增加。着火和燃尽过程的推迟引起火焰中心升高，使过热器、再热器减温水量增大。

此种情况，由于是两种燃烧性能差别很大的煤相混，单靠挥发分判断燃尽性能已不适合，例如在相同的表观挥发分下，单质贫煤的燃尽率要明显高于烟煤掺入无烟煤形成的混煤。

2. 烟煤掺入褐煤

烟煤中掺入褐煤时，由于着火提前而引起燃烧器喷口烧损、附近水冷壁结渣问题。制粉系统发生爆炸的危险性也会增加，需要对磨煤机的出口温度、一次风速、煤粉细度等关键燃烧参数进行调整。由于褐煤水分较高，通常会引起磨煤机的干燥出力和磨煤出力不足，严重时可能限制锅炉负荷。褐煤热值低、水分高，同样负荷下烟气流量大，对主汽温、再热汽温及其减温水量也会发生一定影响。

掺入煤中的水分和可磨性对磨煤机的出力有比较大的影响。例如，掺入褐煤时磨煤机的出口温度降低；掺烧难磨煤时磨煤机的制粉出力也会降低；而因掺入煤的燃尽要求，需要相对较低的煤粉细度时，也会使磨煤机的出力降低。因此，磨煤机的选型裕度是这类混煤燃烧成功实施的重要条件。

3. 贫煤掺入烟煤/无烟煤

贫煤掺入烟煤后，锅炉效率升高、燃烧器易结焦、过热器、再热器减温水量减少、高温腐蚀减缓、NO_x 排放浓度降低。由于是燃烧性能相近和混煤的挥发分提高，飞灰含碳量降低，且烟煤掺入比例越大，降低越多。掺入烟煤后，着火及燃尽提前，炉膛出口烟气温度下降，减温水量减少。若是掺入烟煤的灰熔点低，可能出现结焦问题，需要提高一次风速，抑制燃烧器出口结焦或水冷壁结焦。贫煤掺入无烟煤的影响与上述情况则恰好相反。

4. 无烟煤掺入烟煤

原设计无烟煤或劣质贫煤的锅炉，掺入烟煤时，可能会出现锅炉效率降低、排烟温度升高、炉膛结焦、汽温变化等问题。无烟煤或劣质贫煤中掺入烟煤，同样由于高挥发分煤的"抢风"规律而使混煤燃尽性能变差，飞灰可燃物甚至比单烧其中任一煤种时还要高。只是当烟煤比例增大到某适宜的掺混比后，才能使混煤的燃尽率提高。无烟煤掺入性质相近的贫煤时，燃尽率则好于单烧无烟煤，并且燃尽率与贫煤掺入比例正向相关。

根据相关电力规程，磨制混煤时磨煤机出口温度按挥发分较高的煤种控制，煤粉细度按挥发分较低的煤种控制。在磨煤机出口温度按烟煤控制时，就会引起制粉系统掺冷风，从而使排烟温度升高。难燃煤的锅炉设计一般都会考虑较多的稳燃和燃尽措施，因为炉膛断面放热强度或燃烧器区壁面放热强度较高，所以燃用易燃煤种时，容易出现炉内结渣现象。如果炉内结渣轻微，则由于火焰中心下降可能导致主蒸汽、再热汽温偏低。

混烧烟煤情况下，常规燃烧参数如一次风速、周界风速、氧量、煤粉细度等的影响均弱于其中任一单煤燃烧的影响。这与混煤中无烟煤与烟煤的燃烧特性差异过大密切相关。例如，某电厂关闭周界风现场看火，燃烧器出口火焰变亮着火提前，但检测飞灰含碳量反而略有升高。说明提前着火的实际上是烟煤的挥发分，无烟煤可能根本没有提前着火，甚至可能存在因烟煤的大量耗氧而延迟着火，因而燃尽性能未有改善。在这种情况下，提高混煤的燃尽率的最有效方法是选择最佳混合比例。

（四）混烧技术通则

1. 混煤成分限制

不宜将燃烧性能相差较大的煤种进行掺烧，例如，可以无烟煤掺贫煤、烟煤掺褐煤，避免无烟煤掺烟煤、贫煤掺褐煤。如果必须相掺，则应限制无烟煤的掺混比例。烟煤中无烟煤掺混比例高时，混煤燃尽率的数值，不仅低于加权值，甚至还不及其中燃尽率最低的无烟煤。

2. 动力配煤优化

动力配煤优化包括两个方面的内容，一是根据调整试验和燃烧经验，取得该型锅炉混煤成分的上、下边界值。当偏离边界值时锅炉将不能正常燃烧。煤质边界值的参数越多，掺混指标越难达到。通常选择对燃烧影响最大的挥发分、热值、硫分等作为混煤煤质的边界指标。二是在边界煤质的范围内，从若干不同的配比方案中选出一种使燃煤成本达到最低的方案，从而节省发电成本。可以用数学规划方法得到最优配比。

3. 制粉参数控制

制粉系统运行的参数控制是指以挥发分最低的煤质控制 R_{90}，防止无烟煤"欠磨"导致飞灰含碳量升高；以挥发分最高的煤质控制磨煤机出口温度，以保证制粉系统安全。燃烧系统的运行，则按混煤挥发分的加权平均值控制氧量、一次风速、燃料风率等。

4. 按峰谷负荷分时区掺配

根据机组的实际条件，在峰、谷负荷的不同时段，按不同的掺配要求分别配煤。例如，白天高负荷时段，使混煤的热值高些、灰分低些、硫分低些，以保证制粉总出力满足负荷要求，减轻受热面磨损，SO_2 排放达标；待夜间低谷负荷时段，由于磨损、排放等条件转好，掺混煤的热值可低一些，灰分和硫可稍高一些。

5. 混煤掺烧试验

进行混煤掺烧专项试验的目的是确定经济合理的掺混比例或混烧方式。试验时，为了不致因煤质波动而影响到燃烧的效果，混合均匀是首要的要求。其次，应充分考虑燃煤从混合时起直至到达燃烧器出口的时间差。以了解燃烧稳定性、经济性为目的的试验，试验时间可较短些，以能取得有关燃烧、传热的稳定数据为限；旨在解决炉膛结焦等问题的试验，则试验可能需要数天或更长时间，与锅炉经济性有关的数据可取运行统计值代替。

在确定混掺烧比例时，最普遍的是根据锅炉设备对煤质特性诸范围的要求，用加权平均的方法计算出混煤的煤质特性，然后进行不同工况的试验。该法简单实用，但须注意其结果的偏差。例如，以燃尽性能为目的的试验，混煤的挥发分 V_{daf} 比各煤 V_{daf} 简单的加权均值要低，且 V_{daf} 低的煤比例越大，降低得越多。从结焦性分析，混煤的灰熔点也不是各单煤灰熔点的加权和，通常要高一些。

在确定各煤种的混合比例时，有条件的电厂应实际测定混煤的相关煤质特性，无条件的电厂，可按照有关文献的公式进行预测。

6. 入炉煤跟踪

电厂每班向运行值班员发煤质掺配通知单，告知入炉煤的混合比例及混煤化验数据，以便运行人员及时根据煤质调整燃烧参数和制粉参数。

（五）烟煤中混烧褐煤的技术

褐煤的特点是挥发分高（$V_{daf} > 40\%$）、水分大（$M_{ar} > 25\%$）、热值低（$Q_{net,ar} = 12 \sim 15 MJ/kg$）、灰分低（$A_{ar} < 15\%$）、灰熔点低（$< 1150℃$）。与烟煤混烧时表现出以下特性：

易于着火和燃尽，同时也具有自燃、爆炸倾向；磨煤机出口温度低、制粉系统干燥出力不足、制粉出力下降；由于燃煤量增加制粉出力适应负荷困难；炉内易结焦等。

1. 最佳混配比例的确定

通过阶段性试烧，确定在不做设备改造前提下褐煤掺配的最大比例。例如，某电厂330MW 机组，按照 10%、20%、30%、50% 的不同掺配比例进行了较长时期的燃烧试验，通过 6 个月的运行证明，设计煤（烟煤）按 30% 的比例掺烧褐煤时，锅炉各参数与设计要求相符，掺配的煤量与供煤结构相适应，掺配煤质及总煤量能够达到制粉系统的出力要求。使用高热值褐煤，掺配比例可提高到 40%，在极端环境条件下，掺配 50% 褐煤基本做到了安全稳定燃烧。低负荷期间适当增加混配比例，在高负荷期间混配比例以不高于 20% 为最佳。

2. 磨煤机进、出口温度控制与调节

磨煤机出口的上限温度，中速磨煤机控制不超过 75℃，双进双出磨煤机控制不超过 70℃，以防止制粉系统爆燃。对于安装了磨煤机出口 CO 监视器的机组，应监视 CO 浓度不超过 $150×10^{-6}$。磨煤机出口的下限温度不得低于水露点，并留有 2~5℃ 的余量，以保证气粉混合物的正常运输。磨煤机出口介质的水露点 t_{ld} 按式（5-9）计算，即

$$t_{ld} = 9.47d_2^{0.37} \tag{5-9}$$

$$d_2 = \frac{1000}{g_1} × \frac{10+(M_{ar}-M_{ad})}{100-M_{ad}}$$

式中 M_{ar}、M_{ad}——收到基水分、空干基水分，%；

g_1——磨煤机风煤比，kg/kg。

如某电厂双进双出磨煤机，$M_{ar}=30\%$，$M_{ad}=13\%$，磨煤机入口风煤比 $g_1=1.8kg/kg$，将以上数据带入式（5-9）计算得到：磨煤机出口处水露点 $t_{ld}=55℃$，运行控制磨煤机出口温度高于 $55+2=57$（℃）。磨煤机出口温度过低时，适当开大旁路风挡板予以提升。

磨煤机进口温度的上限值可不受限制，但须注意磨煤机出口 CO 浓度的变化。

提高磨煤机出口温度的主要手段是提高空气预热器出口热一次风温。运行措施包括加强空气预热器吹灰；对于腐蚀积灰较重的空气预热器，可考虑非采暖期投入暖风器运行或夜间投入。此外，可设法提高空气预热器的进口烟温，进口烟温每升高 10℃，空气预热器出口风温升高 8~9℃。对于超临界机组，在安全允许的前提下，适当提高分离器出口过热度，可以使空气预热器进口烟温升高。

进行局部结构改动提高热一次风温的措施包括通过调整一、二次风间扇形板的夹角，扩大一次风口截面积，可提高热一次风温 10~15℃；空气预热器反转改顺转（转动顺序从烟—2—1—烟改变为烟—1—2—烟），可提升一次风温 7~10℃。

3. 磨煤机出力维持

混合磨制褐煤时，磨煤机出口温度降低使制粉出力降低。为此采取的措施，除提高磨煤机进口温度之外，还有提高一次风压。随着一次风压提高，容量风量增加，制粉出力增加，但容量风增加到某一临界值后，出力即不再增加。为维持锅炉的带负荷能力，要求磨煤机维持临界风量运行。随着容量风增加，煤粉变粗，但对于高挥发分褐煤，飞灰含碳量受影响不大。

4. 制粉系统防爆

加强制粉系统输粉管保温，防止煤粉因结露产生结块形成积粉源；双进双出磨煤机入口

空心轴承侧焊接刮刀，防止遇到湿煤时入口积煤堵塞；中间储仓式系统应重点防止煤粉仓积粉爆燃，煤粉仓采用低粉位运行方式，并完善充惰系统。定期检查磨煤机入口，发现有粘、堵煤时及时清理干净。

5. 燃烧参数控制

褐煤挥发分高，着火点提前、燃烧迅速，为防止燃烧器出口结焦，应适当提高一次风速，使着火点远离喷口。要经常检查燃烧器，防止发生燃烧器烧损事故。

（六）劣质煤混烧的技术

（1）无烟煤与褐煤为煤质相差最大的两种煤。其混煤的着火性能随褐煤比例的增加而提高，燃尽率的改善则需要一个比较大的、合适的褐煤比例。

（2）贫煤、烟煤、无烟煤混烧时，由于燃烧性能相差较大，燃尽率会有大幅的波动。图 5-63 所示为某电厂 300MW 锅炉 2 月贫煤掺烧烟煤/无烟煤的飞灰含碳量变化规律。图 5-63 中 C_{fh} 数据以 2 月 17 日为界，17 日以前掺烧烟煤，C_{fh} 维持在 2%～4% 的较低水平；2 月 17 日以后不掺烟煤，C_{fh} 明显升高维持在 5%～7%。说明贫煤中掺烧烟煤，确实可以提高燃尽率。在具体的掺混过程中，C_{fh} 比较低的日期中，都没有掺混无烟煤的记录；C_{fh} 比较高的日期中，20 日（C_{fh}=6.3）和 24 日（C_{fh}=6.9）都掺混了×矿区的无烟煤。

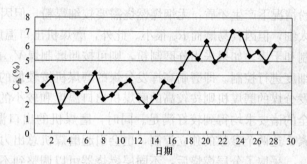

图 5-63　某电厂 300MW 锅炉 2 月飞灰含碳量变化规律

劣质煤混烧提高燃尽率、控制成本的最有效方法是找到最佳掺混比例。表 5-13 是该电厂经多次试验和长期摸索后确定的 5 种较佳混配方案。从表 5-13 看出，5 种最优方案都能将 C_{fh} 控制在较低水平。诸掺配方案特点如下：

1）无烟煤的掺混比例控制在 25% 以下，最多不超过 33%。

2）选两个关键数据 V_{daf} 和 $Q_{net,ar}$ 为掺配指标，控制燃尽和成本。

3）方案 5 尽管掺入 12.5% 无烟煤，但由于烟煤掺入比例较大，故 C_{fh} 仍然处于 2.0～4.0 的较低区域。

4）方案 4 的无烟煤掺入量最大（25%），但由于烟煤掺入为零，所以 C_{fh} 也能控制在 4.5% 以下。

表 5-13　　　　　某电厂劣质煤掺混最优配比表

序号	各煤种掺混比例（%）				V_{ad}（%）	$Q_{net,ar}$（MJ/kg）	C_{fh}（%）
	烟煤	贫煤	劣质煤	无烟煤			
1	33.0	33.0	17.0	17.0	14～15	19.5	2.0～4.0
2	33.0	17.0	33.0	17.0	14～15	19.0	3.0～4.0
3	33.0	34.0	33.0	0	12	19.0	2.0～4.0
4	0	50.0	25.0	25.0	6	19.0	3.5～4.5
5	50	12.5	25.0	12.5	7	20.0	2.0～4.0

三、掺烧技术

掺烧方式指入炉各煤种不预混，实行分仓配煤、分磨磨制。对于直吹式系统实现分层燃烧；对于中间储仓式系统，即可分层燃烧，也可混烧。当燃用煤质差异很大的混煤时，只要场地条件许可，这种方式应是最好的选择。

1. 分磨磨制、分层燃烧

分磨磨制、分层燃烧可以解决炉前混配混烧方式所带来的弊端，很好地解决大差异煤之间在燃烧条件和制粉条件上的矛盾，以烟煤与无烟煤的掺混为例，无烟煤的挥发分低（V_{daf}小）、可磨性差（HGI 低），而烟煤的挥发分高（V_{daf}大）、可磨性较好（HGI 高）。在统仓制粉情况下产生矛盾：无烟煤燃烧需要较细煤粉，但因其难磨而颗粒较粗，烟煤燃烧不需磨得太细，但因其易磨而 R_{90} 很小。此外，磨煤机出口温度只能按烟煤控制，不利于无烟煤的磨制和干燥。如果采用分磨制粉，则可按照磨制煤 V_{daf} 的不同，分别对磨煤机出口温度和煤粉细度进行控制。即磨制高挥发分煤的磨煤机按较低的出口温度和较大的 R_{90} 控制；磨制低挥发分煤的磨煤机则按较高的磨煤机出口温度和较小的 R_{90} 进行控制。这样使制粉、燃烧和安全的诸要求均得到较好满足。同时，磨煤机的出口温度和煤粉细度又是影响制粉出力的因素，这两个参数的独立控制，也会引起磨煤机总出力的提高和平均制粉单耗的降低。

采取了分层燃烧后，不同层燃烧器可以调整到不同的一次风速和一次风率，整个锅炉的着火和燃尽性能也得以改善。

以上的分析同样适用于褐煤与贫煤掺烧的情况。

2. 炉内掺烧的燃烧调整原则

在炉内掺烧情况下进行的燃烧调整，有两种主要的类型，一是在同样的掺烧比下，通过燃烧调整，提高锅炉运行经济性和安全性；二是在保证锅炉安全（包括制粉系统），同时锅炉效率、参数不发生大的变化的前提下，借助燃烧调整，最大限度地提高掺烧比例，以获得更好的煤炭成本效益。

对于以上两个类型，燃烧调整的可控项主要包括磨煤机出口温度、风煤比、煤粉细度及煤粉浓度、燃烧总风量、差异煤种的层间分配、旋流燃烧器的二次风旋流强度、一次/二次风配比、中心风量；直流燃烧器的一次风速、周界风量等。通过调整，保证燃烧器及制粉系统的安全，同时也保证锅炉运行的安全性。

3. 针对炉内结渣的掺烧措施

若炉内掺烧是在低灰熔点的煤中掺烧高灰熔点的煤，则掺烧比越大，炉内结焦越轻微。反之，若是在高灰熔点的煤中掺烧低灰熔点的煤，为了扩大掺烧比，就需要解决炉膛结焦或燃烧器出口结焦问题。

当贫煤掺烧烟煤时，由于烟煤的灰熔点常低于贫煤，应防止单烧烟煤的燃烧器喷口的结焦与烧损。燃烧参数的调整原则为提高相应燃烧器的一次风速、降低煤粉浓度、大幅度调整煤粉细度使煤粉变粗。中速磨煤机要增加风煤比，双进双出磨煤机增加旁路风量。

旋流燃烧器减弱烟煤喷口的二次风旋流强度，使其接近直流气流，中心风开大以推迟着火距离。直流燃烧器开大周界风门，燃尽风率在允许范围内按高限调节。

层间配煤考虑，由于炉膛下部温度较低，锅炉掺烧时，下层燃烧器燃用灰熔点低的易结渣煤，上层或中层燃烧器燃烧其他不易结渣煤，有利于防止燃烧器出口结焦。但也不排除另外上煤方案的选择，例如有的对冲燃烧锅炉，当上部燃烧器燃用灰熔点低的易结渣煤、下部燃烧器燃用其他不易结渣煤种时，也取得较好效果。

高热值的贫煤掺入低热值的烟煤或褐煤，往往导致制粉出力相对不足，应在较高负荷下投入备用磨煤机，采取多台磨煤机运行方案，即可增加制粉出力裕度，又降低主燃烧区壁面热负荷，防止炉膛及燃烧器结焦。

4. 针对燃尽的掺烧措施

在高挥发分煤中掺烧低挥发分煤时，燃烧参数的相应调整为降低低挥发分煤喷口的一次风速、减小相应磨煤机 R_{90} 的运行设定值，大幅提高磨煤机出口温度和一次风中粉浓度。中速磨煤机要减小风煤比，双进双出磨煤机减小或关闭旁路风量。

旋流燃烧器增加低挥发分煤喷口的二次风旋流强度，但注意不出现"飞边"。中心风适当关小以拉近着火距离。直流燃烧器关闭周界风门，燃尽风率在允许范围内按低限调节，当飞灰可燃物较高时，允许适当调高省煤器出口氧量。

层间配煤考虑，通常以最下、次下层燃用高挥发分煤，中间或上层燃用低挥发分煤的上煤方式，保证稳燃和燃尽。若中上层有两层以上差煤分烧，则尽可能使其与好煤实现隔层燃烧。此时炉膛出口烟气温度低、飞灰可燃物低、锅炉效率高。对于燃烧器最下层安装了等离子喷口，且日运行负荷曲线有很低负荷段的、下层燃烧挥发分较高的烟煤，还可以保证低负荷下不投油稳燃。

某电厂 640MW 切向燃烧、中速磨煤机直吹制粉系统锅炉进行的分层燃烧配煤试验，优化上煤方式的一次试验结果如图 5-64 所示。图 5-64 中试验负荷为 550MW，5 台磨煤机运行，各工况描述见表 5-14。

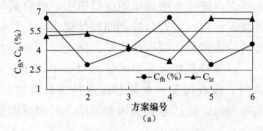 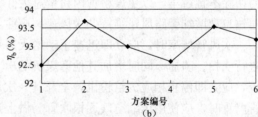

图 5-64　640MW 机组掺烧方案优化试验（试验负荷 550MW）

（a）对飞灰含碳量、炉渣含碳量影响；（b）对锅炉效率影响

表 5-14　　　　　　　　　混煤掺烧的不同上煤方案（550MW 工况）

项目	方案 1	方案 2	方案 3	方案 4	方案 5	方案 6
1号煤	A	A	A	B、E	B、D	B、C
2号煤	B、E	B、D	B、C	A、E	A	A
3号煤	C、D	C、E	D、E	C、D	C、E	D、E

注　1号煤、2号煤、3号煤的挥发分 V_{daf}＝32％、28％、16％。550MW 运行 5 台磨煤机，保持各台磨煤机出力相等。

第六节　燃烧故障与事故

一、一次风管堵塞与给粉不均

一次风管堵塞主要发生于中间储仓式制粉系统。堵管时，被堵塞的一次风管流量减小，风压升高或摆动剧烈；炉膛负压增大；一次风管堵塞严重时，给粉机电流增大或跳闸；堵塞的燃烧器出粉少或无粉喷出，主蒸汽压力下降。几根一次风管同时堵塞时，排粉机电流下降（由排粉机带一次风时），将使燃烧中断、风管烧红，严重影响燃烧安全性。

一次风管堵塞的基本原因是煤粉管内一次风速过低。此外，煤粉浓度和重度增大也会加剧堵管的倾向。对直吹式制粉系统，磨煤机风量过小、风温过低、燃烧器喷口处结焦均将使一次风速减小，各并列管的出粉量不均也会造成煤粉管的风速偏差。一般来说，煤粉越粗，煤粉浓度的分配不均越厉害。当燃烧器出口结焦较重时，煤粉管出口处的流阻增大，使磨煤机的出口风压升高。因此，在给煤量、风量不变时，磨煤机入口一次风门自行开大。这可作为煤粉管沉积、堵塞的前兆。如果是由于磨煤机风量小或者出口温度低，造成输送煤粉的动量不足而引起积粉时，往往是在阻塞前的一段时间里磨煤机的风量小，出口风压低，而当煤粉管已阻塞时，出口风压则升高。

对于中间储仓式系统，一次风母管压力是影响一次风速的决定因素。适当提高一次风压不仅可增大一次风速，而且可抑制并列各风管的风量风速不均和煤粉浓度不均。煤质变化时也需相应调节一次风压，例如，低发热量的煤会使给粉机出力增加，一次风压应高些；劣质煤的比重较大，较易沉积在管底，也应适当提高一次风压。其次，落煤量对并列各管的一次风速也有较大影响，给粉量大的管子一次风速小，易堵管。运行中应监视各支管一次风压，若为静压监测，给粉量大的管子风压升高；若为动压监测，给粉量大的管子动压降低。此外，介质温度对一次风压也有影响，如天热温度高时，一次风压就低些。

为防止一次风堵管，应加强对磨煤机风压、一次风压、风温和给粉机转速的监督，一旦有堵管迹象，及时采取措施不使其发展。低负荷时，应保证必要的一次风压；磨煤机或燃烧器的切除不宜过早，以免煤粉管内粉量过大。一些配双进双出磨煤机的进口机组，低负荷时可通过自动增加旁路风量维持一次风速。应注意监视一次风量符合控制曲线的要求。

一次风管堵塞时，应立即迅速手动增大磨煤机一次风量，减少给煤量，用大风量对煤粉管进行吹扫、疏通。同时增加其他磨煤机的出力，以维持锅炉蒸发量不变。对于中间储仓式系统，应立即停止相应的给粉机，全开其一次风门，或者提高一次风总压进行煤粉管吹扫。堵管严重时，应使用压缩空气逐根吹管。做上述处理时，应注意调整风量、给水量和减温水量等维持锅炉各参数正常，必要时还应投油助燃。

一次风管的给粉不均是指给粉机的断粉与自流。给粉机的断粉与自流交替发生时，相应燃烧器喷口的熄火和爆燃即交替出现，导致锅炉的出力、汽压、汽温大幅度波动，其余给粉机转速大起大落，运行工况严重不稳。产生该故障的原因包括给粉机磨损产生结构缺陷、粉仓降粉不及时、粉仓漏风、内壁板结、一次风压控制偏高等。一旦发生此类故障，可对故障给粉机和最好给粉机进行拆卸并做结构比对；在故障给粉机上方的小粉仓壁加装临时振打器，诊断断粉自流原因，运行中采取多投给粉机、降低一次风压等措施。

二、燃烧不稳

燃烧不稳时火焰锋面的位置明显后延且极不稳定；火焰忽明忽暗、炉膛负压波动较大。燃烧不稳的实质是可燃混合物小能量的爆燃。着火过程时断时续，燃烧中断时，则火色暗、炉膛压力低；重新着火时，则火色亮、炉膛压力高。

燃烧不稳可从以下 4 个方面判断：①炉膛负压的摆动幅度；②监督 CRT 上火焰检测信

号的强弱；③过热器后的烟气温度及氧量监视；④各主要参数是否稳定。

燃烧不稳的常见原因是：①煤质变化（或煤粉过粗）时未及时调整燃烧。②给煤量（或给粉量）波动较大，如煤粉管堵塞或出现粉团滑动、油喷嘴堵塞、磨煤机来粉不均、煤粉仓粉位过低，引起塌粉等，也都会造成燃烧不稳。③锅炉负荷过低，引起炉膛温度下降、煤粉浓度降低；或负荷变化幅度过大，使燃烧器投、停频繁。④运行操作不当，如一次风速过低或过高（一次风速过低可引起粉团滑动；一次风速过高，易导致燃烧器根部脱火）；氧量控制不当，炉内风量过大，引起炉温降低；冲大灰时排渣门开得过大或冲灰时间太长，大量冷风漏入炉膛，使炉内温度下降过多。⑤降负荷速度过快，在过燃烧率现象的作用下，导致实际燃煤量低于相应稳定负荷时的燃煤量，炉温降低。⑥燃烧器喷口结焦严重，破坏正常空气动力场。

发现燃烧不稳时，一般应先投油抢助燃（或投入等离子燃烧器），以防止灭火，待燃烧调整见效、燃烧趋于稳定后，再停油枪（或等离子燃烧器）。煤质变差时，应设法改善着火燃烧条件，如提高热风温度，煤粉磨得细些；适当降低风煤比，提高煤粉浓度，低负荷时集中投运燃烧器等；若是由于给粉不稳定引起燃烧不稳，则应适当提高一次风压和磨煤机的出口温度，以降低煤粉水分，不使煤粉结团、堵管等；正确进行清灰、打渣等需打开炉膛或灰斗的操作，注意防止对燃烧工况的不利影响；控制降负荷速度；在安全允许条件下，适当降低炉膛负压以减少漏风等。

三、炉膛灭火与爆燃

（一）炉膛灭火

炉膛灭火是指炉内燃烧的突然中断，锅炉燃烧不稳往往是炉膛灭火的预兆。炉膛灭火时，火光变暗或炉内完全变暗，火焰电视屏无图像，MFT 动作。伴随的其他现象有因燃烧中断，炉膛负压短时持续达到极大；由于一、二次风机自动加风，故一、二次风压不正常地降低；汽包水位瞬间下降而后上升（先是虚假水位，后是产汽小于给水引起）；蒸汽温度、蒸汽压力、蒸汽流量突然下降，氧量则大幅度上升。

炉膛灭火的原因主要是燃烧不稳，但还有其他方面的原因：①锅炉辅机发生故障，如引风机、送风机、磨煤机等突然停止运行；②燃烧器的切换及磨煤机的操作不当；③水冷壁吹灰不及时造成大面积掉渣，扑灭火焰；④水冷壁爆管，大量汽水喷出，将火焰吹灭，同时炉温降低；⑤双进双出磨煤机两管运行，使投运的燃烧器之间间隔太大；⑥发生 FCB（汽轮机故障快降负荷）或 RB（锅炉故障快降负荷）时，自动处理（燃烧器管理）不当。

运行中正确判断是燃烧不稳还是炉膛灭火是十分重要的。因为两者的处置是完全相反的。若为前者，可以投油助燃；若为后者，投油则会引起炉膛爆燃或爆炸，只能切断燃料。运行中，若为部分燃烧器灭火，凭运行人员直观有时难以区分清楚，要求有可靠的火焰检测系统和炉膛安全保护系统。个别燃烧器喷口无火，并不判为全炉膛灭火（认为其还可在炉内被其他火嘴点燃），因此也不切断燃料。只有在一定数目和位置的燃烧器出口检不到火焰时，才判为炉膛灭火。为保证投油稳燃的及时迅速，应将油枪投入前吹扫的逻辑变更为投入后吹扫。

全炉膛灭火的定义由炉膛安全保护装置的设计功能确定。对于角置式锅炉，当以监视最上层四角燃烧器的火焰为主时，通常其 4 只火焰检测器中有 3/4 灭火，则判定为全炉膛灭火。当监测各层火焰和各燃烧器的火焰时，所有的层火焰检测信号失去，则判定为全炉膛灭火。层灭火的判断逻辑是一层中有 3 个火嘴灭火，即为层火焰失去。某对冲布置旋流燃烧器锅炉，全炉膛灭火逻辑为①全部在投燃烧器均灭火，MFT 动作。②临界火焰发生。所谓临界火焰是指灭火的燃烧器与运行的燃烧器的比例达到设定值以上。例如，该设定值可选为 30%，50%、60%等。灭火燃烧器的定义是证实煤粉存在而火检检不到火焰。当临界火焰发生时，延续 15s 后，MFT 动作。

大型锅炉都装有锅炉灭火保护装置，它是 FSSS 最重要的保护功能之一。当炉膛灭火时，MFT 发生，打出"全火焰消失"，并按程序进行一系列自动处置。灭火时的处置要点是：立即切断燃料供应，即停止制粉系统，关闭全部油喷嘴；关闭一、二级减温水和再热器减温水以维持蒸汽温度；减小引、送风量至吹扫风量，控制炉膛负压，吹扫 5min，以抽出炉内积存的燃料；查明灭火原因并消除后，才允许重新点火，恢复运行。在保护装置拒动情况下，运行人员应按照锅炉灭火保护程序控制的顺序进行人工干预。锅炉灭火后只能迅速切断燃料供应，而严禁试图借"爆燃法"恢复燃烧。

当单元机组锅炉发生灭火时，联跳汽轮机、发电机；或者汽轮机、电气迅速降负荷。以防止锅炉蒸汽压力、蒸汽温度下降过快，影响设备安全，也会给重新恢复正常运行造成困难。

（二）炉膛爆燃（炸）

炉膛爆燃是指在炉膛空间内的悬浮可燃物达到一定浓度而被点燃，使炉膛压力较大幅度波动的现象。严重的爆燃即为爆炸。炉膛爆燃有三个必要条件：一是有足够量的燃料和空气的存在；二是燃料和空气的混合物达到了一定的浓度（爆燃浓度）；三是有点火能源（明火）存在。三个条件中有一个肯定不存在时，就不会发生爆燃。锅炉工作时不可能没有可燃混合物，因此防止爆燃主要是设法防止可燃混合物积存在炉膛（烟道）内，而当炉内有可燃混合物积存时，又应防止明火的出现。

正常运行时，送入炉膛的燃料立即被点燃，燃烧后生成的烟气也随即排出，炉膛和烟道内无可燃混合物积存，因而也就不会发生炉膛爆炸。大炉膛容积中积存少量的可燃混合物，即使爆燃，也不过只是"噗"的一声（称打炮），不会造成破坏。但是如果灭火后不能及时切断全部燃料，可燃物的储存容积就会随时间而增大，切断越迅速，进入炉内燃料量越少，越安全。

实际上，从发现灭火到断绝燃料期间，已有一定数量的燃料进入炉膛，再加上给煤机的滞后时间，阀门和挡板的滞后及关闭不严等都可能使送入炉膛的燃料量达到爆燃的浓度。误判断、误操作（例如继续投粉、投油）更会加剧燃料和助燃空气的积存。

炉膛内最可能发生可燃混合物积存的几种危险工况是：①整个炉膛熄火而未能发现，造成燃料和空气可燃混合物的积存，一旦再次点火，引起爆燃；②在多个燃烧器正常运行时，一个或几个燃烧器突然失去火焰而不能在炉内被继续点燃时，从而积聚可燃混合物；③燃料漏入停用的炉膛。

原则上，只要做到下述三点中的一点，即可防止爆燃：①燃烧应稳定。进入炉内的燃料绝大部分立即烧掉。理论上讲，只要炉温超过着火温度（约 650℃），混合物一进入炉膛即燃烧，不会积存。但由于燃烧器送入的混合物有一定的流速，炉内温度场分布不均等，要求有更高的炉温才能保证不发生炉膛爆燃。②未燃烧的燃料不得排入或者漏入炉膛。③如果炉内已有可燃物质，则在无火源情况下将其吹扫除出去。

较具体的情况包括：①点火前油或煤粉漏入炉膛，未进行吹扫即点火引起爆燃。②点火未成功，使炉膛和烟道内积存一定数量的可燃混合物。接着未进行吹扫再次点火，引起爆燃。③锅炉冷态启动时，过早投运制粉系统。由于炉温低，煤粉燃烧不完全，或油温低，雾化不良（油枪的雾化片和油通道堵塞）。使喷油积存在水冷壁、冷灰斗处，在一定条件下也可引起爆燃。④部分燃烧器失去火焰或炉膛灭火，MFT 未动作，继续投入燃料引起爆燃。⑤其他由于煤质变化使风煤比失调、自控失灵、保护投不上等原因都可能引起炉膛灭火和爆燃。

实践表明，90%以上的爆燃事故发生在锅炉启、停过程或低负荷运行时。点火初期，炉膛是冷的，且设备启动及其他操作比较频繁，很容易发生误操作。点火器的火焰是炉膛的第一个火焰。因此点火的第一步工作就是用空气吹扫炉膛与烟道。同时还要防止燃料（特别是油）漏入炉膛内。目前，炉膛的吹扫风量基本固定在不小于 30%额定风量，并以此风量作点火风量。而暖炉期间的燃料量一般不超过额定燃料量的 10%，这样，就整个炉膛来看，空气的比例大于燃料的比例，既使送入的燃料未被点燃，也将被冲淡为不可燃的混合物，因而可以避免爆燃。

为有效防止炉膛爆燃事故，近代锅炉机组都设置有炉膛压力保护装置（FSSS 的保护功能之一）。它能在火焰检测失灵时，依据炉内压力信号（这一信号简便、可靠）及时切断燃料供应。此外，运行人员还应做好以下工作。①锅炉启动、停运和低负荷运行时以及煤种改变时，加强对运行工况参数变化的监督，注意燃烧和风煤比的调节。②定期切换和试验燃油设备和点火装置，有缺陷的燃油设备禁止使用，尤其注意油枪的泄漏。③燃烧不稳时宜提前投油助燃，燃烧恶化出现明显灭火迹象时，禁止投油。④锅炉灭火后，应以充足风量和足够时间进行通风请扫（若风量不足，大颗粒煤粉可能会在炉膛内返回，形成煤粉沉积），然后点火启动，恢复锅炉运行；一旦油枪停用，应即手动关闭关断门。⑤锅炉从启动到带初负荷，应一直保持不低于 30%MCR 的锅炉通风量，各燃烧器的调风器应适当开启，以随时冲淡、带走有可能未燃烧的煤粉。⑥当锅炉需要在较低负荷下运行时，可停用部分磨煤机和燃烧器，使其他运行的磨煤机和燃烧器在高于最低稳燃负荷下运行。⑦单个燃烧器灭火应予报警。确认燃烧器灭火后，应停相应的磨煤机，改投其他的磨煤机。

（三）炉膛灭火诊断

一旦发生灭火事故，正确地诊断灭火原因，成为寻求反事故措施、避免同类灭火发生的重要活动。引起炉膛灭火的燃烧侧的原因可以归纳为以下五种。

1. 第一类事故——燃烧不稳

对燃烧器而言，燃烧不稳表现为着火距离的不规则波动，当大部分甚至是全部燃烧器出现燃烧不稳时则锅炉灭火。当煤粉气流灭火时，炉内气体体积瞬间急速减小，炉膛负压随之急速下降；在爆燃后，气体体积又急剧增加，炉膛负压随之急剧升高，炉膛负压的波动引起燃烧器出口一、二次风速，风量的波动，是燃烧不稳的直接原因。这种燃烧不稳现象首先从个别燃烧器开始，使炉膛负压随之波动，而且在很短时间内引发燃烧状况的循环恶化——个别燃烧器燃烧不稳——炉膛负压波动——更多燃烧器燃烧不稳——更大的炉膛负压波动，直至炉膛灭火。可见此类灭火事故最明显的外在特征是：①灭火前炉膛负压曲线必然出现较大幅度的负压波动，且幅值瞬间由小到大；②具有很明显的低负荷特性，灭火发生时的负荷越高，说明锅炉的稳燃能力越差。

引起燃烧不稳的主要因素是入炉煤质差，锅炉运行负荷低（炉温低）、煤粉粗、燃烧参数如一次风速控制失常、习惯运行方式与燃煤特性不匹配等。

2. 第二类事故——扰动

扰动分炉外扰动和炉内扰动两类。炉外扰动主要发生在中间储仓式系统，是指个别给粉机瞬间断粉或个别给粉机粉量突增，前者使炉膛负压"先负后正"，后者使炉膛负压"先正后负"。主要辅机退出也是炉外扰动的表现之一。炉内扰动主要是指炉内掉焦或者塌灰。在掉焦过程中炉膛负压向负增大，一旦落入冷灰斗水封，则大量产汽反过来使炉膛负压变正。炉膛负压的急剧波动及气流本身的冲击不仅干扰燃烧、造成灭火，而且可能在冷灰斗溅起水滴，遮蔽火焰检测探头引发MFT。

此类事故具有明显的突发性，即发生前无任何征兆，灭火前的炉膛负压变化更具有突变特性，往往无明显的负荷特征。

3. 第三类事故——爆燃

锅炉的最底层燃烧烧器1m以下的炉膛，是一个气流滞止区。滞止区内氧量很小，由于不流动，容易积聚起足够量的可燃气体（CO和C_mH_n），一旦遇有明火或赤红大焦块的点燃，即发生爆燃。爆燃释放的大量气体使炉膛负压瞬间升高，引起炉膛灭火。可燃气体的主要来源是逃逸出燃烧器主射流的可燃气体或灰渣溅落后生成的可燃气体。

此类事故的典型特点是：①炉膛负压是"先正后负"；②具有突发性，事前无炉膛负压的波动；③与负荷关系不大。

4. 第四类事故——误判

误判事故也称假灭火。该类事故发生时炉膛负压十分稳定，无异常波动现象发生，因此极易与前述三类事故区分。火焰检测探头被污染（如溅起水滴、炉膛送风中突然大量带灰）、一次风速过高、着火距离推迟至火焰检测视区之外等，均可以引起火焰检测的误判。当运行煤质下降时，因着火点推迟导致火焰检测误判的概率增加。个别燃烧器的误判会误导运行人员投油，使油耗增加。多数燃烧器的误判则会根据灭火保护条件发出MFT指令。

5. 第五类事故——综合条件

是指灭火事故至少有两个以上类型同时存在。燃烧不稳＋干扰是此类事故最常见的原因，如燃烧不稳与给粉干扰、燃烧不稳与塌灰等。干扰因素的冲击在燃烧稳定情况下可能并不会导致灭火；单纯的燃烧不稳，在没有干扰的情况下，往往也可维持长期燃烧。这一点正是区分该类灭火事故与第一、二类事故的要点与难点。

四、燃烧器故障

燃烧器故障是指燃烧器出口端壁温过高、一次风喷口结焦、燃烧器内局部堵塞、燃烧器烧毁等故障。为能对燃烧器故障随时进行监督，大型锅炉的燃烧器均设计装设了测温热电偶。当燃烧器正常运行时，热电偶指示燃烧器的壁温，如果这个温度稳固地上升超过设定值，燃烧器应停机，相应磨煤机退出运行。

燃烧器故障的主要现象是：①故障燃烧器温度高报警；②故障燃烧器的火焰检测信号不稳定地闪烁，甚至检不到火焰；③故障燃烧器一次风压差不正常偏低；④若点火器也已烧坏，则油枪不能投入；⑤燃烧器壁温持续升高，外观壁面烧红或油漆脱落。

燃烧器故障的原因包括：①着火点离喷口太近，甚至延伸至喷口内部燃烧。可能的原因包括磨煤风量小，一次风速过低；磨煤机出口温度过高；煤的挥发分高，煤粉细度小，中心风量小等。②旋流燃烧器的内、外二次风挡板调节不当，致使煤粉沉积于外套筒外壁，形成贴壁燃烧。③对停运的燃烧器，其用于冷却的中心风或燃料风被误关。④燃烧器燃烧负荷过于集中，燃烧器区域炉温高，造成出口结焦。喷口结焦后未及时清除，使结焦程度加剧。⑤一次风管上的关断闸门不严，易造成停运燃烧器处积粉，着火烧坏喷嘴。⑥油燃烧器的油压、油温低，雾化不良，或者配风不当。⑦二次风大风箱内着火。⑧同台磨煤机各煤粉管节流阀或一次风小挡板调整不当，使一次风压不均造成积粉，着火烧坏喷嘴。⑨单个磨煤机出力过高，造成该层燃烧器燃烧强度过高。

避免燃烧器故障应注意以下几个方面：①运行人员应熟知燃烧器各测温热电偶的正常运行温度，燃烧器投入前应逐个检查其温度，以确定其是否正常。②发现燃烧器温度高报警时，应全面检查分析，若由于磨煤机运行工况引起，应及时对该磨进行调整；若由于煤粉管堵塞引起（相应煤粉管的一次风量减小），应疏通堵塞的一次风管，如不能疏通，应停运相应磨煤机进行专门的清理；若由于二、一次风调节不当引起，则应进行正确的风量调节，例如增大一次风量或燃料风量。③若多只燃烧器端部温度先后或同时报警，很可能是煤种变化引起结焦或炉膛压力过高引起。若为煤种变化引起，应加强炉膛吹灰，以降低燃烧器区域温度水平；若为炉膛压力过高引起，应调整炉膛负压至正常。④若为燃烧器端部结焦引起，应停运对应的燃烧器，用压缩空气或其他手段进行除焦。⑤运行中应加强对各管一次风量大小及偏差的监督，并及时调节，以防止一次风堵管。对于旋流燃烧器，一次风压波动大时易在一次风进口涡壳处造成燃烧器的内部积粉燃烧，此时应立即停磨煤机，进行通风冷却。⑥若多只燃烧器均同时报警，现场确认为是二次风箱着火时，应紧急停炉。

第七节 风 机 运 行

一、风机特性曲线与工作点

风机特性曲线就是风压、效率和功率与流量之间的关系曲线，如图 5-65 所示。图中 p—Q 曲线为风压—流量特性，它表明风机的风量在实用范围内减小时全风压升高，风量增大时全风压降低。在运行中只要测出全风压后就可从曲线上查出（单风机运行）或计算出（并联运行）流量的多少。

风机的轴功率 P 与风压 p 和流量 Q 的乘积成正比，与效率 η 成反比。当管路特性变化而风机不调整时，离心式风机随着 Q 的增大 p 降低，但 p 与 Q 的乘积是增大的，所以 P 随着 Q 的增大而增加。轴流风机的特性曲线较陡，管路阻力增加时风量减少不多，故 P 随着 Q 的减小是增大的。

当风量增加时，风机效率 η 开始上升，过了最高点后随着风量的增加而下降。只有当系统在风机的设计工况下运行时，才能有最高效率，运行中偏离设计工况时，都会使风机效率降低。

必须指出，上述各曲线的定量关系是风机转速或动叶角度的函数。当风机转速或动叶角度变动到另一个值时则各特性曲线均跟着变化，但定性的关系不变，如图 5-66 所示。风机特性曲线对于选择风机、了解风机性能及风机经济运行，起着很重要的作用。

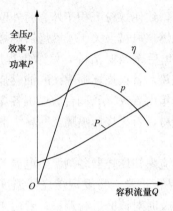

图 5-65　离心式风机特性曲线

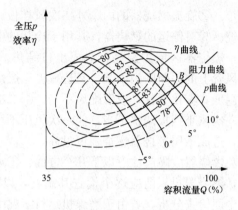

图 5-66　轴流式风机特性曲线

将管路通流量 Q（m^3/s）与压头损失 Δp（Pa）之间的关系称为管路特性，其一般方程为

$$\Delta p = K_0 + K_1 Q + K_2 Q^2 \tag{5-10}$$

式中　K_0、K_1、K_2——常数。

如图 5-66 中阻力曲线所示，当 Q 增加时，压头损失 Δp 近似按平方关系增加。在运行中，管路特性可能由调节风量挡板而改变（如燃烧器各层小风门），或者因为风、烟道积灰、沾污使阻力增大而改变。当进、出口风量挡板误动作时，也相当于使管路特性曲线上移。

单台风机运行时，由于管路流量与风机流量相等、管路压降与风机的全压相等，所以，其工作点只能是风机的 $p—Q$ 特性曲线与管路特性曲线的交点（图 5-66 中 B 点）。两台风机并联运行时，由于管路流量为两台风机的流量之和，所以工作点与管路特性曲线并不相交，但保持流阻相等（图 5-66 中 A 点）。风机的各个性能参数由工作点确定。

大型风机的特性曲线中的纵坐标常用比压（又称比功）表示。比压的定义是风机全压与介质密度之比，单位为 J/kg。在进行运行分析时，注意将其转换为风机的全压。

二、风机的运行调节

在运行中，风机的工作状况不可避免地要根据锅炉负荷而经常变动。为此，应对风机的工作状况进行调节，也即改变风机工作点的位置，使风机输出的工作流量与实际需要的数值相平衡。调节的基本方法有以下几种。

1. 节流调节

节流调节就是在通风管路上装置节流挡板，根据实际需要来改变节流挡板的开度，以达到调节风机风量的目的。节流挡板可以装在风机的出口管路上或进口管路上。节流挡板动作时，管路的阻力特性将随之改变，而风机的特性曲线不改变。因此风机的工作点也就相应改变。如图 5-67 所示，若需减小流量，可关小风机入口挡板，管路阻力特性由曲线 1 移动到曲线 2，风机流量由 Q_1 减小到 Q_2，而风压则由 p_1 上升至 p_2。这种调节方法简单可靠，但由于关小挡板增加了局部阻力，所以不经济。

2. 变速调节

变速调节是通过改变风机的转速，使风机的特性曲线变化，用以改变风机的工作点，达到调节风量的目的。如图 5-68 所示，当风机转速由 n_1 变到 n_2 时，风机特性由曲线 1 移到曲线 2，由于管路特性并未改变，所以工作点由 1 变为 2 点，相应流量和压力也分别由 Q_1、p_1 变动到 Q_2、p_2。变速调节时，随着流量减小风压相应降低，因此风机耗电要小于节流调节，具有较高的经济性。改变风机转速的方法可采用液力耦合器、调速电机或变频调速器等。

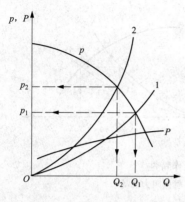

图 5-67　风机节流调节特性

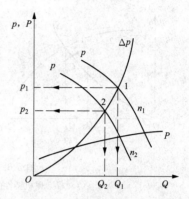

图 5-68　风机变速调节特性

3. 入口导叶调节

离心式风机常采用入口导叶调节方式。这种调节方法是在风机进口的前面装置入口导叶（导流器），它的角度可控制进入风机前的气流所产生的预旋的强弱。导叶开得越大，则入口气流的切向速度越大，部分静压变为速度能，风机性能曲线越陡直。这种调节的经济性，在低负荷时，比变速调节稍差；在高负荷时，比变速调节高，但都优于节流调节。

入口导叶的安装方向必须与风机的旋转方向一致。否则，气流在通过导叶后要转一个急弯进入叶轮，损失很大，使风机出力大大下降。运行中若发现风机带不上负荷，或导叶开大时电流示值反而减小等不正常现象时，则往往是导叶装反的结果。

4. 可动叶片调节

可动叶片调节是大型轴流风机最普遍采用的流量调节方式。它是通过运行中改变动叶（或静叶）的安装角，变动风机的性能曲线而达到调节风量的目的。如图 5-66 所示，当动叶的安装角增大时，特性曲线位置向右上角移动，工作点变化。结果是流量、风压和功率都增大。因此轴流风机启动时，均采用减小或关闭动叶安装角的方法来降低启动功率。

三、风机工作的稳定性

风机工作的稳定性是指当风机的工作条件波动时，风机的流量、压力能在原工作点附近稳定下来，而一旦工况波动消除，又恢复原工作点的性能。反之，若工况扰动后，风机的流量、压力急剧变化，即使扰动消除也不能稳定下来的情况称为不稳定工作或进入不稳定区。

如图 5-69（a）所示，风机具有单调下降的性能曲线，工作点为 A 点。若电网频率扰动使风机转速减小（风机特性变为曲线 2），开始管路空气压力因为其容量大，压力来不及变化，在某一时期内保持不变，所以管路输出的流量仍为 Q_A，但风机流量确已减少到 Q_B，这将引起管路压力降低，随之会增加风机流量，管网中压力下降以后，风机的压力、流量将沿 BC 变化，管路中的压力、流量将沿 AC 变化，在 C 点达到新的平衡状态。当转速增加到原来的转速时，按同样的分析，工作点又恢复到 A 点。如果是管路的阻力特性扰动，如图 5-69

(b) 所示，如挡板扰动使特性曲线由 1 变为 2，则在压力 p_A 下，管路的输出流量立即减至 Q_B，此时风机的输出流量仍为 Q_A，因为 $Q_B < Q_A$，所以管路压力升高。随之，管路的压力、流量将沿 BC 变化，风机的压力、流量将沿 AC 变化，在 C 点达到新的平衡。

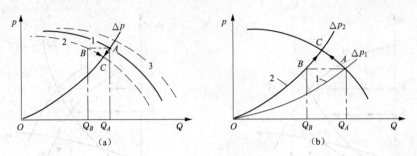

图 5-69　风机管网工作特性

(a) 风机特性曲线扰动；(b) 管网阻力扰动

以上说明，只要风机工作点是落在一个单向下降的风机特性曲线上，其工作就是稳定的。一般，风机的特性曲线都是有转折的。例如轴流风机的压力性能曲线（如图 5-70 所示），左侧呈马鞍型，右侧呈下坡型，其分界点为 K 点。K 点左侧为不稳定区，K 点右侧为稳定区。轴流风机的最高效率点位置与不稳定工作区 K 点相当接近。若风机工作点移动到 K 点左侧的不稳定区内，就会发生失速、喘振、抢风等现象，使风机工作恶化。

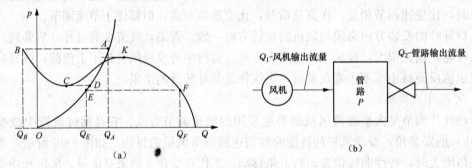

图 5-70　风机喘振机理

(a) $p—Q$ 图；(b) 管网—风机压力流量变化

四、风机的并联运行

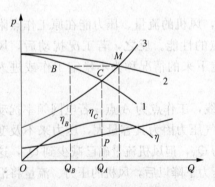

图 5-71　风机并联运行时的流量特性

（最大动叶开度）

为提高锅炉运行的灵活性和可靠性，大型锅炉的送风机、引风机和一次风机等均采用两台并联运行方式。风机并联运行后的性能曲线如图 5-71 所示。图 5-71 中曲线 1 为单台风机的性能曲线，曲线 2 为并联后总的性能曲线，曲线 2 表示的是两台风机的总流量与管路压降的关系，它是由单台的性能曲线在压力相等的情况下，各流量叠加而得到的。曲线 3 为管路特性曲线。利用这些曲线，参考图 5-71 中虚线，可以得到整个管路系统的运行工况和各台风机输出的流量。

　　风机并联运行时的特点是压头相等，总流量等于各风机流量之和。如果在图 5-71 中标出一台风机在管路中单独运行时的工作点（C 点）和并联运行时的工作点（B 点）进行比较，可知道并联运行的一个重要流量特性，即在风机不调节情况下，两台风机并联后的总流量小于 1 台风机单独工作时流量的两倍，而大于 1 台风机工作的流量。并联时的管路压降也比 1 台风机单独工作时要高。其原因是管道的摩擦损失随流量的增加而增大，需要每台风机都提高它的压头来克服，因此风机流量就相应减少了。

　　风机在并联运行时，尤其是锅炉的送风机、引风机在并联运行时，为了保证两台风机都能安全稳定运行，保持两台风机的压头和流量的相等是很重要的。当两台风机在流量不相等的情况下运行（如动叶开度存在差异），流量小的风机可能会因为系统压头相对较高，而出现"喘振"的现象，这种现象在轴流风机中尤为严重。因此，运行人员在运行中应始终保持两台风机的流量相等。

　　并联运行中的风机有一台停运时，需将它的进、出口风门挡板关闭，与系统隔绝。否则，可能会发生部分气流经过停用风机而循环的现象，使运行风机的有效出力降低，影响锅炉的负荷，并使风机电耗增大。当一台风机已运行，而再启动另一台风机时，要注意防止两台风机因压头的不平衡而产生"抢风"的现象。通常采用第一台已投运的风机投入自动，第二台风机启动后手动慢慢开大动叶角度或入口导叶，此时第一台风机根据自动偏置，自动关小动叶角度或入口导叶，直至两台风机负荷相等。

　　当流量减至一台风机能满足要求时，一般应采取一台风机单独运行，因为这样可节约一台风机的空载耗功，运行经济性较好。如图 5-66 所示，在较低负荷下，两台风机并联运行时的效率总是低于单台风机运行。离心风机与轴流风机相比，由于低负荷下效率降低更多，所以及时切换的效果要更大些。单台风机的带负荷能力与管路特性和风机特性都有关。管路的特性曲线越陡峭，或者风机的特性曲线越平坦，风机单独工作时的流量就越大于并联时总流量的一半。当然，低负荷下的风机运行方式，还要考虑机组的可靠性和其他要求。

五、风机运行的几个问题

（一）风机的启动和防止启动过载

　　离心式风机必须在关闭调节挡板后进行启动，以免启动过载。待达到额定转速、电流回到空载值后，逐渐开大调节挡板，直到满足规定的负荷为止。动叶可调式轴流风机应在关闭动叶及出口挡板的情况下启动，风机达到额定转速后，打开出口挡板，并逐渐开大动叶安装角度。若在较小动叶角度下打开出口挡板，则可能会遇到不稳定区。当一台风机已在运行，需并列另一台风机时，应先降低运行侧风机的压头至最低喘振压力以下，然后启动风机。待风机挡板打开后，逐渐增加启动风机的动叶开度，相应减小已运行风机的动叶开度，保持总风量相等，直至两风机流量相等。

（二）风机电流、风压的监视与分析

　　风机在正常启停和运行中，首先要监视好风机电流值。因为电流的大小不仅标志风机负荷的大小，也是发生异常事故的预报器。此外，运行人员还应经常监视风机的进、出口风压。根据 p—Q 曲线，正常情况下流量下降，压头上升。因此，监视好风压有助于更好地监视风机的安全稳定运行。例如，若运行中动叶开度、风机电流和风压同时增大，说明锅炉管路的阻力特性发生改变，可判断是烟、风道发生了积灰堵塞。

风机的通流介质密度按一次方关系对风机特性和管路特性同时发生影响，如图 5-72 所示。因此对于一次风机和引风机，若运行中介质密度升高（如一次风温降低或排烟温度降低），也会使风压、体积流量和风机电流降低。此时，动叶关小，风机工作点从"1"点移到"2"点。

（三）风机的运行异常

1. 喘振

风机的喘振是指风机在不稳定工况区运行时，引起风量、压力、电流的大幅度脉动，噪声增加、风机和管道激烈振动的现象。喘振发生的原因可用图 5-70（单台运行为例）加以说明。

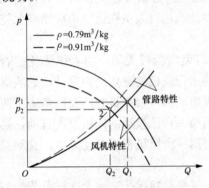

图 5-72　介质密度对风机工作的影响

当风机在曲线的单向下降部分工作时，其工作是稳定的，一直到工作点 K。但当负荷降到低于 Q_K 时，进入不稳定区。此时，只要有微小扰动使管路压力稍稍升高，则由于风机流量大于管路流量，工作点向右移动至 K 点，当管路压力 p_A 超过风机正向输送的最大压力 p_K 时，工作点即改变到 B 点（与 A 点等压），风机抵抗管路压力产生的倒流而做功。此时管路中的气体向两个方向输送，一方面供给负荷需要，另一方面倒送给风机。因此，压力迅速降低。至 C 点时停止倒流、风机增加流量。但由于风机流量仍小于管路流量，即 $Q_C < Q_D$，所以管路压力仍下降至 E 点，风机的工作点将瞬间由 E 点跳到 F 点（与 E 点等压），此时风机输出流量为 Q_F，由于 Q_F 大于管路的输出流量，因此管路风压转而升高，风机的工作点又移到 K 点，上述过程重复进行便形成风机的喘振。喘振时，风机流量在 Q_B 到 Q_F 范围变化，而管路的输出流量只在少得多的 Q_E 到 Q_A 之间变动。

只要运行中工作点不进入上述不稳定工作区，就可避免风机喘振。轴流风机当动叶安装角改变时，K 点也相应变动。因此，不同的动叶安装角下对应的不稳定工作区（负荷）是不同的。

大型机组一般设计了风机的喘振报警装置。其原理是将动叶（或静叶）各角度对应的性能曲线峰值点平滑连接，形成该风机的喘振边界线（如图 5-73 中的实线所示）。再将该喘振边界线向右下方移动一定距离，得到喘振报警线。为保证风机的可靠运行，其工作点必须在此边界线的右下方。一旦在某一角度下的工作点由于管路特性的改变或其他原因，沿曲线向左上方移动到喘振报警线时，即发出报警信号提醒运行人员进行处理，将风机工作点移回稳定区。

并联风机的风压都相等，因此流量小的风机其动叶开度小，其性能曲线峰值点（k 点）要低于另一台风机，流量越小，k 点低得越多。因此，流量低的风机的工作点就容易落在喘振区以内。因此调节风机负荷时，两台并列风机的负荷不宜偏差过大，以防止负荷低的风机进入不稳定的喘振区（但发生"抢风"时例外）。

当一台风机运行，另一台风机启动时，要求运行风机工况点压力比风机最低喘振压力（如图 5-74 中 C 点所示）低 10%，否则不能正常启动。如图 5-74 中当原运行风机工况点在 A 点时，并列过程中运行风机的工况点将沿直线 AA_1 移动。因为 AA_1 线在稳定运行区，故并联过程不会出现喘振。但当原运行风机在 B 点运行，而另一台风机与之并联时，则原风机的工况点将沿 BB_1 线水平移动，BB_1 线和喘振失速区相交。

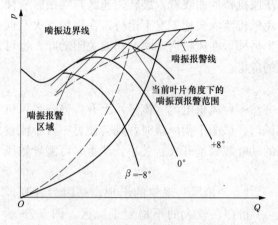

图 5-73　喘振预报警的示意

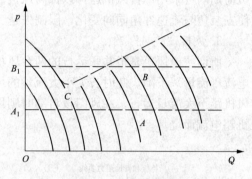

图 5-74　静压性能曲线

喘振发生的典型条件是风机流量低、压头高、动叶开度小。运行中烟、风道不畅或风量系统的进、出口挡板误关或不正确，系统阻力增加，会使风机在喘振区工作；并列运行的风机动叶开度不一致或与执行器动作不符、送风机动叶操作幅度过大、自控失灵等情况，则将引起风机特性发生变化，也会导致风机的"喘振"。此外，应避免风机长期在低负荷下运行。由于风机特性不同，轴流式风机的喘振故障比离心式风机更容易发生。

风机运行一旦出现喘振，应立即将送风机动叶控制置于手动方式，检查是否由于送风机出口风压过高，适当开大燃烧器二次风门开度，降低二次风箱压力。关小另一台未喘振送风机的动叶，适当降低机组负荷，同时协调引风机、送风机的出力，维持炉膛负压在允许范围内。

2. 旋转失速（脱流）

轴流式风机叶片通常是流线型的，设计工况下运行时，气流冲角 α（即进口气流相对速度 w 的方向角与叶片进口安装角之差）约为零，气流阻力最小，风机效率最高。当风机流量减小时，w 的方向角改变，冲角逐渐增大。当冲角增至某一临界值时，叶背尾端产生涡流区，即所谓脱流工况（失速），阻力急剧增加，而升力（压力）迅速降低；冲角再增大，脱流现象更为严重，甚至会出现部分叶道阻塞的情况，如图 5-75 所示。

由于风机各叶片加工误差，安装角不完全一致，气流流场不均匀等，所以失速现象并不是所有叶片同时发生，而是首先在一个或几个叶片出现。若在叶道 2 中先出现脱流，叶道由于受脱流区的排挤变窄，流量减小，则气流分别进入相邻的 1、3 叶道，使 1、3 叶道的气流方向改变，结果使流入叶道 1 的气流冲角减小，叶道 1 保持正常流动；叶道 3 的冲角增大，加剧脱流和阻塞。叶道 3 的阻塞同理又影响相邻叶道 2 和 4 的气流，使叶道 2 消除脱流，同时触发叶道 4 出现脱流。这就是说，脱

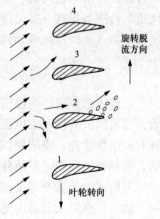

图 5-75　轴流式风机
旋转脱流工况

流区是旋转的，其旋转方向与叶轮转向相反。这种现象称为旋转失速。

与喘振不同，旋转失速时风机可以继续运行，但它引起叶片振动和叶轮前压力的大幅度脉动，往往是造成叶片疲劳破坏的重要原因。从风机特性曲线看，旋转失速区与喘振区一样都位于马鞍型峰值点的左边的低风量区。为避免风机落入失速工况下运行，在锅炉点火及低负荷期间可采用单台风机运行以提高风机流量。另外，在风机启动时减小或关闭动叶，也可使安装角与流速冲角同向变化，限制失速工况的危害。

3. 风机"抢风"

所谓"抢风"是指并联运行的两台风机，突然一台风机电流（流量）上升，另一台风机电流（流量）下降，此时若关小大流量的风机风门，试图平衡风量时，则会使另一台小流量风机跳至大流量运行。在风门投自动时则风机的动叶频繁地开大、关小，严重时可能导致风机超电流而烧坏。

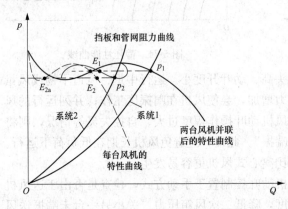

图 5-76　两台轴流风机并联运行性能曲线

"抢风"现象的出现，是因为并列风机存在较大的不稳定工况区。图 5-76 示出了两台相同特性的轴流风机的并联后总性能曲线。从图 5-76 中看到，风机的并联特性中有一个 ∞ 形区域，若两台风机在管路系统 1 中运行，则 p_1 点为系统的工作点，每台风机都将在 E_1 点稳定运行，此时"抢风"现象不会出现。如果由于某种原因，管路系统阻力改变至系统 2 时（如一次风机下游的磨入口挡板开度关小时），则风机进入 ∞ 形区域内运行，看 P_2 点的情况，两台风机分别位于 E_{2a} 和 E_2 点工作。大流量的风机在稳定区工作，小流量的风机则在不稳定区工作，两台风机的工作平衡状态极容易被破坏。因此便出现两台风机的"抢风"现象。

为了消除"抢风"现象，对于送风机、引风机，可在锅炉点火或低负荷运行时采用单台运行方式，待单台风机不能满足锅炉的负荷需要时，再启动另一台投入并列运行。对于一次风机，可适当提高一次风母管压力；此外，一旦发生"抢风"，应手操两台风机保持适当的风量偏差（此时，风机并列特性的 ∞ 形区域收缩），以避开"抢风"区域。

六、风机性能试验

一般风机制造厂均提供风机特性曲线的数据，风机启动投运时，可不进行风机特性试验。当对风机有怀疑或风机加入管网运行后发现出力不足、压头低、运行效率低时，需要检查有关参数性能，查明原因或风机检修、改进前后，就需要对风机进行试验，测量有关数据，绘制特性曲线，以便分析原因和采取相应措施。

风机试验分为冷态试验和热态试验两种。在冷态试验时，因风机风量不受锅炉燃烧限制，故可以在很大范围内变动，特性曲线可做得很完整。试验方法一般是调整 4~6 个风量工况（其中有最大、最小流量工况），测量相应风机流量、出口静压、功率、电流等参数。通过试验应整理得出风机在额定转速、大气条件下的几组性能曲线，如全压—风量曲线 $p=$

$f(Q)$、功率—风量曲线 $P = f(Q)$、效率—风量曲线 $\eta = f(Q)$ 等。

对于离心式的一次风机和引风机，由于冷态试验时的介质密度大于运行值（设计值），相同风量时的风机功率，冷态要大得多。因此，试验中当风量还未达到额定风量时，风压和电流即已达到或超过额定值，此时风机的最大出力，便只能以电动机额定电流短时超 $10\%\sim15\%$ 为限进行最大流量试验。冷态试验时为保护电动机，风机风门都是不能开足的。

利用冷态试验的结果，可将离心风机运行特性曲线修正至热态。修正公式为

$$Q_{200} = Q$$

$$p_{200} = \frac{\rho_{200}}{\rho} p = \frac{T}{473} p$$

式中　Q、p、T、ρ——冷态试验时的介质流量、全压、温度（绝对）和密度；

　　　Q_{200}、p_{200}、ρ_{200}——设计工况的介质流量、全压和密度。

风机的热态试验常受到锅炉负荷限制，其风量只能随负荷变化而变化。但也要求至少有二次为最大、最小流量工况。试验曲线还应包括动叶（或静叶）开度与风机效率的关系。

第六章

制粉系统的运行与调整

制粉系统是锅炉机组的重要辅助系统，它的运行好坏，将直接影响到锅炉的安全性和经济性，也影响燃烧系统的负荷跟踪性能。制粉系统运行调整的主要任务是制备并连续、均匀供给满足锅炉燃烧所要求的煤粉；维持制粉系统各运行参数正常，防止煤粉自燃、爆炸等事故发生；降低制粉单耗，提高经济性。

第一节 单进单出钢球磨煤机中储式制粉系统的运行调节

一、运行参数的监督与调节

（一）磨煤机入口负压

控制磨煤机入口负压的意义，在于使整个磨煤机和制粉系统置负压，防止煤粉外喷和磨煤机的过大漏风。防止煤粉外喷要求磨煤机负压不能太小，磨煤机的过大漏风要求磨煤机负压不可过大。此外，磨煤机将要堵煤时，入口负压减小或变正，此时应立即减少给煤量，同时加大通风。因此，监督负压还可防止磨煤机堵塞事故。一般磨煤机负压控制在 $-100\sim-200\mathrm{Pa}$ 内。负压下限规定得较高，其目的是防止工况变动时，磨煤机轴颈处向外喷粉而损坏轴瓦。

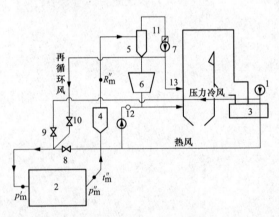

图 6-1 钢球磨煤机中间储仓式制粉系统（热风送粉）
运行参数及风量调节示意

1—送风机；2—磨煤机；3—空气预热器；4—粗粉分离器；5—细粉分离器；6—煤粉仓；7—排粉风机；8—热风门；9—压力冷风门；10—再循环风门；11—排粉机入口挡板；12—一次风母管；13—三次风

磨煤机入口负压的调节是靠正压侧风门（热风门、压力冷风门、再循环风门）和负压侧风门（排粉机入口挡板）改变开度进行的，可参见图 6-1。开大正压侧风门则磨煤机入口负压降低；开大排粉机入口挡板则磨煤机入口负压升高。此外，改变给煤量也可调节磨煤机入口负压。

运行中磨煤机入口负压过低（或正压过高）常常是由于给煤量过大、煤位过高引起的。此时应减小给煤量或开大排粉机挡板。但采取开大排粉机挡板时，通风量变大，煤粉变粗，会使制粉单耗和燃烧损失增加。

（二）排粉机出口压力

乏气送粉系统的排粉机出口压力是一次风率的函数。300MW级及以下机组，排粉机出口压力为2.5～4.0kPa。对于同一台机组，随着一次风速的升高排粉机压力增大，随着一次风速的降低排粉机压力减小。当磨煤机和排粉风机成套运行时，用排粉机入口风门控制磨煤机总通风量不变，而用再循环风门控制排粉机出口压力在设定值。随着再循环门开大，再循环风量增加而燃烧一次风量减少。相应入磨一次热风减少，磨煤机出口温度降低。

正常运行监督排粉机出口压力的目的是监视一次风速、风率，燃用难着火煤时，注意防止排粉机出口压力过大引起燃烧不稳；燃用高挥发分煤时，注意防止排粉机出口压力过低导致一次风管积粉或燃烧器喷口烧坏。

热风送粉系统的排粉风机出口压力代表乏气（三次风）份额，当其不正常升高时，三次风率变大、煤粉变粗、燃烧损失增加。同时，由于入磨煤机热一次风量增大，磨煤机出口温度也会升高。

（三）磨煤机出口温度

磨煤机出口温度是指磨煤机出口风粉混合物的温度。它是一个反映磨煤机干燥出力、防止煤粉爆燃或爆炸的重要参数。磨煤机出口温度t''_m与煤粉终水分M_{mf}的关系如图6-2所示。高的t''_m对应低的M_{mf}，低的t''_m则对应高的M_{mf}。从磨煤出力和燃烧角度，希望t''_m尽可能高些；但t''_m过高要受到煤粉自燃爆炸危险的限制。尤其对高挥发分煤更应控制。

锅炉运行都规定了磨煤机出口温度的高、低限值。最低温度取决于出口气体的水露点，应比露点高出10℃以上，以避免煤粉结块，通常使M_{mf}不低于煤的空气干燥水分M_{ad}；高限则由煤的爆燃条件确定。煤的空气干燥基挥发分越高，最大允许的磨煤机出口温度也就越低。磨制挥发分低的无烟煤时，磨煤机出口温度的高限不受限制。运行中，当磨煤机出口温度突然增加，可能意味着磨煤机内有火势。

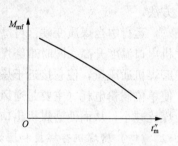

图6-2 磨煤机出口温度与煤粉终水分的关系

影响磨煤机出口温度的主要因素有三个：一是磨煤机入口干燥剂温度，其值越高，干燥剂的比焓值（用于蒸发煤中水分和加热煤粉至磨煤机出口温度）越大，磨煤机出口温度也就越高；反之亦然。提高磨煤机入口温度可改善磨煤条件，而使磨煤出力提高。因此，在安全允许的条件下，运行中磨煤机入口温度应尽量维持上限运行；二是风煤比（干燥剂量与给煤量之比）。在相同的入口干燥剂温度时，风煤比越大，表明每公斤煤摊到的干燥剂量越多，磨煤机出口温度就越高。运行中不论增加通风量还是减小给煤量都会使风煤比增大，因而使磨煤机出口温度升高；三是煤的初水分M_{ar}。因为磨制M_{ar}大的煤，需要干燥剂付出更多热量用于蒸发这部分水分，所以煤粉终水分M_{mf}升高、相应磨煤机出口温度降低。

磨煤机出口温度通过改变磨煤机入口干燥剂温度、给煤量和磨煤机通风量加以调节。而磨煤机入口干燥剂温度的改变是利用调节热风门、冷风门、再循环风门的方法实现的。一般来说，调节过程需要保持磨煤风量为最佳通风量不变，因此最经常的是靠改变磨煤机入口温度来调节磨煤机出口温度。只有当无法单独依靠磨煤机入口温度的调整来改变出口温度或者当给煤量和磨煤机通风量的调节明显可改善制粉单耗时，才采用给煤量或磨煤机通风量配合调节磨煤机出口温度。例如，若发现磨煤机内存煤量偏少（磨煤机进、出口压差较低），而同时出口温度又过高时，说明磨煤出力小于干燥出力，就可以采用增加给煤量的方法降低磨煤机出口温度，使之恢复到规定值，同时又使制粉电耗降低。

改变磨煤机入口温度时，若单独调节各个风门，就会使磨煤机通风总量改变而偏离最佳通风量，因此应进行反向联动的调节。如图 6-1 所示，在需要降低磨煤机入口温度时，应开大再循环风门并相应关小热风门，在保持风量不变的情况下，使入口温度降低。当需要提高入口温度时，应关小再循环风门并相应开大热风门，使入口温度升高。为保证锅炉运行的经济性，不宜使用冷风门进行正常调节。因为冷风量的加入系统，会使流经空气预热器的有组织风量减少，导致排烟温度升高。只有在需急速降低磨煤机出口温度的情况下，才允许开启冷风门调节。

运行中煤质变化是引起调节动作的基本原因，现分析几种较典型的情况。煤的初水分增大时（如雨季），所需干燥风量增大，磨煤机出口温度降低。此时恢复出口温度的方法：一是提高磨煤风量使之接近干燥风量。由于超过最佳磨煤风量，这种操作会使制粉电耗增加，煤粉细度 R_{90} 变大，影响制粉经济性和燃烧效率。二是减小给煤量。虽然此法可迅速提高磨煤机出口温度，但由于减少了磨煤出力，使单位磨煤电耗增大。除非磨煤机入口负压力过低，需要同时调整的情况，一般不推荐该法操作。第三种方法是依次按照关小冷风门、再循环风门的次序减小风量，同时加大热风风量，保持磨煤总风量不变，提高干燥剂初温，降低干燥风量。这种操作不会影响磨煤出力和风机电耗，又可调节磨煤机出口温度，是正确的方法。

运行中当煤质变硬（可磨性系数下降）时，磨煤机压差增大，迫使磨煤出力减小，磨煤机出口温度升高。同时难磨煤最佳通风量也减小。因此，应在给煤量减小的同时，适当减小磨煤机通风量，使它接近干燥风量，降低磨煤机出口温度。这样调节可在保证参数的同时，使单位制粉电耗（主要是通风电耗）降低。煤的热值降低也会引起磨煤出力增大，磨煤机风煤比减小，从而使磨煤机出口温度降低，此时的调整也需要增加热一次风的比例。

（四）磨煤机存煤量和磨煤机压差

1. 存煤量监督的意义

磨煤机存煤量是影响磨煤机工作经济、安全的重要参数，它通常用磨煤机进、出口压差来表征和控制。磨煤机进、出口压差控制过低、存煤量太少，不仅钢球的磨制能力无法施展，导致制粉出力降低，制粉电耗升高；而且大量钢球直接撞击、摩擦的概率和钢球落下高度变大，使磨煤机噪声大，钢球磨损、破碎速度加快，钢球单耗上升、护甲寿命缩短。碎球比例的增加又反过来加剧磨煤出力的减少。一些电厂由于不能正确规定磨煤机压差的运行控制值，而大大影响了制粉系统的安全、经济运行。

2. 存煤量分析

磨煤机存煤量 Δm 代表了筒体内参与磨制的煤的数量多少，因此，在一定的通风量下，Δm 与磨制出的合格煤粉量 B''_m 有密切的关系。由图 6-3 可见，随着 Δm 的增加，B''_m 增加。B''_m 一开始增加较快，以后趋缓。增加到某一存煤量 Δm_b 后，B''_m 即不再增大，而是随 Δm 的增加而减小。Δm_b 是运行中调节磨煤量的重要依据，称为饱和存煤量。

运行中，由给煤量 B'_m 和出粉量 B''_m 的平衡决定了筒体内存煤量（煤位）的状态。在风量不变时，当给煤量有一增量 $\Delta B'_m$ 时，由于 $B'_m - B''_m > 0$，所以煤位升高。煤位升高引起 B''_m 增加，使差值 $B'_m - B''_m$ 减小，直至 B''_m 与 B'_m 相等时建立起给煤量与出粉量新的平衡，煤位便稳定在新的高度。由此可见，筒体内的煤位高低取决于给煤量。较大的给煤量对应较高煤位，较小的给煤量对应较低煤位。

从制粉出力和经济性角度，希望存煤量越大越好。但有一限制。若存煤量大于饱和存煤量 Δm_b，再继续增加给煤量或给煤量扰动时，反而使出粉量 B''_m 减小（如图 6-3 所示），这个结果就使煤位升高，煤位升高又进一步减小 B''_m。由于不能自平衡，存煤量将迅速增加至满煤状态，导致磨煤机堵塞。为此，将磨煤机的工作区域划分为Ⅰ、Ⅱ、Ⅲ三个区域，煤位较低的Ⅰ区，磨煤机工作最安全，但磨煤出力太低，制粉单耗过高。Ⅲ区是不稳定的堵磨区，磨煤机运行失常。而Ⅱ区内既有较好的制粉经济性，又可以保证磨煤机有足够的安全裕量。运行中应控制存煤量在Ⅱ区末端接近饱和存煤量的位置。这就是所谓最佳存煤量。

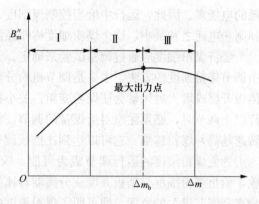

图 6-3　存煤量与磨煤出力的关系

除给煤量之外，影响存煤量的另一个因素是磨煤机通风量。当通风量增大时，粗粉也可带走，合格煤粉的输送能力增大。在相同煤位下，B''_m 增大；或者，在相同给煤量下，煤位降低。因此，增加磨煤机的通风量就可以增大饱和煤位下的最大允许给煤量，即增加磨煤机出力。

一般来说，使磨煤出力最大时的通风量都不是最佳通风量，因为这时通风电耗过大甚至会超过磨煤电耗的节省。磨煤中经常维持的通风量应是最佳通风量，它是由制粉系统的专项试验确定的。

3. 存煤量的监督与控制

磨煤机应维持最佳煤位运行已如上述。但煤位或存煤量是看不见的，通常依靠磨煤机的进、出口压差来判断。在一定的通风量下，当存煤量增加时，磨煤机有效通流截面缩小，流动阻力增大，筒体风速提高，磨煤机压差变大；同理，当存煤量减小时，磨煤机压差降低。因此，可以借助磨煤机的进、出口压差来监视煤位。在维持恒定通风量情况下，磨煤机压差小，说明存煤量太少，应增加给煤量提高出力；磨煤机压差过大，说明存煤量太多，应适当减小给煤和开大排粉风机，防止堵磨。有的电厂，为保证磨煤机可靠运行而采取小风量、低压差、小煤量的运行方式，但这样操作会降低制粉系统经济性，不宜提倡。

磨煤机压差通常控制在 2500～4000Pa。一定给煤量下的磨煤机压差随磨煤机的外部工作条件而变化。例如，当煤难磨或水分高时，磨煤机压差变大；随着钢球量逐渐减少、护甲磨损，磨煤机压差也变大，总之，凡影响磨煤机磨制能力的外部条件，都影响磨煤机压差。磨制能力增加，压差减小；磨制能力减弱，压差增大。

运行中磨煤机压差的主要调节手段是给煤量和磨煤机通风量。增大给煤则磨煤机压差增大。由于磨煤机压差对存煤量变化的反应较缓慢，特别是在接近最佳状态时更是如此。在给煤量变化的短时间内，不能正确反映出实际存煤量来。因此，调整给煤量时要平缓。此外，磨煤机进、出口压差的调节应注意与磨煤机出口温度的调节相协调。

最佳存煤量也可利用磨煤机电流（功率）和磨煤机噪声来监视。若将磨煤机电流控制在最大电流右边一点，即可将存煤量维持在最佳煤位。运行中一旦发现磨煤机电流持续下降，则应判断为堵磨。应迅速停止给煤，并检查磨煤机噪声（堵磨时磨煤机发音沉闷）。

（五）煤粉细度

煤粉细度也是制粉系统的一个重要运行控制指标，煤粉过粗或过细都会影响锅炉经济性。煤粉越细，着火越迅速完全，q_4 损失越小，锅炉效率越高。但对于制粉系统，磨煤消耗的电能多。因此，运行中恰当控制煤细度，可粉使锅炉的不完全燃烧热损失（主要是 q_4）和制粉电耗之和最小，这个煤粉细度称作经济煤粉细度。

经济煤粉细度应通过调整试验来确定。其影响因素和试验方法已在第五章中叙述。运行中调节煤粉细度的方法，主要是调节粗粉分离器的折向挡板或变更磨煤机通风量。增大折向挡板开度或增大通风量会使煤粉变粗；关小折向挡板开度或减小通风量会使煤粉变细。在进行以上调节时，必须注意对给煤量的调节。旋转式粗粉分离器的煤粉细度靠转速连续调节，转速越高，煤粉越细。它可以达到比挡板调节更细的煤粉细度，且可在集控室内实时调节。

为使煤粉细度的运行调节成为可能，应通过分离器的挡板特性（或转速特性）标定试验，给出煤粉细度与挡板开度或分离器转速的函数关系，如图 6-4 所示。这样，通过运行中分离器调节机关的位置，即可明了煤粉细度的大致数值，并确定分离器调节机构的较佳运行位置（开度或转数）。

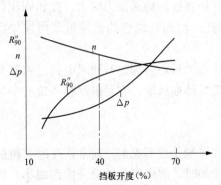

图 6-4　离心式分离器挡板特性

R''_{90}—煤粉细度；n—煤粉均匀性指数；

Δp—分离器阻力

在磨煤机筒内钢球量不足的情况下，补充一些钢球也能使煤粉变细，同时使磨煤出力增加，磨制较硬的煤时，更是如此，筒体内要装载最大钢球量。当磨煤机出口温度设定值提高时，磨煤机进口温度和磨内干燥剂平均温度提高，煤粉细度 R_{90} 减小，煤粉变细。

改变给煤量也可调节煤粉细度。但这种调节方法不经济，因此不提倡。例如，减小给煤量，可使筒体内煤位下降、风速减小，因而煤粉变细，但以降低出力为代价来调节煤粉细度，显然是不经济的。因此，在调节煤粉细度时，应综合考虑煤质、锅炉负荷等因素以及对磨煤出力、磨煤机出口温度、制粉系统风压等各方面的影响，必要时应配合进行其他相应的调节，以保证制粉系统运行的安全、可靠。

（六）磨煤机、排粉机等电流的监督

钢球磨煤机电流 I_m 的变化，表明磨煤机内部的煤量状况。在存煤量较小时，I_m 随存煤量的增加而增大，但接近满煤时，I_m 随存煤量的增加而减小。这个原因是接近满煤时，钢球分布的偏心程度越来越小，其对转矩的减小超过煤量的增加。因此，可以利用 I_m 的变化对煤位进行有效监视，若 I_m 偏小，说明存煤量偏低。而一旦 I_m 由大变小时，说明煤位接近或超过饱和煤位，即应提起警惕，防止堵煤发生。磨煤机电流与钢球装载量之间的关系称为磨煤机的空载特性，为便于运行人员监督磨煤机电流和调整磨煤机参数，有必要在磨煤机调整试验时，绘制出空载特性关系曲线。

离心式排粉机的电流 I_f 随通风量的增大而增大。在不调节排粉机挡板的情况下，通风量则随煤位而变化。当煤位增加时，通风量减少，I_f 减小；反之，I_f 则增大。因此，也可利

用 I_f 来辅助监视存煤量。I_f 大，说明存煤量少；I_f 小，说明存煤量多。磨煤机接近满煤时，I_f 快速降低。如果在运行中大幅度地调节给煤量，就会使 I_f 的变化十分明显。另外，在给煤量相同情况下，电流 I_f 的差异可用来判断煤质是否发生变化。如当煤的可磨性变差或水分变大，则煤的磨制不易，靠提高煤位达到给煤与出粉的平衡，煤位升高、筒体通风阻力增大、风量减小、I_f 减小。此外，在细粉分离器的下部堵塞时，乏气带粉量急剧增多，将导致系统的煤粉浓度大大增加，从而使流阻增大。为维持风量，磨煤机就会明显增加电流甚至电流超限。

运行中还应注意给煤机和给粉机的电流变化。在调节过程中，要注意它们的出力与电流之间的关系是否符合规律，即电流随出力的增加而增加。给粉机的电流与出力之间的关系应呈线性关系，但目前国内许多给粉机的特性很难达到这个要求，使给粉量的调节呈非线性关系，即在某一转速范围内，出力随电流变化较大；而在另一转速范围内，出力随电流变化较小。运行人员如能掌握这些特性，则对于燃烧调整是十分有利的。

当给粉机因过载而发生安全销被切断时，首先反映出的现象是故障给粉机电流突降至零（此时给粉机的电动机为空载运转）。因此，监视给粉机电流也是判断给粉机故障的重要手段。

（七）磨煤机大瓦温度和回油温度

正常运行时，磨煤机的大瓦温度应不超过规定值，若因缺油或其他原因使大瓦摩擦生热时，大瓦温度将超过规定值（例 50℃），此时，应紧急停磨，防止化瓦。

大瓦摩擦生热也会使回油温度升高。若回油温度超过一定值（例 40℃）或回油温升速度超过 1℃/min（这一信号更快），应紧急停磨。

二、通风量与磨煤出力的调节

1. 通风量

对钢球磨煤机而言，满足煤粉细度要求的制粉出力取决于两方面的因素：一是磨煤机的磨制能力，即单位时间能够磨制出的合格煤粉数量，它与钢球装载量、钢球直径、存煤量、通风量、磨煤机出口温度、护甲磨损状况等有关；二是通风的携带煤粉能力，主要由通风量决定。若通风量过小，只能带出细粉，则已生产出的合格煤粉滞留在筒内被无益地磨制成更细煤粉，导致磨煤出力降低、磨煤单耗增大，这是通风输送能力限制制粉出力的情况；若风量过大或磨制能力低于风的携带能力，则通风带出的粗粉只会增加粗煤粉在磨内的再循环量，并不能增加磨煤出力，从而使通风电耗增大，此时是磨制能力限制制粉出力。

在一定的磨煤机状态下，随着磨煤机通风量的增加，磨煤出力增加，磨煤单耗下降，同时通风电耗升高，当通风电耗的升高超过磨煤单耗的降低时，再增大风量就无益处。即在一定的通风量下可以达到磨煤和通风电耗之和为最小，这个风量称为最佳通风量。

图 6-5 为最佳通风量的示意，图中的磨煤出力 B_m 是指相应风量在饱和存煤量下的最大出力。由图 6-5 可见，在通风量较小时，随着通风量的增加，磨煤出力显著增加。但当风量超过最佳通风量 V_{tf}^{zj} 后，磨煤出力增加很小并趋于不变，而通风电耗却迅速增大，这是当磨煤风量大于最佳通风量时的重要特点。

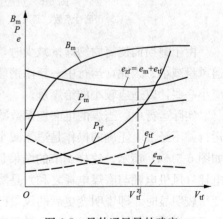

图 6-5　最佳通风量的确定

这个特点可解释为，在饱和存煤量下，筒体内的磨制能力基本不变，而通风的携带能力（指筒体存煤所磨出的合格煤粉中，能够被风带出粗粉分离器的份额）在超过最佳通风量后逐渐达到饱和。

由图 6-5 还可看出，最佳通风量并不对应最大的磨煤出力。就是说，运行中有时适当减小磨煤出力反而可能是有利的。此外，最佳通风量一般也不是排粉机的最大通风量，有些电厂，习惯全开排粉机的入口挡板，通风量达到最大，运行中则不再调节。这种方式的排粉机电流都不小，应分析其合理性与经济性。

最佳通风量的大小与煤的种类、煤粉细度、钢球充满系数等有关。综合大量试验，钢球磨的最佳通风量 V_{tf}^{zj}（m^3/h）可按式（6-1）所示的经验公式计算，即

$$V_{tf}^{zj} = \frac{38V}{n\sqrt{D}}(1000\sqrt[3]{k_{km}} + 36R''_{90}\sqrt{k_{km}}\sqrt[3]{\psi}) \tag{6-1}$$

式中　n——磨煤机的转速，r/min

D、V——筒体直径，m 和筒体容积，m^3。

由式（6-1）可见，当煤质变硬（可磨性系数 k_{km} 减小）、要求的煤粉变细（即分离器后煤粉细度 R''_{90} 减小）、钢球不足（钢球充满系数 ψ 减小）时，最佳通风量是减小的。图 6-6 所示为可磨性系数对最佳通风量的影响曲线。钢球充满系数和煤粉细度的影响曲线与可磨性系数相差不多，但影响要更强些。

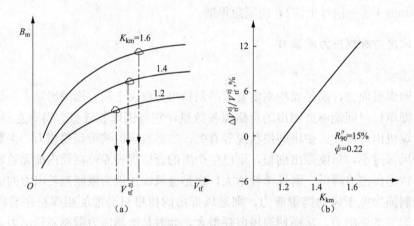

图 6-6　可磨性系数对最佳通风量的影响曲线
（a）可磨性系数、通风量、磨煤出力关系；（b）最佳通风量与煤可磨性关系

由于磨损而使筒内钢球量减少时，也会使相同煤位下的煤粉磨制能力降低，因而使最佳通风量减小。因此，运行中，新添钢球后的通风量应较大些，磨损较长时间后的磨煤通风量应小一些，以适应较小的给煤量。

实际运行中，当煤的可磨性系数减小时，煤难磨，需要减小给煤量。若仍维持原有风量运行并不经济。正确的操作是适当减小已相对过大的风量。此时给煤量减少甚微甚至不变，如图 6-6（a）所示。这样调节的结果是风机电耗的节省大于磨煤电耗的增加，因而单位制粉电耗（风机电耗与磨煤电耗之和）是降低的。经验表明，当减小风量时，给煤量的随之减小变得较明显时，即说明变更后的风量已经小于最佳风量。应停止减风。此外，减小磨煤风量又可使煤粉变细，对锅炉燃烧也是很有利的。当然，小风量下磨煤压差的控制值与大风量时

是不一样的，出力调节时这一点应予以注意。

综上所述，制粉系统应在最佳通风量下运行，这就要求磨煤机维持相对稳定的通风量，运行中不轻易变动。但当煤质有重大变化（主要是 HGI 和 V_{daf}）或检修前后钢球、衬板状态差别较大时，允许并且应该对磨煤机通风量做出适当调整。

2. 风量协调

在制粉系统运行中，需要平衡磨煤风量、干燥风量及一次风量。磨煤风量对磨煤出力和煤粉细度都有影响。通常将磨煤风量定在最佳通风量上。干燥风量决定于干燥剂的初温、原煤的水分和给煤量，通常以调节干燥剂初温的方法使干燥风量与磨煤风量平衡，必要时也可改变给煤量。一次风量的大小决定于煤种，煤的挥发分含量越高，一次风量（率）也就越大。

燃用无烟煤或贫煤时，挥发分低，通常都选用热风送粉系统，用热风作一次风。因此，一次风的配合不用考虑。由于热风温度高而煤的水分低，一般最佳磨煤风量大于干燥风量。这时，应通过降低干燥剂初温，增加干燥风量使之接近磨煤风量，维持磨煤机出口温度不偏高。

燃用烟煤时，由于挥发分高，需要一次风量大，同时煤粉的经济细度可以较大，即煤粉可磨得粗些，所以最佳磨煤风量也较大，干燥风量相对较小。因为烟煤常采用乏气送粉，所以也需要协调磨煤风量与一次风量的关系，满足燃烧的需要。再循环风量的使用可以在不变更磨煤风量的情况下，改变一次风量。至于磨煤风量与干燥风量的协调，可用增加给煤量，以及利用热风加乏气再循环的方法来解决。

3. 磨煤机出力调节

中储式制粉系统的运行特点是磨煤机的制粉出力与锅炉的负荷变化没有直接的关系，因此它可以相对独立地进行制粉和调节。钢球磨煤机的电耗几乎等于它的空载电耗，即筒内有煤或无煤，其电耗差别不大，筒式钢球磨的单位磨煤单耗是随着出力的增加而显著降低的。因此，为了提高钢球磨煤机的运行经济性，要求磨煤机在接近最大出力下运行。

通常的方式是将磨煤机通风稳定于一个最佳通风量下，而根据其进口压差、出口压差、出口温度、磨煤机电流及制粉系统风压等调整磨煤机的出力，在保证制粉系统参数稳定的前提下，尽可能使磨煤机进、出口压差接近高限运行。

调整磨煤机的出力时，总是要相应调节给煤量和磨煤机进口的热、冷风量，增加给煤量时，磨煤机入口负压减小，磨煤机压差增大，磨煤机出口温度降低；减少给煤量时，磨煤机入口负压增大，磨煤机压差减小，磨煤机出口温度增加。有时由于参数调节的需求，制粉系统不得不减小给煤量。如当煤的水分增加较多时，若再循环门已全关，则为调高磨煤机出口温度，可能不得不减小给煤量运行，这是干燥出力限制磨煤出力的情况。

在煤质、通风量、钢球状况等一定的情况下，磨煤机出力（此处指最大出力）主要受煤粉细度 R_{90} 的影响。用分离器挡板或转速将 R_{90} 调小时，由于从粗粉分离器返回的再循环煤量增大，挤占一部分存煤量空间，使给煤量减小，磨煤机出力降低；反之，适当增加系统出口的 R_{90} 时，磨煤机出力增加，对于磨煤机容量偏小或运行煤质很差的制粉系统，可在燃烧允许的条件下适当将煤粉磨得粗些，以满足锅炉负荷需要和提高制粉经济性。

三、钢球磨煤机的运行特性

1. 磨煤机出力特性

磨煤机出力特性是指当磨煤机的实际磨制条件偏离设计磨制条件时，磨煤机可以达到的最大出力与设计出力之间的关系。这些磨制条件主要是煤的可磨性指数、磨煤机通风量、煤粉细度、装球量、衬瓦磨损程度等。磨煤机的出力特性由式（6-2）描述，即

$$B_m = B_{m0} f_{gq} f_{tf} f_{mf} f_{km} f_{jd} \tag{6-2}$$

其中，B_{m0} 为磨煤机厂家给出的设计出力，单位为 t/h。

f_{gq} 为钢球装载量对磨煤出力的修正系数，按图 6-7 查取。图 6-7 中 G_{max} 为最大装球量，由图 6-7 可见，随着钢球量增加，磨煤出力开始增加很快，随后则趋缓。

f_{tf} 为通风量对磨煤出力的修正系数，按图 6-8 查取。图 6-8 中 V_{tf}^a 为最佳通风量，由图 6-8 可见，当实际通风量超过 V_{tf}^a，即 $V_{tf}/V_{tf}^a > 1$ 之后，继续增加通风量对磨煤出力影响不大。

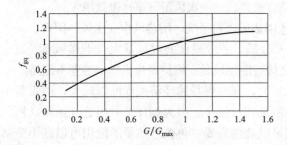 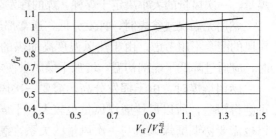

图 6-7　钢球装载量修正系数　　　　图 6-8　通风量修正系数

f_{mf} 为煤粉细度对磨煤出力的修正系数，按式（6-3）计算，即

$$f_{mf} = c_m \left(\ln \frac{100}{R_{90}} \right)^{-0.5} \tag{6-3}$$

式中　R_{90}——运行磨的实际煤粉细度，%；

　　　c_m——按图 6-9 查取的系数，图 6-9 中横坐标 R_{90}^* 是磨煤机的设计煤粉细度。

根据式（6-3），煤粉变粗，磨煤机出力增大，在 $R_{90} = 10\% \sim 35\%$ 范围内，R_{90} 每变化 1.0%，钢球磨煤机出力变化 2.2%~2.7%。

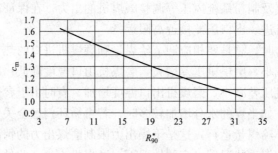

图 6-9　系数 c_m 计算

f_{km} 为煤可磨性对磨煤出力的修正系数，按式（6-4）计算

$$f_{km} = s_g \frac{K_{km}}{K_{km}^*} \tag{6-4}$$

$$s_g = 0.693 R_{50}^{0.122}$$

式中　K_{km}——磨制煤的可磨性系数（原苏联 BTN）；

　　　K_{km}^*——煤可磨性系数的设计值；

　　　s_g——进入磨煤机的原煤粒度修正系数；

R_{50}——进磨煤粒在筛孔为 50mm×50mm 的筛上余量，%。

可磨性系数 K_{km} 与哈氏可磨性指数 HGI 按式（6-5）换算，即

$$K_{km} = 0.32 + 0.0149HGI \tag{6-5}$$

f_{jd} 为护瓦磨损对磨煤出力的修正系数，按图（6-10）选取。

2. 磨煤机的功率特性

磨煤机功率 P 是在空载功率的 P_0 基础上，增加一个与钢球量成比例的功率增量 ΔP 组成。与磨煤机内存煤量关系不大。可以利用磨煤机电流变化判断钢球充装量或钢球耗损量。按式（6-6）计算，即

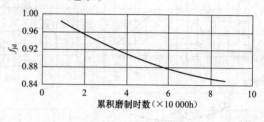

图 6-10　系数 f_{jd} 计算

$$\frac{\Delta I}{I} = c_g \frac{\Delta G}{G} \tag{6-6}$$

式中　I、ΔI——磨煤机电流、电流增量，A；

　　　G、ΔG——磨煤机钢球量、钢球量增量，t；

　　　c_g——钢球重量影响系数，由试验给出。

磨煤机电流增加与钢球量装填大致的关系是，每添加 1t 钢球，磨煤机电流增加约 1A。

3. 磨煤机的单耗特性

钢球磨煤机具有很高的可靠性，同时也有很好的经济指标稳定性。作为运行经济指标主要是指磨煤单位电耗 e_m（kWh/t）、通风单位电耗 e_{tf}（kWh/t）、制粉单位电耗 e_{zf}（$e_{zf} = e_m + e_{tf}$）、磨煤部件的单位磨损量（g/t）以及磨煤机连续运行时间等。

制粉单耗 e_{zf} 与很多因素有关，这些因素有的决定于磨煤机结构，有的决定于磨煤机和制粉系统的运行工况。图 6-11 示出了一些运行因素对 e_{zf} 的影响。

图 6-11（a）表明煤可磨性系数的影响。制粉单耗 e_{zf} 与煤可磨性系数成反比。这是由于随着煤的可磨性系数增大（即煤易磨）磨煤机出力增加所致。图 6-11（b）表明煤粉细度的影响。R''_{90} 增加（煤粉变粗），磨煤机出力增加，磨煤单位电耗 e_m 下降。图 6-11（c）表明磨煤机出力增大时，磨煤单位电耗随之下降。

图 6-11（d）示出磨煤出力 B_m、磨煤单位电耗 e_m 及通风单位电耗 e_{zf} 与磨煤机筒体通风速度的关系。由图 6-11（d）可见，e_m 随筒体通风速度加强而降低，如果同时煤粉也加粗（R''_{90} 增大），那么 e_m 降低会更加显著 [图 6-11（d）中虚线]；如果调整粗粉分离器保持煤粉细度不变，e_m 降低的幅度就小一些（图中实线）。随着通风的加强，通风电耗总是增加，但通风单位电耗 e_{tf} 的变化有所不同：若煤粉也变粗（分离器挡板不调整），则 e_{tf} 稍稍降低；若保持煤粉细度不变，则 e_{tf} 逐渐升高，当通风速度变得较大时，e_{tf} 的升高明显加快。总单位制粉电耗 e_{tf} 在煤粉加粗时，随通风量加强而一直降低，在煤粉细度不变时，随着通风的增强，先是降低，而后升高。

图 6-11（e）表明当煤粉细度保持一定时，提高干燥剂初始温度的影响。提高初温后，由于干燥过程得到改善，开始可以增大磨煤出力，降低磨煤单位电耗；但当达到某一温度值时，e_m 和 e_{zf} 将不再随初温的升高而减小。图 6-11（f）表明钢球装载量的影响。随着钢球装载量的增大，一开始，磨煤出力增大，但以后逐渐趋缓，磨煤单耗则是先降低，后升高，与单位磨煤电耗的最低点对应的装球量称最佳装球量。

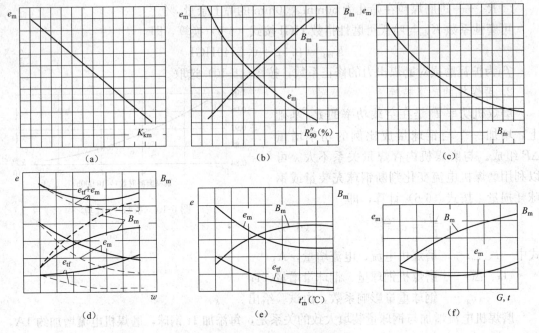

图 6-11　钢球磨煤机的运行特性

四、钢球磨煤机的维护与试验

1. 钢球的磨损及添加钢球

磨煤机在运行中，由于钢球磨损，重量不断减小。应定期补充钢球至最佳钢球量，以恢复磨煤机的磨制能力。一般来讲，对于大多数煤种（HGI＝50 左右），钢球磨损速度差不多是 0.03kg/（h·t），可依此速率，按照磨煤机的实际运行小时数计算补球量。如果煤质发生变化（主要是可磨性系数变化）则必须重新确定出钢球磨损速度数据，并且调整每天或每周的补球量。

实际钢球磨损速度的确定可按以下方法进行：在新机组启动后，将筒体内的钢球面找平，测量并记录下球的表面与磨煤机参考点的纵向距离。经一段时间运行后再次测量时，跑空磨内煤粉，仍将筒体内的钢球面找平，重复以上测量。利用前后两个钢球容积之差计算钢球磨损总重量。再根据两次测量之间的磨煤机总运行小时数，可计算出钢球磨损速度。以上信息也有助于分析磨煤机的性能。

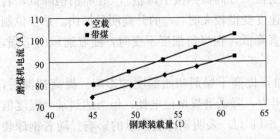

图 6-12　DTM350/600 型磨煤机钢球装载量与
电流的试验关系曲线

确定补球重量也可借助磨煤机电流变化的信息。为此应通过制粉系统试验，给出空磨运行和带煤运行时的磨煤机电流曲线，如图 6-12 所示。运行中或装球时根据电流变化的数值，即可确定需要补球的时机和补球终止的时机。

磨煤机经运行后，还应及时对尺寸不足的钢球进行筛选和补充，这对于充分提高磨煤机的出力也是十分有效的。

2. 磨煤机衬瓦的更换、保护

状态良好的磨煤机衬瓦，是保持磨煤机高出力的重要前提。磨煤机衬瓦应定期检查、更换。衬瓦与钢球的材质应保持一定的洛氏硬度差 δ_{HRC}，比如钢球 HRC 为 57，衬瓦 HRC 为 60，$\delta_{HRC}=60-57=3$。根据相关标准，一般保持 $\delta_{HRC}=3\sim5$。衬瓦有效厚度减薄到初始厚度的 1/3，或当磨煤机的出力衰减到设计出力的 2/3 时，即应更换衬瓦。新衬板更换 $4\sim6$ 天后，停磨再次拧紧螺栓，保持约 300N 的预紧力防止松动。

为保护衬瓦安全，装填钢球的直径不得大于 60mm。曾有电厂试验，装球直按 70、80、90mm 级配时，磨煤机出力反而降低。

3. 制粉系统漏风控制

冷风漏入制粉系统，对制粉过程和锅炉燃烧都将产生不利影响。磨煤机后的漏风，使排粉风机风量增大，磨煤机风量减小（漏风点压力升高），因而使风机电流和功率增大，当风机电流超限时，迫使磨煤出力降低，同时也使进入锅炉的一次风率（乏气送粉）或三次风率（热风送粉）不正常升高。通过细粉分离器的风量风速过大还会使乏气的带粉量增加，并加速排粉风机的磨损。

磨煤机前的漏风，则使干燥剂入口温度降低，为保持磨煤机出口温度，需开大热风门同时关小再循环风门，恢复干燥剂入口温度，或者减少给煤量提升磨煤机出口温度。前者使锅炉的一次风率增大，后者则使磨煤出力降低、磨煤单耗上升。

不论是磨煤机前漏风还是后漏风，均会经由制粉系统进入锅炉炉膛，自控系统控制炉内氧量的结果，必然导致流经空气预热器的风量减少，从而使排烟温度升高，锅炉效率降低。制粉系统漏风系数每增加 0.01，排烟温度升高约 $1.25℃$，两者基本为线性关系。

控制制粉系统漏风的主要措施是维持较低的磨煤机进口风压和排粉机进口压力；调平各一次风粉管的流速以降低排粉机出口压力；检查各冷风门、人孔门的关闭严密性等。

4. 调整与维护

为了获得磨煤机的最经济运行工况，需对制粉系统进行调整试验，并应及时消除运行中的缺陷。

第二节 中速磨煤机配正压直吹式系统的运行调节

一、影响中速磨煤机工作的因素

各类中速磨煤机的工作原理基本相似。原煤由落煤管进入两个碾磨部件的表面之间，在压紧力的作用下受到挤压和碾磨而被粉碎成煤粉。由于碾磨部件的旋转，磨成的煤粉被抛至风环处。热风（一次风）以一定速度通过风环进入干燥空间，并将干燥后的煤粉带入上部的煤粉分离器中。没磨好的煤粉也将在风环处被高速的一次风吹起，但由于重力作用，落回到磨盘上重新磨制。经过分离，不合格的煤粉返回碾磨区重磨。合格的煤粉经由煤粉管送入炉膛燃烧。煤中夹杂的石块等杂物，由于风环处风速不足以阻止其下落，经风环由刮板刮入石子煤箱内。影响中速磨煤机工作的主要因素有如下几个。

1. 煤质

中速磨煤机对煤的可磨性指数的变化比较敏感，如 BABCOCK 公司设计的 MPS 磨煤机，可磨性指数（HGI）每变化1，出力变化1％～2％，且可磨性指数越低，出力变化的幅度越大。当原煤灰分超过20％时，由于磨煤机内循环量的增加，会导致磨煤出力下降。煤质硬或煤水分多的煤，磨制不易，使煤粉细度R_{90}增大，磨煤机电流升高，严重时将限制磨煤机出力。水分过高的煤，还会导致磨辊处煤粒黏结，影响磨煤机安全运行。

煤的热值降低时会使单磨制粉量增加，风煤比不变情况下，磨煤一次风量增加，引起制粉耗厂用电率增加。对燃烧的影响则是燃烧器一次风速变大、煤粉变粗，煤粉浓度减小，着火条件变差。

2. 通风量

磨煤机的通风量对煤粉细度、磨煤机电耗、石子煤量和最大磨煤出力有影响。在一定的给煤量下增大风量（即增大风煤比），煤粉变粗，石子煤量减小而出粉量略增。同时磨内循环量减小使煤层变薄、磨煤机电耗下降；但由于风环风速增大，一次风机电耗增加。煤层减薄和磨煤机电流降低使磨煤机的（最大）出力增加。风量的高限取决于锅炉燃烧和风机电耗，如果一次风速过大，煤粉浓度太低或煤粉过粗，易对燃烧产生不利影响，或者一次风机电流超限，则风量不可继续增加。

随着通风量的减小，合格的煤粉可能无法全部带出磨煤机而使磨煤机出力不足，制粉单耗增加，过低时造成磨碗差压激增、磨煤机堵塞。风量的低限主要取决于煤粉输送和风环风速的最低要求。

3. 磨煤出力

随着磨煤出力的增大，制粉单耗逐渐降低，到达经济出力后，制粉单耗又升高。煤粉细度也随出力的增加而变大，若操作分离器挡板或转速维持煤粉细度，则磨煤机电流增大，磨煤单耗升高。石子煤率则基本不受磨煤出力的影响。

4. 碾磨压力

增加磨煤机加载装置的弹簧压缩量或液压定值，可提高煤层上的磨制能力，使磨煤机最大出力增加，而在任意出力下，煤粉细度和石子煤排量均降低。但磨煤电耗因磨辊负载增大而增大，并且磨煤机的磨损加重。当碾磨压力增加到一定程度后，出力较少增加，制粉经济性开始降低。而从燃烧经济性上，则增加碾磨压力是有利的，尤其当分离器的挡板开度或转速已达到调整极限位置时更是如此。

5. 碾磨件磨损程度

碾磨部件磨损会使磨煤面的间隙增大，相同加载力施加于较厚的煤层上使碾磨效果变差，磨煤机最大出力降低，煤粉细度R_{90}升高。风环处部件的磨损则增大风环的通流面积，在风量不变情况下风环风速降低，石子煤量增加。但由于风环风速降低，使磨煤机差压减小，通风电耗下降。当低于最低风速时，则必须改变风煤比增加通风量，对锅炉燃烧和一次风机电流都会发生影响。

二、中速磨煤机运行参数监督

1. 磨煤机出口温度

中速磨煤机监督磨煤机出口温度的意义及影响磨煤机出口温度的因素与钢球磨煤机是一样的。但对于直吹式制粉系统，出力的变化（风煤比）是影响磨煤机出口温度的一个经常性的因素。改变风煤比或干燥剂进口温度都可达到调节的目的，但为维持风煤比曲线和制粉经济，在煤质允许的条件下，应尽量使用改变干燥剂入口温度的方法调节磨煤机出口温度。在必要时，（如煤水分太大），也可采取改变风煤比的办法调节磨煤机出口温度。当必须改变风煤比时，应注意一次风量必须保证最低风环风速的限制和防止一次风管堵粉。否则，应调整磨煤机的负荷。

在安全允许的条件下，推荐维持磨煤机出口温度在上限运行。这样可提高磨煤机的入口温度，增加磨煤机的磨制能力；在给煤量不变时，可减少磨煤机内的再循环煤量和煤层厚度，使制粉电耗降低。磨煤机出口温度的上限值，由煤的空干基挥发分决定。

2. 磨煤机压差

中速磨煤机的磨煤机压差（磨碗压差）是指一次风室与碾磨区出口之间的压力降，也即流动阻力。通常应限制磨煤机压差在一定值以下，以保持长期稳定运行和降低风机电耗。正常运行时，磨煤机压差随着给煤量的增加而增加。磨内碾磨区的煤层越厚、风环风速越大，磨煤机压差就越大。如果在某一时段内，观察给煤量未变而磨煤机压差逐渐增大，磨煤机出口温度降低，这意味着煤层在增厚，实际通风量减小，是磨煤机堵磨的前兆。这时，应增加空气流量，减小给煤量，使磨煤机压差恢复正常。

在一定的磨煤机出力下，磨煤机压差还受分离器挡板位置的影响。分离器的挡板开度变化将导致更多或更少的煤在磨内循环，对磨煤机压差有较大的影响。

3. 磨煤机电流（功率）

监视磨煤机电流或功率也是中速磨煤机与钢球磨煤机的区别之一。对于钢球磨煤机，由于基本保持满出力运行，所以上述两个参数的值在正常情况下变动很小，只是产生异常情况才显著变化，因此它们的变动是异常情况出现的信号。

在直吹式系统中，给煤量增加将使煤层和碾磨压力增加，磨煤机电流随之增加；反之，则磨煤机电流降低。当磨煤机电流增大时说明制粉出力增加。若磨煤机电流超过额定值，说明给煤量过多或满煤。满煤时煤粉变粗，一次风量很小、风煤比很低。严重时会发展为堵磨。此时应立即减少该磨的给煤量，相应增加其他各磨煤机的负荷，直至电流值稳定为止。

在相同的给煤量下，一次风量过低也有可能导致磨煤机电流增加，这是一次风的携带能力限制磨煤机的最大出力能力的表现。

若给煤量显示正常，而磨煤机电流相对偏低，则说明磨煤机内存煤少或者断煤。此时给煤机转速可能较高而实际进煤不多，但一次风量则接受给煤机转速信号而增大。这时磨煤机的运行十分不经济，风煤比大，且锅炉燃烧不稳或者脱火，应增大给煤量或者检查断煤的原因。

4. 石子煤量监督

石子煤是指从磨煤机排出的石块、矸石、铁丝等杂质。其正常成分中一般灰分不大于70%，热值不大于4800kJ/kg。中速磨煤机排放石子煤的特性是一个优点，这对提高出粉质量、降低磨煤功耗、改善磨损条件都有好处。但是石子煤排量过大或热值过高，会造成燃料损失且需清理费，因此运行中需要对石子煤量进行监督，防止排量失调。

影响石子煤量的因素包括煤质（可磨性系数和杂质含量）、碾磨压力、磨煤面间隙、通风量、磨煤出力等。运行中主要是煤质变化、出力变化和通风量影响石子煤排量。随着磨煤出力的增加，石子煤排量增大；但由于风环风速增加，原煤在石子煤中所占比例降低，石子煤的热值减小。石子煤排量与其热值的乘积与出力有较稳定的对应，可整理成曲线指导运行。若运行中发现该乘积严重偏离曲线，则可大致证明石子煤的排量失调或煤质剧烈变化，应引起运行人员注意或者降低制粉出力。随着通风量的增加风环风速变大，石子煤量减小。但风量调节受风煤比的制约，其调节范围是十分有限的。

应该指出，当煤中含有大量石子、矸石等杂质时，也可出现石子煤排量增大的现象，但这种增大正是中速磨煤机排除煤中杂质能力的表现，而非磨煤机失控的结果，这种情况也可通过测定石子煤中的热值进行判断。

5. 密封风压差监督与调节

控制密封风压差的目的是使密封风压总是高于磨煤机内压力一个恰当的数值，保证磨煤机的工作安全。密封风压差的运行监控值一般为 1.5～2.0kPa。若该压差低于监控值过多，会造成煤粉向外泄漏，细粉进入枢轴处会很快损害轴承。因此，当密封风压差低于低限值时，磨煤机跳闸进行保护。密封风压差过高，不仅使风机电耗无谓增大，还会影响到煤粉细度。当密封风量过大时，会形成一股从分离器内锥下口短路的回流，把本已分离下来的粗粉再带走，使煤粉细度增大，煤粉均匀性指数升高。密封风压差越大，则煤粉中的较大颗粒越多。此外，密封风进入制粉系统，其作用相当于制粉系统掺冷风，使排烟温度升高。

密封风总量用各密封风调节风门控制，一般不超过总风量的 10%。恰当地调节各密封风量可以使给风系统的总能耗最低，这是因为在输送同量风量下，高压的密封风机将消耗更多的功率。

6. 磨煤机—炉膛差压

磨煤机—炉膛差压是指磨煤机出口与炉膛之间的一次风管差压。它是监督煤粉管堵粉危险程度的重要参数。当一次风压低或磨煤机压差升高时，一次风管内介质流量及流阻减小，磨煤机—炉膛差压降低，煤粉管可能产生堵粉。因此，通常规定磨煤机—炉膛差压的最低允许值，若一次风压和磨煤机—炉膛差压同时低于保护值时，则 MFT 动作。将一次风压和磨煤机—炉膛差压低信号同时出现作为条件，是为了避免误信号（如风压信号管堵住等）引起误动作。

三、制粉出力调节与风煤比控制

1. 制粉出力的调节

直吹式系统的最大特点是磨煤机的出力与锅炉负荷必须一致。因此，磨煤机经常处于变动负荷运行的状态，而不可能一直维持满出力运行，制粉经济性也因此受到影响。运行中的磨煤机出力由给煤量调节。因为在足够通风量下，石子煤量变化不多，所以出粉量（磨煤出力）与给煤量平衡。增加给煤量则磨煤出力增加，减小给煤量则磨煤出力降低。增加给煤量时，磨煤机内存煤增多，煤层变厚，磨煤机的碾磨压力相应增加，结果增大碾磨能力，使出力增大、煤粉细度稳定。碾磨压力随出力增加的实现方式，或是依靠磨辊弹簧压缩量的变化（如 HP 型磨煤机），或是借助自动加载装置由程序控制碾磨压力（如 ZGM 型磨煤机）。磨煤机内煤层达到足够厚度时，碾磨能力即不再增加。过分增加给煤量只会使煤粉变粗，甚至导致磨煤机溢粉、堵塞。

在不改变给煤量和不调节分离器挡板的条件下，增加风量会减小煤层厚度并使煤粉变粗；减小风量会增加煤层厚度并使煤粉变细。因此，在手操调节负荷时，若需增加出力，一般应先开大通风量，再增加给煤量；若需降低出力，则应先减小给煤量然后降低通风量。这样可确保磨煤机工作的稳定性。在改变磨煤机出力时，加、减煤量不宜过大，否则易导致石子煤量增多或不稳定运行，产生振动，影响锅炉运行。

当中速磨煤机制粉系统实行自动控制时，常采用包括给煤量、一次风量调节以及磨煤机出口温度调节的自动调节系统。图 6-13（a）为其中一例。制粉出力的调节用锅炉负荷信号调节给煤机转速，从而改变给煤量。热一次风量挡板按照预定的风煤比例由给煤机转速调节。一次风量的调节信号取一次风量测量装置测得的数据并经过温度修正的结果。而冷一次风挡板则根据磨煤机出口温度的偏差调整冷风的掺入量，维持磨煤机出口温度在规定范围内。热一次风机按照热一次风母管压力的设定值改变调节机构的开度。这种系统，由于是用给煤机转速作为给煤量的信号，所以在实际给煤量与转速不符时，会引起制粉系统工况的波动，并影响锅炉的燃烧工况。

另一种调节系统如图 6-13（b）所示。它是基于使一次风的动压与磨煤机压差相匹配而工作的。在一定的风量下，磨煤机压差（即磨煤机的通风阻力）只随磨煤机的给煤量而变化，因而这个压差可以反映给煤量的大小；而一次风动压则反映一次风量。将上述两个压差输入调节器 8，其比值与预定值相比较，并发出信号调节给煤机转速，使两压差间维持预定的比值。如果运行中给煤量增加，磨煤机两端的压差即随之增大，这就使磨煤机压差与一次风动压之比增大，于是调节器就发出调节脉冲降低给煤机转速，使两个压差值比回复到预定值，以便在一定的一次风量下保持固定的磨煤出力。上述差压比的预定值（反映风煤比）可通过磨煤机调节系统上的偏置加以改变。磨煤机的负荷调节过程是当磨煤机接到锅炉需要量信号时，用一次风量进口挡板改变一次风量使之与负荷相应。调节器则根据改变了的差压比信号调节给煤机转速，使煤量相应增减，达到按风煤比曲线控制风煤比的目的。

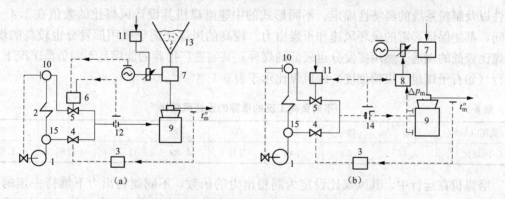

图 6-13　中速磨煤机正压直吹式制粉系统自动调节系统示意

1—一次风机；2—空气预热器；3、6、8—调节器；4—冷风挡板；5—热风挡板；7—给煤机；9—磨煤机；10—热一次风母管；11—锅炉负荷调节器；12—一次风流量测量装置；13—原煤仓；14—一次风动压测量装置；15—冷一次风母管

中速磨煤机允许的最低通风量规定为额定通风量的 70% 左右。风量再低，则不能保证足够的风环风速和防止一次风管内煤粉沉积。磨煤机的最小磨煤出力规定为额定值的 30%～50%。如果磨煤机出力降至 50%，而通风量必须维持在额定值的 70%，则此时风煤比将增大很多，煤粉浓度大降。对低负荷时煤粉着火和稳定燃烧会更加不利。因此，中速磨煤机在出力低于一定值时，应及时停掉一台磨煤机，而将负荷分摊至其余各磨煤机。从安全考虑，低于最小出力运行，由于磨盘上煤层过薄，易造成碾磨部件金属间的直接接触，而导致强烈磨损和振动等事故。过大的负荷则不再降低单耗，但会使煤粉变粗，磨煤机电流变大，磨煤机压差增加，同时，碾磨压力增大，可能引起磨煤机磨损、振动，降低磨煤机的使用寿命。磨煤机应尽可能在推荐的负荷范围内运行，不宜片面追求高出力。

2．中速磨煤机的负荷响应

与中间储仓式系统相比，中速磨煤机直吹式系统在单独改变给煤量时不能快速地使入炉煤粉量发生变化，尤其是装煤量大的中速磨煤机。但是改变入磨煤机一次风量却能迅速改变进入炉膛的煤粉量。这是因为一次风量的改变可以暂时吹出磨煤机煤层的存粉。因此，在需要改变给煤量时，应超前或同时改变一次风量，以加快中速磨煤机的负荷响应。图 6-14 给出了中速磨煤机出粉量对于一次风量扰动和给煤量扰动的响应曲线。曲线 1 是给煤量阶跃增加时出粉量的响应。曲线 2 是一次风量阶跃增加时出粉量的响应。曲线 3 是给煤量与一次风量同时扰动时的响应。显然一次风量参与出粉量的调节，有效减小了燃料调节系统的惯性和延迟。

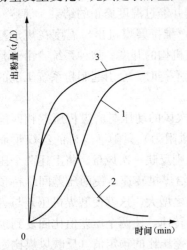

图 6-14　中速磨煤机的出力响应特性
1—给煤量扰动；2—一次风量扰动；
3—给煤量、一次风量同时扰动

3．风煤比的控制

中速磨煤机直吹式系统中，磨煤机的通风量（一次风量）与给煤量之比，称风煤比。风煤比的确定无论对制粉系统本身的运行工况和锅炉的燃烧都有着明显的影响。额定出力下的风煤比（设计风煤比）根据锅炉燃烧一次风率的要求、一次风管道气力输送的可靠性以及制粉系统的经济性确定。不同形式的中速磨煤机其设计风煤比的数值在 1.4～2.2 之间，都能保证必需的风环风速和干燥出力。较高的风煤比适于燃用挥发分也较高的煤种，风煤比较低的则适于燃用挥发分也较低的煤种。某制造厂推荐的能满足不同负荷工况下正常运行（如石子煤量、煤粉细度）的风煤比示于表 6-1。

表 6-1　　　　　　　　　　　不同负荷工况的推荐的设计风煤比

负荷（%）	35	40	50	60	70	80	90	100
风煤比	3.17	2.85	2.40	2.10	1.89	1.72	1.60	1.50

磨煤机在运行中，其风煤比设定为制粉出力的函数，不同制粉出力下维持一定的风煤比，是中速磨煤机负荷调节的重要特点，以此保持磨煤机工作的稳定及与燃烧系统的配合。风煤比偏低，则石子煤量增加，磨煤机出粉量减少；风煤比偏高，则煤粉变粗，携带粉量增加。

风煤比变化对制粉经济性的影响如下：在一定给煤量下，随着风煤比的增大，通风电耗增加而磨煤电耗稍减，但一般制粉经济性是变差的。这是因为磨煤机内的煤粉再循环量主要决定于磨制能力，而受风量影响相对较小。因此，在石子煤量允许的前提下，运行中宜维持较低的风煤比，以提高经济性。从安全考虑，煤层增厚时发生堵磨的可能性变大，因此适当增大风煤比是有利的。风煤比对石子煤率的影响是：负荷低时磨盘边缘煤层薄，小风量即可带走煤粉，石子煤量不大；负荷高时则需较大风环风速来降低石子煤量。即石子煤率取决于风煤比，风煤比维持较稳定值时，石子煤率就变化不大。此外，风煤比变化还要影响磨煤机出口温度，需做相应调节。

当负荷变化较大时，风煤比的确定还应考虑其他一些因素。例如，当负荷降得较低时，由于风煤比不变，一次风速变小，一次风管道内煤粉沉积和堵管的可能性增大，安全性降低。另外，磨盘风环处流速降低会造成石子煤量剧增，也会使制粉成本增加。对燃烧而言，风煤比要影响一、二次风率变化，若煤粉浓度降低太多，对低负荷时煤粉着火和稳定燃烧则十分不利。

一般而言，直吹式系统不允许在一次风量不变的情况下只靠增、减给煤量适应负荷变化，这会使负荷低时风煤比过大，降低制粉经济性和使燃烧恶化。

某电厂 1000MW 机组 ZGM133G 型中速磨煤机的一次风量、风煤比的实际控制曲线如图 6-15 所示。100% 负荷下风煤比为 1.358，随着负荷降低，一开始风煤比变化不大，基本维持常数，这时对锅炉燃烧和制粉经济的考虑是主要的。但当负荷降得较低以后，风煤比逐渐增大。到一最低风量后则一次风量维持 97t/h 不再随给煤量而变化，因此风煤比很快增加。图 6-15 (b) 是该磨煤机的煤粉细度与一次风量关系。

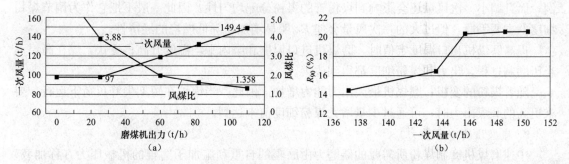

图 6-15　1000MW 机组 ZGM133G 型中速磨煤机一次风量、风煤比的实际控制曲线
(a) 一次风量、风煤比与给煤量关系；(b) 煤粉细度与一次风量关系

4. 磨煤机的最大出力

磨煤机最大出力是指磨煤机碾磨出的煤粉能满足锅炉的燃烧要求并能稳定运行时的最大制粉量。它受制于磨煤机最大电流、振动值、磨煤机出口温度、石子煤量（根据 DL/T 467—2004《电站磨煤机及制粉系统性能试验》规定，如石子煤量大于额定出力的 0.5% 或石子煤发热量大于 6.27MJ/kg 时，即不可再增加出力）。影响因素主要是煤粉细度、煤质、通风量、进口干燥剂温度、碾磨压力、碾磨件的磨损状态等。

在风量限制条件下磨煤机达到最大出力的典型特征是磨煤机压差快速升高，一次风量迅速减小，磨煤机出口温度降低，磨煤机电流升至最高后转而降低。

在原煤水分限制条件下，磨煤机最大出力受制于干燥出力。煤的水分过高将导致碾磨力显著降低。而且在热风门全开、磨煤机出口温度仍无法达到规定值时，只能以减少给煤量来满足干燥出力的要求。

四、中速磨煤机的调整

1. 煤粉细度

中速磨煤机的煤粉细度必须满足锅炉燃烧的需要。但煤粉太细，会增加磨内循环量和煤层厚度，使磨煤单耗增大，不经济；如果磨煤机电流超限，还会降低磨煤机出力。

运行中影响煤粉细度的因素主要是煤质、磨煤出力、风量、碾磨压力、磨煤机出口温度和分离器挡板开度（或转速）。对于静态分离器，煤粉细度的调整主要是通过改变分离器的折向挡板开度来完成的。折向门的开度由大到小，则煤粉细度由粗变细。若折向门的开度达到最小时，煤粉仍很粗，说明碾磨能力低，合格的粉磨不出来，则需要加大磨辊加载力，以增加磨辊对煤层的压紧力。反之，若折向门的开度已开至最大时，煤粉仍很细，则需要减小磨辊加载力，这样可以在相同磨煤出力下，使磨煤机电流降低。以挡板调节减小煤粉细度时，应注意磨煤机功率增加的幅度，若是以较大的磨煤电耗取得的较小的煤粉细度改善，有时也是不经济的。

对于动态分离器，煤粉细度的调整主要是通过改变分离器转子转速来完成的。随着分离器转速的加快，煤粉逐渐变细，煤粉均匀性指数逐渐增大（均匀性改善）。与此同时磨煤机的电耗也相应增加。应进行专项试验得到分离器转速与煤粉细度的对应关系，以便于运行中根据煤的挥发分在线控制煤粉细度。

磨煤机的一次风量也会影响煤粉细度。但是一次风量的大小取决于燃烧要求的一次风比例，而且调小一次风量还会影响到煤粉管的煤粉分配均匀性。因此一般不把它作为调节煤粉细度的主要手段，但过大的一次风量会使 R_{90} 明显增加，降低燃烧的经济性。

提高磨煤机出口温度定值时，磨煤机进口温度和磨内平均温度升高得更快，煤在高温下经历磨制过程，出力和煤粉细度都得到改善。

随着煤粉的变粗，磨煤机最大出力能力增加。因此，当锅炉在短期尖峰负荷下运行，要求更高的磨煤出力时，可通过少量增大煤粉细度值来达到。

2. 碾磨压力（加载力）

中速磨煤机磨制煤粉所需要的碾磨力由磨辊的自重和施加于磨辊的机械压力（称加载）形成，且以施加于磨辊的机械压力为主。磨煤机加载的方式主要分为弹簧加载和液压加载两种。弹簧加载方式靠改变弹簧初始压缩长度定初始加载力，运行中加载力则随着给煤量的增加而增大。加载力与给煤量的对应关系是自动生成的，且与初载和煤的难磨程度成比例，如图 6-16 所示。图 6-16 中加载力急剧增大时的磨煤出力（A 点），即为磨煤机的经济负荷。

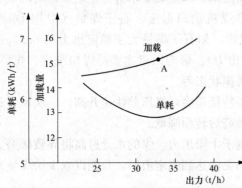

图 6-16　加载量、单耗—出力特性

初始加载力的大小应合理调整，随着初始加载力的改变，同一煤层厚度时，磨煤机电流和磨煤出力都同向变化，磨煤单耗和磨损量也要改变。初载过小时，磨煤出力降低，煤粉变粗，磨煤单耗变大。但初载过大也不经济，并且会使易磨件的磨损速度加快和磨煤机振动加剧。

当磨制易磨煤或热值较高的煤时，应将初始加载力定得低些；磨制硬煤或热值低的煤时，应将碾磨压力定得高些。长期低负荷运行时，为避免经济性损失过大，也需要较低的加载力。磨煤机长期运行后，由于磨损等原因，初始加载力变小，煤粉变粗，出力下降。应定期对弹簧初始压力进行校准和恢复。碾磨压力改变对磨制电耗和煤粉细度的影响示于图 6-16 和图 6-17。

采用液压加载方式的中速磨煤机，磨辊的加载力根据磨煤机出力大小，自动、随时随地进行调整，可实现最优加载因而降低磨制电耗和提高耐磨件寿命。变加载的具体方式是由给煤机电流信号控制比例溢流阀压力大小，变更油缸油压来实现加载力的变化。中速磨煤机的加载油压与给煤量的对应由加载力特性加以规定。加载力特性曲线一般由磨煤机制造商给出，但在煤的可磨性等运行条件变化时，允许对加载力曲线作必要的修正。图 6-18 是某 ZGM-113N 型中速磨的液压加载曲线。

不同煤种应用的加载力曲线也完全不同，易磨的煤加载力适当减小，难磨的煤则适当提升。在实际运行过程中加载力偏大时，对煤粉细度也不再有明显的提升作用，而且磨煤机电流增加、制粉经济性下降。并且容易出现振动现象。

3. 磨煤面间隙

在 RP 或 HP 型辊式磨煤机中，磨煤面间隙将随磨煤面的磨损而变大，并明显影响磨煤机的运行性能。磨煤出力随磨煤面间隙的变化关系如图 6-19 所示。由图 6-19 可见，磨煤面间隙从 14mm 增加到 50mm 时，磨煤出力由额定出力的 100％降低到 70％，磨煤出力随磨煤面

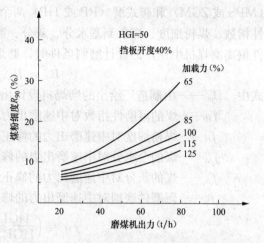

图 6-17　MPS-118 型磨煤机碾磨压力和工作负荷对煤粉细度的影响

间隙的增大而减小的原因，在于它增加了碾磨煤层的实际厚度。

磨煤单位电耗随磨煤面间隙的增大而增加。一方面，由于随着煤层加厚，碾磨效果有所降低，重复碾磨量增大使磨煤电耗增大；另一方面，由于煤粉变粗，需要改变粗分离器的挡板开度，使风机单位电耗也要有较大幅度增加。

磨煤面间隙的增大还会由于磨制能力的降低而影响到石子煤量的排放和煤粉细度。当磨煤面间隙增大时，石子煤量增加且其中细颗粒比例变大；反之，则石子煤量减少，其中多为块状，确属难以磨制的矸石等，煤的颗粒很少。在实际运行中，为满足磨煤出力的要求，煤粉细度会适当变粗。

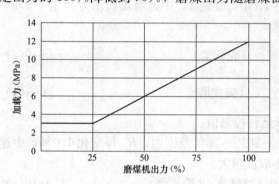

图 6-18　ZGM-113N 型中速磨煤机加载曲线

在空载时，磨辊与磨煤面的间隙调整到 3～4mm。间隙过大，影响制粉出力、经济性和煤粉细度；过小，在空载和低出力时会产生冲击振动，损害部件、加速易磨件磨损。因此，间隙调整的原则是在碾磨件不相碰的前提下越小越好，通常控制在 10mm 以内不会对磨煤机的工作发生大的影响，因为在正常负荷时，磨辊下的煤层厚度将远远超过此数值。

五、中速磨煤机的运行特性

1. 中速磨煤机出力特性

目前，使用最多的中速磨煤机是轮式磨

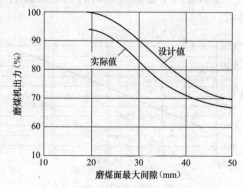

图 6-19　辊式磨煤机的磨煤面间最大间隙与磨煤出力的关系

（MPS 或 ZGM）和碗式磨（RP 或 HP）两个系列。中速磨煤机的磨制条件主要是煤的可磨性指数、煤粉细度、煤收到基水分、灰分、磨损件磨损等。它们的特性略有区别。当上述条件偏离磨煤机生产厂的设计磨制条件时，磨煤机的最大出力 B_m 按式（6-7）计算，即

$$B_m = B_{m0} f_H f_R f_M f_A f_S \qquad (6-7)$$

式中 B_{m0}——由制造厂给出的磨煤机设计出力，t/h;

f_H——煤的可磨性指数对中速磨出力的修正系数;

f_R——煤粉细度对中速磨出力的修正系数;

f_M——煤的全水分对中速磨出力的修正系数;

f_A——煤的灰分对中速磨出力的修正系数，按图 6-21 查取;

f_S——碾磨件磨损对中速磨出力的修正系数，按图 6-22 查取。

$$f_H = \left(\frac{HGI}{HGI^*}\right)^{0.57} \quad （轮式磨） \qquad [6-8(a)]$$

或

$$f_H = \left(\frac{HGI}{HGI^*}\right)^{0.639} \quad （碗式磨） \qquad [6-8(b)]$$

式中 HGI^*、HGI——哈氏可磨性指数的设计值和实际运行值。

中速磨煤机对可磨性变化较钢球磨敏感，HGI 每变化 1，中速磨煤机出力变化 1.5%～2.5%，且煤质越硬即 HGI 越小，出力变化越大。

$$f_R = \left(\frac{R_{90}}{R_{90}^*}\right)^{0.29} \quad （轮式磨） \qquad [6-9(a)]$$

或

$$f_R = \left(\frac{R_{90}}{R_{90}^*}\right)^{0.317} \quad （碗式磨） \qquad [6-9(b)]$$

式中 R_{90}^*、R_{90}——煤粉细度的设计值和实际运行控制值。

煤粉变粗，中速磨煤机出力增大。在 $R_{90}=10\%\sim35\%$ 范围内，R_{90} 每变化 1.0%，中速磨煤机出力变化 1.1%～2.8%，运行 R_{90} 越小取值越大。

$$f_M = c_m(1.1477 - 0.123 M_{ar}) \quad （轮式磨） \qquad [6-10(a)]$$

或

$$f_M = c_m(1.114 - 0.0114 M_{ar}) \quad （碗式磨） \qquad [6-10(b)]$$

式中 M_{ar}——煤收到基水分的实际运行值。

c_m——按图 6-20 查取的校正系数。图 6-20 中横坐标 M_{ar}^* 为原煤水分的设计值。

全水分对中速磨煤机的磨制能力影响较大，M_{ar} 每增加 10%，中速磨煤机出力降低 10% 左右。

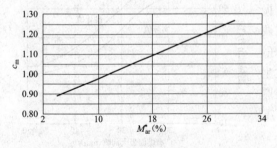

图 6-20 校正系数 c_m

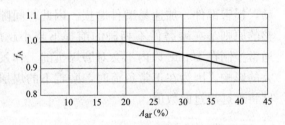

图 6-21 煤的灰分对中速磨煤机出力的影响

2. 中速磨煤机的单耗特性

中速磨煤机的单位制粉电耗比钢球磨煤机要低得多，其中磨煤单位电耗和通风单位电耗

各占 1/2 左右。磨煤机的单耗特性是指单位制粉电耗与制粉出力的关系，它反映的是变负荷运行时制粉系统的经济性。典型的单耗特性如图 6-23 所示。由图 6-23 可知，较低负荷下，制粉单耗很高，随着出力增加，单位制粉电耗逐渐降低，但超过某一经济出力后，单耗又上升。图 6-23 中单位制粉电耗最低的点（C 点）为经济出力，运行中应尽可能使磨煤机的实际出力在经济出力附近。

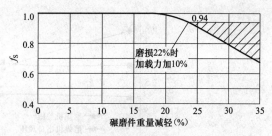

图 6-22　中速磨煤机磨损特性

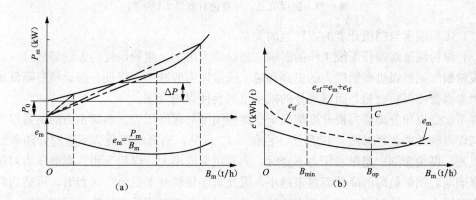

图 6-23　中速磨煤机单耗特性
（a）磨煤单耗特性；（b）制粉单耗特性

对以上特性的解释是：随着给煤量的增加，磨煤机功率增加，但两者不成比例。在经济负荷以下，功率增加量 ΔP_m 与给煤量（存煤量）增量 ΔB_m 大致成比例变化，但由于磨煤机空载电耗的作用，使相应于每吨煤的磨煤电耗 e_m（$e_m = N_m / B_m$）随着给煤量的增加而降低。在经济出力附近，随着煤层变厚，磨辊加载力作用变差，加载力随负荷增加急速上升（如图 6-16 所示），因而磨煤单耗随负荷的增加而升高。另外，随着给煤量的减少，磨煤风量降低不多，因此一次风机的功率降低小于给煤量的降低，因为在更低负荷下还需要维持最低风环风速，所以通风单耗的负荷特性是单向的，即单位通风电耗随给煤量增加而降低。

与钢球磨煤机相似，中速磨煤机的出力降低至一定值以后，由于空载电耗增大其比例，磨煤经济性急剧恶化，运行中也应避开这一最低出力（如图 6-23 中 B_{min} 所示）。但过量的给煤以期提高磨煤出力弊多益少，不仅煤粉变粗、石子煤量增加、容易发生堵磨事故，而且制粉经济性也是下降的。

图 6-24 所示为某 HP 型中速磨煤机通风量变化对磨煤机单耗的影响。由图 6-24 可见，磨煤机出口风压随着磨煤机通风量的增加而增加，磨煤机电流则因煤层减薄而出现减小的趋势，磨碗差压基本变化不大，这说明由风量增加带来的风环流阻增加与磨碗煤层厚度减薄带来的流动阻力下降值基本相当。

3. 煤粉细度特性

煤粉细度特性包括三个方面：

（1）各运行因素对煤粉细度的影响；

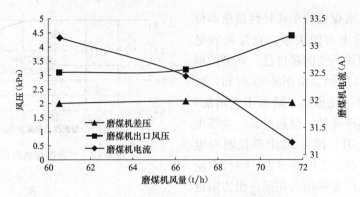

图 6-24　磨煤机通风量变化对磨煤单耗影响

（2）煤粉细度与挡板开度的或转速的关系；

（3）煤粉细度对制粉系统工作的影响（如对最大出力、制粉电耗的影响等）。

　　煤粉细度随磨煤机磨制能力的提高和通风携带能力的减小而降低。因此所有降低磨制能力的因素都会使煤粉变粗，而通风量的减小也都会使煤粉变细。

　　在不改变煤粉分离器挡板开度情况下，煤粉细度与碾磨压力、磨煤出力的关系以及煤粉细度与煤可磨性的关系如图 6-17 所示。由图 6-17 可见，当磨煤机负荷不变时，随着碾磨压力的提高，煤粉变细；当碾磨压力不变时，随着负荷的增大，煤粉变粗。碾磨压力对煤粉细度的影响随着锅炉负荷的降低而越来越小，因此当磨煤机处于低负荷运行时，可适当降低施加的碾磨压力，这既有利于减少磨煤机的振动，又不至于对煤粉细度造成明显影响。

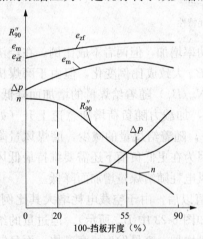

图 6-25　磨煤机的分离器挡板特性
R''_{90}—煤粉细度；e_m—磨煤单耗；
e_{zf}—制粉单耗；Δp—分离器阻力；
n—煤粉均匀性指数

　　煤粉细度和制粉单耗与分离器挡板开度的关系见图 6-25。由图 6-25 可见，在某一给煤量，随着分离器挡板开度的开大，挡板与径向的夹角增大，气流旋转加强，出粉变细。当 $\alpha=50°\sim55°$ 时，煤粉最细，进一步开大挡板，出口煤粉又重新变粗，这是因为煤粉气流绕流折流叶片的阻力大增，会有部分气流不经叶片，而从挡板下部缝隙径直流向出粉口，而使煤粉变粗。图 6-25 中 20％～55％为分离器挡板的有效调节区。在该区内煤粉细度与挡板开度近于直线关系；随着煤粉细度减小，煤层增厚，磨煤机电流增大，磨煤单耗和制粉单耗均升高。在分离器挡板的有效调节区以外（图 6-25 中 55％开度之后的区间）关小挡板对煤粉细度的改善作用不大，甚至相反，不仅徒然增大了通风电耗，而且使煤粉的均匀性变差，粉中大颗粒增多。运行中应避免分离器挡板开度设定在这一区间。

4. 中速磨煤机的功率特性

　　中速磨煤机电动机的输入功率 P 随制粉出力 B 的增加而增加。相对输入功率与 P/P_{max} 与相对出力 B/B_{max} 的关系可用式（6-11）表示，即

$$\frac{P}{P_{max}} = 0.124 + 0.786\frac{B}{B_{max}} \tag{6-11}$$

式中　　P_{max}——磨煤机在设计出力下的电动机功率，可从磨煤机型号查取，kW；

　　　　B_{max}——磨煤机的设计出力，可从磨煤机型号查取，t/h。

由式（6-11）可知，随着磨煤机出力的降低，磨煤单耗 e_m 升高。

5. 中速磨煤机的加载力特性

中速磨煤机加载力对制粉量的动态影响如图 6-26 所示。维持给煤量、一次热风量不变，当加载力突然增加时，出粉量快速响应瞬间增加，随后由于煤层煤量减少，出粉量逐渐回落，经过一段时间的延迟，出粉量重新等于给煤量，如图 6-26（a）所示。加载力降低时的出粉量响应如图 6-26（b）所示。

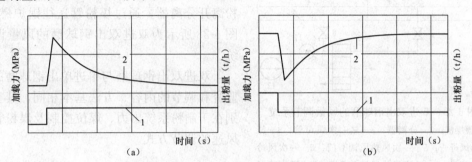

图 6-26　加载力对制粉量的动态影响

（a）加载力阶跃增加；（b）加载力阶跃减小

1—加载力；2—出粉量

出粉量的这个变化是通过碾磨力变化而不是由给煤量的改变所产生的，所以不需要一段延迟时间，并且会在新的加载力下维持出粉量等于原有给煤量。持续的出力增加就需要改变给煤量了。

第三节　双进双出钢球磨煤机直吹式制粉系统的运行调节

国内 300MW 以上大机组较多使用双进双出钢球磨煤机配直吹式制粉系统，如图 6-27

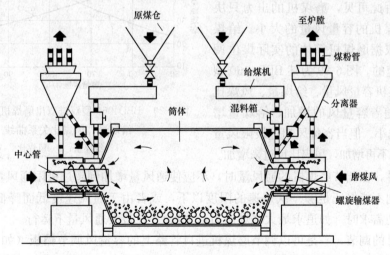

图 6-27　双进双出钢球磨煤机工作原理示意

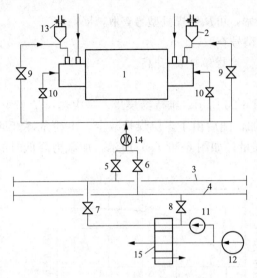

图 6-28　双进双出钢球磨的风量调节系统
1—磨煤机；2—分离器；3—热一次风母管；4—压力冷风母管；5——次风热风调节门；6——次风冷风调节门；7——次风热风调节总门；8—压力冷风调节总门；9—旁路风调节挡板；10—容量风调节挡板；11——次风机；12—送风机；13—燃料关断门；14——次风流量测量；15—空气预热器

所示。它由两个相互独立的回路组成。原煤由煤仓经给煤机送入混料箱进行预干燥，与分离器分离出的回粉会合后到达磨煤机进煤管的螺旋输煤器，从两端进入筒体。热风经中心管进入磨煤机筒体，在充满煤粉的筒体中对冲后返回，完成煤的干燥、携带过程。携带煤粉的磨煤风与旁路风汇合后进入分离器，磨煤一次风（为磨煤风、旁路风、密封风之和）携带细煤粉离开分离器，通过煤粉管送往锅炉燃烧器。图 6-28 所示为双进双出钢球磨的风量调节系统。

双进双出钢球磨与单进单出钢球磨的运行监督和调节的内容、方法基本相同，其主要区别在于制粉系统出力、煤位控制及煤粉管一次风速的调节方式。

一、磨煤机出力调节

直吹式制粉系统的出力随锅炉负荷的增加而增加，随锅炉负荷的减小而降低。因此，不可以独立进行负荷调节。与其他形式磨煤机不同，双进双出钢球磨煤机运行中的磨煤出力不是靠调节给煤机转速直接控制，而是借助调节通过磨煤机的容量风量来控制。由于筒体内存有大量煤粉（这是煤位控制的结果），所以当加大一次风后，风的流量和其携带的煤粉流量同时增加，粉在风中的浓度几乎不变。由于出粉量增加（同时，煤粉也粗些），所以筒体内的煤位下降。煤位自控装置根据煤位下降信号自动增加给煤机转速，以维持恒定的料位，从而使给煤量与出粉量相等，磨煤出力提高。由此可见，磨煤机的出力只决定于通过磨煤机的容量风量的大小。给煤机的控制是依据磨煤机筒体的实际煤位调节给煤机转速的。图 6-29 为某 BBD4060 型双进双出磨煤机容量风量、给煤量、风煤比关系曲线。随着容量风的增加，给煤量增大、风煤比减小。但当容量风超过极限风量时，制粉出力不再增加，风煤比反过来增加。

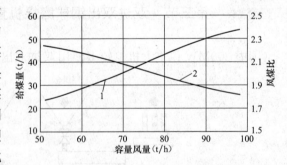

图 6-29　BBD4060 型双进双出磨煤机容量风量、给煤量、风煤比关系曲线
1—给煤量；2—风煤比

一般来讲，在调节磨煤机的通风量时，不应使通风量增加到超过极限通风量；也不应使通风量降低到不能保证足够一次风速的限度以下，或者由于通风速度低而降低分离器的效率。但有特别需求时（如追求最大磨煤出力），也允许在最大通风量下运行。

一次风量的调节，一是可以调节磨煤机进口管路上的容量风调节挡板（如图 5-28 中 10 所示），也可以利用磨煤机的热风挡板（如图 5-28 中 5 所示）和冷风挡板（如图 5-28 中 6 所示）。在投用自动的情况下，热风挡板和冷风挡板能够做同向联动调节，在调节磨煤机出口温度的同时，改变磨煤机通风量（磨煤出力）。在只需要调节磨煤机出口温度的情况下，热风挡板和冷风挡板能够做反向联动调节，保持一次风量不变。

这种负荷调节方式，制粉系统能很快响应锅炉负荷的变化，相当于燃油锅炉。此外，当低负荷时煤粉更细，有利于燃烧稳定，且风煤比基本不变。至于煤粉管一次风速，则可利用旁路风的调节维持相对稳定。这些都是双进双出钢球磨煤机的独特优点。

二、粉管一次风速、风温的监视与调节

粉管一次风速和风温监视与调节对于煤粉输送的安全和燃烧稳定是十分必要的。煤粉管道内的一次风速低，不足以维持煤粉的悬浮，煤粉会在管内沉积造成煤粉管道堵塞，并引起自燃着火。流速过高则不经济，且磨损管道、降低煤粉浓度影响着火稳定。一次风温（分离器出口温度）也不能过低，对于低挥发分煤一般规定为 $110 \sim 180 ℃$，以便稳定煤的着火和燃烧。粉管一次风速的调节是借助于制粉系统旁路风的调节实现的。当磨煤机低出力运行时，通风量减小较多，使粉管一次风速降低。为维持不太低的一次风速（最低允许值一般为 $18 m/s$），自动控制系统将开大旁路风量调节挡板（如图 6-28 中 9 所示），增加旁路风量，补充一次风量的减少，使分离器和一次风管道的风速维持较高，保证煤粉分离效果和防止煤粉管堵塞。双进双出钢球磨的容量风量、旁路风量及锅炉一次风量与磨煤机出力的关系可参见图 5-21（b）。由图 5-21（b）看出，随着负荷降低，出粉管内的流速仍是降低的，这主要是考虑维持一定煤粉浓度的要求。负荷低于 L 点以后，则旁通风量的调节应使一次风速维持定值，此时煤粉浓度降低较多。磨煤机通风量与旁路风挡板开度的关系如图 5-62 所示。

进入燃烧器的一次风温度也可由旁路风系统的风量加以调节。如图 6-28 所示，开大旁路风门 9 则进入燃烧器的一次风温升高。但用旁路风门调节一次风温会对燃烧器一次风速发生影响，从而影响燃烧。在一定的磨煤机负荷下，容量风量与之相应而保持不变，因此旁路风门的变化即会影响进入燃烧器的一次风速。例如，某电厂在煤质变差时，为使燃烧稳定，起初是开大旁路风门提高磨煤机出口温度，结果尽管一次风温升高，但因一次风速增大，燃烧稳定性反而变差，后反过来将旁路风门关小，才使着火变得稳定起来。

三、料位监督与控制

1. 料位控制的意义

料位控制是双进双出磨煤机重要特点。其目的是在磨煤机运行期内保持磨煤机内充足、恒定的存煤量，这样就能保证：

（1）一定的风量始终运载同样数量的煤粉，可快速进行负荷调节；

（2）尽量减少钢球和磨煤机表面的磨损；

（3）在安全运行的前提下，得到最高的制粉经济性。

图 6-30 所示为双进双出磨煤机的特性曲线。它反映制粉量、磨煤机功率、磨煤噪声与料位的关系。将磨煤机料位分为三个区间，Ⅰ区为小存煤量区，在该区内增加存煤量可以使磨煤出力迅速增大。Ⅱ区为出力不敏感区，在该区内存煤量的增加对磨煤出力的影响较弱，Ⅱ区的终点为饱和存煤量 Δm_b，该点对应最大磨煤出力。存煤量越过 Δm_b 后进入Ⅲ区，在该区内磨煤出力随存煤量的增加而减小。

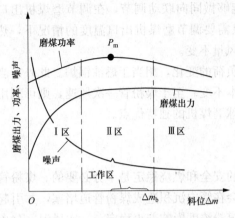

图 6-30　双进双出磨煤机的特性曲线

磨煤机功率与存煤量的关系为随着料位增加，磨煤功率先增加后降低，磨煤出力最大点位于功率最大点的右边。

在饱和存煤量附近运行，极易引起堵磨。例如，当给煤量有一小的增量扰动时，由于进煤大于出粉，料位升高。但料位升高的结果，反而使得出粉量随之减少，所以料位会进一步增加，尽管料位上升时料位控制系统会关小给煤机，但从关小给煤机到给煤量发生实际变化有一段时间上的延迟，这段时间内一直是进煤大于出粉，如此循环反复，存煤量将迅速增加直至磨煤机堵塞。由此可见，磨煤机在饱和料位附近运行时是很不安全的。

从制粉出力和经济性出发，希望磨煤机在Ⅱ区的后半区域运行（如图 6-30 中工作区所示），此时从安全上讲还有足够的不堵磨裕度，同时可以保持较高的磨煤出力，磨煤机电流开始下降，由于存煤量大，煤粉磨得较细，有利于燃烧经济。为此，综合考虑磨煤机出力、磨煤单耗、燃烧和工作安全，磨煤机运行时的较佳料位应控制在如图 6-30 中所示的工作区。料位过低（如Ⅰ区），磨煤出力太小，不经济；过高（如Ⅲ区），则磨煤机运行不安全。国内双进双出钢球磨煤机的运行经验及专项调整都已证明，双进双出磨煤机可以在较宽的料位范围内维持经济、安全运行。

2. 运行料位的确定

由图 6-30 可知，随着给煤机不断向磨煤机筒体内给煤，料位增加，磨煤机功率也不断增大，当功率达到最大值时，磨煤机出力并没有达到最大，出力最大点在功率最大点的右边。这就是说，饱和料位 Δm_b 可以用磨煤机功率 P 加以判断。方法是：每次充球后进行最大磨煤机功率试验，在给定风量下，从零料位向磨煤机充煤，随着给煤量增加，磨煤机功率会逐渐上升到峰点 P_m（如图 6-31 所示），继续充煤，功率将从峰值功率开始降低，当降至小于峰值功率 $30\sim40\mathrm{kW}$ 时，设定料位。这样确定的料位认为与饱和料位应相当接近，基本上是工作在Ⅱ区偏右的区域，因而不仅提高磨煤出力、运行可靠、安全，还节约了厂用电。如果继续增加给煤量，使磨煤机功率下降太多，料位达到甚至超过饱和料位，即导致堵磨事故的发生。

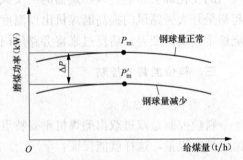

图 6-31　极值功率与钢球量的关系

经过一段时间的运行，随着钢球的磨损，球的尺寸、重量减少，磨煤出力有所降低，由图 6-30 中曲线可知，按设定磨音控制的磨煤机实际料位将降低。磨煤机的工作区向左偏置，安全性增加但经济性下降。此时的峰值功率将由 P_m 降低到 P'_m（如图 6-31 所示），为恢复磨制出力，当 P_m 降低到一定程度后就需要一次性补加钢球。

3. 料位控制的实现

双进双出磨煤机的料位控制主要有两种方式：差压信号控制和磨内噪声信号控制。图 6-32

所示为一种以压差作为信号的粉位控制系统的示意图。磨煤机内风压由参考管摄取。当磨煤机运行并有一定存煤量时，粉位升高将封住粉位的信号管出口，输出一个风压信号，该信号与参考管的风压信号相比较所输出的压差可大致反映粉位至信号管口的重位压差，根据这一压差，可指示筒体料位的高低。

当磨煤机刚开始加煤时，基准管和信号管都反映大罐压力，此时料位压差信号应该是零。磨制数分钟后，细煤粉逐渐增多，并淹没低位信号管口，低位差压信号在料位显示表上开始显示。继续增加给煤，高位差压信号也将有显示。根据实际经验确定给煤速度与达到料位出现所需时间的关系。

正常运行中，由人工设定一个料位差压（即设定料位高度）。当出力变化时料位将相应变化，料位控制系统将实际料位与设定值比较后，输出正信号或负信号去控制给煤机的转速，使料位返回到设定值。当实际料位高于设定料位时，输出正的差值信号，使给煤机转速减小，减小给煤量。当实际料位低于设定料位时，输出负的差值信号，使给煤机转速增大，加大给煤量。因而双进双出磨煤机可以在任意出力下维持料位差压的稳定，保持给煤与出粉的平衡。

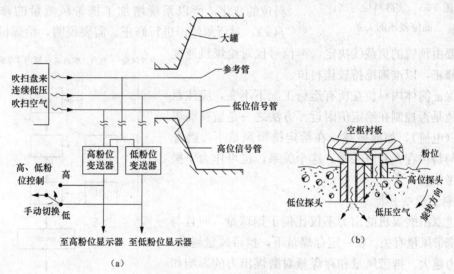

图 6-32 粉位控制系统原理

(a) 粉位控制方式；(b) 探头布置图

D-10-D 型双进双出磨煤机设置了高料位和低料位信号控制，两个料位信号不同时投用，可互相切换。磨煤机的料位实际高度与料位差压的关系示于图 6-33。在同样压差下投低位比投高位时的实际煤位低 60mm。国内 BBD 系列双进双出磨煤机的料位差压通常在 0.6～1.1kPa。FW 公司对 D-10-D 型磨煤机，推荐料位压差设定在 0.25～0.4kPa。

为确保筒体料位在所有运行工况下的稳定，应注意监视高、低料位差压信号。如果偏离正常值，说明信号管线堵了，应手动调节总一次风量和给煤机控制（磨煤机运行切换为手动）。利用压缩空气依次吹扫信号管，直至压差恢复正常值。

料位控制信号也可用磨煤噪声，其控制原理与压差控制相仿。磨煤机在零充煤情况下转动，筒体内的钢球与衬板摩擦撞击，发出巨大的噪声。随着筒体内存煤量的增加，钢球之间逐渐被软的煤粒分开，磨煤机发出的噪声因而逐渐下降。当存煤量达到一个合适的料位，磨煤机钢球基本上全被煤粉包围，磨煤机转动时就再也听不到钢球、衬板尖锐的撞击声，而是

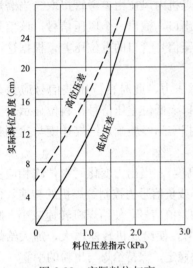

图 6-33 实际料位与高、
低位差压的关系

一种较为柔和的摩擦声，噪声减至很小并且基本不再继续降低（如图 6-30 所示）。由于研磨介质的重心接近旋转轴，所以功率也开始下降。上述情况表明，磨煤机的噪声与磨煤机的料位存在对应关系，在充球量和磨煤风量不变情况下，一定的噪声对应确定的料位。因此，可以通过对磨煤机噪声信号的测量，实现对料位的控制。

图 6-34 所示为噪声控制系统的一个示例。在磨煤机迎风侧装设 2 只麦克风，正确接受噪声信号并将其转变为电压信号，磨煤机运行中，将所测得的噪声信号与设定料位的噪声信号 NSL 相比较，若所测信号大于设定值，说明实际料位低于给定料位，料位控制系统发出指令增加给煤机转速、加大给煤量，以恢复给定料位；反之亦然。因磨煤机出力要求，携带风流量的变化会引起料位的变化，所以系统增加了携带风流量的修正系数 $f(x)$，对所测原声进行修正。需要说明，给煤机的速度

要求主要由预置的负载线决定，声信号仅对给煤机速度作小的修正，以准确维持较佳料位。

为保证筒体内料位在所有运行工况下不变，应注意监视料位是否控制在给定值附近。方法之一是监视磨煤机功率（电流），如前所述，在给定携带风量下，磨煤机功率与料位存在对应关系。这个关系，也可作为手操时的参考依据。

4. 料位影响分析

双进双出磨煤机的出力不仅比例于钢球量，而且与磨煤机携带风量有关。在一定存煤量下，携带风量越多，磨煤出力越大。携带风量和存煤量对磨煤出力的影响如图 6-35 所示。图中 b_1、b_2 和 b_3 分别代表存煤量或料位，A_1、A_2 和 A_3 是极限风量。由图6-35可见，当存煤量很低时（b_3），制粉出力随着料位差压的增加而增加。此时，为达到与较高料位时相同的磨煤出力，必须增大容量风量，这不仅增加了通风电耗，也使煤粉变粗、燃烧损失增加。在较高料位运行时，携带风量可以小些，因而煤粉更细，通风电耗和燃烧损失都低一些。维持一个较高的料位是保证双进双出磨煤机经济运行的必要前提。但当料位已经较高时（b_1），料位差压对磨煤出力的影响就没有那么大了。过分提高料位则会影响磨煤机的运行安全性，在给煤量扰动下，有可能很快发展成堵磨。

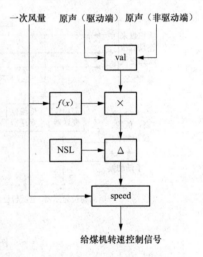

图 6-34 电耳料位控制

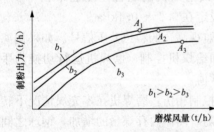

图 6-35 存煤量、携带风量对制粉
出力的影响

维持较高料位时，筒体内的燃料体积增加。在一定给煤量下，燃料在筒体内停留时间相对延长，煤粉被反复磨制，煤粉变细。燃料在磨煤机内的停留时间

可大致按筒体内燃料体积与给煤量之比计算。由于磨制能力提高，磨出足量的合格细粉只需要较小的携带风量即可带走。若维持煤粉细度不变，则高料位运行可以提高最大制粉出力。

锅炉燃用挥发分较高的煤时，煤粉允许磨得粗些，可采用低料位运行，不易堵磨，且枢轴密封也更为可靠。若煤的挥发分较低，则宜采用高料位运行，在稳定着火的同时，降低制粉单耗，提高经济性。

随着磨煤机料位增加，钢球与衬瓦的接触概率减少，磨煤机电流略略降低。因此双进双出磨煤机保持较高料位运行，对于降低磨煤单耗也是有利的。

四、双进双出磨煤机的煤粉细度调整

煤粉细度不仅影响锅炉燃烧，也影响到磨煤出力。合适的煤粉细度（经济煤粉细度）与很多因素有关。负荷高、煤质硬、煤挥发分高时，经济煤粉细度增大，即煤粉细度的运行控制值可大些；反之煤粉则需磨得细些。

运行中煤粉细度的调节有三种手段：

（1）煤粉分离器转速。当风量和煤位不变时，增加动态分离器的转速可以使煤粉变细，降低动态分离器转速则使煤粉变粗，但调节分离器电动机转速时会影响磨煤出力，因此应同时对磨煤风量也作相应调整，因而使出力-风量特性曲线有所变化。

（2）磨煤机通风量。当动态分离器转速和料位不变时，随着通风量的增加，携带粗粉的能力增加，分离器的循环倍率减小，煤粉变粗。因为磨煤机通风量与锅炉负荷成正比，所以高负荷时煤粉变粗，低负荷时煤粉变细（分离器转速一般不经常调整）。

（3）料位。在一定的通风量和给煤量下，高料位运行可延长煤在磨内的停留时间，使煤反复磨制，煤粉变细；而低料位运行情况正好相反，煤粉变粗。

图 6-36 所示为双进双出磨煤机煤粉分离器的调节特性。它给出了磨煤机出力、煤粉细度、磨煤机通风量与分离器电动机转速的关系。可用于指导运行中调节煤粉细度。须经专门的试验给出具体的曲线关系。

如果运行中的实际煤粉细度达不到设计煤粉度，可以通过适当增加装球量（或更换新球）、筛除碎球等办法使煤粉细度达到要求。

五、双进双出钢球磨煤机的出力特性

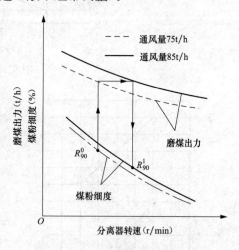

图 6-36　分离器的调节特性

双进双出钢球磨煤机的磨制条件主要是指磨制煤的可磨性指数、煤粉细度、装球量、煤的水分、衬瓦磨损程度等。当以上磨制条件偏离生产厂规定的磨制条件时，磨煤机的最大出力 B_m 按式（6-12）进行修正，即

$$B_m = B_{m0} f_{gq} f_{mf} f_M f_{km} f_{jd} \qquad (6-12)$$

式中　B_{m0}——由生产厂给出的磨煤机铭牌出力，t/h；

f_{gq}——钢球装载量对磨煤机出力的修正系数，按图 6-7 选取，图 6-7 中 G_{max} 为磨煤机的设计最大装球量，当实际钢球量 G 超过 G_{max} 后，磨煤出力增加趋缓；

f_{mf}——煤粉细度对磨煤机出力的修正系数；

f_M——煤水分对磨煤机出力的修正系数；

f_{km}——煤可磨性对磨煤机出力的修正系数；

f_{jd}——护瓦磨损对磨煤机出力的修正系数，按图 6-10 选取。

$$f_{mf} = \left(\frac{R_{90}}{R_{90}^*}\right)^{0.364} \tag{6-13}$$

式中 R_{90}——运行磨的实际煤粉细度，%；

R_{90}^*——磨煤机的设计煤粉细度，%。

在 $R_{90} = 10\% \sim 35\%$ 范围内，R_{90} 每变化 1.0%，磨煤机出力变化 $1.5\% \sim 3.5\%$，运行 R_{90} 越小取值越大。

$$f_M = c_m(1.4044 - 0.0423\Delta M) \tag{6-14}$$

$$\Delta M = M_{ar} - M_{mf}$$

式中 ΔM——煤在磨制中失去的水分，%；

M_{ar}、M_{mf}——运行煤的收到基水分、煤粉终水分，%；

c_m——校正系数，按图 6-37 查取。图中 ΔM^* 为设计条件下的失去水分。

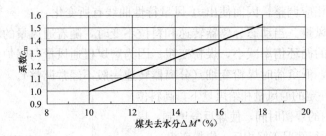

图 6-37　校正系 c_m 计算

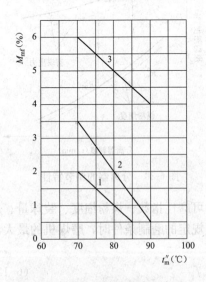

图 6-38　BBD 磨煤机最终水分 M_{mf}

1—低挥发分煤和烟煤；2—水分 12%～14% 的
无烟煤；3—水分 14%～20% 的无烟煤

M_{mf} 在没有试验数据时可按图 6-38 查取，当磨煤机出口温度在 70～75℃ 时，也可按式 (6-15) 计算，即

$$M_{mf} = 1.0 + 0.5M_{ad} \tag{6-15}$$

$$f_{km} = \left(\frac{HGI}{HGI^*}\right)^{0.863} \tag{6-16}$$

式中 HGI^*、HGI——哈氏可磨性指数的设计值和实际运行值。

六、一次风母管压力控制

双进双出磨煤机的热、冷一次风母管压力随负荷的变化而变化，运行中应合理控制。若一次风母管压力定值过高，会使管道阻力及一次风机电流增加，空气预热器漏风增大，排烟损失增加，并且磨煤机启停时对炉膛负压的影响较大。反之，若一次风母管压力过低，则热、冷风调节挡板的调节特性恶化，不利于负荷快速跟踪，也影响各煤粉管的风量分配均匀性。因此，不同负荷下热、冷一次风母管运行的压力设定值最好是通过专项调整试验予以确定。

第四节　制粉系统的运行方式

制粉系统的运行方式是指制粉系统各磨煤机的出力分配和投停方式。中储式制粉系统应保持钢球磨煤机始终在额定出力运行，因此其磨煤机的投停取决于煤粉仓的粉位而不是锅炉负荷。当粉仓粉位低时启动一台磨煤机，粉仓粉位高时则停掉一台磨煤机，以此保证制粉系统的最小制粉单耗。

直吹式制粉系统的特点是磨煤机总出力必须随时保持与锅炉燃烧的要求一致。因此锅炉负荷变化时，制粉出力相应变化。变更制粉出力可以均匀变动各磨煤机的负荷，也可以投、停部分磨煤机。恰当制定制粉系统的运行方式，可以提高制粉系统的运行经济性及负荷跟踪能力。

为使燃烧均匀和制粉经济，各磨煤机一般应保持等出力运行。在同样总出力下，各磨煤机均匀负荷的结果总是较各磨煤机高、低悬殊的出力运行更为经济，负荷跟踪也更快。这是制粉系统负荷分配的第一条原则。当然，允许在特殊情况下各磨煤机出力作不均匀分配，例如，锅炉调节汽温的要求或者稳定燃烧的要求等成为主要制约因素，而需要燃烧予以配合时。

磨煤机在高出力下运行是最经济的（制粉单耗最低）。随着出力下降，单位制粉电耗上升。对于直吹式制粉系统，当负荷降至很低时，经济性的下降加速。这主要是因为当低于某一较低负荷后，一次风量不再降低，风粉比也增大的缘故。此外，由于磨制吨煤的运转时间延长，磨煤机的单位磨损率增高。因此，各磨煤机都规定了最低允许出力的数值。一旦出力低于该最低出力，即应停掉一台磨煤机，而将其负荷转移到其他磨煤机上去。最低出力的规定，同时也是考虑了燃烧的需要，因为在最低允许负荷以下，不仅制粉经济性下降很多，而且煤粉浓度低，燃烧不稳，易造成燃烧器灭火。因此，在设备数量和机组运行工况允许的条件下，应通过投、停磨煤机的方式避开这一最低出力。这是制粉系统负荷分配的第二条原则。

制粉系统经济负荷分配的第三条原则是尽可能使磨煤机在额定负荷附近运行。这就要求在降低制粉系统总负荷时，只要能靠 4 台磨煤机运行就不靠 5 台磨煤机运行，只要能靠 3 台磨煤机运行就不靠 4 台磨煤机运行。中速磨煤机系统低负荷下运行，若不能及时切除部分磨煤机，将导致一次风率偏大，磨煤机的风煤比提高，煤粉浓度降低影响燃尽。风煤比高时冷风掺入量增大，也会使排烟温度升高。目前，有的电厂由于考虑断煤和给煤机发生故障，宁愿比实际需要多投一台磨煤机，以留有较大的余地，而让各磨煤机均处于低出力状态下运行，这种运行方式是不经济的。在煤质较差时，由于多磨投入使燃烧器区炉温降低，磨煤机跳闸概率反而增加。当然，如果需要兼顾锅炉运行的其他要求时，偏离上述的少磨运行原则也是允许的。

对于直吹式制粉系统，高负荷时多磨煤机投入有利于降低一次风速、增加切圆直径，同时使煤粉变细，燃烧效率升高。但多磨煤机投入通常会使制粉经济性降低，因此应权衡燃烧经济与制粉系统单耗的变化，在不同负荷下取较优的磨煤机编组方式。对于中储式制粉系统，运行人员为提高 AGC 负荷跟踪性能，低负荷时习惯保持排粉机全投方式运行，此时全部给粉机参与粉量增减、机动性增强。但该方式经济性较差，一是煤粉浓度低，燃尽度低；二是掺冷风多，排烟温度升高；三是有磨煤机的粉管出口温度低，无磨煤机（短路风）的粉管出口温度高，切圆可能受影响。因此运行方式的选择也需要权衡比较。

锅炉正常运行中，应尽量保持下层的磨煤机和相邻的磨煤机运行，根据电负荷情况，投停相应磨煤机，保持磨煤机负荷在 60%～80%之间运行。但若锅炉存在汽温偏低缺陷，则集中投入上层磨煤机组运行或许是正确的选择。最好能制定出按照锅炉的不同负荷水平，进行多台磨煤机运行合理编组的方式。

动力配煤也可支持制粉系统在优化方式下运行。例如，让锅炉在白天高峰期间燃用热值较高的好煤，在晚低谷期间燃用热值较低的差煤，避免白天多投一台磨煤机，全天实现少磨煤机运行，不仅节省厂用电率，也减少了磨煤机的频繁投切操作。

图 6-39 所示为某电厂 660MW 机组双进双出钢球磨煤机直吹式系统磨煤机总出力特性曲线。由图 6-39 可见，系统中各磨煤机的运行负荷控制在 55%～90%额定负荷之间，由于考虑煤质变化的出力裕度，通常 90%负荷都是经济负荷。在任何情况下，不使磨煤机负荷低于 55%。当锅炉总负荷在 100%、75%、55%时，分别保持 5 台磨煤机、4 台磨煤机、3台磨煤机在额定负荷附近运行。在 75%负荷时，4 台磨煤机运行与 5 台磨煤机运行相比，单位制粉电耗分别为 24kWh/t 和 33kWh/t，相差达 9kWh/t。若不及时切换，这一差值将继续在 70%～75%负荷间维持。在 55%负荷时，3 台磨煤机运行与 4 台磨煤机运行相比，单位制粉电耗分别为 21kWh/t 和 35kWh/t，相差达 14kWh/t。若不及时切换，这一差值将继续在 50%～55%负荷间维持。

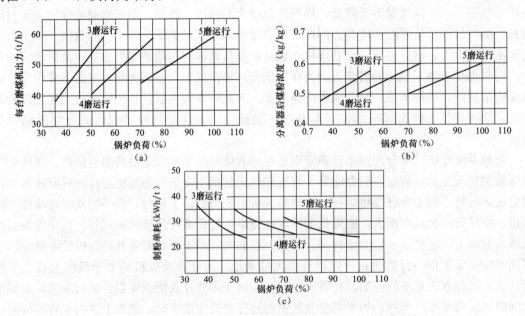

图 6-39　磨煤机运行方式及运行特性
（a）磨煤机负荷分配特性；（b）磨煤机煤粉浓度特性；（c）制粉单耗特性

图 6-40 所示为某电厂 300MW 机组 HP 磨煤机直吹式系统磨煤机总出力特性曲线。

至于磨煤机负荷在各层、各墙之间的分配，应综合考虑锅炉燃烧、炉内结焦、蒸汽温度

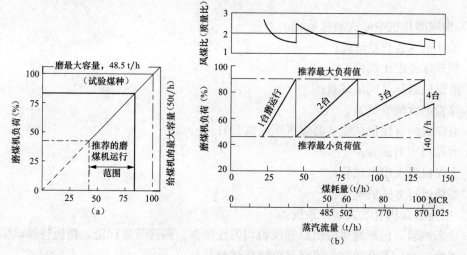

图 6-40　磨煤机和制粉系统特性曲线

(a) 磨煤机特性曲线；(b) 制粉系统特性曲线

控制、制粉系统节能等情况加以确定。例如，当燃用易结焦煤时，应尽量避免燃烧率过于集中，为此应保持每台磨煤机出力均匀，合理分散热负荷；再如，投用上层燃烧器有利于提高蒸汽温度，投用下层燃烧器有利于稳定燃烧和减少 q_4 损失。对于双进双出磨煤机，一般一台磨的两侧各供应一层燃烧器，可实现单侧运行。当磨煤机两侧的给煤量降至 60% 以下时，应过渡到单侧运行方式。采用单侧运行可使煤粉在一次风中的浓度比双侧运行增加一倍，因而可改善燃烧的稳定性和经济性，尤其在燃用难燃煤种时更是如此。此外，各台磨煤机对应的燃烧性能或其他性能并不完全雷同，应通过长期观察、试验予以总结，并灵活地加以利用。

第五节　制粉系统的调整试验

一、概述

制粉系统调整试验是锅炉机组燃烧调整试验的主要内容之一。不合理的运行方式，不仅会使制粉经济性降低，而且会影响炉内的燃烧和尾部受热面的传热。通过对制粉系统的调整，测量和了解制粉系统的各种运行特性（分离器折向门-煤粉细度特性曲线、各台磨磨煤量、风量偏差等），以作为运行调节及确定制粉系统运行方式的依据。

1. 制粉系统试验的目的

(1) 对制粉系统的缺陷进行诊断。例如，当磨煤机出力不足时，通过调试，探求并分析其主要原因。

(2) 确定制粉系统各可调参数对磨煤机工作性能的影响规律，以便指导运行操作及运行分析。

(3) 确定各可调参数的最佳值。

2. 制粉系统试验的项目

制粉系统试验的项目，根据制粉系统形式和试验目的的不同而各有差异。但一般说来，有：

（1）钢球磨煤机中储式制粉系统：

1）最佳钢球装载量试验；

2）钢球球径配比试验；

3）磨煤机最佳通风量试验；

4）煤粉细度调整试验；

5）磨煤机内存煤量试验（磨煤机压差试验）；

6）磨煤机出力试验；

7）磨煤机最大出力试验；

8）经济运行方式的确定。

（2）中速磨煤机直吹式制粉系统：

1）冷态试验（包括磨煤机出口管风粉均匀性调整、测速装置标定、挡板特性试验等）；

2）碾磨压力、碾磨间隙、风环间隙调整试验；

3）煤粉细度调整试验；

4）改变磨煤机通风量，即风煤比试验；

5）磨煤机出力试验和出力分配；

6）加载力动态特性试验。

（3）双进双出钢球磨煤机直吹式制粉系统：

1）磨煤机最大出力试验；

2）煤粉细度与出力关系试验；

3）磨煤机装球量试验；

4）煤粉细度—挡板（转速）特性试验。

制粉系统调整试验通常采用单因素试验方法。即在许多可调因素中，每次试验仅改变其中的一个因素，而其余因素则固定不变（一般是固定在设计值或运行值附近）。对变动的因素，在推荐值或运行值附近选择 4～5 个工况进行试验，确定影响规律和最佳值。当变动另一因素时，则将已做过试验的因素固定在最佳值。也可以用正交试验设计方法寻求可变因素的最佳值。但这要求较高的试验精度，且不便绘制因素的影响曲线。

所绘制的曲线因试验项目的不同，多少不一。常用的有

$$R''_{90} = f(Y_{db}, V_{tf}, B_m)$$
$$e_{zf} = f(B_m, V_{tf}, R''_{90}, G_{gq})$$
$$m = f[B_m, V_{tf}, R''_{90}, H(p)] \tag{6-17}$$
$$I_m = f(G_{gq})$$

式中　Y_{db}——分离器调节挡板开度或电动机转速；

$\quad\quad B_m$——磨煤机出力；

$\quad\quad R''_{90}$——煤粉细度；

$\quad\quad V_{tf}$——磨煤机通风量；

$\quad\quad e_{zf}$——制粉单耗；

$\quad\quad m$——磨损量；

$\quad\quad H(p)$——中速磨弹簧压缩量（碾磨压力）；

I_m——磨煤机电流；

G_{gq}——钢球装载量。

试验结束后，应对试验误差做出分析和评定。依据试验结果做出结论和建议。以下重点叙述几个常见的调整试验内容。

二、钢球磨煤机的存煤量试验

该试验主要是确定磨煤出力与存煤量的关系，以便寻求使磨煤机在可靠运行的前提下，获得最大出力的条件。在给定的磨煤风量下，存煤量也可以由便于观察的磨煤机的进、出口压差反映。一般是用磨煤机压差与磨煤出力的关系来关联磨煤机存煤量的试验结果。

做该试验时，应将影响磨煤出力的其余因素固定下来，例如，钢球量、磨煤机通风量、煤粉细度等。较细致的试验，还应给出在不同磨煤机通风量、煤粉细度、钢球量等水平下的磨煤出力-磨煤机压差关系曲线，用于指导制粉系统经济运行。一般的试验，则是按制造厂给出的以上各因素的设计推荐值进行单因素的试验。具体试验方法如下：

（1）通过减小给煤，将存煤量（或磨煤机压差）减至最小。

（2）逐步增加给煤机转速，调大给煤量。控制每一种给煤量下磨煤机通风量基本不变。在某一确定的给煤量下进煤，一开始由于进煤量大于出粉量，会使煤位升高，随之出粉量增加，当出粉量与进煤量平衡后，进入稳定工况。

（3）经过一段时间（通常 30min 左右）后，当磨煤机压差、磨煤机出口温度、磨煤机电流达到稳定状态时，记录各运行数据，作为一稳定工况。然后，再增大给煤量，重复上述步骤。直至出力不再随给煤量发生明显变化为止。这样可得到一条给煤量-磨煤机压差曲线。

（4）若进一步调大给煤量，会出现不能稳定的情况——堵煤发生。这说明制粉出力已不再随存煤量的增加而增大（如图 6-3 中 Δm_b 点所示）这时的存煤量即为饱和存煤量。显然，临界点 Δm_b 对于磨煤机的安全经济运行是一个至关重要的参数。

大量的磨煤机压差试验结果表明，磨煤机存煤量（磨煤机压差）对制粉出力的影响很大。图 6-41 所示为某电厂 300MW 机组磨煤机存煤量试验的实例。制粉系统为中间储仓热风送粉系统，磨煤机为 DTM350/600 型单进单出钢球磨煤机。试验数据用二次曲线拟合。该试验虽未能在更大磨煤机压差下做到不稳定情况的出现（磨煤出力的极值），但根据数据外推可知，大约在 4000Pa 左右，磨煤出力达到最大。根据以上试验结果，该电厂将磨煤机压差的控制值由 2000Pa 以下（磨煤风量约 80 000kg/h）提高到 2500Pa 以上，磨煤机出力相应由 30t/h 增加到 41t/h。

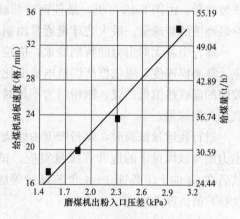

图 6-41　某电厂 4 号炉 DTM350/600 型
钢球磨煤机压差试验

当磨煤风量变化时（如给煤量有较大改变，而排粉机挡板不动的情况），饱和存煤量所对应的磨煤机压差 Δp_{opt} 将发生变化。因此，为监督饱和存煤量，需要知道不同磨煤风量下所对应的 Δp_{opt} 值。对于本试验，也即要求将通风量作为参变量，在不同磨煤风量下进行单因素试验。试验结果可按图 6-42 所示整理。

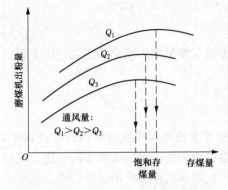

图 6-42　饱和存煤量与磨煤机风量关系

三、最佳钢球装载量试验

磨煤机钢球装载量试验的目的，是要找出使磨煤机的磨煤单耗最小时的钢球装载量。磨煤单耗是磨煤机功率与磨煤机出力之比。而磨煤机功率与磨煤机出力都与钢球装载量有关。当装球量较少时，磨煤机出力很低，随着装球量的增加，磨煤机出力将很快增加。但继续增加装球量时，磨煤机出力的增加逐渐趋缓。这主要是因为随着钢球的不断补充，新增的钢球都集中到磨煤机的内层中去，因而磨制效果变差，同时钢球的落下高度也减小了。达到某一最大装球量后，则磨煤出力不再增加（如图 6-43 所示）。

某一钢球装载量下的磨煤出力，按稳定工况的给煤量得到。试验时维持磨煤机通风量不变，当继续增加给煤量使磨煤机入口负压逐渐降低或磨煤机差压逐渐变大时，应适当回减给煤量，直至工况稳定。便得到在该装球量下的最大磨煤出力（以不堵磨煤机为原则）。

磨煤机的功率 P_m 则随着钢球量的增加而增加。磨煤机功率的大小主要取决于筒体内钢球的质量 G，即 $P_m/G \approx C$（C 为一常数）。根据以上分析，随着钢球量的增加，磨煤出力开始增加较快，后来基本不变；而磨煤机功率差不多成比例增加。因此，磨煤单耗就会有先下

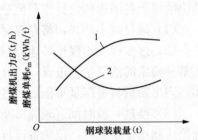

图 6-43　钢球装载量与出力、
电耗关系曲线
1—磨煤出力；2—单位磨煤电耗

降、后上升的变化规律（如图 6-43 中曲线 2 所示）。使磨煤单耗最低时的装球量称为最佳钢球装载量。由图 6-43 可见，最佳钢球装载量并不是使磨煤出力最大的装球量，但却是使制粉最经济的装球量。最大装球量通常由制造厂提供。

运行中若无对出力的特别要求，应控制装球量为最佳装球量。对磨损产生的钢球损失，应计算磨损速度，或依据磨煤机电流变化情况，定时补加钢球以保证最佳装球量。但在磨制较硬的煤或热值低的煤、制粉出力不足时，为使磨煤机能在最大出力下工作，筒体内则要装载最大钢球量。

进行装球量试验时，煤粉细度由燃烧的要求确定，磨煤风量可按设计推荐值固定。磨煤出力则与该风量下的饱和存煤量对应。试验前，首先大致确定一个初选的最佳装球量 G_0，然后在 G_0 的上下各选 3～4 个装球量等级进行试验。记录试验数据，绘制曲线图。初选的 $G_0(t)$ 值估算方法为

$$G_0 = 4.9\psi_{zj}V \tag{6-18}$$

$$\psi_{zj} = \frac{0.12}{\left(\dfrac{n\sqrt{D}}{42.3}\right)^{1.75}} \tag{6-19}$$

$$\psi_{zj} = V_{zj}/V$$

式中　ψ_{zj}——最佳钢球充满系数；

V——磨煤机容积，m^3；

n——磨煤机工作转速，r/min；

D——磨煤机筒体直径，m；

V_{zj}——最佳钢球堆积容积，m^3。

通常，ψ_{zj} 的数值约为 0.2，或者最大装球量的 0.85 左右。表 6-2 为某电站 DTM 350/700 型钢球磨煤机最佳钢球装载量试验的一个实例。试验中，磨煤通风量维持在最佳通风量 135 000 m^3/h 附近，煤粉细度维持在 $R_{90}=26$ 左右。本试验的最佳装球量为 57～60t，与计算值吻合较好。相应的最低制粉电耗仅 20.75 kWh/t。由表 6-2 可见，磨煤出力随钢球量而增加的速率呈先升后降的特点。

表 6-2　　　　某电站 DTM 350/700 型钢球磨煤机最佳钢球装球量试验数据

项目	单位	测量数据				
钢球装载量	t	41	51	56	61	65
磨煤机出力	t/h	37	49	65	68	69
排粉机风量	m^3/h	135 600	140 360	134 618	134 434	137 922
磨煤机电耗	kWh/t	14.88	13.90	12.04	12.50	13.16
排粉机电耗	kWh/t	15.58	11.63	8.75	8.25	8.25
总电耗	kWh/t	30.46	25.53	20.79	20.75	21.31
煤粉细度 R_{90}	%	26.37	25.98	27.07	25.26	28.60

煤粉细度、磨煤出力、磨煤机单耗与钢球装载量的关系如图 6-44 所示。由图 6-44 可见，当煤粉变细时，较少的钢球量即可取得最大出力。但最佳装球量（或最佳装球率）基本是一常数。

四、钢球球径配比试验

不同钢球的球径配比可以在总装球量不变情况下改变磨煤出力和煤粉细度。某电站锅炉采用 DTM380/720 型钢球磨煤机、燃用贫煤、可磨性指数 HGI=75。试运时，共装球 75t，分配如下：ϕ40 钢球，10t；ϕ50 钢球，22.5t；ϕ60 钢球，42.5t。结果锅炉燃烧状况不佳，煤粉细度 R_{90} 达 20%，飞灰可燃物含量 $C_{fh}=35\%$，磨煤出力仅 40t/h（额定出力 50t/h）。由于煤粉不够，以至大量烧油。

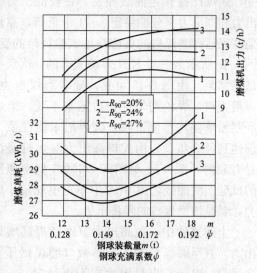

图 6-44　煤粉细度、磨煤出力、磨煤机单耗与钢球装载量的关系

第二台炉子调试时，提高了小球的比例。大小球分配如下：ϕ40 钢球，42t；ϕ50 钢球，13t；ϕ60 钢球，20t。总装球量仍是 75t。由于改变了直径配比，燃烧效果明显改观。煤粉变细，$R_{90}=13\%$～15%，磨煤出力基本达到设计值 50t/h。制粉除本炉使用外，还可向邻炉供粉。

球径配比可以改善钢球磨煤机工作性能，这是基于钢球的磨制机理。钢球破碎煤块有三种作用：钢球落下的冲击作用、球与球之间的挤压作用和球与护瓦的碾磨作用。若进入磨煤机的煤块粒径小，煤质软，应加强挤碾的作用，小钢球的挤碾面积大，挤碾能力强；而大钢球击碎能力强，更适于磨制颗粒粗大、煤质坚硬的煤。可见，球径配比是与煤种有关的。颗粒小、煤质软时，应增加小球的比例；颗粒大、煤质硬时，则应增加大球的比例。

钢球配比的适宜值与煤的可磨性有关，一般应通过制粉系统试验或运行经验取得。我国部分电厂的推荐值列于表6-3，可供参考。选用了高铬钢球的磨煤机，中、小直径钢球可以取更多的分级（级配钢球），同时增加小球的比例，最大钢球直径不超过50mm。

表6-3　　　　　　　　　　　　　　钢球磨球径配比的推荐范围

HGI	钢球直径（mm）	数量（%）
44～65	40/50/60	30/40/30
65～80	30/40/50	30/40/30
＞85	30/40/50	40/30/30

五、中速磨煤机出力特性试验

中速磨煤机的出力特性试验是指在保持其他因素不变的条件下，或在接近最佳工况的条件下，测定不同磨煤出力时磨煤机的有关运行参数及计算经济指标，目的是掌握制粉单耗与磨煤出力的对应关系，用于指导运行调节，同时，寻求磨煤机的最大出力和经济出力。

试验时，保持煤质稳定，分离器挡板开度不变，风煤比按预定曲线控制，在较低出力、中等出力和高出力下分别稳定3～4个负荷，靠调整其他并列运行磨煤机的负荷补足试验负荷的变化量，图6-45所示为三菱-RP783碗式磨的一次负荷特性试验结果。由图6-45可见，随着磨煤出力增大，煤粉变粗，煤粉均匀性指数基本不变，磨煤单耗和制粉单耗均单值下降，磨煤机未能在最大出力前达到经济负荷，因此提高出力对运行经济性总是有利的。图6-16是国产ZGM95型中速磨煤机的试验实测曲线，图6-16中单位电耗最小时的出力，就是该磨煤机的经济出力。

上述试验中，在高出力下继续提高磨煤机的出力，直至磨煤机的主要参数（磨煤机压差、一次风量、电流、出口温度）不再稳定——达临界参数时的出力即为最大出力。保持最大出力连续运行3～4h，每半小时采集一次煤粉细度试样，最终整理DCS记录，得到该磨最大出力下的性能特性。

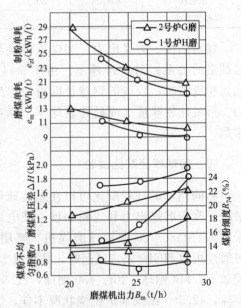

图6-45　三菱-RP783碗式磨煤机的负荷特性

六、分离器调整

分离器调整是保证合格煤粉细度的主要手段。电厂粗粉分离器的主要形式有离心式和旋转式两种。离心式分离器依靠改变径向挡板（或轴向挡板）的斜角，增大离心力来实现煤粉颗粒的调节。挡板调节煤粉细度的能力用调节倍率ϕ来反映，即

$$\phi = R''_{90}/R''_{90,\min}$$

式中 R''_{90}——某一开度下分离器出口的煤粉细度;

$R''_{90,\min}$——分离器所有开度范围内可能达到的最佳(最小)煤粉细度值。

随着通风量的增加,分离器进口煤粉细度增加,R''_{90} 以及 $R''_{90,\min}$ 均相应增大,但 R''_{90} 的增大不及 $R''_{90,\min}$,因此 ϕ 值是降低的,如图 6-46 所示。

分离器的煤粉调节特性除与分离器本身结构有关外,还受其他因素的影响,如碗式磨煤机的回粉口采用隔风罩(锥形罩),防止大量空气由碾磨区域短路进入分离器,降低分离效果。锥形罩与分离器内锥体间应保持一定的间隙,供粗粉颗粒返回到碾磨区,该间隙越大,影响煤粉细度也越大。图 6-47 所示为某中速碗式磨煤机的试验结果,表明随该间隙的增大,煤粉增粗的情况。

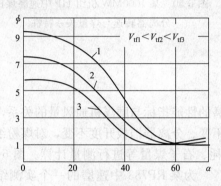

图 6-46 离心式分离器煤粉细度调节倍率

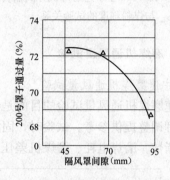

图 6-47 隔风罩间隙对煤粉细度的影响

必须指出,当挡板开度开得很大时,煤粉均匀性指数 n 明显降低,均匀性恶化。这是因为折向门开大后分离器阻力增加,使自磨煤机内至分离器回粉口的短路气流增加所致。为此,只要煤粉细度满足燃烧要求,分离器的挡板开度也不宜过大。

进行分离器挡板特性试验时,一般是固定几个不同的磨煤出力(通风量按风煤比),分别测定各出力下的煤粉细度、风机电耗、磨煤电耗、均匀性指数等经济指标与挡板开度的对应关系。以便为制粉系统调整提供依据。某钢球磨煤机中储式系统的分离器挡板开度与煤粉细度、电耗、磨煤机出力关系曲线如图 6-48 所示。

旋转式(动态)分离器依靠改变电动机转速来调节煤粉细度,转速改变时也将使分离器的其他技术指标发生变化。某 2000t/h 锅炉 RP1003 中速磨

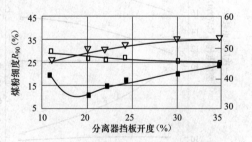

图 6-48 分离器挡板开度与煤粉细度、
电耗、磨煤机出力关系曲线
■—煤粉细度;□—制粉电耗;▽—磨煤机出力

煤机分离器转速与煤粉细度的试验关系如图 6-49 所示。由图 6-49 可见,随着转速的增大煤粉细度减小,均匀性指数 n 改善,但转速也不是越大越好,随着 R_{90} 减小,煤粉过度破碎导致磨煤单耗 e_m 增大、制粉经济性下降。

随着磨煤出力的变化,旋转式分离器的性能-转速特性也将跟着改变。一般规律是,随着磨煤机出力降低,同样分离器转速下的 R_{90} 变小、均匀性指数 n 不变、磨煤单耗降低。某 1000MW 机组 HP 中速磨煤机分离器转速与煤量关系特性如图 6-50 所示。

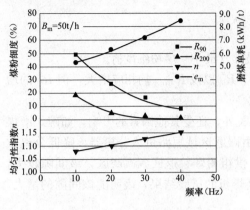

图 6-49　RP1003 型中速磨煤机分离器转速
与煤粉细度的试验关系

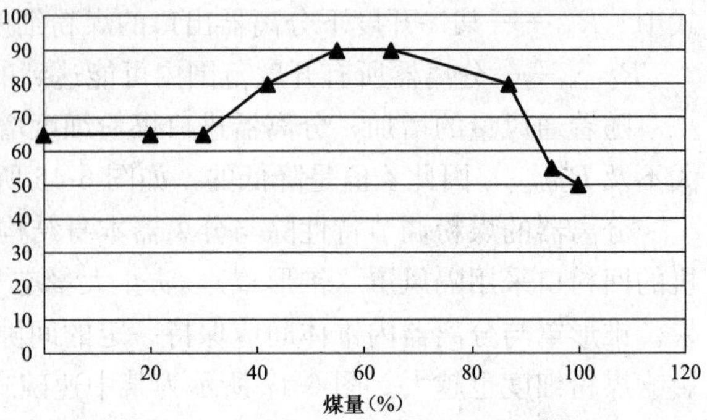

图 6-50　某 1000MW 机组 HP 中速磨煤机
分离器转速与煤量关系特性

七、磨煤机通风量试验

1. 中速磨煤机通风量试验

中速磨煤机通风量试验的目的是寻求中速磨的性能指标与磨煤机通风量的关系，为风煤比的合理调整提供参考。试验时，固定给煤量不变、分离器挡板开度不变，对煤粉细度、不均匀性指数、磨煤电耗、磨煤机差压、通风电耗、石子煤量等进行测量计算。图 6-51 所示为某 RP783 中速磨的一个实测结果，由图 6-51 可见，随着通风量的增加，煤粉细度、不均匀性指数、磨煤电耗变化不明显，但分离器的阻力、磨煤机压差、一次风机电耗明显上升，石子煤量显著下降。过大的通风量虽然可使石子煤量减少，但会使制粉系统的经济性降低，并对燃烧不利。

实际运行中，磨煤机在出力为 28.5t/h 时，风煤比保持 1.85 为最低数值，试验证实在此低风煤比状况下，能长期稳定运行，同时石子煤量也不致明显增加。

2. 钢球磨煤机通风量试验

钢球磨煤机通风量试验的目的是寻求钢球磨的最大出力和经济出力与通风量的关系，同时确定各经济指标受通风量影响的规律。试验时，将通风量分几个水平，在每一水平下固定风量，从某一中间给煤量开始，不断增加给煤量，观察磨煤机压

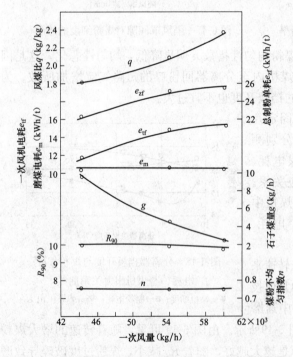

图 6-51　RP783 中速磨煤机煤粉细度、电耗、石子煤
量及风煤比与一次风量的关系

差、电流等，直至这些值表明将要堵磨时，记录相应的磨煤机出力和其他经济指标。得到钢球磨煤机的通风量特性，如图 6-52 所示。

钢球磨煤机通风量对煤粉细度影响的一例测试结果如图 6-53 所示。由图 6-53 可见，通风量在 8.5 万～10 万 m³/h 之间，煤粉细度变化很大，当通风量超过 9.5 万 m³/h 以后，再继续增大风量对 R_{90} 影响不大。

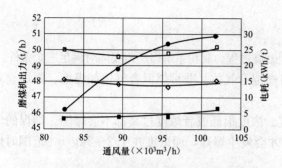
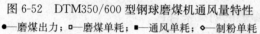
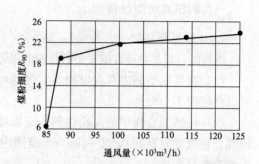

图 6-52　DTM350/600 型钢球磨煤机通风量特性
●—磨煤出力；□—磨煤单耗；■—通风单耗；◇—制粉单耗

图 6-53　DTM350/700 型钢球磨煤机通风量对煤粉细度的影响

八、中速磨煤机的加载力试验

中速磨煤机的加载力试验，对于弹簧加载的中速磨煤机，是指调整弹簧初压；对于液压自动加载的中速磨煤机，是指调整加载油压与给煤量的关系曲线。一般煤质较软、热值较高时，应适当减小加载力，以降低磨煤机功率，煤质较硬、煤发热量较低时，宜适当增加加载力，以减薄煤层、降低 R_{90} 和磨煤单耗。

保持磨煤机出力和通风量不变（约为额定出力的 80% 及相应的通风量），在不同的加载力下测量煤粉细度 R_{90}、磨煤机功率、一次风机功率、磨煤机进出口压力、温度、石子煤量，以取得满足磨煤机出力所需的较适合的加载力。不同加载力下，磨煤机单耗的比较条件是 R_{90} 相同，煤粉细度不同时，按式（6-9）换算至同一煤粉细度下进行比较。

九、经济运行方式的确定

经调整试验，应制定出制粉系统的最优运行方式，并将其内容编入运行规程。制粉系统最优运行方式通常包括如下内容：

（1）各台磨煤机的负荷分配方式，尽量避免多台磨煤机同时低出力运行；

（2）钢球装载量与球径分配、补球方式、衬瓦更换判据；

（3）磨煤机出力、给煤机转速；

（4）制粉风量、各风门（热、冷风门、再循环风门、排粉风机风门等）开度、风机电流；

（5）煤粉细度的控制值、粗粉分离器挡板开度（已给出挡板的特性曲线），主要是按煤质不同定几个控制值；

（6）磨煤机压差控制值；

（7）排粉机出口风压；

（8）磨煤机出口温度。

第六节 制粉系统爆燃及其防止

一、制粉系统爆燃特性

1. 煤粉爆炸机理

爆炸的过程是悬浮在空气中的煤粉的强烈燃烧过程。制粉系统爆燃需要同时满足三个条件。

（1）在受限空间内存在煤粉与空气的可燃混合气体。非可燃混合气体如煤堆、原煤仓等可以自燃但不会爆炸。

（2）可燃混合物中的煤粉达到一定浓度。浓度很低或者浓度过高都不会爆燃。烟煤的气粉混合物浓度只是在 $0.32 \sim 4 \text{kg/m}^3$ 范围内才会发生爆炸，而浓度在 $1.2 \sim 2 \text{kg/m}^3$ 范围时爆炸危险性最大。

（3）存在引发爆燃的明火。运行中引发爆燃的明火来自：

1）制粉系统内存在煤粉沉积，由于煤粉自燃产生的火焰；

2）磨煤机内钢件（如钢球）碰撞、摩擦等产生的明火；

3）燃烧器一次风出口射流当粉管风速低于火焰传播速度时发生的回火等。

2. 煤粉爆炸性指标

用煤粉的爆炸性指数 K_d 作为煤粉爆炸性的分类准则。它是考虑燃料的活性（挥发分及热值）以及燃料中的惰性（煤中灰分和固定碳的含量）的综合影响的结果。$K_d < 1.0$，难爆炸；$1.0 < K_d < 3.0$，中等爆炸性；$K_d \geqslant 3.0$，易爆炸。

K_d 按式（6-20）计算，即

$$K_d = V_d / V_{\text{vol,q}} \tag{6-20}$$

$$V_{\text{vol,q}} = \frac{100 V_{\text{vol}}}{V_d + V_{\text{vol}}(1 - V_d/100)}$$

$$V_{\text{vol}} = 126\,000 / Q_{\text{vol}}$$

$$Q_{\text{vol}} = (100 Q_{\text{net,daf}} - 7850 \text{FC}_{\text{daf}}) / V_{\text{daf}}$$

$$\text{FC}_{\text{daf}} = 100 - V_{\text{daf}}$$

式中　V_d——干燥基挥发分，%；

　　　V_{daf}——干燥无灰基挥发分，%；

　$Q_{\text{net,daf}}$——干燥无灰基低位发热量，kJ/kg；

　　FC_{daf}——干燥无灰基固定碳，%。

【例 6-1】 某电厂设计燃用浙江某矿烟煤。为扩大煤源，拟掺烧挥发分较高的内蒙古某矿区烟煤，设计煤和掺配煤的煤质资料见表 6-4。试判断在内蒙古某矿区煤按 40% 比例与设计煤掺烧时，制粉系统的爆炸性是否增加。

表 6-4　　　　　　　　　　　　　　　**某电厂锅炉混煤煤质资料**

煤质	V_{daf}（%）	A_{ar}（%）	M_{ar}（%）	$Q_{\text{net,ar}}$（kJ/kg）
设计煤种	36.0	10.5	14.0	23 000
内蒙古某矿区煤	46.72	27.49	28.65	11 310
40%掺比煤	40.29	17.30	19.86	18 324

解：按加权平均计算掺烧 40％内蒙古煤的混煤的平均煤质成分，列于表 6-4。

（1）计算设计煤的 K_d：

$$FC_{daf} = 100 - V_{daf} = 100 - 36.0 = 64.0(\%)$$

$$Q_{net,daf} = [100/(100 - A_{ar} - M_{ar})]Q_{net,ar} = [100/(100 - 10.5 - 14)] \times 23\,000 = 30\,460(kJ/kg)$$

$$Q_{vol} = (100Q_{net,daf} - 7850FC_{daf})/V_{daf} = (100 \times 30\,460 - 7850 \times 64)/36 = 70\,660(kJ/kg)$$

$$V_{vol} = 126\,000/Q_{vol} = 126\,000/70\,660 = 1.783(\%)$$

$$V_d = (100 - M_{ar} - A_{ar})/(100 - M_{ar})V_{daf} = (100 - 10.5 - 14)/(100 - 14) \times 36 = 31.60(\%)$$

$$V_{vol,q} = \frac{100 \times V_{vol}}{V_d + V_{vol} \times (1 - V_d/100)} = \frac{100 \times 1.783}{31.6 + 1.783 \times (1 - 31.6/100)} = 5.433(\%)$$

$$K_d = V_d/V_{vol,q} = 31.6/5.433 = 5.82$$

（2）计算 40％掺比煤的 K_d：

按上述同样方法计算：$K_d = 5.03$。

从计算结果可知，设计煤为一种易爆炸煤。当掺烧 40％高 V_{daf} 的内蒙古煤后，制粉系统爆炸性反而降低。原因是煤质中惰性成分 $M_{ar} + A_{ar}$ 增加。

表 6-5 是我国一些电厂用煤的 K_d 的计算统计结果。由表 6-5 可见，V_{daf} 相同的煤粉，由于煤中灰分、固定碳含量的不同，其爆炸性可以有很大的差别。

表 6-5 　　　　　　　　　　　我国一些电厂用煤的爆炸性指数 K_d

序号	电厂名称	煤种	V_{daf}（％）	$Q_{net,ar}$（MJ/kg）	M_{ar}（％）	A_{ar}（％）	K_d
1	嘉兴电厂	烟煤	35～37	22～24	14.0	8～13	5.83
2	姚孟电厂	禹县	23.93	17.23	1.75	40.15	1.70
3	洛阳电厂	义马	23.56	23.76	6.73	20.98	3.20
4	通辽电厂	霍林河	46.72	11.30	28.65	27.49	3.46
5	永安电厂	无烟煤	3.9	22.78	9.70	26.92	0.46

注 1. 2 号煤和 3 号煤挥发分相近，但 K_d 相差较大，原因是灰分含量不同。
　　 2. 与 1 号煤相比，4 号煤挥发分高，但 K_d 小，原因灰分高、热值低。

一般而言，煤的挥发分对制粉系统爆炸起着决定性作用。若以挥发分 V_{daf} 对煤粉爆炸性作简捷评定，可大致做如下划分：$V_{daf} < 15\%$，难爆炸；$V_{daf} < 15\% \sim 25\%$，中等爆炸性；$V_{daf} > 25\%$，强爆炸。当 V_{daf} 大于 35％时具有最大的爆炸压力，V_{daf} 低于 10％的无烟煤则几乎没有爆炸的危险。

二、影响制粉系统爆燃的运行因素

1. 煤质及煤粉细度

煤质中影响爆燃的主要是挥发分、灰分和水分。挥发分高的煤，爆炸指数 K_d 大，容易爆燃；灰分高的煤即使挥发分高也难爆炸；水分高时水露点升高，增加了煤粉沉积的倾向性，磨制高水分褐煤时，磨煤机出口温度低，需要特别注意制粉系统因结露沉积而引起爆燃的危险；煤质硬时比重大也容易导致煤粉沉积。

煤粉细度 R_{90} 变大时，风粉气流的着火温度升高，爆燃危险性减小。但煤粉颗粒过粗，会引起水平段粉管内大粉粒下沉，在一次风速控制不好的情况下，易出现煤粉沉积。此外，煤的黏结性也影响管内煤粉的沉积从而影响制粉系统爆燃倾向。

2. 煤粉沉积

制粉系统内的煤粉沉积是产生爆燃的根本原因。如果没有煤粉沉积存在，即使介质温度再高也难以引起爆燃。制粉系统管道的局部结构不良、粉管内一次风速偏低、磨制煤的水分高等都会增加煤粉沉积的危险。

3. 磨煤机出口温度

磨煤机出口温度过高或过低，都可能引起制粉系统爆燃。随着磨煤机出口温度的升高，磨煤机内及其前、后粉管内介质温度升高，虽然不是直接点燃风粉的明火，但它提供了磨煤机前粉管沉积煤粉自燃的热力条件。通常磨煤机出口温度每增加5℃，磨煤机进口温度增加20～40℃，磨内平均温度增加15～25℃。另外，由于磨煤机出口温度的升高，也使磨煤机出口之后所有围包体内（管道、粉仓、分离器等）粉温升高，对中间储仓式系统，粉仓的煤粉自燃温度是限制磨煤机出口温度的决定性原因。

磨煤机出口温度过低也容易促成粉管内的沉积自燃。当磨煤机出口温度接近或低于水露点、而一次风管又未保温时，风粉中有水分析出，容易黏结煤粉沉积管底。且由此引起粉管风速降低，也使回火爆燃的概率大大增加。

磨煤机出口温度的高限控制值依据 DL/T 5145—2002《火力发电厂制粉系统设计计算技术规定》。

4. 粉管一次风率、风速

粉管一次风率、风速整体偏低时，煤粉沉积、燃烧器回火的倾向增加，易引起制粉系统爆燃。中速磨煤机风煤比控制偏低、负荷降低时未能及时切除一台磨煤机、运行人员未很好监视表盘一次风速、一次风速显示值虚高等情况，都会导致粉管一次风率、风速整体偏低。

5. 各粉管间一次风不均匀

粉管一次风率、风速整体不低，但个别粉管一次风速偏低也会导致偏差管的煤粉沉积和回火。引起个别粉管一次风速偏低的常见原因包括：

（1）中储式系统的给粉机粉量偏差；

（2）直吹式系统磨煤机出口管道上"缩孔"的不均匀磨损；

（3）某个燃烧器出口结焦、烧损；

（4）粉管内部不均匀的煤粉沉积等。

6. 热风挡板关闭不严

热风挡板关闭不严是导致停用磨煤机内的积粉产生自燃的原因之一。譬如双进双出磨煤机进口处蛟龙底部存在间隙，总会有煤积存。但正常运行时不断更新，不会自燃，一旦停磨煤机就会滞存底部，当热风门关闭不严而使热一母管的空气漏入积粉位置时，即可引发煤粉自燃。

7. 磨煤机停用时间过长

磨煤机停用时间过长导致煤粉管道积粉，引发自燃。这类原因，DCS 参数通常显示不出来，一旦通粉，即发生爆炸。

三、制粉系统爆燃的类型

1. 煤粉仓爆炸

中间储仓式制粉系统的煤粉仓，下部是极细的煤粉，上方具有一定浓度的风粉混合物。贴壁沉积的煤粉在较高的温度下极易自燃，自燃火焰点燃风粉混合物使其爆炸。对于中储式系统，磨煤机出口温度控制的实质，是要控制煤粉仓的温度。

2. 磨煤机内部爆燃

磨煤机内部爆燃的典型特征是磨煤机出口温度的急速升高和一次风量的快速降低。引起磨煤机内部爆燃的原因包括：

(1) 磨煤机进口热风挡板不严，促使停用磨煤机的积粉产生自燃；

(2) 钢球磨煤机入口短管积粉自燃吹入磨煤机；

(3) 磨煤机启动时钢球的碰撞擦火；

(4) 磨煤机启动时，筒体底部高温煤粉翻扬至上部空间，使风粉气流温度瞬间升高，易被点燃；

(5) 停磨时煤粉未抽净，钢球磨煤机内残存有一定量的细粉。

3. 煤粉管道积粉引起爆燃

煤粉管道积粉的常见位置是磨煤机进口短管、细粉分离器进口处、关断风门后的管段（关闭后积粉），防爆门根部、中速磨煤机热一次风进口风道、双进双出磨煤机进口处蛟龙底部、粗粉分离器后一次风粉管等。爆燃发生的判断：粉管一次风量急速降低；粉管静压升高；炉膛负压瞬间大幅波动，但磨煤机出口温度不变或缓升，过火痕迹在有限管段上。

4. 燃烧器喷口回火引起爆炸

燃烧器喷口回火引起爆炸是指燃烧器一次风速低于火焰传播速度时发生的回火点燃风粉气流而引发的爆燃。爆燃发生的判断：粉管一次风量急速降低、炉膛负压大幅波动。磨煤机出口温度在爆燃后才逐渐升高，整个粉管直至磨煤机有过火痕迹。导致燃烧器喷口回火的常见原因如下：

(1) 入炉煤质变化尤其是挥发分变大；

(2) 粉管积粉导致一次风速过低；

(3) 燃烧器出口结焦引起一次风速过低；

(4) 直吹式系统的"缩孔"产生不均匀磨损，磨损最轻的管子易回火；

(5) 乏气送粉系统的近路风混合后风温超过 160℃。

5. 启停制粉系统引起爆炸

制粉系统的爆炸绝大部分是发生在制粉设备的启动和停止阶段。磨制高挥发分煤的案例最多。这类爆炸常伴有炉膛负压的突变，进、出口一次风压以及磨煤机出口温度的升高。

启动时的爆炸基本上是由于上次停磨时未进行彻底抽粉和粉管吹扫，致使磨煤机、粗粉分离器、细分分离器、煤粉管道等的易积粉位置产生积粉，这些积粉在较长时间的停磨过程中，因不再有煤粉气流的冷却而可能产生自燃。严密性不良的热风挡板会使自燃变得更为容易。一旦启动磨煤机，自燃的火苗就会点燃风粉气流而致爆炸。

停磨时的爆燃大部分是由于钢球磨煤机抽粉过程钢球砸击、摩擦出明火的概率增加。当磨煤机内温度较高时，直接点燃煤粉气流产生爆炸。启停磨煤机的过程中，关键是要控制好磨煤机的出口温度。热、冷风门调节过快或是热风挡板被误开，是引起磨煤机出口温度高的常见原因。

四、防止制粉系统爆燃的措施

1. 磨煤机出口温度控制

磨煤机出口温度上限可按相关规程控制。但在制粉管道很好解决了积粉局部结构缺陷之后，允许根据运行经验和在慎重试验的基础上，适当调高磨煤机出口温度控制值，国内许多电厂已经这样做了。磨煤机出口温度下限，对于中储式系统，应高出水露点 5℃；对于直吹式系统，应高出水露点 2℃。实际运行中，应注意核查分离器出口粉管温度（可以代表磨煤机出口温度）与集控室 DCS 值的误差，防止因显示温度偏离真实温度而造成磨煤机出口温度超限。

2. 风粉混合温度控制

对于中储式热风送粉系统（包括乏气送粉系统停磨煤机不停排粉机运行）需控制给粉机后的风粉混合温度高限。对于烟煤，该温度不大于 160℃；对于褐煤，该温度不大于 100℃；挥发分 V_{daf} 低于 15% 的贫煤，该温度不受限制。

3. 一次粉管风速控制

一次粉管风速应大于 18m/s。煤质坚硬时还要高些。每次大修后做一次风调平试验。不使个别粉管风速过低，引起积粉或者燃烧器回火。"缩孔"长期不均匀磨损将产生粉管阻力偏差和一次风速偏差，磨损最轻的管子成为危险管，应定期对"缩孔"进行检查更换。

4. 粉管压力监督

直吹式系统应密切监视各粉管压力，中储式系统应密切监视排粉机出口压力。当出现异常，判断出现一次风堵管或燃烧器喷口结焦时，及时采取措施，防止爆燃发生。

5. 磨煤机投停方式

对于直吹式系统，磨煤机出力不得低于最低允许出力，否则应及时切除一台磨煤机。中速磨煤机运行应限制风煤比低限，双进双出磨煤机低出力时投入旁路风，保持混合后一次风量高于最低允许值。

机组较长期中低负荷运行，磨煤机应定期切换、定期吹扫。防止一台磨煤机停用时间较长而产生积粉自燃。磨煤机停运期间，保持粗粉分离器出口快关闸板开启，并通入少量磨煤机密封风冷却。

制粉系统启停时需要进行彻底吹扫（钢球磨煤机）以及投入惰性气体（中速磨煤机）。

6. 粉仓、粉管温度控制

中间储仓式系统应保持粉仓高粉位以减少上部空间的尺度；定期降粉、开启吸潮管抽出粉仓内潮气，防止煤粉结块，粉仓外壁保温。控制粉仓温度在 50~70℃（烟煤）。

磨煤机出口至炉膛的全部一次风管道应进行保温，防止煤粉结露、沉积，寒冷季运行时，注意磨煤机出口温度不可低于出口干燥剂的露点。

7. 风门缺陷的检查与消除

经常检查磨煤机进口热风门、双进双出磨煤机的旁路风门、煤粉管吹扫风门等的严密性，及时消缺。防止停磨期间煤粉通过上述挡板漏入系统并沉积管底、引发自燃。

8. 制粉系统安全检测

磨煤机、粗粉分离器、细粉分离器出口安装 CO 检测装置和温度变化梯度测量装置。当上述参数同时超限时，切断制粉系统并投入充惰或灭火系统。

9. 管路局部结构改进

图 6-54 给出了国内一些电厂对煤粉管路系统进行局部优化改造的示意图。这些优化结构都是针对管内积粉的危险而设计的。其中，图 6-54（a）是磨煤机入口短管积粉消除结构，增加一充氮管在启停磨煤机时消防。图 6-54（b）是细粉分离器入口短管积粉消除结构，增

加一锥形体消除积粉；图 6-54（c）是粗粉分离器积粉消除结构，在内锥顶板增加一锥形体消除积粉；图 6-54（d）是磨煤机进口干燥管积粉消除结构，在热风管出口处增加一弧形挡板，消除干燥管内壁的撞击积粉。

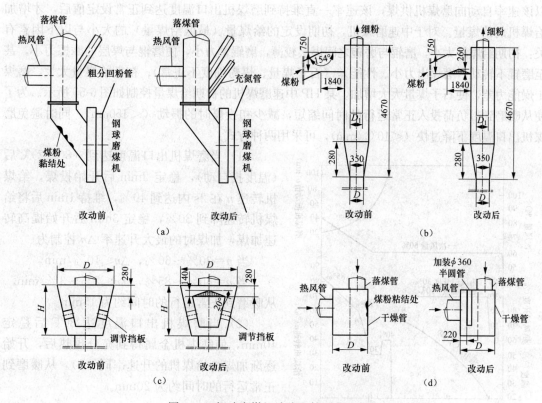

图 6-54　钢球磨煤机消除积粉原理及改造

(a) 落煤管局部改造；(b) 细粉分离器进口管局部改造；
(c) 粗粉分离器局部改造；(d) 磨进口干燥管局部改造

第七节　制粉系统启停中的几个问题

不同制粉系统的启停程序并不完全相同，本节仅对制粉系统启停过程中若干影响安全经济性的一般问题作一叙述。

一、暖磨

磨煤机冷态启动时，因为筒体、磨辊、磨盘等均为厚壁部件，为防止出现部件热应力的破坏，应首先进行暖磨。打开热一次风门，调节冷、热一次风门挡板，对磨煤机进行逐步加热，温升速度控制在 $3\sim5℃/min$，在磨煤机供煤之前，磨煤机至少已维持其正常设定的出口温度运行 15min 以上。

暖磨的另一个作用是使煤一进入磨煤机就能得到干燥，防止煤在磨煤机内积存和煤粉管道堵塞，增加煤粉气流着火的稳定性。

二、初期给煤量

给煤机启动时，操作给煤机控制键盘，设置一个最低出力（如 25％额定出力），给煤机以该速率自动向磨煤机供煤，该速率一直维持到磨煤机出口温度达到正常设定值后，才增加给煤机的给煤量。对于中速磨煤机，初期设定的给煤量（最低给煤量）的大小与以下因素有关：初期给煤量太小，磨辊与磨碗之间煤层较薄，磨辊紧力小，使磨辊与煤层的摩擦力小，甚至磨辊不转动，磨煤出力小、性能差（石子煤量、煤粉细度不正常）；初期给煤量太大，磨煤干燥能力差，使石子煤量大大增加。某 HP 中速磨煤机的初期给煤量控制如图 6-55 所示。为了使从暖磨到带负荷投入正常运行的时间缩短，减少初投煤时的振动（$<150\mu m$），同时避免磨煤机出口温度下降过快（$<10℃/min$），可采用两种方式：

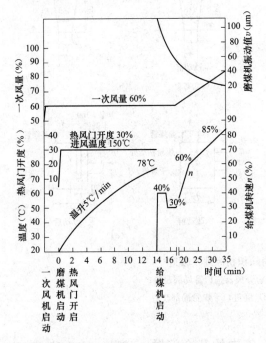

图 6-55　中速磨煤机投入试验操作工况

（1）当磨煤机出口温度达到（80 ± 2）℃后（温度投自动），稳定 2min 后开始投煤，给煤机转速 n 在 2s 内达到 40％，维持 1min 后将给煤机转速降到 30％，稳定 3min 后开始提高转速加煤，加煤时的最大升速率 Δn 控制为

当 $n=30％\sim60％$，$\Delta n\leqslant10％/min$。

当 $n=60％\sim85％$，$\Delta n\leqslant2％\sim3％/min$。

从暖磨到正常运行的时间约为 15min。

（2）当磨煤机出口温度达 80℃后稳定 10min，使磨煤机金属得到充分预热后，开始逐渐加煤，给煤机的升速率同（1）。从暖磨到正常运行的时间约为 20min。

三、给煤机启动次序

MPS 型中速磨，由于磨辊与磨盘之间没有间隙，空磨启动时会发生噪声和磨损、振动。因此应先投入给煤机，后启动磨煤机，给煤机启动后 10～60s 内即应启动磨煤机；否则，会由于磨盘上煤层过厚，磨辊碾磨阻力大使磨煤机启动负荷过大，只要磨辊与磨碗之间有煤咬入，即可投入磨煤机。RP 或 HP 型中速磨，其磨辊与碗之间有间隙，不直接接触，因此应先启动磨煤机后启动给煤机，使控制简化。钢球磨的给煤机也应在磨煤机投入后或与磨煤机同时投入。

四、防止煤粉爆炸

在磨煤机停止的过程中，由于煤量不断减少，极易出现磨煤机出口温度超温，可能引起制粉系统的爆炸事故。另外，若停磨煤机后系统中的煤粉没有抽尽，煤粉会发生缓慢氧化（阴燃），再次启动通风时，也易引起制粉系统的爆炸。因此在停磨煤机过程中，给煤量的递减速率应控制（如不超过 10％MCR），在每次给煤量减少之后，在进行下次递减之前，应该让磨煤机出口温度回复到正常设定的数值。对于直吹式系统，磨煤机的一次风量控制宜投自动，以便维持炉内着火稳定、正常。

五、首台磨煤机的投粉条件

首台磨煤机的投粉时机，一般需待锅炉负荷达到 20%以上，空气预热器出口热风温度大于 150℃（或空气预热器进口烟气温度大于某一规定值）才可投粉。这主要是考虑炉膛的温度水平已经达到煤粉着火条件、热风温度达到干燥剂的要求、低浓度煤粉已能稳定着火燃烧等问题。

六、启动磨煤机风量控制

并列运行的风机，在低负荷下易发生"喘振""抢风"等事故，若风量或一次风压变动过大，相当于管路系统急速改变管路特性，使风机输出的风量、电流等大幅度波动，造成炉内送风与燃烧工况恶化。国内某电厂 600MW 机组就发生过在磨煤机启动期间，由于风量控制不好，风机发生"喘振"引起锅炉灭火、MFT 动作。因此启动磨煤机过程中，应使风量变化尽可能和缓，不可过急。

中速磨煤机运行初期，一次风量自动还未投入，由运行人员手动调节磨煤机出力时，应做到增加出力时，先加风量，后加煤量；降低出力时，先减煤量，后减风量。以防止一次风量调节过快或风量过小造成石子煤量过多，甚至堵磨。

七、直吹式系统磨煤机启停对燃烧的影响

对于双进双出磨煤机，由于筒体很大，在冷启动过程中要求暖磨时间较长，另外磨煤机储煤能力大，建料位时间也较长。在此过程中，磨煤机基本不出粉，对燃烧非常不利。同理，在停止过程中，由于磨煤机需要的抽粉时间较长，抽粉时煤粉浓度较低，对燃烧影响较大。所以在磨煤机的启停、切换过程中，操作应缓慢谨慎，尽量减少对燃烧的不利影响。例如，切换磨煤机时，如果不能保证启用磨煤机的着火条件已经具备就匆忙停掉另一台磨煤机；或者在停磨煤机抽粉时携带风量控制过大，将容易发生炉膛灭火、主蒸汽急剧超温、MFT 等燃烧故障。

投入一台磨煤机时，进入炉膛的煤粉量是由磨煤机内存粉和携带风量决定的，若风量控制不好，启动瞬间将有大的燃料量进炉膛，造成蒸汽超温、过热器金属过热等。为缓冲投磨煤机对锅炉的冲击，双进双出磨煤机可利用旁路风挡板，在保证煤粉管不沉积的最低启动风量（一般为额定风量的 65%）要求下，尽可能减少磨煤机的携带风量，从而减少瞬间煤粉投入量。

操作要领如下：启动时将磨煤机旁路挡板开大至 70%～80%，使部分一次风直接进入磨煤机出口粉管，既保证了防止煤粉管堵塞所必要的一次风量、又减少了携带风量和煤粉量。然后逐渐增大给煤量，同时逐渐减小旁路挡板开度，直至关完。接着，可根据加负荷的一般操作原理，通过调节入口冷、热风挡板，加大通风量，再加大给煤量，直至达到磨煤机的额定出力。

中速磨煤机在跳闸磨煤机重新投用之前，应采用冷风分部将磨煤机内部的积粉送到炉膛内，在启动冷风之前应先适当调低锅炉的负压，防止煤粉进入炉膛引起锅炉瞬间燃料过多引起负压波动。由于该部分煤量没有计算入锅炉的总燃料量，需要注意瞬间蒸汽温度的变化。

第七章

锅炉受热面的安全运行

一、炉膛结渣过程及其危害

炉膛结渣可产生于水冷壁，也可在炉膛出口处的屏上。运行中的煤粉锅炉，炉膛内火焰中心的温度可高达 1500～1700℃，在这里，煤灰粒子多处于熔化状态。设计合理的炉膛具有必要的冷却能力，使炉烟在接近炉膛出口或水冷壁附近时的温度降到灰熔点以下。这时，燃烧中心的灰粒在接近水冷壁或炉膛出口时已经固化，不会黏附在受热面上形成渣。但是，如果炉膛设计不良，或者运行操作不当，使燃烧中心偏斜、灰粒冲墙以及超负荷运行等，则会使炉温及水冷壁附近的烟气温度过高，在此过高的烟气温度下，熔灰不能凝固，碰到水冷壁上就会黏结成渣。当水冷壁表面附有灰渣时，壁面温度和水冷壁附近烟气温度均升高，又会进一步加剧结渣的发展。

随着机组容量的增大，炉膛燃烧器区域的冷却能力相对降低，对于稳定燃烧有利，但却增加了促进结渣的因素。

炉膛结渣对锅炉的安全、经济运行及可靠性有很大的影响。炉膛结渣使水冷壁的传热热阻增加，水冷壁吸热量不足，锅炉出力降低；同时，由于炉内换热减弱，炉膛出口烟气温度升高，导致主蒸汽温度和再热蒸汽温度升高，减温水量剧增，严重时迫于超温要降低负荷运行；燃烧器结渣时，炉内空气动力场受到影响，燃烧损失增大，甚至烧毁燃烧器；大焦掉落会冲灭煤粉火炬，引起 MFT 动作；严重的结渣甚至会阻塞灰斗，被迫停炉打焦。

二、影响炉膛结渣的因素

1. 煤质

国内普遍用煤的灰熔点的高低估计结渣倾向。灰熔点有三个特性温度：变形温度 DT、软化温度 ST、流动温度 FT。一般以 ST 做评价指标。称 ST 小于 1350℃的煤为强结渣性煤，ST 大于 1450℃的煤为弱结渣性煤，ST 在 1350～1450℃之间的煤为中等结渣性煤。灰熔点的一个重要特性是它的数值与气氛有关。当煤灰处在还原性气氛中时，灰中的 Fe_2O_3 还原为 FeO，灰熔点降低，结渣性增强；当煤灰处在氧化性气氛中时，灰中的 FeO 氧化为 Fe_2O_3，灰熔点升高，燃烧时不易结渣。设计提供的灰熔点均为较强还原气氛下得到的数值，因此以它估计结渣倾向时是偏于安全的。灰熔点与气氛的这种关系在锅炉的设计和燃烧调整中被用来防止炉膛结渣。

美国电力研究院（AEP）提出结渣指数的概念，将结渣程度与煤的灰熔点、灰分、灰中碱/酸比（B/A）相关联，认为灰熔点低、灰分高、B/A值大的煤，具有更强的结渣倾向，如图7-1所示。

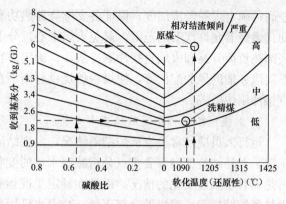

图 7-1　AEP 结渣指数

还有其他一些预测结渣程度的指标。需要说明的是，由于影响结渣的因素不止煤质一个，因此对于已运行锅炉，煤的结渣性仅作为对比分析的参考。实际上，国内一些燃用高灰熔点煤种的大型锅炉，燃烧中也出现了较重的结渣问题。

2. 炉膛结构

锅炉设计时，炉膛容积或截面偏小、容积热负荷或燃烧器区域热负荷偏高、炉膛最上排燃烧器与大屏底部距离过小、卫燃带敷设过多、水冷壁面积偏小等，都会造成炉膛温度过高，引起炉膛结渣；或造成煤灰离子在炉内的停留时间短，燃烧不完全，引起炉膛出口烟温偏高，造成炉膛出口受热面的结渣。

3. 炉内空气动力工况

炉内空气动力场的特性对结渣的影响也很大。例如，直流燃烧器若存在整体高宽比过大、切圆直径偏大、炉膛火焰偏斜、一次风粉气流贴墙等情况，都容易造成结渣；旋流燃烧器若气流旋转过强，出现"飞边"，或一次风速过高冲击对面炉墙，也容易造成结渣。燃烧器出口结渣或者烧损变形后，会改变出口气流的方向，破坏正常的空气动力结构，则会使燃烧高温区结渣加剧。此外，如果风粉管路配风不均匀，使一部分燃烧器缺风，而另一部分燃烧器风量很大，也会影响炉内的燃烧工况和贴壁气氛，引起结渣。

4. 其他运行工况

其他运行工况如锅炉运行负荷过高或高压加热器不能投入均会引起燃烧率增大。炉膛温度和炉膛出口温度升高，产生结渣；炉膛的漏风增大、热风温度不够或煤粉过粗等，会使火焰中心上移，造成炉膛出口处的受热面结渣。炉膛上部的漏风还会导致燃烧器区域风量不足，出现还原性气氛，使灰熔点降低。过粗的煤粉也会加剧颗粒对水冷壁的惯性撞击，使水冷壁结渣加剧。

三、运行中防止结渣的措施

1. 加强燃煤的管理与控制

电厂燃煤供应应符合锅炉设计煤质或接近设计煤质的主要特性。严重不符合锅炉燃烧要求的燃煤，应拒收。有条件的电厂，可掺烧不易结渣的其他煤种。应及时提供入炉煤煤质分析特别是灰熔点数据，供运行人员参考，以利锅炉燃烧调整。

2. 加强燃烧调整

通过试验建立合理的燃烧工况，并制定相应的运行规程。确定锅炉在不同负荷下燃烧器及磨煤机的投运方式，防止燃烧器区域热负荷过于集中和单只燃烧器热功率过大；确定锅炉不投油稳燃的最低负荷，尽量避免在高负荷时油煤混烧，造成燃烧器区域局部缺氧和热负荷过高；确定煤粉经济细度；保证各支燃烧器热功率尽量相等，且煤粉浓度尽量均匀；确定摆动式燃烧器允许摆动的范围，避免火焰中心过分上移造成屏区结渣或火焰中心下移导致炉膛底部热负荷升高和火焰直接冲刷冷灰斗；确定适宜的一、二次风率、风速和风煤配比，以及燃料风、辅助风的配比等，使煤粉燃烧良好而不在炉壁附近产生还原性气氛；避免火焰偏斜直接冲刷炉壁等。

3. 加强锅炉运行工况的检查与分析

运行人员应经常检查锅炉结渣情况，发现结渣严重时及时汇报处理；定期分析锅炉运行工况，对易结渣的燃煤要重点分析减温水量的变化和炉膛出口温度的变化规律以及过热器、再热器管壁温度变化的情况。锅炉在额定工况运行时，若发现减温水量异常增大和过热器、再热器管壁超温或喷燃器全部下倾，减温水已用足，而仍有受热面管壁超温时，应适当降低负荷运行并加强炉膛吹灰。

4. 焦渣的清除

利用夜间低谷运行，周期性地改变锅炉负荷是控制大量结渣、掉渣的一种有效手段，但要防止负荷骤然大幅度变化，以免造成大块渣从上部掉下打坏承压部件。运行人员要坚持按规程进行炉膛吹灰，并加强吹灰器的缺陷管理和维修管理。

以下就燃烧调整的一些具体方面做些说明和分析：

（1）炉膛过量空气。增大炉内送风量时，理论燃烧温度降低，虽然炉膛出口温度变化不大，但炉膛平均温度确是降低的（如图 2-26 所示）。炉内富氧燃烧，可抑制还原性气氛，因此有利于防止炉膛结渣。对于燃烧切圆设计采用了"风包粉"方式的直流燃烧器（如图 5-24 所示），若一次风速不变，增加炉膛氧量就可以使二次风动量增大，有利于实现阻止煤粉贴壁的设计意图。其他一些情况，也可做出类似分析。一般地讲，增大炉内过量空气系数可以防止结渣。

（2）一次风速和风温。降低一次风初温可提高着火热，延迟着火，对减轻结渣总是有利的；提高一次风速可推迟着火点位置，对于切圆燃烧锅炉，也有利于燃烧切圆的形成和防止煤粉气流贴壁，防止燃烧器和炉膛结渣。若煤种的挥发分高，稳燃一般不成问题，可适当增大一次风速。但过高的一次风速会产生煤粉颗粒冲墙而加剧结渣。

（3）煤粉细度。煤粉中的粗颗粒极容易从气流中分离出来与水冷壁冲撞，由于颗粒较大，到达水冷壁以前的冷却固化不太容易；此外，粗煤粒都需要较长的燃尽时间，因而它们往往在贴壁处造成还原性气氛，使灰熔点降低。因此在燃用易结渣的煤种时，适当减小煤粉细度、控制好煤粉的颗粒均匀度是很有意义的。

（4）火焰位置和形状。对于直流燃烧器锅炉，二次风采用束腰型配风有利于防止结渣。有局部特征的水冷壁结焦，可通过调整风速、风量改变火焰中心水平位置，纠正煤粉气流刷墙。例如，结焦位于 2、3 号角之间的后墙时，如图 5-33 所示，可适当调大 2 号角二次风量和一次风速，减小 3 号角的二次风量。

（5）燃烧器热负荷。对于结渣严重的锅炉，均应分散投运燃烧器。由于燃烧不集中，传热分散，会使炉膛温度降低，结渣缓解。高负荷有备用层的直流燃烧器，停用层应在中间而不是两头。这时停用层有压力平衡孔的作用，对减小切圆直径和气流偏斜也是非常有利的。限制单只燃烧器的热功率也是防止热负荷过于集中的有效方法，对于减轻燃烧器区域结渣十分有效。

（6）风粉均匀性。各角一次风气流是否均匀、煤粉浓度是否成比例，不仅影响燃烧切圆的位置，也影响灰熔点。如果配合不好，即使风量充裕，也会造成有些局部地区空气多些，另一些地区空气少些；有的角粉多风少，有的角粉少风多，这样空气少的地方就会出现还原性气体，而使灰熔点降低，造成局部结渣。

（7）燃料风的利用。燃料风对提高煤粉气流刚性、防止贴墙和煤粉离析都极为有利。因此，燃烧调整中可充分利用燃料风防止结渣，全开燃料风门。

（8）吹灰操作。吹灰操作的目的是维持受热面的清洁，防止壁面的初次污染和壁温升高。壁温的升高使其接收熔渣变得十分容易。因此，新锅炉的初次吹灰和正常运行吹灰操作时隔的控制是关键的。否则，在沾污已较重时再去吹灰，清扫能力就大大减弱。

四、燃烧调整解决结渣问题示例

某 CE-CULZER 型 1900t/h 超临界压力煤粉炉，燃烧方式为直流燃烧器四角切圆燃烧，设计燃用神木及晋北煤，挥发分 $V_{ad}=23\%$，低位热值 $Q_{net,ar}=22.87MJ/kg$，灰熔点 ST=1150℃，碱酸比 $B/A=0.26$。炉膛设计参数为 $q_V=93.25kW/m^3$，$q_F=4.9MW/m^2$，炉膛高度（从冷灰斗半高至顶棚管）$H=62.12m$。制造厂为防止结渣，设计采用了"风包粉"的切圆方案，二次风正向偏转 22°，如图 7-2 所示。

该炉投产后，炉膛结渣十分严重，曾多次发生水冷壁、冷灰斗的大面积结渣，晚间低负荷时大渣掉落声传到很远。由于结渣，锅炉主蒸汽温度和再热蒸汽温度升高，导致一、二级减温水量急剧增加，锅炉被迫降负荷运行；同时，由于冷灰斗的严重结渣，造成冷灰斗阻塞，锅炉不能正常出灰，被迫停炉打焦。燃烧器周围的严重结渣，导致燃烧器调节困难，并多次烧坏燃烧器喷嘴。为此，电厂进行了深入的调研分析，经过几年的燃烧调整摸索、实践，结渣问题已基本得到解决。

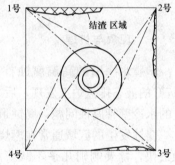

图 7-2 切圆布置及水冷壁结渣部位

1. 结渣原因

（1）设计煤种的灰熔点偏低，ST 只有 1150℃，属强结渣性煤。

（2）一次风速偏低。由于运行初期缺乏经验，仅根据外方提供的磨煤机一次风速设定值进行调节，使实际一次风速偏低，气流刚性差，加之挥发分高，煤粉一喷出燃烧器即着火，致使燃烧器周围大量结渣。

（3）一次风管风量分配不均，造成炉膛火焰偏斜，根据实测结果，发现 3 号角一次风速明显高于其他各角，而 4 号角则偏低，火焰中心向后墙 1 号角偏斜（如图 7-2 所示）。

（4）偏转二次风未达到防止一次风贴墙的设计意图，通过试验发现，保持一次风不变，增加氧量，结渣减少；减少氧量，结渣加剧。表明原设计二次风刚性仍显不足。

（5）燃烧器摆角过低（-30°），致使煤粉气流直冲冷灰斗。燃烧器摆角过低的原因是再热蒸汽温度太高。

2. 燃烧调整采取的主要措施

（1）提高一次风速及降低磨煤机出口温度。将额定负荷下一次风速由原 21m/s 提到 25m/s 左右，图 5-20 为修正后对一次风速的控制曲线。根据制造厂对磨煤机出口温度的要求（66～82℃）适当降低磨煤机出口温度至 70℃（原调试值为 75～80℃）。

（2）控制炉内空气量。将炉膛氧量控制值由原 3.0% 提升至不低于 3.5%。

（3）控制单台磨煤机出力不大于 48t/h，规定 600MW 为 5 台磨煤机运行，500MW 为 4 台磨煤机运行；350MW 为 3 台磨煤机运行。

（4）根据电网要求，用变负荷控制落渣。每晚低谷期间，50% 负荷（300MW）运行 2～3h，白天恢复高峰运行。如此昼夜升降负荷造成炉膛温度变化掉渣，不致造成大面积结渣。

（5）控制机组最高负荷。调度无特殊要求时，负荷不超过 600MW，如切除高压加热器，锅炉负荷不大于 82%MCR。

（6）适当掺配大同煤（灰熔点 ST 约为 1500℃），掺烧比为 20%～40%，此项措施对防止结渣作用很大。

（7）严格吹灰操作，水冷壁每 4h 吹灰一次，过热器每天或隔天吹灰一次，使水冷壁和过热器、再热器表面基本干净。

第二节　水冷壁的高温腐蚀

一、现象与机理

炉膛水冷壁的高温腐蚀首先在高压锅炉（$p=11.0MPa$）水冷壁管中工质温度约为 317℃ 的液态排渣炉上发现，后来在高参数、大容量尤其是燃用贫煤的电站锅炉发现更为严重的水冷壁管腐蚀问题，腐蚀最厉害的某 300MW 锅炉，腐蚀速度高达 3.0mm/年。

腐蚀发生的区域通常在燃烧器中心线位置标高上下，与是否结渣无关。向火侧的正面腐蚀最快，背火侧则几乎不减薄。从位置上看，燃烧器下游邻角炉墙的管子腐蚀最重（如图 7-3 所示）。水冷壁管的高温腐蚀速度一般远超过氧化速度，两者之比约为 45：1。

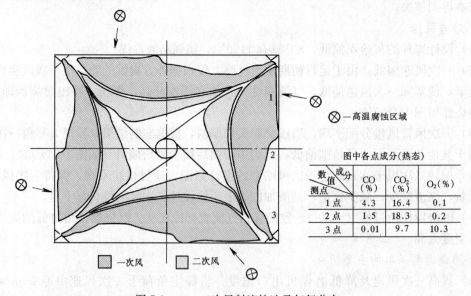

⊗—高温腐蚀区域

图中各点成分（热态）

数值 成分 测点	CO (%)	CO₂ (%)	O₂（%）
1 点	4.3	16.4	0.1
2 点	1.5	18.3	0.2
3 点	0.01	9.7	10.3

□—一次风　　□—二次风

图 7-3　一、二次风射流轨迹及气氛分布

高温腐蚀主要分为硫酸盐型和硫化物型两种。其中硫酸盐型多发生于过热器、再热器，硫化物型多发生于炉膛水冷壁。运行分析发现，凡腐蚀严重的锅炉水冷壁，都在相应的腐蚀区域的烟区成分中发现还原性气氛和含量很高的 H_2S 气体。资料证明，腐蚀速度与烟气中的 H_2S 浓度几乎成正比例。

H_2S 型腐蚀的机理是当炉内供风不足时，煤中的 S 除了生成 SO_2、SO_3 外，还会由于缺氧而生成 H_2S，同时，SO_2 和 SO_3 也会转变为 H_2S。H_2S 可直接与水冷壁中纯金属反应生成 FeS：$H_2S+F \rightarrow FeS+H_2$，也会与水冷壁表面的 Fe_3O_4 氧化层中所复合的 FeO（$Fe_3O_4 = Fe_2O_3 \cdot FeO$）反应生成 FeS：$H_2S+FeO \rightarrow FeS+H_2O$。FeS 的熔点为 1195℃，在温度较低的腐蚀前沿可以稳定存在。但当沾灰层温度较高时，FeS 又会再次与介质中的氧作用，转变为 Fe_3O_4，从而使氧腐蚀进一步进行。

贴壁气氛中的 CO 也是发生高温腐蚀的必要条件。烟气中 H_2S 浓度与 CO 浓度的关系如图 7-4 所示。

含灰气流的冲刷可加剧高温腐蚀的发展。气流中的大量灰粒会使旧的腐蚀产物不断去除而将纯金属暴露于腐蚀介质下，从而加速上述腐蚀过程。

近年来，国内全部 300MW 级锅炉和相当一批 600MW 级锅炉完成了低氮燃烧器的改造。这些锅炉由于主燃烧器区的缺氧燃烧，均程度不同地出现了水冷壁的高温腐蚀，有些甚至十分严重。

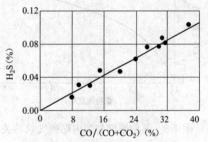

图 7-4   烟气中 H_2S 浓度与
CO 浓度的关系

二、影响腐蚀的因素

1. 高参数、大容量带来的问题

（1）高壁温。亚临界压力锅炉饱和水温约为 350℃，水冷壁管的外壁温度可达 450℃ 或更高。超临界压力锅炉水冷壁进口水温已达到 330℃、出口水温在 410℃ 以上。主燃烧区水冷壁金属壁温比亚临界压力锅炉还高。水冷壁温度越高，高温腐蚀越严重。有资料表明，在相同的 H_2S 浓度下，当管子壁温低于 300℃ 时，腐蚀速度很慢或不腐蚀。而壁温在 400～500℃ 范围内，则壁面温度的影响呈指数关系。壁温每升高 50℃，腐蚀速度增加 1 倍。因此，亚临界及以上压力锅炉（管内工质温度已高于 300℃）容易出现水冷壁高温腐蚀。

（2）高的壁面热负荷。运行中管子壁温与水冷壁热负荷 q_s 有关。在相同的管内工质温度下，q_s 越大，壁温越高、腐蚀越快。升高后的管壁温度，又会促进 FeS 与 O_2 的反应（生成 Fe_3O_4）。表 7-1 是国内部分 200～1000MW 级锅炉的燃烧器区域壁面热负荷 q_s 的取值范围，表 7-1 中数值，当燃用易结焦煤、高挥发分煤时取小值；燃用高灰熔点、低挥发分煤时取大值。

表 7-1   锅炉燃烧器区域设计壁面热负荷 q_s 的统计数据

锅炉容量（MW）	200	300	600	1000
q_s（MW/m²）	1.0～1.6	1.1～1.7	1.0～1.9	1.0～1.8

（3）单只燃烧器的功率。随着锅炉容量的增大，锅炉单只喷嘴的热功率也逐步增大，一方面使炉内局部区域的燃烧强度增加，另一方面也使煤粉气流直接冲刷水冷壁的可能性增

大。如果炉内燃烧工况组织不好，易发生高温腐蚀。

2. 煤质

煤质是造成高温腐蚀的主要原因之一。国内大型机组的调查表明，发生较严重高温腐蚀的锅炉，大部分为燃用贫煤锅炉，而燃用烟煤的锅炉则较少发现高温腐蚀。说明煤种与高温腐蚀的关系极大。同烟煤相比，贫煤挥发分低，着火和燃烧困难、燃尽度差，表现在对高温腐蚀的影响上则是煤粉火焰拖长，大量煤粉粒子只是在到达水冷壁附近才开始燃烧和燃尽，未燃尽碳进一步燃烧时又形成缺氧区，因而在那里形成还原性气氛和高的 H_2S 浓度，使高温腐蚀加剧。此外，煤中含硫量的高低对高温腐蚀也有显著影响。

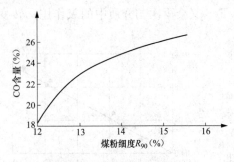

图 7-5　煤粉细度与炉内贴壁气氛的关系

煤粉细度对高温腐蚀的影响与煤质相似，煤粉颗粒太粗将导致火焰拖长，影响煤粉燃尽，使大量煤粉颗粒集中在水冷壁表面附近，冲刷并腐蚀水冷壁。较差的煤种，灰分大，热值降低，锅炉燃煤量增加，磨煤机出力显得不足。在此情况下，电厂往往不得不增大煤粉细度以满足制粉出力的要求，也会使得燃烧推迟及刷墙现象加剧。煤粉细度对炉内贴壁气氛影响的一个实测结果如图 7-5 所示。

3. 分级燃烧及炉内氧量

低氮燃烧系统的空气分级，导致主燃烧区的缺氧状态，那里的过量空气系数在 0.75～1.0 之间，是造成近代低氮燃烧锅炉高温腐蚀加剧的重要原因之一。对于出现了严重高温腐蚀的锅炉，运行中应控制 SOFA 风及 CCOFA 挡板开度，此时省煤器出口 NO_x 浓度升高，用省煤器出口布置的 SCR 装置给以吸收。

运行中若操作不当，炉内氧量及温度波动过于剧烈（如给粉量波动），使水冷壁附近氧化气氛和还原气氛交替出现，导致壁面在氧化气氛和还原气氛的交替作用下，氧化层变成海绵状，给腐蚀介质提供大量的反应表面。炉膛氧量的控制偏低也会使高温腐蚀的速度加快。

4. 炉内燃烧的风粉分离

四角切圆燃烧锅炉普遍存在的炉内一、二次风气流的分离现象是导致高温腐蚀的空气动力因素。目前，上述锅炉普遍采用集束射流的着火方式，一、二次风间隔布置，平行射入炉膛。理想的着火过程应是一次风喷出后不久即被动量较大的二次风所卷吸，着火后的煤粉气流被卷入二次风射流中燃烧，由于一次风气流混入动量大的二次风中，使火炬射流刚性加强，不易受干扰，从而在整个燃烧器区域内形成一个燃料与空气强烈混合的、稳定燃烧的旋转火炬。

但炉内的实际燃烧过程并非如此。为了保证稳定燃烧，一次风出口风速往往控制较低，贫煤锅炉一般在 20～25m/s，而二次风速一般在 40～45m/s 之间，从而使一、二次风的射流刚性相差较大。一、二次风射流喷出燃烧器后，由于受到上游邻角气流的挤压作用及左、右两侧不同补气条件的影响，使气流向背火侧偏转，此时刚性较弱的一次风射流将比二次风偏离更大的角度，从而产生一、二次风分离。一、二次风射流的刚性差别越大，这种分离现象越明显。在未采取"风包粉"设计的燃烧系统，由于一、二次风分离，煤粉在缺氧状态下燃烧，在射流下游水冷壁附近形成局部还原性气氛，这是引发高温腐蚀的一个重要原因。

图 7-3 所示为某大型切圆燃烧锅炉一、二次风射流和气氛分布的试验结果，图 7-3 中一、二次风射流轨迹为冷态试验的结果，而各点的成分分布则是热态试验的结果。由图 7-3 可见，高温腐蚀区域与炉内一次风贴壁位置有直接的对应关系。

5. 切圆直径与贴壁风速

据对一些高温腐蚀严重锅炉的试验表明，这些锅炉强风环直径都明显偏大，贴壁风速与强风环最大风速之比均在 0.8 以上，有的锅炉最大风速处距水冷壁仅 1～2m，热态时由于气体膨胀还会更贴近水冷壁。这就造成锅炉的燃烧强烈区域处于水冷壁附近，而炉膛中心相对是弱燃烧区。煤粉近壁燃烧使水冷壁表面温度升高，水冷壁附近缺氧。另外，高的贴壁风速势必加强煤粉颗粒对水冷壁管表面的冲刷磨损，使腐蚀产物不断脱落，暴露出新表面加快腐蚀。

6. 炉管内部结垢导致壁温升高，腐蚀加快

某锅炉下辐射区两侧水冷壁的试验表明，当水冷壁管的内部水垢从 $\mu=50g/m^2$ 增加到 $\mu=150g/m^2$ 后，壁面温度升高了 40～50℃。炉管内部结垢与水质和燃烧调整有很大关系，不均匀的管子的热流密度，会使热流密度较大的管子结垢较重。

三、减轻和防止水冷壁高温腐蚀的措施

1. 采用侧边风技术

所谓侧边风就是在高温腐蚀区域的上游水冷壁或在高温腐蚀水冷壁上安装喷口，向炉内通入一定数量的二次风，以改变水冷壁高温腐蚀区域的还原性气氛，增加局部含氧量，降低烟气中 H_2S 浓度。根据侧边风的布置方式可分为贴壁型和射流型两种。贴壁型侧边风一般是在高温腐蚀区域水冷壁管的鳍片上开孔，开孔的数目依腐蚀面积的大小而定。二次风由小孔进入炉膛后，受炉内烟气贴壁运动的影响很快偏转附着于水冷壁上，在高温腐蚀区域水冷壁上形成一层空气保护膜。贴壁型二次风的优点是结构简单，不必改动水冷壁。

射流型侧边风是在高温腐蚀区域上游位置安装侧边风喷口，喷口的高度、入射角度和刚性对燃烧及高温腐蚀均有影响。当入射角（射流与对角线间夹角）较小、射流刚性较大时，会与上游高温烟气相遇产生强烈混合扰动，使烟气中的还原性气体成分氧化，同时有助于煤粉颗粒的迅速燃烧。随后由于烟气运动的影响，侧边风与烟气混合气体在下游偏向水冷壁，但此时已呈弱氧化性或中性状态，不会形成高温腐蚀。当入射角较大、射流刚性较弱时，侧边风刚一射出即发生偏转，在其下游区域形成一层覆盖水冷壁表面的空气幕，这种作用方式与贴壁型侧边风相似。

对于前、后墙对冲的旋流燃烧器，侧边风可加在侧墙煤粉冲刷较厉害的某一区段，使贴壁附近气流中的 CO 和 H_2S 浓度降低。图 7-6 所示为某 3010t/h 超超临界锅炉设计加装的射流型侧边风系统布置示意图。该炉采用前、后墙对冲燃烧系统。高温腐蚀区域主要分布于燃烧器标高上两侧墙中部的煤粉燃尽区。从空气预热器出口的热一次风道引出两根侧边风总管，沿锅炉两侧引至炉前，在锅炉前、后设置两根联络管以便于平衡风量。炉膛前、后墙的 ϕ325 的贴壁风支管从联络管引出，共 12 只分三层布置于端部主燃烧器与两侧墙之间，贴壁风喷口的高度与三层主燃烧器相应。每个贴壁风支管安装有调节阀门，可根据需要调节每个风口的风量。由于一次风压很高，是二次风压的 3～4 倍，因此用一次风取代二次风作为贴壁风源，可获得更高的贴壁风速，达到大穿透力提高两侧墙中间区域氧浓度的目的。

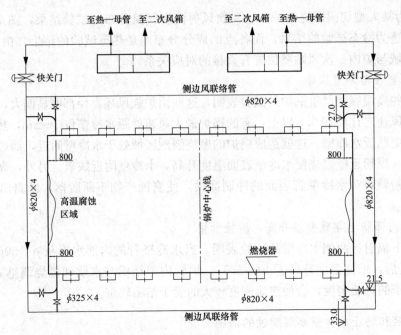

图 7-6　3010t/h 超超临界锅炉设计加装的射流型侧边风系统布置示意

对于该炉，贴壁风使用一次风而不是二次风，还有助于机组在送风机故障触发 RB 时，减缓锅炉总风量的过分降低，避免因风煤比例瞬时失调而引起炉膛灭火。

采用了侧边风技术的对冲燃烧锅炉，燃烧调整时应注意侧边风率对 CO 浓度和各受热面管壁温度的影响，这个影响主要来自于侧边风形成主燃烧区中心缺氧、煤粉燃尽推迟、炉膛出口烟气温度升高以及烟气温度沿炉膛宽度的分布不均的加剧。

2. 一次风反切

对于切圆燃烧的锅炉，使部分一次风气流反切（即与主气流反向旋转）也可减缓高温腐蚀问题。反切喷嘴的层数视腐蚀区域的高度而定，在确定反切角度时，必须兼顾燃烧稳定的要求，若煤的着火性能较差，则二、一次风间的夹角不可过大，层数不可过多，以减小对旋转切园的影响。

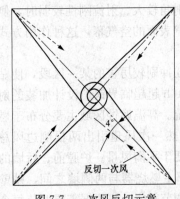

图 7-7　一次风反切示意

图 7-7 所示为某电站锅炉采用的一次风反切的示意图，将 C、E 层一次风喷口改为小角度反切（反切角为 4°）。因为一次风动量小、二次风动量大，所以反切后不会影响炉内主气流的旋转方向。一次风射出喷口之后，受到上游主流的阻滞和扰动，使煤粉气流速度迅速衰减，从而延长了煤粉颗粒在着火初期的停留时间。之后受主气流的冲击和推动，其运动方向逐渐转向主气流方向，而射流中的空气由于惯性小，先于煤粉转向，从而使大量煤粉颗粒被分离在靠近炉膛中心的区域，实现"风包粉"的燃烧方式，达到防止炉管腐蚀的目的。

3. 合理配风及强化炉内气流扰动混合

为减轻高温腐蚀，合理配风的原则是：①保持不致太小的炉膛过量空气系数 α。②避免

炉壁附近出现局部 α 太低，还原性气体过多。③尽可能使煤粉颗粒的激烈燃烧在喷嘴出口附近或炉膛中心附近进行，因为在这些区域，激烈燃烧所伴随的强还原性气氛并不与水冷壁管直接接触，因而不会形成腐蚀；但若激烈燃烧区移到水冷壁附近，高温腐蚀就会较快发生。为此，燃烧调整时可采取如下措施：

（1）直流式燃烧器应适当开大燃料风挡板，使一次风粉被高速的周界风包围起来，增加其刚性，避免大的偏转。如某电厂 1000t/h 炉，只是将周界风挡板开度由 30% 开大至 50%，实测壁面附近的 H_2S 浓度即明显降低到很低的水平。

（2）合理调整一次风速，适当增加直流燃烧器一次风速有利于防止气流偏转；但旋流燃烧器若一次风速过大，会导致燃烧推迟，并在中间激烈燃烧、碰撞，导致气流在两侧墙处（中部区域范围）产生较大的回流，使煤粉火焰刷墙，并且产生高温，形成高温腐蚀的促进条件。如果受到一次风率的限制难以降低一次风速，则可通过改造减小一次风口的截面面积来降低一次风速。

（3）适当减小燃烧切圆直径，使激烈燃烧区域移向炉膛中心。调整燃烧使炉内火焰均匀地充满炉膛，避免火焰刷墙或者火焰长期固定地偏向一边。

（4）合理分配控制各燃烧器负荷，以控制燃烧器区域的壁面热流密度和单只火嘴的热功率，降低炉膛内局部火焰最高温度。由图 7-8 可见，腐蚀最快的区域是在火焰温度最高的燃烧器区域，因此局部火焰的尖峰温度应控制得不过高。

（5）注意检查和试验各风量挡板的调节位置应可靠、正确，如有缺陷及时纠正。不然就会使配风工况紊乱，燃烧过程难以控制，导致风粉气流刷墙等。

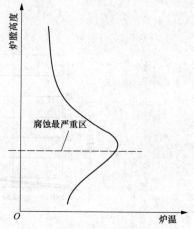

图 7-8　腐蚀速度与炉温的关系

4. 保持良好的供粉

对于中储式系统，应保持粉仓粉位高于最低粉位，防止出现煤粉流量和炉温、氧量的大幅波动。对于直吹式系统，应注意控制一次风压不可太低。

5. 降低煤粉细度，减轻火焰冲墙和壁面附近的燃烧强度

在蒸汽温度和制粉出力等允许的条件下，适当降低煤粉细度，减轻火焰冲墙和壁面附近的燃烧强度。试验表明，当煤粉细度 $R_{90}=8.5\%\sim13.5\%$ 时，水冷壁管的高温腐蚀比 $R_{90}=6\%\sim8\%$ 时的大好几倍，尤其当燃烧器给粉不均匀或供风工况受破坏时更是如此。

6. 加强水质的监督与控制

加强水质的监督与控制，避免水冷壁管内结垢引起壁温升高。此外，水冷壁热流不均也会促进内部结垢。

第三节　超临界压力锅炉水冷壁的金属安全

随着工质压力的升高，饱和温度升高，汽化潜热减小，当压力升高至 22.12MPa 时，水在 374.15℃ 直接变为蒸汽，汽化潜热为零，该相变点温度称临界温度。工质压力超过临界压力后，相变点温度相应升高，与压力对应的相变点温度称拟临界温度。工质低于拟临界温

度时为水，高于拟临界温度时为汽。汽、水在相变点的热物理性质全都相同。

一、水冷壁系统特性

（一）工质物性变化特性

1. 大比热容特性

超临界压力下工质的大比热容特性如图 7-9 所示。由图 7-9 可见，超临界压力下，对应一定的压力，存在一个大比热容区。进入该区后，比热容随温度的增加而飞速升高，在拟临界温度达到极值，然后迅速降低。将介质比热容超过 8.4kJ/(kg·℃) 的温度区间称大比热容区。压力越高，拟临界温度向高温区推移，峰值比热容减小，大比热容特性逐渐减弱。

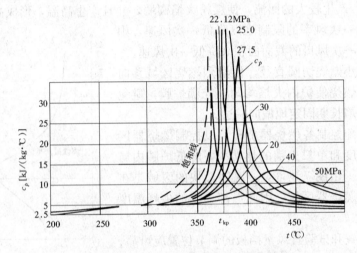

图 7-9　超临界压力下工质的大比热容特性

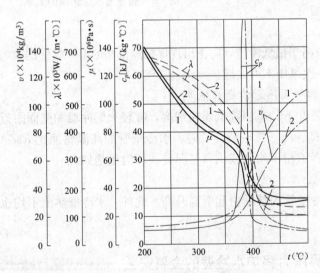

图 7-10　水和蒸汽的热物理性质与温度的关系
1—$p=25$MPa；2—$p=30$MPa

2. 其他特性

如图 7-10 所示，在超临界压力的大比热容区内，工质比体积 v、黏度 μ、导热系数 λ 等也都剧烈变化，离开大比热容区后则变化趋缓。除了比热容 c_p 以外，上述参数的变化都是单方向的，随着温度的升高，比体积增大，黏度、导热系数降低。

（二）超临界压力下的水力特性

1. 水动力多值性

直流锅炉的水动力多值性是指平行工作的水冷壁管内，同一工作压差对应三个不同流量的情况。一旦发生水动力不稳定，运行中一些管子流量大，另一些管子则流量很小，且交互倒替。流量小的管子出口工质已是过热蒸汽，由于质量流量减小，"蒸干"点也提前至炉内高温区，这两种情况都会导致管壁超温。

直流锅炉产生水动力多值性的主要原因是水预热段与蒸发段具有不同的水阻力关系式。当汽和水的密度差大以及水冷壁入口水的欠焓超过一定值时即会出现。因此，工作压力越低，水冷壁入口水温越低，水动力多值性越严重。质量流速的提高则可改善水动力的稳定性。对于超临界压力的水冷壁，虽然没有汽水共存区，但由于在拟临界温度附近工质比体积变化极大，因此水平管圈水冷壁（重位压差在总流阻中的比例小）也有流动多值性的问题。图 7-11 表示了超临界压力下水平管圈质量流速和进口比焓对流动多值性的影响。由图 7-11 可见，要保持特性曲线有足够陡度，必须使水冷壁进口工质比焓 h_1 大于 1256kJ/kg。但在低负荷或高压加热器切除时，水冷壁的进口工质比焓仍会下降，由图 7-11 中曲线可知，当水冷壁的进口工质比焓小于 837kJ/kg 时，仍会有流动多值性的问题。根据图 7-11，锅炉只要保持最低质量流速大于 700～800kg/(m² · s)，即可避免出现水动力多值性。

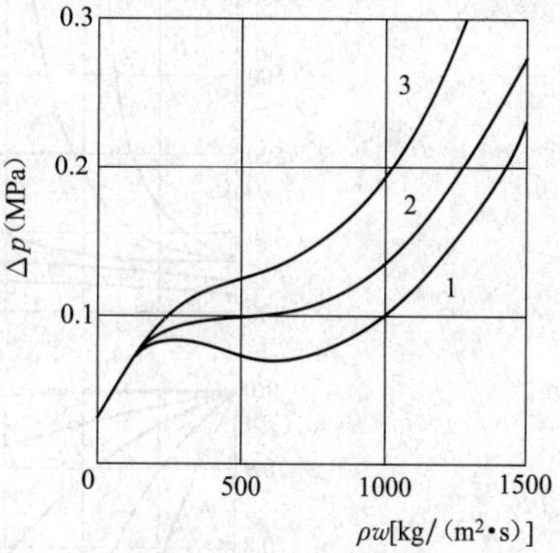

一般来讲，水动力稳定性随着锅炉负荷的降低而变差，这主要是因为负荷低时给水温度降低，水冷壁进水工质的欠焓增加。另外，负荷高时质量流量大。如图 7-11 所示在临界流量以上时，即使存在不稳定区也可以越过它使流动实际上是稳定的。因此，运行中应限制欠焓 Δh 小于 420kJ/kg，负荷低于一定值时，则必须限制水冷壁质量流速的进一步降低，保持 ρw 在高于最低质量流速以上。

图 7-11　超临界压力下水平管圈的流动特性

（$p=29.4$MPa，$L=200$m，$d=38×4$，$Q=837$kW）

曲线 1—$h_1=837$kJ/kg；曲线 2—$h_1=1045$kJ/kg；曲线 3—$h_1=1256$kJ/kg

2. 吸热偏差引起流量不均

超临界锅炉水冷壁的水力不均按式（1-10）计算。式中的第二项 m 为流动压降项，第一项 n 为重位压差的修正项。无论水平管圈还是垂直管屏，只要可以忽略重位压差，即 $n=0$，那么流量不均的程度就只与介质比体积变化有关。这是流量不均最厉害的条件。管屏的重位压差从正向修正强迫流动特性，即 n 值越大，热偏差越难引起流量偏差（即 η_G 越大），当 n 值不够大时，水冷壁管屏显示强迫流动特性，即吸热强的偏差管管内流量反而少。

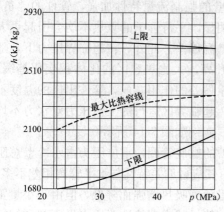

图 7-12　大比热容区的范围
[$c_p > 8.4$kJ/(kg · ℃)]

超临界直流锅炉水冷壁的流量特性均为强迫流动特性。水冷壁管在蒸发时（低于临界压力）或大比热容区中（超临界压力）介质比体积将随加热偏差而急剧增大，偏差管中的介质流量可能明显低于平均值而导致偏差管出口温度非常高。超临界压力下，当管件平均的出口工质比焓落在大比热容区的范围内时（如图 7-12 所示），或者低于临界压力、管件进口的含汽率小于 0.85 时，这种比体积急剧增大、个别管子出口介质温度很高的现象最为明显。

水平管屏的吸热不均系数、管屏平均焓增以及工质的进口比焓对水力不均及管子出口蒸汽温度的影响，示于图 7-13。由图 7-13 可见，当介质出口比焓落在大比热容区之外时，流量偏差和壁温偏差都很小（图7-13中曲线1、2）。但对于在大比热容区工作的水冷壁，吸热不均的影响极大（曲线3、4、5）。而且管屏平均焓增 Δh 越大、吸热不均系数越大，流动不均越厉害（即 η_G 越小），出口蒸汽温度变化也越大。工质的进口比焓 h_1 对流动不均的作用有一极值，在实用的范围内，水力不均随工质进口比焓的升高而恶化。

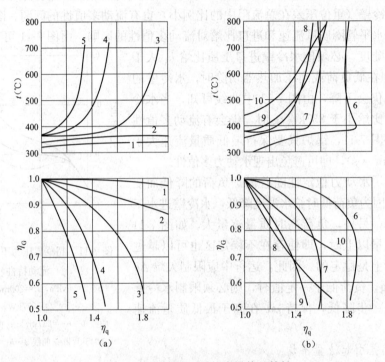

图 7-13　$p=24$MPa 时的流量偏差特性

（a）$h_1=1256$kJ/kg；（b）$\Delta h=840$kJ/kg

1—$\Delta h=210$kJ/kg；2—$\Delta h=420$kJ/kg；3—$\Delta h=630$kJ/kg；4—$\Delta h=820$kJ/kg；5—$\Delta h=1050$kJ/kg；

6—$h_1=420$kJ/kg；7—$h_1=840$kJ/kg；8—$h_1=1260$kJ/kg；9—$h_1=1680$kJ/kg；10—$h_1=2100$kJ/kg

　　蒸汽压力的变化也会对水冷壁管的水力不均发生影响。随着压力降低，低压下蒸汽比体积增大，重位压差在管件总压差所占比例减小，水冷壁的强制流量特性加强，管件的"负"补偿特性越加明显，平行管子的吸热不均会引起更大的流量不均和壁温偏差。此外，在超临界压力下，随着工作压力的升高，大比热容区的比体积变化趋缓，热力不均对流量偏差的作用减弱，管件出口的温度不均也就小得多。超临界区运行的工作压力对水力不均影响的一个电厂实例如图7-14所示。

　　超临界锅炉的螺旋管圈，重位压头占水冷壁总阻力的比例很小，其流量偏差特性与水平管圈相差不多，即偏差管的流量随着吸热增强而降低，但由于小量重位压差的抵消，其强制流动特性要比水平管圈和缓一些。垂直管屏的流动压降相对较小，但介质比体积却

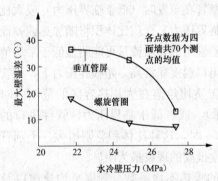

图 7-14　某 650MW 超临界锅炉
水冷壁壁温偏差

远高于螺旋管圈，故其强制流动特性与螺旋管圈相近。图 7-14 中上辐射区的壁温偏差比下辐射区要大得多，原因是下辐射区的螺旋管圈结构把吸热不均系数限制在一个很小的数值上。

超临界机组在 75%MCR 以下负荷运行时为亚临界压力运行，随着压力的降低，汽水密度差增大，重位压头的作用削减，吸热不均的影响会更大些。因此当超临界机组在低负荷下运行时，同样的吸热偏差就要引起更大的流量降低，此时更应注意炉内火焰的均匀性。例如，某 600MW 超临界锅炉水冷壁为螺旋管圈，曾经因为燃烧调整不好，火焰向后墙偏斜，在 50%MCR 以下的负荷范围内运行时，出现较多数量的管壁超温。其原因既有较低压力下出现的流动不稳定现象，也有管屏间吸热不均引起的流量不均问题，两者都会造成水冷壁管内的工质流量减小，质量流速降低，使各水冷壁的完全汽化点不同程度地提前。机组负荷高于 60%MCR 后，火焰偏斜程度改善，水冷壁整体质量流量增大，超温现象逐渐减缓。

对水冷壁出口温度偏差有影响的还有中间点过热度。对于垂直管屏，在给定工作压力下，当中间点过热度增加时，以下原因使其出口的壁温偏差加剧：

(1) 水冷壁流量减小，上辐射管组的平均焓升增加。

(2) 管内介质的平均比热容减小。

(3) 蒸汽平均比体积增加，重位压差降低。三者对出口壁温差的影响一致，均导致壁温差增大。对于下辐射区，虽然比热容略增，但螺旋管圈焓升的增大以及重位压差的减少也会使出口温差增加。据此也从另一角度说明，工质大比热容区应避开热负荷最高燃烧区。图 7-15 给出了工作压力在 29.0MPa 下，分离器出口过热度对管组平均焓升和介质平均比热容的影响特性。

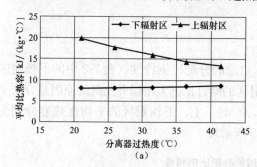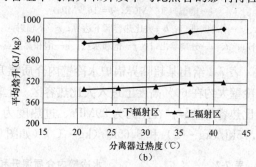

图 7-15　中间点过热度的影响特性

($p=29.0$MPa)

(a) 对管组平均比热容影响；(b) 对管组平均焓升影响

(三) 超临界压力下的水冷壁壁温控制

超临界水冷壁管组的工作特点与亚临界锅炉不同，正常情况下水冷壁温度不再维持恒定值而是随吸热量的增加而提高，如图 7-16 所示。超临界区运行时 (曲线 1、3)，在一定压力下，随着介质比热容由小到大，水冷壁温升由快到慢。在 360℃ 左右 (图 7-16 中 b 点) 进入大比热容区。在该区内工质温升很小，类似于亚临界压力下的汽水共存。工质在下辐射区出口附近达到拟临界温度 (约 400℃，图 7-16 中 c 点)，从水突然变为蒸汽，进入水冷壁的中联箱。在上辐射区内，比热容随介质升温而减小，温度变化转而加快，直至分离器出口。低负荷亚临界区运行时 (曲线 2、4)，水冷壁的后半行程出现汽水两相区，其长度取决于工作压力，压力越低则两相区越长。但两相区在设计上不进入上辐射区，即在下辐射区出口工质仍达到饱和温度。

水冷壁下辐射区及上辐射区出口的工质温度是超临界锅炉保证水冷壁安全的关键参数。

设计控制原则是限制下辐射区出口的工质温度不高于相应压力下的拟临界温度。从而将大比热容区固定在远离主燃烧区的上炉膛内。后墙水冷壁各段壁温与负荷对应关系如图 7-17 所示，100％负荷工况水冷壁压力为 29MPa，下辐射区出口设计温度为 398℃，略低于该压力下的拟临界温度 398.7℃。分离器出口设计温度为 425℃，过热度为 26.3℃。

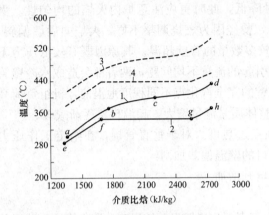

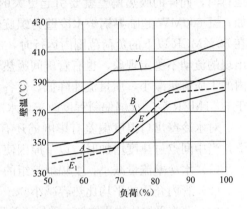

图 7-16　水冷壁工质温度及其壁温分布

1—工质温度（100％MCR，$p=29$MPa）；

2—工质温度（50％MCR，$p=16.7$MPa）；

3—壁温（100％MCR，$p=29$MPa）；

4—壁温（50％MCR，$p=16.7$MPa）

a、e—水冷壁进口；b—大比热容区下边界；c—下辐射区出口；d、h—分离器出口；f—饱和水点；g—饱和蒸汽点

图 7-17　后墙水冷壁各段壁温与负荷对应关系

A、B、E—A 段、B 段、E 段测点；

E_1—E 段 1 号测点；J—后部悬吊管测点

表 7-2 给出某超临界锅炉水冷壁内介质温升和焓增的分配比例特性。表 7-2 中的下辐射区水冷壁大约在 60％高度上进入大比热容区。上辐射区的焓升比例大于温升比例的原因是介质平均比热容的差异。在压力为 29MPa、过热度为 26.3℃时，上、下辐射区的平均比热容分别为 17.75kJ/(kg·℃) 和 8.65kJ/(kg·℃)（如图 7-15 所示）。

表 7-2　　　　　　　　　　　水冷壁内介质温升和焓增的分配比例特性

项目	出口温度 （℃）	介质温升 （℃）	出口比焓 （kJ/kg）	介质焓升 （kJ/kg）	占总温升比例 （％）	占总焓升比例 （％）
下辐射区	398.1	98.1	2177.6	848.6	78.4	64.0
上辐射区	425	26.9	2655	477.4	21.6	36.0
水冷壁总	425	125	2655	1326	100	100

对于下辐射区采取螺旋上升管圈的锅炉，下辐射区的热偏差远远小于上辐射区，因此可以分配给较高比例的焓升而不会产生大的出口壁温偏差。下辐射区出口壁温偏差一般设计控制不超过 3～4℃，上辐射区出口壁温偏差不超过 30～40℃。

运行中水冷壁平均管的金属温度受到负荷、煤水比和工作压力的影响。偏差管的金属温度则取决于炉内吸热不均、管组进口比焓和管组的平均焓增。

超临界压力下，随着煤水比的增大，单位工质的炉内辐射吸热量增加，水冷壁任意位置的工质焓升增大，出口壁温升高。升降负荷过程中，即使煤水比发生不大的失调，也往往会导致水冷壁出口管的严重超温。水冷壁管的热流密度与锅炉负荷成比例增加，当负荷增加

时，壁温与工质温度之差增大，壁温随负荷的增加很快升高。煤水比相同时，同一水冷壁高度上的工质温度将随工作压力的上升而增加。水冷壁吸热不均系数一定时，水冷壁管组焓增越大，偏差管的出口壁温超出平均管就越多。

我国引进 CE-Sulzer 型超临界机组当负荷从 68%MCR 上升至 84%MCR 时，工作压力从亚临界向超临界过渡，此时水冷壁相应单位负荷增长具有最大的壁温升高率，如图 7-17 所示。原因是在临界压力（22.12MPa）时，大比热容区内的热物理性随温度变化最为剧烈，引起了管内放热系数的激烈变化，随着压力升高，热物理特性的变化变缓（如图 7-10 所示）。因此，运行中应注意控制该负荷阶段的升负荷率低于其他负荷区间，并避免负荷频繁往返于该负荷区段，以免引起水冷壁的热疲劳损伤。

对于管件承担较大焓升的水冷壁，更应注意热力不均的影响。此种情况下热力不均匀性稍有一点增大，水力偏差以及管件出口的工质温度也会急剧增大，即使在这种条件下短时间的工作也是危险的。

（四）超临界压力下的传热恶化

超临界压力下的传热恶化包括两种情况，一是当热流密度 q 过高或质量流速 ρw 过低引起的传热恶化，也称类膜态沸腾，它一般发生在拟临界温度附近的大比热容区；二是传热恶化与管子入口段边界层的形成过程有关，例如，位于分配联箱以后的管段上，对于热负荷 q 较大的管子，当 $q/(\rho w) > 0.42$ 时就可能出现传热恶化。

在大比热容区以外，水或蒸汽的壁面放热系数 α_2 与亚临界下的单项水、汽几乎无差别；在大比热容区内，当壁面热负荷 q 较小和工质流速 ρw 较高时，水冷壁壁温接近于工质温度，即该区域内 α_2 仍很大，且在最大比热容点附近，水冷壁管内工质温度基本不变。但在 q 较大和 ρw 较小时，在大比热容区内出现壁温峰值，即该区域内 α_2 突然减小。当 $q/\rho w$ 的数值超过一定值以后，α_2 的降低非常厉害，造成壁温飞升和传热恶化，称为"类膜态沸腾"。

超临界压力下水冷壁管内可能发生的类膜态沸腾主要是由于在管子内壁面附近流体的黏度、比热容、导热系数、比体积等物性参数发生了激烈变化而引起的（参见图 7-10）。管子中心处流体的温度与管子壁面处的温度不同，尽管温差不大，但在超临界压力下较小的温度差别也会导致流体黏度等参数的较大差异。在管子壁面热负荷较大时就可能导致传热恶化。这种由于物理特性参数变化而引起的传热恶化类似于亚临界参数下的膜态沸腾，故称为"类膜态沸腾"。其壁温飞升值决定于管子热流密度和质量流速的大小，如图 7-18 所示。

类膜态沸腾的传热恶化判据通常用极限热负荷 q_{jx} 表示，当管子的热负荷大于极限热负荷时，类膜态沸腾发生。在压力为 23～30MPa 范围内，q_{jx}（kW/m²）可按式（7-1）计算，即

$$q_{jx} = 0.2(\rho w)^{1.2} \qquad (7\text{-}1)$$

由式（7-1）可见，质量流速越高，极限热负

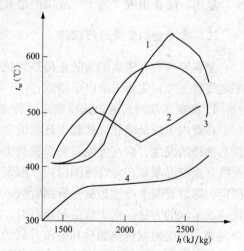

图 7-18　$p = 23$MPa 时壁温与工质焓值关系

1—$q = 410$kW/m²，$\rho w = 1000$kg/(m²·s)；

2—$q = 350$kW/m²，$\rho w = 1000$kg/(m²·s)；

3—$q = 250$kW/m²，$\rho w = 600$kg/(m²·s)；

4—$q = 200$kW/m²，$\rho w = 600$kg/(m²·s)；

荷越大，发生传热恶化的可能性越小。另外，压力对传热恶化也有影响，提高压力可减弱工质物理特性的变化梯度，因而可以在较高的热负荷下不出现传热恶化。

超临界压力锅炉在设计和运行中，以控制下辐射区水冷壁的吸热量的办法避免或减缓类膜态沸腾，尤其是将下辐射区水冷壁出口的工质温度控制在对应工质压力的拟临界温度以下，使工质的大比热容区避开受热最强的燃烧器区域。例如，某 1000MW 超超临界锅炉，下辐射区水冷壁出口的工质压力约为 30.5MPa，这一压力对应的拟临界温度为 404℃，为防止相变点下移到高温的燃烧器区域，运行中控制下辐射区出口的工质温度不超过 400～410℃。主要目的是防止水冷壁发生类膜态沸腾，其次是防止工质比体积急剧变化导致的水动力多值性以及防止过热器超温。实际控制中，分离器出口工质温度每变化 5℃，相应下辐射区出口温度变化约 1℃。

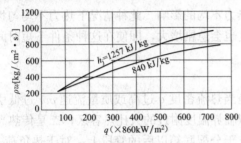

图 7-19　超临界压力下管子入口段中
工质的最小质量流速

为了防止第二种传热恶化，要求在水冷壁入口段长度（$L \leqslant 2m$）内工质保持有足够高的质量流速，入口比焓 h_1 越高，热负荷越大，所要求的质量流速 ρw 值也越大。如图 7-19 所示，在热负荷和质量流速一定情况下，适当降低水冷壁进口水温对于防止传热恶化是有利的。

超临界锅炉在低负荷亚临界参数运行时，水冷壁内出现汽水共存区，在管子较高位置环状流的末端，汽泡挤开内壁水环而产生"蒸干"，"蒸干"点由于失去水膜，管内 α_2 有所降低，使该处壁温较多地高出工质温度。亚临界区运行的水冷壁经历"蒸干"点是必不可免的，但在正常加热的情况下，金属壁温的升高仍在安全的范围以内，不会导致壁温飞升。但如果分离器出口过热度控制过高，"蒸干"点也会下移至壁面热负荷 q 很高的主燃烧区，使"蒸干"点处的金属超温。这种现象称为"蒸干"危机，防止出现"蒸干"危机的最有效措施也是控制中间点温度的高限值。

二、水冷壁的安全运行措施

超临界参数直流锅炉为防止传热恶化、降低管壁温度，除在结构上采用内螺纹管或交叉来复线管之外，主要采取以下措施：

1. 提高工质的质量流速和定压运行方式

在管内工质呈泡状、柱状、环状流动时，提高质量流速 ρw 可以提高界限热负荷，防止膜态沸腾的发生。而在发生膜态沸腾或类膜态沸腾后，提高 ρw 可以显著提高膜态沸腾放热系数，把壁温限制在允许范围以内。额定负荷下水冷壁管内的质量流速，由设计的结构条件确定。螺旋管圈水冷壁控制每管圈管数、垂直上升管屏采用多次上升等，都是针对提高质量流速而采取的方法。锅炉低负荷运行时，质量流速按比例降低，水冷壁工作安全性受损，如果需要，则应根据传热恶化和壁温升高的程度，对锅炉的最低允许负荷做出限制。

复合变压运行的直流锅炉，在高负荷段采用定压方式，也可大大减小出现传热恶化的可能性。定压运行可保持水冷壁相对较高的工质压力，增大柱重压差与流动阻力的比值，改善吸热不均对水力偏差特性的影响以及减小工质比体积的变化幅度，使壁温升得到控制。

2. 限制水冷壁出口温度和进口温度

设计和运行中，控制下辐射区水冷壁出口的介质温度，使工质大比热容区避开热负荷较高的燃烧器区域，以避免吸热最强区域中工质热物理特性的剧烈变化；在亚临界区运行时，可防止"蒸干"危机出现。这个控制同时还可以减轻水冷壁流量偏差，防止出口管峰值壁温超限。下辐射区水冷壁出口介质温度的运行控制，是靠监视并保持分离器出口的过热度来实现的。

水冷壁进口工质温度过高（甚至含汽）会引起较大的水力不均。在低于临界压力运行时，由于欠焓太小，也易使分配联箱上的各管子内汽量多少不一，增大流量分配的偏差。进口欠焓过大则有可能导致传热恶化，因此对进口水温也应恰当地加以控制。

3. 变工况运行时的水冷壁保护

（1）汽压变化速度。低负荷运行时，由于质量流速减小和工作压力降低，工质流动的稳定性相应变差。负荷变动中，若压力变动过快，有可能使原为饱和状态的水发生汽化，使汽段流阻增加，蒸发开始点压力瞬间升高，进水流量小于出口流量，产生管间流量的脉动和水冷壁温的交替变化。因此，工况变动时应注意维持汽压的相对稳定，不可急速变化。

在锅炉启动转态前的低负荷阶段，及早地将主蒸汽压力提到较高数值，有利于控制水冷壁的流量偏差。

（2）煤水比控制。在工况变动时，尤其在启动升负荷期间，应始终保持合宜的煤水比，避免出现减温水量过大而给水量偏小的不正常情况，否则将引起出口壁温的不正常升高。无论何种情况下，给水流量均不得低于启动流量。

（3）燃烧调整。对于水冷壁安全来说，燃烧调整的基本要求是最大限度地减小炉膛热负荷分配不均，尤其在发生炉膛火焰刷墙时，吸热不均系数将会变得很大。对于某一侧墙水冷壁出现的稳定超温的情况，可借助调整一次风速、风率和二次风量在相关各角的分配，将燃烧切圆的中心向反方向移动（切圆燃烧锅炉）；或沿炉宽方向调整各燃烧器喷口热功率的分配，降低超温一侧水冷壁附近的火焰温度（对冲燃烧锅炉）。

启动时可采取抬高火焰中心的措施，如投入高位磨煤机，则可降低水冷壁区域的辐射热负荷和增加水冷壁柱重压差的比重。

在工况变化时如加减负荷、投停高压加热器、投停燃烧器、启停制粉系统、风机切换、燃料性质变化等情况发生时，应及时并和缓调整燃烧，避免运行参数、水力工况和燃烧工况的大幅度波动。另外，进行水冷壁吹灰、除渣等工作时，应做好防止大焦块脱落、局部热负荷突增的预想或准备。

4. 水冷壁金属温度监督

在炉膛四面墙的水冷壁出口管上装有足够的壁温测点。如某 1000MW 超临界锅炉，仅在螺旋管圈出口就布置永久壁温测点 257 个。主要监视目的如下：

（1）水冷壁管的金属温度有没有超过规定值，以防止过热爆管和影响管子金属寿命；

（2）平行管子之间有没有大的温度偏差，以防止不同管子之间膨胀不一、引起管子和鳍片拉裂。一般水冷壁管之间的温度差控制不超过 35℃；

（3）管壁温度波动是否太大、频率是否过快，以判断是否出现了水动力不均工况。

图 7-20 所示为某 600MW 超临界锅炉水冷壁出口温度限制与负荷关系，水冷壁出口温度的报警值随锅

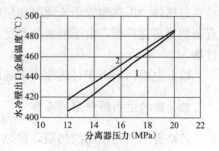

图 7-20 水冷壁出口温度限制与负荷关系
1—报警I值；2—报警II值

炉负荷（分离器压力）的降低而下降，主要是为防止水冷壁出口过热度过高，以此保证水冷壁的工作安全。

第四节　过热器、再热器金属安全

一、概述

在电厂运行过程中，水冷壁、过热器、再热器、省煤器的爆漏事故在全厂事故及非计划停运中占有很大的比重，是影响机组安全稳定运行的主要原因之一。过热器、再热器的爆漏既有设计方面的原因，又有制造、安装、检修方面以及运行方面的原因。概括说，都是因为管子的实际运行条件偏离设计条件而引起。

制造、安装、检修方面的因素，主要表现于钢材质量差、错用钢材、焊接质量差、异物堵塞管子等；设计方面的因素，主要是设计裕度不足，未充分考虑热偏差；计算中对煤灰的沾污性估计过高，过、再热器面积设计过大，以及炉膛结构不合理等，其中大型锅炉切圆燃烧方式的烟气偏流问题是一个最普遍的原因。运行方面的因素包括蒸汽品质控制不良，造成管内结垢、壁温升高或汽侧产生氧腐蚀使壁厚减薄；煤质变差，使炉膛出口烟温升高；燃烧调整不当，如煤粉过粗、升负荷过快、火焰中心位置偏高、长期低负荷运行等。高温腐蚀和磨损均会使管子减薄引起爆管，它们是既与运行控制又与设计方面有关的因素。

从失效机理上区分，过热器、再热器的爆漏主要是由短期过热、长期蠕变破裂、高温氧化、气体腐蚀（钒腐蚀、氢腐蚀）、金相组织变化（球化、石墨化、碳化物析出）、磨损等引起，其中概率最高的因素是金属过热。金属在超过其额定温度运行时，有短期过热爆管和长期超温爆管两种情况。短期过热是指由于运行条件（如工质温度和换热状况）异常变化时、壁温急剧升高所引起的过热破坏。当发生此类问题时，尽管爆破前壁温很高，但在这一温度下短时就发生了破坏，因此管子内金相组织无大变化，外壁也还没有产生氧化皮；同时，由于爆破后金属是从高温下急速冷却，破口处金相组织的特点是有淬硬组织或加部分铁素体。

受热面长期过热是指由于热偏差、工质流量偏差、积垢、堵塞、错用材料等原因，管内工质换热较差，金属长期处于幅度不很大的超温状况下运行，由于长期的蠕变而发生的破裂现象。可根据破口形状、管子胀粗、氧化皮等情况判断是否长期过热。长期过热引起破坏时，破口断面较粗糙，有一层疏松的氧化皮，管子有较明显的胀粗，金相组织上碳化物明显呈球形。

过热器、再热器管子流通面积阻塞，如弯头过扁、管内焊渣、氧化皮堆积、进出口联箱有杂物堵塞管口等，由于阻塞的程度不同，既可以是引起短期过热的原因，也可能引起长期过热。

以下主要讨论由于过热原因引起的过热器、再热器爆管。

二、影响过热器壁温的因素

若略去沾灰与积垢的热阻，过热器（再热器）的壁温 t_b 按式（7-2）计算，即

$$t_b = t_g + q/\alpha_2 \tag{7-2}$$

式中　t_g——工质温度，℃；

q——壁面热负荷，W/m²；

α_2——管壁对蒸汽的对流放热系数，W/(m² · ℃)。

由式（7-2）可知，管子壁温 t_b 将随工质温度 t_g 和壁面热负荷 q 的升高而上升，随蒸汽流速的增大（α_2 增大）而减小。而 q 的大小主要取决于烟气温度和烟气流速，烟温越高，壁面传热温差越大，q 值越大；烟速越高，烟气侧 α_1 越大，q 值越大，以上因素都与锅炉负荷有关。

但式（7-2）中，平行各管子的工质温度并不均匀，偏差管的工质焓升偏离平均值的程度，用热偏差 ϕ 表示，定义为

$$\phi = \frac{\Delta h_p}{\Delta h_0} = \frac{\eta_q \eta_H}{\eta_G} \tag{7-3}$$

式中　Δh_p、Δh_0——偏差管、平均管工质焓增（从管子进口至计算点）；

　　　η_q——吸热不均系数，$\eta_q = q_p/q_0$；

　　　η_H——结构不均系数，$\eta_H = H_p/H_0$；

　　　η_G——流量不均系数，$\eta_G = G_p/G_0$。

以上 q、H、G 分别为管子壁面热负荷、受热面积和工质流量，角标"0"代表平均管，角标"p"代表偏差管。与式（7-2）比较，式（7-3）表达的是传热和流动的不均匀性条件对工质温度的影响。

1. 吸热不均的影响

η_q 表示偏差管的吸热偏离平均值的程度，η_q 越大，偏差管的热负荷 q_p 越大，工质温度越高；η_q 与烟气流速和烟气温度关系为正向关系。对于强制流动的过热器、再热器，吸热不均还要引起流量不均，壁面热流大的管子蒸汽比体积大，η_G 小，相应蒸汽流量低，进一步促使工质温度升高。

2. 流量不均的影响

η_G 表示偏差管的流量偏离平均值的程度，η_G 越大，偏差管的蒸汽流量 G 越大，工质温度越低；η_G 与管子结构、联箱静压分布、管内阻塞情况、壁面热负荷等因素有关。

3. 结构不均的影响

η_H 表示偏差管的换热表面偏离平均管的程度，如屏的最外圈管，η_H 有时可达到 1.3 左右。η_H 取决于设计条件。对已投运的锅炉，分析运行条件改变对 t_g 的影响应考虑各管子表面积、即 η_H 的差异。

综上所述，对于平行工作的过热器管，总的（平均）出口温度越高，壁温就越高；η_q 越大、η_G 越小，管子壁温也就越高，实际上，由于过热、再热烟气温度整体超温引起管子破坏的情况较少，而大量的是由于个别管子偏离平均工况造成的。过热器（再热器）中最危险的管子就是传热最强（η_q 最大）同时流动又最弱（η_G 最小）的管子。

三、大型锅炉过热器、再热器超温问题

过热器、再热器的超温爆破问题是我国电站锅炉存在的带有普遍性的问题，大容量锅炉尤为突出。管壁过热现象，无论在四角切向燃烧、前后墙对冲燃烧锅炉都不同程度地存在，但以四角切圆燃烧的大型锅炉最为普遍。

（一）过热器、再热器超温原因分析

1. 烟气温度总体偏高

导致烟气温度偏高的原因可从两个方面分析：一是炉膛出口烟气温度总体高于设计值，二是局部烟气温度偏高，前者与煤的结渣性能关系较大，炉内结渣，即使不很严重也会导致炉膛出口烟气温度升高；此外，煤的燃尽性能也会影响炉膛出口烟气温度，燃尽性较差的煤，在燃烧组织不好或煤粉过粗时，火焰甚至会拖到过热器区。后者则主要由烟气偏流引起。

2. 烟气偏流

烟气偏流是目前大型四角切圆燃烧锅炉产生过热爆管的最常见的原因。沿炉膛宽度和高度产生烟气流量偏差、烟温偏差从而引起吸热不均；蒸汽引入、引出联箱的方式不妥或高温受热面的氧化皮脱落等产生流量不均，烟温偏差与流量不均在危险管相叠加时，最容易使金属超温而致爆管。

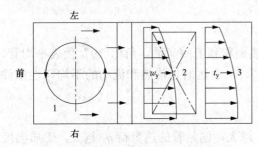

图 7-21　左右烟温偏差和汽温偏差
1—炉膛；2—过热受热面；3—烟道

沿炉膛宽度的烟量偏差、烟温偏差起因于炉膛出口的烟气残余旋转。如图 7-21 所示，炉内的旋转气流到达炉膛出口时将折转向前流动，对逆时针旋转切圆的锅炉，右侧气流的流向与旋转同向，流速叠加，因而流量、流速均大。左侧气流的流向与旋转反向，流速相抵，因而流量、流速均小，这样就形成了流量偏差。随烟气继续流动进行辐射和对流换热，右侧烟量大（热容大）因而温降小，因此在对流受热面的出口烟温也高；而左侧则烟温低。这样又由流量偏差进一步引起烟气温度偏差。随着锅炉容量的增大，烟气的旋转动量相对更大些，所以会引起更大的烟温偏差。

近来研究发现，烟气残余旋转对上炉膛内辐射屏的传热影响与炉膛出口以后对对流受热面的影响恰好相反，烟气温度呈左高右低分布。由于折焰角的引导，锅炉左侧回旋的烟气增强了上炉膛内尤其是顶部空间的烟气充满度，从而使那里的流动死区减小、烟气温度提高。因此，锅炉左侧的屏区烟温高于右侧的屏区烟温，产生相应的汽温偏差。

前后墙对冲燃烧的锅炉，沿炉膛宽度烟气温度偏差产生于各列旋流燃烧器的燃烧出力不均。直吹式系统一次风粉管"缩孔"节流件的磨损或调节不当，是上述现象的主因之一。

沿炉膛高度的烟温偏差则是由于烟气在炉膛出口转向后历经的行程不同，下部近，上部远；过热器、再热器下部与折焰角上边所形成的烟气走廊则是直接的烟气短路，所以产生下面高上面低的烟温偏差。随着负荷的增大，烟气流动较均匀，上下烟温差减小。

3. 工质流量不均

过热器的流量不均主要取决于管屏的结构和进、出口联箱的蒸汽引导方式。几个典型的蒸汽引入、引出管与联箱布置位置的关系如图 7-22 所示。图 7-22（a）和图 7-22（b）中的流量偏差是由于平行管子的两端压差沿联箱有一个分布，蒸汽的速度能转变为压力能的结果。图 7-22（c）中的流量偏差是由进口联箱上的三通管，由涡流耗散能量引起的。由图 7-22（c）可见，在距离三通管中心轴线（$1.25 \sim 1.30$）D 的位置附近，相应支管的阻力系数 ζ_i 最大，而静压压差 Δp 最小。这些管子内的蒸汽流量往往低于平均值很多，是最危险的管子。此外，设计时串联受热面的交叉方式不当，也会造成热偏差的积累。某电厂2008t/h亚临界锅炉的侧包墙过热器，进出口联箱采用了图 7-22（a）所示的连接方式。投运后四个月内连续三次爆管，且位置十分集中。分析原因是结构性水力不均，经计算爆管区域附近的流量不均系数 η_G 低至 0.6 以下。主要解决措施是在全部侧包覆管子的进口段安装孔径比为 0.51 的节流孔圈，如图 7-23 所示，此后该类爆管再未发生。

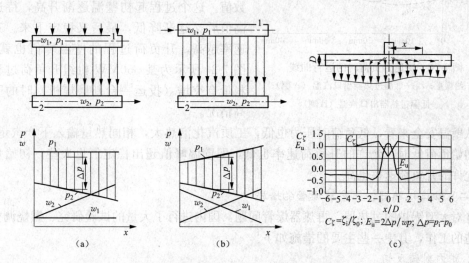

图 7-22　蒸汽联箱导管的引入、引出方式对流量不均的影响
(a) Ⅲ进单出；(b) Z形连接；(c) T形进口三通
1—进口联箱；2—出口联箱

对于大型锅炉，辐射受热面（分割屏）与对流受热面的热偏差有时方向相反，如某国产2021t/h锅炉，分割屏、后屏出口蒸汽温度均为左侧高于右侧。而对流过热器的吸热量则是右侧高于左侧。这与左侧屏区充满度好、烟气温度高，右侧屏区充满度相对较差、烟气温度低有关。对于以辐射为主的屏式过热器，屏的传热量与烟速关系不大，主要取决于屏间介质温度。但对于对流区过热器（再热器），其传热量则随烟速增大而变大。在这种情况下，若仍采

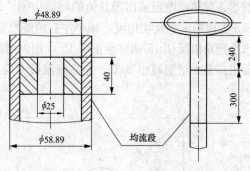

图 7-23　节流圈管段示意图

用屏出口蒸汽与对流过热器入口蒸汽左右交叉的方式时，就将过热器、再热器的左右汽温偏差叠加起来，会造成很大的汽温偏差。

下面是部分大型机组锅炉的烟温偏差和汽温偏差的一些实测结果，这些锅炉后来大都进行了相应改造或燃烧调整。

PW 电厂 600MW 机组 1 号炉，左右烟温偏差达 100～200℃，最大偏差点可达到 250℃，两侧汽温偏差高达 40℃；SH 电厂 300MW 机组 1、2 号炉，左右烟温偏差高达 200～250℃；HD 电厂 300MW 机组 1～4 号炉，左右烟温偏差高达 100～200℃（最大时到 309℃），屏间汽温偏差最大时达 120℃；ZX 电厂 1000MW 机组 7、8 号炉，烟温偏差为 100～150℃。

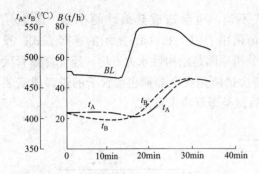

图 7-24　快速升负荷时的运行曲线

B—给煤量；t_A—低温过热器出口汽温（A 侧）；
t_B—低温过热器出口汽温（B 侧）

4. 升负荷速率

升负荷速率偏高也是过热器、再热器超温爆管的原因之一。由于升负荷过程中，为达到相同的产汽负荷，投入的燃料量总是过剩的，因此，各级过热器的管壁温度要高于稳定后的数值。这个过程起初壁温逐渐升高，待达到最高值后又逐渐降低，最后又稳定下来。升负荷速率越高，升负荷过程的壁温峰值也就越大。图 7-24 所示为某 350MW 机组升负荷过程中燃料量有突增（投运一台新磨煤机）时的壁温升高情况。

从壁温安全来看，低负荷时压力也低，工质汽化潜热大，相同热量输入下产汽量更少，因此初始负荷低时，允许的升负荷速率也低，即壁温峰值超出稳定值更大些；初始负荷高时，允许的升负荷速率也高。

（二）防止过热器、再热器爆管的措施

针对大型锅炉的过热器、再热器爆管问题，国内进行了大量的试验研究、燃烧调整和技术改造的工作，其中一些主要的措施如下。

1. 炉内射流反切

将部分一次风、二次风以及燃尽风射流与主体射流反切，是削弱炉膛出口气流残余旋转、降低烟温偏差的有效手段。国内几乎所有电站锅炉的低氮燃烧系统都设计了偏转 SOFA 风，设计反切角为 10～15℃。利用反切射流调整炉膛出口烟温偏差时，应注意可能影响到炉内飞灰的燃尽、受热面壁温或出现其他的问题。图 7-25 和图 7-26 所示为某 660MW 超超临界锅炉调整 SOFA 风的水平反切角度，减小左右两侧汽温偏差的一次试验结果。试验中将 3、4 号角 SOFA 水平摆角由反切 15°调整至正切 15°，用以增加水平烟道右侧的烟气量。调整前后，将末级过热器出口最大壁温减小 20℃，左右壁温最大偏差减小 11℃。

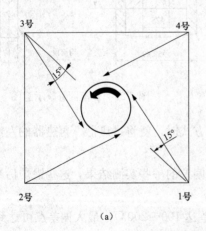

（a）

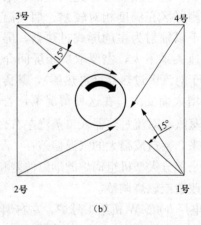

（b）

图 7-25　SOFA 风反切角的调整方案

（a）调整前；（b）调整后

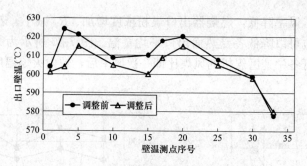

图 7-26　末级过热器调整前后的出口壁温

2. 燃烧调整

燃烧调整主要是改善烟气偏流状况，其次，运行中控制好负荷变动速度也十分重要。

（1）升负荷率的控制。如前所述，为抑制升负荷时的过热器壁温升高，锅炉升负荷时不可过快。增负荷需投新磨煤机时，应尽可能事先将升负荷速度减缓或者暂停升负荷，再投用一台新磨煤机。如果在升负荷速率较快情况下投磨煤机，也会导致过热器或再热器金属壁温的瞬间升高。同时，煤量的增加也应较为缓慢。

（2）炉内送风量的调整。在相同负荷下适当减小炉膛出口过量空气系数，炉膛出口烟气温度基本不变，但烟气流量减少，过热器烟侧放热减弱，壁温降低。减少二次风量对烟气温度和壁温分布基本没有影响。图 7-27 所示为某亚临界锅炉的一次试验结果。

切圆燃烧锅炉可通过调整辅助风挡板的偏置改善汽温偏差。方法是保持总的风量不变，适当减小汽温偏低一侧的二次风量，使燃烧率较小一侧的烟气量增大并一直维持到炉膛出口，减少由于燃料量偏差引起的汽温偏差。

（3）煤粉细度控制。适当减小煤粉细度可使炉内燃烧提前结束，因而不仅可以降低炉膛出口烟气温度，而且可减小炉膛出口的烟温偏差。图 7-28 所示为某 1025t/h 锅炉的一次试验结果。

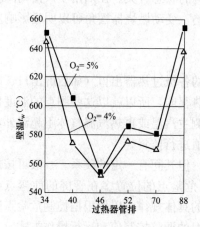

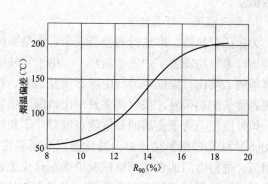

图 7-27　炉膛氧量对过热器壁温的影响　　　图 7-28　煤粉细度对左右烟温偏差的影响

（4）一次风速调节。当一次风速超过一定数值以后，随一次风速的提高，炉膛出口烟气偏流和烟气温度偏差明显增大。因此，燃烧调整时应对一次风速加以控制。有关试验表明，该项影响可使烟气温度偏差变化 70～100℃，如图 7-29 所示。

随着一次风速、风率降低，燃烧器出口煤粉浓度增加、R_{90}减小、着火和燃尽提前，炉膛出口烟温下降，也可以降低各受热面出口平均壁温。图 7-30 所示为某 660MW 超临界参数对冲燃烧锅炉降低各中速磨煤机的风煤比即一次风率后，炉内火焰温度及出口烟温的变化情况。

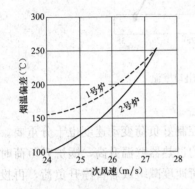

图 7-29 一次风速对左右烟气
温度偏差的影响

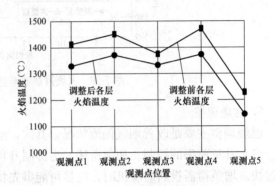

图 7-30 一次风速对炉膛出口烟温的影响
观测点 1—下燃烧器层；观测点 2—中燃烧器层；
观测点 3—上燃烧器层；观测点 4—燃尽风层；
观测点 5—下辐射区出口

（5）燃烧器倾角的影响。随着燃烧器摆角的上倾，切圆直径减小，但火焰行程也缩短，一般前者的作用大于后者，炉膛出口的烟气流量偏差削弱。某 660MW 超临界机组的试验表明，当燃烧器摆角从 50% 增加到 80% 时，再热器出口左侧壁温下降，右侧壁温上升，左右侧个别管壁壁温偏差逐渐减小，燃烧器摆角调至最大 80% 时，再热器出口的汽温偏差最小。从壁温控制要求出发，再热汽温偏低时，应优先调整摆动式燃烧器，不足部分由烟道挡板（许多锅炉设计两种方式）继续调整。

燃烧器摆角对汽温偏差的影响程度，与摆动机构的状态有关。在四角喷口摆动同步性正常时，影响差一些；反之，若摆动执行机构存在缺陷，变动燃烧器摆角可以明显影响左右侧汽温偏差。

3. 蒸汽温度与壁温监督

为保证过热器、再热器的金属安全，大型锅炉的各级过热器出口（如后屏出口、末级再热器出口等）均安装了炉外壁温测点。由于管外换热很弱，所以就以这些测点的温度代表相应管子的工质出口温度。运行中除必须监视左、右侧主汽温或再热汽温整体不超温外，还应监视各管子的热偏差，按照调整好的出口温度报警值进行监督。

炉外壁温与管子金属的最危险点壁温并不相同，但其间有一定的关系。一般可按炉外壁温加 40～60℃ 的增量估计炉内最危险点金属温度。危险点的位置多在管屏的前弯点或后弯点附近。进行专门的燃烧调整试验可确定这个关系的具体规律，以便根据控制危险点壁温在相应材质的极限使用壁温下的原则，来确定炉外壁温的调整控制值和运行操作方式。

试验时，在危险管或易爆管的选定部位安装炉内壁温测点和炉外测点，也可借用原有炉外测点设计安装相应管子的炉内测点。在锅炉变负荷、启停过程及其他运行工况下测量这些测点的温度，记录其对应关系，即可得到超温点的实际温度分布情况和变化特性。主要是通过调节各层燃烧器之间的一、二次风速及风量配比，投粉量分配，煤粉细度等，有目的地将炉内管子壁温降低到极限使用温度以下，并确定对炉外壁温相应的控制值，运行人员应按此控制值监视炉外壁温测点，即可保证炉内管子不超温爆管。

汽温与壁温监督中还应注意屏式过热器的低负荷汽温特性。测试表明，近代锅炉的分割屏和后屏一般都表现出较强的辐射式特性，即在低负荷下单位工质的焓增量比高负荷时的值要高，也就是说，若烟温偏差较大，低负荷下后屏管子则更容易超温。运行中应注意对它们的监督，并根据超温情况合理分配减温水量。适当增加一级减温水量，减小二级减温水量，在维持过热器出口蒸汽不超温的前提下，同时确保大屏或后屏不超温。

4. 其他措施

（1）设计上，在保证受热面膨胀的前提下尽量减少受热面与烟道的间隙，避免形成烟气走廊，加重烟速偏差；通过割管或封堵，提高管内蒸汽质量流速，并减小流量偏差。

（2）将容易爆管部位的受热面材料升级，用 T91、Super304 等更高档的耐热合金钢取代或部分取代原有合金钢材料。

（3）从上述烟速烟温偏差的成因分析可知，辐射受热面和对流受热面（即后屏过热器与末级过热器）之间加混合联箱，采用平行连接，而对流受热面间采用左右交叉连接，有利于削弱汽温偏差。

（4）在分配联箱内吸热量小的一侧管子入口加装节流孔板，增大吸热量大的一侧的蒸汽流量，使吸热不均与流动不均的影响正反抵消，降低壁温。

（5）日常运行中严格控制蒸汽品质，防止管内结垢使壁温升高。

（三）过热器（再热器）炉外壁温超限问题

1. 过热器、再热器的出口壁温偏差

运行人员在汽温与壁温监督中，常需要处理炉外个别管子金属超温与整体汽温偏低的矛盾。例如，为限制极少数偏差管的炉外壁温不超出最大允许壁温，不得不在整体汽温偏低时反而大量投入减温水，从而使机组参数和效率降低。尤其是再热器，减温水的投入和再热汽温偏低将同时引起机组煤耗升高，对运行经济性影响很大。但此种情况下，只能以降低机组经济性来保证受热面金属安全。

2. 出口壁温超限的一般规律

局部管子壁温超限常伴随以下运行工况：①炉膛出口烟温高；②A、B 两侧烟温偏差大；③两侧汽温偏差大；④快升负荷时（高、低负荷都可能出现）。

偏差管出口壁温超限的根本原因是热偏差。热偏差越大，个别管的金属壁温超越平均值的程度越大。结构偏差、吸热不均、管内沉积等都会直接影响热偏差。常见的次生原因包括：

（1）风粉不均。例如对冲燃烧旋流燃烧器沿炉膛宽度的一次风粉偏差、燃烧率偏差。

（2）烟气偏斜。例如切圆燃烧系统的左右侧烟温偏差。

（3）受热面结构偏差。若为此原因，通常超限管子的位置是相对固定的。

（4）管内沉积。例如超临界锅炉的氧化皮脱落沉积。

（5）实际氧量高于表盘氧量。例如 L 电厂 660MW 锅炉，标定氧量（可认为是真实氧量）高出表盘值 1.7 个百分点。

（6）炉膛出口烟气温度高。可根据过热器和再热器的减温水量变化进行判断。

（7）二次风小风门缺陷。如 F 电厂 1025t/h 切圆燃烧器锅炉，二次风箱共 68 个小风门，有 20 个调不动。

（8）燃烧器摆角四角不同步。

（9）顶棚管密封不严，高温烟气沿穿墙管缝隙外泄刷管，导致壁温测点示值升高（但出口工质温度不一定高）。

3. 解决措施

（1）偏差管壁温校核。对炉外金属壁温测点进行校核，尤其注意超温集中的测点。如果温度示值虚高，则纠正后可大幅减少减温喷水。

（2）降低炉内火焰中心。通过调整炉内燃烧及制粉系统投停方式，降低炉内火焰中心位置，借助炉膛出口烟温判断火焰中心是否改变。如果再热器（或过热器）具有较强的辐射传热特性，那么火焰中心对减温水的影响会十分明显。

（3）减轻烟量、烟温偏差和汽温偏差。通过燃烧调整，尽可能减小沿炉膛宽度的两侧烟量、烟温偏差和两侧汽温偏差。对于前后墙对冲直吹系统，特别检查并调平一次风管煤粉浓度、适当提高前、后墙二次风动量比；对于切园燃烧系统，特别调整主燃烧器上方的 SOFA 的摆角、消旋风风量以及二次风的层分配。某电厂的一次调整示例参见图 7-26。

对于切圆燃烧锅炉，利用改变火焰中心二次风配风方式、调整炉膛—风箱差压、改变燃尽风的消旋动量等，达到减轻汽温偏差的目的。如 K 电厂 600MW 锅炉，采取关小 CCOFA 风门、开大底层二次风、改均等配风为正宝塔配风等措施，提高火焰中心，A、B 侧的汽温偏差减小 4～6℃。

（4）局部结构改进。建立炉外壁温测点档案，查找表盘最高壁温与实际管号的对应规律。若超温管排相对稳定，可据此判断水力偏差是偏差管超温的主导因素，可采取的局部结构改动措施有同屏管中吸热较小的管子加装节流圈、偏差管提升材料级别、改进管屏局部结构、加装遮热护瓦等。图 7-31 所示为局部结构改进的两个示例，图 7-31（a）所示为对偏差管（外圈管）减小管长，提高管内流量的局部改进示例；图 7-31（b）所示为对个别偏差管加装遮热护瓦，减小偏差管壁面热负荷的局部改进示例。

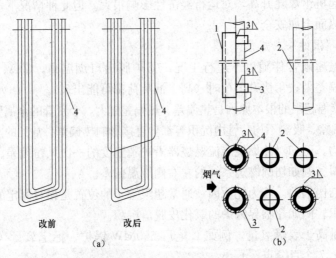

改前　　　　改后

（a）　　　　　　　　　　　　　（b）

图 7-31　过热器、再热器消除壁温偏差局部结构改进示例

（a）偏差管改夹持管；（b）偏差管前加遮热护瓦

1—遮热护瓦；2—正常管；3—固定环；4—偏差管

（5）炉外壁温报警值的调整。联系锅炉制造厂，根据运行煤质或其他运行边界条件的变更，给出是否允许适当调高炉外壁温报警值的意见。

（6）运行氧量控制。氧量标定之后，若表盘氧量示值虚低，可适当降低氧量运行。

（7）控制变负荷速率。运行中变负荷速率不应过快，以免引起壁温峰值超限。

（8）检查炉顶管穿墙处漏风。利用炉膛负压法诊断炉顶密封是否严密。随着炉膛负压加深，若炉外壁温下降，表明密封不严。应考虑炉外管测点接受炉内烟气冲刷、辐射引起的壁温虚高的可能性。

（四）超临界锅炉氧化皮引起的爆管

超（超）临界锅炉过热器管子内氧化皮脱落引起超温是过热器爆管的一个重要现象。水蒸气在高温下与不锈钢中的铁反应，在管子内壁产生氧化皮。当锅炉负荷、温度变化时，氧化层因此可以产生脱落。若脱落的氧化皮不能被蒸汽带走而堆积在管内，势必影响蒸汽的流通，引起管壁进一步超温，产生更严重的氧化皮脱落，最终造成过热器管通流截面减少或堵塞，引起过热爆管。

1. 氧化皮生成和脱落的原因

管子内的水蒸气在高温下会分解出氢气和氧气，氧气与铁反应生成氧化层。570℃以下反应产生的是 Fe_3O_4 的致密保护层，它阻止管壁继续氧化增厚。壁温高于600℃后，则主要生成物是疏松多孔的 FeO，水蒸气穿透氧化层与金属反应，使氧化皮不断增厚。氧化速度较小时，生成的粉末状氧化皮会随着蒸汽被带走，一般不会发生堵塞爆管的情况。但氧化速度较大时，氧化皮迅速增厚，一旦以大块脱落，则很难被蒸汽带走，沉积管内就引起管子过热。

氧化皮的脱落有两个必要条件，一是氧化皮形成足够的厚度，一般认为脱落的临界厚度为 $150\mu m$ 左右。随着温度升高，氧化皮的厚度加大；二是壁面温度的快速变化。不锈钢管和氧化皮的膨胀系数相差较大，加热或冷却时产生胀差，氧化皮由于挤碎、脱落而导致堆积。

正常运行时，存在的较薄的氧化层，因其厚度不大不会脱落，对管壁超温、爆管没有什么影响。蒸汽流量很大时，氧化皮即使脱落也会被蒸汽带走而不会堆积，但会形成对超临界汽轮机的固体颗粒冲蚀。锅炉启、停时，蒸汽温度的快速变化以及蒸汽流量的减小，都会直接导致大量氧化皮的脱落、沉积，是运行中发生过热爆管的最危险的时段。

2. 影响氧化皮生成和脱落的因素

（1）管壁温度。同一种钢材在不同温度下，管壁温度越高，氧化速度越快。亚临界锅炉很少发现氧化皮问题，原因是蒸汽温度低于超临界机组的。

（2）管子材质。不同种钢材在相同温度下，钢材抗氧化性能越好，氧化速度越慢。不锈钢的抗氧化性能基本上由钢中的 Cr 含量决定。

（3）多层氧化皮的厚度。氧化层在厚度较薄时并不脱落，只有达到一定厚度后，才可能在胀差应力下脱离金属内壁。临界氧化层厚度：

1）不锈钢：$100\sim150\mu m$；

2）铬钼钢：$200\sim500\mu m$。

（4）金属材料与氧化层间胀差应力达到临界值。温度变化频繁、幅度大、变化率高等是造成层间应力大的主要原因。

3. 防止氧化皮脱落的措施

解决氧化皮脱落爆管问题，首先是减小氧化皮的生成速度（生成量），控制金属管壁温度是减缓氧化皮生成的关键。其次是不使氧化层脱落沉积，只要不沉积，管内壁氧化皮的存在一般不引起超温、爆管。温度变化产生的热应力是导致氧化皮剥落的主要原因，是控制剥落的重点。以下是解决的主要途径和措施。

（1）传热管选材。正确的选材是设计和改造中解决氧化皮脱落的最根本措施。对于已发生氧化爆管的机组，可以考虑高温段过（再）热器部分更换为抗氧化性更强的不锈钢管，以降低管内氧化皮的生成速度。

（2）整体汽温控制。利用负荷控制、燃烧调整、炉膛吹灰、中间点温度偏置、减温水调节等手段，严格控制主汽温在额定值以下。运行中在受热面金属温度超限而无法调整时，应降负荷、降汽温运行。

（3）局部汽温控制，即过热器热偏差控制。通过调整一次风率、二次风率、风速分配，两侧减温水量比例等，减小烟温偏差、汽温偏差以及出口管的金属峰值壁温。对于已发生氧化皮爆管事故的超临界锅炉，可适当降低末级过热器及末级再热器的壁温超限报警值，以便于运行人员提前进行干预和调整。

（4）给水加氧控制。DL/T 805—2011《火电厂汽水化学导则　第 1 部分：锅炉给水加氧处理导则》中，给水溶氧指标为 $30 \sim 150 \mu g/L$，世界各国的相应指标十分接近。运行中应严格按此控制给水加氧。超限或不足都会反过来加剧氧化皮的生成和脱落。给水加氧应投入自动，并建立给水溶氧的历史数据库。溶氧指标不能简单地用平均值评价，正是短时的峰值越限加速并积累了氧化皮在管内的沉积。

（5）高压旁路冲管。冷态启动汽轮机冲转前，在较高压力下突然开启高压旁路阀，利用产生的蒸汽动力吹扫停炉过程积存管底的氧化皮，同时避免氧化皮进入汽轮机而对叶片造成冲蚀。

（6）减温水投入控制。减温水量的频繁波动会导致金属壁温的交替变化，对氧化皮的脱落起促进作用。运行中应避免减温水量的大幅波动。超临界锅炉可用适当降低中间点过热度的方法来减少减温喷水总量。

（7）运行中限制负荷变化速率。过热器管壁的温升率越大，氧化层与金属壁的温差就越大。同时，升负荷过程管子最大过余壁温（管子的炉内最高壁温超出炉外壁温的值）比负荷稳定时来得更大。因此，对于存在氧化皮威胁的锅炉，应减缓负荷变动速率。

（8）启动参数控制。冷态启动过程，严格按照机组升温控制曲线控制蒸汽温度，要减少使用减温水，且减温水操作要平稳，避免大开大关减温水使管壁温度急降急升而导致氧化皮脱落。热态启动过程，要尽快完成炉膛的吹扫，点火后尽快投入燃料量，以防止受热面金属温度降低过快。启动结束后，维持高负荷稳定运行一段时间，以尽快带走过热器管内残存的氧化皮。

（9）腐蚀信息监督。水蒸气在对金属内壁氧化时释放的氢气，会增大蒸气中的氢浓度，因此定期对蒸汽含氢量进行测定并记录，可以判断受热面蒸汽氧化腐蚀程度。氢曲线陡增或氢含量超过 $10 \mu g/L$，说明发生强烈蒸汽氧化反应，此时管子最大过余壁温很大。应立即采取措施，防止发生爆管事故。

做好氧化皮定期检测工作。每逢大、小修期，利用氧化皮检测仪对过（再）热器进行测厚，同时对管材进行寿命评估，及时更换氧化较严重的管段。

（10）改变氧化皮脱落形式。通过运行调整改变氧化皮的剥落方式，如负荷交替变化，使氧化皮在运行过程中就以碎屑状陆续剥落并随蒸汽流带出管屏，避免在启、停炉时以大片状大面积剥落而发生管子堵塞。

四、过热器的寿命管理

过热器的寿命管理是一项长期的、十分复杂的工作。主要包括以下内容：①积累锅炉及过热器的运行历史记录，对各种工况和参数进行离线计算，使运行人员了解设计寿命的剩余约值；②利用大、小修进行以肉眼观察为主的检查，了解管子尺寸、壁厚、氧化、腐蚀等变化情况，根据检查结果，估计最可能出现的破坏机制；③拟定检修计划，根据寿命损耗情况确定应重点检查的部位和内容，并建立技术档案；④在运行超过一定期限后，进行无损检测，以进一步掌握材质的损伤状况及对寿命的可能影响；⑤在确定设备已接近寿命期限时，需进行破坏性试验（主要是断裂试验），以决定是否可继续运行或更换管子。

寿命管理的核心是预测管子的剩余寿命。在剩余寿命估计的基础上，可探求寿命损耗状况与运行条件的统计关联并采取相应的措施，如改进或限制锅炉的运行方式、提出预防性维修的措施、缩短大修周期或更换零部件等。实践证明，系统的寿命管理可使强迫停机率降低到最低水平，尤其在防止频发性事故爆管方面最为有效。

预测过热器的剩余寿命一般可采用计算分析法、无损检测法、破坏试验法等几种方法。计算分析法最常用的是 Larson-Milele 公式。即在相同应力下，钢材断裂运行时间 τ 与工作温度 T 之间的关系为

$$T(C + \lg\tau) = 常数 \tag{7-4}$$

式中　C——与材质有关的常数，可按表 7-3 选取。

表 7-3　　　　　　　　　　　　不同钢材的 C 值

钢种	C 值	钢种	C 值
低碳钢	18	铬钼钢	23
钼钢	19	高铬不锈钢	24～25

示例：过热器钢管（12Cr1MOV）设计温度为 510℃，设计寿命 2×10^5 h，若长期超温 15℃运行，则可对其实际寿命估计如下，即

$$(273+510)[23+\lg(2\times10^5)] = (273+525)(23+\lg\tau_2)$$

$$\tau_2 = 74\,790(h)$$

即部件壁厚如无余量，长期超温 15℃后寿命降低近 2/3。若过热器已运行 72 000h 以上，则剩余寿命几乎为零，很可能是导致频繁爆管的原因。由此可见，温度高低对于高温承压部件金属蠕变状况的影响是很大的。

对运行期间壁温变动的情况，通常将温度分若干个等级，每级取一平均温度，按式（7-5）计算管子的寿命损耗 η，即

$$\eta = \sum_{i=1}^{k}\left(\frac{\tau}{T}\right)_i = \frac{\tau_1}{T_1} + \frac{\tau_2}{T_2} + \cdots + \frac{\tau_k}{T_k} \leqslant 1 \tag{7-5}$$

式中　τ_i——在 i 参数下的运行时间，h；

　　　T_i——在 i 参数下的断裂时间，h。

当寿命损耗接近于 1 时，过热器的安全运行已无保障，需要进行破坏性取样试验，以确

定过热器能否继续运行一个大修期或是否改变运行方式。

当需要考虑应力变化的影响时，Larson-Milele 公式的形式为

$$T(C + \lg\tau) = f(\sigma)$$

需要根据寿命试验的外推曲线计算。

应该说明，计算分析法只具有统计上的正确性，因此，还应辅以金相检查、碳化物尺寸测量等其他检测方法对剩余寿命进行综合判断。在寿命损耗已足够高时，必须加强管子检查与监督，凡经检查出现下列条件之一者，均应换管：

(1) 碳钢管外径胀粗超过 3.5%、合金钢管超过 2.5%时；

(2) 珠光体球化达到或超过 4 级（总共分 6 级）；

(3) 碳钢和低合金钢壁厚减薄超过 30%；

(4) 计算剩余寿命小于一个大修期；

(5) 高温过热器氧化皮超过 0.6mm。

第五节　尾部受热面的磨损、腐蚀、堵灰与漏风

一、省煤器的飞灰磨损

省煤器的飞灰磨损不但造成受热面的频繁更换，而且还可导致爆管泄漏事故，危害很大。

飞灰磨损的机理是烟气中存在一定数量和动能的飞灰，冲击管壁时削铁而使管子减薄。飞灰在冲击管壁时，一般有垂直冲击和斜向冲击两种情况，垂直冲击造成的磨损称冲击磨损，它的作用是使管子表面由于灰粒撞击而出现明显的小凹坑；斜向冲击时的冲击力分为法向分力和切向分力，法向分力引起冲击磨损，切向分力则引起切削磨损。由于省煤器各管排的相对位置不同，因而各管在沿管周各点上的冲击力和切向力的作用也不相同，导致了飞灰对各管磨损程度的差异。

（一）影响飞灰磨损的因素

影响飞灰磨损的因素很多，它们之间的关系用公式表示为

$$J = c\eta\mu w^3 \tau \tag{7-6}$$

式中　J——管壁表面磨损量，g/m^2；

　　　c——磨损系数，与飞灰特性、受热面结构及布置有关；

　　　η——灰粒的撞击概率；

　　　μ——飞灰浓度，g/m^3；

　　　w——飞灰速度，一般可认为等于烟气速度，m/s；

　　　τ——时间，h。

由式 (7-6) 可知，影响飞灰磨损的主要因素有以下几个方面。

1. 烟气速度

管壁的磨损量与烟气流速的 3 次方成正比，因此锅炉运行中对烟气流速的控制可以有效地减轻飞灰磨损。但烟气流速的降低，将造成烟气侧对流放热系数的降低，并增加了积灰与堵灰的可能性，因而应全面考虑，以确定经济、合理的烟气流速。

在烟道中，有时存在只有很少管子或没有管子阻隔的狭窄烟气通道，如管束侧边管排与

烟道前后墙间的空隙、管束弯头端与侧墙间的空隙等，这种通道称为烟气走廊。在烟气走廊，由于流阻很小，流速特别高，有时比平均流速要大 3～4 倍，因而使磨损量较平均情况高出几十倍。烟气走廊也可以由于管束局部积灰、堵灰等原因而形成。

2. 飞灰浓度

磨损量与飞灰浓度成正比。飞灰浓度大，灰颗粒撞击受热面的点子多，磨损加剧；烟气流过转向室后，飞灰浓度集中于烟道外侧，因而省煤器管子的外侧部分将产生较大的磨损。此外，运行中燃用低热值、高灰分的煤时，飞灰浓度增大也使磨损加重。

3. 灰粒特性

较大较硬的灰颗粒造成的磨损也比较严重。磨损速度与灰粒直径的平方成正比。近期研究表明，灰粒直径与煤粉细度没有必然联系，经炉内燃烧后的灰粒烧结聚团作用，可能会使飞灰的 R_{90} 比煤粉的 R_{90} 更大。灰粒的烧结性能主要与负荷、炉温、过量空气系数等有关，其间的相关关系的特性尚待进一步的研究。

灰粒的磨损性可用灰磨损指数 H_m 进行评估 [见式 (2-25)]。当 $H_m > 20$ 时，属严重磨损等级。与过热器、再热器等高温受热面相比，省煤器区的烟气温度较低，灰粒变硬，磨损问题就更为严重。

4. 管子结构与排列方式

磨损量与管径的一次方成反比，因而大管径的管子磨损轻些。管束横、纵向节距大的管子磨损较轻；错列管束比顺列管束磨损更严重；一般来说，由于灰粒有加速过程和动能的撞击衰减，磨损最重的管排，对于顺列管束为第一排；对于错列管束为第二、三排。

5. 燃烧工况

运行中如果燃烧风量使用过大，除对燃烧安全、经济造成影响外，还会由于烟气量的加大而使磨损速度增加。计算表明，省煤器处的过量空气系数由 1.2 增大为 1.3 时，磨损可能会增加约 25%。锅炉烟道的漏风也会带来同样的问题，应注意防止。运行中如果煤灰在炉内产生烧结，飞灰粒度和动能大，磨损加速，炉内燃烧工况组织不好时，飞灰含碳量增加，灰粒变得较硬，也会加快磨损。如果烟道内出现局部结灰现象，则烟气偏向另一侧并且速度增高，会加快另一侧的磨损。

（二）减轻飞灰磨损的措施

根据以上分析，飞灰磨损不能避免而只能减轻。减轻飞灰磨损的措施如下。

（1）从受热面布置结构上加以改进，如在管子的易磨损处加装防磨装置；检修时注意控制管排间距，管子与墙壁的间隙要尽量用护板阻断，避免形成烟气走廊；采用扩展表面省煤器管束降低设计烟速等。其次是控制煤质不使偏离设计煤太大。

（2）运行调整方面主要是抑制主燃烧区的峰值温度；控制合理的过量空气系数、减少锅炉各处的漏风以降低烟气流速；煤粉不可过粗，燃尽要好，以减小灰粒尺寸和飞灰浓度；组织好炉内燃烧工况，避免烟气偏流造成局部烟速过高；及时进行烟道吹灰，防止由于积灰、堵灰等产生烟气偏流、加快磨损等。

二、空气预热器的腐蚀与堵灰

空气预热器的腐蚀与堵灰是锅炉运行中的一个普遍问题。腐蚀与积灰交叉促进，使蓄热元件壁温降低、差压增大、排烟温度升高。空气预热器的腐蚀、积灰可分为结露型腐蚀和硫酸氢铵型腐蚀两种。结露型腐蚀即传统意义上的低温腐蚀，是指空气预热器冷端壁温低于烟气露点，形成烟气中硫酸蒸汽凝结、粘灰。硫酸氢铵型腐蚀是近年来电站锅炉普遍投用 SCR 脱硝装置后出现的腐蚀积灰的新形式，从一开始就引起电站人员的高度关注。

（一）结露型腐蚀积灰

1. 低温腐蚀的原理

烟气中含有 H_2O 蒸气和 H_2SO_4 蒸汽。当烟气进入低温受热面时，由于烟温降低或者烟气中的蒸汽接触温度较低的受热面，就可能发生蒸汽凝结。由气态凝结成液态的 H_2SO_4 和 H_2O 将腐蚀受热面金属，形成所谓低温腐蚀。电厂中，给水温度远超过烟气中蒸汽凝结温度，因此，低温腐蚀主要是指空气预热器中的腐蚀。

蒸汽开始凝结的温度称烟气露点。露点随烟气中 H_2SO_4 浓度的降低而降低，当烟气中的 H_2SO_4 蒸汽浓度为零时，烟气露点即为水露点。水露点可由蒸气表按水蒸气的分压力查对应的饱和温度得到。实际上，即使煤中水分很高，水露点的数值也不会超过 $60℃$，很难使凝结出现。但只要在烟气中含有 H_2SO_4 蒸汽，哪怕含量极微（通常只不过十万分之几），也会使烟气露点大大提高。

烟气中的 H_2SO_4 蒸汽来自煤中硫分。硫在燃烧后生成 SO_2，其中有 $1\%\sim2\%$ 进一步与氧反应生成 SO_3，随着烟气流动 SO_3 又同烟气中的水蒸气结合成 H_2SO_4 蒸汽，当 SO_3 生成 H_2SO_4 蒸汽的正反应与 H_2SO_4 蒸汽分解为 SO_3 和 H_2O 的逆反应达到动态平衡时，烟气中的 H_2SO_4 蒸汽浓度便固定下来。目前，国内普遍按式（7-7）计算含硫烟气的露点 t_1（℃），即

$$t_1 = t_n + \frac{125 \sqrt[3]{S_{zs}}}{1.05 a_{fh} A_{zs}} \tag{7-7}$$

式中　t_n——水蒸气露点，℃；

S_{zs}、A_{zs}——收到基燃料的折算硫分、折算灰分；

a_{fh}——飞灰系数，对煤粉炉，可取 $a_{fh}=0.9$。

近年来我国烟气余热利用工程的实践发现，烟气露点的实际值比按式（7-7）的计算值要低，偏差为 $10℃$ 左右。

当锅炉的受热面金属温度低于烟气露点时，受热面上将有液态 H_2SO_4，它不仅会腐蚀金属，而且会黏结烟气中的飞灰使其沉积在潮湿的受热面上，从而造成堵灰。堵灰不仅影响传热使排烟温度升高，降低锅炉效率，而且由于烟气阻力剧增，致使引风机过载而限制了锅炉出力。

2. 影响低温腐蚀的因素

（1）煤质。主要是煤中硫分和灰分。燃料的含硫量越高，烟气中的 SO_2 就越多，因而生成的 SO_3 也将增多，烟气中的 SO_3 和 H_2SO_4 含量增多，则露点升高，超过壁温时，便发生低温腐蚀。煤中灰分含量高时，使飞灰浓度增大，由于飞灰能吸附 SO_3，从而使烟气中 SO_3 和 H_2SO_4 的浓度降低，露点降低。因而煤中灰分高对防止低温腐蚀却是有利的。

（2）燃烧工况。烟气中 H_2SO_4 的含量取决于 SO_3 的含量，而烟气中 SO_3 的含量主要与燃料中的硫分、火焰温度、燃烧热强度、燃烧空气量、飞灰性质和数量等因素有关。因此，合理地控制燃烧可降低烟气的露点，减轻低温腐蚀。

（3）壁温。低温腐蚀的速度主要与壁温、壁面的硫酸浓度和酸的凝结量有关。一般来说，壁温越高则腐蚀速度越快，当壁温不变时，腐蚀速度将随着壁面的硫酸浓度和酸的凝结

量的上升而逐渐增加，之后又下降。锅炉实际运行中，低温受热面的腐蚀速度变化是比较复杂的，它是壁温、壁面的硫酸浓度和酸的凝结量三者的综合，当三者的综合影响达最大时，腐蚀将最快。

（4）锅炉漏风。锅炉漏风尤其是回转式空气预热器的大量漏风，会使烟气温度迅速降低，从而使受热面壁温降低，低于烟气露点时就引起空气预热器的腐蚀和堵灰。

3. 减轻和防止低温腐蚀的方法

减轻和防止低温腐蚀的途径有两条：一是尽量减少烟气中的 SO_3，以降低烟气露点和减少 H_2SO_4 的凝结量。二是提高空气预热器冷端的壁温，使之在高于烟气露点下运行。实现一的途径有控制燃料含硫量、低氧燃烧等；实现二的方法有维持不致过低的排烟温度、加装暖风器提高空气预热器入口风温等。

（1）提高空气预热器的冷端金属温度。提高空气预热器的烟侧温度和空气侧温度都可以使壁温升高，但提高排烟温度会使排烟热损失增加，锅炉效率降低，因此排烟温度的提高是有限的。电站锅炉中提高壁温的最普遍的方法是采用暖风器，提高空气侧温度。

暖风器利用汽轮机的抽汽来加热进入空预器前的风温，通过调节抽汽量可以调节暖风器的出口风温。当暖风器的换热量增加时，由于利用了低压抽汽，减少了循环的不可逆损失，但却使排烟温度升高，锅炉效率降低。根据计算，总的经济性一般是降低的。因此，为降低电厂煤耗，运行中应将暖风器的出口风温控制在设定值（调节暖风器的抽汽量），而不应过分增加暖风器的传热量。但若是利用排烟余热加热空气，尽管空气预热器出口烟气温度升高，但锅炉效率不仅不降反而升高。此时的暖风器实际上已经是空气预热器的一部分。

对于回转式空气预热器，冷端传热元件的金属温度 t_b（℃）可用式（7-8）近似计算，即

$$t_b = 0.5(t_{py} + t') - 5 \tag{7-8}$$

$$t_{py} = t'_{py} + (4 \sim 6)$$

式中　t_{py}——修正前的排烟温度，℃；

t'_{py}——实际空气预热器漏风状态下的排烟温度，℃；

t'——空气预热器进口风温，℃。

由式（7-8）可知，蒸汽暖风器出口风温（即空气预热器进口风温）的设定值取决于最低允许的冷端金属温度 t_b。如前所述，要避免低温腐蚀，需要将 t_b 提高到烟气露点以上，但这又会使锅炉效率降低较多。实际上仅要求能控制金属的腐蚀速度，使受热面有一定的使用寿命，即维持高的锅炉效率和维修费用之间的经济平衡即可。

空气预热器的最小冷端壁温曲线（美国 CE 公司经验曲线）如图 7-32 所示，它根据锅炉燃用煤种的含硫量，在合理选择排烟温度的前提下，得到冷端壁温值，以控制金属的腐蚀速度。例如，入炉煤的 $S_{ar} = 2.0\%$ 时，由图 7-32 查得冷端传热元件的壁温为 72℃，如果锅炉的排烟温度为 $t'_{py} = 133℃$，则修正前排烟温度 $t_{py} = 138℃$，按式（7-8）计算；可求得暖风器的出口风温不应低于 16℃。

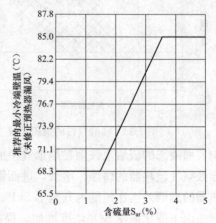

图 7-32　空气预热器的最小冷端壁温曲线

脱硝 SCR 投入运行后，烟气中的部分 SO_2 经过催化剂层后继续转化成 SO_3，使 SO_3 浓度增加，烟气露点升高。因此，与安装脱硝装置前相比，对空气预热器冷端综合温度的要求更高。应该指出，只要烟气通过 SCR 的催化剂层，不管是否喷氨，结露型堵灰的倾向都会加大。影响结露型堵灰的因素主要是煤的折算硫分、水分和 SO_3 向 SO_3 的转化率。

显然，随着锅炉燃煤含硫量的增大和负荷的降低（排烟温度随之降低），要求进入空气预热器的风温相应提高。另外，在锅炉启、停过程中也应开大暖风器的进汽调节门。锅炉在不同季节运行时，由于暖风器入口风温（环境温度）差别很大，必须相应地调节暖风器的出力，以实现经济运行。

（2）空气预热器冷段采用耐磨蚀材料。在回转式空气预热器中，传热元件沿转子高度方向分作高温段、低温段两段层布置，高温段采用普通钢材制作热端元件，低温段采用考登钢、渗镀搪瓷制作冷端元件，并加宽片距和增加传热片厚度。

（3）降低过量空气系数和减少漏风。烟气中的过剩氧会增大 SO_3 的生成量，无论是送入炉膛的助燃空气还是锅炉各部分的漏风，对 SO_3 的生成量都有影响。因为在烟气流动中，只要有过剩氧存在，SO_2 便能继续变为 SO_3。所以为防止低温腐蚀，应尽可能采取较低的过量空气系数和减少烟道的漏风。

（4）正确进行吹灰。空气预热器的腐蚀和积灰具有相互促进的特点，因此，装设吹灰器并合理进行吹灰可减轻受热面的积灰，从而对减缓低温腐蚀起一定的辅助作用。为此，运行中应注意监视空气预热器的进、出口压差、风机电流以及出口风温。当风侧、烟侧差压增大，同时空气预热器出口风温降低，送风机、引风机电流增大时，表明预热器堵灰已经较重，应及时进行吹灰操作。

（二）硫酸氢铵型腐蚀积灰

1. 硫酸氢铵型腐蚀积灰的原理

省煤器出口的烟气在通过 SCR 催化剂层时，SO_2 向 SO_3 的转化率增大，烟气中 SO_3 浓度增加。另外，为获得较高的脱硝效率，在 SCR 中向烟气喷入的氨量均超过理论喷氨量，这部分未反应掉的氨在 SCR 出口便形成氨逃逸。进入空气预热器后烟气中的逃逸氨与 SO_3 反应生成硫酸氢铵。硫酸氢铵在高于 230℃时为气态、低于 146℃为固态，146～230℃之间为液态，液态硫酸氢铵的存在区域称为 ABS 区，如图 7-33 所示。

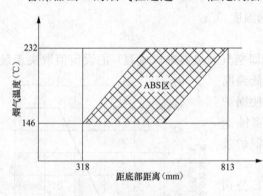

图 7-33　硫酸氢铵的沉积区域

气态或固体颗粒硫酸氢铵随着烟气流过空气预热器时，对空气预热器不产生任何影响。而液态的硫酸氢铵则黏结烟气中的飞灰粒子，在空气预热器蓄热元件上形成黏性积灰，导致空气预热器的腐蚀、堵灰，进而影响空气预热器的换热与压降，严重的堵灰可使空气预热器的烟侧差压在短期内升至 2.5kPa，甚至更高。

由于催化剂使 SO_3 浓度增加，提高了烟气露点，所以脱硝系统对空气预热器的结露型腐蚀也会产生不利的影响。

根据空气预热器的进、出口烟气温度计算，ABS 区域位于距空气预热器传热元件底部

381~813mm 的空间位置，如图 7-33 所示。因此，与脱硝系统配置的空气预热器，都将底部以上 0.9~1m 的传热区设计为低温段，蓄热元件采用大波型搪瓷波形钣片。1m 以上传热区为高温段，配置传统的蓄热元件。

2. 影响硫酸氢铵腐蚀的因素

（1）氨逃逸率。定义逃逸氨在烟气中所占容积比为氨逃逸率，单位为 $\mu L/L$，其数值取决于投入氨的过余量和脱硝效率，在 0~10$\mu L/L$ 之间。

氨逃逸率是空气预热器硫酸氢铵型堵灰的最大影响因素之一。有资料表明，氨逃逸率小于 1.0 时，硫酸氢铵生成量很少，空气预热器堵塞现象不明显；氨逃逸率增加到 2.0 时，空气预热器运行半年后阻力增加约 30%；若氨逃逸率增加到 3.0 以上，空气预热器运行半年后阻力增加约 50%。

运行中造成氨逃逸过大的原因主要有：

1）氨氮摩尔比设定过高，导致喷氨量偏大；

2）SCR 进口 NO_x 浓度高，导致喷氨量大；

3）喷氨量分布与烟气中氮氧化物浓度不匹配；

4）低负荷时 SCR 入口烟温下降，催化剂活性降低，未反应氨的比例增加；

5）催化剂堵灰或存在烟气走廊，氨氮未充分反应；

6）催化剂老化，活性降低；

7）表计不准确（如氨逃逸表、脱硝装置出入口 NO_x 表）导致运行控制失谐等。

（2）烟气中的 SO_3 含量。随着 SO_3 浓度增加，烟气中逃逸的氨分子将更多地与 SO_3 反应生成硫酸氢按，导致氨逃逸率增加。燃煤的折算硫分、折算水分以及催化剂 SO_3 转化率的高低，都会影响烟气中 SO_3 含量。燃用高硫煤的锅炉，以及催化剂 SO_3 转化率偏高的锅炉，很容易发生硫酸氢铵型腐蚀、堵灰。

（3）烟气温度。SCR 催化剂层的入口烟气温度的正常值为 320~420℃，在这个范围之外，SCR 脱硝效率都会降低。尤其当烟气温度低于下限温度 320℃时，SCR 脱硝效率降低明显，烟气中残余氨增加。根据试验曲线，烟气温度在 300℃时的喷氨量比 370~400℃时增加约 40%，脱硝效率降低约 10%。排烟温度对积灰的影响从两个渠道实现，一是空气预热器出口烟气温度越低，相同氨逃逸率下 ABS 区内的黏灰程度越重；二是随着空气预热器出口烟气温度的降低，ABS 区上移，距离下置的高压蒸汽吹灰喷嘴更远，空气预热器差压不易降下来。若 ABS 区伸入高温段下部，由于此处换热元件为常规波形，腐蚀、堵灰会比低温段更为严重。

机组在长期低负荷、环境温度突降、冬季暖风器故障、脱硝入口温度低等情况下，空气预热器压差往往快速升高，这些都是硫酸氢铵型堵灰受烟气温度影响的直接证明。

3. 减缓硫酸氢铵腐蚀堵灰的途径和措施

（1）减轻和防止硫酸氢铵型腐蚀的途径：

1）在空气预热器的低温段（ABS 覆盖区）采用抗腐蚀堵灰结构，如蓄热元件采用大波型搪瓷蓄热波形钣。

2）抑制脱硝系统的硫酸氢铵生成量及其在空气预热器内的沉积。

3）运行中加强空气预热器吹灰，清除受热面积灰。

（2）运行中控制硫酸氢铵腐蚀堵灰的措施：

1）限制入炉煤含硫量，尤其对空气预热器腐蚀堵灰严重的机组，避免集中燃用高硫煤。

2）在兼顾燃烧效率的情况下，增加炉内降氮的比例，减小 SCR 进口氮氧化物浓度及喷氨量。

3）在 SCR 出口 NO_x 达标的前提下，尽量减少喷氨量。通常控制氨逃逸率不大于 $3\mu L/L$，当燃用较高硫分煤时，应适当降低氨逃逸率的控制值。

4）进行脱硝系统的运行优化调整，保证喷氨、烟气的流场均匀分布。

5）通过燃烧调整，减小左右脱硝烟道的烟气流量偏差。

6）低负荷、负荷变动大等工况下，注意及时调整氧量，避免氧量大幅波动，引起 SCR 进口氮氧化物浓度和喷氨量的大幅变化。

7）应尽量避免 SCR 长期在低于 310℃的入口烟气温度下运行。

8）在环境温度低，气温突降，机组启停时，应及时投用锅炉暖风器或热风再循环。北方寒冷地区应延迟暖风器的停用时间。

9）强化空气预热器压差监督与吹灰，凡安装了双介质吹灰器的空气预热器，应积极调试，排除缺陷，坚持投用。

三、回转式空气预热器的漏风

1. 漏风及其影响因素

回转式空气预热器的漏风被认为是影响低温受热面安全经济性的重要问题之一。漏风不仅会使送风机、引风机的电耗增大（与漏风率的增加近似成正比例），加剧空气预热器的低温腐蚀，而且严重时还将使锅炉炉膛冒正压，锅炉出力被迫降低。

空气预热器使用漏风率 A_1 来评价它的漏风程度。A_1 被定义为漏入烟气侧的空气质量流量与烟气进口质量流量之比。由这个定义可推出 A_1 与漏风系数 $\Delta\alpha$ 的换算关系为

$$A_1 = \frac{\Delta\alpha}{\alpha}R_g \times 100 \quad （\%） \tag{7-9}$$

$$R_g = \frac{1}{1 + \dfrac{1-0.01A_{ar}}{1.306\alpha' v^0}}$$

式中　$\Delta\alpha$——空气预热器的漏风系数，$\Delta\alpha = \alpha' - \alpha''$；

　　α'、α''——空气预热器进、出口的过量空气系数；

　　R_g——密度修正系数；

　　A_{ar}——收到基灰分，%；

　　v^0——理论空气量，m^3/kg（标准状态）。

对于一般的烟煤、贫煤，R_g 的数值在 0.9～0.92 之间，按 GB/T 10184—2015《电站锅炉性能试验规程》，R_g 取常数 0.9。

回转式空气预热器产生漏风的情况有两种：

（1）携带漏风。携带漏风是指在转子旋转的过程中，转子容积中的空气携带到烟气侧的情况。携带漏风量的大小主要与转子转速有关。大型锅炉的空气预热器转速都很低，约为 1.2r/min，因此这种携带漏风量很小，一般不超过总风量的 1%。

（2）间隙漏风。间隙漏风是由于转动的转子与静止的机壳之间存在间隙，空气通过间隙由正压的空气通道漏向负压的烟气通道而引起的，是回转式空气预热器漏风的主要部分，这

部分漏风的大小与密封间隙的大小以及两侧压力差的平方根有关，所以又称密封漏风。

设计制造良好的回转式空气预热器，其漏风率为 6％～8％，质量不佳者可达 15％～20％，甚至更高。

2. 密封装置及其控制系统

为减少漏风，通常要在回转式空气预热器上加装密封装置。密封装置包括径向密封、轴向密封和旁路密封三种。径向密封装置主要由扇形板和径向密封片组成，用于阻止扇形板与转子的上下端面之间的间隙漏风。轴向密封主要由壳体上的弧形密封板和转子径向隔板侧边的轴向密封片组成，用于防止空气从转子外侧漏入烟气侧。旁路密封（环向密封）装置设在转子、外壳上下端面的整个外侧圆周上，主要由 T 形钢和周向密封片构成。旁路密封装置是为了防止气流不经过空气预热器受热面而直接从转子一端跑到另一端（即从转子外表面与外壳之间的环形间隙通过）。同时，它对减少轴向密封和径向密封的漏风也起一定的作用。上述三种密封装置的示意见图 7-34。

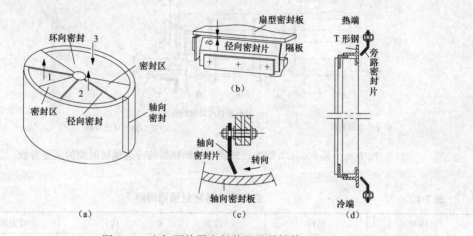

图 7-34　空气预热器密封装置及其结构

(a) 密封系统；(b) 径向密封；(c) 轴向密封；(d) 环向密封

1——次风；2—二次风；3—烟气

空气预热器工作时，烟气、空气反向逆流，空气预热器的上端烟气温度和风温都是高的，因此也称热端；而下端烟气温度和风温都低，因此也称冷端。由于上、下膨胀量不同，加之重力作用，便会使转子产生向下弯曲的所谓"蘑菇状"变形。因此，热态运行时会使空气预热器边缘部分的间隙变大，漏风加剧。

大型锅炉回转式空气预热器的固定式径向双密封结构简图如图 7-35 所示。密封片设计为柔性结构，径向和轴向均采用双密封结构，即运行中始终有两道密封片通过扇形板（或弧形板）。这样密封处的压降减少 1/2，从而降低径向漏风。径向密封片厚为 2.5mm，沿长度方向分成两段或多段，用螺栓固定在转子仓格的径向隔板上。由于密封片的螺栓孔为腰形孔，径向密封片的高低位置可以适当调整。

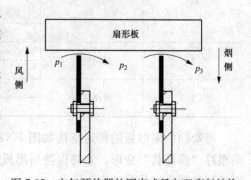

图 7-35　空气预热器的固定式径向双密封结构

空气预热器制造厂通过精确计算转子各点的热态变形，预留膨胀量使运行时的实际间隙达到最小。电厂应按照推荐的间隙调整图，对空气预热器间隙进行定期调整。某 2025t/h 锅炉回转式空气预热器的冷态预留间隙的调整参数如图 7-36 和表 7-4 所示。

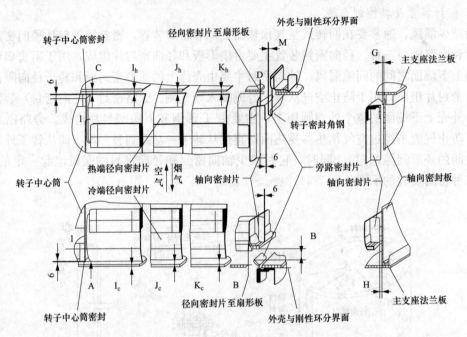

图 7-36　某 2025t/h 锅炉回转式空气预热器的冷态预留间隙的调整参数

表 7-4　　　　　　　　　　　　　空气预热器密封预留间隙

序号	名称	位置	代号	设定间隙（mm）
1	径向密封	冷端内侧	A	0
		冷端中间	I_c	6
			J_c	13.5
			K_c	23.5
		冷端外侧	B	37
		热端内侧	C	2
		热端中间	I_h	8
			J_h	9
			K_h	7
		热端外侧	D	2
2	轴向密封	热端	G	13.5
		冷端	H	7
3	旁路密封	热端	M	7
		冷端	B	37

可弯曲的扇形板的密封结构如图 7-37 所示，通过密封控制装置，可使扇形板的形状自动跟踪"蘑菇状"变形，始终保持扇形板和径向密封片之间的间隙在 3mm 左右，从而保证空气预热器良好的漏风率。

密封控制装置的动作原理是锅炉点火后，扇形板驱动机构上的计时器以每小时一次的频率接通驱动电动机，使扇形板缓缓向下移动，直到传感器触头与T形钢上的凸型触块接触为止。一旦接触，电动机暂停2s后倒转，带动扇形板向上复位移动约3mm停下。

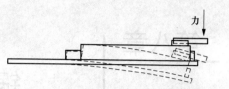

图 7-37　可弯曲扇形板在外力下的变形

该动作每小时一次，直到转子"蘑菇状"变形到最大的下垂量为止。此时计时器即由每小时一次改为每天若干次（可设定）跟踪动作。当锅炉负荷降低时，转子上翘，凸型触块便与传感器触头接触，使扇形板上升移动。但它们之间每接触一次扇形板便会向上提升约3mm。若负荷增加时，又会在调节装置的驱动下进行跟踪动作。

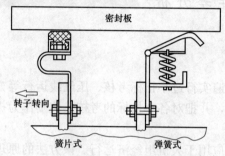

图 7-38　空气预热器柔性密封结构示意

柔性密封是近些年来出现的一种新的空气预热器密封形式，如图7-38所示，多用于空气预热器的密封改造。采用柔性接触式密封技术，动、静接触面之间没有间隙，且可以自动补偿预热器在旋转中的小量跳动，密封效果较好。该技术的关键问题是在长期运行状态下，密封滑块和弹簧不能失效，以保证其密封性能的持久。

3. 漏风的监督与减轻

（1）运行中应加强对排烟温度、引风机和送风机电流、炉膛氧量、负压等的监视。如果排烟温度不正常偏低，炉膛负压提不起来，而送风量、引风量和风机电流则很大，说明空气预热器漏风较严重，应及时通知检修人员调整密封装置的间隙，以减少漏风，提高锅炉的运行经济性。

（2）对于负荷变动较大且频繁的锅炉，为保证扇形板跟踪动作的及时性，应适当调整密封自控装置，如缩短驱动机构跟踪的时隔。

（3）空气预热器在运行时，应定期测量它的漏风率，若漏风率过大（例如超过12.5%），应及时通知检修人员调整密封装置的间隙，以减少漏风，提高锅炉运行经济性。

（4）在炉膛燃烧允许的情况下，可考虑适当降低一次风压运行定值，以减轻漏风。由于一次风压高，一次风漏到烟侧的空风量是二次风漏风量的2倍以上。一次风压每降低1kPa，可减少预热器漏风率0.8～1.0个百分点。

（5）以下运行情况将使空气预热器部件温度高于正常值，密封装置严重磨损，漏风也比正常运行时高，应加以避免：

1）进入空气预热器的烟气温度超过设计值。为防止磨损密封，运行中必须保证空气预热器的入口烟气温度低于某一最高允许值（如420℃）。

2）通过空气预热器的空气量减少。由于空气量接近于零，密封磨损程度增加。不论任何情况，只要有烟气通过空气预热器，就应有空气流过空气预热器。

3）密封磨损的程度随空气预热器转子转速的降低而增加。在用辅助装置带动空气预热器时，应控制转速不得低于0.2r/min。但运行中清洗空气预热器时除外。

第八章

锅炉机组经济运行

第一节 运行参数耗差分析

一、概述

为节约能源，国内大机组在运行管理中，曾较普遍实行过小指标考核、压红线运行等方法，即把影响供电煤耗的主要因素分解为运行小指标，并把对各小指标的考核、奖励作为提高机组运行经济性的直接动因。

近年来，一种基于耗差分析的优化运行方法开始应用于大机组经济运行。该方法的原理是，通过对设计数据、运行统计数据、专项试验数据的分析和整理，找出适合于现有机组状态的各运行参数的基准值。所谓基准值，是指机组在实现最高经济性时所能达到的各运行参数和性能参数的对应值，因此也是运行操作的目标值。在工况变动时，尽可能调整各参数达到基准值。如果被调参数与基准值发生偏离，则利用计算机实时计算各参数的偏差值对供电煤耗的定量影响（称耗差），并求出它们的代数和，即总的耗差。通过恰当调节各运行参数，可以将总的耗差降至最小，从而实现机组的最优运行。

二、耗差分析原理

耗差分析是运行优化的核心。若以 y 表示机组的供电煤耗（以下简称煤耗），以 x_i 代表影响煤耗的各个参数，则有以下数学式成立，即

$$y = f(x_1, x_2, \cdots, x_n)$$

当调整各 x_i 使得 y 值最小时，得到基准煤耗 y^* 为

$$y^* = f(x_1^*, x_2^*, \cdots, x_n^*)$$

式中 x_1^*，x_2^*，$\cdots$，x_n^*——参数基准值。

根据微分原理，当运行参数偏离基准值不大时，实际运行煤耗 y 相对基准煤耗的增量可表示为

$$\Delta y = y - y^* = \frac{\partial f}{\partial x_1} \Delta x_1 + \frac{\partial f}{\partial x_2} \Delta x_2 + \cdots + \frac{\partial f}{\partial x_n} \Delta x_n$$

式中 Δx_i——各运行参数与基准值之差，$\Delta x_i = x_i - x_i^*$ （$i = 1, 2, \cdots, n$）;

$\dfrac{\partial f}{\partial x_i} \Delta x_i$——各参数单独影响所造成的煤耗偏差。

定义运行参数 x_i 的耗差 Dx_i 为

$$Dx_i = \frac{\partial f}{\partial x_i} \Delta x_i (i = 1, 2, \cdots, n)$$

式中　$\dfrac{\partial f}{\partial x_i}$——参数 x_i 单位变化所造成的煤耗偏差。

于是有

$$\Delta y = \sum_{i=1}^{n} \frac{\partial f}{\partial x_i} \Delta x_i$$

即总的煤耗偏差等于各参数的耗差之和。而当参数偏离基准值时，其煤耗 y 可以从总煤耗偏差 Δy 计算出来，即

$$y = y^* + \Delta y$$

以上耗差 Dx_i 分为可控耗差与不可控耗差。所谓可控耗差，是指可通过调整机组的运行方式而加以改变的耗差，如表 8-1 中所列的主蒸汽温度、排烟温度、减温水量等耗差。不可控耗差则是无法通过运行调整手段进行控制的耗差，例如环境温度耗差、再热器压降耗差等。机组在某时刻的运行煤耗等于基准煤耗 y^* 加上总耗差 Δy（可控耗差与不可控耗差之和）。显然，当调整可控耗差之和达到最小值时，各参数达到基准值，煤耗降至最低。

表 8-1　　　　某 600MW 机组满负荷运行某一时刻各项耗差分布（锅炉侧）

序号	名称	基准值	实时值	耗差（g/kWh）
1	锅炉排烟温度（℃）	130.21	141.25	2.18
2	排烟氧量（%）	3.84	4.03	0.28
3	飞灰含碳量（%）	2.52	2.14	−0.57
4	主蒸汽压力（MPa）	16.66	16.45	0.31
5	主蒸汽温度（℃）	537	530.6	0.64
6	过热器喷水量（t/h）	0	0	0
7	再热蒸汽温度（℃）	537	531.58	0.43
8	再热器喷水量（t/h）	0	2.11	0.134
9	预热器进风温度（℃）	20	16.2	0.67
10	再热器压降（MPa）	0.39	0.34	−0.33
11	汽水损失（%）	0.5	0.42	−0.27
12	供电煤耗（g/kWh）	309.05	315.98	3.47

注　表中第 9 项和第 10 项为不可控耗差。

运用耗差分析方法可以对运行中各参数偏差的耗差进行定量计算，实时反映机组当前的运行状况，运行人员则可根据各参数的耗差大小确定优先调节对象，使机组始终保持在较佳的运行水平。现以表 8-1 为例做出说明。

表 8-1 列出了某机组在 600MW 负荷某一时刻的各耗差值（锅炉侧）。从表 8-1 中可知，锅炉侧总耗差为 3.47g/kWh（此时机组的总耗差为 6.93g/kWh）。影响煤耗最大的是锅炉排烟温度，排烟温度高出基准值 11℃，影响煤耗 2.18g/kWh，其次是主蒸汽温度和再热蒸汽温度。运行人员可以根据耗差表，对影响机组煤耗大的运行参数首先进行运行方式调整。如为了降低锅炉的排烟温度，可以采取以下措施：

（1）对锅炉实施吹灰；

（2）适当降低上层磨煤机的出力；

（3）适当减小锅炉的风量；

（4）增加燃烧器最上层二次风挡板开度。

结合表 8-1 中主蒸汽温度和再热蒸汽温度的耗差状况，在当前情况下运行人员可优先选择措施（1），加强锅炉尾部烟道尤其是再热器区的吹灰，一方面可以使锅炉的排烟温度下降，同时也可以减小由于再热蒸汽温度低而造成的耗差。经过吹灰以后，应根据锅炉的主蒸汽、再热蒸汽温度的偏差情况来决定是否进一步采取措施（2）～（4）。在需要采取措施（3）时，应密切监视飞灰含碳量的相应变化，防止该项耗差过多上升。总之，在调整运行方式时，某项耗差的下降可能会引起其他几项耗差的变化，而这些耗差的变化也立即实时计算并给出显示，使运行人员在改变运行参数时有量的指导。从而不会出现经调整后的可控耗差的总量反而上升的不利结果。

三、基准值及其曲线

根据耗差分析原理，参数基准值是可控参数的一组特定取值（称基准参数），它们使机组在最小煤耗下运行。最小煤耗称基准煤耗，它由一组基准值决定。每一参数的基准值都应是最优值，不论该参数从哪个方向偏离基准值，对总煤耗的影响都是不利的。有些基准值对总煤耗是单向影响的，例如主蒸汽温度总是越高越好，但其上限不应超过设计值，因此这类参数（如主蒸汽温度）的基准值就选为它们的设计值。

基准参数的数值应具有可操作性，即它们是运行人员经过调整可以达到的目标。在确定基准参数项时，只需将对机组煤耗影响较大的关键参数入选基准参数，而不必也不可能考虑所有的可调参数。各基准参数必须彼此独立，不能互相导出。不然有可能导致耗差的重叠计算而使计算总耗差高于实际总耗差。例如，在选定排烟温度、飞灰含碳量和排烟氧量为基准值后，就不可以再将锅炉效率作为基准参数，因为前三者耗差之和就是锅炉效率的耗差值。

所有基准值都是机组负荷的函数。而锅炉侧的基准值有些还同时是煤质和空气预热器进风温度的函数。以锅炉排烟温度为例，白天与晚间的空气预热器进风温度差别较大，夜晚气温低时空气预热器进风温度下降，会导致排烟温度降低。如果此时的排烟温度基准值不相应降低，则会导致在不进行任何操作的情况下排烟温度耗差以及总耗差自动减少的现象。这不仅使总的耗差平衡产生问题，也会对运行人员进一步降低排烟温度的努力产生误导。

基准值通过对设计数据、运行统计数据、历次试验数据的分析和整理取得。其准确性和完整性直接影响优化操作的可信性和广度。进行基准值试验时，必须消除设备缺陷，使所有运行设备在较佳的状态下运行。应保证各运行表计和在线监测装置（如锅炉飞灰含碳量测定仪）的准确性。通过进行各档负荷、各小指标变化条件下的煤耗试验，获得各档负荷的最佳指标（即基准值）和各种小指标对煤耗的影响曲线。当然，一些小指标的影响曲线也可以借助计算得到。机组一旦进行检修以后，应根据机组试验的结果对于机组各运行参数的基准曲线进行必要的修正。

作为示例，表 8-1 给出了某电厂 600MW 机组 100% 负荷时的参数基准值。图 8-1 给出某 600MW 机组基准煤耗随负荷的变化曲线。图 8-2 是锅炉基准排烟温度与负荷、环境温

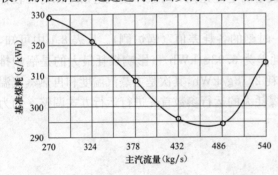

图 8-1　某 600MW 机组基准煤耗与负荷的关系

度的关系曲线。

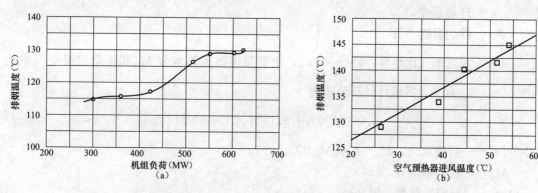

图 8-2　某 600MW 机组排烟温度基准值特性
（a）排烟温度基准值随负荷变化关系；（b）排烟温度基准值随环境温度变化关系

四、锅炉侧参数（指标）的耗差计算

耗差计算的目的是确定参数 x_i 单位变化所造成的煤耗偏差。就锅炉侧而言，这些参数主要是排烟温度、飞灰含碳量、排烟氧量、主蒸汽压力、主蒸汽温度、再热蒸汽温度、过热器减温水、再热器减温水、汽水损失、空气预热器风量系数、制粉单耗等。为便于运行分析，本节还给出其他一些运行参数对锅炉经济性影响的估算公式。这些公式对于从事电厂节能工作的同志是十分有用的。

（一）锅炉效率耗差

锅炉效率耗差是指当锅炉实际运行效率与锅炉基准效率之差为 $\Delta\eta$ 时，机组煤耗的变化量 Δb^s。锅炉排烟温度、排烟氧量、飞灰含碳量等基准参数变化对机组煤耗的影响都是通过锅炉效率耗差的计算而得到的。锅炉效率耗差按式（8-1）计算，即

$$\Delta b^s = \frac{-b^s}{\eta}\Delta\eta \tag{8-1}$$

式中　η——锅炉效率（取变化前的值，即基准效率），%；

$\Delta\eta$——锅炉效率变化量，%；

b^s——供电标准煤耗（取变化前的值，即基准煤耗），g/kWh；

Δb^s——供电标准煤耗变化量，g/kWh。

基准煤耗按式（8-2）计算（或查基准煤耗曲线），即

$$b^s = \frac{1.229}{\eta_p \eta_e (1-\varepsilon)} \times 10^6 \tag{8-2}$$

式中　η_p、ε——管道效率、厂用电率；

η_e——装置效率，$\eta_e = 3600/q$；

q——汽轮机热耗率，kJ/kWh。

式（8-1）表明，锅炉效率变化对煤耗的影响程度，取决于机组煤耗和锅炉效率。机组煤耗越高，锅炉效率越低，则单位锅炉效率变化引起煤耗的变化就越大。

（二）排烟温度耗差

根据 GB 10184—2015《电站锅炉性能试验规程》，排烟损失 q_2（%）的计算式为

$$q_2 = k(\theta - t_0) \times 100 \tag{8-3}$$

式中　t_0——环境温度，℃；

　　　θ——排烟温度，℃；

　　　k——相对烟气比热容，$k = \dfrac{v_y}{Q_{net,ar}} c_y$，主要与煤的折算水分 M_{zs} 和排烟过量空气系数

　　　　α_{py} 有关，其统计计算公式为

$$k = (0.000\ 496\ 8 + 8.1341 \times 10^{-6} M_{zs})\left(\frac{\alpha_{py}}{1.3}\right) \tag{8-4}$$

式中　M_{zs}——折算水分，$M_{zs} = 4190 M_{ar}/Q_{net,ar}$。

　　　M_{ar}——收到基水分，%；

　　　$Q_{net,ar}$——低位发热量，kJ/kg。

　　式（8-3）对排烟温度 θ 求偏导数，得 θ 每变化 1℃，q_2 的变化量为 $100k$。锅炉效率的变化量 $\Delta\eta$（与 q_2 反号）则为

$$\Delta\eta = -k\Delta\theta \times 100 \tag{8-5}$$

式中　$\Delta\theta$——排烟温度变化量，$\Delta\theta = \theta - \theta^0$，℃；

　　　θ^0——排烟温度基准值，℃。

　　取得 $\Delta\eta$ 的值之后，即可按式（8-1）计算机组煤耗的变化量 Δb^s（即排烟温度耗差）。排烟温度对经济性影响的大致范围可从式（8-3）和式（8-1）计算，列于表8-2。

表 8-2　　　　　　　　　　排烟温度每变化 10℃ 时标准煤耗的变化量

煤种	锅炉效率变化量 $\Delta\eta$（%）	标准煤耗变化量 Δb^s（g/kWh）
烟煤、贫煤、无烟煤	0.5～0.6	1.5～2.0
褐煤	0.55～0.7	1.7～2.2

注　1. 表中数据的计算条件：$\alpha_{py} = 1.2 \sim 1.5$，$\eta = 91\% \sim 94\%$；$b^s = 275 \sim 330$g/kWh。
　　2. 大容量、超（超）临界机组 Δb^s 偏低限取值；小容量、亚临界机组 Δb^s 偏高限取值。

　　以上排烟温度耗差的计算条件是暖风器停用。在暖风器投入情况下的排烟温度对煤耗的影响用式（8-14）计算。

（三）环境温度耗差

　　式（8-3）中的环境温度 t_0 与设计值产生偏差时，会导致排烟损失 q_2 的变化，从而使煤耗发生变化。在相同排烟温度下，单独考虑环境温度偏差时的锅炉效率变动按式（8-6）计算，即

$$\Delta\eta = k\Delta t_0 \times 100 \tag{8-6}$$

式中　Δt_0——环境温度偏差，$\Delta t_0 = t_0' - t_0$；

　　　t_0'、t_0——环境温度实际值、环境温度基准值，℃；

　　　k——相对烟气比热容，按式（8-4）计算。

　　机组煤耗的变化量 Δb^s 仍由式（8-1）计算。注意这里 t_0' 是环境温度而不是空气预热器的入口风温，在考虑送风机温升以及暖风器投入的条件下，两者并不相等。

　　比较式（8-6）和式（8-5）可知，若环境温度和排烟温度同时升高相同数值，则锅炉效率不变。根据空气预热器的传热特性，当环境温度升高时（如夏季），排烟温度与环境温度的差值减小。由此可知，若排烟温度的升高仅是由于环境温度升高而引起的，那么锅炉效率不仅不

降低反而有所提高。这是因为进行锅炉效率计算时，环境带入的热量未作为输入热量。

（四）过量空气系数（氧量）耗差

令式（8-3）对过量空气系数 α_{py} 求偏导数，得 α_{py} 每变化 $\Delta\alpha_{py}$ 时锅炉效率的变化量 $\Delta\eta$ 为

$$\Delta\eta = -(0.0382 + 0.000626M_{zs}) \times (\theta - t_0)\Delta\alpha_{py} \tag{8-7}$$

式中 $\Delta\alpha_{py}$——排烟过量空气系数的变化量。

利用式（5-1），将式（8-7）变为排烟处氧量影响关系式

$$\Delta\eta = -\frac{0.802 + 0.0131M_{zs}}{(21 - O_2)^2} \times (\theta - t_0)\Delta O_2 \tag{8-8}$$

分析式（8-8），排烟氧量变化对锅炉效率的影响程度与排烟温度 θ 和排烟氧量有关，θ 越高，氧量越大，排烟氧量变化对锅炉效率的影响就越厉害。

取得 $\Delta\eta$ 的值之后，即可按式（8-1）计算出机组煤耗的变化量 Δb^s（即氧量耗差）。氧量对煤耗影响的大致范围可从式（8-8）计算，列于表8-3。

表8-3　　　　　　　　　　排烟氧量每变化 1.0% 时，标准煤耗的变化量

标准煤耗变化量（g/kWh）	$\theta - t_0 = 110$（℃）	$\theta - t_0 = 130$（℃）
$O_2 = 3.5$（%）	1.04	1.22
$O_2 = 5.0$（%）	1.23	1.46

（五）飞灰含碳量耗差

飞灰含碳量 C_{fh} 引起的 q_4 损失（%）按式（8-9）计算，即

$$q_4 = \frac{337A_{ar}}{Q_{net,ar}} a_{fh} \frac{C_{fh}}{100 - C_{fh}} \times 100 \tag{8-9}$$

由此式得到飞灰含碳量 C_{fh} 每变化 ΔC_{fh}，锅炉效率变化 $\Delta\eta$ 为

$$\Delta\eta = -b\Delta C_{fh} \times 100 \tag{8-10}$$

$$b = \frac{8.0429a_{fh}A_{zs}}{(100 - C_{fh})^2} \tag{8-11}$$

式中 b——系数；

A_{zs}——折算灰分，$A_{zs} = 4190A_{ar}/Q_{net,ar}$。

a_{fh}——飞灰系数，对煤粉炉，取 $a_{fh} = 0.9 \sim 0.95$；对 CFB 炉，取 $a_{fh} = 0.6 \sim 0.7$。

$b \times 100$ 的值代表了 C_{fh} 每有 1.0% 的变化，影响 q_4 损失的幅度。煤中灰分 A_{ar} 越高、低位热值 $Q_{net,ar}$ 越低，C_{fh} 所代表的燃烧损失就越大。因此，燃用高灰分、低热值煤的锅炉，更应注意降低飞灰含碳量。表8-4 是一个计算示例。燃用煤质 A 和煤质 B 的两个电厂，在飞灰含碳量 C_{fh} 都增加 1.0% 的情况下，锅炉效率的降低各为 0.15、0.7 个百分点。

表8-4　　　　　　　　　　煤折算灰分 A_{zs} 对飞灰含碳量耗差的影响

煤质	A_{ar}（%）	$Q_{net,ar}$（kJ/kg）	A_{zs}（%）	C_{fh}（%）	锅炉效率变化 $\Delta\eta/\Delta C_{fh}$	标煤耗变化 $\Delta b^s/\Delta C_{fh}$
A	10.79	23 570	1.92	1~2	0.15	0.24
B	37.19	17 400	8.95	1~2	0.70	1.12

注 表中数据的计算条件：$a_{fh} = 0.92$，$\eta = 91\% \sim 93\%$；$b^s = 300 \sim 330$g/kWh。

大型煤粉锅炉的 C_{fh} 通常在 1%～3% 之间变动，可按式（8-12）估算飞灰含碳量变化对

锅炉效率的影响，即

$$\frac{\Delta\eta}{\Delta C_{fh}} = -0.0836 \times A_{zs} \qquad (8\text{-}12)$$

飞灰含碳量耗差根据 $\Delta\eta$ 值按式（8-1）计算。

（六）暖风器耗差

锅炉投入暖风器后，空气预热器进风温度升高，导致排烟温度升高。但排烟温度升高的数值 $\Delta\theta$ 小于进风温度的升高值 Δt。其间关系为

$$\Delta\theta = \varepsilon\Delta t \qquad (8\text{-}13)$$

式中　　ε——升温系数，$\varepsilon = \dfrac{\theta_1 - \theta_2}{\theta_1 - t_0}$；

t_0、θ_1、θ_2——空气预热器进口风温、进口烟温、出口烟温（均取暖风器投入前的数值），℃。

大型锅炉的 ε 值大致为 0.65～0.70。

暖风器投入引起的排烟温度升高对标准煤耗的影响 $\Delta b'_s$ 按式（8-14）计算，即

$$\Delta b'_s = \lambda \Delta b^s \qquad (8\text{-}14)$$

式中　Δb^s——按式（8-5）计算的排烟温度耗差，g/kWh；

λ——按图 8-3 查取的折减系数。

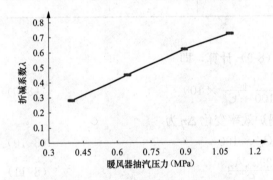

图 8-3　暖风器投入的耗差折减系数

折减系数 λ 的意义是暖风器抽汽引起的汽轮机做功减少与锅炉输入热量增加对排烟温度耗差的修正。以暖风器投入使排烟温度升高 10℃ 为例，按式（8-3）计算的排烟温度耗差为 1.6g/kWh，而按式（8-14）计算的排烟温度耗差只有 $(0.3～0.6) \times 1.6 = (0.5～1.0)$（g/kWh）。

若暖风器的空气是用空气预热器出口以后的烟气加热（近年来出现），则暖风器对锅炉效率影响仍用式（8-3）计算，但式（8-3）中的 $\Delta\theta$ 改用式（8-15）计算，即

$$\Delta\theta = -(t'' - t') \cdot (x' - \eta') \qquad (8\text{-}15)$$

$$x' = \frac{\theta'_n - \theta''_n}{t'' - t'}$$

$$\eta' = \frac{\theta' - \theta''}{\theta' - t'}$$

式中　t'、t''——暖风器进、出口风温，℃；

θ'_n、θ''_n——暖风器进、出口烟温，℃；

θ'、θ''——暖风器停用时的空气预热器进、出口烟温，℃。

式（8-15）表明，由于 x' 总是大于 η'，所以暖风器的投入使锅炉效率升高。

（七）过热器减温水量耗差

本节第（七）项直至第（十二）项耗差的具体数值，都是针对我国具有典型热系统参数的 300、600、1000MW 级机组，参照汽轮机制造厂提供的修正曲线，经变工况计算得出的，它们给出了大机组主要耗差的基本的数量概念。

过热器减温水一般引自给水泵的出口或泵的中间抽头，此时过热器喷水可视作一小股绕过高压加热器进行热力循环的工质。因这一部分工质的回热程度较低（只经过低压加热器），故当喷水量增加时，机组效率降低而使煤耗增加。有的超临界机组，过热器喷水引自省煤器出口，并不绕过高压加热器，所以其喷水量就不再影响煤耗。

当过热器减温水引自给水泵出口时，减温水率每增加1％，汽轮机热耗率相对增加0.036％~0.04％，且与负荷基本无关。300MW机组，发电标准煤耗增加0.11~0.13g/kWh；600~1000MW机组，发电标准煤耗增加0.09~0.11g/kWh。对于同容量机组，超（超）临界参数比亚临界参数偏低取值，湿冷机组比空冷机组偏低取值。在切除高压加热器运行情况下，过热器减温水量对热经济性没有影响。

（八）再热器减温水量耗差

再热器减温水使煤耗增加的原因，是喷入再热器的减温水经历一个中压循环，与其余给水相比（它们经历的是高压循环），其循环热效率自然要低得多。也可以这样理解：当给水喷入再热器后，它做功仅限于中、低压缸，少做的功量与少吸收的热量相比，前者相对更多一些，经济性降低。

再热器的减温水对经济性影响的程度还与喷水的分流点有关。与分流点在给水泵出口的系统相比，分流点在高压加热器出口的系统，由于再热器喷水经过高压加热器的部分会增加主汽流的抽汽系数，因而经济性的降低要小一些。

对于喷水分流点在给水泵出口的减温水系统，再热器喷水率每增加1％（指与主蒸汽流量之比），汽轮机热耗率相对增加0.25％~0.28％，且与负荷基本无关。300MW机组，发电标煤耗增加0.7~0.9g/kWh；600~1000MW机组，发电标煤耗增加0.6~0.85g/kWh。对于同容量机组，超（超）临界参数比亚临界参数偏低取值，湿冷机组比空冷机组偏低取值。切除高压加热器运行时，上述经济性的降低分别减少0.05~0.1g/kWh。

【例8-1】 某600MW机组，过热蒸汽流量$D_0 = 1935$t/h，再热器喷水量$D_{zr} = 90.8$t/h，该机组标准煤耗$b^s = 308.5$g/kWh。试计算再热器减温喷水量耗差。

解： 再热器喷水率为

$$s = D_{zr}/D_0 \times 100 = 90.8/1935 \times 100 = 4.692(\%)$$

每1％喷水的标煤耗增加为

$$\delta b^s = 0.75(\text{g/kWh})/(1\%)$$

耗差（即标准煤耗增加值）为

$$Db^s = \delta b^s \times s = 0.75 \times 4.692 = 3.519(\text{g/kWh})$$

分析： 对于本例，若能通过燃烧调整的方法将再热蒸汽温度降至额定值而不投减温水，就可节省标准煤3.519g/kWh。

（九）主汽温、再热汽温耗差

主汽温、再热汽温对标准煤耗的影响如图8-4所示。图8-4中横坐标为机组负荷，纵坐标为蒸汽温度每降低10℃的标准煤耗增加（称标煤耗差）。根据图8-4，在锅炉容量300~1000MW范围内，主汽温每降低10℃，标煤耗差为0.65~1.0g/kWh。容量小、主汽温低的亚临界机组，标煤耗差偏上限取值；容量大、主汽温高的超（超）临界机组，标煤耗差偏下限取值。再热汽温每降低10℃，标煤耗差为0.55~0.9g/kWh。容量小、再热汽温低的亚临界机组，标煤耗差偏上限取值，容量大、再热汽温高的超（超）临界机组，标煤耗差偏下限取值。

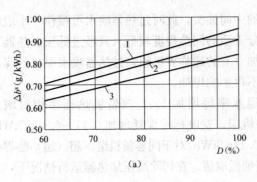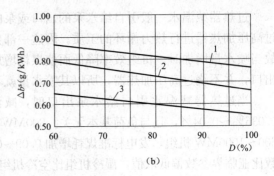

图 8-4　蒸汽温度每降低 10℃ 的标准煤耗增量

(a) 主汽温；(b) 再热汽温

1—300MW 级机组；2—600MW 级机组；3—1000MW 级机组

由图 8-4 可知，过热汽温变化的标煤耗差大于再热汽温的标煤耗差。且当负荷变化时，过热汽温与再热汽温显示出完全不同的的耗差特性。低负荷运行时，过热汽温的标煤耗差减小，而再热汽温的标煤耗差升高。空冷机组的主汽温、再热汽温耗差可在图 8-4 所查数据的基础上增加 10%～15%。

（十）　主汽压耗差

主汽温不变而主汽压降低时，新汽的比焓值增加而汽轮机理想焓降减少。这一点从焓熵图很容易看出。因此，单纯的主汽压降低（指汽轮机调节汽阀不动）会引起煤耗增加。主汽压每降低 1MPa，亚临界机组煤耗增加约 0.34%（相对值），超临界机组煤耗增加约 0.29%。但不能就此得出滑压运行效率低的结论。与定压方式相比，在蒸汽压力降低的同时，部分负荷下汽轮机调节汽阀节流损失减小、高压缸内效率增大、给水泵耗功降低。这样，在负荷低于某一值以后，主汽压耗差、高压缸效率耗差和给水泵耗差的总和开始降低。

（十一）　给水温度耗差

此处所说给水温度耗差是指当高压加热器切除时给水温度降低引起的煤耗升高。这种情况由于回热程度受到较大削弱，所以循环热效率降低较多。计算表明，给水温度每降低 10℃，亚临界机组标准煤耗相对增加 0.30%；超临界机组标准煤耗相对增加 0.26%。这里要说明的是，当给水温度变化时，有可能影响到锅炉的排烟温度从而引起锅炉效率的变化。但由于排烟温度的耗差是单独计算的，因此排烟温度的变化尽管可以是由给水温度降低引起，但它并不影响给水温度耗差即 0.30% 这个数值。这是耗差分析中的一个非常重要的独立性原则。

（十二）　汽水损失耗差

锅炉汽水损失是工质在最高能位下的能量丢失，因此它们影响煤耗很大。汽水损失每增加 1%，供电煤耗增加 3.0～3.3g/kWh。这个关系与负荷高低、高压加热器投停无关。

（十三）　厂用电率耗差

厂用电率耗差是指当厂用电率变化 $\Delta\varepsilon$（%）时机组煤耗的变化值。锅炉的制粉系统、送风机、引风机、一次风机的耗电及空气预热器漏风率等对机组供电煤耗的影响，都是通过相应各厂用电率耗差的计算而得到的。厂用电率耗差 Δb^s 按式（8-16）计算，即

$$\Delta b^s = \frac{b^s}{(1-\varepsilon/100)} \times \frac{\Delta\varepsilon}{100} \tag{8-16}$$

式中　$\Delta\varepsilon$——厂用电率增加值，%；

　　　b^s——供电标准煤耗，取变动前的数值，g/kWh；

　　　ε——厂用电率，取变动前的数值，%。

（十四）空气预热器进口风量耗差

空气预热器的入口风量与理论空气量之比称空气预热器入口风量系数，记为β。在进口烟气量不变时，当入口风量系数β减少时，排烟温度升高；β值增加时，排烟温度降低。单位风量系数β减少对排烟温度变化的影响幅度，与空气预热器的初始烟温降、蓄热元件积灰程度有关。利用所建立的空气预热器传热特性计算模型，得到排烟温度-进风量变化特性曲线，如图8-5所示。图8-5中横坐标为

$$\Delta\theta = \theta_1 - \theta_{py}$$

式中　θ_1——预热器进口烟温，℃；

　　　θ_{py}——预热器出口烟温，℃。

纵坐标$\delta\theta/d\beta$为每1%的进风量减少引起的排烟温度增加。其中$d\beta=-100\Delta\beta/\beta$表示预热器入口风量的相对减少（%），$\delta\theta=\theta_{py}-\theta_{py}^0$为排烟温度增量，$\theta_{py}^0$、$\theta_{py}$为变化前、后的排烟温度。图8-5中参数$k_p$为空气预热器烟侧差压与设计差压之比，以它来表示蓄热元件的积灰程度。由图8-5可见，随着空气预热器设计传热功率（或$\Delta\theta$）的增加，空气预热器入口风量对排烟温度的影响变大；随着空气预热器积灰的发展（k_p增大），空气预热器入口风量对排烟温度的影响变弱。在空气预热器常见的性能参数范围内，$\delta\theta/d\beta$的数值大致在1.3～1.6之

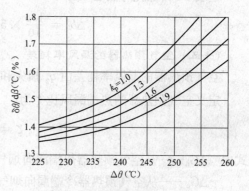

图8-5　空气预热器进口风量对
排烟温度的影响

间变化。即空气预热器入口风量每减少1%（$d\beta=-1.0$），排烟温度升高1.3～1.6℃。

锅炉效率的变化$\Delta\eta$按式（8-5）计算。机组煤耗的变化Δb^s按式（8-1）计算或从表8-2查取。

【例8-2】 某660MW超临界机组，空气预热器进口烟气温度为363℃，排烟温度为121℃。制粉系统为中速磨煤机正压直吹式。经运行调整后，100%负荷时5台磨煤机的冷风掺入总量从130t/h减少到40t/h，试计算标准煤耗降低的数值。其他相关参数列于表8-5。

表8-5　　　　　　　　　　660MW锅炉空气预热器进风量影响的有关计算参数

理论空气量 ［m³/kg（标准状态）］	空气预热器进口 一次风量（t/h）	空气预热器进口 二次风量（t/h）	燃煤量 （kg/h）	设计空气预热器 烟侧差压（kPa）	空气预热器烟侧运行 差压（kPa）
5.44	520.7	1777	254 900	1.05	1.36

计算：

进口风量系数为

$$\beta = \frac{1000 \times (520.7 + 1777)}{1.285 \times 254\,900 \times 5.44} = 1.290$$

式中　1.285——干空气密度，kg/m³（标准状态）。

空气预热器入口风量系数增加为

$$\Delta\beta = \frac{1000 \times (130 - 40)}{1.285 \times 254\,900 \times 5.44} = 0.0505$$

入口风量系数相对增加为

$$-\mathrm{d}\beta = 100 \times 0.0505/1.290 = 3.915(\%)$$

空气预热器烟温降（变化前）为

$$\Delta\theta = 363 - 121 = 242(\text{℃});$$

空气预热器积灰因子为

$$k_\mathrm{p} = 1.36/1.05 = 1.295$$

依据 $\Delta\theta = 242$ 和 $k_\mathrm{p} = 1.295$，查图 8-4，得 $\delta\theta/\mathrm{d}\beta = 1.51$；

排烟温度降低为

$$\delta\theta = 1.51 \times 3.915 = 5.91(\text{℃})$$

查表 8-2，煤耗降低 Δb^s 为

$$\Delta b^\mathrm{s} = \frac{1.6}{10} \times 5.91 = 0.946(\mathrm{g/kWh})$$

（十五）空气预热器的漏风率耗差

空气预热器的漏风率耗差由 q_2 损失和风机电耗这两项耗差组成。先看 q_2 损失。

定义空气预热器的热端漏风比 ζ 为

$$\zeta = \frac{\Delta G_\mathrm{h}}{\Delta G_\mathrm{h} + \Delta G_\mathrm{c}} \tag{8-17}$$

式中　ΔG_h——从空气预热器热端漏向烟气侧的空气量，kg/s；

　　　ΔG_c——从空气预热器冷端漏向烟气侧的空气量，kg/s。

空气预热器的漏风只考虑径向漏风。记漏风系数为 $\Delta\alpha$，则热端漏风量为 $\zeta\Delta\alpha$；冷端漏风量为 $(1-\zeta)\Delta\alpha$。当 $\zeta = 0$ 时，所有漏风自冷端进入烟气侧，排烟温度降低，排烟过量空气系数增大，但 q_2 损失不变。当 $\zeta = 1$ 时，所有漏风自热端进入烟气侧，排烟温度略降低，q_2 损失增加。

定义空气预热器漏风 $\Delta\alpha = 0$ 时的出口烟温 θ_2^* 为修正前的排烟温度，$\zeta = 0$，漏风系数 $= \Delta\alpha$ 时的出口烟温 θ_{20} 为修正后的排烟温度。两者之间按式（8-18）换算，即

$$\theta_{20} = \theta_2^* - \frac{\Delta\alpha}{\alpha' + \Delta\alpha}(\theta_2^* - t_1) \tag{8-18}$$

式中　$\Delta\alpha$——空气预热器漏风系数；

　　　t_1——空气预热器进风温度，℃；

　　　α'——空气预热器进口过量空气系数。

计及热端漏风（$\zeta > 0$）时的排烟温度 θ_{21} 低于 θ_2^*，但高于 θ_{20}，两者差值 $\Delta\theta = \theta_{21} - \theta_{20}$ 恰好代表热端漏风 $\zeta\Delta\alpha$ 所形成的 q_2 损失。

标准条件下（$\zeta = 1$、设计负荷）的空气预热器漏风特性绘制于图 8-6。图 8-6 中横坐标 A_1 为漏风率，纵坐标 $\Delta\theta^*$ 为标准条件下以零漏风为计算起点的 $\Delta\theta$ 的基准值。δt 为空气预热器的上端差。对于图中任一曲线，当 A_1 从 A_1 增加到 $A_1 + \Delta A_1$ 时，相应纵坐标之差 $\mathrm{d}\Delta\theta^*$ 即为由 ΔA_1 引起的排烟温度增加值。

当 $\zeta < 1$ 和低负荷运行时，$\mathrm{d}\Delta\theta$ 按式（8-19）进行修正，即

$$d\Delta\theta = \zeta\left(\frac{D}{D_e}\right)^{0.9}d\Delta\theta^* \qquad (8-19)$$

式中　D、D_e——实际负荷、额定负荷，t/h。

锅炉效率的变化 $\Delta\eta$ 按式（8-5）计算。机组煤耗的变化 Δb_1^s 按式（8-1）计算或从表 8-2 查取。

漏风率增加对风机耗电率 $\Delta\varepsilon$（%）的影响按式（8-20）计算，即

$$\Delta\varepsilon = \frac{A_1 - A_1^*}{100}\left(\mu_1\frac{v_y'}{v_1'}\varepsilon_1 + \varepsilon_y\right) \qquad (8-20)$$

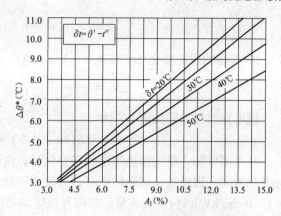

图 8-6　空气预热器漏风系数特性

式中　A_1——空气预热器实测漏风率，%；

　　　A_1^*——空气预热器漏风率基准值，取 6.0，或改进调整前的值，%；

　ε_1、ε_y——一次风机用电率、引风机用电率，%；

　　　μ_1——一次风漏风量（至烟气和二次风）与一、二次风总漏风量的比值，此值通常在 0.75～0.9 之间；

v_y'/v_1'——空气预热器进口烟气量与空气预热器进口一次风量之比，在 4～5 之间取值。

式（8-20）中略去了送风机的功率增量。这是因为二次风一方面向烟侧漏风，另一方面接受一次风侧的补风，加之空气预热器进口二次风量多出进口一次风量 3～4 倍，因此相同漏风量下，空气预热器入口二次风量的相对变化只有入口一次风量相对变化的几十分之一。

风机电耗率 $\Delta\varepsilon$ 引起的煤耗增量 Δb_2^s 按式（8-16）计算。空气预热器总的漏风率耗差 Δb^s 按式（8-21）计算，即

$$\Delta b^s = \Delta b_1^s + \Delta b_2^s \qquad (8-21)$$

【例 8-3】　某电厂 1000MW 超临界锅炉，空气预热器为三分仓式。经调整径向密封片间隙之后，空气预热器的漏风率从 $A_1=10.5\%$ 降低到 $A_1^*=6.3\%$，试计算 100% 负荷时供电煤耗的降低值，相关计算参数见表 8-6。

表 8-6　　　　　　　　　　　　漏风率影响计算有关参数

烟气进口过量空气系数 α'	预热器上端差（℃）	厂用电率	供电标煤耗（g/kWh）	一次风机用电率（%）	引风机用电率（%）	v_y'/v_1'
1.25	30	5.9	290	0.585	0.435	4.53

解：

由图 8-6 查取 $\Delta\theta$ 变化基准值，得

$$d\Delta\theta^* = 7.9 - 4.9 = 3.0(\text{℃})$$

利用式（8-19），取 $\zeta=0.5$，则排烟温度变化为

$$d\Delta\theta = 0.5 \times (1.0)^{0.9} \times 3.0 = 1.5(\text{℃})$$

查表 8-2，得标准煤耗降低 Δb_1^s 为

$$\Delta b_1^s = \frac{1.6}{10} \times 1.5 = 0.24(\text{g/kWh})$$

厂用电率降低 $\Delta\varepsilon$ 按式（8-20）计算，即

$$\Delta\varepsilon = \frac{10.5 - 6.3}{100} \times (0.8 \times 4.53 \times 0.585 + 0.435) = 0.107$$

$\Delta\varepsilon$ 引起的煤耗变化 Δb_2^s 按式（8-16）计算，即

$$\Delta b_2^s = \frac{290}{(1 - 5.9/100)} \times \frac{0.107}{100} = 0.33$$

供电标煤耗总降低值 Δb^s 为

$$\Delta b^s = 0.24 + 0.33 = 0.57(\mathrm{g/kWh})$$

从本例可知，空气预热器漏风率变化时，由传热引起的煤耗变化和由风机电耗引起的煤耗变化为同一数量级。实际估算时，可按空气预热器漏风率每降低 1 个百分点影响标准煤耗 0.1～0.2g/kWh 进行。大容量、超临界机组偏低限取值。

（十六）制粉单耗耗差

制粉单耗每增加 Δe_{zf}（kWh/t）对厂用电率的影响，按式（8-22）计算，即

$$\Delta\varepsilon = \frac{2.93 b^s}{(1 - \varepsilon/100) Q_{net,ar}} \Delta e_{zf} \tag{8-22}$$

式中 $Q_{net,ar}$——被磨制煤的低位发热量，kJ/kg；

     $\Delta\varepsilon$——厂用电率的增加，%；

     b^s——供电标准煤耗，g/kWh。

引用式（8-16），得制粉单耗每增加 Δe_{zf}（kWh/t），供电煤耗变化的计算式为

$$\Delta b^s = 0.0293 \times \frac{(b^s)^2}{(1 - \varepsilon/100)^2 Q_{net,ar}} \Delta e_{zf} \tag{8-23}$$

式中 Δe_{zf}——制粉单耗增加，kWh/t；

     b^s——机组供电煤耗，g/kWh。

表 8-7 列出煤的低位热值 $Q_{net,ar}$ 和机组供电煤耗 b^s 对制粉单耗耗差的影响。由表 8-7 可见，$Q_{net,ar}$ 越低，b^s 越大，则制粉单耗对煤耗的影响就越大，以降低制粉单耗为目的的运行调试、技术改进所收到的节能效益就越明显。

表 8-7   制粉单耗相对耗差 $\Delta b^s / \Delta e_{zf}$

$Q_{net,ar}$（kJ/kg） b^s（g/kWh）	15 000	19 000	23 000
300	0.1997	0.1576	0.1302
330	0.2417	0.1907	0.1576

（十七）其他影响锅炉经济性的估算关系

1. 磨煤机出口温度对排烟温度的影响

当开大热风门使磨煤机出口温度升高时，流经空气预热器的风量增加、排烟温度降低。在制粉系统掺冷风情况下，通常磨煤机出口温度每升高 15℃，排烟温度降低 4～5℃。

2. 炉膛、制粉系统漏风对排烟温度的影响

炉膛、制粉系统漏风均导致流经空气预热器的风量减少、排烟温度升高。大致估计为：漏风系数每增加 0.01，影响排烟温度 1.2～1.5℃。对于正压直吹式制粉系统，磨煤机掺冷风和密封风进入磨煤机相当于负压制粉系统的漏风。

3. 炉膛氧量对飞灰含碳量影响

不同炉膛、燃烧器、煤质以及负荷时，炉膛氧量的影响都不相同。炉膛氧量在小于临界值时对飞灰含碳量影响很大。针对一个特定锅炉进行的燃烧计算表明，当氧量低于 2.5 时，对于烟煤，氧量每降低 0.1%，飞灰含碳量增加约 0.07 个百分点；对于贫煤，氧量每降低 0.1%，飞灰含碳量增加约 0.086 个百分点。以上结论是在煤粉细度 $R_{90}=15\%$ 的情况下得到的。

随着炉膛氧量的增大，氧量对飞灰含碳量的影响减弱。

4. 煤粉细度对飞灰含碳量影响

煤粉细度对飞灰含碳量的影响也较为复杂，主要与煤种自身的燃烧性能有关。针对一个特定锅炉进行的燃烧计算表明，对于烟煤，煤粉细度 R_{90} 每增大 1.0%，飞灰含碳量变化约 0.22 个百分点；对于贫煤，R_{90} 每增大 1.0%，飞灰含碳量变化约 0.27 个百分点。以上结论是在炉膛过量空气系数 $\alpha=1.2$ 的情况下得到的。

5. 空气预热器进风温度对排烟温度的影响

空气预热器进风温度对排烟温度的影响按式（8-13）计算。根据式（8-13），空气预热器进风温度每升高 10℃，排烟温度升高 6～7℃。当使用蒸汽暖风器时，标煤耗升高 0.4～0.6g/kWh；当使用水媒式暖风器或仅由环境温度升高引起时，标煤耗降低 0.2～0.3g/kWh。

第二节 锅炉机组节能剖析

一、空气预热器性能分析

空气预热器是对锅炉运行经济性影响最大的部件之一。随着运行时间的延续，空气预热器的工作状况会逐渐恶化。例如，空气预热器漏风率增加，蓄热元件堵灰、腐蚀、磨损，有组织风量减少，传热性能恶化等。利用空气预热器的相关运行参数的信息，对空气预热器的运行状况做出诊断或评价，对于锅炉的经济运行是很有意义的。

（一）空气预热器的特征参数

1. X 比

定义 X 比为空气预热器内空气总热容与烟气总热容之比，X 比在数值上等于烟气温降与空气温升之比，即

$$X=\frac{V_{\mathrm{k}}c_{\mathrm{k}}}{V_{\mathrm{y}}c_{\mathrm{y}}}=\frac{\theta_1-\theta_2^*}{t_2-t_1} \tag{8-24}$$

式中　V_{k}、V_{y}——空气、烟气的质量流量，kg/s；

　　　c_{k}、c_{y}——空气、烟气的平均比热容，kJ/（kg·℃）；

　　　t_1、t_2——空气预热器的进、出口风温，取一、二次风的加权平均值，℃，或者单独计算一次风的 X 比、二次风的 X 比；

　　　θ_1——空气预热器实测（运行）进口烟温，℃；

　　　θ_2^*——空气预热器零漏风时的出口排烟温度（修正前的排烟温度），按式（8-25）计算，℃。

$$\theta_2^*-\theta_2=\frac{(1-\zeta)A_1(\theta_2-t_1)c_{\mathrm{k},t_1-\theta_2}}{100c_{\mathrm{y},\theta_2^*}} \tag{8-25}$$

式中　A_1——空气预热器的漏风率，%；

　　　ζ——按式（8-17）定义的热端漏风比；

　　　θ_2——预热器实测出口烟温，℃；

$c_{k,t_1-\theta_2}$——进口风温到实测出口烟温之间的空气平均比热容，kJ/(kg·℃)；

c_{y,θ_2^*}——温度 θ_2^* 下的烟气瞬态比热容，kJ/(kg·℃)。

式（8-25）中，若取 $\zeta=0$，即全部漏风为冷端漏风（修正后的排烟温度），则 $\theta_2^*-\theta_2\approx$ 4~6℃；若取 $\zeta=0.5$，则 $\theta_2^*-\theta_2\approx$2~3℃。

X 比与空气预热器的空气/烟气流量比有单值对应关系，而与空气预热器是否积灰、腐蚀无关，是判断空气预热器是否缺风的关键判据之一。运行 X 比低于设计 X 比越多，空气预热器的缺风状况越严重。定量估计：X 比每变化 ΔX，排烟温度变化 $\Delta\theta=-(150\sim200)\Delta X$。

2. 空气预热器传热效率 η

定义空气预热器传热效率 η 为空气预热器的烟温降与最大可能的烟温降之比，即

$$\eta = \frac{\theta_1 - \theta_2^*}{\theta_1 - t_1} \tag{8-26}$$

式中符号意义同前。

运行中单独改变空气预热器进口风温 t_1 或者单独改变预热器进口烟温 θ_1，或同时改变 t_1、θ_1 时，η 的数值维持不变。

3. 空气预热器最大温升比 γ

定义空气预热器最大温升比 γ 为空气预热器的风温升与最大可能的风温升之比，即

$$\gamma = \frac{t_2 - t_1}{\theta_1 - t_1} \tag{8-27}$$

式中符号意义同前。

运行中单独改变空气预热器进口风温 t_1，或者单独改变空气预热器进口烟温 θ_1，或同时改变 t_1、θ_1 时，γ 的数值维持不变。

（二）空气预热器的性能参数关联

1. 空气预热器进口风温对出口烟温影响

在空气预热器风量、烟量不变情况下，当进口风温变化 Δt_1 时，出口烟温 θ_2^* 的变化按式（8-28）计算，即

$$\theta_2^* - \theta_{20}^* = \eta\Delta t_1 \tag{8-28}$$

式中　θ_{20}^*、θ_2^*——变化前、后的空气预热器出口烟温（修正前），℃；

　　　η——预热器传热效率。

2. 空气预热器进口烟温对出口烟温影响

在空气预热器风量、烟量不变情况下，当进口烟温变化 $\Delta\theta_1$ 时，出口烟温 θ_2^* 的变化按式（8-29）计算，即

$$\theta_2^* - \theta_{20}^* = (1-\eta)\Delta\theta_1 \tag{8-29}$$

式中符号，意义同前。

3. 空气预热器进口风温对出口风温影响

在空气预热器风量、烟量不变情况下，当进口风温变化 Δt_1 时，出口风温 t_2 的变化按式

（8-30）计算，即

$$t_2 - t_{20} = (1 - \gamma)\Delta t_1 \tag{8-30}$$

式中　t_{20}、t_2——变化前、后的空气预热器出口风温，℃；

γ——空气预热器最大温升比。

4. 空气预热器进口烟温对出口风温的影响

在空气预热器风量、烟量不变情况下，当进口烟温变化 $\Delta\theta_1$ 时，出口风温 t_2 的变化按式（8-31）计算，即

$$t_2 - t_{20} = \gamma\Delta\theta_1 \tag{8-31}$$

式中符号，意义同前。

按照式（8-27）~式（8-31），在空气预热器风量、烟量不变情况下，空气预热器进口风温每变化 10℃，烟温变化 6~7℃，出口热风温度变化 1~2℃。空气预热器进口烟温每变化 10℃，出口烟温变化 3~4℃，出口热风温度变化 8~9℃。

5. 参数关联的简化计算

按照定义式（8-24）和式（8-26）计算 X 比和 η 时，需要先算出一个修正前的出口烟温 θ_2^*，不但十分麻烦，而且在漏风率 A_1 未知时，θ_2^* 是无法计算的。简化计算的方法是直接以实测（运行）排烟温度 θ_2 取代 θ_2^*，即

$$X' = \frac{\theta_1 - \theta_2}{t_2 - t_1} \tag{8-24$'$}$$

和

$$\eta' = \frac{\theta_1 - \theta_2}{\theta_1 - t_1} \tag{8-26$'$}$$

式中　X'——表观 X 比；

η'——表观传热效率；

θ_2——预热器出口烟温实测（运行）值，℃。

将表观值带入式（8-28）和式（8-29），得

$$\theta_2 - \theta_{20} = \eta'\Delta t_1 \tag{8-32}$$

$$\theta_2 - \theta_{20} = (1 - \eta')\Delta\theta_1 \tag{8-33}$$

式中　θ_{20}、θ_2——变化前、后的空气预热器实测（运行）出口烟温，℃。

以式（8-32）和式（8-33）取代式（8-24）和式（8-26），计算空气预热器出口烟温变化带来的误差不大于 3%。

（三）空气预热器诊断技术

空气预热器在运行过程中可能会表现出某些缺陷，如：①设计缺陷，如设计传热面积不足；②蓄热元件腐蚀、积灰；③空气预热器风量欠缺；④空气预热器漏风等。这些缺陷都会影响空气预热器的工作性能。外部条件如空气预热器的进口空气温度、进口烟气温度也会引起排烟温度的升高，但它们不是空气预热器本身的缺陷。空气预热器的性能试验要求以进风温度、进烟温度修正排烟温度，以排除外部条件的影响。

空气预热器诊断的数据比对模式包括与设计数据比较——设计比对；与邻炉数据比较——横向比对；与历史数据比较——纵向比对。上述设计数据、邻炉数据、历史数据的具体取值称为比对值。将当前 DCS 数据（含专项试验数据）与比对值做某种运算比较，可得

到一些有用的分析结论。

用来分析空气预热器工作性能的参数和特性主要有排烟温度 θ_2，出口热风温度 t_2，送引风机电流 ΣI_f，空气侧压降 Δp_k，烟气侧压降 Δp_y，热一、二次风量 V_1、V_2，制粉系统掺冷风量 ΔV_{zf}，预热器 X 比，传热效率 η，最大温升比 γ。以下给出空气预热器典型单一缺陷的显示指征。

1. 空气预热器设计面积不足

以下描述中的偏高、偏低、不变是指某指征与比对值（设计值、邻炉值、历史值）的关系。

空气预热器设计面积不足显示指征：① θ_2 偏高；② η 偏低；③ γ 偏低；④ X 比不变；⑤ t_2 偏低；⑥ $\Delta p_k/\Delta p_y$ 不变；⑦ V_1、V_2 不变；⑧ ΣI_f 不变。

2. 蓄热元件积灰

蓄热元件积灰显示指征：① θ_2 偏高；② η 偏低；③ γ 偏低；④ X 比不变；⑤ t_2 偏低；⑥ Δp_k 偏高、Δp_y 偏高；⑦ $\Delta p_k/\Delta p_y$ 不变；⑧ V_1、V_2 不变；⑨ ΣI_f 大。

3. 蓄热元件腐蚀、缺损、疏松

蓄热元件腐蚀、缺损、疏松显示指征：① θ_2 偏高；② η 偏低；③ γ 偏低；④ X 比不变；⑤ t_2 偏低；⑥ Δp_k、Δp_y 周期性波动；⑦ V_1、V_2 不变；⑧ ΣI_f 周期性波动。

4. 空气预热器风量不足

空气预热器风量不足显示指征：① θ_2 偏高；② η 偏低；③ γ 升高；④ X 比降低；⑤ t_2 偏高；⑥ Δp_k 偏低；⑦ $\Delta p_k/\Delta p_y$ 偏低；⑧ ΔV_{zf} 大；⑨ V_1+V_2 低；⑩ ΣI_f 不变。

上述四种缺陷的判断中，若漏风率 A_1 差别不大，则 X 比和传热效率 η 均可用表观值 X' 和 η' 代替。尽管 X 与 X' 的计算值不同，η 与 η' 的计算值也不同，但两个比较工况的偏差值十分相近（参见表 8-9）。

5. 空气预热器的漏风

在空气预热器存在较大漏风差异情况下，只能用表观值 X' 和 η' 进行比较判断，因为此时 X 和 η 实际上无法得到。预热器漏风显示指征：① θ_2 明显偏低；② X' 升高；③ γ 偏低；④ η' 增大；⑤ t_2 偏低；⑥ $\Delta p_k/\Delta p_y$ 不变；⑦ ΣI_f 增加；⑧ V_1 不变、V_1+V_2 不变；⑨ ΣI_f 大。

上述某一缺陷的所有判据中，与其他缺陷无交集的判据称为唯一性判据，唯一性判据的意义是不论其他缺陷是否同时存在，只要唯一性判据成立，则该缺陷一定存在。例如，判据"X 比降低"，是空气预热器缺风缺陷的一个唯一性判据，没有任何一个其他缺陷可以使"X 比降低"判据成立。再如，判据"传热效率 η 降低"，不是空气预热器积灰的唯一性判据，因为当空气预热器缺风时，也会引起 η 降低。

当多个缺陷并存时，除唯一性判据之外的其他判据不一定满足。这些判据用于推定某一其他缺陷之是否存在。以空气预热器缺风判断为例，第⑤项为"空气预热器出口风温 t_2 高"。当空气预热器存在另一缺陷——堵灰而使空气温升幅度变小时，即使空气预热器缺风，其出口风温也不一定升高。即第⑤项判据的失真，表明在空气预热器缺风的同时，存在腐蚀、堵灰等其他缺陷的可能。再根据空气预热器差压偏大等，可确认堵灰缺陷的存在。

【例 8-4】 某 1000MW 超超临界锅炉，制粉系统为中速磨煤机正压直吹式。运行中发现排烟温度偏高，试判断该锅炉是否存在空气预热器缺风现象。相关设计、运行参数见表 8-8。

表 8-8 某 1000MW 锅炉相关设计、运行参数

名称	数值		名称	数值	
	设计	运行		设计	运行
发电负荷（MW）	1000	995	空气预热器入口烟温（℃）	372	369
空气预热器入口风温（℃）	20	24.5	空气预热器出口烟温（℃）	125（修正后）	137（表盘值）
空气预热器出口风温（℃）	337	344	漏风率（%）	6.0	6.5

注 漏风率运行值 $A_1=6.5$ 为空气预热器近期漏风率试验结果。

计算与诊断：

"X 比减小"和"最大温升比 γ 升高"是空气预热器风量不足的两个唯一性判据，现逐个计算。

（1）按式（8-25）计算修正前排烟温度 θ_2^*：

设计值为

$$\theta_2^* = \theta_2 + \frac{(1-\zeta)A_1(\theta_2-t_1)c_{k,t_1-\theta_2}}{100c_{y,\theta_2^*}}$$

$$= 125 + \frac{(1-0)\times 6.0}{100}\times(125-20)\times 0.967 = 131.1$$

运行值为

$$\theta_2^* = 137 + \frac{(1-0)\times 6.5}{100}\times(137-24.5)\times 0.967 = 144.1$$

（2）按式（8-24）计算预热器的 X 比：

设计值为

$$X = \frac{\theta_1-\theta_2^*}{t_2-t_1} = \frac{372-131.1}{337-20} = 0.7599$$

运行值为

$$X = \frac{\theta_1-\theta_2^*}{t_2-t_1} = \frac{369-144.1}{344-24.5} = 0.7039$$

（3）按式（8-27）计算预热器最大温升比：

设计值为

$$\gamma = \frac{t_2-t_1}{\theta_1-t_1} = \frac{337-20}{372-20} = 0.9005$$

运行值为

$$\gamma = \frac{t_2-t_1}{\theta_1-t_1} = \frac{344-24.5}{369-24.5} = 0.9274$$

分析上述结果，X 比的运行值为 0.7039，小于设计值 0.7599，因此判断空气预热器存在风量不足缺陷。空气预热器最大温升比 γ 的运行值为 0.9274，大于设计值 0.9005。进一步增加了判断的可信性。定量的估计，缺风使排烟温度升高的数值为 $\Delta\theta = -175\times(0.7039-0.7599)=9.8$（℃）。

结论：空气预热器的缺风是造成该炉排烟温度偏高的主因之一。

本例用 X 比的表观值 X' 取代定义值 X 作为判据，计算结果比较列于表 8-9。可见，尽管 X 与 X' 的计算值不同，但两个比较工况的偏差值几乎相等。

表 8-9　　　　　　　　　　以判据的表观值代替真实值的计算偏差

项目	X比（设计）	X比（运行）	X比差值
按定义式计算	0.7599	0.7039	0.0559
按表观值计算	0.7792	0.7261	0.0531

【例 8-5】　某电厂运行发现一台炉（1 号炉）的排烟温度明显低于邻炉（2 号炉），两炉同期投运，容量、结构完全相同，试诊断其原因，运行数据列于表 8-10。

表 8-10　　　　　　　LB 电厂 1 号炉、2 号炉比对数据（DCS 截取）

名称	数值		名称	数值	
	1 号炉	2 号炉		1 号炉	2 号炉
主蒸汽流量（t/h）	825	975	空气预热器入口烟温（℃）	355	355
氧量（%）	4	2.98	空气预热器出口烟温（℃）	134	149
二次风量（×10³m³/s）	790	801	名称	运算结果	
送风机电流（A）	45.1	37.6	风温升（℃）	286.5	290
引风机电流（A）	152.7	150.5	烟温降（℃）	221	206
风机入口温度（℃）	27.5	27.0	X'	0.7714	0.7103
热风温度（℃）	314	317	η'	0.6748	0.6280

计算与诊断：

"排烟温度明显偏低"是空气预热器漏风的唯一性判据。本例排烟温度的偏低值为（149−134）＝15℃，为排除测量误差，可以依次检查其他判据。

（1）表观 X 比：

2 号炉（邻炉比对）为

$$X' = \frac{\theta_1 - \theta_2}{t_2 - t_1} = \frac{355 - 149}{317 - 27} = 0.7103$$

1 号炉为

$$X' = \frac{\theta_1 - \theta_2}{t_2 - t_1} = \frac{355 - 134}{314 - 27.5} = 0.7714$$

（2）表观传热效率 η'：

2 号炉（邻炉比对）为

$$\eta' = \frac{\theta_1 - \theta_2}{\theta_1 - t_1} = \frac{355 - 149}{355 - 27} = 0.6280$$

1 号炉为

$$\eta' = \frac{\theta_1 - \theta_2}{\theta_1 - t_1} = \frac{355 - 134}{355 - 27.5} = 0.6748$$

其余判据的主要计算结果列于表 8-10 中。

（3）综合分析：

从表 8-10 中数据可知，在空气预热器进口烟温相等（355℃）、出口二次风量大致相同情况下，1 号炉的送风机电流为 45.1A，大于 2 号炉的送风机电流 37.6A；1 号炉的引风机电流为 152.7A，稍大于 2 号炉的引风机电流 150.5A；1 号炉 X 比（表观值）为 0.7714，大于 2 号炉的 X 比 0.7103；1 号炉空气预热器传热效率 η'（表观值）为 0.6742，大于 2 号炉的传热效率 0.6280；1

号炉的空气预热器出口风温为 286.5℃，低于 2 号炉的空气预热器出口风温 290℃。

以上若干判据同时成立，表明 1 号炉排烟温度偏低的原因是空气预热器漏风过大，此时空气预热器的传热性能实际上是较差的。

二、运行参数估计

以下所列关系和公式用于锅炉运行中判断 DCS 数据的可信程度和一些简单的计算。

1. 空气、烟气流量与实发功率关系

空气预热器进、出口的实际空气流量按式（8-34）计算，即

$$\frac{V_k}{P} = \frac{3.4908\beta q}{\eta_1 \eta_2} \tag{8-34}$$

式中　V_k——空气预热器进口（出口）空气流量（进口含调温风），t/h；

　　　　β——空气预热器进口（出口）风量系数，即实际风量与理论空气量之比；

　　　　q——汽轮机热耗率，kJ/kWh；

　　η_1、η_2——锅炉效率、机组管道效率，%；

　　　　P——机组功率，MW。

空气预热器进、出口的实际烟气流量按式（8-35）计算，即

$$\frac{V_y}{P} = \frac{(2730 \times \alpha + 46.01 M_{zs})q}{\eta_1 \eta_2} \tag{8-35}$$

式中　V_y——空气预热器进口（出口）烟气流量，m³/h（标准状态）；

　　　　α——空气预热器进口（出口）过量空气系数；

　　　M_{zs}——煤折算水分。

2. 空气、烟气流量与主蒸汽流量关系

空气预热器进、出口的实际空气流量（t/h）按式（8-36）计算，即

$$\frac{V_k}{D_{gr}} = 3.4908 \times 10^{-4} \times \beta \times \Delta h \tag{8-36}$$

式中　Δh——以 1kg 过热蒸汽为基准的工质总焓升（含再热蒸汽焓升），kJ/kg；

　　　D_{gr}——主蒸汽流量，t/h。

空气预热器进、出口的实际烟气流量［m³/h（标准状态）］按式（8-37）计算，即

$$\frac{V_y}{D_{gr}} = (0.2730\alpha + 0.0046 M_{zs})\Delta h \tag{8-37}$$

一个有意义的结论是，单位送风量 V_k/D_{gr} 只与锅炉工质总焓升和风量系数有关，而与锅炉容量、锅炉效率、汽轮机热耗率等均无关；单位烟气量 V_y/D_{gr} 只与锅炉工质总焓升、过量空气系数和折算水分有关，而与锅炉容量、锅炉效率、汽轮机热耗率等均无关。

三、炉膛、制粉系统漏风诊断

1. 炉膛及烟道漏风诊断

锅炉运行中，可利用炉膛负压的变动来诊断炉膛漏风的存在及大小。方法要点是：固定机组负荷、氧量及其他运行条件不变，向深度方向调大炉膛负压的绝对值。在炉膛负压增大的同时，观察排烟温度的变化情况。如果随着炉膛负压绝对值增大，排烟温度不变或者变化很小，说明炉膛密封良好，反之，则可判断炉膛存在较大漏风源。此处炉膛漏风也包括了氧

量测点上游的尾部烟道漏风。炉膛漏风系数的变化 $\delta\Delta\alpha$ 可根据排烟温度的变化值 $\Delta\theta$ 按式（8-38）估算，即

$$\delta\Delta\alpha = \Delta\theta/123 \tag{8-38}$$

图 8-7 所示为某 320MW 亚临界锅炉进行的一次旨在探测炉膛漏风状况的变炉膛负压诊断试验曲线。探测过程维持锅炉负荷为 290MW、氧量 3.1％ 不变（投自动），将炉膛负压从 −50Pa 逐渐降低到 −170Pa，此过程观察到 A/B 侧排烟温度均值逐渐从 141.4℃ 增加到 143.5℃，升高约 2℃，之后恢复负压，排烟温度回降。根据式（8-38）计算，炉膛负压变动前后，漏风系数增加 $\delta\Delta\alpha=0.0163$。表明炉膛有较大的漏风源，建议安排针对性的检查消缺工作。

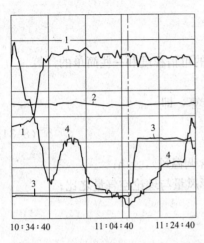

10:34:40　　11:04:40　　11:24:40

图 8-7　某 320MW 亚临界锅炉变炉膛
负压诊断试验曲线

1—功率：200~320（MW）；

2—氧量：2.0~4.0（％）；

3—炉膛负压：0~440（Pa）；

4—排烟温度：140~145（℃）

2. 制粉系统漏风（掺冷风）诊断

中储式热风送粉系统，当停用一台磨煤机时，该磨煤机及其风道的负压漏风和磨入口掺冷风（以下简称磨煤机综合漏风）同时去除、排烟温度降低。停磨煤机时对应的三次风量也没有了，但其对排烟温度差不多没有影响。因此，利用停磨煤机时排烟温度降低的信息，可以对制粉系统的漏风状况进行多台磨煤机的诊断。磨煤机综合漏风的数值可用式（8-39）计算，即

$$\Delta G_{lf} = 1.293 B_j v^0 \Delta\theta/123 \tag{8-39}$$

式中　ΔG_{lf}——制粉系统综合漏风量，kg/s；

　　　B_j——总煤量，kg/s；

　　　v^0——理论空气量，m³/kg（标准状态）；

　　　$\Delta\theta$——排烟温度变化，℃。

乏气送的粉系统，需要分停磨停排和停磨不停排（倒风）两种情况讨论。停磨停排时，该套系统的磨煤机综合漏风消失，排烟温度降低，这个情况与热风送粉系统是一样的。停磨不停排时，一方面磨煤机综合漏风被去除，另一方面新增了排粉机进口的掺冷风，因此排烟温度不一定降低。视两者的相对大小而定，若冷风增减的净值为负，即磨煤机系统冷风量大于排粉机进口掺冷风量，则排烟温度降低；反之，则排烟温度升高。

在磨煤机进口冷风门全关时，停磨前后排烟温度的差值，反映单独的负压漏风，在磨煤机进口冷风门保持某一开度时，停磨前后排烟温度的差值还包括了掺冷风的作用。利用两者之间计算出的漏风（掺冷风）量的差异，可绘制磨煤机入口冷风门的开度特性，即制粉系统漏风量与冷风挡板开度的函数关系。

对于正压直吹式制粉系统，由于没有负压漏风，所以诊断比较简单，可直接根据排烟温度随磨煤机冷风门开度的变化规律，按式（8-39）计算出掺冷风量的变化。

四、磨煤机出力能力诊断

各种磨煤机在出厂时都给出设计出力的性能数据。但当运行煤种变化时，实际能达到的

制粉出力可能高于或低于设计出力。为评价磨煤机在运行条件下的出力潜力，指导制粉系统的调整方向，可利用第六章所述各型磨煤机出力系数的计算公式，进行单台磨煤机出力能力诊断。

【例 8-6】 某电厂 BBD4060 型双进双出磨煤机，设计出力为 65t/h，设计磨制条件：HGI＝80，R_{90}＝8%，M_{ar}＝10%，最大装球量 G_{max}＝80t。运行 4 年后，评价其实际出力能力。运行煤磨制条件：HGI＝100，R_{90}＝18%，M_{ar}＝10%，钢球装载量 G＝70t。

解：依据式（6-12），计算查取各出力修正系数，得钢球量修正系数 f_{gq}＝0.935，煤粉细度修正系数 C_{mf}＝1.238，煤水分修正系数 f_M＝1.0，可磨性修正系数 C_{km}＝1.212，护瓦磨损修正系数 f_{jd}＝0.92。磨煤机实际出力能力为

$$B_m = B_{m0} f_{gq} f_{mf} f_M f_{km} f_{jd}$$
$$= 65 \times 0.935 \times 1.238 \times 1.0 \times 1.212 \times 0.92 = 83.9(t/h)$$

结论：该磨煤机在现运行条件下的实际出力能力为 83t/h，与当前出力 55～60t/h 比较，还存在一定的制粉出力潜力空间。

五、其他缺陷诊断

1. 磨煤机冷风挡板关闭不严诊断

在磨煤机冷风门关闭情况下，如果混合后风温低于混合前热一次风温度 5℃ 以上，即应判断磨煤机冷风挡板关闭不严。按式（8-40）计算冷风漏入量 ΔG_c，即

$$\Delta G_c = \frac{t_h - t_m}{t_h - t_c} G_1 \tag{8-40}$$

式中　G_1——混合后一次风量，t/h；

t_m——混合后一次风温，℃；

t_h——空气预热器出口一次风温，℃；

t_c——环境温度，℃。

2. 空气预热器密封状态诊断

（1）氧量调整法。维持机组负荷不变，逐渐提高炉膛氧量，例如从 2.5 提高高 3.5，观察并记录排烟温度的变化。若排烟温度升高，说明空气预热器密封间隙合适，漏风正常；若排烟温度降低，说明空气预热器密封间隙偏大，可能有较大的漏风率。原因是空气预热器的风侧、烟侧差压升高导致空气向烟气漏风增大，此作用超过氧量增加引起的排烟温度升高时，排烟温度即下降。

（2）风压调整法。维持机组负荷、氧量不变，提高一次风压或提高送风机出口风压，观察并记录排烟温度的变化。若排烟温度基本不变，说明空气预热器密封间隙合适，漏风正常；若排烟温度降低，说明空气预热器密封间隙偏大，此时空气预热器的风侧、烟侧差压升高导致漏风增大。某 600MW 超临界锅炉的一次风压影响试验如图 8-8 所示。图 8-8 中当一次风压从 7.7kPa 升高到 8.7kPa 时，排烟温度与基准温度之差减小了 1.6℃，这种由漏风引起的排烟温度降低不仅没有减少 q_2 损失，反而因排烟过量空气系数增大而使锅炉效率降低。从一次风机、引风机总电耗的变化进行分析（如图 8-8 中曲线 2 所示），空气预热器的漏风量确实是增加了。

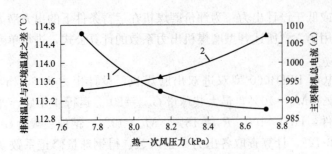

图 8-8　一次风压影响试验

1—排烟温度与基准温度之差；2—主要辅机总电流

3. 再热器减温水门内漏诊断

在再热减温器调节门关闭情况下，如果减温器出口汽温低于进口汽温，若非测量误差，则阀门前、后的汽温差值 Δt 可以代表减温器调节门的泄漏量 ΔG_{rh}，按式（8-41）计算，即

$$\Delta G_{rh} = \delta \Delta t \tag{8-41}$$

式中　δ——比减温水量，按图 8-9 查取，t/h·℃。

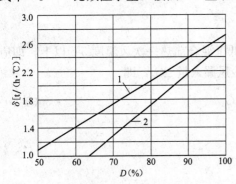

图 8-9　再热器减温水漏量—温差特性

1—超临界锅炉；2—亚临界锅炉

图 8-9 中横坐标为锅炉负荷率（%），纵坐标 $\delta = \Delta G_{rh}/\Delta t$。由图 8-9 可见，在 50%～100%负荷范围内，比减温水量 δ 在 1.0～3.0 范围取值。与亚临界机组相比，超临界机组由于再热蒸汽压力高、平均比热大，所以 δ 的数值大于亚临界机组。

【例 8-7】 某 1900t/h 超临界锅炉，再热器事故喷水引自给水泵中间抽头，在负荷为 1650t/h 时，再热减温器（事故喷水）前、后蒸汽温度分别为 318、314℃，试分析减温器内漏量及其对发电煤耗的影响。

计算：负荷率 $\chi = 1650/1900 = 86.84\%$，从图 8-9 查得比减温水量 $\delta = 2.25$。温差 $\Delta t = 318 - 314 = 4$（℃），再热器喷水量 $\Delta G_{rh} = 2.25 \times 4 = 9$（t/h）。喷水率 $\varphi = 9/1650 = 0.545$（%），取再热减温水量耗差 $\delta b^s = 0.75$（参见［例 8-1］），减温器内漏影响标准煤耗 $\Delta b^s = 0.545 \times 0.75 = 0.409$（g/kWh）。

4. 一次风管散热损失诊断

正压直吹式系统一次风管道保温不良或无保温造成的散热损失 q_5'（%），可借助测量粗粉分离器出口管壁温度 t_2' 和燃烧器进口的管壁温度 t_1' 进行诊断，按式（8-42）计算，即

$$q_5' = \frac{r_1(0.027 + 0.00016M_{zs})c_k(t_2' - t_1')}{100} \tag{8-42}$$

式中　c_k——一次风比定压热容，取 $c_k = 1.32\text{kJ}/(\text{m}^3 \cdot ℃)$（标准状态）；

r_1——一次风率，无试验数据时取 $r_1 = 30$，%；

M_{zs}——煤的折算水分，%。

若为估算，可按每 10℃ 管道温差产生散热损失 $q_5' = 0.107\%$ 计算，相应标煤耗升高 $\Delta b^s = 0.32\text{g/kWh}$。

第三节 提高锅炉效率的运行途径

锅炉机组经济运行的内容包括两大部分：提高锅炉运行效率和锅炉辅机节能。提高锅炉效率以降低 q_2、q_4 损失为重点，近年来，随着锅炉低氮燃烧系统的投入，有时烟气中 CO 浓度所形成的 q_3 损失也难以忽略。锅炉辅机节能以降低制粉单耗为重点，主要途径是降低磨煤单耗 e_m 和通风单耗 e_{tf}。在降低制粉单耗的同时，应权衡对锅炉效率的影响。锅炉辅机节能的其他内容是送风机、一次风机、引风机的耗电率节省。

一、锅炉排烟损失的影响因素及其降低途径

锅炉的排烟损失 q_2 一般为 4.5%～6.5%，是各损失中影响锅炉效率最大的一项。q_2 损失取决于排烟温度和排烟过量空气系数。排烟温度每升高 10℃，q_2 损失增加 0.5～07 个百分点，机组发电煤耗升高 1.5～1.8g/kWh。排烟过量空气系数每增大 0.1，q_2 损失增加 0.4～0.5 个百分点，机组发电煤耗升高 1.3～1.6g/kWh。

（一）影响排烟温度的运行因素

排烟温度的高低是锅炉全部传热过程进行得是否彻底的最终体现。运行中影响锅炉排烟温度的因素包括炉膛送风（氧量）、空气预热器的风工况、炉膛及制粉系统漏风、炉内火焰中心高度、受热面沾污程度、省煤器水工况、煤质变化、环境温度等。

1. 炉膛送风（氧量）

随着炉膛送风（氧量）增加，沿烟气流向的烟气量、烟气总热容均按比例变大，沿途各受热面出口尤其空气预热器进口的烟气温度升高。对于空气预热器，由于进口烟温、空气量、烟气量同时增加，故排烟温度和热风温度一般会升高。若变化前制粉系统冷风门已经开启，那么氧量增加后由于热一次风温的升高，烟温会升高更多一些。炉膛氧量对空气预热器进、出口烟温的影响见表 8-11。

表 8-11 　　　　　　　　　炉膛氧量对空气预热器进、出口烟温的影响

电厂/机组容量	氧量（变前/变后，%）	进口烟温（变前/变后，℃）	出口烟温（变前/变后，℃）	出口热风温度（平均，℃）
LA 电厂/660MW	3.65/2.96	333.3/327.2	138.9/136.4	312.4/307.7
WF 电厂/670MW	5.12/3.60	333.3/329.2	134.0/132.1	—
QD 电厂/320MW	3.81/2.70	386.2/381.6	173.6/169.1	330.5/325.6

个别电厂在锅炉增加氧量运行后，尽管空气预热器进口烟温升高，但出口烟温反而略有降低，这主要与空气预热器的漏风状态有关。空气预热器密封结构存在缺陷，大的烟、风流量引起预热器风侧/烟侧差压增大，导致漏风率增加而使出口烟温降低。

2. 空气预热器的风工况

空气预热器是离锅炉出口（排烟点）最近的一级受热面，因而其工作情况对锅炉排烟温度影响远远超过锅炉的其他受热面。在排烟温度偏高的原因分析和降低措施中，第一个要关注的就是空气预热器的传热工况。

空气预热器的风工况是指流过空气预热器的有组织风量大小及其漏风状况。在相同的有

组织风量下，空气预热器的漏风也会独立影响排烟温度。

在锅炉总的送风量不变情况下，有组织风量的减少使空气预热器的传热系数和传热温差同时降低，引起预热器的实际传热量下降、出口烟温升高。一般空气预热器的有组织风量每减少 5％（相对于其进风量），排烟温度升高 6～8℃。运行中以下因素会改变空气预热器的有组织风量：

（1）炉膛、制粉系统漏风；

（2）制粉系统掺冷风；

（3）制粉系统投停。

随着空气预热器漏风率的增加，排烟温度降低。冷端漏风使排烟温度降低最多，但不影响锅炉效率；热端漏风使排烟温度降低较少，却会引起 q_2 损失增加。这个影响的局部定量见式（8-19）。无论冷端漏风还是热端漏风，引风机、一次风机、二次风机耗电率均按入口风量成正比增加。

3. 空气预热器进风温度

空气预热器进风温度主要取决于环境温度。是除锅炉负荷之外影响排烟温度最经常的因素之一。在暖风器停用时，空气预热器进风温度等于环境温度加 3～5℃ 的风机温升，当排烟温度升高是由单纯的环境温度引起时，锅炉效率不仅不降低，反而略有升高〔见式（8-6）〕。

暖风器投运时，空气预热器进风温度即为暖风器出口风温。暖风器出口风温每升高10℃，排烟温度升高 6.5～7℃，锅炉效率降低 0.35～0.45 个百分点。但由于蒸汽在暖风器的放热增加了锅炉的输入热量，扩大了回热抽汽比例，所以排烟温度对经济性的影响得到部分补偿。其引起的煤耗增量 $\Delta b'_s$ 比按常规计算〔见式（8-1）〕得到的煤耗增量 Δb^s 要小得多，折扣系数 $\lambda = \Delta b'_s/\Delta b^s$ 按图（8-3）查取，λ 的计算值一般在 0.5 左右。

4. 空气预热器进口烟温

空气预热器进口烟温对排烟温度的影响按式（8-33）计算。一般空气预热器进口烟温每升高 10℃，排烟温度升高 3～4℃。在所有烟风参数中，空气预热器进口烟温是一个重要的诊断节点。当该温度等于或低于设计值时，说明引起排烟温度高的原因在于空气预热器本身，而与其前面受热面沾污情况无关。如果该温度高于设计值，那么还需要对空气预热器之前各受热面的沾污、吹灰、传热状态等进行剖析。

5. 受热面沾污程度

锅炉各受热面的积灰无例外使该部件的传热系数降低、出口烟温升高。各受热面的沾污状况对最终的排烟温度的影响，与其距离炉膛出口的位置有关。总的规律是：受热面离炉膛出口越远，影响越厉害。例如，炉膛结焦使炉膛出口温度升高，影响排烟温度很小（除非同时影响到减温水量），而空气预热器的积灰，则影响排烟温度可达十几度甚至更多。

某 1000MW 锅炉排烟温度与洁净因子〔沾灰程度，定义见式（8-45）〕和受热面部位的关系如图 8-10 所示。由图 8-10 可见，空气预热器沾灰对排烟温度的影响最大，省煤器、低温过热器次之，炉膛和高温过热器几乎没有影响。当空气预热器、省煤器、低温过热器的洁净因子从 1.0 降低到 0.6 时，排烟温度分别升高了 24、10、2.2℃；炉膛、高温过热器洁净因子大范围变化对排烟温度的影响为 1～2℃，屏式过热器、高温再热器对排烟温度的影响小于 3℃。对上述规律的解释是，在沾污发生时，远离锅炉出口的受热面，其传热量的减少使后面受热面的烟气温度升高，因而增加了它们的传热量，最终使排烟温度升高不多。

6. 省煤器的水工况

省煤器的传热量大小直接影响空气预热器进口烟温，因而使排烟温度变化。当省煤器进水温度降低（如高压加热器切除时）或给水流量增加时（如过热器、再热器减温喷水减少时），省煤器的出水温度降低、传热温差和传热量增大，排烟温度下降。应该指出，空气预热器进口烟温降低本身对排烟温度影响不是太大，通常是同时使热风温度降低，制粉系统掺冷风工况得到改善，综合影响使排烟温度有比较大的变化。

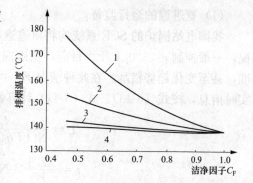

图 8-10　某 1000MW 锅炉排烟温度与洁净因子（沾灰程度）和受热面部位的关系
1—空气预热器；2—省煤器；
3—低温过热器；4—水冷壁

例如，某亚临界锅炉曾观察到一运行现象：如果在高负荷段采用较高主蒸汽压力运行，与滑压运行相比，可以使烟温降低 4～5℃。其原因即在于省煤器的水工况不同。该机组当时存在主汽温、再热汽温均偏高，有大量的减温水投入的情况。而提高主蒸汽压力则可降低过热汽温，因而使减温水量减下来。这样一来，由于省煤器水量的增加而使锅炉的排烟温度降低。

7. 火焰中心高度

炉膛火焰中心升高时，沿烟气流向各受热面进、出口烟气温度升高，排烟温度升高。单纯的火焰中心升高对排烟温度的影响有限，一般炉膛出口温度每升高 50℃，排烟温度仅升高 1～2℃。这是因为沿着烟气流向，上级受热面进口烟气温度的升高使它本身的烟气温度降变大，因此下级受热面进口烟气温度的升高值将小于上级受热面。这一规律表现最突出的是空气预热器。在其烟、风通道介质流量不变时，进口烟气温度每升高 10℃，出口烟气温度的升高值只有 3～4℃。

但若锅炉运行存在减温水量较大或磨煤机掺冷风的情况，则火焰中心对排烟温度的影响会更大一些。原因是随着炉膛出口烟温的升高，减温水量增大，省煤器水量减少，叠加影响使空气预热器进口烟温升高、热一次风温升高、排烟温度升高。

8. 煤质变化

煤中水分或灰分增加及低位热值降低均使排烟温度上升。这是因为上述变化使烟气量和烟气比热容增加，两者乘积为烟气的总热容量，它的增加使烟气在对流区中温降减小，排烟温度升高。但当制粉系统存在掺冷风情况时，煤中水分和低位热值的增加则可减小磨煤机的冷风掺入量，使排烟温度降低。煤质因素在运行中无法控制，但在分析排烟温度高的原因时应区分出煤质变化的影响。

（二）降低排烟损失的运行措施

1. 空气预热器积灰控制

空气预热器的腐蚀、积灰，使预热器传热性能下降，排烟温度升高。近代回转式空气预热器的腐蚀积灰，分为结露型积灰和硫酸氢铵型积灰两种类型。解决结露型积灰的重点措施是控制好空气预热器的冷端综合温度；解决硫酸氢铵型积灰的重点措施是严格控制脱硝装置（SCR）出口的氨逃逸率和降低 SO_2 向 SO_3 的转换率。

（1）氨逃逸的运行监督。

我国电站锅炉的 SCR 系统均将氨逃逸率 ε 的实时信息引入 DCS，便于运行人员进行监视，一般控制 ε＜3.0μL/L。目前，氨逃逸监督的主要问题是 ε 的测试精度不够或显示值不准，甚至变化趋势错乱。在此种情况下，可利用机组功率、喷氨量、SCR 进出口的 NO_x 等实时信息，按式（8-43）、式（8-44）计算氨逃逸率 ε 和氨氮比 ζ。

$$\zeta = \frac{D_{sp} \times 10^8}{NO_x Pq(3822 + 46M_{zs})} \frac{\eta_1 \eta_2}{\eta_3} \tag{8-43}$$

$$\varepsilon = \frac{22.4}{17} \times NO_x \frac{\eta_3}{100}(\zeta - 0.5629) \tag{8-44}$$

式中　　ζ——氨氮比，喷氨量与氮氧化物移除量之比，kg/kg；

　　0.5629——理论氨氮比，指理论需要的氨量与脱硝量之比，kg/kg；

　　　NO_x——标准状态下 SCR 入口氮氧化物浓度（O_2＝6%），mg/m^3；

η_1、η_2、η_3——锅炉效率、管道效率、脱硝效率，%；

　　　D_{sp}——喷氨量，kg/h；

　　P、q——汽轮机负荷、热耗率，MW、kJ/kWh；

　　　M_{zs}——煤的折算水分，%。

上述中各参量的取值，即可用瞬时值也可用累积值，使用累计值时更容易保证公式计算与实际值的吻合精度。

（2）氨逃逸率的控制。

1）脱硝效率控制。氨逃逸率与脱硝效率的关系如图 8-11 所示。喷入脱硝系统的氨通常多于理论氨量。反应后 SCR 出口烟气中多余的氨成为氨逃逸。NO_x 脱除效率随氨逃逸的增加而提高，在某一个氨逃逸率后达到一个渐进值。片面追求脱硝效率的提高，不仅会增大喷氨量，提高脱硝成本，还会增大氨逃逸率，导致空气预热器堵灰。因此在脱硝效率已对 SCR 出口 NO_x 浓度影响不大的情况下，可适当降低 NO_x 的脱除效率，控制氨逃逸率的增加。从图 8-11 中曲线看出，只要控制喷氨量使脱硝效率低于 70%，即可维持氨逃逸率不超过 1.0μL/L。

2）沿 SCR 宽度的喷氨量分布的适应性调整。

通过喷氨量的适应性调整，一般都可将 SCR 出口的 NO_x 的浓度分布偏差从 30%～40% 减小到 10% 以下。该调整的原则是：SCR 上游喷入的氨量分布应与 NO_x 的截面分布相适

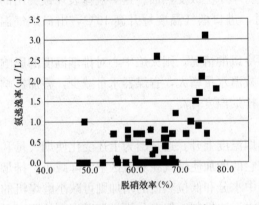

图 8-11　某 1025t/h 锅炉氨逃逸率与
脱硝效率的关系

应，即当 NO_x 浓度分布均匀时，喷氨量也要均匀；NO_x 浓度分布不均匀时，喷氨量则与 NO_x 的浓度保持一致，即局部 NO_x 浓度高处喷氨多些，局部 NO_x 浓度低处喷氨少些甚至不喷。为此应进行各喷氨支管的入口阀门优化开度调整试验。试验目标为 SCR 出口 NO_x 均匀性和氨逃逸率的平均值。用网格法实测出口截面上的 NO_x 浓度并计算出各点氨逃逸率，直至均匀性最好、氨逃逸率平均值最低。

表 8-12 为某 1000MW 锅炉 SCR 装置的喷氨支管流量优化试验数据记录，优化前后液氨耗量、脱硝效率和氨逃逸率比较见表 8-13。从表 8-13 看出，在脱硝效率 30％工况下，氨逃逸率两侧均值从 1.81 降低到 0.66；在脱硝效率 60％工况下，氨逃逸率两侧均值从 2.92 降低到 1.72。注意到在 30％脱硝效率时，调整后的 NO_x 浓度已超过 [100mg/m³（标准状态）]。因此运行中需要适当提高效率设定值（至 45％左右）。

表 8-12   1000MW 锅炉 SCR 装置的喷氨支管流量优化试验数据

喷氨支管编号	1	3	5	7	9	11	13	15	17	19
调整前（A/B 侧）	6/4	5/3	4/3	3/3	5/3	3/3	4/3	2/3	1/1	4/2
调整后（A/B 侧）	5/1	5/1	5/2	4/3	5/3	3/3	3/3	3/3	1/4	3/4

注　表中支管蝶阀开度从 1～10 共 10 个格。

表 8-13   优化前后液氨耗量、脱硝效率和氨逃逸率比较

项目		负荷 （MW）	脱硝效率设定 （％）	入口 NO_x 浓度，A/B， [mg/m³（标准状态）]	出口 NO_x 浓度，A/B， [mg/m³（标准状态）]	喷氨量，A/B （kg/h）	氨逃逸率 （μL/L）
工况 1	调整前	900	30.0	183/211	129/147	60.2/60.4	1.85/1.77
	调整后	900	30.6	189/195	132/136	45.3/44.7	0.69/0.54
工况 2	调整前	900	60.3	158/177	63/71	121/122	2.82/3.01
	调整后	900	60.4	234/256	93/102	89.5/88.7	1.78/1.65

对实现超低排放的锅炉，调整后的 NO_x 浓度控制在 50mg/m³ 以上，但调整的原则不变。

实际上，一些电厂的锅炉运行人员已经在根据表盘 NO_x 的变化或偏差，局部性实施上述优化调整的工作。通过个别喷氨支管阀门开度的现场粗调（一般规律两头小、中间大），降低 SCR 出口的 NO_x 浓度或减小 SCR 出口与烟囱进口的 NO_x 浓度差异。

3）炉内燃烧工况调整。炉内燃烧为减少氨逃逸所做的调整，包括以下几个内容。

a. 避免烟气流量不均和氧量分布不均。通过一次风粉均匀性调整和二次风挡板开度调节，改善沿炉膛宽度方向的烟气流量偏差和氧量分布均匀性，避免两个平行 SCR 烟道内，烟气流量大的烟道引起喷氨量过分增加以及 NO_x 浓度的无规律悬殊分布，降低氨逃逸率的平均值。

b. 升降负荷的氧量跟踪。在总的氧量设定下，若送风控制不及时，极易产生降负荷时氧量偏高、升负荷时氧量偏低的情形，相应烟气中 NO_x 浓度也会大起大落，使喷氨量和氨逃逸动态增加。某 600MW 锅炉负荷变动时负荷—氧量—NO_x 变化实时曲线如图 8-12 所示。从图 8-12 看出，在动态变化过程中，氧量变化总体趋势与负荷变化相反，说明风量调节存在滞后。而 NO_x 浓度与氧量的正向关联则几乎没有时差。

c. 增加炉内燃烧脱氮比例。在锅炉飞灰含碳

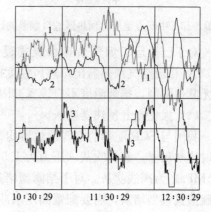

10：30：29　　11：30：29　　12：30：29

图 8-12　负荷—氧量—NO_x 变化实时曲线
1—功率：100～550MW；2—氧量：1％～4％；
3—氮氧化物浓度：150—500mg/m³（标准状态）

量允许的前提下，适当开大 SOFA 燃尽风挡板开度，增加炉内燃烧脱氮份额，降低省煤器出口 NO$_x$ 浓度，减轻 SCR 装置的负荷及喷氨量。多层燃尽风部分投入时，推荐采用全开/全关方式，并尽可能保持上层投入。

d. 低负荷下提高省煤器出口烟气温度。省煤器出口烟气温度小于或接近脱硝最低允许烟气温度（一般为 310～320℃）时，脱硫效率迅速降低，喷氨量和氨逃逸增加。已安装给水旁路或省煤器旁路烟道的锅炉，可利用旁路烟道挡板调节，提高 SCR 入口烟气温度至最低允许范围。此外，①增加氧量的低负荷定值；②暂停炉膛、对流受热面吹灰操作；③超临界机组提高中间点温度定值等，都是提升 SCR 入口烟气温度的有效方法。但此时注意对低负荷炉膛温度和稳燃的影响。在没有进行省煤器分级的脱硝系统，排烟损失在低负荷下的小的升高是难以避免的。图 8-13 给出了某 600MW 超临界机组在 58％负荷时调高中间点温度使空气预热器进口烟温升高的一个调节实例。

（3）冷端综合温度控制。

北方电厂冬季投用锅炉暖风器，提高空气预热器出口烟温和金属壁温，不仅可以防止结露型腐蚀积灰，也有助于减轻硫酸氢铵型腐蚀积灰和降低空气预热器 ABS 区位置。图 8-14 所示为预热器出口烟温提高后，ABS 区下移的计算示例，图 8-14 中纵坐标为 ABS 区上界距低温段顶端的距离。国内电厂在未进行 SCR 脱硝改造前，空气预热器的冷端综合温度一般按美国 CE 公司壁温曲线（如图 7-32 所示）进行控制。SCR 脱硝改造后，对于低硫分煤或硫酸氢铵型积灰轻微的锅炉，可仍按 CE 曲线控制预热器的冷端综合温度。对于空气预热器差压增长较快的锅炉，建议在美国 CE 公司壁温曲线的基础上提高 10～15℃。

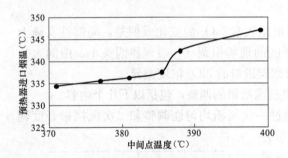

图 8-13　中间点温度对预热器进口烟温的影响　　　　图 8-14　ABS 区位置与排烟温度关系

对于已投运了烟气余热水媒式暖风器的电厂，空气预热器出口烟温可提高到 150～170℃，相应空气预热器出口热风温度提高 3～5℃，锅炉效率不仅不降低反而提高。运行中如无其他限制，排烟温度不应设置高限，低低温省煤器出口烟温不应设置低限。

（4）强化空气预热器吹灰。

我国与 SCR 配套的空气预热器均采用大波形搪瓷元件，空气预热器冷段配置双介质高能射流吹灰器。蒸汽吹灰（压力为 1.5～2.0MPa）为在线吹灰，低压水冲洗（压力为 1.0～1.5MPa）为离线吹灰。对于结露型堵灰，蒸汽和低压水冲洗可以取得较好的清洗效果；对于硫酸氢铵型堵灰，需要配置高压水冲洗（压力为 20～30MPa）系统，以保证清洗效果。

根据豪顿华公司经验，出口氨逃逸率控制在较低浓度时，空气预热器烟侧压降仍会随结露型积灰而缓慢增长。随着氨逃逸率增加，当空气预热器烟侧阻力超过设计值的 50％时，就需要启动高压水冲洗。图 8-15 所示为高压水冲洗启动周期与氨逃逸浓度关系曲线。图 8-15 中氨逃

逸率 ε 越大，空气预热器阻力增长越快，冲洗周期缩短。

还有机组安装了可变频率高声强声波吹灰装置，声强可在 $1000\sim10\,000$ 之间调节，适应不同含硫量、氨逃逸的变化。

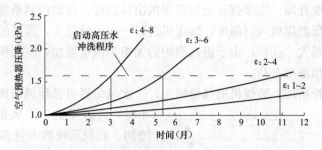

图 8-15　清洗周期与氨逃逸率关系

空气预热器的烟侧压差是反映换热元件堵灰程度的重要参数。空气预热器压差的设计值上限一般为 $1.1\sim1.2\mathrm{kPa}$，空气预热器压差超过设计值的 1.5 倍以后，堵灰速度明显增快，应加强空气预热器吹灰，有停机机会时及时进行彻底清理。空气预热器压差正常增加速度一般小于 $0.1\mathrm{kPa/月}$，在发现每日、周增速明显升高时，应从氨逃逸、烟气温度、SO_3 浓度三方面及时分析原因，采取控制措施。

应正确制定和执行空气预热器蒸汽吹灰程序。保证吹灰效果的条件有三个：一是吹灰器阀前压力合理（一般为 $1.0\sim1.3\mathrm{MPa}$），过高易吹损受热面，过低吹灰动量不足，吹灰效果不佳。二是吹灰蒸汽有足够的过热度（一般为 $80\sim100℃$），以防止蒸汽冷凝黏结飞灰。三是吹灰器投前充分疏水，防止吹损蓄热元件。

在吹灰操作中，应根据空气预热器烟气侧差压合理控制蒸汽参数和吹灰频次。对每次蒸汽吹灰前、后的空气预热器压差数据应进行记录和对比，吹灰无明显效果时及时检查、分析问题原因。应通晓并善于判断吹灰器故障的典型形式，防止出现吹灰程序正常，而实际并无蒸汽吹扫行为的情况。

凡安装了双介质吹灰器的空气预热器，应进行调试、排除缺陷、坚持投用。水介质的在线冲洗应根据空气预热器阻力变化情况，确定投入频次和清洗时间。在线水冲洗应选择 $75\%\sim90\%$ 负荷段、排烟温度较高时进行。吹灰过程适当减少喷氨量、氨逃逸率，提高冲洗效果。

2. 运行氧量优化

降低排烟过量空气系数是降低排烟损失的重要措施。近年来，我国大型燃煤锅炉的氧量控制值呈现逐渐降低的趋势。其原因主要是飞灰含碳量已普遍降低到 1.0（％）以下的数量级，使 q_4 损失在 q_2 损失中所占比例更小，q_2 损失实际上成为决定最佳过量空气系数的控制因素。此外，电厂环保改造使送风机、引风机的全压成倍增加，脱硝系统对入口 NO_x 浓度的要求等，也都倾向于降低运行氧量的控制值。某 600MW 超临界锅炉氧量控制曲线优化的一个实例如图 8-16 所示。该炉采用 LNCFS 燃烧

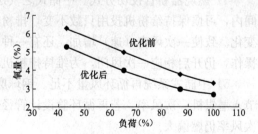

图 8-16　某 1913t/h 超临界锅炉运行氧量优化

器，燃用烟煤，100%负荷下飞灰含碳量为 0.2%～0.4%。

3. 降低一次风率

正压直吹式制粉系统，随着一次风率的增加，进入磨煤机的总能量增加，煤被更充分干燥，磨煤机出口温度升高。为维持设定的磨煤机出口温度，自动控制系统会开大磨煤机入口压力冷风挡板以降低磨煤机入口温度。磨煤机进口一次风量越大，需要的进口风温越低，制粉系统的掺冷风量越大。这样，由于进入锅炉的无组织风量增加，空气预热器的一、二次风总通流量减少，排烟温度升高。

中储式乏气送粉系统，磨煤机通风量恒定，一次风率靠再循环风门调节。再循环风门关小时，入磨煤机一次风量（热风＋掺冷风）增加，制粉系统掺入更多冷风使排烟温度升高。这个影响与直吹式系统是一样的。由于需要协调一次风率（速），所以燃用高挥发分煤时往往入磨煤机一次风量偏大，排烟温度升高。

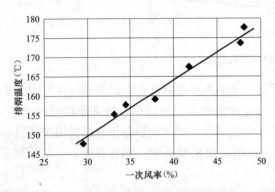

图 8-17　一次风率对排烟温度的影响

中储式热风送粉系统，入磨煤机一次风量与燃烧一次风率并无直接关系，可以根据煤中水分独立调节，因此理论上可以通过再循环风门调整消除掺冷风。图 8-17 所示为某电厂乏气送粉系统一次风率对排烟温度影响的试验曲线。如图 8-17 所示，该机组一次风率在 10%范围内变化时，影响排烟温度约 10℃。

（1）锅炉运行中使实际一次风率偏大的原因。

1）煤质。燃用高挥发分煤时，运行人员为避免燃烧器烧喷口，有意提高一次风率以增加一次风速。如某电厂设计煤种 $V_{daf}=40\%$，一次风率习惯控制为 40%～45%，煤质变时也未调整，造成一次风率长期偏高。

2）燃烧器各一次风管均匀性差。为防止风速最低的一次风管发生煤粉堵塞，不得不提高一次风压力以提高整体一次风速的平均值，从而造成一次风率偏高。

3）制粉系统运行方式。如正压直吹式系统，负荷降低时不能及时切除磨煤机，因多磨煤机运行而造成总的一次风率升高（尽管每一台磨煤机的一次风量减少）。对于中储式钢球磨煤机系统，切除一台磨煤机，则与该磨煤机相应的全部漏风消除，因此排烟温度降低。若是乏气送粉的系统，可能有停磨煤机不停排粉机的工况，由于近路风的存在，迫使掺入大量冷风，致使排烟温度升高。

4）燃烧器粉管投切方式。中储式乏气送粉系统，运行人员在燃烧出力降低时的一定区间内，习惯保持给粉机投用只数不变，排粉机出口风压不变，仅以减少给粉机转数适应负荷变化。致使一次风率（速）增加。还有一种情况是，在部分给粉机停止后，运行人员为简化操作，仍开启相应一次风门，为维持排粉机出口风压，使一次风率增加。

5）中储式系统再循环风量不足。钢球磨煤机运行维持最佳风量不变，用再循环风门调节入磨煤机一次风率。若再循环管设计管径偏小、通流能力不足，即使再循环风门全开，一次风率仍燃偏大。

（2）锅炉运行中降低一次风率的措施。

1）**制粉系统的合理投停。**对于直吹式系统，制定可行的制粉系统投停—负荷曲线，避免低负荷下多台磨煤机运行，从而保持较低的一次风率。图 8-18 所示为山西某电厂 300MW 锅炉中速磨煤机的一次投停试验结果。图 8-18 中保持负荷 210MW、总给煤量基本不变，在 A、B、C、D 磨煤机运行时，停 C 磨煤机，冷风用量从 178t/h 降至 93t/h，减少了 48%；平均排烟温度由 154℃ 降至 143℃，减少 11℃；制粉单耗由 35.6kWh/t 降至 30.6kWh/t。

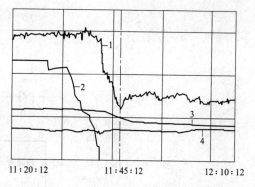

图 8-18　投切磨煤机对排烟温度的影响
1—掺冷风总量；2—C 磨出力；
3—A 侧排烟温度；4—B 侧排烟温度

对于中储式制粉系统，应随负荷变化及时增减燃烧器粉管。原则上按自上而下顺序停用部分燃烧器。不仅可提高一次风的煤粉浓度，有利低负荷稳燃，也可提高低负荷时的再热汽温（一次风速提高）。

2）**调平各一次风管风速。**调整一次风速均匀，是降低一次风率的关键措施之一。正压直吹式系统应定期进行风粉调平工作，解决由于"缩孔"磨损、初期未做热态调平等原因而造成的各粉管间一次风速不均匀缺陷。尤其当发现个别管子明显流速偏低时，必须进行此项工作。国内有些电厂由于长期不调"缩孔"，致使调节杆锈死无法调节。节流件的结构优化方面，可考虑采用一次性可更换缩孔或者在线可调节流挡板。

3）**建立风煤比—给煤量控制曲线。**中速磨煤机在粉管一次风速、石子煤量和磨煤机出力裕量允许的前提下，按照低风煤比原则调整风煤比—给煤量控制曲线。风煤比的下限，在燃烧系统，取决于燃烧器出口风速安全性；在制粉系统，取决于磨煤机堵塞的条件。单进单出钢球磨的风煤比一般应控制在 2.5 以下。在磨制较硬煤质、较低挥发分煤时（R_{90} 应小些）最佳通风量降低，应适当减小大罐风量即降低钢球磨的风煤比。表 8-14 是某 1000MW 超超临界锅炉中速磨煤机正压直吹式系统经优化后的风煤比—给煤量控制关系曲线。

表 8-14　　　某 1000MW 超超临界锅炉中速磨煤机风煤比—给煤量控制关系曲线

给煤量（t/h）	110	85.1	75.3	25.4	10	0
风煤比	1.275	1.592	1.691	3.864	9.701	—

4）**排粉机出口风压控制。**国内 300MW 级中储式乏气送粉锅炉，排粉机出口风压为 2.5～5.5kPa。排粉机出口风压与一次风速（率）正向相关，可直接通过 DCS 风压的高低判断一次风率的大小。因此，降低排粉机出口风压即可降低一次风率。在降低排粉机出口压力时，应综合考虑煤质变化、一次风均匀状态、钢装更新时间等条件，防止一次风速过低引起一次风粉管堵塞或回火。图 8-19 给出了某 330MW 供热机组的一个调整实例。图 8-19 中括号内数字为优化前参数。在先期进行了一次粉管流速调平等关键性调整之后，排粉机出口风压逐渐从 6.4kPa 降低到 4.4kPa，磨煤机冷风门全部关闭。同时磨煤机进口压力升高 150Pa，制粉系统负压水平受控，磨煤机掺冷风和制粉系统漏风均有大的变化。调整前后的年统计排烟温度从 148.7℃ 降低到 138.8℃，降低幅度近 10℃。

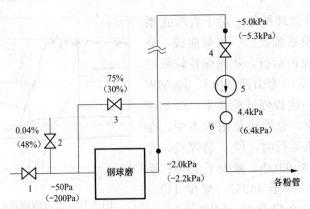

图 8-19　乏气送粉系统降排粉机出口风压
1—热风门；2—冷风门；3—再循环风门；4—排粉机进口挡板；5—排粉机；6——次风母管

4. 降低单台磨煤机的风煤比

在总的一次风率不变情况下，单台磨煤机的风煤比仍可彼此差异，风煤比大的磨煤机就会掺入更多冷风。以下给出在相同一次风率下，风煤比并不相同的几种工况：

(1) 单进单出钢球磨。当被磨制煤变硬时（HGI 指数变小），磨煤机制粉出力降低，而此时通常保持通风量不变，因此导致风煤比变大、掺冷风增加。

(2) 中速磨煤机。平行工作的各台中速磨煤机，若分摊的出力不同，便会引起风煤比在各台磨煤机之间的差异。煤量小的磨煤机，风煤比大、掺冷风多，煤量大的磨煤机，风煤比低、掺冷风少。图 8-20 所示为单台中速磨煤机的风煤比—负荷通用特性。

(3) 双进双出钢球磨。与中速磨煤机不同，双进双出钢球磨煤机的风煤比是自发实现的，随着风量增大，更大量的煤粉从料层吹入筒体容积，筒体空间内的粉浓度变大，风煤比减小，这个规律与中速磨煤机是一致的。但当容量风过分增大时，制粉出力不再增加，风煤比反过来增加。

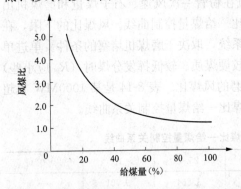

图 8-20　中速磨煤机的风煤比—负荷通用特性

除了磨煤机出力外，随着磨煤机衬瓦磨损、钢球量的减少，磨煤机的风中粉浓度降低，风煤比变大。运行参数如磨煤机出口温度、料位差压、煤粉细度等也在一定程度上影响风煤比。对于双进双出磨煤机，风煤比的大小直接反映磨煤机的磨制能力。同一制粉系统的不同磨煤机，其风煤比的数值可能并不相同，可借此诊断双进双出磨煤机的工作条件。表 8-15 是几个电厂钢球磨煤机的风煤比范围（双进双出磨煤机和单进单出磨煤机）。

表 8-15　钢球磨煤机的实际运行风煤比的比较（额定出力）

电厂/机组容量	ZX 电厂/1000MW	LC 电厂一期/300MW	QD 电厂二期/320MW	WF 电厂/660MW	QD 电厂一期/320MW	SLQ 电厂期/300MW
磨煤机型号	BBD4360	BBD4060	BBD4060C	BBD3854	MTZ350/700	MG3.5/60Ⅲ
风煤比	1.1～1.2*	1.4～1.6	2.3～2.5	2.8～3.0	约 1.82**	2.5～3.2

*　该双进双出磨煤机更换衬瓦前的风煤比为 1.6～1.8。

**　单进单出磨煤机调整前风煤比为 2.2。

降低单台磨煤机的风煤比，可以通过通风量调整、总煤量分配、料位压差控制、煤粉细度调整、磨煤机出口温度控制、钢球量的及时补充和筛选等手段加以实施。对于单进单出钢球磨煤机，当运行煤的可磨性降低、R_{90}控制值变小时，可适当减少通风量，以适应最佳通风量的降低。初装钢球后钢球磨制力增加，则应当适当增大磨煤机通风量。与此同时，风煤比即随之变化。

对于中速磨煤机，应尽可能平均分配总煤量，避免一台磨煤机出力过低。对平行工作的不同磨煤机，可在运行条件下进行风煤比特性的检验，以确定各磨煤机承受最低一次风量的区别。图 8-21 所示为某 660MW 锅炉中速磨煤机关小热风门、降低风煤比和掺冷风的调整实例。图 8-21 中保持给煤量 38t/h 不变，热风门从 45% 关小到 35%，一次风量从 87.4t/h 减至 68.3t/h，冷风门自动关小以维持磨煤机出口温度在 75℃ 左右。实现风煤比从 2.21 降低到 1.8 的目标。对于双进双出钢球磨，风煤比无法独立调节，降低风煤比靠控制运行条件，提高磨煤机筒体空间内风中的粉浓度来实现。

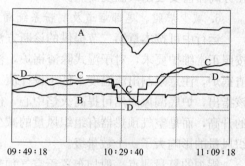

图 8-21　BBD4060 磨煤机减小风煤比调整
A——一次风量：0～60t/h；
B——给煤量：30～60t/h；
C——冷风门开度：0～100%，0～60t/h；
D——热风门开度：0～100%

5. 提高磨煤机出口温度定值

当一次风率一定时，提高磨煤机出口温度定值，可使磨煤机进口温度升高，从而减少磨煤机的冷风掺入量，使排烟温度降低。磨煤机出口温度变化对锅炉排烟温度的影响如图 8-22 所示。一般磨煤机出口温度每提高 15℃，排烟温度降低 5～7℃。煤中水分越高，排烟温度降低越多。在保证制粉安全的前提下，尽可能提高磨煤机出口温度以降低排烟温度和节省制粉单耗，已成为近年来国内电厂的共识。表 8-16 列举了国内部分电厂（均正压直吹式系统）提高磨煤机出口温度的实例。

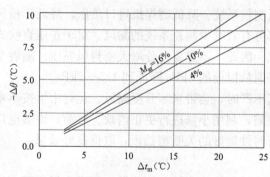

图 8-22　磨煤机出口温度对排烟温度的影响

表 8-16　　　　　　　　国内部分电厂提高磨煤机出口温度的实例

电厂、机组容量	磨煤机形式	煤挥发分 V_{daf}（%）	磨出口温度（提升前）（℃）	磨出口温度（提升后）（℃）
ZX 电厂四期、1000MW	BBD4360 双进双出磨	35～40	70	75
BN 电厂三期、320MW	MPS213 中速磨	30～35	75	95
JX 电厂二期、330MW	BBD4060 双进双出磨	约 35	85	110
LZ 电厂一期、1000MW	HP1203 中速磨	30～45	75	90

为防止制粉系统爆燃，首先要解决的是制粉管路的积粉源，消除局部结构的缺陷；其次是加强煤粉爆燃信号的监视，例如，在磨煤机出口安装 CO 浓度监视仪等。对于直吹式系

统，由于没有煤粉仓，提高磨煤机出口温度对于制粉安全的影响要比中储式系统小得多。

对于双进双出磨煤机，出口温度测点通常装在粗粉分离器的出口，低负荷下旁路风的投入将使磨煤机出口温度（分离器前）降低，磨煤机出口温度自控的结果是冷风掺入量的增大。因此，在低负荷下旁路风门有较大开度时，允许适当调高磨煤机出口温度控制值，或者在分离器前安装出口温度测点。

6. 减少炉膛、尾部烟道及制粉系统漏风

运行中可按本章第二节提供的诊断方法，及时掌握炉膛、烟道的漏风状态与密封缺陷。按照正常维护要求，对于湿式除渣锅炉，注意保持良好严密的冷灰斗水封水位；对于干式除渣锅炉，注意限制出渣温度不低于设计值。以上措施均可防止冷风从炉底大量进入锅炉。应该指出，炉底漏风固然可提高火焰中心，但使排烟温度升高的根本原因并不是炉膛出口烟温的升高，而是空气预热器有组织风量的减少，与炉膛出口烟温的变化相比，空气预热器有组织风量的影响大了一个数量级。

锅炉的氧量测点一般均布置于空气预热器进口烟道。根据空气预热器缺风分析原理，只有锅炉氧量测点之前的烟道漏风，才会影响空气预热器的有组织风量。因此，从炉膛出口直至空气预热器进口的烟道，均应纳入锅炉漏风监督的重点区域。过热器、再热器、省煤器穿墙管处的密封缺陷、人孔门的严密性差、吹灰器管穿墙孔间隙偏大等，都会造成烟道漏风的增加和空气预热器有组织风量的减少。

炉膛漏风、烟道漏风的数量与炉膛负压成正比。因此运行中宜采用低负压运行方式，炉膛负压可控制在 $0\sim50\text{Pa}$，甚至微正。炉膛负压测点布置越高，主燃烧区负压值越深，这种情况下，即使 DCS 显示炉膛负压微正，整个燃烧区域的负压仍是较深的。

减少制粉系统漏风主要是针对中储式负压制粉系统。降低磨煤机进口负压、降低排粉风机入口负压、保持整个系统风道密封良好等都可有效减少制粉系统的漏风。对于正压直吹式系统，密封风进入磨煤机相当于制粉系统漏风。因此，不需要过分增大密封风差压。随着节能意识的强化，电厂的密封风差压控制值已普遍从以前的 4kPa 降低到 $1.5\sim2\text{kPa}$。

磨煤机在入口冷风挡板、吹扫风挡板关闭不严时，会带来零开度漏风。运行中可按本章第二节提供的诊断方法，及时发现风门挡板缺陷，利用小修进行更正消缺。目前，许多电厂为解决此类问题，已将上述挡板全部更换为密封性能好的关断型挡板，取得良好效果。

7. 提高排粉机出口温度定值

中储式乏气送粉系统在停磨煤机不停排粉机时，热一次风（短路风）不进磨煤机而直接与冷风掺混后进入排粉机，升压后携带煤粉入炉燃烧。由于不需干燥煤粉，所以这个掺混温度要比磨煤机投入时的磨煤机入口混合温度低得多，因而在排粉机前需要大量掺入冷风，导致排烟温度升高。显然，排粉风机出口允许的掺混温度越高，掺冷风量就越少。定量估计，排粉机出的风温每升高 10°C，掺冷风率减小 1 个百分点，排烟温度降低 $1.0\sim1.5^{\circ}\text{C}$。

根据 DL/T 5203—2005《火力发电厂煤和制粉系统防爆设计技术规程》规定，燃用烟煤的系统，入炉一次风粉温度不应高于 160°C，燃用贫煤的系统，入炉一次风粉温度不受限制。即排粉风机出口风温高限受烟煤控制，不超过 200°C。该温度与空气预热器出口热一次风温之差决定了停磨煤机情况下的最少冷风掺入量。因此，是否能够提高排粉机出的风温定值，取决于排粉机的最高允许温度。国内一些电厂已经将此温度从 120°C 左右提高到 $160\sim170^{\circ}\text{C}$。

8. 优化锅炉吹灰控制

目前，电厂吹灰器的运行方式大都是根据经验，定时、全部对受热面吹扫一遍，较难做到按需吹灰、动态吹灰。优化的锅炉吹灰控制是根据各受热面的沾灰程度（由沾污参数检测）对于何时吹扫、吹扫哪个受热面、投运几组吹灰器等，根据吹灰效果做出决定，用不定时的动态调度代替定时吹灰，以达到在安全性前提下的最经济运行。

各受热面的沾污程度可用洁净因子 C_F 判断。C_F 按式（8-45）计算，即

$$C_F = \frac{k_h}{k_0} \tag{8-45}$$

式中　　k_h——实际污染条件下的传热系数，$W/(m^2 \cdot ℃)$；

　　　　k_0——理想沾污条件下的传热系数，是指经一次彻底吹灰后，受热面在稳定积灰状态下的传热系数，$W/(m^2 \cdot ℃)$；

某 2008t/h 锅炉低温过热器吹灰周期与沾污状态的关系如图 8-23 所示。由图 8-23 看出，刚刚吹灰后的洁净因子 C_F 达到最高值 1.0，随后 C_F 则逐渐降低，经过一定的时间，积灰过程达到动态稳定，C_F 趋于常数。

实施动态吹灰应综合考虑安全、经济、汽温控制等因素。受热面不同，上述要求的侧重点会有所不同。水冷壁吹灰的目的是抑制炉膛结焦的发展、限制炉膛出口烟温以防止过热、再热蒸汽超温。从经济性分析，炉膛吹灰对烟温的直接影响微弱，主要是通过减少喷水量（尤其是再热器喷水）来提高机组的循环热效率。

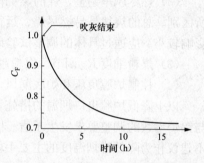

图 8-23　某 2008t/h 锅炉吹灰周期与沾污状态关系曲线

对流受热面的吹灰主要应考虑经济性原则。吹灰周期取决于吹灰成本、积灰发展快慢、受热面的位置以及负荷。积灰越慢，吹灰周期应越长；积灰虽快但积灰不严重，吹灰周期应越长；积灰虽重且快，但影响排烟温度、减温水量很小，吹灰周期应越长。从对排烟温度的影响来看，越是靠近炉膛出口的受热面，排烟温度变化对沾污状况越不敏感，既使积灰较重较快，排烟温度变化也不大，应减少这些受热面的吹灰频率，在蒸汽温度超温情况下甚至不进行吹灰。锅炉在低负荷下运行，其单位时间的积灰耗差减小，吹灰周期也应适当延长。

9. 减温水量控制

如前所述，排烟温度的影响因素之一是过热器、再热器的减温水量。为减少过热器、再热器的减温水量，首先要保证烟气侧调温装置的正常可靠运行，否则一旦烟侧调温手段无效，就只能依靠减温水来调节蒸汽温度，使减温水量增大。例如，用烟道挡板调节再热汽温的锅炉，当烟道挡板卡涩、调节困难或挡板空回过大时，排烟温度就要升高。某 1000MW 机组通过将烟道挡板调节机构连杆从炉内移至炉外，解决了烟道挡板调节失灵的缺陷，使排烟温度降低 2~3℃。

其次，适当调高主蒸汽压力，也可降低减温水尤其是再热器减温水量。某电厂根据汽轮机运行特性，当主蒸汽压力从滑压 20.3MPa 升高到定压 24.5MPa 时，过热汽温降低 4~5℃，再热器进口温度降低 3~4℃，过热器、再热器减温水量分别减少约 10% 和 8%。

对于超临界机组，降低中间点温度定值时，减温水量随之减少，排烟温度降低。图 8-24 为某 600MW 超临界锅炉中间点温度对排烟温度影响的一次调整试验结果。

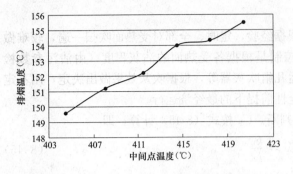

图 8-24　某 600MW 超临界锅炉中间点温度对
排烟温度的影响

10. 降低炉膛出口烟气温度

降低炉膛出口烟温也可起到降低排烟温度的作用，如果影响到减温水量，对排烟温度的影响就更大些。以燃烧调整降低炉膛出口烟温的措施包括：

（1）燃烧器运行方式。燃烧器投下层停上层，或者燃烧率的分配下多上少，均可降低炉膛出口烟温。对于直吹式制粉系统，与以上调整对应的是磨煤机的投停方式和负荷分配方式。

（2）燃尽风率调整。煤的燃烧性能不同时，分离式燃尽风率对炉膛出口烟温的影响会有所区别。总的规律是易燃尽煤、运行氧量低、空气分级深时，燃尽风率影响就大；反之，则影响较小。应通过具体的调整试验确定影响的方向和程度。

（3）煤粉细度 R_{90} 调节。煤粉越细 R_{90} 越小、燃尽越快，炉膛出口烟温随之降低。

（4）控制炉膛负压和炉底漏风。防止大量炉底冷风进入炉膛，使火焰中心抬高。

以上降低炉膛出口烟温的措施，大都会同时影响锅炉的其他经济性、安全性指标，或者与锅炉参数的调整要求发生矛盾。因此，一般应以正常的参数调整为主，除第（4）项以外，不建议作为降低排烟温度的主要手段。

11. 炉膛氧量调节与校正

（1）氧量调节滞后、数据分散。氧量在动态调节过程中，会发生围绕设定氧量的波动，氧量动态离散过大时，引起排烟损失增大或者飞灰含碳量升高。图 8-25 所示为两台 600MW 级锅炉的氧量控制实时曲线的比较。图 8-25（a）为 LC 电厂满负荷时的氧量离散情况，因氧量自动未投，动态过程的氧量离散过大，最大、最小氧量相差超过 3.5 个百分点。图 8-25（b）为 ZX 电厂满负荷时的氧量离散情况，由于投入自动，氧量实时值十分集中。

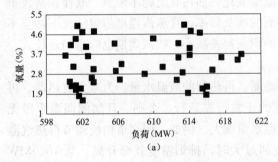

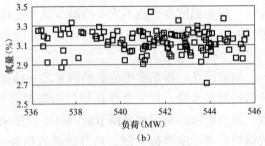

图 8-25　两台 600MW 级锅炉氧量控制实时曲线的比较
(a) LC 电厂满负荷时的氧量离散情况；(b) ZX 电厂满负荷时的氧量离散情况

改善氧量控制精度的方法之一是采用"辅助风门调炉膛氧量、送风机动叶调炉膛—风箱差压"的控制逻辑。即在负荷变化不大时，送风机不直接调节氧量，而以辅助风门开度快速跟踪氧量变化。该调节方式下应维持较高的炉膛—风箱差压，以增加辅助风门的调节灵敏度。

（2）氧量标定与校准。所谓氧量标定与校准，是指由于氧量测点的代表性差而引起的氧量虚低（表盘氧量低于真实氧量）或氧量虚高（表盘氧量高于真实氧量）。根据节能剖析活动的实践记录，相当数量的电厂存在炉膛氧量虚低现象，是造成氧量实际控制值偏高、排烟过量空气系数偏大的原因之一。表 8-17 是几个电厂氧量虚低测试结果。其中氧量的标定值是用烟道网格法测到的氧量各点的平均值。LC 电厂根据氧量偏差信息，进行了现场调整，将表盘氧量从日常控制值 3.1％降低至 1.8％（真实氧量为 2.7％）后，排烟损失减少 0.6 个百分点，送引风电流减少 10A，过热器喷水减少 20t/h，火焰中心温度没有降低反而升高，C_{fh} 维持不变，供电煤耗降低 0.8g/kWh。

表 8-17   **部分电厂锅炉氧量标定结果实例（负荷 100％）**

项目	LC 电厂 320MW	WF 电厂 320MW	SZ 电厂 600MW	LA 电厂 660MW	QD 电厂 300MW
表盘氧量（％）	2.75/4.41	1.79/1.71	3.57/2.08	4.12/4.88	2.18/3.09
氧量标定值（％）	3.97/5.17	3.84/4.01	3.79/3.73	2.90/2.11	3.45/4.12
氧量偏差（％）	1.22/0.76	2.05/2.30*	0.22/1.65	−1.22/−2.77	1.27/1.03

* 负荷 80％和 65％的氧量偏差分别为 2.39/2.54 和 2.10/1.72。

12. 暖风器优化投切

暖风器的投入会升高排烟温度，但对于因积灰严重导致排烟温度偏高的机组，暖风器投入后，预热器传热性能改善，排烟温度长期来看可以降低。一般排烟温度每升高 1℃，影响发电标煤耗 0.16g/kWh。但若排烟温度的升高是由蒸汽暖风器的投入引起，则对机组煤耗的影响要折半，且暖风器的汽源压力越低，排烟温度升高对煤耗的影响越小。当排烟温度的升高是由于水媒式暖风器的投入引起，则机组煤耗不仅不增加，反而降低。利用式（8-14）和式（8-15），可辅助进行暖风器投切的优化控制。

13. 单进单出钢球磨煤机高出力运行

单进单出钢球磨的磨煤机出力，不仅影响制粉系统经济性，也影响排烟温度。出力低时因风煤比大，需要掺入更多冷风，使排烟温度升高。运行中，在不发生堵磨的前提下，应尽可能增加给煤机转速，减少冷风掺入量。

14. 消除制粉系统缺陷

当制粉系统存在某种缺陷时，往往导致制粉系统掺冷风量增加，引起排烟温度升高。例如，双进双出磨煤机吹扫风管阀门关闭不严；磨煤机出口温度示值虚高等。图 8-26 所示为某 300MW 机组双进双出磨煤机直吹式系统吹扫风管入口阀门前后实测壁温差的分布。从图 8-26 看出，大部分吹扫风管均存在程度不同的冷风漏入，其中以第 15 号管最为严重。

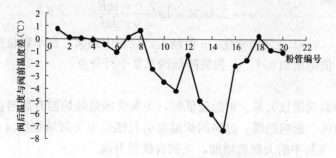

图 8-26 吹扫风管入口阀门前后实测壁温差分布

二、锅炉燃烧损失的影响因素及其降低途径

燃烧损失 q_4 与燃用煤质关系极大。烟煤、褐煤 q_4 较低一般在 $0.5\%\sim1.0\%$，贫煤、无烟煤 q_4 在 $2.0\%\sim4.0\%$。对锅炉效率的影响仅次于 q_2 损失。q_4 损失由飞灰含碳量 C_{fh} 和炉渣含碳量 C_{lz} 两项组成。飞灰含碳量每增加 1%，q_4 损失增加 $0.4\sim1.0$ 个百分点（取决于折算灰分）。飞灰含碳量每增加 1%，q_4 损失增加 $0.04\sim0.1$ 个百分点（取决于折算灰分）。两者对 q_4 影响的权重分别是 0.9 和 0.1。因此，降低 q_4 损失的重点应放在飞灰含碳量的降低上。

（一）影响飞灰含碳量的运行因素

煤粉锅炉运行中影响飞灰含碳量的因素主要有入炉煤质、煤粉细度、炉膛温度、过量空气系数、一次风出口风率、风速、二次风配风方式、SOFA 风分级深度、磨煤机投停方式、炉膛负压等。

1. 入炉煤质

煤的成分中，对飞灰含碳量影响最大的是挥发分，其次是发热量和水分。挥发分高的煤，着火迅速、燃烧速度和燃尽程度高，飞灰含碳量低。挥发分高低悬殊的煤掺烧，尽管挥发分 V_{ad} 的日报值并不低，但飞灰含碳量也会很高。

煤的发热量低，炉温低，则飞灰含碳量增加。另外，燃用低热值煤时，燃料使用量增加。对直吹式制粉系统的锅炉，磨煤机可能要超出力运行，一次风量增加，煤粉变粗，也会导致飞灰含碳量升高。发热量低的煤往往灰分都高，还会使着火推迟、炉温降低，燃尽程度变差。

水分对燃烧过程的影响主要表现在水分多的煤，水汽化要吸收热量，使炉温降低、引燃着火困难；推迟燃烧过程使飞灰可燃物增大。

2. 煤粉细度和均匀性指数

煤粉细度 R_{90} 和均匀性指数 n 是影响飞灰含碳量的可控因素。尤其对低挥发分的贫煤和无烟煤影响更大。R_{90} 越小煤粉越细，飞灰含碳量越低。R_{90} 对飞灰含碳量的定量影响较难估计，主要与燃烧设备及煤自身的燃烧性能有关。针对一个特定锅炉进行的燃烧计算表明，对于烟煤，煤粉细度 R_{90} 每减小 1 个百分点，飞灰含碳量增加 $0.1\sim0.2$ 个百分点；对于贫煤，R_{90} 每减小 1 个百分点，飞灰含碳量增加 $0.2\sim0.3$ 个百分点。以上结果是在炉膛过量空气系数 $\alpha=1.2$ 情况下得到的。当 R_{90} 较小时影响取高限。

煤粉均匀性指数 n 按式（8-46）计算，即

$$n = 2.8836 \times \lg \frac{2.0 - \lg R_{200}}{2.0 - \lg R_{90}} \tag{8-46}$$

n 值的范围在 $0.6\sim1.6$ 之间变化，n 值越大，煤粉中最大、最小颗粒所占比例减少、煤粉越均匀。一般 n 值每增加 0.1，q_4 损失降低约 0.2 个百分点。

3. 炉膛温度

燃烧速度与炉温成指数关系。炉温较低时，飞灰含碳量随炉温升高迅速降低；炉温较高时，燃烧进入扩散区、影响趋缓。过高的炉温会引起燃烧中飞灰的烧结（表现为飞灰的 R_{90} 大于煤粉的 R_{90}），飞灰中的大颗粒增加，飞灰含碳量升高。

平均炉温相同，但燃烧器区域炉温低、炉膛上部炉温高时，飞灰含碳量也会增加。

4. 炉膛过量空气系数（氧量）

随着炉膛过量空气系数增加，供氧充分，燃尽阶段的残余氧浓度升高，飞灰含碳量降低。煤的挥发分越低，氧量对燃尽的影响就越大。但过大的氧量会降低炉温，使飞灰含碳量反而升高。

炉膛氧量对煤粉燃尽的影响与负荷有关。低负荷下锅炉总风量减少，为保证炉内空气动力场正常、充满度良好，需要较大的过量空气系数。此时，炉温会因风量过余而进一步降低。在过量空气系数的实际控制范围内，空气动力场的影响总是强于炉温的影响，因而煤粉的燃尽程度还是增加的。

5. 燃烧器出口的风率、风速

对于直流式燃烧系统，二次风率、风速主要通过影响实际切圆直径，影响着火迟早和飞灰在炉内停留时间。前、后墙对冲的燃烧系统，二次风率、风速通过改变单只火嘴的回流、着火工况，影响燃烧器出口附近的火焰温度，从而影响燃尽。

二次风在各层燃烧器之间的分配则可改变炉内最高火焰温度、炉温沿炉膛高度的分布，促进煤粉燃尽。最典型的情况是随着炉膛上层分离式燃尽风率的增加、燃烧器区主火焰温度降低，飞灰含碳量明显增大。

一次风速、风率的影响是通过着火过程的及时、稳定而影响飞灰含碳量的。随着一次风率、风速的减少、煤粉浓度增加，着火提前，飞灰含碳量降低。对于直流式燃烧器，一次风率、风速的不均匀分配，还会导致燃烧器喷口结焦、射流偏斜等，使飞灰含碳量增加。

6. 燃烧器的运行方式

在部分负荷下停用上层燃烧器、保持底火运行，可以延长火焰行程，有利于降低燃烧损失。低负荷的底层投运，可避免停用燃烧器的冷却风冲击在投燃烧器的出口风粉气流，降低它们的温度和冲淡煤粉浓度。即可延长煤粉的炉内停留时间，又能保持高的火焰温度，有利于飞灰含碳量的降低。

相邻燃烧器投运可保证集中火嘴运行，提高燃烧器区域的截面热负荷，从而使 q_4 损失降低。

前、后墙对冲的旋流燃烧器，当停用燃烧器的二次风未能关闭（二次风短路）时，则会引起飞灰含碳量的异常升高，并观察到氧量的突然增大。

7. 炉膛负压

炉膛负压过大，会使锅炉漏风尤其是炉底漏风增加，降低最高火焰温度并抬高火焰中心，造成 q_4 损失增加。

（二）降低燃烧损失的运行措施

1. 煤粉细度控制

运行中的煤粉细度控制遵循以下原则。

（1）经济性。按经济煤粉细度控制 R_{90}。经济煤粉细度按式（5-7）取值。

（2）汽温控制。R_{90} 增加、煤粉变粗，可以提高火焰中心，使汽温升高；反之，则汽温降低、减温水量减少。

（3）制粉出力。当煤质变差、制粉出力不足，影响机组发电负荷时，应适当提高 R_{90}。

（4）高温腐蚀。R_{90} 增加、煤粉变粗会使水冷壁近壁气氛中 CO、H_2S 浓度增加，水冷壁高温腐蚀倾向加剧。

以下运行条件或调节方式将改变煤粉细度。

（1）磨煤机分离器的调节。

静态分离器的挡板开度或动态分离器的转速均可有效调节煤粉细度。运行中的调整主要针对煤质进行。由于煤粉取样具有较大的随机误差，所以最好能通过试验，建立各磨分离器的开度特性曲线（R_{90}与径向挡板开度的对应关系）或转速特性曲线（R_{90}与分离器转速的对应关系），用于指导运行。示例如图 6-25 和图 6-49 所示。

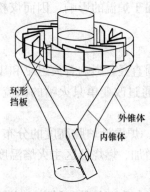

图 8-27　粗粉分离器局部结构改进示意

对于开度特性较差的分离器，若开大或关小挡板，对煤粉细度的改变作用不大，可进行分离器局部结构的改进。一个示例如图 8-27 所示。图 8-27 中在折向挡板的下端面位置，增加了水平环形挡板（宽度为 200mm），迫使风粉气流只能沿径向挡板形成的通道切向进入内锥体，从而避免折向挡板关小时产生气流短路，影响煤粉分离。

（2）分离器堵塞。

可发生在折向挡板通道、回粉管及内锥体。堵塞时段，粗粉不能正常分离或返回磨煤机，致使煤粉变粗、飞灰可燃物升高。某电厂 600MW 机组双进双出钢球磨煤机，节能剖析发现飞灰含碳量异常增大，查阅当时煤质，挥发分较高排除煤质原因。同时发现分离器差压也高，说明分离器出现了堵塞，清理之后，飞灰含碳量回降至正常值。

通过监视分离器差压（如双进双出磨煤机的两端）和回粉管温度，可以及时发现分离器、回粉管的工作是否异常。及时清理分离器应成为电厂降低飞灰可燃物的重要日常工作。许多电厂在输煤系统安装除杂装置，从源头去除煤中杂物，也是保持正常煤粉细度的措施之一。

（3）磨煤机通风量和风温。

降低中速磨煤机的一次风量、减小双进双出磨煤机的容量风量，均可增加煤粉的磨内再循环量，煤粉因反复磨制而减小其细度 R_{90}。提高磨煤机的出口风温设定值，可使进口风温明显提高，煤在干燥磨制状态下的煤粉细度 R_{90} 降低、出粉量增加。单进单出钢球磨煤机在煤质变硬时，最佳通风量减小，宜根据煤种进行阶段性调节，降低通风量使煤粉细度 R_{90} 降下来。

适当提高磨煤机的进口干燥剂温度，可降低一次风量（提高二次风率），使煤粉变细。由于煤粉浓度也增加，着火和燃尽条件变好。直吹式系统在燃用高水分煤时，需要增加干燥出力，往往因一次风速过高而导致 q_4 损失增大。

（4）中速磨的风煤比与加载力。

中速磨煤机随着风煤比的降低，相同给煤量下一次风量降低，煤粉细度 R_{90} 减小，一次风中煤粉浓度增加。

中速磨煤机随着加载力的提高，碾磨能力增强，相同的一次风量下，煤粉细度 R_{90} 减小。一般加载力在设计值基础上每提高 10%，磨煤机出力提高约 1%，煤粉细度 R_{90} 减小 1%～2%。在中速磨煤机研磨件磨损的中后期，提高加载力对于维持磨煤机出力和较小 R_{90} 更为奏效。在加载力已经很高以后，继续提高加载力对 R_{90} 的影响减弱。

（5）双进双出磨煤机的料位差压。

双进双出磨煤机的料位差压代表了磨煤机内存煤量。料位差压每增加 100Pa，磨煤机内料位平面升高 20～25mm。料位差压的增加使煤粒通过筒体时的停留时间延长，因此可以磨得更细些。某 BBD4060 磨煤机的试验表明，在给定出力下，料位差压每增加 150Pa，煤粉细度 R_{90} 改善 1.5％～2.5％。

（6）磨煤机投停方式和装备状态。

对直吹式系统，同样负荷下投运磨煤机的台数越多，每台磨煤机的通风量就越低。在这种情况下，制粉系统将输出更细些的煤粉。

对于钢球磨煤机，筒体衬瓦的磨损越严重、装球量越少、相同通风量下煤粉变粗，出力降低；中速磨的磨辊、磨盘衬板磨损越厉害，磨煤机的磨制能力越差，相同通风量下煤粉变粗。

（7）合理选择分离器形式。

燃用低挥发分煤种的制粉系统，可将静态分离器改为动态分离器，不仅可以降低煤粉细度，在 5％～30％范围内在线调整 R_{90}，同时可提高煤粉均匀性，均匀性指数 n 值可以达到 1.3～1.5 甚至更高。原煤中杂物较多，分离器存在较重堵塞现象的磨煤机，可将径向分离器改换为双轴向分离器，降低 R_{90} 的统计均值。

（8）煤粉均匀性监督。

飞灰含碳量的主要部分大都集中于电除尘的一电场，即粗颗粒灰中的可燃物含量远高于细颗粒。减少煤粉中的大颗粒（即提高均匀性指数 n）是降低飞灰含碳量的途径之一。均匀性指数 n 的大小主要与制粉系统设备性能有关，运行中的监督也十分必要。一旦发现 n 值突然降低，应立即查明运行条件，及时纠正。

2. 炉膛氧量控制

运行中的氧量控制（确定最佳过量空气系数）取决于以下诸项的权衡：

（1）飞灰含碳量。氧量增加，飞灰含碳量降低。

（2）烟气中 CO 含量。氧量减少，CO 浓度升高。

（3）排烟损失及风机电耗。氧量增加，排烟损失及送引风机电耗增加。

（4）NO_x 排放与氨耗。氧量增加，省煤器出口 NO_x 浓度、氨耗量增加。

（5）汽温及减温水量。氧量增加，主汽温、再热汽温升高，减温水增加。

炉膛氧量对飞灰含碳量的影响呈指数关系。在过量空气系数小于 1 时，影响最厉害，之后随着氧量增加，影响逐渐减弱。不同炉膛、燃烧器、煤质以及负荷时，炉膛氧量的影响都不相同。针对一个特定锅炉（切圆燃烧方式）所做燃尽计算表明，在煤粉细度 $R_{90}=15％$ 情况下，当氧量低于 2.5％时，对于烟煤，氧量每降低 0.1％，飞灰含碳量增加约 0.07 个百分点；对于贫煤，氧量每降低 0.1％，飞灰含碳量增加约 0.09 个百分点。

目前，国内电站锅炉已全部完成了低氮燃烧器改造，这些锅炉中的绝大多数，在总的炉膛氧量未变情况下，由于主燃烧器区相对缺风而使飞灰含碳量增加。因此，与未进行分级前相比，炉膛氧量控制值一般不应降低。如果入炉煤的挥发分较高，主燃烧器缺风的影响相对要弱一些，氧量控制值可稍低；若入炉煤的挥发分较低，飞灰含碳量对主燃烧器区炉温更为敏感，氧量控制值则应适当提高。

某 660MW 超临界锅炉的一次变氧量试验结果见表 8-18。试验煤种 $V_{daf}=35.8％$，$Q_{net,ar}=20\,130kJ/kg$。燃烧方式为 LNTFS 直流燃烧器。由表 8-18 看出，改变氧量（二次风量）对 NO_x

排放的影响不大，但对飞灰含碳量及 CO 浓度的影响较大。从工况 2 变化到工况 1，飞灰含碳量增加 1.0 个百分点，CO 增加 220μL/L，NO_x 排放减少 20mg/m³（标准状态），风机总电流 $\sum I_{fj}$ 减少 21A，排烟温度 t_{py} 降低 2.5℃。经核算，排烟损失与燃烧损失之和在工况 1 处于临界点，比工况 2 减小仅 0.1 个百分点。在进一步考虑风机厂用电率、脱硝氨耗基础上，建议机组采用低氧运行方式，即在 500MW 负荷将氧量控制在 3.0 附近。

表 8-18　　　　　　　　　　　某 660MW 超临界锅炉的一次变氧量试验结果

名称	工况 1	工况 2	工况 3
负荷（MW）	496	500	502
O_2（%）	3.0	3.6	4.0
NO_x［mg/m³（标准状态）］	226/179	196/245	211/259
CO（μL/L）	352	135	110
C_{fh}（%）	2.42/1.58	1.09/0.95	0.91/0.79
t_{py}（%）	131.3/141.4	134.4/143.5	136.6/144.7
$\sum I_{fj}$（A）	762	783	795

3. 提高主燃烧区炉温

炉膛温度对煤粉的燃烧速度影响极大。炉温越高，燃尽越彻底。炉膛整体温度随锅炉负荷的升降而变化，难以改变。但运行人员可以通过提高燃烧器区域的局部燃烧温度来强化着火和燃尽。主要调整措施如下：

（1）集中火嘴运行。低负荷下应尽可能避免分散火嘴，使所有投用燃烧器彼此相邻，这样，氧量集中、粉浓度集中、燃烧集中，主燃烧区可以获得更高的炉膛温度。

（2）一次风速控制。燃用较差煤种时，应适当降低一次风速，使火焰锋面贴近燃烧器出口，促进煤粉燃尽。LC 电厂的一次调整经验提供了一个好的实例。该厂 2 号炉（1000t/h）采用双进双出磨煤机直吹式系统。在应对挥发分较低的入炉煤时，为稳定着火，首先开大旁路风门（如图 6-28 所示）提高燃烧器一次风温，但火焰检测信号不仅未增强，反而闪烁不稳。然后反过来关小旁路风门，结果是着火稳定、燃尽性能改善。

经分析认为，双进双出磨煤机的特点是容量风决定制粉出力，制粉出力不变则容量风量恒定。因此，在一定负荷下增加旁路风的结果，必然是提高总的一次风量和燃烧器一次风速。从本例看出，一次风速对于着火和燃尽的影响力度，已远远超过一次风温的影响。

（3）消除炉底漏风。炉底漏风使主燃烧区炉温降低。炉底漏风率每增加 1%，理论燃烧温度将降低 20℃，与此同时，火焰行程缩短、燃尽变差。运行中应严密监视和控制炉底漏风，湿式除渣炉保持良好的冷灰斗水封状态；干式除渣炉应控制除渣温度不低于设计出渣温度。

维持低的炉膛负压运行，也是减少炉底漏风的措施之一。可以用本章第二节所述方法诊断炉底漏风的状况。这里指出，即使炉膛负压到零，燃烧器区域仍处于正常负压状态，因此采用低的负压运行时，燃烧安全是可以保证的。

（4）燃尽风率调整。增加分离式燃尽风率可降低省煤器出口的 NO_x 含量，但同时也会明显降低燃烧器区域温度，使飞灰可燃物上升。如果一味追求低的 NO_x 排放或减少液氨用量，就会导致飞灰含碳量不正常升高。最好是通过专项试验或借助于运行数据的统计分析，确定出运行中不同煤质、不同负荷下的一个较佳的燃尽风门开度区间，或者给出一个燃尽风门开度上限值。这个限值的典型特征应是飞灰可燃物的急速上扬。图 8-28 所示为两台超临界锅炉飞灰含碳量与燃尽风量关系的试验实例，其中图 8-28 （a）所示 3000t/h 锅炉采用前、后墙对冲燃烧方式，试验煤种 V_{daf}＝38.66%；图 8-28 （b）所示 2102t/h 锅炉采用四角切圆燃烧方式，试验煤种 V_{daf}＝12.92%。

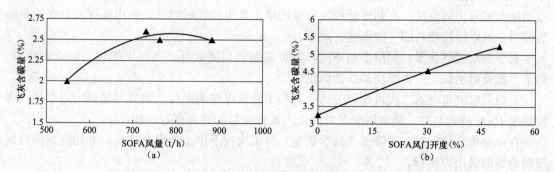

图 8-28　SOFA 风量对飞灰含碳量的影响
(a) 1000MW 烟煤锅炉；(b) 660MW 贫煤锅炉

对于多层布置的分离燃尽风喷口，在相同燃尽风率下，应按照从上到下的顺序依次关闭层风门，层风门开度状态为 100% 或 0%。这样可以使主燃烧区缺风对飞灰可燃物的不利影响降至较小。

运行中燃尽风率的实际大小取决于炉膛—风箱差压和燃尽风门开度。在燃尽风门开度不变情况下，炉膛—风箱差压越大（层辅助风门开度越小），则燃尽风率越大。

(5) 低负荷下的氧量控制。炉膛氧量对炉温的影响不是单向的。在燃烧器区缺风情况下（局部过量空气系数小于 1.05），随着炉膛氧量增加，入炉煤燃烧率增加，炉温是升高的；但在燃烧器区富风（局部过量空气系数大于 1.2）情况下，过量空气足以保证充分燃尽，燃烧效率基本不变，当氧量增加时，燃烧产生热量因更多加热冷的空气而使炉温降低。

从局部炉温的控制要求出发，不希望氧量过大，尤其是低负荷运行，炉温已经很低，更应控制氧量高限，防止燃烧不稳导致灭火。

(6) 烟气再循环风量控制。对于前后墙对冲、采用烟气再循环调温的锅炉，在保证蒸汽温度的前提下，尽量减少烟气再循环风率，以提高炉温和延长煤粉炉内停留时间。必要时可与氧量控制曲线一起进行再循环风率的试验。

4. 燃烧器调整

(1) 旋流燃烧器调整。旋流燃烧器的内、外二次风挡板用于调整二次风旋流强度，一般随着二次风旋流强度的适当增加，飞灰、炉渣含碳量降低。但过度关小旋流挡板（或旋流器）产生飞边，二次风与一次风脱离，则飞灰、炉渣含碳量回升。可以通过燃烧调整将其固定在较佳开度上。旋流燃烧器内、外二次风旋流叶片角度对飞灰含碳量、炉渣含碳量的影响示例可参见图 5-46 和表 5-5。

与直流燃烧器相比，旋流燃烧器的相互配合作用相对较弱，因此，平行工作的各燃烧器之间的风粉调平对于降低飞灰可燃物也是有益的。

在投切燃烧器时，应尽可能保持最下层两侧燃烧器的同时投入，避免单侧运行使火焰温度降低、飞灰可燃物升高。尤其在燃用较差煤质时，更是如此。

适当开大前墙二次风总风门、关小后墙二次风总风门和适当开大前墙上层二次风层风门可提高炉内火焰的充满，降低飞灰含碳量。尤其在出现了较严重左、右烟气温度偏差的情况时，对于改善烟温偏差也会有较明显效果。

（2）直流燃烧器调整。直流燃烧器的调整主要是燃烧切圆、一次风速、二次风速、风率、出口煤粉浓度的调整。总的原则是适当降低一次风速、风率，提高一次风的煤粉浓度。适当增大实际切圆直径，有利于低挥发分煤的稳定着火和煤粉燃尽。燃用高挥发分煤或易结焦煤时，可以保持较高的一次风速、风率。

对于摆动式燃烧器，同层摆角不同步是造成燃烧切圆紊乱、飞灰可燃物高的重要原因。如果不能及时消缺，应将燃烧器摆角固定。

运行采取倒宝塔的二次风配风方式，有利于较差煤种的燃尽。尤其当制粉出力不足，煤粉细度 R_{90} 维持较高时，倒宝塔配风对降低飞灰含碳量的效果更好一些。

在部分负荷运行时，为降低飞灰含碳量，可采取投下停上的组合方式，并始终保持最底层燃烧器的满出力运行。

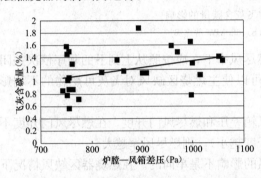

图 8-29　炉膛—风箱差压对飞灰含碳量的影响

炉膛—风箱差压对于改变各不同二次风的比例发生作用，也会影响飞灰可燃物。图 8-29 所示为某 1913t/h 四角切圆燃烧锅炉飞灰可燃物影响因素的一个试验统计结果。试验煤挥发分 $V_{daf}=35.66\%$。

5. 降低排烟中的 CO 浓度

大型电站锅炉在尾部烟道通常装有 CO 的在线监视系统。目前，国内电厂飞灰含碳量飞灰可燃物做到可靠在线监测还有难度，这个功能可以由 CO 在线监测来间接实现。烟气中的 CO 浓度，直接代表炉内燃烧过程缺氧的状况。因而与飞灰可燃物百分数有很好的相关性。当 CO 含量超过设定值时，不仅 q_3 损失增加，而且飞灰可燃物和 q_4 损失也急速增大。

防止烟气中的 CO 浓度过大的措施主要有：

（1）维持不致太低的氧量。对于烟煤，一般当氧量低于 2％ 时，可观测到 CO 浓度的迅速增长，CO 浓度每增加 $100\mu L/L$，锅炉效率降低 0.05 个百分点。

（2）减轻锅炉尾部氧量的不均匀分布。在局部缺氧的区域里，就会出现高的 CO 浓度。锅炉试验表明，凡锅炉尾部测到氧量严重分布不均的工况，飞灰含碳量和排烟中 CO 浓度都高于氧量分布均匀的工况。

（3）增加分离式燃尽风的气流动量，防止在燃尽区出现局部缺氧的区域。在改善了氧量分布的均匀性之后，较佳运行氧量的控制值可进一步降低。图 8-30 所示为某 1000MW 对冲燃烧锅炉省煤器出口氧量调整均匀性后，CO 浓度改善的情况。由图 8-30 看出，调整后在平均氧量降低情况下，CO 的平均浓度降低到很低水平。

6. 配煤掺烧、分磨磨制

通过动力配煤，提高入炉混煤的燃烧性能（主要是挥发分），对于降低飞灰可燃物的作用，是任何其他燃烧调整手段都不能相比的。电厂在煤炭采购处于买方市场的情况下，应尽可能按燃烧所需要的混煤品质进行采购和掺烧。

锅炉燃用挥发分差别较大的混煤时，由于"抢风"现象的存在，飞灰含碳量明显增大。在不得不大跨度掺烧异种煤时，可以采取分磨磨制、分层燃烧的方法降低飞灰含碳量。即不

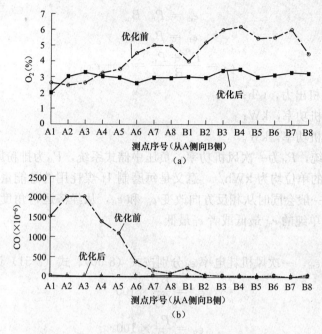

图 8-30　某 1000MW 超超临界锅炉燃烧率调平试验

(a) O_2 量分布；(b) CO 浓度分布

同的磨煤机磨制不同的原煤，好煤和差煤分别在不同层的燃烧器着火、燃烧，可以大大降低飞灰含碳量。分磨磨制不仅可以在燃烧初期消除高挥发分的"抢风"，而且不同的煤质可以按不同的要求分别控制磨煤机出口温度和煤粉细度以及燃烧器出口一次风速。低挥发分煤粉可获得更细的煤粉和更高的磨煤机出口温度。出口一次风速也可控制低一些。高挥发分煤则可放宽 R_{90}，节省制粉单耗和厂用电率。

如某 630MW 超临界锅炉为中速磨煤机直吹式制粉系统，混烧 65% 的烟煤（V_{ad}＝40.2%）和 35% 的贫煤（V_{ad}＝14.8%），实现分磨磨制、分层燃烧后，飞灰含碳量从 8%～10%降低到 4%～5%。主要运行控制条件的比较见表 8-19。

表 8-19　　　　　　　某 630MW 锅炉烟煤、贫煤混烧与掺烧的性能数据比较

名称	磨煤机组分配	HGI 指数	挥发分（%）	磨出口温度（℃）	R_{90}（%）	一次风速（m/s）
1 号煤（烟煤）	B/D/E	50	40.2	75	24～26	～27
2 号煤（贫煤）	A/C*	78	14.8	110	14～16	～22

＊　该煤为高灰熔点煤，为防止结焦采用底层燃烧。

第四节　锅炉辅机经济运行

一、制粉系统节能

（一）制粉系统经济指标

1. 单耗

磨煤单耗 e_m、通风单耗 e_{tf}、制粉单耗 e_{zf} 分别按式（8-47）～式（8-49）计算，即

$$e_{\mathrm{m}} = P_{\mathrm{m}}/B_{\mathrm{m}} \tag{8-47}$$

$$e_{\mathrm{tf}} = P_{\mathrm{tf}}/B_{\mathrm{m}} \tag{8-48}$$

$$e_{\mathrm{zf}} = \frac{P_{\mathrm{m}} + P_{\mathrm{tf}}}{B_{\mathrm{m}}} = e_{\mathrm{m}} + e_{\mathrm{tf}} \tag{8-49}$$

式中　B_{m}——磨煤机出力，t/h；

P_{m}——磨煤机功率，kW；

P_{tf}——通风机功率，kW。

正压直吹式系统，P_{tf} 为一次风机功率；负压中储式系统，P_{tf} 为排粉风机功率。

上述三个单耗的单位均为 kWh/t，意义是每磨制 1t 煤耗用的总能量。制粉系统所做的任一操作或调整，一般会同时从相反方向改变 e_{m} 和 e_{tf}，从经济运行角度，制粉系统追求的应是 e_{zf} 最低而不是单纯的 e_{m} 最低或者 e_{tf} 最低。

2. 耗电率

磨煤机耗电率 ε_{m}、一次风机耗电率 $\varepsilon_{\mathrm{tf}}$ 分别按式（8-50）、式（8-51）计算，即

$$\varepsilon_{\mathrm{m}} = \frac{P_{\mathrm{m}}}{P} \times 100 \tag{8-50}$$

$$\varepsilon_{\mathrm{tf}} = \frac{P_{\mathrm{tf}}}{P} \times 100 \tag{8-51}$$

式中　P——机组发电负荷，kW。

耗电率 ε 与单耗 e 按式（8-52）、式（8-53）换算，即

$$\varepsilon_{\mathrm{m}} = \frac{e_{\mathrm{m}} \times B_{\mathrm{m}}}{P} \times 100 \tag{8-52}$$

$$\varepsilon_{\mathrm{tf}} = \frac{e_{\mathrm{tf}} \times B_{\mathrm{m}}}{P} \times 100 \tag{8-53}$$

3. 磨耗

钢球磨煤机钢球耗损率 s_{m} 按式（8-54）计算，即

$$s_{\mathrm{m}} = \Delta G_{\mathrm{q}}/\Delta B_{\mathrm{m}} \tag{8-54}$$

式中　ΔG_{q}——统计期间钢球减失重量，g；

ΔB_{m}——统计期间制粉总量，t。

中速磨煤机的磨辊耗损率 u_{m} 按式（8-55）计算，即

$$u_{\mathrm{m}} = \Delta G_{\mathrm{m}}/\Delta B_{\mathrm{m}} \tag{8-55}$$

式中　ΔG_{m}——统计期间磨辊（套）减失重量，g。

磨耗的大小主要取决于磨煤部件的材质，其次也与运行条件有关，如煤的磨损性指数、中速磨煤机的加载力、双进双出磨煤机的料位等。

不同形式制粉系统的经济指标常见范围列于表 8-20，供运行人员参考。

表 8-20　　　　　　　　　　　　　常见制粉系统经济指标统计数据

磨煤机、煤种		磨煤单耗 e_{m}（kWh/t）	通风单耗 e_{tf}（kWh/t）	制粉单耗 e_{zf}（kWh/t）	制粉耗电率（%）	钢球耗损率（g/t）	磨辊耗损率（g/t）
钢球磨煤机	烟煤	15~20	8~15	23~35	1.2~1.6	60~200	—
	无烟煤	20~25	8~15	28~40	1.4~1.8	60~200	—

磨煤机、煤种		磨煤单耗 e_m（kWh/t）	通风单耗 e_{tf}（kWh/t）	制粉单耗 e_{zf}（kWh/t）	制粉耗电率（%）	钢球耗损率（g/t）	磨辊耗损率（g/t）
中速磨煤机	烟煤	6~8	7~12	13~20	0.6~1.0	—	20~40
	无烟煤	8~10	8~14	16~24	0.7~1.2	—	20~40
双进双出钢球磨煤机	烟煤	20~25	10~18	30~43	1.5~2.0	60~200	—
	无烟煤	24~28	10~18	34~46	1.6~2.2	60~200	—

注 哈氏可磨指数 HGI 小、单磨负荷率低、磨煤机启停次数多时，制粉单耗偏大值选取。

（二）降低制粉单耗的运行措施

1. 提高入炉煤的可磨性

根据混煤特性，当难磨煤与易磨煤混和磨制时，可磨性不具有"加权性"而是趋向于难磨煤种。因此，减少或停止向磨煤机供应难磨煤种、提高煤的整体可磨性，是大幅度降低制粉单耗的有效途径。

2. 钢球磨煤机通风量优化

单进单出钢球磨煤机的运行中，通常保持满出力运行，且通风量维持最佳通风量不变。但在运行煤的硬度、水分、煤粉细度偏离设计值较多时，最佳通风量相应变化，允许进行调整。在钢球磨耗末期，钢球充满不足，也应对通风量做出相应调整（降低）。

运行中可利用试探法获得较佳风量。以煤质变硬为例，当煤可磨性降低，磨煤机出力有明显减少时，手操排粉机进口风门，逐步减小已相对过大的通风风量，此时给煤量基本不变或减小甚微，但排粉风机电流下降，按式（8-49）计算制粉单耗变化，直至取得一个最小值。经验表明，当减小风量时，给煤量的随之减小变得较明显时，即说明变更后的风量已经小于最佳风量，应停止减风。

当然，这种调整不宜频繁进行。只是在运行条件有大的变化、并在一定时期较为稳定时才是必要、可行的。

图 8-31 所示为某 DTM350/600 钢球磨煤机较佳通风量试验结果。结论是：综合煤粉细度 R_{90}、制粉单耗、根据电厂存在的风量过低易造成磨煤机冒粉现象，建议磨煤机出力稳定在 40t/h 时，将通风量从原 $115 \times 10^3 m^3/h$ 降低至 $90 \times 10^3 m^3/h$ 左右。

3. 钢球磨煤机保持满出力运行

钢球磨煤机的功率消耗主要取决于钢球装载量，而与制粉出力基本无关。因此磨煤单耗

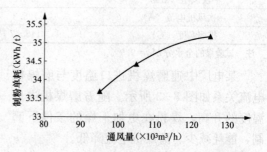

图 8-31 钢球磨煤机较佳通风量试验结果

与磨煤机出力差不多成反比。中储式系统单进单出钢球磨煤机保持满出力运行，是保证制粉系统经济运行的首要原则。

4. 提高磨煤机存煤量

对于单进单出钢球磨煤机，维持通风量不变，随着存煤量增加磨煤机出力增大。而磨煤机功率则不受存煤量影响。因而维持较高的存煤量即可降低制粉单耗。钢球磨煤机存煤量主要靠磨煤机进、出口差压控制，其正常值为 2200~2500Pa。控制过低就会导致磨煤单耗增加。

对于双进双出钢球磨煤机，磨煤机料位差压的范围为 600~1000Pa。低于此值时，就可能

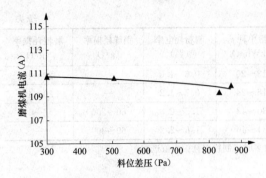

图 8-32 双进双出磨料位差压对
磨煤机电流的影响

影响磨煤机出力。维持较高的料位差压还可减小磨煤机电流，使磨煤单耗有所降低。图 8-32 所示为某 BBD4060 型双进双出磨煤机料位差压试验的一个结果。试验维持给煤量、容量风量、分离器挡板开度不变，随着料位差压增加，磨煤机电流降低。

5. 提高磨煤机出口温度

随着磨煤机出口温度提高，磨煤机内干燥剂平均温度更快升高，对于中速磨煤机和双进双出磨煤机，一般磨煤机出口温度每提高 5℃，进口干燥剂温度提高 20～40℃，原煤水分越高，进口温度提高得越快。磨煤机在高温环境下磨制，煤粉磨得又细又快，R_{90} 降低，制粉出力增加、磨煤单耗下降。ZX 电厂 6 号炉双进双出磨煤机出口温度影响试验的数据见表 8-21。试验过程机组解除 AGC，5 台 BBD4060 双进双出磨煤机在维持容量风不变条件下，同时增加磨煤机出口温度定值。由表 8-21 看出，在磨煤机出口温度仅提高 4℃ 的情况下，磨煤机进口温度提高 25℃，磨煤机出力增加 6t/h，机组功率增加 10.4MW，排烟温度降低 1.38℃，折算至相同给煤量的一次风机电流降低 9.7A，制粉单降低了 0.67kWh/t。

表 8-21   ZX 电厂 6 号炉双进双出磨煤机出口温度影响试验数据

名称单位	调整前（5 台磨煤机平均）	调整后（5 台磨煤机平均）	增量
磨煤机出口温度（℃）	67.82	71.87	4.05
磨煤机进口温度（℃）	226.6	256.1	24.5
机组功率（MW）	532	542.4	10.4
给煤量（t/h）	258.15	264.2	6.05
一次风压（kPa）	8.675	8.696	0.021
一次风机电流（A）	125.3	122.3	−6.0
排烟温度（℃）	145.47	144.09	1.38

注 试验煤的全水分 M_{ar}=9.5%。

某电厂中速磨煤机进口温度与磨煤机电流关系如图 8-33 所示。随着磨煤机进口温度的升高，煤粉在更加干燥的条件下磨制，能耗减少、磨煤机电流降低。

6. 煤粉细度控制

磨煤单耗 e_m 与 R_{90} 的关系为

$$e_m = KR_{90}^{-x} \qquad (8-56)$$

式中　K——常数；

　　x——按表 8-22 查得的影响系数。

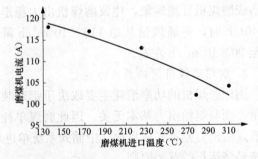

图 8-33　中速磨煤机进口温度与磨煤机电流关系

表 8-22   煤粉细度对磨煤单耗影响系数 x

项目	钢球磨煤机	MPS 中速磨煤机	HP 中速磨煤机	双进双出磨煤机
x	0.25	0.29	0.32	0.36

从制粉单耗角度，煤粉细度 R_{90} 应按经济煤粉细度控制，不宜过小。q_4 损失与 R_{90} 的关系应通过调整试验得到，当 e_m 降低小于 q_4 损失增加时，应提高 R_{90} 的运行控制值。经济煤粉细度的具体取值，与煤的挥发分含量、煤的可磨性、锅炉负荷、煤粉燃尽性能等有关。运行中的 R_{90} 检测并非易事，且同一工况两次取数可能差别很大。为此，可利用 R_{90} 曲线掌握 R_{90} 的运行信息。方法是，事先整理不同工况下的容量风门开度 k、分离器差压 $\mathrm{d}p_m$、磨煤机出口温度 t''_m，可拟合 $R_{90}=f(k, \mathrm{d}p_m, t''_m)$ 曲线，供调试和运行分析使用。

在无试验数据时，R_{90} 的控制值也可按式（5-7）选取。

7. 降低一次风母管压力和一次风量

直吹式制粉系统的热一次风母管压力与空气预热器压降、磨煤机入口热风挡板开度有关。运行中可以调节的主要是热风挡板开度。在相同一次风量下，关小热风门开度，则节流损失增大，一次风母管压力升高、一次风机耗电率增加。但是过分降低一次风压会导致磨煤机入口挡板开得很大，从而使挡板的调节性能变差。最佳热一次风压母管压力应该兼顾上述两个方面的要求。确定方法如下：在某一一次风量下，慢慢降低一次风压母管压力的设定值，就会使热风调节挡板打开到合理位置（一般 65% 左右开度），此时的压力即为最佳一次风压值。

随着磨煤机总负荷降低，应相应降低一次风压，否则将不得不将磨煤机入口风量挡板关至很小，而使节流损失增大。某 600MW 锅炉中速磨煤机正压冷一次风机制粉系统经试验确定的一次风压控制曲线如图 8-34 所示。

对于承担稳定负荷的大型机组，为减少制粉单耗，也可保持热风挡板全开，而只用一次风压调节一次风量及制粉出力，这样得到的一次风压在所有制粉出力下是最低的。

除一次风压之外，一次风量是影响一次风机电耗率的另一个主要因素。中速磨煤机的一次风量大致取决于燃烧的要求，但可根据制粉系统的性能变化，在一定范围内做出调整，即改变风煤比。在同一磨煤机入口一次风门开度

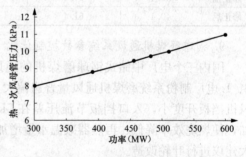

图 8-34 一次风压控制曲线

下，一次风门进、出口压差是一次风量的函数，运行中可用于校正风煤比。当一次风量减少时，一次风机电耗率按正比关系降低。

某电厂中速磨煤机在优化一次风参数后，一次风压按优化曲线，较优化前降低 1～1.5kPa，风煤比从 2.2～2.5 优化至 1.8～2.0，制粉单耗从统计平均 17.5kWh/t 降低到 14.8kWh/t，排烟温度从 122.5℃ 降低到 117℃，同时，由于一次风率减小，NO_x 降低了 50～60mg/m³（标准状态）。

8. 中速磨煤机加载力曲线修正

磨煤机的碾磨能力随着加载力的增加而增加、随着煤层厚度的增大而降低。磨煤机的阻力直接反映煤粉在磨煤机内的循环倍率，磨煤机阻力大时，说明煤粉需多次碾磨才能达到细度要求，需要相应加大加载力，反之则减小加载力。最佳的磨辊加载力应该是在满足磨煤机负荷的同时，使煤粉细度 R_{90} 达设计值，排渣量正常，制粉单耗和金属磨耗都达到最佳值。

中速磨煤机在不同出力和不同加载力下的磨煤单耗不同。通常情况下，加载力越大，磨

煤机电流越高，磨煤单耗越大；加载力越小，磨煤机电流越低，磨煤单耗越小。在磨辊磨损后期，由于加载力增加对制粉量的影响减弱，减小加载力会有利于磨煤单耗的降低。

磨煤机经长期运行出现以下情况时，应增加加载力：①排渣量大，甚至吐煤；②煤粉细度 R_{90} 增大；③单位磨煤电耗 e_m 高；④磨煤机阻力大；⑤锅炉飞灰含碳量大；⑥锅炉尾部冲刷磨损加重。

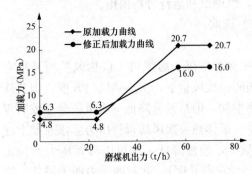

图 8-35　修正前、后的加载力曲线

在磨煤机低负荷运行时，加载力过余的表现是：①煤粉细度 R_{90} 过细；②磨煤单耗 e_m 高；③磨煤机振动大，磨盘、衬瓦磨损加剧；④耐磨件磨损不均匀。大多数电厂昼夜峰谷差较大，在夜间低负荷运行时，除基本磨煤机之外，多数磨煤机给煤量低，加载力大于磨煤机负荷要求的问题也是经常发生的。

图 8-35 所示为某电厂 MPS-89G 型中速磨煤机修正前、后的加载力曲线。修正前、后磨煤机的主要性能指标对比列于表 8-23。

表 8-23　　MPS-89G 型中速磨加载力曲线修正前、后的主要性能指标对比（统计平均）

项目	给煤量（t/h）	磨煤机电流（A）	煤粉细度 R_{90}（%）	磨煤机进口压力（kPa）	磨煤单耗（kWh/t）
修正前	39.4	61.4	26.4	7.45	15.4
修正后	40.4	61.4	30.4	7.53	15.0

9. 钢球磨煤机通风系统参数控制优化

国内三个电厂中储式钢球磨煤机的通风系统运行参数对比见表 8-24。由表 8-24 可见，S、L 电厂制粉系统磨煤机通风量普遍偏大，平均风煤比在 2.5 以上。另外，S、Q 电厂排粉风机挡板开度小，入口挡板节流压差在 5kPa 以上。由于通风量偏大也会引起三次风率增加，使燃烧效率降低、再热器减温水量增加，因此测试后建议减小风煤比，排粉风机选型过大建议进行叶轮改造。

表 8-24　　　　　　三个电厂中储式钢球磨煤机的通风系统运行参数对比

项目	通风量（×10^3m³/h）	风煤比	排粉机入口挡板开度（%）	排粉机压头（kPa）	通风单耗（kWh/t）
S 电厂 6B 磨煤机	80～110	2.4～2.6	38～42	13～14	11～13
Q 电厂 2B 磨煤机	70～80	1.8～2.1	50～55	5.5～7.5	7～8.5
L 电厂 4A 磨煤机	100～120	2.5～2.8	100	11～13	11～13

10. 钢球磨煤机及时筛选碎球和补充新球

单进单出钢球磨和双进双出钢球磨的钢球量、钢球直径和钢球圆度是保持磨煤机磨制能力的首要条件。在维持通风量、R_{90} 不变情况下，磨煤单耗 e_m 与钢球量 G 存在以下关系，即

$$e_m = cG^{-0.4} \tag{8-57}$$

式中　c——比例常数。

运行中应及时补球，并筛除已过度磨损的小球、碎球和圆度很差的钢球。一些电厂长年不进行整磨甩球工作，尽管做到及时补球，但因钢球中充斥磨制能力差的碎球和矸石；尽管

钢球量充足，但出力低，磨煤机单耗较高。

钢球磨煤机补充新球时宜补充单一直径的大球（通常为 $\phi60$），以实现钢球直径磨损后的自然级配。但若使用了高铬钢球，由于球径收缩缓慢，新钢球可以按初始级配补充。单进单出磨煤机的加球方式理论上应是"多次加、少量加"，根据钢球磨损速度决定每天应加钢球的吨数。

双进双出磨煤机的装球量和补球时机应根据磨煤单耗和磨煤机出力决定。表 8-25 是某电厂双进双出磨煤机进行钢球装填量试验的数据记录。

表 8-25 **某电厂双进双出磨煤机（4A 磨）进行钢球装填量试验的数据记录**

项目	磨煤机电流（A）	一次装球量（t）	容量风量（t/h）	总煤量（t/h）	磨煤单耗（kWh/t）
装球前	138.3	0	90.32	41.45	29.04
装球后	144.3	6	88.97	43.11	29.13

由表 8-25 知，试验前的钢球装载量已达到最佳钢球量，继续装球使磨煤机电流增加较多而磨煤机出力增加较少，磨煤单耗反而升高。因此，如果各磨煤机的制粉出力均有裕量，则 4A 磨煤机宜维持不大于 138A 的磨煤机电流运行，不必再加钢球。

补球时注意化验钢球硬度，保持硬度 HRC 仅比衬板低 3～5，避免大量补入硬度不足的钢球。例如，衬板 HRC 为 55 时，补球硬度应不小于 50，若长期补入 HRC 为 45 的钢球，就会使制粉出力降低、单耗增加；否则，应寻找更适宜的钢球来源。

11. 部分负荷下的少磨运行方式

随着锅炉总煤量的减少，如不及时退出部分磨煤机，则每台磨煤机的出力降低，制粉单耗上升。部分负荷下多投一台磨煤机，可以改善 AGC 响应性能、降低 R_{90}、运行可靠性也好些。但最大的问题是制粉单耗明显增加。而且多台磨煤机运行时粉管风速降低，发生堵管和燃烧器喷口结焦的概率增加。某电厂 600MW 前后墙对冲燃烧锅炉 80% 负荷（500MW）为常用负荷，在煤质较好时期，各班组在保证制粉系统有一定余量的情况下及时停磨煤机，改 5 台磨煤机运行为 4 台磨煤机运行。主要参数的比较列于表 8-26。

表 8-26 **常用负荷（80%）4 台磨煤机运行与 5 台磨煤机运行方式比较（BBD4060 型）**

名称	数值		差值
发电负荷（MW）	500	500	0
磨煤机投入方式	ABDEF①	CDEF	1
热一母管压力（A/B 平均，kPa）	9.83	11.67	1.84
风煤比（各磨煤机平均）	1.297	1.20	−0.97
磨煤机总电流（A）	584	466	−118
一次风机电流（A/B 总，A）	267	323	56
空气预热器入口烟温（A/B 平均，℃）	363.3	355.7	−7.6
空气预热器出口烟温（A/B 平均，℃）	146.7	137.5	−9.2
空气预热器出口二次风温（A/B 平均，℃）	336.9	331.7	−5.2
空气预热器出口一次风温（A/B 平均，℃）	318.0	308.7	−9.3
过热器减温水量（t/h）	193	160	−33

① A 磨煤机与前墙最上排燃烧器对应。

与 5 台磨煤机运行相比，4 台磨煤机运行时空气预热器出口一/二次风温降低 5.2℃/9.3℃（空气预热器风量增加、进口烟温降低引起）；排烟温度降低 9.2℃（制粉系统掺冷风减少和过热减温水量降低引起）；过热器减温水量减少 33t/h（火焰中心降低引起）。4 台磨煤机小时节电量为 540kWh，扣除一次风机电耗增加后，5 台磨煤机运行切 4 台磨煤机运行的净节煤量为 1.9g/kWh。

12. 磨煤机启停

磨煤机在启停过程中出粉量不多，输入的大部分能量消耗于料位建立或减除的过程。除单进单出钢球磨煤机之外，磨煤机的频繁启停将导致平均制粉单耗的增加。在煤质、负荷变化频繁的时段，不宜反复启停磨煤机，一旦变换磨煤机组态，一般应维持较长时间的运行。

13. 钢球磨煤机的最佳装球量

单进单出钢球磨煤机要求保持满出力运行，可以按照最佳装球量补充钢球。双进双出磨煤机的最佳钢球量是磨煤机出力的函数。因此，最佳钢球量与磨煤出力的匹配比较困难。但阶段性地保持最佳装球量是可以做到的。例如，随着煤热值的普遍提高，机组满负荷下总煤量减少。这时最佳钢球量是减少的，允许在原装球量的基础上减少装球，由于磨煤机电流的下降而使磨煤单耗降低。再如，用于调节总煤量的非基本磨煤机，通常其钢球量是过剩的，在煤质相对较稳定时，可以固定一台磨煤机承担非基本负荷，其装球量按平均运行负荷控制得小一些，降低该磨煤机的电流。

（三）提高磨煤机最大出力的措施

国内电厂运行煤种偏离设计煤种是普遍现象。当煤质变差，尤其是发热量降低时，要求的制粉出力超出设计出力，严重时影响锅炉带负荷。以下简述提高磨煤机最大出力的常用方法。应该指出，这些方法是以最大限度提高制粉系统带负荷能力为目标，并不要求制粉和燃烧的经济性达到最佳。

1. 降低入炉煤的硬度

电厂在允许条件下，尽可能增加易磨煤种（HGI 较高）的进煤比例，减少或停止向磨煤机供应难磨煤种。通常哈氏可磨性指数 HGI 的测试比较困难，可根据磨煤机运行指标，如磨煤单耗、单磨最大出力等判断不同矿点煤的 HGI 大致范围。

2. 提高煤粉细度 R_{90}

随煤粉细度 R_{90} 增大，磨煤出力增大，且煤粉细度越小，R_{90} 对出力的影响越大。在 $R_{90}=10\%\sim35\%$ 范围内，R_{90} 每变化 1%，单进单出钢球磨煤机出力变化为 2.2%～2.7%；中速磨煤机出力变化为 1.1%～2.8%，双进双出钢球磨煤机为 1.5%～3.5%。磨煤机的最大出力分别按式（6-2）、式（6-7）和式（6-12）计算。

3. 增加磨煤风量

不同的制粉系统增加磨煤风量，都可使磨煤机最大出力提高。具体方式为：单进单出钢球磨煤机根据煤质、钢球充装时机等增加最佳通风量；中速磨煤机、双进双出钢球磨煤机增加一次风压和热风挡板开度。随着风量增加，磨煤机出力增幅趋缓，直至不再受风量影响，此时磨煤风量达到出力折转风量。

4. 提高磨煤机出口温度

一般磨煤机出口温度每提高 5℃，制粉出力增加 5%～8%。原煤的全水分 M_{ar} 越大，热值 $Q_{net,ar}$ 越低，出力增加越多。

5. 钢球装载量与及时补球

单进单出钢球磨的装球量不低于最佳装球量。运行中可逐次增加钢球量，直至磨煤单耗不再增加。在增加钢球量、提高磨煤机出力的同时，也应增加磨煤机的通风量并提高干燥剂的初温。

运行中的钢球添加方式大多是磨煤机电流降低至一定值后一次性充装。如果加球时隔过长，新球一次性添加过多，将导致平均制粉出力降低。因此，建议正常运行应根据制粉系统运行时间，计算添加量，定期添加钢球，每次添加周期一般不应超过三天。

6. 中速磨煤机提高加载力

中速磨煤机提高加载力对最大出力的影响如图 8-36 所示。图 8-36 中曲线是在一个小的中速磨煤机 MPS32 上做试验得到的。运行经验表明，在以下情况下提高加载力可以明显提高制粉出力：

（1）磨制煤的 HGI 较小、磨制困难；

（2）磨制煤的热值低，致使煤量大、煤层变厚；

（3）中速磨煤机运行的中后期，由于磨损等原因，制粉能力和出力有所衰减时；

（4）燃烧要求较低的 R_{90} 值等。

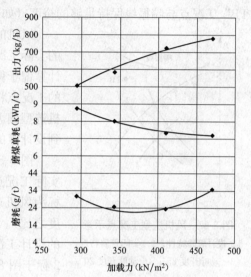

图 8-36　加载力特性试验曲线

7. 双进双出磨煤机维持高料位运行

双进双出磨煤机的高料位运行可以降低煤粉细度 R_{90}，因此在维持相同 R_{90} 条件下，可提高容量风流量，使最大制粉出力提高。高的料位还可起到保护磨煤机衬瓦、维持较高磨制能力的作用。

8. 分离器监督与管理

磨煤机分离器的堵塞不仅降低飞灰含碳量，也使磨煤机阻力增加，制粉单耗升高。运行中可借助于分离器前、后压差进行监督，当分离器前、后压差严重超出正常值时，判断为分离器堵塞，应及时停磨煤机处理。当分离器回粉管的温度降低到接近环境温度时，也可以判断分离器发生堵塞。无上述参数监测条件的制粉系统，应完善相应测点的安装。

二、风机节能

本节从运行角度讨论风机节能的一些问题。风机消耗的功率 P_f（kW）按式（8-58）计算，即

$$P_f = \frac{V_f \Delta p}{\eta_f} \tag{8-58}$$

式中　V_f——风机体积流量，m^3/s；

　　　Δp——风机全压升，kPa；

　　　η_f——风机效率。

根据式（8-58），风机运行节能主要从减少风量、降低介质流阻和提高风机效率入手。锅炉减少空气、烟气流量的主要途径是控制过量空气系数和减少空气预热器的漏风。降低介

质流阻的主要途径是防止空气预热器的积灰、堵塞。提高风机效率则主要是设法使风量和流阻相匹配。目前，电厂许多风机的测试效率低于设计值较多，其原因并非风机本身结构有问题，而是由于实际运行工作点偏离了设计工作点。

1. 风机工况点分析

在风机选型设计时，把机组额定出力下的计算流量和计算全压作为设计工况点，设计工况点通常放置在风机特性曲线的最高效率点附近（图 8-37 中"A"点）。将计算流量增加 10%，计算全压增加 20%，作为风机的选型工况点，称"TB"工况点。风机设计选型时使"TB"工况点与喘振线保持足够的裕度（如图 8-37 中"TB"工况点所示）。

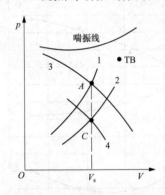

图 8-37　风机选型工况点示意
1—设计管路特性；2—实际管路特性；
3—动叶开度 25°；4—动叶开度 20°

风机的运行效率低于设计效率的一个普遍原因是风机的实际工况点偏离设计工况点。例如，设计时管路阻力的计算偏于保守，就会使管路实际压降小于设计压降。风机的工况点将从设计工况点"A"向下移动至"C"点。当风机选型偏大时，也会使实际工况点在风机的特性曲线上跑到设计点的左下方去。

图 8-38 给出了某电厂 2×1000MW 锅炉的轴流风机实际工况点偏离设计工况点的工程实例。图 8-38 中横坐标为风机进口体积流量，纵坐标为比压（全压与空气密度之比）。风机为动叶可调轴流送风机。将 BMCR 工况下的设计工况点 3、"TB"工况点 4、两炉的实际工况点 1、2 标于图 8-38 中。由图 8-38 看出，现有送风机与机组的风机系统不匹配，设计出力偏大，导致机组满负荷下风机仍运行在该型风机的小流量低效率区，运行效率不到 70%，比设计效率 87.3% 明显偏低。进一步分析原因是，由于运行煤的发热量低于设计煤较多，需比设计多投一台中速磨煤机运行，导致一次风率远超设计值，送风机风量则小于设计值较多。另外，风机选型设计的压力也偏大。该厂 4 台送风机均存在一定的节能空间。

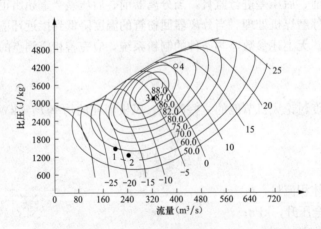

图 8-38　送风机实际工况点偏离设计工况点的工程实例
1—1 号炉风机实际工况点；2—2 号炉风机实际工况点；3—设计工况点；4—TB 点

2. 炉膛—风箱差压曲线优化

降低炉膛—风箱差压可降低送风机出口压力，使送风机电流下降，同时空气预热器漏风率减少。炉膛—风箱差压的低限主要是考虑炉膛负压的波动对炉膛瞬时风量的影响，尤其当炉内冒正压时，炉内火焰不得返回二次风箱。

图 8-39 所示为某电厂 1000MW 锅炉炉膛—风箱差压优化曲线。优化前做 220Pa 低差压下的炉膛正压试验。炉膛负压从 −1.21kPa 变动到 1.06kPa 时，风箱压力升高到 1.30kPa，送风机出口压力升高，动叶开度、风机电流变大，但瞬时风量几乎未变，辅助风仍能在炉膛—风箱差压 230Pa 下顺利进入炉膛，没有倒流至大风箱。

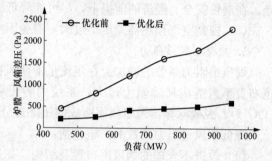

图 8-39　1000MW 锅炉炉膛—风箱差压优化曲线

优化后当炉膛—风箱差压定值从 1.8kPa 降低到 0.8kPa 时，送风机出口压力从 3.35kPa 降低到 2.75kPa，送风机电流从 204A 降低到 150A。两台风机总共降低电流 108A，风机耗电率减少 0.045 个百分点。

3. 一次风粉管道减阻

在一次风率不变情况下，一次风管道的积粉、堵管会导致一次风压升高、一次风机（或排粉风机）电耗增加。一次风管道的煤粉沉积堵塞与一次风速、煤粉浓度、粉管压力、风粉温度、原煤水分等有关。燃用低热值煤时，风中煤粉浓度增加、煤粉比重变大，运行中应适当提高管道一次风速的低限值。

煤的全水分在磨制过程中将大部分转移到一次风中，使空气中的含湿量增加。若磨煤机出口温度偏低或一次风管保温不良，则一次风温降低到水露点即会有水滴凝结出来，使积粉速度和积粉层厚度迅速增加。一次风管空气中的水露点按式（8-59）计算，即

$$t_{sl} = 42.433 \times (r_{H_2O}p)^{0.1343} - 100.35 \qquad (8-59)$$

式中　t_{sl}——水露点，℃；

　　　r_{H_2O}——一次风中的水蒸气容积份额；

　　　p——一次风管内压力，Pa。

某 1000MW 超超临界锅炉，投运之初一次风管未保温，粉管末端温度曾降低到 6～10℃，最终造成众多一次风管的严重积粉、差压升高。

磨煤机运行中，若一次风管吹扫风的电动挡板关闭不严密，也会有压力冷风进入一次风管、导致风粉温度降低。通过现场检测吹扫风管与一次风管结合处的根部壁温的差值，即可以判断出吹扫风门是否存在冷风漏入。

4. 减少空气预热器漏风

大型电站锅炉的氧量测点通常布置在空气预热器进口烟道内，因此在一定氧量下，空气预热器之前的烟风道的漏风只是影响空气预热器的有组织风量，而并不影响送风机、引风机的风量，只有空气预热器本身的漏风才影响风机风量。

空气预热器的漏风率每增加 1%，送风机、引风机用电率总和增加约 0.025 个百分点，而一次风机的用电率不变。运行及管理中减少空气预热器漏风率的方法如下。

（1）加强空气预热器漏风率的监督。定期（如每月）进行漏风率实测，发现漏风率偏

大，及时分析并采取措施。

（2）运行中通过监视空气预热器进、出口氧量的变化，送风机、引风机电流，空气预热器出口烟温的变化等，对空气预热器漏风状态作出及时判断。

（3）利用检修或临停机会，调整空气预热器密封间隙或改进密封结构。

（4）一次风压控制。一次风压每升高 1kPa，空气预热器的漏风率增加约 0.15 个百分点。在制粉安全、经济的前提下，尽可能降低一次风压运行。

（5）控制空气预热器差压不过大，避免因空气、烟侧差压过大引起冷端漏风加剧。

5. 减少烟风道阻力

烟风道阻力系数的增加会在定流量下使风机全压增大。形成过余系统阻力的情况包括管道布置不当造成局部阻力过大；系统内各设备尤其是暖风器、空气预热器、烟气再热器（GGH）、脱硫除雾器因阻塞而造成的压降过分增加；各种风门开度过小造成的节流损失等。

降低烟风道阻力系数的措施包括：

（1）改进不合理的烟风道布置及结构。如采用空间倾斜走向代替横平竖直的管道走向，以减少弯头数量（一个弯头的局部阻力与 100m 直烟道相当）；两风道交汇结构避免出现垂直插入型；变径管道以换转弯代替急转弯等。

（2）运行中注意监视风烟系统内各设备的阻力变化，控制它们阻力不过分增长。常见设备的阻力分布可参照表 8-27。

（3）在满足锅炉正常运行调节情况下，尽可能加大系统中各种风门的开度，减小风门的节流损失。

（4）强化大阻力部件如 GGH、空气预热器等的吹灰，选取合宜的吹灰参数和吹灰频次，降低烟风道总阻力。

表 8-27 锅炉各典型设备的正常阻力范围

设备名称	蒸汽暖风器	水媒暖风器	空气预热器（烟侧）	除雾器	GGH	低低温省煤器
正常阻力（Pa）	300	400	1100	200	1050	300～500
监控上限阻力（Pa）	600	800	1800	500	2000	800

注 设备运行在正常阻力与监控上限阻力之间应加强吹灰控制，大于上限阻力应利用停炉机会清洗。

6. 氧量控制

运行调整确定最佳过量空气系数时，应充分兼顾送引风机耗功的变化，避免氧量偏大引起风机电耗增加。

参 考 文 献

[1] 华东电机工程学会. 锅炉设备及其系统. 北京：中国电力出版社，2001.

[2] 杨卫娟，等. 锅炉各受热面吹灰作用的对比研究. 动力工程，2004 (6).

[3] 胡志宏. 1000MW 超超临界锅炉燃烧优化调整. 锅炉技术，2008 (4).

[4] 高继录. 1000MW 超超临界锅炉燃烧调整的试验研究. 动力工程学报，2012 (10).

[5] 火鸿宾，等. 600MW 超临界锅炉低氮燃烧器改造及运行调整. 安徽电力，2012 (9).

[6] 杨剑锋，等. 东锅 W 火焰锅炉燃烧调整方法探讨及试验研究. 湖南电力，2010 (8).

[7] 张幼明. MPS89G 型中速磨煤机自动加载方式的优化研究. 东北电力技术，2007 (5).

[8] 岑可法，等. 大型电站锅炉安全及优化运行技术. 北京：中国电力出版社，2003.

[9] 王春昌. 燃煤锅炉常见灭火事故分类研究. 中国电力，2007 (5).

[10] 苏世革. 燃煤锅炉掺配掺烧原则及燃烧调整措施. 华电技术，2013 (4).

[11] 闫顺林，等. 负荷对电站锅炉运行参数影响特性分析及应达值的确定. 能源工程，2009 (6).

[12] 王莺歌. 大型电站锅炉飞灰含碳量的调整与控制. 东北电力技术，2007 (11).

[13] 林文孚，胡燕. 单元机组自动控制技术. 2 版. 中国电力出版社，2008.

[14] 范鑫，等. 超临界 600MW 汽轮机滑压优化运行的试验研究. 汽轮机技术，2011 (4).

[15] 李文军，等. 超临界锅炉中间点温度的经济控制. 中国电力，2010 (7).

[16] 王晋一，等. MPS—89G 型中速磨煤机液压加载改造与性能优化. 热力发电，2010 (2).

[17] 刘发圣，等. 大型电站锅炉混煤掺烧试验研究，发电设备，2015 (2).

[18] 陈敏生. 超临界锅炉低温再热器超温治理. 湖北电力，2008 (8).

[19] 杨邦敏，等. 1913t/h 锅炉运行氧量优化试验研究. 发电设备，2014 (3).

[20] 吴国潮. 燃煤热值对锅炉经济性影响的分析研究. 中国电力，2015 (9).

[21] 黄新元，等. 华能德州电厂 2209t/h 锅炉侧墙包覆管过热器爆管原因分析. 中国电力，2004 (11).

[22] 郭杰，等. 1000MW 超超临界机组锅炉燃烧优化试验研究. 中国电力，2015 (5).

[23] 周平，等. 改进型 HT-NR3 旋流燃烧器在超（超）临界机组锅炉上的应用. 热力发电，2015 (5).

[24] 赵庆东. 降低锅炉一次风压进一步降低厂用电率. 锅炉制造，2015 (3).

[25] 杨震，等. 600MW 超临界直流锅炉的燃烧调整试验. 动力工程，2007 (8).

[26] 吴少伟. 超超临界火电机组运行. 北京：中国电力出版社，2012.

[27] 陈邦焕，600MW 锅炉低 NO_x 燃烧器改造后汽温调整探讨，中国高新技术企业，2012 (25).

[28] 韩冰，张广才. 中心风对 HT-NR3 旋流燃烧器燃烧特性的影响，热力发电，2015 (10).

[29] PETER NELSON, Coal Nitrogen & NO_x. Report, Brisbane, Austrian Coal Association Research Program (ACARP)，2009.

参 考 文 献